QR Code 掃描下載實習手冊 & 解釋名詞

新編

計算機概論

林騰蛟・曹祥雲　編著

Computer Science
Introduction
and Application

序言

　　自從1946年電腦被發明之後，近一世紀以來，電腦扮演著推動人類文明生活最重要的推手。資訊科技的發展日新月異，催生了人工智慧、物聯網、超級電腦和元宇宙等新興領域。而資訊科技廣泛應用於工程、商業、教育、醫療等領域，也帶來了革命性的改變和突破。

　　在這個知識經濟的時代，了解資訊科技已成為個人發展的關鍵能力。因此，本書除了涵蓋資訊科學的核心知識與實務運用，更將時下的熱門議題如大數據、物聯網、人工智慧、電子商務等等，融入適當的章節中，希望在培養讀者的電子計算機基礎知識的同時，也能窺見資訊科技的未來趨勢。

～ 本書分為四大面向 ～

第一個面向：「資訊科技與生活」，包含第1章到第3章。主要探討資訊科技在當代社會的重要性，以及其對個人生活和社會發展的影響，並擘畫未來電腦技術發展的趨勢。

第二個面向：「電腦概論」，包含第4章到第9章。主要在介紹電腦的基本理論和架構，包括硬體結構、數字系統、資料結構、系統軟體和常用應用軟體等基礎知識等。其中，本書的第9章，特別針對目前最熱門的程式語言做一個概覽介紹，讓讀者了解這些語言的主要功能，以便確定未來學習的方向。

第三個面向：「通訊與網路」，包含第10章到第12章。探討資訊通訊、網路應用和電子商務等相關主題，包括網際網路的運作原理和常見網路應用。

第四個面向：「資訊管理與安全」，包含第13章到第15章。討論資訊管理、知識科技和資訊倫理與安全等議題，包括如何管理和保護資訊資源以及相關的倫理問題。

　　為了讓讀者自我檢視學習成效，本書每一章後面，都附有複習題庫，其中多為歷年來各種升學、就業考試試題，希望可以幫助讀者自我檢核。此外，本書附上QR Code，下載內容包括實習課程與解釋名詞整理。

　　本書得以出版，要感謝曾經教導過我們的師長；而在此期間，多位好友熱心協助蒐集資料與提供寶貴的意見，特一併致謝。新文京開發出版股份有限公司的不斷督促，更是本書能順利付梓的重要關鍵。儘管本書編寫力求完善，疏漏仍在所難免，尚祈各界先進不吝繼續賜正指教。謝謝！

目錄

 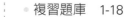

CHAPTER 05　電腦的系統軟體

CHAPTER 06　常用應用軟體

▶▶ PART 03　通訊與網路

CHAPTER 10　資訊通訊與網路概念

CHAPTER 11　網路服務的認識

CHAPTER 12　電子商務

QR Code 掃描下載
實習手冊 & 解釋名詞

PART 01
資訊科技與生活

Computer Science Introduction
and Application

Computer Science
Introduction and
Application

資訊社會

1-1 資訊社會的來臨

　　從第一部電子式電腦（ENIAC，1946年完成）發展至今，不過七十幾年的時間，人類的生活已經因為它而大幅改觀。現代的人，每天一早就被錄有各種不同鬧鈴聲的手機鬧鐘吵醒，打開手機上的OTT(Over-The-Top)，可以看到虛擬主播正播出一則則的新聞，甚至還可以看到AI生成的動畫。出門上班時，經過的紅綠燈可能正由電腦連鎖控制著，而所搭的車或所開的車內，也有多種設備受到微電腦的密切控制，以保持使用人的舒適與安全。進了公司要刷卡，接著出缺勤資料被快速的傳入公司的主電腦進行各項相關的處理，以計算薪資與各項獎金。到了座位剛坐下，座位旁電腦上的螢幕馬上提醒該趕快回重要客戶的電子郵件。你也可以從這部與公司內部網路(Intranet)連線的電腦上安排今天的行程，同時快速的處理各項工作，中午休息時到轉角的便利商店買個飲料，這份銷售資料會馬上透過這家店的銷售點情報系統(Point Of Sale, POS)傳到總公司，再透過電子訂貨系統(Electronic Ordering System, EOS)進行補貨。下午下班後，可以從街上任何一家銀行的自動櫃員機(Auto Teller Machine, ATM)提錢，而這筆帳也會迅速的由自己的銀行帳戶中扣除。接著可以拿著預先電腦訂位的預售票，去聽一場期待已久的演唱會。

　　由上面這個可能發生在任何人身上的一天，我們可以發現，電腦已經深入我們的生活。資訊社會的來臨已經是一件無可避免的事，因此我們一定要了解電腦，學會應用電腦，充份融入資訊社會，否則勢必成為資訊社會中的「資訊盲」，在未來社會中寸步難行。

1. 資訊在工業上的應用與實例

- 設計自動化

  例如：電腦輔助設計(Computer Assist Design, CAD)目前已經被大量實際應用到工廠中，讓包括汽車設計、VLSI（Very Large Scale IC, 超大型機體電路）設計的速度加快。

- 加工、組合、測試的自動化

  就是用電腦數位控制(Computer Numeric Control, CNC)車床、以及加工中心等自動化工具，作一貫性生產，生產完成後再利用機器人(Robot)或其他特殊器具加以結合，最後自動測試成品功能。如此一來當然可以大幅提高生產速度，產品品質亦能大幅提升。

- 物流與儲運自動化

  就是在物流中心裡進行貨品的自動包裝、自動運送、與自動倉儲，例如：統一集團的捷盟行銷公司的自動化物流作業就是一個相當好的例子。

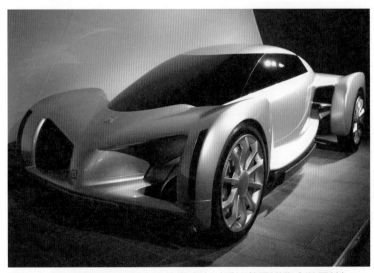

圖1-1 利用電腦輔助設計出來的概念車（愛知萬國博覽會美國館）

圖1-2 愛知萬國博覽會中的機器人

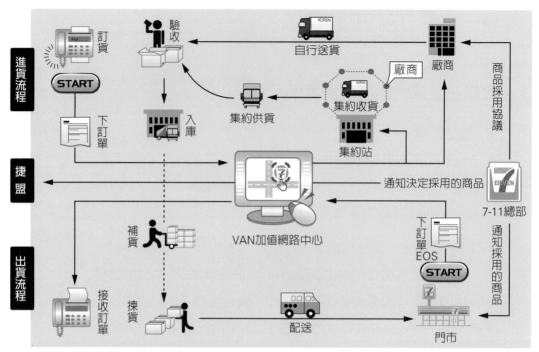

圖1-3　捷盟行銷公司的物流作業流程圖
(ref:http://www.a-net.com.tw/sample/img/map-5.gif)

2. 資訊在商業上的應用與實例

圖1-4　臺灣證券交易所公開資訊觀測站
(ref:http://newmops.tse.com.tw/)

●提高效率，降低成本

　　例如：在臺灣的股市中，如果沒有公開資訊觀測站這種資訊系統，根本無法快速了解公司資訊而進行交易決策，因此利用資訊的高效率與低成本可以同時保障交易雙方的權益。

● 改進服務品質

　　透過資訊系統，廠商可以更快速的掌握消費者的需求，對服務品質的提升將有極大的助益。例如：全家便利商店可以透過其寬頻網路連接各銷售點情報系統(Point Of Sale, POS)收銀機，利用新POS

分析系統與後台系統直接掌握各便利商店銷售現狀，利用廠商協同系統迅速調送貨品，提高服務品質。

圖1-5　全家便利商店利用資訊系統整合提出的宅配通服務
(ref:http://www.family.com.tw/www/service/home.asp)

- 書店及零售業

　　不論是小型便利商店、超商或大賣場；百貨業或是連鎖書局，皆以掃描器來讀取商品或書本上的條碼，不論這商品從製造、運送、上架或販售，只要輸入條碼編號就可以知道流向、庫存及銷售情形。另外，也可以直接在超商用悠遊卡進行小額付款，更可以直接於便利商店櫃台繳付臺灣高鐵票款及代收手續費後，直接取得高鐵乘車票，就可以直接進入臺灣高鐵閘門。

　　二維條碼與書籍的結合是在書籍底頁、版權頁或預行編目頁印二維條碼（如圖1-7）。其中記載了圖書代碼、ISBN(International Standard Book Number)、書名、作者、定價、發行者、出版日期等資料，廠商或圖書館想知道書籍資料，只要掃描書上的二維條碼就可以知道了。

車票條碼入閘門使用說明

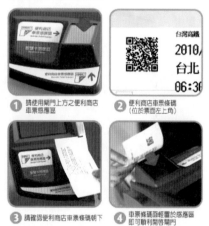

① 請使用閘門上方之便利商店車票感應區
② 便利商店車票條碼（位於票面左上角）
③ 請確認便利商店車票條碼朝下
④ 車票條碼面輕置於感應區即可順利開啟閘門

圖1-6　臺灣高鐵超商取票後進入閘門使用說明
(ref:臺灣高鐵http://www.thsrc.com.tw/tc/ticket/tic_how_market.asp)

圖1-7　二維條碼

圖1-8　提款機取款（新加坡）

● 金融業

不論你是在提款機取款，亦或信用卡消費，甚至前往銀行辦理金融商務事宜。這一切皆由電腦掌控記錄著所有的交易明細，不論你是在國內或國外，無遠弗屆的網際網路及快速的電腦處理能力，已為你辦好一切的事務。

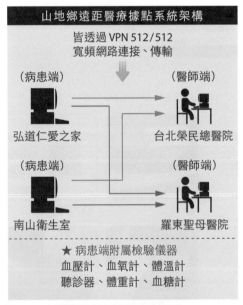

圖1-9　宜蘭縣推行的遠距醫療系統
（ref:http://www.ilshb.gov.tw/CHT/front/alice4.asp）

3. 資訊在醫學上的應用與實例

在醫學上，資訊的應用同樣相當廣泛，例如遠距醫療就是利用電腦與通信結合，以傳輸影像與聲音等資訊，解決突發的緊急醫療狀況，提升醫療品質，增進民眾福祉的一種新應用。利用遠距醫療，一個住在蘭嶼的民眾可以用資訊技術充分溝通當地與大都市的醫務人員與病患，可以將X光片及患者其他視訊資料迅速傳出，將會對正確急救處置有所幫助，當然也會提升對於病患的醫療服務品質。更進一步的，如果能透過衛星頻道，讓救護車上的急救人員，與醫院人員進行視訊傳輸，將可挽救更多可能的人命。

4. 資訊在軍事上的應用與實例

● 快速反應

利用資訊科技的快速反應，現代軍事武器才能大幅進步，例如：防空飛彈、長程雷達，都需要資訊科技。

● 支援決策分析政策規劃

運用各項資料庫，建立各種政策抉擇的備選方案、因應未來環境變化、詳估決策結果的長程影響。藉由網路迅速取得與整合，以協助進行政策規劃及管理作業。

圖1-10　愛知萬國博覽會俄羅斯館中衛星偵測到的北京紫禁城

圖1-11　愛知萬國博覽會中的全球地震監控系統

5. 資訊在政府單位上的應用

不論是公文的傳送，命令的下達，甚至人造衛星的監控，國家安全的防護，這一切的規劃、執行，早已和電腦結下密不可分的關係，以達成快速、正確、便民的目的。

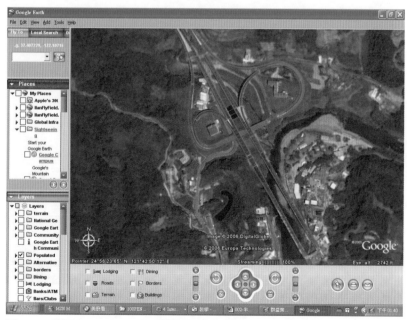

圖1-12　利用Google earth所看到的北宜高速公路坪林聯絡道

電腦儼然成為我們每一個人的四肢及執行者,從出生、就學受教育、食衣住行育樂,皆有其存在。你已經不自覺的在無時無刻之中接觸著你四周有形及無形的電腦,它早已成我們生活中的一份子。

1-3　電腦能為我們做的事

1. 快速及其能產生的應用

電腦的速度經過幾十年的演進,Intel共同創辦人摩爾(Moore)在1965年提出摩爾定律,是指一個尺寸相同的晶片上,所容納的電晶體數量,因製程技術的提升,每十八個月會加倍,但售價相同,因此現在不但具有EFLOPS(exaFLOPS, 每秒100京(10^{18})浮點運算指令)的超級電腦,甚至連一般家用的個人電腦(Personal Computer, PC)速度都可以到達上兆次運算,也就是說,可以在一秒鐘裡處理上兆個加法運算。

圖1-13　太空梭升空前畫面

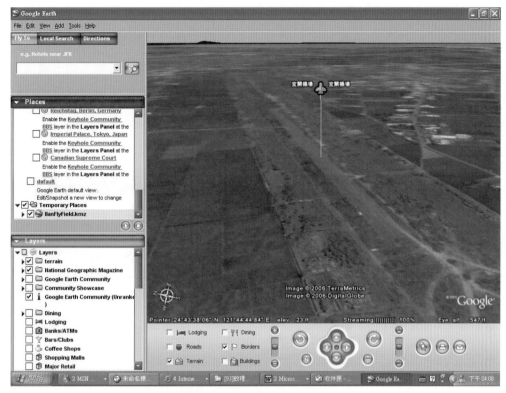

圖1-14　Google earth虛擬實境導覽（宜蘭南機場）

　　利用電腦這種快速的運算，許多應用才能實現，例如：登陸月球的軌道調整如果沒有電腦快速運算，則將差之毫釐，失之千里；又如虛擬實境(Virtual reality)技術如果沒有電腦的快速處理各種計算，則所見畫面將會離所謂的「實境」非常遙遠，而會顯得非常的不自然。

● 電腦速度的衡量單位

　　一般衡量電腦的運算速度都是採用MIPS、MFLOPS與TPS。其中MIPS是指每秒所能執行的指令數目，此一衡量方式被廣泛運用在各種類型的泛用型機器(General purpose machine)，所以大部分電腦衡量效能的時候都是利用這個單位，例如：假設一個200MHz 的計算機，所有執行的指令都需要4個時脈週期，則其MIPS為200M/4=50 MIPS；MFLOPS

(Million Floating Operations Per Second)則是指每秒所能執行的浮點運算數目,通常用在需要大量浮點數運算的機器上,例如:中央氣象局進行數值氣象預報所用的超級電腦,通常就會用此一單位;TPS(Transactions Per Second)則是指每秒所能執行的交易數目,一般用在需要進行大量交易的商業系統上,例如:銀行主機衡量效能時,最常使用此一單位。

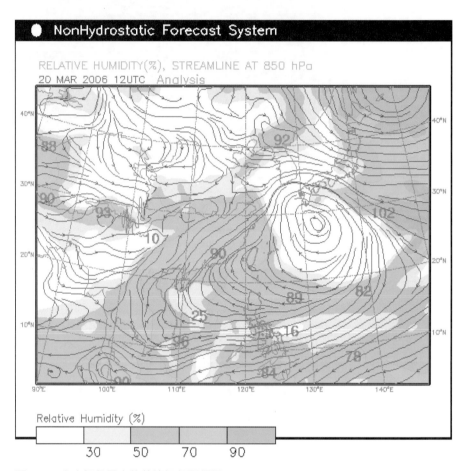

圖1-15 中央氣象局中的數值氣象預報圖

（ref:http://www.cwb.gov.tw/V4/weather/graph/NFS_D51D2S-RB.htm）

表 1-1 電腦適用的國際單位制詞頭(SI prefix)

10^n	我國所用詞頭	英文	符號
10^{24}	佑	yotta	Y
10^{21}	皆	zetta	Z
10^{18}	艾	exa	E
10^{15}	拍	peta	P
10^{12}	兆	tera	T
10^{9}	吉	giga	G
10^{6}	百萬	mega	M
10^{3}	千	kilo	k
10^{2}	百	hecto	h
10^{1}	十	deca	da
10^{-1}	分	deci	d
10^{-2}	厘	centi	c
10^{-3}	毫	milli	m
10^{-6}	微	micro	μ
10^{-9}	奈	nano	n
10^{-12}	皮	pico	p
10^{-15}	飛	femto	f
10^{-18}	阿	atto	a
10^{-21}	介	zepto	z
10^{-24}	攸	yocto	y

2. 可靠性及其能產生的應用

電腦的可靠性經過幾十年來的改進，已經變得相當高。早期真空管電腦的零組件個別壽命可能只有一千個小時，因此經常可能因為零組件損壞而使電腦停擺。但是在採用超大型積體電路(Very Large Scale Integrate circuit, VLSI)技術製造電腦的主要零組件後，單一組件的壽命非常高，從而使電腦的可靠性大幅提高，目前的電腦在正常的維護狀態下實際上都具有相當長的壽命。

3. 正確性及其能產生的應用

現代電腦在進行處理與運算時的正確性非常高，除非是非常特別的運算或是電腦設計錯誤，否則目前一般電腦所計算或處理的結果，在正確性上幾乎都具有相當的水準。

4. 儲存資訊及其能產生的應用

現代電腦的發展上，儲存裝置也是一項進步神速的技術，目前不管是可以快速存取的主記憶體，或是速度較慢但容量較大的輔助記憶體，容量都已經大幅度提高。例如目前個人電腦的主記憶體可以很輕易的擴充到1GB（十億位元組）或更高，輔助記憶體中的硬碟更可以儲存上百個GB（Giga bytes,十億位元組）甚至幾個TB（Terra Bytes,兆位元組），也就是說，小小的一台硬碟機就可以儲存好幾千億個英文字。

圖1-16　東京秋葉原所販售的壽司造型隨身碟

表 1-2 儲存裝置:資料儲存單位轉換表

英文名稱	中文名稱	單位	附註
Bit	位元	0或1	最小單位
Byte	位元組	8bits	1byte=8bits
KB(Kilo Bytes)	千位元組	1024bytes	2^{10}個位元組
MB(Mega Bytes)	百萬位元組	1024KB	2^{20}個位元組
GB(Giga Bytes)	十億位元組	1024MB	2^{30}個位元組
TB(Terra Bytes)	兆位元組	1024GB	2^{40}個位元組

5. 提高生產力

當電腦跨入各行各業後,許多繁雜且浪費時間的事物皆已被其取代。如辦公室自動化,在文書處理之外,如何讓主管與下屬、或是業務相關的人員能夠坐在自己的位置上,經由通訊網路來共享辦公室設備、進行資訊流通以及產生正確、完整的資料等,成了辦公室自動化的主要目標,企業藉由使用電腦使其工作效率化、自動化,而大大提升了生產力。

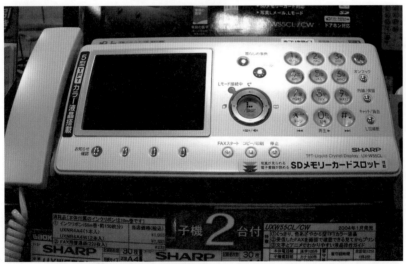

圖1-17 辦公室自動化的設備─影像電話

6. 娛 樂

近年來由於電腦應用層面的快速擴張再加上卓越的研發、製造技術,許多的新開發程式及硬體都應用到民生娛樂上,包括:

圖1-18　MP3播放器

1. **音樂播放**：ＭＰ３、卡拉OK、Video Player⋯⋯等。

2. **影片欣賞**：ＶＣＤ、DVD、家庭劇院、線上電影⋯⋯等。

3. **遊戲平台**：如現在許多人喜愛的線上遊戲或家庭電視遊樂器。

圖1-19　微軟公司的媒體播放程式

圖1-20　PS Vita掌上遊樂器

7. 教 育

　　近年來由於影音多媒體已成為視訊、音樂、遊戲及學習等的
應用主流，使得現今的企業、學校甚至是補習班等教育教學機
構，皆普遍使用電腦作為輔助教學。以聲音、影像、動畫及互動
式的方式來增進教學的效果。

圖1-21　電腦輔助教學資訊網 (ref:http://www.caisoft.idv.tw/)

複習題庫

( ) 1. 假設個人電腦主要記憶體容量為2GB，則其2GB大小為多少Bytes？
(A)$2*10^8$ (B)10^9 (C)2^{30} (D)2^{31}。

( ) 2. 以下哪一件工作是電腦目前無法勝任的？ (A)加速計算 (B)提供幾乎無限量的儲存空間 (C)判斷美醜 (D)精準的運算。

( ) 3. 使用資訊科技時，下列敘述何者正確？ (A)基於分享的觀念，有好的軟體或資源應該盡量分享、散佈給大眾 (B)在網路論壇上若與他人的理念不合，仍應保持理性進行溝通，而非謾罵爭吵 (C)好朋友之間，偷偷植入木馬程式或電腦病毒，是無傷大雅的惡作劇 (D)看到有趣的電子郵件標題，應該立刻開啟觀看內容。

( ) 4. 汽車導航系統與下列何者最相關？ (A)視訊會議 (B)電腦輔助教學 (C)電子化E政府 (D)全球定位系統。

( ) 5. 請問MIPS為下列何者之衡量單位？ (A)磁碟機之讀取速度 (B)印表機之印字速度(C)CPU之處理速度 (D)螢幕之解析度。

( ) 6. 1 peta Byte 等於 (A)10^{16} bytes (B)10^{12} bytes (C)10^{15} bytes (D)10^{20} bytes。

( ) 7. 一連串的輸入、處理、輸出和儲存的動作，稱為 (A)電腦程式設計週期 (B)資訊處理週期 (C)資料輸入週期 (D)網頁瀏覽週期。

( ) 8. 一般副檔名為txt的檔案，以儲存何種檔案的內容為主？ (A)文字 (B)聲音 (C)視訊 (D)圖片。

( ) 9. 一般副檔名為bmp的檔案，以儲存何種內容為主？ (A)數字 (B)文字 (C)圖片 (D)影片。

( ) 10. 下列常見的副檔名中，哪一個以儲存執行檔為主？ (A)exe (B)html (C)doc (D)txt。

參考解答

| 1.D | 2.C | 3.B | 4.D | 5.C | 6.C | 7.B | 8.A | 9.C | 10.A |

電腦的種類與演進

2-1 電腦早期的發展

1. 第一部以現代概念設計的電腦

　　雖然有人認為中國的算盤是最早的電腦,而法國數學家巴斯卡(Blaise Pascal)與萊布尼茲(Leibniz)也曾經試圖製造過自動電腦機器,但是一般認為,英國科學家巴貝治(Charles Babbage)設計用來解方程式的差分機(Difference engine),與其後更精密

的分析機(Analytical engine)才是第一個與現代電腦相近的設計,尤其分析機是以打孔卡片輸入程式與資料,更是相當創新的設計,而其女助手艾達(Augusta Ada Byron)更撰寫最早的電腦程式。但是由於他的設計太過先進,並非當時蒸汽動力技術所能完成,因此並未完成分析機,但是由於其先進觀念,因此一般尊稱他為電腦之父。

圖 2-1　巴貝治

圖 2-2　算盤—最早的電腦

2. 最早的大量資料處理機

　　1890年左右，為了協助美國進行人口普查，何樂禮(Hollerith)採用了打孔卡片與相關的打孔設備以進行資料處理，開啟了大量資料處理的先河，而在1896年，何樂禮也創辦了現代知名電腦公司IBM的前身。

3. 圖林機器與圖林測試

　　1930年代，英國數學家圖林(Alan Turing)寫了一篇描述一般化機器的論文，所描述的就是圖林機器(Turing machine)；同時圖林也設計了非常有名的圖林測試(Turing test)，可以用來測試電腦人工智慧的程度。其方法就是讓一個公正的人透過線路與另一端的測試對象交談，如果公正的人無法判斷出另一端的測試對象是人或機器，就算通過圖林測試，表示電腦具有非常高的人工智慧。

圖2-3　何樂禮打孔卡片

2-2　第一代電腦

1. 第一部電子電腦

　　1946年，Eckert與Mauchly才造出一部純粹使用電子裝置的電腦，就是有名的ENIAC(Electronic Numeric Integrator And Calculator)，這部電腦原本是為了計算飛彈軌道才造出來的，可惜還沒造出來二次世界大戰就結束了，不過它的速度還是比以往的計算裝置快上許多。

圖 2-4　ENIAC

2. 馮紐曼機器架構

ENIAC最大的缺陷,就是每次要解決其他問題時,必須重新修改線路,其工程之龐大可想而知。後來由馮紐曼(John Von Neumann)提出儲存程式概念(Stored-program concept),也就是電腦要執行程式前必須將之儲存到電腦的內部記憶體中,因此程式只要由外界輸入到內部記憶體就可以執行,從而避免了重複修改線路的麻煩。此後採用此種方式執行的電腦,就被稱為是具有馮紐曼架構的電腦,現在幾乎所有的電腦都屬於此一架構,但是也由於此一架構的限制,如果程式的記憶體參考頻繁,會影響系統執行效能,造成電腦的執行速度受限,這就是馮紐曼瓶頸。在CPU與記憶體間的快取記憶體紓解了馮紐曼瓶頸的效能問題。另外,分支預測(Branch prediction)演算法的建立也幫助緩和了此問題。

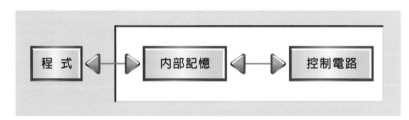

圖 2-5 馮紐曼機器架構

3. 使用元件

第一代電腦採用真空管(Vacuum tube)為主要元件,如圖2-6所示。這種電子元件不但體積大,耗電量高,而且壽命不長。因此第一代電腦的「順位」都相當驚人,而且不甚可靠。

圖 2-6 真空管

4. 使用語言

都是機器語言(Machine language),完全由0與1組成,因此非常的不方便。

5. 速 度

2000 IPS，也就是每秒只能執行2000個指令，其機器週期時間是以ms為單位。

6. 記憶體

主記憶體：電子電路記憶體。

輔助記憶體：打孔卡片。

圖 2-7　電子電路記憶體

2-3　第二代電腦

1. 使用元件

電晶體(Transistor)，1948年由貝爾實驗室(Bell Lab)所發明，體積比真空管小得多，耗電量與可靠性的表現也遠優於真空管，因此快速取代真空管的用途。

2. 記憶體

主記憶體：磁鼓(Drum)或磁蕊(Magnetic core)，容量約4~32KB。 輔助記憶體：磁帶(Tape)。 記憶體管理：可以用重疊程式(Overlay)和多元程式(Multiprogramming)。

3. 使用語言

可以用組合語言(Assembly)或早期的高階語言，如FORTRAN、ALGOL 60、COBOL、APL、LISP等。

圖 2-8　電晶體

4. 速 度

1 MIPS，也就是每秒可執行一百萬個指令，其機器週期時間則以ms（微秒，10^{-6}秒）為單位。

5. 輸出入

開始引用I/O處理機來分攤CPU工作量。

6. 系統軟體

已經發展編譯器(Compiler)、程式館(Library)、批次處理的
監督器(Batch monitor)、平行處理系統與多元程式處理系統
(Multiprogramming systems)。

2-4 第三代電腦

1. 使用元件

積體電路(Integrated
Circuit, IC)，包括小規模積體
電路(Small Scale IC, SSI)與
中規模積體電路(Medium
Scale IC, MSI)兩種等級；同
時開始利用多層印刷電路板
(Multilayered Printed Circuit
Board, PCB)來作為主機板，
使得機器體積大幅縮小，速度
快速提升。

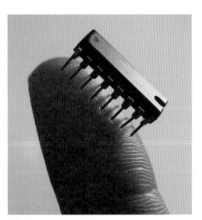

圖 2-9　SSI

2. 記憶體

主記憶體：半導體記憶體(Semiconductor memory)，容量
在32KB~3MB之間。

3. 使用語言

PASCAL、 ALGOL 68 、SNOBOL、 BASIC 、PL/1 等高
階語言。

4. CPU設計

已經可以使用微程式(Microprogramming)與管線處理(Pipeline)。

5. 速 度

10 MIPS，也就是每秒可處理約一千萬個指令，機器週期時間以ns（毫微秒或稱奈秒，10^{-9}秒）為單位。

6. 系統軟體

此階段作業系統(Operating system)已經發展完成，可以進行遠地處理作業(Remote processing)和分時處理(Time sharing)。

2-5 第四代電腦

1. 使用元件

大規模積體電路(Large Scale IC, LSI)與超大規模積體電路(Very Large Scale IC, VLSI)，在極小的空間內塞入大量電子元件，使速度與效能快速提升，同時也促成了個人電腦的興起。

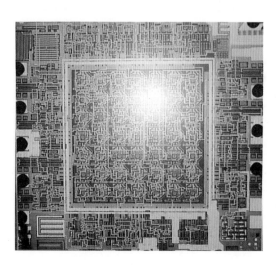

圖 2-10　VLSI

2. 記憶容量

可以超過3MB以上。

3. 速 度

100MIPS~1BIPS，也就是每秒可以處理約一億到十億個指令。

4. 語 言

各種低、中、高階語言，例如：C、Pascal、Basic、C++、Java等。

2-6 第五代電腦

一般所謂的第五代電腦是指具有人工智慧(Artificial Intelligence, AI)的電腦，其中深度學習(Deep learning)與生成式AI(Generative AI)等技術的進步，讓人工智慧軟體上的發展受到關注。

1. 人工智慧的發展範圍

一般認為，包括專家系統(Expert system)、自然語言(Natural language)與機器人技術(Robot)等皆屬於人工智慧的範圍。

2. 專家系統(Expert system)

專家系統利用深度學習等技術將人類專家的知識轉化成知識庫(Knowledge base)可以儲存的形式存起來，由使用者輸入相關事實，再利用推理引擎(Inference engine)擷取知識推出結論，以提供人類作為參考，可以用來取代無法進入各地的稀有專家。目前此類系統被用在例如：採礦、醫學診斷等方面。

深度學習是人工智慧領域中的一個重要分支，其核心是建立多層次的神經網路模型，以實現對數據的自動分析和抽象。與傳統的機器學習相比，深度學習的特點是可以透過大數據和運算能力的提高，有效地處理高維度和複雜的數據問題。近年來，深度學習在圖像識別、語音識別、自然語言處理等領域取得了突破性進展。

深度學習的主要思想是利用多層次的神經網路，從數據中學習高級抽象特徵表示，並透過反向傳播算法(Backpropagation)來進行訓練。深度學習模型包括卷積神經網路(Convolutional Neural Networks, CNN)、循環神經網路(Recurrent Neural Networks, RNN)等，這些模型在不同領域的應用都取得了極好的效果。

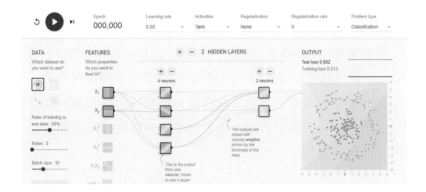

3. 自然語言(Natural language)

自然語言則是要讓電腦可以直接辨識人類的語言，利用生成式AI等技術進行語音辨識、文字辨識、機器自動翻譯等等，目前是人工智慧領域亟待發展的領域之一。

生成式AI是深度學習的一個重要分支，它的目標是從訓練數據中學習概率分佈，並使用這些分布生成新的數據。常見的生成式模型包括自動編碼器(Autoencoder)、生成對抗網路(Generative Adversarial Networks, GANs)等。這些模型在圖像、音頻、自然語言等領域都取得了令人矚目的成果，如生成逼真的圖像、音頻、文字等。

4. 機器人(Robot)

機器人技術的發展快速，由於硬體速度的大幅提升，目前的機器人已經可以做到一些相當細緻的動作，而且部分機器人也已經工業化到運用在實際的生產線上進行，例如噴漆、裝配等工作。以下是一些最新的機器人技術發展：

(1) 機器人的機械設計和控制：機器人的機械設計和控制技術不斷進步，使得機器人可以更加靈活和高效地執行各種任務。設計更輕量化的機器人部件，以及更精確和靈活的機械控制技術，使得機器人能夠在更多的環境中運行。

(2) 機器人的人工智慧：機器人的人工智慧技術也在不斷發展。深度學習、生成式AI等技術的進步使得機器人能夠更好地理解和處理人類的語言和行為，能夠更智能地執行各種任務，並且能夠更好地與人類進行交互。

(3) 機器人的感知和認知：機器人的感知和認知能力也得到了很大的改進。機器人可以感知周圍環境中的各種信息，例如：聲音、視覺、溫度、濕度等，這些信息對於機器人來說非常重要，因為它們能夠幫助機器人更好地理解周圍的環境和執行任務。

(4) 機器人的應用場景：隨著技術的進步，機器人已經開始應用於許多新的場景中，例如：醫療、教育、娛樂等。在醫療領域，機器人可以幫助醫生進行手術，並且可以協助病人進行身體檢查。在教育領域，機器人可以與學生進行互動，提供更好的學習體驗。在娛樂領域，機器人可以扮演角色並與觀眾互動。這些新的應用場景也在推動機器人技術的發展。

圖 2-11 機器人

2-7 電腦的種類

電腦的運作原理大同小異，但若依據計算速度、記憶容量、控制週邊、作業系統等需求的差異，大致可分為下列幾類：

1. 個人電腦(Personal Computer, PC)

個人電腦是指適合個人使用的電腦系統。常見如下：

圖 2-12 桌上型電腦

(1) 桌上型電腦(Desktop computer)：桌上型電腦通常由一個桌上機殼、顯示器（螢幕）、鍵盤和滑鼠組成。

(2) 筆記型電腦(Laptop computer)：筆記型電腦整合了顯示器、鍵盤、觸控板或軌跡球，並且通常具有內置電池。

圖 2-13 筆記型電腦

(3) 平板電腦(Tablet computer)：平板電腦是一種輕薄的移動電腦，通常只有觸控螢幕，沒有實體鍵盤，適合閱讀電子書、瀏覽網頁、觀看影片。

(4) 一體式電腦(All-in-One computer)：一體式電腦將顯示器和電腦主機集成在一起，通常不需要額外的機殼。

圖 2-14 平板電腦

2. 工作站(Workstation)

工作站是專門設計用於處理複雜的科學、工程或圖形計算任務的高性能電腦。工作站通常用於CAD（電腦輔助設計）、動畫製作、科學模擬等領域。

圖 2-15 一體式電腦

3. 大型電腦(Mainframe computer)

是指具有強大處理能力和大容量記憶體的計算機系統。可以處理大數據,支持多用戶同時操作,並具有高可靠性和可用性。一般使用於較具規模的單位或企業,例如:銀行的金融交易處理,航空公司的訂位系統等。

4. 超級電腦(Super computer)

是一種高性能計算機,擁有極高的計算能力和存儲能力,通常用於處理龐大的數據和複雜的科學計算問題。

超級電腦被廣泛應用於各個領域,包括科學研究、氣象預測、天文學、生物學、材料科學、藥物研發、核能模擬、天然資源勘探、金融分析等。

例如:美國國家能源研究科學計算中心(National Energy Research Scientific Computing Center, NERSC)擁有一些世界上最強大的超級電腦,用於支援能源和材料科學的計算需求。

5. 穿戴式裝置(Wearable device)

是一種可以佩戴在身體上的計算設備,具有小型化和便攜性的特點,它們能夠與使用者實時互動,同時透過傳感器收集身體數據。主要目的是提供即時信息和個人健康管理等功能。包括智能手錶、智能眼鏡、健身追蹤器等等。

6. 嵌入式電腦(Embedded computers)

是一種嵌入在其他設備或系統中的計算設備,具有特定的功能,用於實時處理和響應外部環境的數據。它們的設計注重穩定性、低功耗和高效性,用於控制、監測或執行特定任務。這些設備被嵌入在各種物品中,例如:家電、汽車、工業設備、醫療儀器等。

( ) 1. 電腦的發展趨勢是　(A)速度越來越快　(B)精確度越來越低　(C)容量越來越小　(D)體積越來越大。

( ) 2. 下列哪個元件不在von Neumann的電腦模型中？　(A)Control Unit　(B)Arithmetic Logic Unit　(C)Main Board　(D)Input/Output。

( ) 3. 個人電腦是屬於　(A)迷你電腦類　(B)特殊用途電腦類　(C)混合式電腦類　(D)微電腦類。

( ) 4. Router屬於哪一類設備組？　(A)輸入　(B)輸出　(C)網路　(D)遊戲。

( ) 5. 觸控螢幕是屬於何種裝置？　(A)輸出裝置　(B)記憶裝置　(C)輸入裝置　(D)輸出與輸入裝置。

( ) 6. 下列何者非計算機之基本運作組成單元(Basic Functional Units)？　(A)CPU　(B)I/O　(C)Memory　(D)UPS。

( ) 7. PC系統的中央處理器，包含兩個基本部分：算術邏輯單元與下列何者？　(A)Memory Unit　(B)Control Unit　(C)Input Unit　(D)Output Unit。

( ) 8. 根據歷史演進，下列哪一種才是程式設計技巧的發展歷程？　(A)平鋪直敘式設計→物件導向式設計→結構式設計　(B)物件導向式設計→平鋪直敘式設計→結構式設計　(C)平鋪直敘式設計→結構式設計→物件導向式設計　(D)結構式設計→平鋪直敘式設計→物件導向式設計。

( ) 9. 以PENTIUM微處理機組成的電腦是多少位元的CPU？　(A)8位元　(B)16位元　(C)32位元　(D)64位元。

( ) 10. 下列有關電腦訊號的描述，何者不正確？　(A)一般電腦處理的資料為數位訊號　(B)魔電(Modem)處理類比與數位訊號之轉換　(C)訊號線的頻寬(Bandwidth)指的是其承載的容量　(D)一般電腦處理的訊號都是類比訊號。

參考解答

1.A	2.C	3.D	4.C	5.D	6.D	7.B	8.C	9.D	10.D

🔍 **MEMO** ♥

Computer Science
Introduction and
Application

電腦技術發展趨勢

3-1　超級電腦與平行處理

1. 超級電腦概念

目前，超級電腦的發展處於快速演進的階段，新一代超級電腦採用了更快速的處理器和更大的記憶體容量，使其能夠進行更複雜、更大規模的計算任務。採用先進的架構和創新的技術，如圖形處理器(GPU)和異構計算，進一步提高了計算效能。超級電腦利用並行計算的能力，透過同時執行多個計算任務來提高整體性能。並行計算可以分為多種形式，包括任務並行、資料並行和混合並行等。軟體和演算法的發展使得超級電腦能夠更好地利用並行計算的優勢，並實現更高效的計算。

2. 電腦架構分類

依照Flynn所定義的架構，電腦可以依照其所能接受的指令流與資料流，分成四種電腦。

表3-1　Flynn電腦架構分類

簡稱	指令流	資料流	架構	例子
SISD	1	1	單處理機 Von Neumann機器	一般PC
SIMD	1	M	陣列處理機 向量處理機 管線電腦	ILLIAC IV
MISD	M	1	不用	
MIMD	M	M	多處理機 平行處理機器	Cray X/MP

(1) SISD

單指令流單資料流電腦，也就是其處理單元同一時間內只能處理單一指令，同時也只能存取一筆資料。例如：現在一般單CPU的個人電腦就是屬於這一類。

(2) SIMD

單指令流多資料流電腦，也就是其處理單元同一時間內只能
處理單一指令，但是一次可以存取多筆資料。例如：目前較
常見的管線電腦與超級電腦中的陣列處理機、向量處理機都
是屬於這一類。

(3) MISD

多指令流單資料流電腦，也就是其處理單元同一時間內可以
處理多個指令，但是只能存取一筆資料。這種方式由於處理
機速度的發展遠超過資料存取裝置存取速度的發展，因此並
不實用。

(4) MIMD

多指令流多資料流電腦，
也就是其處理單元同一時
間內可以處理多個指令，
同時也能存取多筆資料。
例如現在一般平行處理電
腦就是屬於這一類。

3. 高速電腦架構

圖3-1　Cray X1E
(ref:http://www.cray.com/products/x1e/index.html)

(1) 管線電腦(Pipeline)

這種高速電腦架構目前被廣泛應用，甚至連Intel的Pentium
微處理機當中都採用這些架構，以大幅提高處理速度。在實
用上大都使用指令管線(Instruction pipeline)，可以同時執
行數個指令的不同階段，採用類似生產線的觀念以加快整體
系統的效能。指令管線中的每個單元處理之後就送往下一個
單元。各單元依照其輸入之關係排成一列，每兩相鄰的單元
之間加上暫存器(Latch)，執行之指令一個接一個進入，不需
要等前一個指令完全離開管線，只要其進入下一單元時，下
一指令即可接著進入，藉此提高一連串指令之整體執行速
度。管線危障(Pipeline hazards)就是不能順利的在下一個時
脈週期執行下一個指令。以下說明三種Pipeline hazards：

A. 結構危障(Structure hazards)

硬體資源不夠多，而導致在同一時間內要執行的多個指令無法執行。例如只有一個加法器時，卻有二個加法運算要在同一個時脈週期中執行，就會發生結構危障。其解決方法可以增加硬體資源，但是此舉太耗費成本；也可以延遲後續指令執行以避免結構危障發生。

B. 控制危障(Control hazard)

發生在指令正在執行時，需要依據另一指令的結果來做出一些決定的時候就會發生，例如：分支指令執行時要判斷條件是否成立，條件卻還在管線某一階段，無法馬上得知，就會發生控制危障。其解決方法可以用凍結管線，暫停分支後所有的指令，直到分支目標位址確定之後，才繼續執行；也可以採用預測(Predict)，直接預測分支條件不會成立，如此管線可以全速的運作，只有當分支發生時我們才需要管線暫停；也可以採用延遲分支(Delay branch)，重排程式的指令讓目標指令晚一點出現，為分支指令爭取更多的處理時間。

C. 資料危障(Data hazard)

管線中某一指令執行時，需要用到還在管線中指令所產生的結果。其解決方法可以用延遲方式，延遲後續指令執行幾個時間週期以避免資料危障發生；也可以用前饋(Forwarding) 或稱旁路(Bypassing)的方式來解決，在ALU 的運算完成後，將其結果回饋至其來源處當做下一個指令的輸入；也可以將指令碼用適當方法來重新排列，以避免資料危障發生。

算術管線則通常出現在高速電腦中，是用來實現浮點運算、乘法等算術運算，用類似指令管線的觀念將算術運算對象的資料分解，利用數個子步驟，以不同處理單元分別處理各個資料，以求在短時間內實現這些較難運算。

(2) 向量處理機(Vector Processing)

向量處理器是一種實現了直接操作一維數組（向量）指令集的中央處理器(CPU)，通常使用單指令多數據(SIMD)技術。SIMD指令集允許同一指令同時應用於多個數據元素，使得數據可以在單個指令的控制下進行並行處理。其架構設計針對數據密集型的計算任務。它透過同時處理多個數據元素的向量指令，實現高效的並行計算。向量指令可以同時應用於多個數據元素，從而提高計算效率和性能。

(3) GPU（圖形處理器）和TPU（張量處理器）

兩者都是計算機中用於加速計算的處理器。它們的主要區別在於它們的設計目的和優化方式。GPU最初是為圖形處理而設計的，它擁有大量的簡單計算單元，可以同時執行大量簡單且重複的運算。這種架構在有大量並行化的應用中工作得很好，例如：神經網路中的矩陣乘法。實際上，相比CPU，GPU在深度學習的典型訓練工作負載中能實現高好幾個數量級的吞吐量。這正是為什麼GPU是深度學習中最受歡迎的處理器架構。TPU是谷歌設計的一種定制化ASIC晶片，它專門用於機器學習工作負載。TPU為谷歌的主要產品提供了計算支持，包括翻譯、照片、搜索助理和Gmail等。可以為神經網路處理大量的乘法和加法運算，同時TPU的速度非常快、能耗非常小且物理空間占用也更小。

(4) 多元處理(Multiprocessors)

就是在一部電腦內採用多個處理機的系統。

A. 多元處理的目的

(A) 提高產出(Throughput)

利用多元處理可以提高工作的產出量，不過由於各處理機之間需要進行協調，因此工作產出量與處理機數目之間並不會呈現線性關係，而是當處理機增加越多時，工作產出量的增加率會低於處理機的增加率。

(B) 節省經費

多元處理可以讓許多處理機共用機殼、電源供應器、記憶體等設備，因此可以節省經費。

(C) 提高可靠(Reliability)

在多元處理中，少數處理機的失敗並不會造成整個系統的停擺，他們的工作會被分派給其他處理機，因此只會讓整個機器的處理速度變慢，而不會造成沒有機器可以使用，因此可靠性較高。

B. 多元處理的種類

(A) 對稱多元處理(Symmetric multi-processing)

每個處理機都是在相同的作業系統下執行，這些作業系統會依照需要相互溝通。

(B) NUMA(Non-Uniform Memory Access)是一種非對稱記憶體存取架構。在NUMA系統中，每個處理器核心有自己的本地記憶體，並且可以直接訪問該記憶體。同時，它們還可以透過高速互連網路連接到其他處理器的記憶體。

(5) 容錯系統(Fault Tolerance)

A. 作業方式

當多元處理系統中有一部分損壞時，其作業系統仍能使系統繼續維持運作，則此一系統稱為容錯系統，例如Tandem系統中就是用雙處理機，分別是主處理機與備份處理機，二者個別處理各自的記憶體，所有程式執行時，會同時在兩個處理機儲存，主處理機的程式執行到某一檢核點時，就會拷貝到備份處理機，若有錯誤就會從最近的檢核點重新啟動，多用在股市交易系統中。

B. 通常用在對失誤非常敏感的系統中，例如：太空探測，飛機、股市交易等需要高可靠度的系統上。

C. 容錯系統常用技術

(A) 重要的資料必須有數個副本存於不同的記憶裝置。

(B) 作業系統必須能在完整的硬體組態下運作達到最大效能，但是在硬體發生損壞時，作業系統也可以利用部分硬體完成工作。

(C) 硬體錯誤的偵測與更正，必須在不影響系統運作的效率下完成。

(D) 在錯誤發生之前，應儘量用閒置的處理機來偵測潛在的錯誤。

(6) 量子電腦(Quantum Computer)

A. 概念

這是利用量子物理的法則所設計的一種電腦,與傳統電腦最大的差別在於量子電腦可以同步地處理同一件工作,因此可大幅縮減在運算上所需花費的時間。量子電腦的基本元素稱之為量子位元 (Quantum Bits),簡稱為 qubits。

B. 特性

(A) 疊加性(Superposition)

假設每一個量子位元都可能會有兩種狀態,不是順時針旋轉就是逆時針旋轉,若我們把一個粒子放到一個暗箱裡,然後用一個微弱的脈衝打進去,此時箱子內的粒子可能是順時針,也可能是逆時針,若不打開箱子看,我們無法得知這個粒子旋轉的方向。這種所有狀態都可能出現的情況就稱為疊加性。

(B) 測量性(Measurement)

在箱子打開之前,量子是以疊加的狀態存在,也就是順時針旋轉或逆時針旋轉都有可能。一旦箱子被打開後,答案就公布了,量子的疊加性也隨之消失。

(C) 可逆性 (Reversing)

在量子運算中,所有運算在未經測量前都是可逆的。

(D) 不可複製性 (No-cloning)

無法對處於疊加狀態中的量子進行複製。

(E) 糾纏性 (Entanglement)

無法分解成任意兩個量子態的乘積。

C. 量子電腦對傳統密碼學的威脅

由於量子電腦可以對同一個問題的不同狀態進行同步的處理,所以量子電腦可以更有效率地來執行這個猜謎遊戲。其作法如下:

(A) 我們可以用14個位元來表示任何由4個數字所組成的十進位數字,例如「00000001111011」就相當於十進位的「0123」,「00000001111100」相當於十進位的「0124」。

(B) 然後將每一個位元用一個量子位元來表示,再將這14個量子位元同時放到一個箱子中。

(C) 打入弱脈衝,使之旋轉方向產生變化,此時這14個量子就進入疊加狀態了,它同時代表2^14種可能發生的狀態,然後把這些處於疊加狀態的粒子放入量子電腦中執行。

(D) 由於量子電腦可以同時嘗試所有可能的答案,一個單位時間後,量子電腦就會告訴我們正確的謎底為何,而傳統電腦可能需要5040個單位時間,才能完成所有可能答案的搜查。

3-2　人工智慧

1. 人工智慧概念與發展

分為只能處理特定問題的弱人工智慧(Weak AI)或稱狹義人工智慧(Narrow AI)或應用型人工智慧(Applied AI)、具備執行一般智慧型行為能力的強人工智慧(Strong AI)或稱通用人工智慧(Artificial General Intelligence, AGI)、以及超越人類智能的超人工智慧(Super AI)。

圖3-2　DEEP BLUE

人工智慧發展過程中出現下列重大事件：

(1) 1956年達特茅斯會議(Dartmouth Conference)：被認為是人工智慧領域的起源，由約翰‧麥卡錫(John McCarthy)等人主持，提出了「人工智慧」一詞，並確定了未來研究的目標。

(2) 1997年IBM的Deep Blue戰勝國際象棋世界冠軍卡斯帕羅夫：Deep Blue是IBM開發的一個強大的國際象棋電腦，這次勝利被視為人工智慧的重要里程碑，顯示出計算機在特定任務上能夠超越人類的能力。

(3) 2011年IBM的Watson贏得美國知識問答節目《危險邊緣》(Jeopardy!)：Watson是IBM的一個語言處理和機器學習系統，它在這個難度極高的問答節目中擊敗了兩位前冠軍，這再次凸顯了人工智慧在自然語言理解和推理方面的潛力。

(4) 2012年Google的深度學習系統在圖像識別競賽ImageNet中獲得顯著突破：深度學習的神經網路模型在這個競賽中取得了驚人的成果，大幅超越了傳統的圖像識別方法，這個事件引發了對深度學習和神經網路的熱潮，也推動了人工智慧的發展。

(5) 2016年AlphaGo戰勝圍棋世界冠軍李世乭：由Google旗下的DeepMind開發的AlphaGo，以4比1的比分擊敗了圍棋世界冠軍，圍棋被認為是一個複雜且具有高度直覺的遊戲，這次勝利顯示出人工智慧在面對不確定性和複雜性的任務上的潛力。

圖3-3 人工智慧

(6) 2018年OpenAI的GPT(Generative Pre-trained Transformer)模型：GPT模型是一個基於Transformer架構的語言模型，它能夠生成高質量的自然語言文本，引起了對自然語言處理和語言生成技術的關注。

2. 圖林測試(Turing test)

圖林測試將待測系統與一擔任對照組的人類置於一室,而另一人則在室外擔任對兩者發問的發問人。如果發問人從問答的過程中,無法辨識出來目前與他正在交談的究竟是人類或系統,此系統便通過圖林測試,我們可以認定該系統具有接近人類的智慧程度。

3. 機器學習

機器學習是人工智慧的一個分支,主要是設計和分析一些讓電腦可以自動「學習」的演算法,從資料中自動分析獲得規律,並利用規律對未知資料進行預測的演算法。因為學習演算法中涉及了大量的統計學理論,也被稱為統計學習理論。可以分成下面幾種類別:

圖3-4　機器人
（2005年日本愛知世博會）

(1) 監督學習(Supervised learning)

從給定的訓練資料集中學習出一個函數,當新的資料到來時,可以根據這個函數預測結果。其訓練集要求是包括特徵和目標。訓練集中的目標是由人標註的。常見的監督學習演算法包括迴歸分析和統計分類。

(2) 無監督學習(Unsupervised learning)

其訓練集沒有人為標註的結果。常見的無監督學習演算法有生成對抗網路(GAN)、聚類(Clustering)。

(3) 強化學習機器

(Reinforcement learning)

　　為了達成目標，隨著環境的變動，而逐步調整其行為，並評估每一個行動之後所到的回饋是正向的或負向的。

圖3-5　ChartGPT

4. 類神經網路(Neural network)

(1) 類神經網路概念

　　類神經網路是採取類似人類神經結構的一個平行計算模式，它由一群處理單元(Processing unit)組成，而單元與單元之間則由抑制連結(Inhibitory connection)和刺激連結(Excitatory connection)所連結。每一個單元只是具有限制值的簡單裝置，它從別的單元接收訊號，當這些訊號超過了它的限制值，那麼它就會傳遞出訊號給其它單元。因此在類神經網路中，知識不再是以明確的符號來表示，而是表現在由神經和限制值所形成的整個網路。

(2) 結構

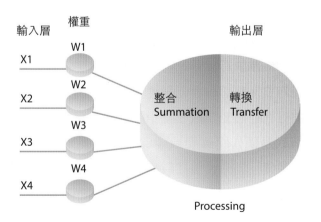

圖3-6
類神經網路結構

(3) 倒傳遞(Back propagation)模式

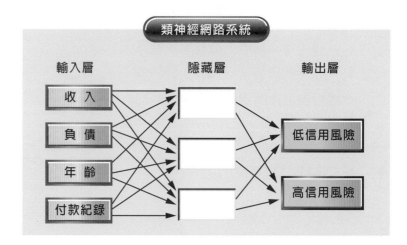

圖3-7
類神經網路倒傳遞模式

5. 深度學習(Deep learning)

是機器學習的分支，是一種以人工神經網路為架構，對資料進行特徵學習的演算法。深度學習中的形容詞「深度」是指在網路中使用多層。觀測值（例如：一幅圖像）可以使用如每個像素強度值的向量，或者更抽象地表示成一系列邊、特定形狀的區域等多種方式。接著運用分層次抽象的思想，更高層次的概念從低層次的概念學習得到。使用貪婪演算法逐層構建，並從中選取有助於機器學習更有效的特徵。代表性的使用模型有卷積神經網路與生成對抗網路：

(1) 卷積神經網路(Convolutional Neural Network，CNN)

是一種前饋神經網路，靈感來自於動物視覺皮層組織的神經連接方式。單個神經元只對有限區域內的刺激作出反應，不同神經元的感知區域相互重疊從而覆蓋整個視野。其結構由一個或多個卷積層和頂端的全連接層（對應經典的神經網路）組成，同時也包括關聯權重和池化層(Pooling layer)。使得卷積神經網路能夠利用輸入資料的二維結構，因此在圖像和語音辨識方面能夠給出更好的結果。

(2) 生成對抗網路(Generative Adversarial Network, GAN)

是非監督式學習的一種方法，透過兩個神經網路相互博弈的方式進行學習，由一個生成網路與一個判別網路組成。生成

網路從潛在空間(Latent space)中隨機取樣作為輸入，其輸出結果需要盡量模仿訓練集中的真實樣本。判別網路的輸入則為真實樣本或生成網路的輸出，其目的是將生成網路的輸出從真實樣本中盡可能分辨出來。而生成網路則要盡可能地欺騙判別網路。兩個網路相互對抗、不斷調整參數，最終目的是使判別網路無法判斷生成網路的輸出結果是否真實。常用於生成以假亂真的圖片。

6. 生成式人工智慧(Generative artificial intelligence)

是一種人工智慧系統，能夠根據提示生成文本、圖像或其他媒體。生成式 AI 模型學習其輸入訓練數據的模式和結構，然後生成具有相似特徵的新數據。著名的生成 AI 系統包括ChatGPT（及其變體Bing Chat）和Bard。其他生成式 AI 模型包括Stable Diffusion、Midjourney和DALL-E等人工智能藝術系統。

(1) ChatGPT

是由OpenAI開發並於 2022年11月發布的聊天機器人。結合了"Chat"（指的是其聊天機器人功能）和"GPT"（代表生成的預訓練轉換器），建立在 OpenAI 的基礎GPT模型之上，特別是GPT-3.5和GPT-4，並且已經針對使用監督和強化學習技術。針對會話使用進行了微調，稱為人類反饋強化學習(RLHF)的過程中利用了監督學習和強化學習。使用人類訓練員來提高模型的性能。在監督學習的情況下，由人類訓練者提供對話與回應。在強化學習步驟中，人類訓練員首先對模型在先前對話中創建的回應進行排序。這些排名用於創建"獎勵模型"，這些模型用於透過使用多次迭代來進一步微調模型近端策略優化。雖然聊天機器人的核心功能是模仿人類對話者，但 ChatGPT 用途廣泛。它可以編寫和調試計算機程序，模仿名人 CEO 的風格並撰寫商業宣傳，創作音樂、電視劇、童話故事和學生論文，回答測試問題，寫詩和歌詞，翻譯和總結文本。

(2) DALL-E和DALL-E 2

是由OpenAI開發的深度學習模型，用於從自然語言描述生成數位圖像，以API 的形式允許開發人員將模型集成到自己的應用程序中。使用以CLIP圖像嵌入為條件的擴散模型(Diffusion models)，並使用變分推理訓練的馬爾可夫鏈，透過對數據點在潛在空間中擴散的方式進行建模來學習數據集的潛在結構。可以生成多種風格的圖像，包括逼真的圖像、繪畫和表情符號。

(3) 大型語言模型(Large Language Model, LLM)

是由具有許多參數（通常為數十億或更多權重）的神經網路組成的語言模型，使用自監督學習或半監督學習對大量未標記文本進行訓練。最常使用transformer架構，取代以往的LSTM等循環深度學習神經網路。

3-3　多媒體應用

1. 多媒體概念(Multimedia)

所謂多媒體就是同時使用兩種以上的媒體去傳送訊息，因此以幻燈片配合音樂的簡報是多媒體，今日普遍可見的電子書，以及網際網路全球資訊網WWW等都是多媒體。而現在由於使用者的要求更高，因此互動式的多媒體(Interactive multimedia)應運而生，這種多媒體讓使用者可以與控制軟體溝通，顯示特定資訊以滿足使用者的要求。

2. 電腦多媒體主要的技術

(1) 圖像顯示技術

電腦螢幕由彩色進一步到高解析度全彩顯示，液晶顯示器(Liquid Cristal Display, LCD)的發展更使電腦螢幕的體積大幅縮小。

(2) 記憶體容量

由於電腦記憶體容量大增，同時單價快速下降，使用者可以用低廉的價格讓資料的讀取速度加快。

(3) 光儲存技術

包括唯讀光碟機(CD-ROM)、可讀寫光碟機(MO)、數位影音光碟(DVD)與藍光DVD提供更大的資料儲存空間，同時讀寫速度也加快許多。

(4) 資料壓縮技術

解決了多媒體資料所需空間過大的問題。包括無損圖像壓縮方法的LZW(Lempel-Ziv-Welch)與失真壓縮標準方法JPEG(Joint Photographic Experts Group)，JPEG是最普遍在全球資訊網(World Wide Web)上被用來儲存和傳輸照片的格式。

(5) 作業系統

Windows作業系統的普及讓多媒體成為必備的配備。

(6) 硬體介面

透過硬體介面可以將電腦與錄放影機、音響以及其他視聽設備結合，提供更佳的多媒體視聽效果。

(7) 串流媒體 (Streaming media)

是指將一連串的媒體資料壓縮後，經過網路分段傳送資料，當觀看者在收看這些影音檔時，影音資料在送達觀賞者的電腦後立即由特定播放軟體播放，如果不使用此科技，就必須先下載整個媒體檔案才能播放。目前的三大串流媒體操作平台是微軟公司的Windows Media Player、RealNetworks的Real Player、與蘋果公司提供的QuickTime Player。

3. 互動式多媒體的服務

(1) 電傳視訊會議(Video teleconferencing)。

(2) 電子新聞(Electronic news)。

(3) 在家電子購物。

圖3-8　影像電話

圖3-9　線上新聞

(ref:http://www.tvbs.com.tw/)

圖3-10　線上購物

(ref:http://www.tw.ebay.com/)

4. 電腦動畫 (Computer animation)

是使用電腦製作動畫的藝術，目前已經進展到3D電腦動畫，動畫中的形象建立在電腦螢幕上並被裝上骨架，3D的四肢、眼睛、嘴巴、衣服由動畫製作者來操縱，最後動畫由電腦繪製出來。電腦動畫可以用圖形工作站和動畫軟體製作。一些常見的動畫軟體包括：Maya, Blender, Truespace (3-D), 3D Studio Max (3D)，以及 SoftImage XSI (3D)。

3-4 元宇宙與虛擬實境

1. 虛擬實境概念

　　由電腦模擬產生的三度空間虛擬環境，提供使用者關於視覺、聽覺、觸覺等感官的模擬，人們可以如身歷其境般置身於其中，可以即時、沒有限制地觀察三度空間內的事物，運用人體各種動作來溝通，電腦可以立即進行複雜的運算，將精確的3D世界影像傳回產生臨場感，可說是新一代的人機界面。從技術的角度來說，虛擬實境系統包含三個部分：沉浸(Immersion)、互動(Interaction)、想像(Imagination)，人能沉浸到電腦系統所創建的環境中，也能用多種感測器與多維資訊的環境進行互動，更能從定性和定量整合的環境中得到感知和理性的認識從而深化概念和想像。目前更邁向擴增實境(Augmented Reality, AR)，是指透過攝影機影像的位置及角度精算並加上圖像分析技術，讓螢幕上的虛擬世界能夠與現實世界場景進行結合與互動的技術。混合實境(Mixed Reality, MR)指的是結合真實和虛擬世界創造了新的環境和視覺化，物理實體和數字物件共存並能即時相互作用，以用來類比真實物體。混合了現實、擴增實境、增強虛擬和虛擬實境技術，是一種虛擬實境(VR)加擴增實境(AR)的合成品。

2. 元宇宙(Metaverse)

　　是一個聚焦於社交連結的3D虛擬世界網路，主要探討一個持久化和去中心化的線上三維虛擬環境，可以透過虛擬實境眼鏡、擴增實境眼鏡、手機、個人電腦和電子遊戲機進入人造的虛擬世界，需要各種科技如區塊鏈、人工智慧、擴增實境、機器視覺。元宇宙包含許多應用的可能性：

(1) 在商業領域，元宇宙可用於虛擬辦公平台，用戶可在模擬辦公環境的3D環境中進行虛擬協作。例如：Meta的Horizon Workrooms和微軟的Mesh，可讓員工在任何地方進行虛擬工作，減少在城市中生活的需要。

(2) 在教育領域，元宇宙可被用來在任何地方和任何歷史點進行實地考察，例如：英偉達公司開發Omniverse的元宇宙基礎設施項目，該項目允許世界各地的開發者實時合作，建立元宇宙內容創作軟體。Together Labs公司也在研究創造逼真化身的技術，它將利用人工智慧使歷史人物仿似復活。

(3) 在房地產領域，元宇宙可用於擬真的虛擬房屋參觀。購房者將可以在自己家裡透過元宇宙參觀位於世界哪方的房屋。NFT虛擬房地產亦為一個新市場，例如："Mars House"，在2021年以50萬美元售出之NFT房屋。

(4) 在音樂領域，近年有部分藝人在《Minecraft》、《機器磚塊》、《堡壘之夜》等遊戲中舉行元宇宙演唱會，饒舌歌手崔維斯·史考特2020年在《堡壘之夜》開辦的演唱會就創下2,000萬美元的收入。

( ) 1. MPEG-4做什麼用？ (A)壓縮視訊 (B)播放視訊 (C)剪輯視訊 (D)剪輯照片。

( ) 2. 透過網路播放影片時，串流媒體的特性是 (A)串接完成後始播放 (B)將影片與他人分享 (C)一邊播放一邊接收 (D)可以達到與影片播放機相同品質。

( ) 3. 下列哪一種檔案不是視訊的格式？ (A).avi (B).wma (C).mpg (D).rm。

( ) 4. 下列套裝軟體何者為繪圖軟體？ (A)Excel (B)Visio (C)Powerpoint (D)SQL。

( ) 5. 以下何者是人工智慧的子範疇(subfield)？ (A)資料處理 (B)專家系統 (C)文書處理 (D)試算表。

( ) 6. 以下哪一種不是標準圖形格式？ (A) BMP (B) PICT (C) VIO (D) JPEG。

( ) 7. 超級電腦在人工智慧和氣象預告等應用上使用的是 (A)大量平行處理 (B)系統單晶片技術 (C)SCSI (D)加速影像連接埠。

( ) 8. 下列何者是最廣泛使用的生物測定裝置？ (A)指紋掃描器 (B)虹膜識別系統 (C)視網膜掃描器 (D)臉部識別系統。

( ) 9. 下列哪種檔案格式，不是常用的聲音格式？ (A)HTML (B)MP3 (C)WMA (D)MIDI。

( ) 10. 下列哪種語言是處理人工智慧方面的代表性語言？ (A)C++ (B)LISP (C)PASCAL (D)COBOL。

參考解答

| 1.A | 2.C | 3.B | 4.B | 5.B | 6.C | 7.A | 8.A | 9.A | 10.B |

Computer Science
Introduction and
Application

PART 02

電腦概論

Computer Science Introduction
and Application

Q MEMO ♥

Computer Science
Introduction and
Application

電腦的硬體

4-1 電腦的定義與用途

1. 電腦的定義

　　硬體就是電腦中所有電子及機械設備的總稱，也就是電腦中我們可以看得到的部分，例如：電路板、電子零件、排線、周邊設備等。一般硬體結構可以分成五大部門。電腦是一個可以處理資料且具有彈性的電子裝置，它可以接受使用者輸入的資料和指令，經過算術及邏輯處理，產生可以進一步使用的資訊並儲存起來。只要符合上列定義的都算電腦。電腦通常是由硬體和軟體組成，電腦的硬體(Hardware)是指我們所能接觸到的機器與其各組成部分，構成電腦的實體部分。電腦的軟體(Software)是指電腦程式，是指告訴電腦做什麼事的一串指令，靠著軟體，電腦才能根據我們的要求，驅動硬體完成各種處理。

2. 電腦操作步驟

　　電腦(Computer)定義是任何可處理資訊進而產生答案或結果的裝置或設備，它主要由輸入、處理、輸出及儲存四大元件所組成，因此電腦的操作步驟可以區分為輸入(Input)、處理

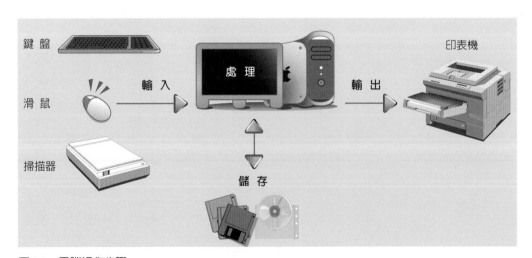

圖4-1　電腦操作步驟

(Processing)、輸出(Output)、儲存(Storage)，也就是一般所說的IPOS循環，也可稱為資訊處理週期(Information Processing Cycle)。

3. 資料與資訊的差別

電腦的用途最主要的就是將資料(Data)轉換成為資訊(Information)，其中資料是指可以輸入電腦的未經組織的材料(Material)，本身是一個客觀存在的事實，並不具備任何意義，必需賦予其一個屬性(Attribute)說明，才能顯出其涵意。資料可以說是潛在的資訊，而資訊則是對某些使用者有意義與有用的資料，是由資料經過蒐集與儲存，而後在某一時點上，由於使用者的需要，透過一套處理程序而產生的，可以輔助決策的進行。

表 4-1 資料與資訊的差別

資　料	資訊
對事實的記錄	為特定決策問題收集
客觀存在	主觀認定
潛在的資訊	有用的資訊
靜態的	動態的
過去的歷史（事後）	未來的預測（事前）
由行動產生	輔助決策，導致行動
儲存只是成本	運用才有效益
儲存的資料結構	檔案組織

4-2　計算處理的組成部分

電腦基本上雖然是由硬體(Hardware)與軟體(Software)兩部分所組成，但是若要進行計算處理則還需要相關的資料(Data)、參與的人員(People)與處理程序(Procedure)才能完成。

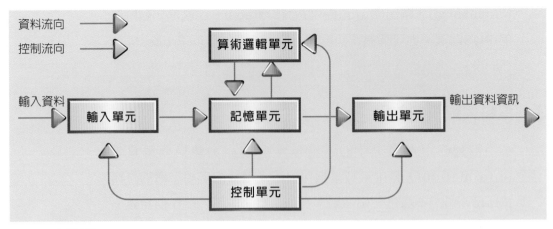

圖4-2 硬體結構

1. 硬 體

所謂硬體，是指電腦的實際部分，通常也就是我們可以實際接觸到的部分。這一個部分是負責實際進行計算處理，其結構如圖4-2，以目前一般個人電腦而言，其中最主要的部分，就是主機、顯示器與鍵盤等外接裝置。而在主機中大家最在意的，就是其中的中央處理單元(Central Processing Unit, CPU)、記憶體與儲存裝置。

中央處理單元是電腦的心臟，包括控制單元、算術邏輯單元與記憶單元；通常現代的CPU中還是有負責記憶的快取記憶體(Cache)與暫存器(Register)。

記憶體(Memory)與儲存裝置(Storage)雖然都是用來儲存程式與資料的，但其差別是記憶體只能暫時的儲存資料，而儲存裝置則是永久保存的。

2. 軟體的定義

所謂軟體，是在電腦中負責操縱硬體的指令部分，這是電腦的靈魂。在計算處理中，軟體負責直接操控硬體以完成計算處理。同時，依照其使用目的，一般分為系統軟體(System software)與應用軟體(Application software)兩種。

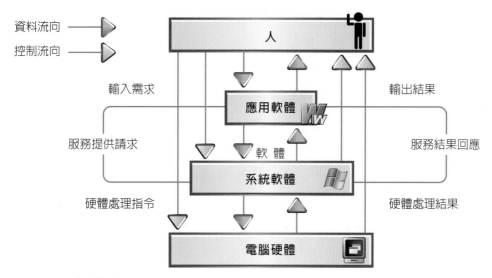

資料流向

控制流向

輸入需求　　　　　　　　　　　　　　　　　　輸出結果

應用軟體

服務提供請求　　　　　　　　　　　　　　　　服務結果回應

軟　體

系統軟體

硬體處理指令　　　　　　　　　　　　　　　　硬體處理結果

電腦硬體

圖4-3　電腦軟體組成

(1) 系統軟體

系統軟體可以直接操縱硬體，以協助其他應用軟體完成任務，可以說一部電腦若缺乏系統軟體則必然無法運作。一般也依照用途，將系統軟體分為作業系統(Operation system)、程式編譯軟體(Compiler)與其他公用軟體(Utility)等三種。

(2) 應用軟體

應用軟體是為了滿足使用者的特定需求而發展出來的，例如：一般公司中的人事薪資系統、進銷存貨系統等皆是。

(3) 套裝軟體

由於一般軟體的製作費用相當高，因此就有一些電腦公司發展所謂的套裝軟體(Packages)，提供可以滿足大部分使用者需求的軟體，並且藉著大量製造降低成本。此種套裝軟體同樣可以區分為系統套裝軟體(System software package)與應用套裝軟體(Application software package)。

系統套裝軟體就是負責整合電腦硬體部門，並提供電腦經常操作的工具。例如：目前的Windows 11、Linux、Visual BASIC、SQL Server等皆是。

應用套裝軟體則可分成特殊用途程式(Special-purpose programs)與一般用途程式(General-purpose programs)，特殊用途程式是指提供使用者特定用途的套裝軟體，例如：各種行業別套裝軟體都屬此類；一般用途程式則是使用者可以利用其發展各種用途，通常包含文書處理(Word processing)、桌上排版(Desktop publishing)、電子試算表(Electronic spreadsheet)、資料庫(Database)、電訊(Telecommunication)、繪圖(Graphic)、資源搜尋(Resource discovery)等用途的軟體。例如：在文書處理上相當著名的Word、電子試算表上的Excel與繪圖上的Photoshop等皆屬此類。

3. 系統模式之特性

電腦進行計算處理後，會將資料轉換成為對人有用的資訊，因此計算處理需要有原始資料的輸入，才能完成人所需要的資訊。其過程可以用所謂的系統模式(System model)來表示。

從系統模式中可以知道，計算處理是在輸入資料後，完成可用資訊，而可用資訊的特性包括：

- 相關性(Relevant)
  資訊必需是可以應用於目前的狀況。

- 及 時(Timely)
  當需要資訊時，資訊必需可用，同時是最新的。

- 正 確(Accurate)
  進行計算處理的資料與完成的資訊都必須是正確無誤的。

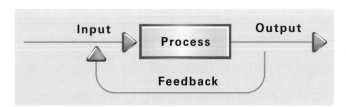

圖4-4 系統模式

- 精 簡(Concise)

  資訊必需濃縮到一個可用的長度,不能過長以致人類無法處
理。

- 完 整(Complete)

  所有重要的項目都必需包含在資訊中。

4. 人

雖然部分電腦可能已經做到完全自動化,但是大部分電腦的
計算處理仍然需要使用者(Users)來進行操作處理,也就是說,
大部分的計算處理都是採用人機系統的方式來進行,因此電腦專
業人員在設計電腦的軟體和硬體時,必須考慮要讓人容易操作。

5. 程 序

所謂程序就是一些為了要完成特定電腦相關工作所必需遵從
的步驟,使用電腦的人若不能遵守這些程序,就無法完成計算處
理。

4-3 電腦的硬體結構

電腦是由控制單元(Control unit)、記憶單元(Memory unit) 、算術
與邏輯單元(Arithmetic and Logic Unit, ALU)、輸入單元(Input unit)與
輸出單元(Output unit)共五大單元所組成的,其中前3個是電腦的中樞
裝置,故稱它為"中央處理單元"(Central Process Unit, CPU),一般
又稱它為"處理器"(Processor)。其餘的輸入和輸出單元則通常稱為
週邊設備(Periphral)。

1. 輸入單元(Input unit)

電腦系統可經由輸入單元將外界的資料或程式，轉換成電腦能接受的形式存入記憶單元。輸入方式可以由CPU來控制；也可以用直接記憶存取(Direct Memory Access, DMA)的方式來進行。

2. 輸出單元(Output unit)

可將電腦處理之結果轉換成為其他形式輸出到外界，與輸入裝置一樣有兩種方式可以達到此一目的。

3. 記憶單元(Memory unit)

負責存放程式或資料，讓電腦的中央處理單元使用。

4. 算術邏輯單元(Arithmetic & Logic Unit, ALU)

負責進行算術與邏輯運算，其過程是接受控制單元的指揮由記憶單元取出所需的資料，加以計算後存回記憶體。

5. 控制單元(Control unit)

負責指令之執行過程的控制；輸入、輸出資料與程式過程的控制，以及協調並控制電腦各部門之運作。一般來說控制單元加上算術邏輯單元與部分的記憶體就可以形成中央處理機(Central Processing Unit, CPU)，這是電腦中真正的核心。

4-4　CPU的構成

CPU由算術邏輯單元、控制單元、部分記憶單元所構成，其與電腦中其他單元間的關係如圖4-5。

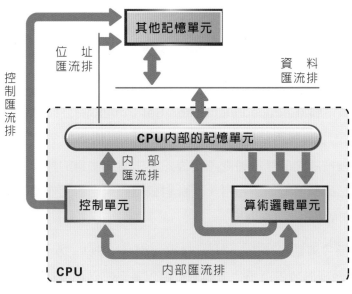

圖4-5　CPU構成及其他單元關係

1. 算術邏輯單元(Arithmetic & Logic Unit, ALU)

負責算術運算和邏輯運算，例如：暫存器相加等運算均由此一單元執行。又可分為兩個單元：

(1) 算術單元(Arithmetic Unit, AU)
負責電腦中的算術運算。

(2) 邏輯單元(Logic Unit, LU)
負責電腦中邏輯運算與關係條件之判斷。

2. 控制單元(Control Unit, CU)

主要負責CPU與主記憶體之間有關程式與資料的移轉控制，以及控制CPU內部ALU各項電路的運作。例如：中斷處理，以及其他將程式存入CPU的動作等。

圖4-6　CPU

3. 記憶單元(Memory unit)

這是指CPU中儲存ALU計算時所需的資料和計算結果的元件，主要是指暫存器(Registers)和旗標(Flags)。

4. RISC/CISC

微控制器(Microcontroller)又可簡稱為MCU，通常用來作為CPU的控制單元，其架構可分為兩大主流，即RISC及CISC。

精簡指令集電腦 (Reduced Instruction Set Computer, RISC)的所有指令程式都是呼叫利用一些簡單的指令組成，以提高指令執行速率，使得個別指令所需的執行時間減到最短，由於指令集的精簡，所以許多工作都必須組合簡單的指令，而針對較複雜組合的工作便需要由編譯程式軟體(Compiler)來執行。

至於複雜指令集電腦（Complex Instruction Set Computer, CISC），則因為硬體所提供指令集較多，所以許多工作都能夠以一個或是數個指令來代替完成，寫出來的程式較短，Compiler的工作因而也減少許多。RISC及CISC的取捨，也就是MCU硬體架構與軟體的平衡，應以不同的需求做不同考量。

以下用製造飛機來舉例說明RISC、CISC的精神

- RISC

如果今天我們要用RISC指令集來達到造一架飛機的目的，在RISC的精神中，每道指令就是要精簡，能很快的被執行，我們可能會發現，RISC飛機工廠用下面的指令來製造飛機。

指令 1：鎖螺絲

指令 2：裝玻璃

指令 3：裝鐵片（機身、引擎蓋等通稱鐵片）

指令 4：裝布類的東西

指令 5：吊重物至某位置（如吊引擎鐵片）

指令 6：配線（不管是電力線路還是燃料或其他線路）

就這差不多6個指令，每個指令都很簡單，我們可以用很多很多的這些指令造出一架飛機，這就是RISC的精神所在。

簡單的指令使我們只需要訓練出會這六種工作的六種工人，就能造出一架飛機了。但是，RISC要面臨的問題是，我們要怎麼用這區區六個指令，這麼簡單的工作造出一架飛機？這時，我們就需要一個強

大的工程規劃者，在我們要造飛機之前，我們只要告訴他概念，他就會設計好藍圖，接著我們只要指揮工人照著藍圖做就好了，這工作就是compiler在做的。這也是目前RISC大行其道的地方，因為目前的compiler都很聰明，都能很輕易的把我們要的概念，劃分成這無數個簡單指令。

- CISC

這種架構的指令很多又很細，通常一個指令就是要你把引擎裝上去，連帶控制線路都要裝好，或是要你裝上皮椅又要裝上安全帶，順便裝裝救生衣，並且可能裝左邊機翼的指令跟裝右邊機翼的指令又是不一樣的。當然做一道指令要很久的時間，而且指令變的很複雜，我們需要訓練出一大堆具有多功能的工人。但是從CPU規劃的觀點來看，可是很耗電晶體的。話雖如此，但是我們可以輕易的用CISC做出一台飛機，因為CISC的指令很強大，又有各種指令，也同時因為CISC的指令又多又強，工程規劃師(Compiler)就沒什麼用了，因為我們自己可以很容易將概念化為藍圖並指揮工人（指令）來實現。

4-5　暫存器與匯流排

1. 通用暫存器(General Purpose Register, GPR)

這是可以由程式設計師指定給程式使用的暫存器，可以在程式執行時暫存中間結果或資料。這種暫存器越多，通常程式的執行效率越高，但是受限於成本因素，因此不會無限制提供。如圖4-7中的通用暫存器(General register)與工作暫存器(Working registers)均屬此類。

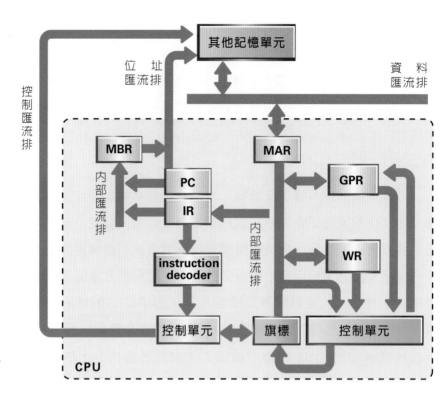

圖4-7　CPU內部常
見的暫存器

2. 特殊用途暫存器(Special Purpose Register, SPR)

CPU內部自行使用的暫存器，通常用在CPU執行指令或其他
特定用途上，使用者通常不能直接使用。

特殊用途暫存器按其用途，常用的有下列幾種：

(1) 程式計數器(Program Counter, PC)
負責記錄CPU下一個所要執行的指令在記憶體中的位址。

(2) 指令暫存器(Instruction Register, IR)
將指令由記憶體中取出，進入CPU準備要執行之前的暫存
處。

(3) 記憶位址暫存器(Memory Address Register, MAR)
記錄目前所要存取記憶體的位址，其長度通常與位址匯流排
(Address bus)寬度相同，因此可以其寬度衡量最大的記憶體
定址空間。

(4) 記憶資料緩衝暫存器(Memory Buffer Register, MBR)

對記憶體進行讀寫時暫時存放資料的地方。

(5) 累加器(Accumulator, ACC)

存放ALU計算結果的特定暫存器。在計算進行時，CPU會從記憶體中取出另一運算元(Operand)與ACC之內容進行運算，其結果再存回ACC。

(6) 堆疊指標(Stack Pointer, SP)

記錄堆疊頂端位址，用來進行堆疊運算。其中堆疊在電腦中是一種極為重要的資料結構，在程式執行時可以存放一些相關資料。

(7) 基底暫存器(Base Register, BR)

記錄程式或資料在記憶體中的開頭位址，如此就可以使用相對位址來存取指令與資料，這對程式連結(Linking)時的重定址(Relocation)有很大的助益。

(8) 索引暫存器(Indexed Register, IR)

專門用來存取一些存放在連續記憶體的資料（例如：陣列），在存取時，只要調整索引暫存器可以得到有效位址。

(9) 程式狀態字組（Program Status Word或Processor Status Word, PSW）

用以記錄目前程式的狀態，其內容通常包含：

A. 機器狀態─使用者／監督狀態

B. 執行狀態─執行／等候狀態

C. 程式編號

D. 狀況代碼(Condition code)

E. 遮蔽位元(Mask bits)

F. 中斷代碼(Interrupt code)

G. 防護鑰(Protection key)

3. 匯流排

這是電腦中進行並列傳輸線路的集合，負責連接CPU內部各元件，以及CPU與電腦其他單元，負責傳輸資料與控制訊號，通常移動一組位元通過匯流排所需的時間間隔稱為匯流排週期(Bus cycle)，也要訂定匯流排協定(Bus protocol)以避免傳輸發生混亂。

(1) 內部匯流排(Internal bus)

這是在CPU內部用以傳輸資料的匯流排，其寬度相當於計算機字組長度(Word length)，如圖4-7中連接各暫存器與算術邏輯單元、控制單元間的線路就是內部匯流排。

(2) 外部匯流排(External bus)

CPU與其外部其他單元之間傳遞各種資訊的匯流排。包括三組匯流排。

A. 資料匯流排(Data bus)

負責CPU與外部其他單元之間傳送資料，為雙向匯流排，可以雙向傳輸。可以用三態緩衝器(Tri-state buffer)或多工器(Multiplexer)來製作。

B. 位址匯流排(Address bus)

負責傳送位址，由CPU送出到記憶單元或輸出輸入單元之單向匯流排，其寬度與記憶體定址空間大小有關，例如位址匯流排若為32bits，則所能定址的記憶體空間最高可達2^{32}=4GB。

C. 控制匯流排(Control bus)

傳送CPU與外界間的控制訊號，每條控制線皆為單向，有些由CPU送往其他單元；有些則由其他單元送往CPU。

(3) 系統匯流排(System bus)

系統匯流排又稱為記憶體匯流排，用來連接處理器與晶片組與隨機記憶體，負責將資料在CPU與記憶體間傳送。

(4) 擴充匯流排(Extend bus)

　　主機板上的擴充匯流排連結擴充槽，可以用插入擴充卡的方式，將各種不同的週邊設備與電腦相連接。

(5) 各式匯流排的規格

　　A. PCI(Peripheral Component Interconnect)

　　　　PCI是一種常見的擴充匯流排，用於連接主機板和設備，例如：網卡、顯示卡、聲卡等。PCI匯流排可以支持多個設備同時使用，並且支持熱插拔。

　　B. PCIe(Peripheral Component Interconnect Express)

　　　　PCIe是一種高速串列匯流排，也是現代計算機的主要擴充匯流排。它的速度比PCI更快，並且支持更多設備同時使用，例如：顯示卡、SSD等。PCIe還支持熱插拔，允許在系統運行時插拔設備。

　　C. USB(Universal Serial Bus)

　　　　USB是一種用於連接電腦和外部設備的匯流排，例如：滑鼠、鍵盤、攝像頭、外置硬盤等。USB匯流排可以支持多個設備同時使用，並且支持熱插拔。

　　D. Thunderbolt

　　　　Thunderbolt是一種由Intel開發的高速串列匯流排，它支持PCIe和DisplayPort協議，可用於連接許多外部設備，例如：顯示器、存儲設備、網路設備等。

　　E. SATA(Serial Advanced Technology Attachment)

圖4-8　PCI

　　　　SATA是一種串行匯流排，用於連接存儲設備，例如：硬盤、光盤等。SATA匯流排提供了高速數據傳輸，並支持熱插拔。

F. FireWire(IEEE 1394)

FireWire是一種高速串列匯流排，也用於連接許多外部設備，例如：攝像頭、音訊設備、硬盤等。FireWire支持熱插拔和同時使用多個設備。

G. SCSI(Small Computer System Interface)

SCSI是一種高速且靈活的匯流排，用於連接存儲設備和其他週邊設備。SCSI支持熱插拔和同時使用多個設備，並且可以擴展到多個設備。

4. 晶片組(Chipsets)

電腦系統中，除了CPU外，還需配上周邊晶片才能運作，這些晶片就是處理著許多重要系統工作的元件。而晶片組便是晶片集合起來的總稱。晶片組電路的功能在連接系統中的各個區域，但電腦中的系統有高、低速之分。分別由北橋(North bridge)晶片及南橋(South bridge)晶片來各自處理速度不一的部分。北橋晶片通常配置在主機板的上方，負責CPU、Memory、Cache、PCI Bus、AGP等高速元件的溝通；而南橋則配置在另一方，負責IDE Port、USB Port、ISA Bus、RAID和SATA等較低速的周邊裝置。至於更低速的裝置，原來由SUPER I/O晶片來負責，但是現代除嵌入式系統、工業控制器還在使用外，功能大部分已經集成在北橋和南橋晶片中。

4-6 指令的執行與格式

CPU執行一個指令的整個過程，稱為機器週期（Machine cycle）。

指令執行有時可以簡單分為兩個週期：

(1) 指令週期(Instruction Cycle)或擷取週期(Fetch Cycle)：

為指令執行的前兩步驟，或稱為I-Cycle。

(2) 執行週期(Execution Cycle)：

　　　　為指令執行的後三個步驟。簡稱E-Cycle。

1. 指令擷取

　　　　就是根據程式計數器(PC)所記載之位址，從主記憶體取出要執行的指令，放在指令暫存器(IR)中，再由指令解碼器(Instruction decoder)進行解碼。

2. 運算碼解碼

　　　　將指令暫存器中的運算碼(Operation code)解碼，判斷出指令的種類。再由控制單元根據不同的指令產生控制訊號，以便在執行階段控制電腦各單元以進行不同的處理。

3. 運算元擷取

　　　　有些指令運算時必須使用到記憶體中的資料，因此必須擷取運算元後才能執行指令。而運算元的有效位址(Effect address)通常置於指令的位址欄(Address field)中；或由基底暫存器(Base register)中的基底位址(Base address)與偏移值(Displacement)計算而得，再以此有效位址讀取記憶體中的運算元。也就是說要以不同的定址模式去擷取正確的運算元。

4. 執 行

　　　　ALU對暫存器中的運算元進行運算，結果再存回暫存器。

5. 存回結果

　　　　將計算結果由暫存器存回記憶體中。

　　　　例如：有A、B 二台電腦使用相同的指令集架構及編譯器，A 電腦具有250 ps 的時脈週期時間，平均每個指令執行所需的時脈週期數CPI (Cycle Per Instruction)為2.0；B電腦具有500 ps 的時脈週期時間，且CPI 值為1.2，關於二台電腦的效能比

較，由於A電腦每個指令需要2.0*250 ps =500ps；而B電腦每個指令需要1.2*500 ps =600ps，因此A電腦的效能比較好。

6. 指令格式(Instruction format)

通常以指令中所牽涉運算元的個數來區分：

(1) 零位址指令(Zero-address instruction)

也就是不必擷取運算元的指令，通常都是屬於堆疊機器架構(Stack machine structure)的堆疊指令，此時所有資料必需載入Stack才能執行，主要指令有PUSH(LOAD)，POP(STORE)，ADD等，較適合用來處理後置式表示式(Reverse polish expression)等運算式的計算。

(2) 單位址指令(One-address instruction)

也就是只牽涉單一運算元的指令，通常必須具有一個進行算術運算之累積器(Accumulator)才能使用，若為算術運算時會指定另一運算元與累積器計算，結果存回累積器。通常需要有LOAD，STORE等指令。如下例就是在計算

B=B+A：

```
LOAD   B    ACC←B
ADD    A    ACC←ACC+A
STO    B    B←ACC
```

(3) 雙位址指令(Two-address instruction)

牽涉到兩個運算元的指令，是一般較為普遍的指令形式。

指令型式如：
```
MOV  A，B   A←B
ADD  A，B   A←A+B
MUL  A，B   A←A*B
```

(4) 三位址指令(Three-address instruction)

牽涉到三個運算元的指令，也是一般較為普遍的指令形式。

指令型式如：
```
ADD A，B，C   A←B+C
MUL A，B，C   A←B*C
```

7. 定址模式(Addressing mode)

這是指CPU執行指令時所要存取運算元的取得方式

(1) 暫存器直接模式(Register (Direct) mode)

CPU所要存取Operand就在暫存器中，通常以代號代表暫存器。其所存取的運算元就是

Operand=(Register)

(2) 暫存器間接模式(Register indirect mode)

所要存取的運算元的位址放在暫存器中，因此必須先由暫存器調出位址，再前往記憶體或其他暫存器進行存取

EA=(Register)也就是說

Operand=((Register))

(3) 立即模式(Immediate mode)

運算元直接放在指令中的位址欄(Address field)，直接取出即可使用

Operand = Address

(4) 直接定址模式(Direct addressing mode)

運算元要根據指令中的位址欄的位址來進行存取，由記憶體中取得運算元。

EA = Address 也就是說

Operand = (Address)

(5) 間接定址模式(Indirect addressing mode)

根據指令中位址欄的位址，由記憶體中取出的運算元並非真正的運算元，而要將之再當作位址再去存取記憶體才能取得真正的運算元。

EA=(Address)也就是說

Operand = ((Address))

(6) 相對定址模式(Relative addressing mode)

根據目前的PC的值再加上Displacement計算出運算元所在位址,再存取運算元。

EA=(PC)+Displacement

(7) 基底定址模式(Base-displacement mode)

根據Base register加上 Displacement計算出運算元所在位址,再存取運算元。

EA=(Base register)+Displacement

(8) 索引定址模式(Indexed addressing mode)

計算出來有效位址必須再加上Index Register之值,才是真正有效位址。

EA=EA+(Index register)

(9) 自動遞增模式(Auto increment mode)

與暫存器間接模式相似,但指令執行之後暫存器的值必須增加。

8. 隱含模式(Implied mode)

指令中不需指定運算元,運算元的指定是隱含在指令的定義中。例如用到累加器(ACC)的指令幾乎都是以隱含模式定址,因為所有運算都會由ACC中讀取運算元進行運算後回存。

4-7　半導體簡介

所謂的半導體(Semiconductor),是指在某些情況下,能夠通電,而在某些條件下,又無法通電的物質;而積體電路(Integrated Circuit, IC)則是指在半導體基板上,利用氧化、蝕刻、擴散等方法,將許多電子元件,作在一微小面積上,以完成AND、OR、NAND等邏輯功能,進而達成預設的功能。

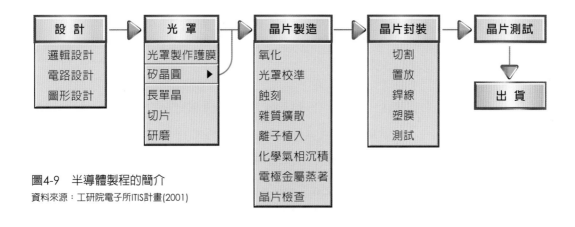

圖4-9　半導體製程的簡介
資料來源：工研院電子所ITIS計畫(2001)

　　因此IC的完成，必需經過電路設計、光罩製作、晶片製造、晶片封裝和測試檢查等步驟，請參考上圖。半導體廠商本身若有完整的設計能力，而且擁有晶圓製造廠生產自有品牌的產品，就是所謂的整合元件製造(Integrated Device Manufacturing，簡稱IDM)廠。例如：三星(Samsung)、英代爾(Intel)皆屬於此類。若半導體廠商專門從事晶圓製造生產但是並不做設計，就是專業的晶圓代工廠(Foundry)，例如：台積電、Global Foundries等。半導體廠商沒有自己的晶圓廠(Fabless)，但有專門從事半導體的設計，此類通稱為Design House。例如：聯發科、AMD和Nvidia等。半導體製程工藝是指半導體晶片的製造過程。其中，奈米是用來衡量晶片製程工藝的單位，數字越小代表晶片上的電晶體越小，可以在同樣大小的晶片上放置更多的電晶體。CMOS（互補金屬氧化物半導體）是一種常用的半導體製造技術，它使用兩個互補的電晶體來實現數字邏輯功能，用於成熟製程節點。FinFET（鰭式場效電晶體）是一種新型的電晶體結構，它使用立體結構來增加電晶體的表面積，從而提高電流驅動能力。用於22奈米到3奈米的製程節點。GAA（Gate-All-Around，環繞式閘極）是FinFET技術的演進，溝道由奈米線(nanowire)構成，其四面都被閘極圍繞，從而再度增強閘極對溝道的控制能力，有效減少漏電，目前被用於3nm以下的製程節點。

半導體的產品，可以由產品及材料來區分，其細分如下。

1. 以材料來區分

(1) 矽(Silicon)：矽是最常見的半導體材料之一，它的特點是價格低廉，並且具有良好的穩定性和可靠性。矽晶圓是製造各種半導體元件（例如：電晶體和積體電路等）的基礎。

(2) 碳化矽(Silicon Carbide, SiC)：碳化矽是一種新興的半導體材料，它的特點是能夠承受高溫和高電壓，並且擁有較高的能源轉換效率。因此，碳化矽被廣泛應用於高壓電力轉換器、太陽能電池板等領域。

(3) 氮化鎵(Gallium Nitride, GaN)：氮化鎵是一種新型的半導體材料，它具有優異的導電性和光電性能，被廣泛應用於LED照明、藍光光碟等領域。

(4) 砷化鎵(Gallium Arsenide, GaAs)：砷化鎵是一種高速電子器件所用的半導體材料，具有高移動率和高頻率特性。砷化鎵被廣泛應用於高速電子元件、雷達、衛星通信等領域。

(5) 磷化銦(Indium Phosphide, InP)：磷化銦是一種半導體材料，具有高頻率、高速度和高功率等優點，被廣泛應用於光通信、光纖通信、太陽能電池等領域。

2. 以產品來區分

(1) 晶片(Chip)：晶片是最常見的半導體產品之一，它是一種裝有許多微小電子元件的平面電路板，這些元件通過化學蝕刻技術被刻在半導體材料上。晶片被廣泛應用在各種電子產品中，例如：智能手機、平板電腦、電視機、電腦、數位相機等等。

(2) LED(Light Emitting Diode)：LED是一種半導體元件，它可以直接將電能轉換為光能。LED廣泛應用在照明、顯示和背光等方面，例如：LED燈泡、LED顯示屏、LED背光板等。Micro LED是一種微小的發光二極體，其直徑只有數十微米，並且可以單獨控制每一個LED，因此可以實現高分辨

率和高對比度的顯示效果。Mini LED具有較高的亮度和對比度，並且可以實現區域性調光和高色彩飽和度。

(3) MEMS(Micro-Electro-Mechanical Systems)：MEMS是一種微機電系統，它是由微小的機械結構和電子元件集成在一起的半導體設備。MEMS被廣泛應用在感測器和控制器方面，例如：加速度計、壓力計、微型鏡頭等。

(4) 關鍵零組件(Critical Components)：關鍵零組件是一種半導體產品，通常是高度專業化和定制化的，例如：功率放大器、射頻元件、振盪器等。這些產品被廣泛應用在無線通信、衛星通信、醫療設備等領域。

(5) 光電子元件(Optoelectronics)：光電子元件是一種可以實現電信號與光信號之間互換的設備，例如：雷射二極管、光敏二極管、光纖等。這些產品被廣泛應用在通訊、資訊技術等領域。

(6) 光電式半導體(Optical)：指利用半導體中光電轉換效應所設計出之材料與元件。主要產品包括發光元件、受光元件、複合元件和光伏特元件等。例如：目前蓬勃發展的LED產業即屬於此類。

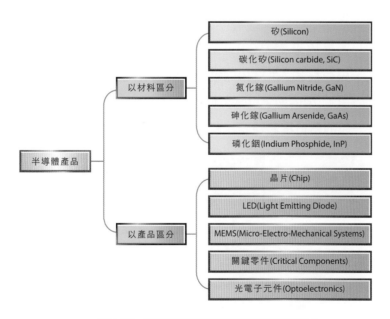

圖4-10　半導體的產品以產品及材料來區分

4-8 常見邏輯閘與邏輯電路

1. 概念

邏輯閘就是將布林函數中的運算用電子元件的方式實現出來，這些邏輯閘通常有1或數個輸入訊號，並有1個輸出訊號，同時不管輸入與輸出均為二元變數或常數。

2. AND閘

這是用來實現AND運算的邏輯電路，有兩個輸入及一個輸出，只有在輸入均為1的情況下，輸出才會是1，否則輸出均為0，在TTL中的7408以及CMOS的4081均是四個二輸入及閘包裝在一起的數位積體電路。其邏輯符號與真值表如下：

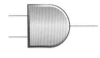

X	Y	F
0	0	0
0	1	0
1	0	0
1	1	1

3. OR閘

這是用來實現OR運算的邏輯電路，有兩個輸入及一個輸出，只有在輸入均為0的情況下，輸出才會是0，否則輸出均為1，在TTL中的7432以及CMOS的4071均是四個二輸入或閘包裝在一起的數位積體電路，其邏輯符號與真值表如下：

X	Y	F
0	0	0
0	1	1
1	0	1
1	1	1

4. NOT閘

這是用來實現NOT運算的邏輯電路，有一個輸入及一個輸出，進行反向運算，輸入為0則輸出1；輸入為1則輸出0，在TTL中的7404以及CMOS的4069均是六個反閘包裝在一起的數位積體電路，其邏輯符號與真值表如下：

X	F
0	1
1	0

5. NAND閘

這是利用AND運算與NOT運算結合出來的邏輯電路，有兩個輸入及一個輸出，在TTL中的7400以及CMOS的4011均是四個二輸入及閘包裝在一起的數位積體電路。其邏輯符號與真值表如下：

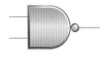

X	Y	F
0	0	1
0	1	1
1	0	1
1	1	0

NAND閘可以當成通用閘(universal gates)，意思是說單單利用此一邏輯閘就可以模擬出NOT、AND、OR等邏輯閘，其模擬方式如下：

(1) 用NAND閘模擬NOT閘

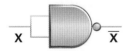

(2) 用NAND閘模擬AND閘

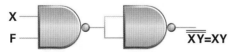

(3) 用NAND閘模擬OR閘

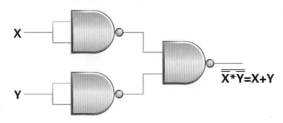

$$\overline{\overline{X}*\overline{Y}}=X+Y$$

6. NOR閘

這是利用OR運算與NOT運算結合出來的邏輯電路，有兩個輸入及一個輸出，在TTL中的7402以及CMOS的4001均是四個二輸入反或閘包裝在一起的數位積體電路。其邏輯符號與真值表如下：

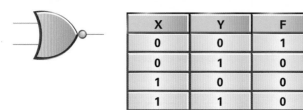

X	Y	F
0	0	1
0	1	0
1	0	0
1	1	0

NOR閘也可以當成通用閘(Universal gates)，其模擬方式如下：

(1) 用NOR閘模擬NOT閘

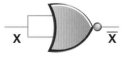

(2) 用NOR閘模擬OR閘

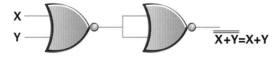

$$\overline{\overline{X+Y}}=X+Y$$

(3) 用NOR閘模擬AND閘

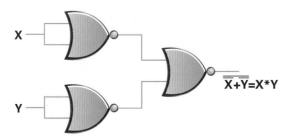

$$\overline{\overline{X}+\overline{Y}}=X*Y$$

7. XOR閘(Exclusive OR)

這是用來實現XOR運算的邏輯電路,有兩個輸入及一個輸出,只有在輸入中有奇數個1的情況下,輸出才會是1,否則輸出均為0,其運算符號一般寫成「⊕」,在TTL中的7486以及CMOS的4030均是四個互斥或閘包裝在一起的數位積體電路,其邏輯符號與真值表如下:

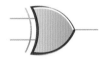

X	Y	F
0	0	0
0	1	1
1	0	1
1	1	0

8. XNOR閘(Exclusive NOR)

這是用來實現XNOR運算的邏輯電路,有兩個輸入及一個輸出,只有在輸入中有零或偶數個1的情況下,輸出才會是1,否則輸出均為0,其運算符號一般寫成「⊗」,其邏輯符號與真值表如下:

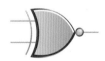

X	Y	F
0	0	1
0	1	0
1	0	0
1	1	1

9. 組合電路(Combinational circuit)的意義

這是一種由許多邏輯閘構成的電路,其輸出值可以直接由輸入訊號決定,通常可以用布林代數來表示。其表示方式包括輸入、輸出與其中所含的邏輯閘。

10. 組合電路舉例－加法器

這是一種可以進行加法的邏輯電路,包含半加器與全加器兩種。

(1) 半加器(Half-adder)

這是一種可以將輸入的兩個1位元二進值相加，得到和(Sum)與進位(Carry)兩個輸出的邏輯電路。

A. 真值表

輸 入		輸 出	
X	Y	Sum	Carry
0	0	0	0
0	1	1	0
1	0	1	0
1	1	0	1

B. 對映的布林函數

$Sum(X,Y)=X \oplus Y$

$Carry(X,Y)=X*Y$

C. 電路圖

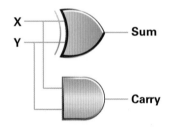

(2) 全加器(Full-adder)

這是一種可以將輸入的三個1位元二進值相加，得到和(Sum)與進位(Carry)兩個輸出的邏輯電路。

A. 真值表

輸入			輸出	
X	Y	Z	Sum	Carry
0	0	0	0	0
0	0	1	1	0
0	1	0	1	0
0	1	1	0	1
1	0	0	1	0
1	0	1	0	1
1	1	0	0	1
1	1	1	1	1

B. 對映布林函數

Sum(X,Y)=X⊕Y⊕Z

Carry(X,Y)=(X⊕Y)Z+X*Y

C. 電路圖

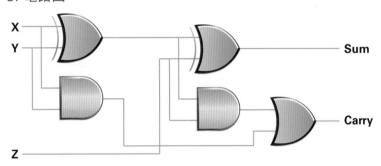

D. 全加器與半加器間的關係

實際上全加器相當於兩個半加器再加上一個OR邏輯閘，
如下圖所示：

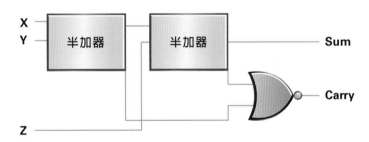

11. 序向電路(Sequential circuit)意義

這是一種由組合電路與記憶單元所組成的電路，其中記憶單
元負責記錄系統的狀態，組合電路則會根據輸入與原來系統的狀
態產生輸出，並決定次一狀態，又可以依照是否會根據時脈訊號
(Time)進行同步而分為同步序向電路(Synchronous sequential
circuit)與非同步序向電路(Asynchronous sequential circuit)。

12. 序向電路舉例─正反器(Flip-flop)

這是一種在電腦內常用的記憶裝置，可以儲存1個位元的資
料，其中最大的特徵就是所有各式型態的正反器都必須有時脈控
制端（CLOCK，或CK或CLK等標示），此輸入接腳的主要功能

在於提供數位系統對於需要動作的元件（正反器）能夠做同步連接。

(1) SR正反器

A. 特性表(Characteristic table)

S	R	Q(t+1)	意義
0	0	Q(t)	與原來狀態相同
0	1	0	清除成0
1	0	1	設定為1
1	1	?	未定狀態

B. 圖形表示法

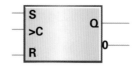

(2) D型正反器

主要功能是當脈波發生時，將資料D存入（寫入）Q端。

A. 特性表(Characteristic table)

Ck	D	Q(t+1)	意義
0	=	Q(t)	與原來狀態相同
1	=	Q(t)	與原來狀態相同
↑	0	0	設定為0
↑	1	1	設定為1

B. 圖形表示法

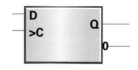

(3) T型正反器

T接腳等於0時，輸出保持原來狀態，等於1時則會令Q的狀態與原來相反(Toggle)，條件是Ck必須合乎觸發的狀態。

A. 特性表(Characteristic table)

Ck	T	Q(t+1)	意義
↑	0	Q(t)	與原來狀態相同
↑	1	Q(t)'	與原來狀態相反

B. 圖形表示法

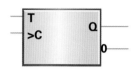

(4) J-K正反器

當J、K接在一起時它是T型正反器，分開時就包含了R-S正反器的功能，其中J=S、K=R，若想要替換D型正反器只要再多加一個反閘即可。

A. 特性表(Characteristic table)

J	K	Q(t+1)	意義
0	0	Q(t)	與原來狀態相同
0	1	0	清除成0
1	0	1	設定為1
1	1	Q(t)'	與原來狀態相反

B. 圖形表示法

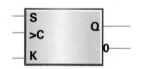

4-9 記憶體分類

1. 依照CPU直接存取來分

記憶體可分為主記憶體（Main memory或稱Primary memory）與輔助記憶體（Secondary memory或稱Auxiliary memory）。主記憶體直接受CPU控制，為線上儲存體(On-line storage)，也就是說CPU可以直接存取，而程式執行前如果沒有進入主記憶體也不會執行；輔助記憶體則需透過介面(Interface)存取，故屬於離線儲存體(Off-line storage)。

2. 依照存取方式來分

記憶體可以分為循序存取(Sequential access)與隨機存取(Random access)等兩種。循序存取是指存取時必須依照某種順序，前面的記憶體被存取後，後面的記憶體才能被存取，如磁帶即為循序存取之記憶裝置。隨機存取又稱直接存取(Direct access)，也就是存取某一記憶體前不必先存取其他記憶體，因此記憶裝置上每一個記憶體被存取的平均時間是隨機分布的，例如：一般的隨機存取記憶體(RAM)、磁碟、光碟等都屬於此類記憶裝置。

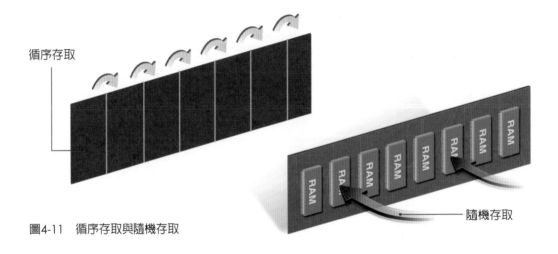

循序存取

隨機存取

圖4-11　循序存取與隨機存取

4-10 **主記憶體種類**

主記憶體在電腦中主要是用來存放正要執行程式與資料的處所。

1. 唯讀記憶體(Read Only Memory, ROM)

這種記憶體的資料一旦寫入之後，內容就不能再隨意更改，不過停止電源後資料仍可保持，屬於一種非揮發性(Non-volatile)之記憶體。常見的ROM的種類與特性列於表4-2：

圖4-12

其中快閃記憶體(Flash memory)是一種可消除式的CMOS EPROM，使用一般電壓就可以將內容整體消除。同時也可以重覆寫入約達十萬次左右，因此常用來做為ROM BIOS的記憶元件，方便系統升級(Upgrade)，目前也被用在數位相機上，亦可拿來當作磁碟片的替代品，是很適合的儲存解決方案，例如：USB隨身碟等均為現在常見的應用。分為NOR Flash與NAND Flash兩類，其中NOR Flash抹寫較慢，但提供完整的位址與資料匯流排，並允許對記憶體上的任何區域隨機存取，因此非常適合取

圖4-13 智慧手機運用Flash加快開機速度

表4-2 ROM的種類與特性

名 稱	元 件	資料寫入方式	資料抹除方式
Mask ROM	Diode	廠商直接製作在晶片上	無法抹除
PROM (Programmable ROM)	Fuse	用燒錄器以25V電壓燒錄	無法抹除
EPROM (Erasable PROM)	MOSFET	用燒錄器以25V電壓燒錄	照射紫外線
EEPROM,E2PROM (Electronic EPROM)	MOS	直接用+5V電壓寫入	直接用+5V電壓抹除
ShadowRAM(NOVRAM)	RAM與EEPROM	直接用+5V電壓寫入	直接用+5V電壓抹除
Flash memory	CMOS EPROM	直接用+5V電壓寫入	直接用+5V電壓抹除

代ROM晶片。NAND Flash具有較快的抹寫時間，而且每個儲存單元的面積也較小，因此具有較高的儲存密度與較低的每位元成本，可抹除次數高出NOR Flash十倍，但是I/O介面並沒有隨機存取外部定址匯流排，因此必須以區塊性的方式進行讀取，非常適合用於記憶卡之類的大量儲存裝置。

2. 隨機存取記憶體(Random Access Memory, RAM)

這種記憶體中的資料可用一般電壓讀寫，同時切斷電源後資料會消失，屬於揮發性(Volatile)記憶體。RAM可以按照更新電路的是否分成靜態隨機存取記憶體(Static RAM, SRAM)與動態隨機存取記憶體(Dynamic RAM, DRAM)。

以下是兩種常見的RAM之特性比較。

表4-3　RAM之特性比較

種 類	元 件	內部電路	密 度	消耗功率	Refresh	DRO	揮發性
SRAM	正反器	複雜	低	大	不需要	無	有
DRAM	CMOS	簡單	高	小	需要	有	有

(1) 記憶體存取週期

A. CPU先由MAR送出列位址（Row address，位址中較低階的一半）透過位址匯流排傳給記憶體，然後送出控制訊號RAS。

B. CPU再送出行位址（Column address，位址中較高階的一半）給記憶體，然後送出控制訊號CAS。

C. 記憶體正式將資料透過資料匯流排傳給CPU。

(2) DRAM種類

目前常見的DRAM種類有：

A. SDRAM

SDRAM是同步動態隨機存取記憶體(Synchronous DRAM)的縮寫，其記憶體模組一般採用DIMM(Dual Inline Memory Module)規格記憶體標準，接腳為168 Pin，以夾住方式取代目前72 Pin的SIMM(Single Inline Memory)卡榫方式，可讓記憶體接腳與主機板更緊密的結合。

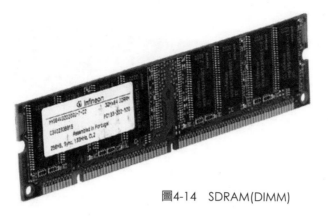

圖4-14　SDRAM(DIMM)

B. DRDRAM(Direct Rambus DRAM)

這是由RAMBUS公司研發出來，並由Intel全力支持的高速DRAM，主要是要提供與快速CPU同等級的效能，使用RIMM記憶體模組(Rambus In-line Memory Model)，外頻可到600MHz和800MHz，可大幅改善系統執行時的效能，不過由於需要支付權利金給Rambus公司、技術門檻高、需要額外的設備成本等因素，其占有率相對較低。

圖4-15　Direct Rambus DRAM

C. DDR SDRAM(Double Data Rate SDRAM)

就是將資料傳送速率增加為SDRAM的2倍，因此傳輸效能將大舉提升，其設計延伸自SDRAM，使用DDR DIMM(Double In-line Memory Model)記憶體模組晶片。規格有DDR 200（外頻100MHz）、DDR 266（外頻133MHz）、DDR 333、DDR 400等，但傳輸速率為相同外頻SDRAM的兩倍。

圖4-16　Double Data Rate SDRAM

D. DDR2 SDRAM

此種記憶體採用與DDR類似的方式設計，但採用時脈更高，目前已達600MHz(DDR2-1200)，因此可達到更高的資料傳輸，提高PC效能。同時DDR2也會更省電，將能節省各種電腦的耗電量。

圖4-17　DDR2 SDRAM

E. DDR3 SDRAM

DDR3 SDRAM於2007年發布，相較於DDR2 SDRAM，提高了頻寬和時序控制的效率，並降低了功耗。它使用了1.5伏特的電壓，時脈速度可以達到800 MHz到2133 MHz。DDR3的主要優點是功耗低、頻寬高、容量大，能夠支援高速處理器和應用程序。然而，DDR3的時序控制比較嚴格，這使得它對記憶體控制器的要求更高，而且價格比DDR2高。

F. DDR4 SDRAM

DDR4 SDRAM於2014年發布，它使用1.2伏特的電壓，時脈速度可達到2133 MHz到4266 MHz。相較於DDR3，DDR4的主要優點是能夠提供更高的頻寬和更低的功耗。DDR4還增加了多通道存取、鏈接訓練和切換、校驗錯誤和加強的時序控制等功能，這使得DDR4在資料中心和高端遊戲等需要高頻寬和高效能的應用方面更為流行。

G. DDR5 SDRAM

DDR5 SDRAM於2021年發布,它使用1.1伏特的電壓,
時脈速度可達到3200 MHz到8400 MHz,頻寬是DDR4
的兩倍以上。DDR5還引入了多項新功能,包括更快的時
序控制、更高的密度和更低的功耗。此外,DDR5還支援
多通道架構、定向插槽、可編程的切換器和智慧型電源
管理等功能,這使得DDR5在高效能和低功耗方面更為出
色。

4-11 輔助記憶體種類

1. 磁碟機(Magnetic Disk)

磁碟機是目前最常見的輔助記憶裝置,是一種直接存取裝
置,也是目前輔助記憶裝置中速度最快的記憶裝置。磁碟機一般
可分為可以抽取磁碟片的軟式磁碟機(Floppy disk drive)與磁碟
片固定密封的硬碟機。

(1) 磁碟機的儲存方式

在磁碟片的表面上分布有許多同心圓狀的磁軌,各條磁軌也
等分為相同數目的磁區,每個磁區中的儲存容量都是相同
的。磁碟儲存資料的單位如下:

A. 磁 軌(Track)

磁頭在固定位置上掃過磁片表面的圓形軌跡,因此在磁
片表面上的一條條同心圓就是磁軌,通常最外圈的第0軌
向內依次編號。

B. 磁 區(Sector)

磁碟讀寫之基本單位。

C. 磁 柱(Cylinder)

所有磁片上編號相同,也就是相同半徑的磁軌所成之集
合。

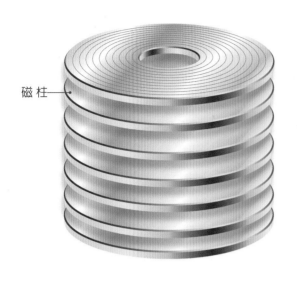
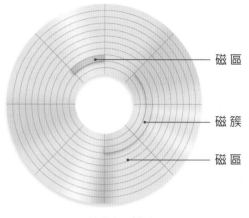

磁柱

磁區

磁簇

磁區

圖4-18　磁碟內部構造

D. 表 面(Surface, Side)

　　每一片磁碟有兩面。

E. 磁 簇(Cluster)

　　在PC上將數個磁區合而一個磁簇，為磁碟空間配置最小
單位。在FAT32檔案系統下，Cluster的大小可以從512位
元組到32 KB不等。在32 GB以下的磁碟機上，通常採用
4 KB的Cluster大小。在超過32 GB的磁碟機上，通常使
用8 KB或16 KB的Cluster大小。在NTFS檔案系統下，
Cluster的大小可以從512位元組到2 MB不等。在通常的
Windows系統上，NTFS檔案系統下使用的Cluster大小
通常為4 KB。在exFAT檔案系統下，Cluster的大小可以
從128 KB到32 MB不等。這個檔案系
統通常用於大型儲存裝置，如外接硬
碟或USB閃存驅動器。

(2) 軟碟機(Floppy disk)

軟碟機中可以置入軟性磁碟片以存取
資料，其容量較小，但軟碟片卻可以
更換。

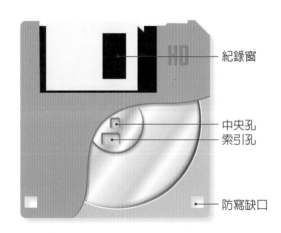

紀錄窗

中央孔
索引孔

防寫缺口

圖4-19　磁碟剖面圖

(3) 硬碟機(Hard disk)

硬碟機的磁碟片通常由平行的數片硬碟密封在金屬盒中，每一面上皆有一個讀寫頭可以存取資料，但是進行讀寫之前還是需要移動讀寫頭到正確磁軌上，才能存取磁區的資料。

A. 硬碟機的種類

硬式磁碟依照磁碟組可更換分成兩種：

(A) 可移磁碟組(Removable-pack disk)

可由硬碟機中取出更換的磁碟組(Diskpack)。

(B) 溫徹斯特磁碟(Winchester disk)

磁碟是固定不可更換的硬碟(Fixed disk)。

圖4-20　可攜式硬碟

B. 硬碟機的讀寫可分為兩種：

(A) 固定磁頭(Fixed head)

讀寫頭不能移動，每一磁軌有一特定磁頭。

(B) 移動磁頭(Moving head)

每一磁碟表面一個磁頭，磁頭可以在其表面上移動到任一磁軌存取資料。

圖4-21　硬碟機

C. 格式化(Format)

空白磁碟必須在磁碟上將磁區劃分出來，才能開始儲存資料。軟碟的磁區劃分方式又分為硬式磁區(hard sector)與軟式磁區(Soft sector)兩種。而格式化除了會排列磁片上的磁性物質外，也會建立一個檔案配置表(File Allocation Table, FAT)，讓電腦可以追蹤各磁簇的配置情形。

(4) 磁碟存取時間

A. 磁碟存取時間(Disk access time)

磁碟讀寫資料時，所需時間分三個部分，其公式如下
Disk access time=Seek time+Rotation time+Transmission time，分述如下：

(A) 搜尋時間(Seek time)

將讀寫頭移動到正確的磁柱（也就是正確的磁軌）上所需之時間。

(B) 旋轉時間(Rotation time)

等候所要存取之磁區旋轉到磁頭之正下方所需之時間，又稱為潛伏時間(Latency time)。

(C) 資料傳輸時間(Transmission time)

真正進行讀寫中，讀寫一個磁區所需的時間。

B. 資料傳輸率(Data transmission rate)

單位時間內可以從磁碟讀寫之資料量，常見單位為bytes/sec或BPS(Bits Per Second)。

C. RPM或RPS(Revolution Per Minute，Second)

這是磁碟的轉速單位，一般是以每秒或每分旋轉幾圈。旋轉越快，旋轉時間越短，資料傳輸率越高。

(5) 常見磁碟機與光碟機介面標準

A. IDE / PATA(Parallel ATA)

一種在磁碟機、光碟機和主機板之間傳輸資料的標準介面。它採用平行傳輸方式，使用40或80條導線，每條導線能夠傳輸一位元組的資料。IDE介面在21世紀初期已經逐漸被SATA介面取代。

B. SATA(Serial ATA)

一種串列傳輸的介面標準，可以用於連接磁碟機、光碟機和其他儲存設備。SATA介面使用7或15條導線，每條導線可以傳輸一位元組的資料，速度較快，傳輸距離較遠。

C. SCSI(Small Computer System Interface)

一種專為高性能儲存設備而設計的介面標準，使用平行傳輸方式。SCSI介面具有高速傳輸、多設備連接和靈活性等優點，用於高速磁碟陣列和其他需要高速傳輸的應用。由於SCSI的設計複雜、成本高昂，以及SATA、SAS等其他介面的普及，SCSI逐漸被取代並減少了在消費者產品中的應用。

D. SAS(Serial Attached SCSI)

一種串列傳輸的介面標準，是SCSI介面的升級版，支援更高的傳輸速度和更多的設備連接。

2. RAID(Redundant Array of Inexpensive/ Independent Disks)

這是使用多個成本較低的硬碟，組成一個陣列，用來儲存重覆的資料，以提升存取的速度，提高可靠度(Reliability)與容錯性(Fault tolerance)。其處理方式與特色如下：

(1) 利用記憶體交錯(Memory interleave)提升存取速度
將數台傳統的低成本硬碟平行地連接在一起，透過一個特殊的介面來控制。每筆資料寫入時，會分散存放在各磁碟上，讓每個磁碟只存放一小部分的資料；讀取時，也是由各磁碟中將片段資料讀出，然後組合成完整的資料。因此存取的速度可以有所提升。

(2) 提高容錯能力
將相同資料存入不同的硬碟中，若一硬碟資料損毀時，可從另一硬碟中將資料讀出。也可以採用同位位元的做法，以避免錯誤的發生。

RAID 0

Disk 0　**Disk 1**

圖4-22a

RAID 1

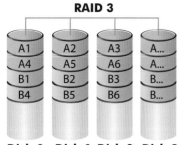

Disk 0　**Disk 1**

圖4-22b

RAID 3

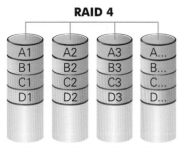

Disk 0　**Disk 1**　**Disk 2**　**Disk 3**

圖4-22c

RAID 4

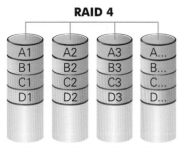

Disk 0　**Disk 1**　**Disk 2**　**Disk 3**

圖4-22d

(3) RAID 等級

A. RAID 0

將多個磁碟合併成一個大的磁碟，不具有冗餘，採用並行I/O存取資料，因此速度最快。在存放資料時，其將資料按磁碟的個數來進行分段，並同時將這些資料寫進這些盤中。

B. RAID 1

兩組以上的磁碟相互作映像，速度沒有提高，但是可靠性最高，除非擁有相同資料的主磁碟與鏡像同時損壞，否則資料仍然留存，所以RAID 1的資料安全性最好，但是磁碟利用率最差。

C. RAID 2

這是RAID 0的改良版，以漢明碼(Hamming code)的方式將資料進行編碼後分割為獨立的位元，分別寫入硬碟中，資料整體的容量會比原始資料大一些，最少要三台磁碟機才能運作。

D. RAID 3

採用位元交錯儲存(Bit-interleaving)技術，透過編碼將資料位元分割後分別存在硬碟中，再進行同位元檢查將同位位元單獨存在一個硬碟中，由於資料位元分散在不同硬碟上，因此讀取資料需要所有硬碟進行工作，這種規格比較適於讀取大量資料。

E. RAID 4

採用區塊交錯儲存(Block interleaving)技術，與RAID 3不同的是在分割時是以區塊為單位進行，與RAID3相同的問題是每次的資料存取都必須從同位元檢查硬碟中取出對應的同位位元進行核對，由於過於頻繁的使用，所以硬碟損耗可能會提高。

F. RAID 5

這是一種兼顧存儲性能、資料安全和存儲成本的解決方案，使用硬碟分割(Disk striping)技術，運作時至

少需要三顆硬碟，把資料和相對應的奇偶校驗資訊分開存到組成的各個磁碟上，當磁碟資料發生損壞時，可以利用剩下的資料和對應的奇偶校驗資訊去復原被損壞的資料。可以被看成RAID 0和RAID 1的折衷方案，具有和RAID 0相近的資料讀取速度，寫入速度則比RAID 0慢，磁碟空間利用率要比RAID 1高，儲存成本相對較便宜。

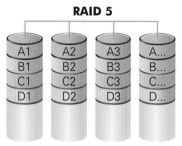

圖4-22e

G. RAID 6

增加第二個使用不同演算法獨立的奇偶校驗資訊塊，提高資料可靠性，容許兩個硬碟同時失效。但是寫入速度更慢。

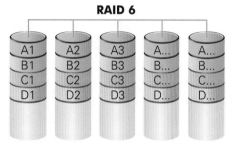

圖4-22f

H. RAID 7

這是一種新的RAID標準，本身帶有智慧化即時操作系統和專用於儲存管理的軟體工具，可完全獨立於主機運行，不占用主機CPU資源。

I. RAID 10/01

可細分為RAID 1+0或RAID 0+1。RAID 1+0是先鏡射再分割資料，讀取速度較快，而且比RAID 0有更高的資料保護。RAID 0+1則是先分割再將資料鏡射，有更快的讀寫速度，但是只要同一組的硬碟全部損毀，就會停止運作，而RAID 1+0則可以在犧牲RAID 0的優勢下正常運作。RAID 10巧妙的利用了RAID 0的速度以及RAID 1的保護兩種特性，不過它的缺點是需要的硬碟數較多，因為至少必須擁有四個以上的偶數硬碟才能使用。

表 4-4　各種RAID等級比較

等　級	資料儲存	容錯性	存取效率	空間利用率
RAID0	分散儲存在各硬碟	無	最快	最好
RAID1	資料重覆存入多部硬碟	有	讀取資料較快；但寫入較慢	差
RAID2	使用一個(以上)的硬碟來儲存錯誤檢查碼	有	較差	好
RAID3	使用同位位元來進行資料的檢查與修復	有	大量資料存取效能不錯	好
RAID4	類似RAID3但改以磁區為資料切割單位	有	不錯	好
RAID5	類似RAID4但改將同位元環儲存在各硬碟上	有	較好	好

4. 光碟機(Optical disk)

這是用光學雷射原理儲存高密度之儲存裝置，在光碟機的運用規格上，「X」是傳輸率倍數的意思，所謂的幾倍速則是和第一代的CD-ROM或是DVD-ROM相比。

在數位儲存技術不斷進步和普及的今天，光碟機的運用現況已經逐漸下降。目前還有DVD、BD、UHD BD在使用：

(1) DVD(Digital Video Disk)

DVD是一種以紅外線雷射讀取的光碟格式，可用於儲存數位音訊、影像和資料等。DVD主要分為兩種格式：DVD-R和DVD+R。DVD-R可寫入一次，而DVD+R可以反覆多次寫入。DVD的儲存容量通常為4.7GB或8.5GB，但也有更大容量的DVD可用於特定應用。最大讀取速度為16.6MB/s。

(2) BD(Blu-ray Disk)

BD是一種高清晰度光碟格式，使用藍色雷射讀取，可以儲存更高品質的影像和音訊。BD主要分為三種格式：BD-ROM、BD-R和BD-RE。BD-ROM是只讀格式，不能被寫入。BD-R和BD-RE可以被寫入，但BD-R只能寫入一次，而BD-RE可以反覆多次寫入。BD的儲存容量通常為25GB或50GB，但也有更大容量的BD可用於特定應用。

(3) UHD BD

　　UHD BD是一種超高清晰度光碟格式，是BD的升級版本。UHD BD可支援更高的影像和音訊品質，並支援高動態範圍(HDR)和廣色域(WCG)等先進的影像技術。UHD BD主要分為兩種格式：UHD BD-ROM和UHD BD-R。UHD BD-ROM是只讀格式，不能被寫入。UHD BD-R可以被寫入，但只能寫入一次。UHD BD的儲存容量通常為50GB或100GB，但也有更大容量的UHD BD可用於特定應用。

4-12　記憶體階層

1. 記憶體層次

　　記憶體依照存取速度之快慢，由上而下可以區分成四個層次。

(1) 暫存器

(2) 快取記憶體(Cache)

(3) 主記憶體(Primary storage)

(4) 輔助記憶體(Auxiliary storage或Secondary storage)

　　通常較常用之資料會置於暫存器與快取記憶體中，以減少CPU存取主記憶體之次數，藉此提高整體處理速度，如圖4-23所示。

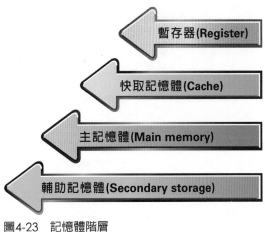

圖4-23　記憶體階層

2. 存取方式

資料或程式送給CPU執行前，必須先存入CPU的暫存器。因此暫存器中儲存最常用或最近要用的資料，其餘資料可以按使用之頻率程度依序置於快取記憶體、主記憶體和輔助記憶體中。CPU在存取資料時，先由暫存器中取用；若不在暫存器中，則由快取記憶體中取用；若不存在快取記憶體，則由主記憶體中取用；依此類推。

3. 特 點

(1) 越上層的記憶體存取速度越快。

(2) 越上層的記憶體成本越高，基於成本考量，通常容量較小，因此用來存放較常用的少量資料，以提高平均存取速度。

4. 快取記憶體(Cache)

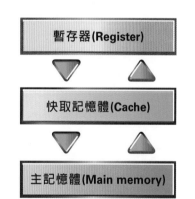

圖4-24　暫存器、快取記憶體與主記憶體間的關係

快取記憶體是一種介於CPU的暫存器與主記憶體之間的高速記憶單元，其存取速度介於暫存器與主記憶體之間，使用昂貴但較快速的SRAM技術，現在微處理器都在晶片內部整合了大小不等的資料快取和指令快取，統稱為L1快取(Level 1 On-die Cache)；而比L1更大容量的L2快取曾經被放在CPU外部（主機板或者CPU介面卡上），但是現在已經成為CPU內部的標準元件；更昂貴的頂級家用和工作站CPU甚至會配備比L2快取還要大的L3快取(Level 3 On-die Cache)。通常較常用之資料會置於快取記憶體中，以減少CPU存取主記憶體之次數，藉此提高整體處理速度。

(1) 在PC環境中的快取記憶體依照其是否被放進CPU，而分為內部快取與外部快取。

(2) 記憶體進行存取時，若資料在快取記憶體中可以找到，則直接使用；若找不到，則必須從記憶體中讀取包含此資料的區

塊到快取記憶體中，再加以存取。而命中率(Hit ratio)就是由快取記憶體中直接找到資料的機率。

(3) CPU將資料存回記憶體時，有兩種方式：

   A. 寫回(Write back，Copy back，Store in)：

     只要將資料寫回快取記憶體，不需寫到主記憶體中，等到將來釋放快取記憶體時，再將之寫回主記憶體。這種方式容易造成資料不一致的問題，但是處理速度較快。

   B. 寫穿(Write though，Store though)：

     資料不只寫回快取記憶體，也同時寫回主記憶體中。此種方式資料的一致性較好，但存取速度較慢。

(4) 快取記憶體與主記憶體的對映方式

   A. 關聯對映(Associative mapping)

     就是利用關聯記憶體的概念進行對映，所謂關聯記憶體就是可以由資料內容找出所儲存的位址，又可稱為內容定址記憶體(Content Addressable Memory, CAM)。因此可以根據資料的內容找到所儲存的快取記憶體位址，這是最快且最有彈性的方法，不過由於必須附加邏輯電路，因此成本最高。

   B. 直接對映(Direct mapping)

     就是用主記憶體位址中的一部分來直接存取快取記憶體，其優點是對映快速，不過若有用到索引的位址被重複存取時，命中率會大幅下降。

   C. 集合關聯對映(Set-associative mapping)

     這是前面兩種方法的折衷，將同一集合中的標籤欄進行關聯式搜尋，以取得所要找尋快取記憶體的位址，具有前述兩種方法的優點，缺點也不會那麼嚴重。

(5) 因為Cache的數量較少，因此主記憶體中每個區塊(Black)都只能對應到一個固定的Cache中；但是多個Memory Blocks可能會對應到同個cache。此時的記憶體存取步驟如下：

   A. 取出記憶體位址中的索引位址，查出所對應的Cache編號。

B. 因為有多個記憶體區塊會對應到同一個cache，故取 Cache的tag與記憶體位址中的tag位址比較，若相等時， 則表示命中，可以進行D。

C. 若Tag不相等，必須從記憶體中將區塊寫入cache。

D. 根據偏移值存取cache中之資料。

4-13 輸入裝置

電腦的輸出入單元，亦稱週邊裝置(Peripheral devices)，這是電腦在CPU與主記憶體之外，用來儲存、輸出或輸入資料的裝置。依照其存取的方式可以分成下列兩類：

1. 循序存取裝置(Sequential access devices)

存取資料必須依照資料實際儲存的順序進行的裝置，例如：磁帶機、列表機、讀卡機。

2. 直接存取裝置(Direct access devices)

可按照任意順序讀寫資料的裝置，例如：磁碟機、磁鼓等。

1. 文字輸入裝置

(1) 鍵盤(Keyboard)

這是一般電腦最常使用的輸入裝置，鍵盤上通常含有文字鍵、數字鍵、功能鍵和特殊符號鍵，目前在PC上常用的 Windows 鍵盤通常有104鍵，另外也有為了減輕手腕負荷的人體工學鍵盤與其他特殊鍵盤。

圖4-25 鍵盤

(2) 紙帶閱讀機(Paper tape reader)

也是一種早期的文字輸入裝置，可讀取紙帶上打孔的資料，每行(Column)可含有5~8孔，主要用在商業機器上。

2. 圖形座標輸入裝置

(1) 滑 鼠(Mouse)

這是目前一種在視窗環境中，最常用來輸入相對座標的裝置，可以用它在視窗中移動對應的指標到所要選擇的圖像(Icon)，就可以選定功能。早期滑鼠可以依照其感應的方式分成光學式、半光學式與機械式等三種，但目前機械式滑鼠已被淘汰，同時也推出了無線滑鼠，利用紅外線感應的方式傳送訊號。

圖4-26　滑 鼠

(2) 搖 桿(Joy stick)

也是一種輸入裝置，但是較常使用在遊戲(Game)上，其控制桿可以前後左右移動以輸入相對座標，其上也可能有按鈕來對應遊戲中的某項功能。不過搖桿必須安裝在特定的搖桿埠上。發展到現代，隨著任天堂公司Wii遊戲機的推出，搖桿發展成Wii Remote，外型為棒狀，可單手操作，除提供按鈕控制，還有指向定位與動作感應兩項功能。指向定位功能可以控制螢幕上的游標，動作感應功能可偵測三維空間當中的移動及旋轉，結合兩者就可以達成「體感操作」。玩家可以透過移動和指向來與電視螢幕上的虛擬物件產生互動，在遊戲軟體當中可以化為球棒、指揮棒、鼓棒、釣魚桿、方向盤、劍、槍…等工具，使用者可以揮動、甩動、砍劈、突刺、迴旋、射擊…等各種方式來使用。如圖4-27b即為Wii Remote。

此外，微軟也開發了Kinect，可應用於 Xbox 360 主機，讓使用者根本不需要如前面Wii的控制器，直接用語音指令或手勢來操作系統介面，也能用一個外型類似網路攝影機的裝

置捕捉玩家全身上下的動作,用身體來進行遊戲,是一個標準的體感裝置。如下圖所示,其上有三個鏡頭,中間的鏡頭是 RGB 彩色攝影機,左右兩邊鏡頭則分別為紅外線發射器和紅外線 CMOS 攝影機所構成的 3D 深度感應器,搭配追焦技術,底座馬達會隨著對焦物體移動跟著轉動。Kinect 也內建陣列式麥克風,由多組麥克風同時收音。

圖4-27a　Sony PS搖桿

圖4-27b　Wii搖桿

圖4-27c　Kinect

(3) **軌跡球(Track ball)**

也是一種輸入裝置,相當於將滑鼠的底部翻過來,直接用手轉球體來移動,並可操縱按鈕進行輸入,通常用在筆記型電腦或直接與鍵盤合併以節省輸入裝置空間的情況。

(4) **光筆(Light pen)**

這是一種較早期的輸入裝置,通常與螢幕相連,光筆的尖端在接受到螢幕的掃描線時,會將訊號送回電腦,接著就可以根據開始掃描的時間,計算出光筆的位置,即可進行輸入。

(5) 數位板(Digitizer)

這是一種通常用在需要進行精密輸入的環境中,用來輸入圖形實體座標的裝置。其組成有一表面平滑的平板,另有一定位器可以在板上移動,以輸入座標位置,通常用在電腦輔助設計或地理資訊系統(Geography Information System, GIS)等環境。

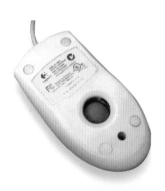

圖4-28 軌跡球

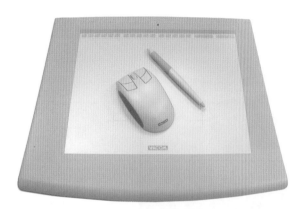

圖4-29 數位板

(6) 觸控式螢幕(Touch monitor)

這是一種最容易使用的輸入裝置,是個可接收手指或膠筆尖等輸入訊號的感應式液晶顯示裝置,通常是在半反射式液晶面板上覆蓋一層壓力板,其對壓力有高敏感度,當物體施壓於其上時會有電流訊號產生以定出壓力源位置,並可動態追蹤。按感測器工作原理和信號傳輸方式,觸控式螢幕可分為電容型、電阻型、波動型:

圖4-30a 觸控式螢幕

A. 電阻式螢幕：用手指或其他觸頭輕按就會產生電壓，歷史最久、用途最廣，也是價格最低的一種，而且任何觸頭（無論手指或筆尖）都可以使用。

B. 電容式螢幕：必須使用手指，或是接有地線的觸頭，以便傳導電流，手指會吸取微小的電流，常用於筆記型電腦的觸控板。

C. 波動式螢幕：是用聲波或紅外線覆蓋整個表面，而手指或觸頭會阻斷這些駐波圖樣。是最新且最昂貴的類型。表面聲波螢幕必須用手指或軟式觸頭（例如：鉛筆上的橡皮擦）輕觸，以吸收表面能量；紅外線觸控螢幕則可使用任何觸頭。

圖4-30b　iPhone

(ref:http://www.apple.com/tw/iphone/iphone-4s/)

隨著蘋果電腦iPhone與iPad的推出，觸控技術逐漸走向多點觸控 (Multitouch，也稱為Multi-touch)，也就是讓電腦使用者透過數隻手指達到圖像應用控制的輸入技術。Apple採用的是電路較為複雜的電容式觸控螢幕，除螢幕上的 QWERTY 鍵盤外，也支援手指捲動、高速滑動、拖放、點擊、雙點擊、移動和縮放（展開或收合手指）等功能，因此機身正面的「Home」是 iPhone 正面唯一的實體按鍵，完全顛覆手機的外型設計。圖4-30bc 為iPhone與iPad。

圖4-30c　iPad

(ref:http://www.apple.com/tw/ipad/)

(7) 圖形掃描器(Scanner)

可以將整張圖形輸入，轉成數位
形式儲存。目前最常見的有掌上
型與平台型，主要是以使用的方
式來區分，掃描的內容通常可以
用灰階（只顯示黑白）或彩色方
式來顯示或儲存。影響一部掃描
器最大的因素是其解析度，而一
般所採用的解析度單位通常是
dpi(dot per inch)，也就是每一英
吋有多少個掃描點，點數越多的

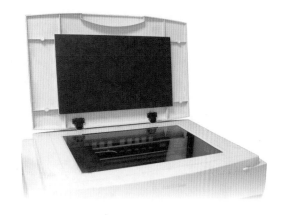

圖4-31　掃描器

掃描器所產生的圖形越精細，不過所占的記憶體空間也較大。

3. 光學字元辨識(Optical charter recognition)

就是使用光學掃描方式來認明符號、字元或代號後，轉成數
位形式來做進一步的處理。通常是先以圖形掃描器或其他圖形輸
入裝置將圖形輸入後，再做進一步的處理，以辨識出其內容，再
儲存成一般常用的資料表示形式。

(1) 光學記號閱讀機 (Optical Mark Recognizer, OMR)

可以用來辨識光學記號，最常用到此種裝置的地方就是聯考
時以黑鉛筆劃記答案卡，此一答案卡會用光學記號閱讀機讀
取考生所答答案後，再進行閱卷工作。

(2) 光學字元閱讀機(Optical
Character Reader, OCR)

通常先將使用者的圖形掃描成圖
形檔案後，再用OCR進行辨識，
可以辨識出文字再轉成各種資料
表示法。此處的OCR可以做成硬
體，也可以做成軟體。目前在英
文的OCR辨識效率已經相當好，
但是中文OCR則仍然尚待努力。

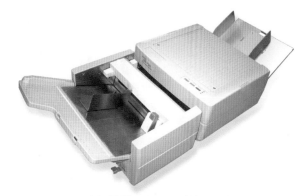

圖4-32　光學辨識—光學記號辨識讀卡機

圖4-33　指紋辨識機

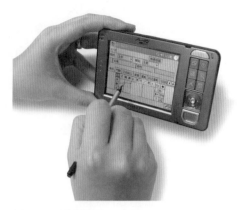

圖4-34　手寫輸入

(3) 手寫輸入

可以辨識一組特定線條字型的字元，使用者在寫字時必須遵循一定的筆劃書寫。

圖4-35　QR碼

(4) 光學碼(Optical code)

這種碼就是要協助電腦快速辨識某些特定字元的碼，例如：使用UPC(Universal Product Code)的條碼閱讀機(BCR, Bar Code Reader)可以快速的將粗細線條組成的條碼轉成對應數字。目前甚至發展出可自行更正，傳遞更多訊息二維條碼。例如：QR碼(Wikipedia)是二維條碼的一種，1994年由日本Denso-Wave公司發明。QR來自英文「Quick Response」的縮寫，即快速反應的意思，源自發明者希望QR碼可讓其內容快速被解碼。QR碼最常見於日本，並為目前日本最流行的二維空間條碼。QR碼比普通條碼可儲存更多資料，亦無需像普通條碼般在掃描時需直線對準掃描器。近年來，日本的行動電話公司開始在有相機的行動電話加入QR碼讀取軟體，為QR碼帶來更廣泛、更新穎的消費者相關用途。主要能讓使用者減少在手機上輸入文字等資料的麻煩。QR碼的主要應用的項目包括自動化文字傳輸、數位內容下載、網址快速連結、身分鑑別與商務交易。這也是一種錯誤更正碼，若採用H水平，則最多30% 的字碼可被修正。

4. 磁性墨水字元閱讀機(Magnetic Ink Charter Recognition, MICR)

這種技術通常用在支票上，以特殊的磁性墨水印出字元，來表示這張支票的相關資訊。支票進行交換或其他處理時，可以用MICR進行快速的排序處理，以加快作業速度，同時避免發生錯誤。

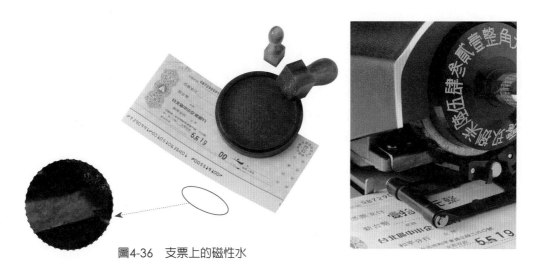

圖4-36　支票上的磁性水

5. 語音輸入

現代語音辨識系統使用了深度學習和類神經網路等技術，透過大量的訓練數據和模型優化來提高準確性。在理想的環境下，語音辨識的準確率已經能夠達到相對高的水平。也可以進行環境適應，識別和過濾掉背景噪音，更好地處理不同的口音和語言，提高準確性。搭配大語言模型，可以更好地理解語音輸入的含義和意圖。輸入時將類比訊號轉換成數位訊號的過程需要進行取樣(Sampling)，將人類聲音轉換成數位訊號的取樣頻率一般是每秒48,000次，其中每個單獨的取樣稱為取樣點，而在儲存時，通常每個取樣點需要用16位元（必須視所使用的音效卡的支援而定）來提供儲存，因此若要儲存1分鐘的聲音需要48000（次／秒）（16（位元））／8（位元／位元組）（60（秒））=5760000位元組。

實用上面，可以先利用MD(Minidisk)、DAT(Digital Audio Tape)錄音機、錄音筆先錄製高音質的聲音，甚至可以利用麥克風直接錄音，然後經由音效卡轉換格式輸入電腦。所轉成的格式常見的包括下列：

- WAV

  其副檔名為.wav，是一般最常見的聲音格式，以一種前列的FM技術錄製的聲音檔案，錄製的格式分為8bits及16bits，取樣頻率又分為11,025Hz、22,050Hz、44,100Hz等三種，每一種聲音又分為單音或立體聲。

- MIDI(Musical Instrument Digital Interface)

  就是樂器數位介面，其副檔名為.mid，這是由世界著名電子音樂製造廠商共同制訂的標準，使各種與電子音樂有關的設備能相互連接與訊息交流。從字義上可以瞭解，不同廠商所設計製造的軟、硬體，只要符合MIDI的規格，便具有互通性，是目前電腦音樂軟體必須遵循的標準格式。

- MP3(MPEG 1 Audio Layer-3)

  其副檔名為.mp3或.m3u，屬於MPEG(Movie Picture Expert Group)標準的一環，具有高效率的資料壓縮效果，因此有逐漸成為多媒體影音標準的趨勢。它可以1:10到1:12的比率來轉換.wav檔案，使得一分鐘的.wav檔案變成不到1MB的MP3檔案，而且播放的效果幾乎聽不出與原來的差異。

- Real Audio

  其副檔名為.ra，是一種普遍應用於網際網路上的聲音格式，必須安裝Real Player播放程式才能播放此聲音檔，可即時在網路上播放，而不必先完全下載後再播放。

圖4-37　錄音筆

1. 視訊顯示器(Monitor)

將電腦中的文字或圖形轉換成人們所習見形式的設備，一般有下列幾種：

(1) 平面顯示器(Flat panel displays)

A. LCD顯示器（液晶顯示器）：是最常見的平面顯示器類型之一。它們使用液晶材料來啓用像素，形成圖像。LCD顯示器可以分為兩種主要類型：TN（扭曲向列）和IPS（電漿石英顯示器）。TN面板成本較低，響

圖4-38　筆記型電腦(TFT-LCD)

應時間較短，但顏色表現不如IPS面板好。IPS面板的角度視角較寬，色彩較真實，但成本較高。

B. LED顯示器（發光二極體顯示器）：是一種使用LED背光的LCD顯示器。LED背光比傳統CCFL（冷陰極燈）背光更有效率，可以提供更好的對比度和亮度。LED顯示器還可以進一步細分為兩種類型：直下式和邊緣式。直下式LED顯示器具有更好的對比度和黑色表現，而邊緣式LED顯示器成本較低。

C. OLED顯示器（有機發光二極體顯示器）：為一種使用有機材料作為發光二極體，可以在沒有背光的情況下產生自發光。OLED顯示器提供更深s的黑色和更豐富的顏色，並具有更高的對比度。它們也比LCD顯示器更薄，更輕，更柔軟。

圖4-39　小綠人(LED)

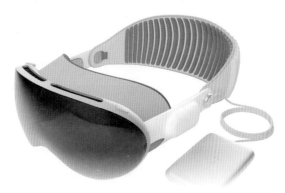

圖4-40　Apple Vision Pro（使用Micor OLED）

D. QLED顯示器（量子點LED顯示器）：是一種使用量子點技術的LED顯示器。量子點是非常小的顆粒，可以將不同波長的光轉換為特定的顏色。QLED顯示器可以提供更明亮，更真實的顏色和更高的對比度。它們還比OLED顯示器更耐用，具有更長的壽命。

E. Micro LED顯示器：使用微小的LED陣列作為每個像素，可以提供更高的亮度，更深的黑色和更豐富的顏色。它們還具有更高的對比度和更快的響應時間，但成本較高。

2. 顯示卡(Video adapter)

顯示卡是電腦中負責處理圖像和影像的重要元件，它能將數字訊號轉換成圖像信號，並輸出到顯示器上。隨著科技的進步，顯示卡的發展也經歷了從2D到3D、從類比到數位等多個階段。

早期的顯示卡是以類比訊號輸出為主，透過顯示卡的RAMDAC（數位類比轉換器）將數位訊號轉換成類比訊號，再輸出到顯示器上。但這種方式存在色彩失真、畫面模糊等問題，限制了圖像處理的精度。

1990年代中期，3D圖像和影像的應用越來越廣泛，顯示卡的發展也進入了3D時代。3D加速卡的出現解決了在3D圖像和影像處理上的問題，使得電腦在遊戲、多媒體等領域中的應用得到了極大的提升。當時的知名顯示卡廠商有3dfx、ATI、NVIDIA等。

21世紀以來，隨著電腦遊戲、VR/AR、AI等領域的發展，顯示卡的發展也呈現出多樣化和個性化的趨勢。目前主流的顯示卡有以下幾種：

(1) 集成顯示卡(Integrated graphics card)：將顯示晶片集成在主機板上的顯示卡。它的主要優點是成本低、功耗低，而缺點則是顯示效果較差，適合一般辦公、網路等基本應用。

(2) 獨立顯示卡(Dedicated graphics card)：專門為電腦顯示圖像而設計的顯示卡，安裝在主機板上的PCI Express插槽

上。它的主要優點是顯示效果好、處理速度快,適合遊戲、影音等高性能應用。

(3) 光追顯示卡(Ray tracing graphics card):是近年來推出的新一代顯示卡,主要用於實時光追(Real-time Ray Tracing)技術,可以實現更逼真的影像效果。如Nvidia的RTX系列和AMD的RDNA 2系列。

(4) 顯示核心與晶片組整合的顯示卡(APU):是將CPU和GPU整合在同一芯片上的顯示卡,例如:AMD的APU系列和Intel的Core系列處理器中的集成圖形核心。它的主要優點是功耗低、價格實惠,適合一般辦公、網路等基本應用。

◎ 顯示卡好壞的影響因素

A. 處理器核心

顯示卡的核心處理器越強,其處理圖形的能力也就越高。現代的顯示卡多採用英特爾或AMD的顯示核心。

B. 記憶體

顯示卡的記憶體容量越大,越能處理高解析度的圖形。現代的顯示卡通常採用GDDR5、GDDR6等高速顯示記憶體。

C. 顯示卡的主頻

顯示卡的主頻越高,顯示圖像的速度越快。現代的顯示卡主頻可以達到數千MHz。

D. 顯示卡的架構

不同的顯示卡架構有著不同的優缺點。例如:英偉達的CUDA架構可以處理大量的數據運算,而AMD的RDNA架構可以更好地處理圖形渲染。

E. 散熱系統

高性能顯示卡會產生大量的熱量,需要有效的散熱系統來維持其運作。散熱系統可以透過風扇、散熱片等方式來實現。

F. 電源需求

高性能顯示卡需要更高的電源輸入來支援其運作,需要搭配相應的電源供應器。

3. 印表機(Printer)

(1) 印表機的種類

印表機可分為撞擊式(Impact)與非撞擊式(Non-impact)兩類：

A. 撞擊式-實體字型(Solid font)

也就是如同打字機般以實體字型的字模撞擊來打印出字，只能打出字。

(A) 菊輪式(Daisy wheel)：以印字頭打在色帶印到報表紙上。

(B) 鏈條式(Chain)：以撞鎚打在報表紙與色帶印上鏈條的字型。

圖4-41
點陣式印表機

B. 撞擊式-點陣式(Dot-matrix)

以印字頭上的針頭來回打在色帶與報表紙上而形成字或圖形，印字頭上的針數在早期有9針與24針之分，但目前幾乎都是24針的印表機。

C. 非撞擊式

(A) 噴墨式(Ink-jet)：將墨水噴到報表紙上產生字形，由於可以使用彩色墨水來輸出彩色圖形，因此目前被廣泛應用在較小量的使用上，例如：一般學生報告，簡報資料等。

(B) 熱感式(Electrothermal)：以點矩陣式之熱針在特殊熱感紙上燒出字型，例如：一般傳真機上就是應用此種方式輸出。

(C) 熱感傳導式(Thermal-transfer)：將色帶上蠟質墨水加熱傳到報表紙表面附著上去。

(D) 雷射(Laser)印表機：這種印表機運用與影印機類似的原理，印表驅動器會產生整個印表頁面的影像以雷射光照射在感光磁鼓上，接著碳粉會吸附在磁鼓上雷射寫入的部分，然後轉印到報表紙上，最後再加熱固定碳粉。此種方式可以用一般紙產生品質相當好的列印結果。

圖4-42　雷射印表機

(2) CPS(Characters Per Second)

這是印表機的列印速度單位，一般較常用在較低速的印表機，高速印表機一般均以LPS（Line Per Second，每秒列印行數）為單位；而雷射印表機通常則以PPM（Pages Per Minute，每分鐘列印頁數）為單位。

(3) DPI(dot per inch)

印表機的解析度衡量單位。

4. 繪圖機(Plotter)

可以用不同色的筆在紙上繪出各式圖形，產生各種線條，基本上屬於一種將數位圖形訊號轉換為類比馬達控制訊號，而後實際在紙上畫出影像的裝置，一般大多用在電腦輔助設計上。

圖4-43　繪圖機

5. 語音輸出(Audio output)

這種裝置能將電腦中的數位文字訊息,轉換成語音資料。必須要先靠音效卡(Audio card)將儲存在電腦或CD上的數位訊號轉換成類比訊號,再利用外界的喇叭輸出聲音。

4-15 資料傳輸模式

電腦CPU與週邊裝置之間資料傳輸方式有下列三種:

1. 程式控制I/O(Program controlled I/O)

或稱（Polling I/O,輪詢式I/O）,直接以I/O指令寫成程式,並在CPU暫存器與週邊裝置資料埠之間傳輸資料,因此CPU必須不停擷取I/O介面上之狀態埠(Status port),以便監控資料傳輸之工作。此種方式對CPU而言是一項相當大的負荷,因此可能影響CPU 的效能。

2. 中斷式I/O(Interrupt driven I/O)

CPU將資料送入介面資料埠後,不必等待週邊裝置,可以先處理其他的運算,等到週邊裝置完成前一個資料傳輸後,透過介面產生中斷(Interrupt)訊號通知CPU,CPU就可以暫停正在執行的工作,跳入中斷服務程式(Interrupt service routine)進行處理,讀取status port的狀態,以了解中斷發生之原因,處理完後啟動下一筆資料的I/O傳輸,然後CPU就可以繼讀進行原先暫停之工作。

3. 直接記憶體存取(Direct Memory Access, DMA)

不透過CPU的處理,由直接記憶體存取控制器(Direct Memory Access Controller, DMAC)直接對記憶體與週邊做資料傳輸,通常用於控制高速裝置。

這是一種獨立於CPU的輸出入處理系統，它可以單獨存取主記憶體執行輸出入之工作，相當於一個共同處理機(Co-processor)。

1. 工作方式

(1) 主處理機啓動輸出入工作，將通道程式的進入點通知通道。

(2) 通道開始執行通道程式，以進行輸出入之工作。

(3) 工作完成之後，通道可以中斷中央處理機，以便讓CPU進行後續之處理。

2. 優缺點

(1) 優點：減輕主處理機的負荷，提高系統整體的效率。

(2) 缺點：成本較高。

3. 分 類

(1) 選擇性通道(Selector channel)
只有一個副通道(Sub-channel)，因此只能進行一個週邊裝置的資料傳輸。

(2) 多工通道(Multipexor channel)
有多個副通道，可以同時交錯進行數個週邊裝置的資料。又分為可以控制較慢裝置的位元組多工通道(Byte multiplexor channel)，以及控制高速週邊裝置的區塊多工通道(Block multiplexor channel)。位元組多工通道可以控制終端機、讀卡機、打卡機、列表機等；區塊多工通道可以控制磁碟機、雷射印表機。

( ) 1. 以PC而言，下面何者不屬於「週邊設備」？ (A)螢幕 (B)滑鼠 (C)電腦主機 (D)鍵盤。

( ) 2. 一個byte等於多少bits？ (A)4 (B)8 (C)10 (D)16。

( ) 3. 資料處理(Data processing)的基本作業是 (A)輸出、處理、輸入 (B)輸入輸出、處理、列印 (C)輸入、處理、輸出 (D)輸入輸出、顯示、列印。

( ) 4. 電腦與人類有相似的運作功能，其中運算部門就好比人類的 (A)眼 (B)腦 (C)手 (D)口。

( ) 5. 何者為計算機的心臟，由控制單元與算術邏輯單元所組成？ (A)ALU (B)CPU (C)Register (D)UPS。

( ) 6. 下列何者是中央處理單元的英文縮寫？ (A)I/O (B)PLC (C)CPU (D)UPS。

( ) 7. 電腦內部儲存資料的最小單位為 (A)bit (B)byte (C)word (D)char。

( ) 8. 在計算機執行程式的三個步驟，是採取以下何種順序？ (A)Fetch, Execute, Decode (B)Decode, Execute, Fetch (C)Fetch, Decode, Execute (D)Decode, Fetch, Execute。

( ) 9. 下列何者是指揮電腦執行工作的一連串命令，也就是習慣上所稱的程式(program)？ (A)硬體 (B)軟體 (C)韌體 (D)CPU。

( ) 10. 將軟體程式運用電路儲存於ROM、PROM或EPROM中，此種微程式規劃(Microprogramming)技術，我們稱之為 (A)硬體 (B)軟電路 (C)軟體 (D)韌體。

( ) 11. 在一個機器語言中，指令本身的運算元欄位就包含相關資料的位址，此定址法稱之為 (A)Immediate Addressing (B)Direct Addressing (C)Indirect Addressing (D)Register Addressing。

( ) 12. 下列何者不是綠色電腦(green PC)之基本屬性？ (A)採用省電之電腦元件與設計技術 (B)使用低環境污染之製程技術 (C)採綠色底色之電腦顯示器 (D)使用可回收之包裝材。

( ) 13. 通常CPU由記憶體取得指令(Instruction)時，該指令本身是藉由匯流排的哪一部分傳遞到CPU的？　(A)控制匯流排(Control bus)　(B)位址匯流排(Address bus)　(C)中斷匯流排(Interrupt)　(D)資料匯流排(Data bus)。

( ) 14. 欲降低一微算機系統之消耗功率，下列何種方法最有效？　(A)提高CPU之頻率　(B)降低各元件之供給電壓　(C)使用快取記憶體　(D)加大主記憶體容量。

( ) 15. 影響PC（個人電腦）指令執行速度最直接的因素為　(A)CPU的位元數　(B)CPU的時鐘頻率　(C)CPU的主記憶體容量　(D)CPU所提供的指令集。

( ) 16. 下列何者並非CPU內記憶體緩衝暫存器MBR (Memory Buffer Register)之功能？　(A)指令要執行前，先要主記憶體取出，放入MBR，再傳給指令暫存器　(B)由主記憶體傳至CPU的資料(Data)，必須經過MBR　(C)由CPU送至主記憶體的資料(Data)，必須經過MBR　(D)CPU所要取用之資料的主記憶體位置，必先存放至MBR。

( ) 17. 在微處理機中用來儲存下一個即將被執行指令的位址的是　(A)程式計數器　(B)堆疊器指標　(C)累積器　(D)狀態暫存器。

( ) 18. 以下何者不是計算機指令定址模式？　(A)直接定址　(B)間接定址　(C)索引定址　(D)條件定址。

( ) 19. 以下有關微電腦之描述，何者不正確？　(A)Pentium之位址匯流排(Address bus)為32bit　(B)Intel之80486晶片內含算術運算輔助器之功能　(C)PowerPC為IBM、Apple及Motorola公司共同開發之微處理機晶片　(D)Pentium及PowerPC同為RISC（精簡指令集電腦）架構。

( ) 20. 一般處理器執行算術運算指令後，下列何種旗標(Flag)不會影響？　(A)進位(Carry)　(B)符號(Sign)　(C)溢位(Overflow)　(D)中斷(Interrupt)。

( ) 21. 一部10MIPS處理器(CPU)執行20萬個指令的程式需花費多少毫秒(ms)？　(A)10　(B)20　(C)100　(D)200。

( ) 22. 程式計數器(Program counter)的目的是　(A)指定指令的位址　(B)算出程式執行過的行數　(C)記錄程式被執行過幾次　(D)記錄程式執行時間。

( ) 23. 下列各類定址模式(Addressing mode)中，何者之運算元(Operand)已直接包含在指令中？　(A)直接定址(Direct addressing)　(B)間接定址(Indirect addressing)　(C)相對定址(Relative addressing)　(D)立即定址(Immediate addressing)。

( ) 24. ALU的功能不包括哪一種運算？ (A)本位 (B)加減 (C)移位 (D)邏輯。

( ) 25. 一般程式執行時會依下列何種暫存器的內容來順序執行？ (A)程式計數器 (B)指令暫存器 (C)索引暫存器 (D)狀態暫存器。

( ) 26. 對CPU的敘述，下列何者有誤 (A)Intel的Pentium是屬於CISC(Complex Instruction Set Computer)架構 (B)Apple的Power PC是屬於RISC(Reduced Instruction Set Computer)架構 (C)RISC比起CISC有較少的暫存器(register) (D)CISC的一個指令可能等於RISC的很多指令。

( ) 27. CPU和記憶體(Memory)之間傳輸資料，是採用下列何種方式 (A)單工 (Simplex)傳輸 (B)半雙工(Half duplex)傳輸 (C)導管(Pipeline)傳輸 (D)全雙工(Full duplex)傳輸。

( ) 28. 電腦的主機板有一個時脈(Timing clock)產生器，其產生的時脈頻率(Frequency)一般稱為 (A)內頻(Internal frequency) (B)中頻(Middle frequency) (C)外頻(External frequency) (D)展頻(Spread frequency)。

( ) 29. 中央處理單元(Central Process Unit)簡稱CPU。它的功用是由主記憶體中對程式指令進行下列何種順序？ (A)抓取(Fetch)指令、編碼(Encoding)指令、執行(Execute)指令 (B)抓取(Fetch)指令、解碼(Decoding)指令、執行(Execute)指令 (C)抓取(Fetch)指令、執行(Execute)指令、編碼(Encoding)指令 (D)抓取(Fetch)指令、執行(Execute)指令、解碼(Decoding)指令。

( ) 30. 下列何者是複雜指令計算機(CISC)的最小指令(Instruction)單位？ (A)指令組(Instruction-set) (B)微程式(Microprogram) (C)微指令(Microinstruction) (D)超指令(Super-instruction)。

( ) 31. 一張解析度是1280×1024的照片，代表共有1280×1024個像素。若每個像素使用24位元來儲存顏色與亮度的資料，則此照片檔案大小約為 (A)4 Megabytes (B)300 Kilobytes (C)2 Gigabytes (D)30 Megabytes。

( ) 32. 如果你要列印複寫式的報表紙，你應該選擇哪一類印表機？ (A)靜電式 (B)雷射式 (C)噴墨式 (D)點陣式。

( ) 33. 請問下列之記憶體中，何者存取資料之速度最快？ (A)隨機記憶體 (B)唯讀記憶體 (C)快取記憶體 (D)快閃記憶體。

(　) 34. 下列何者為磁片的基本儲存單位？　(A)磁區　(B)磁頭　(C)磁軌　(D)磁柱。

(　) 35. 在微電腦系統中，要安裝週邊設備時，常在電腦主機板上安插一硬體配件，以便系統和週邊設備能適當溝通，其中該配件名稱為　(A)讀卡機　(B)介面卡　(C)繪圖機　(D)掃描器。

(　) 36. 下列哪一種記憶體內的資料會隨電源中斷而消失？　(A)快取式記憶體(Cache memory)　(B)可程式化唯讀式記憶體(PROM)　(C)電子式可程式化唯讀記憶體(EPROM)　(D)快閃式記憶體(Flash memory)。

(　) 37. 假設某一處理器具有24條的記憶體位址線(Address bus)，則此處理器能定址最大的記憶體共有幾個位址空間？　(A)24KB　(B)24MB　(C)16KB　(D)16MB。

(　) 38. 移動磁碟機讀寫頭到正確磁軌上所花的時間稱：　(A)找尋時間(Seek time)　(B)存取時間(Access time)　(C)資料傳輸速率(Data transfer rate time)　(D)延遲時間(Latency time)。

(　) 39. 以下何者是在磁碟(Magnetic disk)中，可以一次存取(Accessed at one time)的最小的儲存區域？　(A)磁頭(Head)　(B)磁框(Frame)　(C)磁軌(Track)　(D)磁區(Sector)。

(　) 40. 以下何種電腦設備可以同時是輸入與輸出裝置？　(A)滑鼠　(B)喇叭　(C)掃描器　(D)觸控螢幕。

(　) 41. 哪一種記憶體所儲存的資料不會隨著電源的關閉而消失？　(A)SRAM　(B)DRAM (C)ROM　(D)REGISTER。

(　) 42. 為了讓顯示裝置能夠顯示視訊標準所定義的影像，顯示裝置和繪圖處理單元都必須　(A)有相同的大小　(B)包含散熱器或風扇　(C)使用類比訊號　(D)支援相同的視訊標準。

(　) 43. 下列何者是印表機解析度的常用單位？　(A)每分鐘頁數(ppm)　(B)每英吋點數(dpi)　(C)每分鐘行數(lpm)　(D)每英吋像素(ppi)。

(　) 44. 一般所稱的電腦記憶體大小，例如：512MB，指的是下列哪部分的硬體空間？　(A)Cache　(B)Buffer　(C)ROM　(D)RAM。

( ) 45. 一般電腦的BIOS程式,放在下列哪個硬體空間居多? (A)Registers (B)Cache (C)ROM (D)RAM。

( ) 46. 下列哪一種儲存裝置的資料存取速度最快? (A)磁碟(Magnetic disk) (B)主記憶體(Main memory) (C)快取記憶體(Cache) (D)暫存器(Registers)。

( ) 47. 下列哪種性質不是磁碟陣列(RAID)的主要功能? (A)容錯性(Fault tolerant) (B)可信性(Reliability) (C)增加執行速度(Speed) (D)資料的一致性(Consistency)。

( ) 48. 若CPU有32位元的位址匯流排(Address bus),其記憶體定址空間最大為何? (A)1G Bytes (B)2G Bytes (C)4G Bytes (D)8G Bytes。

( ) 49. 下列何者具有調整CPU與 Memory之間速度差異並提高電腦運算之效能? (A)Virtual Memory (B)DMA (C)Modem (D)Cache。

( ) 50. 一般我們稱之為主記憶體的是何種記憶體? (A)虛擬記憶體 (B)唯讀記憶體 (C)快取記憶體 (D)動態隨機存取記憶體。

參考解答

1.C	2.B	3.C	4.B	5.B	6.C	7.A	8.C	9.B	10.D
11.B	12.C	13.D	14.B	15.B	16.D	17.A	18.D	19.D	20.B
21.B	22.A	23.D	24.A	25.A	26.C	27.B	28.C	29.B	30.C
31.A	32.D	33.C	34.A	35.B	36.A	37.D	38.A	39.D	40.D
41.C	42.D	43.B	44.D	45.C	46.D	47.D	48.C	49.D	50.D

電腦的系統軟體

5-1 系統軟體分類

　　系統軟體的主要目的就是要讓人可以很容易的操作硬體，因此它是軟體中與硬體較為接近的，通常分為下列三者：

1. 應用系統發展軟體

　　也就是協助人類發展應用軟體的工具，因此只要在開發應用軟體中用上的軟體，就屬於應用系統發展軟體，所以此類軟體包括協助程式設計人員撰寫與修改錯誤的「程式發展工具」，將完成的程式轉換成可以執行機器指令的「程式編譯軟體」，協助程式設計人員管理整個設計過程的「電腦輔助軟體工程工具」，協助查詢資料的「資料操作工具」，以及幫助撰寫輸出入介面的「輸出入工具」，分述如下：

(1) 程式發展工具

　　就是那些用來協助程式發展人員發展程式的工具，例如：文字編輯器(Text editor)可以幫助程式設計人員編寫程式，程

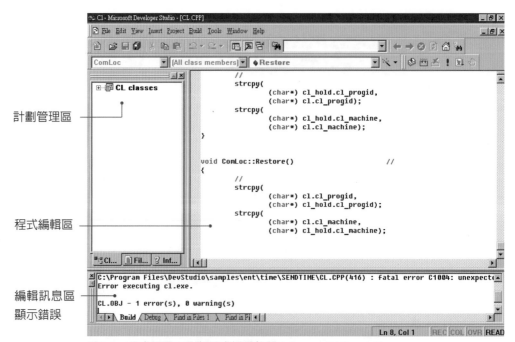

圖5-1　程式發展工具與程式編譯軟體-Microsoft Visual C++

式除錯工具(Debugger)可以幫助程式設計人員檢查程式正確性。例如圖5-1就是在發展C++程式時常用的Microsoft Visual C++發展工具，其中的程式編輯區就提供了文字編輯的功能，程式設計人員可以很容易的編輯修改程式；編譯訊息區中則可以顯示錯誤訊息，例如：上圖的程式在第416行少掉一個『}』，因而發生致命性錯誤，程式設計人員接著就可以在程式編輯區中找出第416行進行程式修改的工作。

(2) 程式編譯軟體

負責將人類所寫的程式編譯成電腦能懂的機器指令，例如將組合語言轉譯的組譯程式(Assembler)、專門用來處理程式中巨集指令的巨集處理程式(Macro processor)、將一般高階語言轉譯的編譯程式(Compiler)都屬於此類軟體，是程式設計時絕對不可或缺的工具。例如：圖5-1就是Microsoft VC++的編譯軟體，可以用來編譯C++語言成為可以直接送入機器執行的碼。

(3) 電腦輔助軟體工程(Computer-Assisted Software Engineering, CASE)工具

可以協助系統發展人員進行系統發展週期中的各項重要工作，也可以協助管理整體程式群組。例如：在前面的Microsoft VC++中就具有「計劃管理區」，管理整個程式群組，讓設計人員很容易找到相關的程式，並進行編譯等工作。

(4) 資料操作工具

協助使用者操作大量資料，例如：資料庫管理系統(Data Base Management System, DBMS)就可以幫助系統發展人員與使用者定義與操作資料庫，讓程式發展人員有更具彈性的工具發展程式。例如：下圖在Access 2003中，可以利用資料表直接修改資料，也可以用表單方式顯示出來。

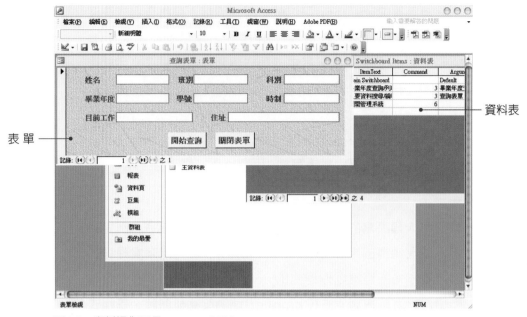

表單

資料表

圖5-2　資料操作工具-Access 2003

(5) 輸出入工具

協助系統發展人員更順暢的操作輸出入設備，例如：系統軟
體必須提供使用者圖形介面(Graphic User Interface, GUI)
相關的應用程式介面(APplication Interface, API)供系統發
展人員使用，才可以發展出符合現代使用者輸出入介面需求
的相關程式。此種程式目前通常都已經以視覺化(Visual)發

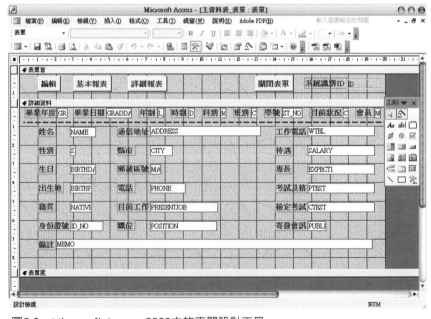

圖5-3　Microsoft Access2003中的表單設計工具

展工具的方式出現，例如：圖5-3就是Microsoft Access
2003中所提供的表單設計工具，程式設計人員可以在螢幕上
利用「工具箱」所提供的工具，直接拉出所需要的表單欄
位，輕鬆的完成畫面設計。

2. 公用程式(Utility)

這是一種負責電腦常用工作的程式，此種軟體與作業系統之
間的差別在今天來說越來越小，例如：WindowsXP中的系統工
具與控制台等，傳統上視為公用程式，但目前幾乎都被包含在作
業系統中。另外如資料壓縮軟體與掃毒軟體也屬於此類軟體，例
如：下圖就是目前在資料壓縮軟體中最常用的WINZIP，可以將
較大的檔案壓縮，圖5-4中Fast.class就有51％的空間被壓縮
掉。

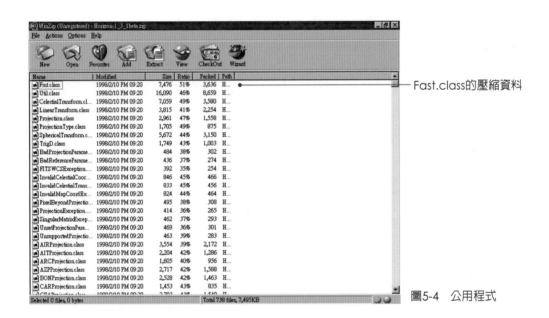

Fast.class的壓縮資料

圖5-4　公用程式

3. 作業系統(Operating system)

這是真正直接操控硬體的系統軟體，通常提供工作元
(Process)管理、主記憶體管理、輔助記憶體管理、檔案管理與
輸出入裝置管理等工作。目前在個人電腦上較常見的作業系統如
Windows 11，圖5-5就是Windows 11的主畫面。

圖5-5　Windows 11作
業系統

圖片來源：https://www.ithome.com.tw/news/145242

5-2 載入程式

1. 基本概念

所謂載入程式就是負責將個別編譯完成的目的碼連結起來，向主記憶體要求配置空間，接著根據作業系統所分配的空間重新安排相關的位址，最後正式將可執行程式載入主記憶體，等待CPU排程正式執行。

2. 載入過程

基本上，載入程式必須提供下列功能：

(1) 連結(Linking)

將各別編譯（或組譯）所得的目的碼，連結為一完整的程式目的碼，並解決各獨立模組中所使用外部符號未定的問題。例如：圖5-6就是我們先寫出兩個程式，分別編譯成為目的碼，接著利用載入程式的連結功能，連結成一個可重定址碼。

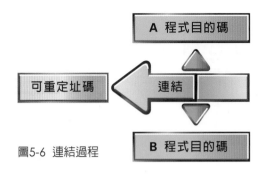

圖5-6 連結過程

(2) 配置空間(Allocation)

配置主記憶體中的空間給正要執行的程式。例如：圖5-7就是先由可重定址碼向作業系統發出請求，要求配置主記憶體空間，以便載入等待執行，若有可用空間，作業系統就會回覆所配置的起始位置，要求程式進行重定址工作，以便載入。

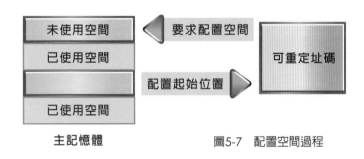

圖5-7 配置空間過程

(3) 重定址(Relocation)

根據目的程式的載入位址，修正其中與記憶體有關的資料或位址欄，以使程式能正確地執行。例如：圖5-8的可重定址碼就根據前面所給起始位置，調整位址，成為可執行碼，隨時可以載入主記憶體，等待執行。

圖5-8 配重定址過程

(4) 載入目的碼(Loading)

將目前置於磁碟的目的檔載入所配置的主記憶體中，等待CPU的使用權進行所指定的工作。

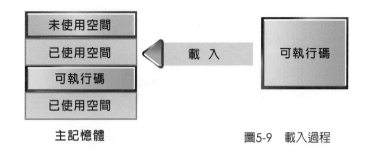

主記憶體　　　　　　　　　　圖5-9　載入過程

3. 啟動載入(Bootstrap loader)

(1) 載入作業系統的方式有三種：

　　A. 由系統操作員(Operator)自控制台(Console)載入一個絕對載入程式再利用它來載入作業系統，這種方式因為非常不方便而且容易出錯，所以目前較少使用。

　　B. 將載入程式燒錄在唯讀記憶體中，開機時即可執行其中的載入程式以載入作業系統，這種方式只適用在有唯讀記憶體的系統中，同時也很難修改載入程式，缺乏彈性。

　　C. 啟動載入程式(Bootstrap loader)

　　　　這是一種折衷辦法，以下面步驟進行：

　　　　(A) 以硬體或韌體指定至特定裝置中的特定位址並載入一段固定長度的記錄，也就是啟動載入程式。

　　　　(B) 跳入此一紀錄中執行，由其載入更多的程式，通常將此一步驟稱為啟動(Bootstrap)。

　　　　(C) 繼續執行後續載入的程式，以載入作業系統，最後並進入作業系統執行。

(2) 冷起動與暖起動

　　A. 冷起動(Cold start)

　　　　(A) 啟動載入程式載入作業系統。

　　　　(B) 系統初始化(Initialization)

　　　　　　a. 硬體測試。

　　　　　　b. 系統初值設定。

(C) 跳入命令處理器(Command processor)繼續等待使用
者的後續命令。

B. 暖起動(Warm start)

(A) 直接使用載入程式讀入作業系統（不用經由啓動載入
程式）。

(B) 做基本的初值設定。

(C) 進入命令處理器。

5-3 高階語言編譯程式

1. 程式編譯軟體分類

(1) 翻譯程式(Translator)

這是程式編譯軟體的總稱，只要可以將某種語言撰寫的程式
轉換成另外一種形式就屬於此類，因此其他的程式編譯軟體
也一定是翻譯程式。例如：將Pascal語言所寫的程式轉換為
C語言程式的編譯軟體就屬於此類。

(2) 組譯程式(Assembler)

專門將組合語言轉換為目的碼，例如：前述的MASM就屬於
這一類。

(3) 直譯程式(Interpreter)

會將原始程式一行一行的解譯，隨即進行執行動作產生執行
結果，不會產生任何目的碼，例如：早期的BASIC語言的編
譯軟體都屬於此類，像Quick BASIC等仍然在繼續使用中。

(4) 編譯程式(Compiler)

這種軟體會將程式編譯成為目的碼，其效果與組譯程式相
同，不過專門用來針對高階語言進行編譯，例如：Visual
BASIC、C++等皆屬於此類。

表5-1　程式編譯軟體的分類

類　別	輸　入	輸　出
翻譯程式(Translator)	任意語言的程式	任意語言的程式
組譯程式(Assembler)	組合語言的程式	機器碼
直譯程式(Interpreter)	中高階語言的程式	執行結果
編譯程式(Compiler)	高階語言的程式	低階語言的程式

5-4　作業系統的定義與功能

1. 定 義

　　由軟體（和韌體）的多個程式模組(Program modules)所構成的一個隨時都在執行的系統，用以管理並協調各應用程式間對計算機資源的使用，方便使用者對系統資源的使用，並提高系統的效率。此外，也被用來控制使用者程式的執行以防止發生錯誤，以及使用者對電腦的不當使用。

2. 功 能

(1) 管理電腦資源的運用，創造使用者的便利

　　包括電腦中的CPU時間、記憶體空間、I/O裝置、檔案儲存等資源，均由作業系統管理，讓使用者可以很方便的使用電腦。

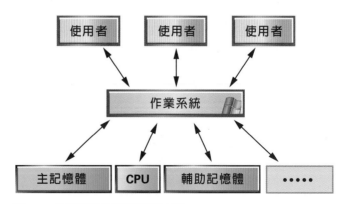

圖5-10 作業系統的資源管理功能

(2) 控制各種裝置與使用者程式的運作，提高電腦的效率

協助使用者控制程式的運作，並避免發生對電腦的不當使用，以提高整體電腦系統的效率。

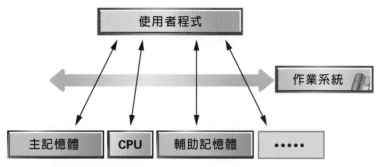

圖5-11　作業系統的控制功能

5-5　各種處理方式

1. 整批處理系統(Batch processing systems)

將相同或類似的工作集合起來，一起交給電腦處理以減少重複之工作，提高系統效率。例如：一般的薪資作業，為了減少重複的工作，通常都是在一個月結束以後，才參考本月的出勤紀錄，計算整月的薪資；這個工作如果不採取整批處理的方式，每天都處理當天的出勤紀錄就太繁複了。

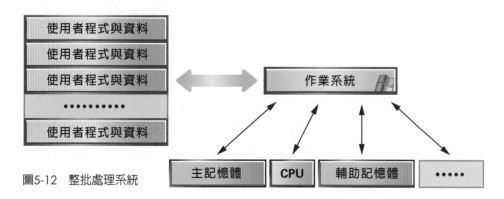

圖5-12　整批處理系統

2. 多元程式系統(Multiprogramming systems)

在主記憶體中同時載入數個程式，接著由處理機依照排班原則選出程式進行處理，當程式執行到輸出入工作時，處理機則由其它程式中選出一個繼續執行。如此可以讓處理機始終都在進行處理，以提高處理機的整體效率。

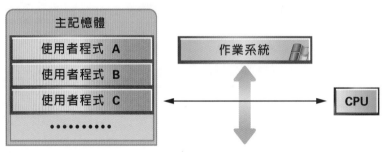

圖5-13　多元程式系統

其中可以同時進入主記憶體的程式數量，稱為多元程式程度(Degree of multiprogramming)，對系統效能有很大的影響。

當執行中的程式必須等待時，則將處理機交由其它程式先使用，可以讓處理機與輸出入裝置同時運作，以提高系統效率。

3. 分時系統(Timesharing systems)

這是一種多元程式系統，處理機分配給各程式的時間平均，每個程式一次分配到一段時間配額（稱為Time quantum 或 Time slice），當時間配額用完而仍未完成時，就要等到下一輪迴分配到時間才能繼續。

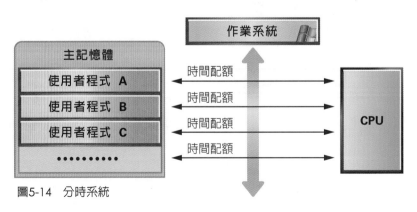

圖5-14　分時系統

4. 即時系統(Real-time systems)

　　　　這是指系統的處理動作必須在指定的時限內完成,通常為了做到這一點,系統必須容許優先權的存在,讓高優先的程式可以在要求的短時間內完成。

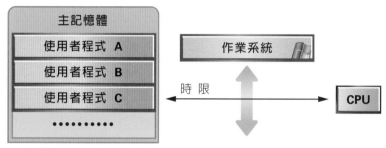

圖5-15　即時系統

5. 交談式系統(Interactive systems)

　　　　使用者利用終端機輸入指令後,系統立即作回應,並將結果送到終端機顯示給使用者,一般必須配合分時系統來使用。

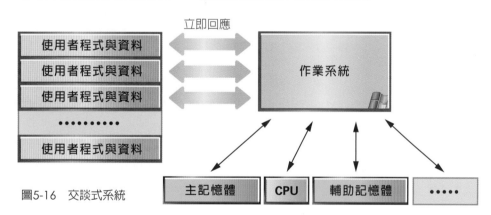

圖5-16　交談式系統

6. 多元處理系統(Multiprocessing systems)

　　　　一系統中有數個處理機採取緊密耦合方式進行處理,也就是各個處理機共用記憶體、時鐘、匯流排與輸出入裝置。

(1) 優　點

　　A. 提高產量(Throughput)

　　　　系統可以在較短時間內完成較多的工作。

B. 增加可靠度(Reliability)

因為有多個處理機負責完成一個工作，因此即使是部分處理機出錯仍可完成工作，可以提高整體的可靠度。

C. 節省經費

因為處理機可以共同使用週邊設備與相關設施，可以節省經費。

(2) 種 類

A. 對稱多元處理(Symmetric multiprocessing)

每個處理機都是在相同拷貝的作業系統上執行，這些作業系統間需要大量溝通以完成作業。

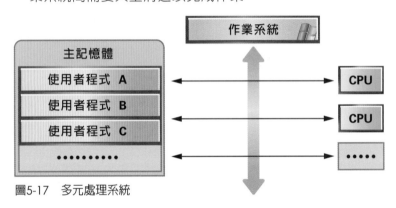

圖5-17　多元處理系統

B. 非對稱多元處理(Asymmetric multiprocessing)

由一個主處理機控制整個系統，其餘各處理機均個別賦予一個特殊任務，由主處理機指揮完成工作。

7. 分散式系統(Distributed systems)

就是把工作分散給多個不同的處理機(Processor)執行的系統，通常採用鬆散耦合(Loosely coupled)系統，也就是每個處理機皆有各自專用的記憶體及時鐘，處理機之間的通訊則經由連線來進行。分散式系統的目的如下：

(1) 資源共享(Resource sharing)

(2) 加速計算(Computing speed up)

(3) 提高可靠度(Reliability)

(4) 便於通訊(Communication)

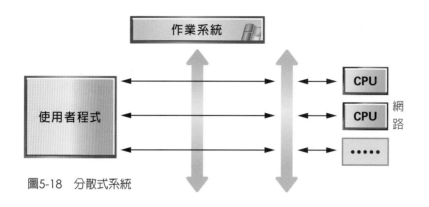

圖5-18　分散式系統

8. 雲端運算(Cloud computing)與網格運算(Grid computing)

(1) 雲端運算的意義

這是一種動態的、易擴展的、透過網際網路提供虛擬化的資源運算方式,使用者不需要了解雲端內部的細節、專業知識,也不需要直接控制基礎設施。雲端運算服務通常提供透過瀏覽器存取的通用線上商業應用,軟體和資料存儲在伺服器上。例如:Salesforce使用雲端運算的理念,開創顧客關係管理上新的管理和應用模式。雲端運算包括基礎設施即服務(Infrastructure as a Service, IaaS),平台即服務(Platform as a Service, PaaS)和軟體即服務(Software as a Service, SaaS)以及其他依賴於網際網路滿足客戶運算需求的科技趨勢。

(2) 雲端運算服務的基本特徵

A. 快速部署資源或獲得服務。

B. 按需要擴展和使用。

C. 按使用量付費。

D. 透過網際網路提供。

(3) 網格運算的意義

網格運算是指分散式處理中所提供的線上運算或儲存,也可以是一個鬆散連結的電腦網路構成的虛擬超級電腦,用來執行大規模任務,例如:電子商務和網路服務所需的後台資料處理、經濟預測、地震分析等。

(4) 雲端運算與網格運算的不同

  A. 網格運算強調資源共享，參與者可以請求也必須貢獻資源；雲端運算強調專有，任何人都可以獲取由少數團體提供的專有資源，使用者不需要貢獻自己的資源。

  B. 網格運算強調將工作轉移到遠端的可用運算資源上進行；在雲端運算中，運算資源則被轉換形式來適應各種工作負載，因此可以支援網格型式的應用，也支援非網格的傳統或 Web2.0 應用的三階層網路架構。

  C. 網格運算注重並行的集中式運算需求，難以自動擴展。雲端運算注重事務性應用，支援大量的個別需求，容易自動擴展。

  D. 網格運算大多為完成特定任務需要；而雲端運算多為通用應用而設計，支援廣泛企業運算、Web應用，普適性更強。

  E. 網格運算用中介軟體力圖使使用者面對同質環境；雲端運算則以不同的方法對待異質環境，所有傳統的方法均可應用。

5-6　CPU 管理

1. 基本概念

  所謂CPU管理就是要將CPU時間分配給使用者指定執行的程式，這種程式一般稱為行程，作業系統必須要控制行程，讓行程在執行中可以達到最大的執行量，因此必須要採取適當的方式進行行程排程，選取適當的行程賦予CPU的使用權。

2. 行程(Process)

(1) 執行中的程式。

(2) 獨立的活動單元。

(3) 可分配處理機執行與資料的單元。

(4) 在系統中行程控制區塊(Process Control Block,PCB)所代表之實體。通常行程控制區塊中包括行程編號、行程狀態、程式計數器(Program Counter,PC)、暫存器內容、暫用資料內容等。

(5) 行程具備有下列特點：

A. 一個行程可以包含有一個到多個引線(Thread)，這些引線共用相同的位址空間、共同檔案、子行程、訊號(Signals)等，但是程式計數器(Program counter)、暫存器集合、執行狀態(Execution state)、執行堆疊(Run-time stack)則是獨立的。

B. 引線在分時系統中的運作與行程相似，會輪流使用處理機。但在同一個行程所含的引線之間進行轉換時，卻比行程間的切換來得快。因為只需要進行所使用暫存器集合的交換，並不需要進行記憶體相關的切換。

C. 屬於同一個行程的引線之間是一種合作的關係，因此不需要做保護(Protection)。

3. 行程之狀態(Process states)

(1) 行程之狀態可區分為

A. 委託狀態(Submit)
工作即將送入系統。

B. 保留狀態(Hold)
工作已送入系統，但尚未開始處理。

C. 預備狀態(Ready)
已建立行程，排隊等候使用處理機。

D. 執行狀態(Running)
正在使用處理機執行。

E. 等候狀態(Wait)
行程正在等候某一件事件的發生。

F. 完成狀態(Complete)
行程完成執行。

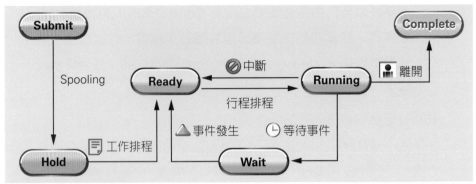

圖5-19　行程狀態轉換圖

(2) 狀態變換之原因

    A. Spooling：委託狀態→保留狀態

       Spooler 將工作讀入並暫存於直接存取裝置（DASD，例如：磁碟）中。

    B. 工作排程：保留狀態→預備狀態

       工作排程程式(Job scheduler)檢查系統容量(System capacity)、若能負荷即建立行程。

    C. 行程排程：預備狀態→執行狀態

       由行程排程程式(Process scheduler)選出最高優先權的行程，賦予處理機的使用權。

    D. 中斷：執行狀態→預備狀態

       在分時系統中，若執行程式將時間配額用完，必須回到預備佇列中排隊，並將處理機使用權讓出，但是一般也可能因為其他的中斷而被迫回到預備狀態。

    E. 等待事件：執行狀態→等候狀態

       執行之行程若要等候某種事件時，必須進入等候狀態，將處理機的使用權讓出。

    F. 事件發生：等候狀態→預備狀態

       行程等待之事件發生，則行程回到預備狀態，排隊使用處理機。

    G. 結束執行：執行狀態→完成狀態

       當行程呼叫系統結束執行或程式錯誤時，由執行狀態進入完成狀態。

4. 排程(Scheduling)

(1) 定義

由一群等待執行的行程中，挑出優先順序最高者，賦予處理機的使用權，此一挑選過程稱為排程，其中排程的基本單位是行程。

(2) 程式的分類

A. 若一個程式大部分時間皆為I/O之工作，則稱為I/O Bound program。

B. 若一個程式大部分時間皆為CPU的計算，則稱為CPU Bound program。

5. 排程程式(Schedulers)的分類

(1) 長期排程(Long-term scheduling)

決定哪些行程可以由保留狀態進入預備狀態，開始爭取CPU的使用權，等待運作，故又稱為工作排程器(Job scheduler)或高階排程器(High-level scheduler)。

(2) 短期排程(Short-term scheduling)

由主記憶體中的預備狀態行程選出其中之一，賦予處理機的使用權，正式開始執行。又稱為行程排程器(Process scheduler)或低階排程器(Low-level scheduler)。在選出行程後，由分派程式(Dispatcher)將CPU控制權交給此一行程，分派時所消耗的時間稱為分派潛伏期。

(3) 中期排程(Medium-term scheduling)

這種排程程式主要是對短期排程無法掌握的系統負荷變動(Fluctuation)作出適當的反應，提高系統的效能。也就是說在系統負荷變高造成主記憶體不敷使用時，將某些行程挑離主記憶體。其執行方式一般包括下列兩者：

A. 對於某些不適於繼續執行的程式，可以將其移出主記憶體(Swap out)，並停止其對CPU的使用權等候(Suspend)。

B. 同樣的，也可以對暫停之程式，恢復其繼續運作之權利(Activate 或 Resume)，並將它移入記憶體(Swap in)。

6. 常見的排程方法

(1) 先到先做(First Come, First Serve, FCFS)

最先進入佇列的行程先執行，不能插隊，同時每一個行程一旦開始執行就必須執行到完畢，屬於不可搶先的演算法。例如：有P1:20、P2:50、P3:30等三個行程，若到達順序為P1、P2、P3，則執行過程如下圖

圖5-20a

且各行程的等待時間為

P1=0-0=0

P2=20-0=20

P3=70-0=70

因此平均等待時間為(0+20+70)/3=30

A. 優 點

很公平，不會有餓死現象(Starvation/Indefinitely postponement)，也就是所有行程都一定會完成，而不會有等不到CPU使用權以致無窮等待的情形產生。

B. 缺 點

(A) 不適合用在多使用者之交談式系統上。

(B) 平均等待時間很長，若有一個較長時間的工作容易產生護送效應(Convoy effect)。

(2) 最短工作先做(Shortest Job First, SJF)

就是將處理機配置給預計需要時間最短的工作。例如：有P1:20、P2:50、P3:30等三個行程，則執行過程如下圖

![P1 P3 P2 時間圖 0 20 50 100]

圖5-20b

且各行程的等待時間為

P1=0-0=0

P2=50-0=50

P3=20-0=20

因此平均等待時間為(0+50+20)/3=23.3

A. 優 點

具有最小的平均等待時間。

B. 缺 點

在工作尚未執行前，無法得知所需的執行時間。

(3) 最短剩餘時間先做(Shortest Remaining Time Next, SRTN)

亦屬於SJF的一種變化，當新到達的工作所需時間，比目前正在執行工作的剩餘時間短時，新的工作將取代原先執行的工作，是一種強奪型的排程方式，其平均等待時間較SJF更小。

A. 缺點

容易造成餓死(Starvation)或無限期阻塞(Indefinite blocking)，使低優先行程遲遲得不到執行權。

B. 解決方式

利用老化(Aging)方式解決，也就是等得越久，則擁有越高的優先權，如此總有一天會得到執行權。

(4) 優先權(Priority)

根據優先權函數(Priority function)計算每個行程的優先權。最高者優先處理。

(5) 依序循環(Round Robin, RR)

每個行程使用一個時間配額(Time slice 或Time quantum)之後，就回到預備佇列(Ready queue)尾巴，重新排隊，循序執行。主要用於分時系統的交談式工作排程。而其時間配額的選擇依照下列原則：

A. 處理機共用(Processor sharing)法則

如果時間配額太小，則處理機的時間可以平均分配給全部行程使用，但由於內容轉換(Context switching)的次數增大，而造成系統Overhead過多之現象，因此除非有特殊的硬體支援，否則效率會極差。

B. 如果時間配額太大，則大部分取得處理機的工作皆可在一個時間配額內完成，如此依序循環方式就會退化成為先到先做的方式FCFS，容易出現護送效應，故不適於用在交談式系統中。

C. 時間配額大小的選擇，應該儘量使大部分一般指令能在一個時間配額中完成，對於較長的工作則分為數個時間配額來完成。

(6) 多階層佇列(Multi-level queues)

將工作分成數群，每一群都有一個佇列，並且可以有不同的排程方式，而每個行程也固定屬於某一個佇列。例如：系統可以將工作分成兩群，即前景(Foreground)和背景(Background)。其中，前景為交談式工作，而背景則為批次工作。一般而言，前景工作先處理，等到前景工作全部處理完畢後，再處理背景工作。通常前景工作採用RR方式排程，而背景工作則採用FCFS方式排程。

(7) 多階層回饋佇列(Multi-level-feedback-queue)

採多層佇列，但工作可以在兩相鄰階層中移動，如下圖所示。通常行程會先進到時間配額最短的佇列中，如果可以在時間配額內完成就直接結束，否則就會再進入另一個時間配額較長的佇列，如此依序移動，而最後一個佇列則通常採用FCFS方式進行排程，以確定工作必定可以完成。

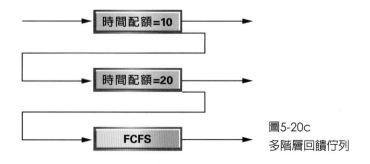

圖5-20c
多階層回饋佇列

1. 基本概念

現代電腦系統中,為了改進CPU使用效率與使用者感受到的回應時間,程式執行之前必須載入主記憶體,不過由於主記憶體的容量有限,因此必須採用記憶體管理的方式,輪流將需要執行的程式與資料由輔助記憶體載入主記憶體。因此首先要建立位址連結,確定資料與程式所要載入主記憶體的位址;其次就是進行載入與連結,將相關的程式、副程式、資料等正式載入主記憶體。不過為了要容納更大的程式或更多的程式,因而會應用重疊或調換的方式。

2. 分頁(Paging)

這是一種目前最常使用的虛擬記憶體配置方法。

(1) 基本定義

A. 每個程式均分成相同大小的區塊,稱為頁面(Pages);整個主記憶體也等分成與頁面相同大小的區塊,稱頁框(Frames)。程式中的每個頁面都可以載入任一個可用頁框中執行。

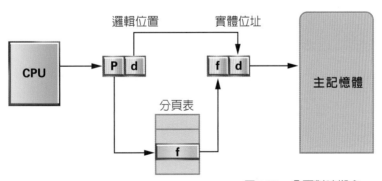

圖5-21 分頁對映概念

B. 虛擬位址(Virtual address)與實際位址(Real address)

虛擬位址是指程式在執行時所使用的位址,可以分成頁面編號(Page number)與相對位址(Displacement)等兩個部分,又稱邏輯位址(Logical address)。而實際位址就是主記憶體中實際儲存的位址,兩者並不相同。在執行時邏輯位址需要由記憶管理單元利用基底暫存器等硬體裝置對應到實際位址。

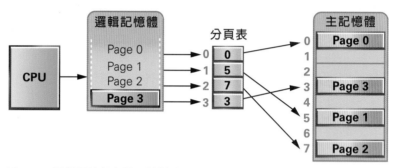

圖5-22　邏輯記憶與實體記憶對映

C. 分頁表(Page table)

執行中的每個程式都有一個分頁表,記錄程式中使用的每個頁面,其內容包含有:

(A) 駐留位元(Resident bit):記錄該頁面是否存在主記憶體中。

(B) 頁面在磁碟中備份的儲存位址。

(C) 頁面載入的頁框編號。

(2) 動態位址轉換(Dynamic address translation)

當程式執行時,每個記憶體存取時都需要將虛擬位址轉換成實際位址,此一轉換之功能稱為動態位址轉換。例如存取記憶位址為(p,d)時,必須依下列步驟進行:

A. 根據p搜尋分頁表中第p頁的記錄。

B. 檢查駐留位元以確定此頁是否存在主記憶體中,若不在,則需要先在主記憶體中找出一可用頁框,並由輔助記憶體載入該頁。

C. 由記錄中取出頁框編號,與d結合成為實際位址r。

D. 存取主記憶體位址r處。

(3) 分頁替換

若要載入CPU的分頁在主記憶體中沒有可用頁框放置，即稱發生分頁失誤(Page fault)，此時會產生分頁中斷(Page interrupt)，必須從主記憶體中選出一個可被替換的頁框，接著將選定頁框的內容存回輔助記憶體，再將所要的分頁換入該頁框，這就是分頁替換。通常在分頁替換時有下列演算法選定需要換出的頁框：

A. 先入先出分頁替換(FIFO replacement)

(A) 定 義

就是替換最先載入的分頁，例如下表中，若有3個可用分頁，共有12個分頁載入動作，則分頁失誤率為9/12=75％。

表5-2　FIFO分頁替換

時間	0	1	2	3	4	5	6	7	8	9	10	11	12
移入分頁		B	A	C	D	B	A	E	B	A	C	D	E
page 1		B	B	B	D	D	D	E	E	E	E	E	E
page 2			A	A	A	B	B	B	B	B	C	C	C
page 3				C	C	C	A	A	A	A	A	D	D
分頁失誤		V	V	V	V	V	V	V			V	V	

(B) 優 點

演算法容易撰寫。

(C) 缺 點

a. 最先載入頁面可能使用率相當高，因此最先載入這項資訊實際上參考意義不大。

b. 此依演算法可能產生貝勒第異常現象(Belady's Anomaly)，也就是當程式分配的頁框數增加時，分頁失誤率反而增加的現象。例如：下表中的移入分頁順序與前圖相同，同時頁框數較前表多1，但其最後的分頁失誤率則為10/12=83％。

表 5-3　貝勒第異常現象

時間	0	1	2	3	4	5	6	7	8	9	10	11	12
移入分頁		B	A	C	D	B	A	E	B	A	C	D	E
page 1		B	B	B	B	B	B	E	E	E	E	D	D
page 2			A	A	A	A	A	A	B	B	B	B	E
page 3				C	C	C	C	C	C	A	A	A	A
page 4					D	D	D	D	D	D	C	C	C
分頁失誤		V	V	V	V			V	V	V	V	V	V

B. 最佳頁面替換法(Optimality，簡稱OPT或MIN)

(A) 定　義

若知道未來之分頁使用狀況時，可以將最久才會再用到的分頁先換掉。如下列就是用前面FIFO演算法的例子，此時的分頁失誤率為7/12=68％。

表 5-4　OPT分頁替換

時間	0	1	2	3	4	5	6	7	8	9	10	11	12
移入分頁		B	A	C	D	B	A	E	B	A	C	D	E
page 1		B	B	B	B	B	B	B	B	B	C	C	C
page 2			A	A	A	A	A	A	A	A	A	D	D
page 3				C	D	D	D	E	E	E	E	E	E
分頁失誤		V	V	V	V			V			V	V	

(B) 優　點

這種演算法的效率最佳，也就是說分頁失誤率最低。

(C) 缺　點

由於未來頁面使用狀況無法預知，因此這個方法實際上只能用來作為其他演算法比較時的評估標準。

C. 最久未用替換法(Least-recently-used)

(A) 定義

就是將每一個分頁的前一次被使用的時間記錄下來，若要替換時就將最久未用之分頁替換掉。如下表中的分頁失誤率為10/12=83％。

表 5-5　LRU分頁替換

時間	0	1	2	3	4	5	6	7	8	9	10	11	12
移入分頁		B	A	C	D	B	A	E	B	A	C	D	E
page 1		B	B	B	D	D	D	E	E	E	C	C	C
page 2			A	A	A	B	B	B	B	B	B	D	D
page 3				C	C	C	A	A	A	A	A	A	E
分頁失誤		V	V	V	V	V	V	V			V	V	V

(B) 優 點

(a) 這是與OPT相互對稱的替換法，在一般實際操作上效果相當不錯。

(b) 不會產生異常現象，因為LRU屬於堆疊演算法(Stack Algorithm)。

(C) 缺 點

(a) 因為必須記錄最近使用時間，需要硬體支援，製作成本較高。

(b) 執行時間較長，不利於行程排班。

D. 最近未用頁面替換法(Not-used-recently 或Enhanced second-chance algorithm)

(A) 方 式

這種演算法中每個頁框都使用兩個位元來記錄其使用狀況，然後利用使用狀況來選擇替換頁面，因此也是一種類似LRU的方法。

(a) 參考位元(Reference bit)

用來記錄該頁是否在最近一段時間內被使用過，此位元每經過一段間隔時間就清除一次，被使用到時才加以設定。

(b) 修改位元(Modify bit)

用來記錄該頁在載入記憶體之後，其內容是否曾被修改過。被修改過的頁面，若被替換掉時必須存回後備記憶體，否則可省略存回後備記憶體之工作。

(B) 頁面分類(Page classes)

可以應用前述兩個位元將所有頁面分成四類，按替換的優先順序列出如下：

(a) 在最近這段時間內未使用過，且載入後未改變過內容(R=0,M=0)。

(b) 在最近這段時間內未使用過，但載入後曾改變過內容(R=0,M=1)。

(c) 在最近這段時間內未曾使用過，而載入後未改變過內容(R=1,M=0)。

(d) 在最近這段時間內曾使過，且載入後曾改變過內容(R=1,M=1)。

E. 二次機會的頁面替換法(Second chance replacement)

(A) 特 點

此種方法基本上是利用FIFO選出替換候選頁面，再配合參考位元決定是否替換該頁面的類似LRU方法。

(B) 方 法

先用FIFO方式選出替換候選頁面，再視參考位元的值決定處理方式。

(a) 若參考位元為零，則可以直接替換此一頁面。

(b) 若參考位元不為零，則將其清除為零，繼續考慮下一頁面，直到找出可替換頁面為止。

(c) 若所有頁面的參考位元皆不為零，可反覆再搜尋後，一定可以找到可替換的頁面。

(4) 輾轉(Thrashing)

A. 意 義

如果行程花在分頁替換上的時間（包括調換）比它花在執行上的時間還要長，我們就說它正處在輾轉狀態。

B. 原 因

當一般作業系統中的CPU排程程式發現CPU使用率過低時，通常會藉由增加多元程式規劃的程度來提高CPU使用率，也就是說會引入新的行程爭取分頁，但若發生輾轉現象，則此一動作將使輾轉現象更加嚴重。

C. 解決方法

(A) 工作組模式(Working-set model)

這是基於局部區域(locality)的假設而來的，就是將行程最近的d個參考的分頁記錄下來成為該行程的工作組，然後統計全部行程總工作組所需的頁框數量，若大於實際主記憶體所能提供的頁框數，可能會造成輾轉現象，必須限制行程的數量來防止此一情形發生。

(B) 分頁失誤頻率(Page Fault Frequency, PFF)

測量各行程的分頁失誤頻率，若太高則多分配一些頁框給這些行程，若太低則從該行程取走頁框，以控制頁框數量達到防止分頁失誤頻率過高，從而可以防止輾轉現象。

5-8　死結(Deadlock)

1. 定 義

系統中一群行程，互相等待其他行程所擁有的資源，而造成循環等候無法進行的現象。

2. 必要條件

也就是說必須這四項條件同時成立才會發生死結，不過這四項條件實際上並非完全獨立。

(1) 互斥(Mutual exclusion)

資源無法共用，也就是說至少要有一個資源必須具有互斥性。

(2) 占用等候(Hold and wait)

必須存在佔用資源且正等候其他行程所占用資源的行程

(3) 不可搶先(No preemption)

也就是說資源在使用過程中，一定要完成目標後才被放棄，其他行程不能中途搶走該資源。

(4) 循環等候(Circular waiting)

必須存在相互循環等候的行程。

3. 死結之處理

死結之處理共有死結預防、死結避免、死結偵測和死結回復等四種方法：

(1) 死結預防(Deadlock prevention)

就是要讓死結的必要條件不會成立，自然可以預防死結的發生，可以從四個死結必要條件分別說明：

A. 互斥

也就是要讓資源都可以共用，將使互斥條件無法成立，但是部分資源如印表機，先天就有無法共用的特性，因此此一條件較難成立。

B. 占用等候

為了讓此一條件不能成立，必須讓正在等候資源的行程不能占用任何資源，因此可以要求行程在執行前必須先獲得所需的所有資源。但是如此可能造成下列缺點：

(A) 資源使用率降低

因為大部分資源可能只是被配置而沒有立即使用，造成浪費。

(B) 產生餓死(Starvation)

如有一個需要相當多資源的行程一直無法獲取足夠的資源，可能造成此一行程永遠無法執行。

C. 不可搶先

要讓這一個條件不成立，只要讓任何正在等候另一資源的行程所擁有的資源可以被其他行程搶走，一般適用在資源狀態容易保存的主記憶體或暫存器，而不適用於印表機或磁帶等慢速裝置，同時此一協定也無法避免餓死。

D. 循環等候

要避免此一條件成立，必須強制規範，將資源依照線性方式編號，行程要求資源時必須依照數字大小，由小到大的提出。此法同樣無法避免餓死。

(2) 死結避免(Deadlock avoidance)

系統對所有使用者所提之資源需求，做通盤之考量，對有可能引發系統死結危險之資源要求（有可能造成系統進入不安全狀態），暫時予以擱置，等到系統沒有危險之後再配置資源給要求之行程。例如：銀行家演算法(banker's algorithm)就是一個非常著名的死結避免演算法，在此演算法下，每一個行程在進入系統時都要先宣告各種資源的最高需求數量（類似貸款額度），若此數量的要求可能造成系統處在不安全的狀態，此行程就要等候，否則行程就可以獲得資源繼續進行。判斷是否處於安全狀態的方式是，如果所有行程有可能完成執行（終止），則被認為是安全的。由於系統無法知道什麼時候一個行程將終止，或者之後它需要多少資源，系統假定所有行程將最終試圖獲取其宣告的最大資源並在不久之後終止。基於這一假設，該演算法透過嘗試尋找允許每個行程獲得的最大資源並結束（把資源返還給系統）行程請求的一個理想集合，來決定一個狀態是否是安全。不存在這個集合的狀態都是不安全的。

(3) 死結偵測(Deadlock detection)

此種系統不做死結預防與避免，而在系統有死結之徵兆時，利用等候圖(Wait for graph)是否產生循環(Cycle)的方式進行死結偵測，以確定是否存在有死結。若發現有死結時，再做死結回復以使系統能繼續運作。

(4) 死結回復(Deadlock recovery)

在偵測到死結之後，對系統中發生死結之行程，採取斷然措施，以期能將系統回復正常運作，並儘量減少系統的損失與負擔。此時有下列兩種方法可以進行回復：

A. 終止行程

可以一次將所有在死結狀態中的行程終止，或是採取一次終止一個行程的方式尋求從死結狀態中回復。

B. 賦予資源可搶先

也就是讓各行程擁有的資源可以被搶走，以解除死結狀態。

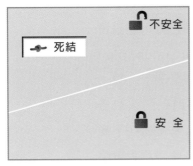

圖5-23 安全、不安全與死結狀態間的關係

(5) 鴕鳥演算法(Ostrich algorithm)

模擬鴕鳥的行為，將頭埋在地下，假裝看不見問題存在，並希望問題會自己解決。例如：UNIX系統就是採用此一種方式，根本不限制行程的執行，例如：產生子行程的數目、開啟檔案的數目都不加以限制，任由使用者使用，因此有發生死結之可能，但也因此節省了偵測死結所需要的龐大成本。

4. 餓死(Starvation)

系統中某些行程一直無法取得所需之資源，以致可能永遠無法執行的一種不公平之現象，又稱為無限期延後(Indefinitely postponement)。

5-9 作業系統簡介與特色

1. UNIX

UNIX是一個強大而廣泛使用的多用戶、多任務作業系統。它最初於1969年由貝爾實驗室開發，旨在提供一個可移植和靈活的操作環境。UNIX的特點包括分時操作、分散式文件系統、多任務處理和支援多用戶。由於UNIX具有高度的穩定性、可靠性和可擴展性，它成為許多領域的首選作業系統，包括伺服器、超級計算機和嵌入式系統。UNIX的開放設計促使了廣泛的發展和

衍生，例如：BSD、Linux和macOS等。儘管UNIX的發展分為多個分支，但其核心設計原則和哲學一直流傳下來，並對當今的作業系統和軟體開發產生了深遠的影響。UNIX的成功在於其開放性、靈活性和可擴展性，使其成為計算機科學領域的重要里程碑之一。

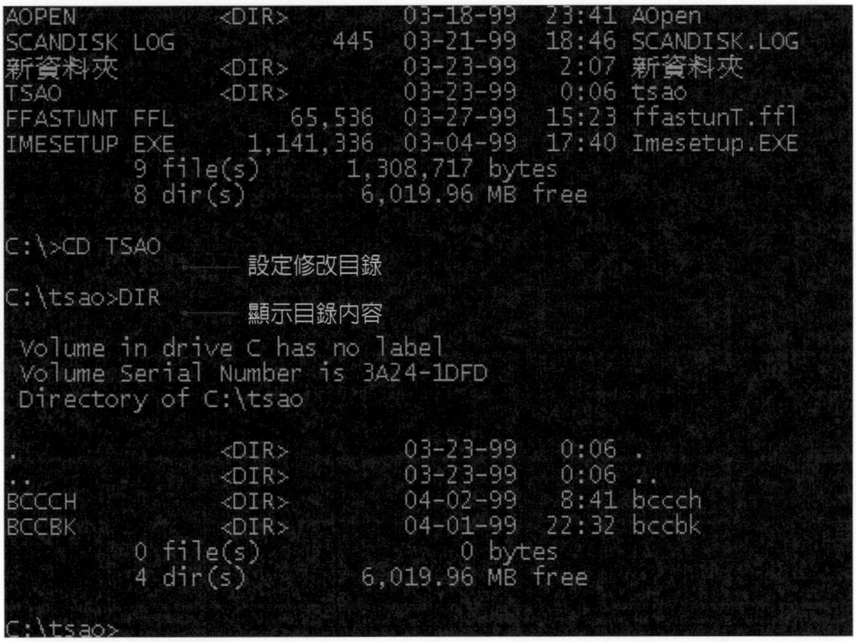

```
AOPEN            <DIR>          03-18-99   23:41  AOpen
SCANDISK LOG             445    03-21-99   18:46  SCANDISK.LOG
新資料夾          <DIR>          03-23-99    2:07  新資料夾
TSAO             <DIR>          03-23-99    0:06  tsao
FFASTUNT FFL          65,536    03-27-99   15:23  ffastunT.ffl
IMESETUP EXE       1,141,336    03-04-99   17:40  Imesetup.EXE
         9 file(s)      1,308,717 bytes
         8 dir(s)       6,019.96 MB free

C:\>CD TSAO          ── 設定修改目錄

C:\tsao>DIR          ── 顯示目錄內容
 Volume in drive C has no label
 Volume Serial Number is 3A24-1DFD
 Directory of C:\tsao

.                <DIR>          03-23-99    0:06  .
..               <DIR>          03-23-99    0:06  ..
BCCCH            <DIR>          04-02-99    8:41  bccch
BCCBK            <DIR>          04-01-99   22:32  bccbk
         0 file(s)             0 bytes
         4 dir(s)       6,019.96 MB free

C:\tsao>
```

圖5-24 DOS作業系統

2. Linux

　　Linux作業系統是一個自由、開源的作業系統，最初由Linus Torvalds於1991年創建。它基於UNIX，具有穩定性、安全性和可定制性等優勢。Linux擁有全球的開源社區支持，這意味著全球的開發人員可以貢獻代碼、修復錯誤並提供新功能，使得Linux成為一個高度彈性和廣泛應用的作業系統。它被廣泛用於伺服器、桌面、嵌入式設備、移動裝置和超級計算機等不同領域。Linux提供了各種發行版，例如：Ubuntu、Debian、Fedora等，每個發行版都有不同的特點和用途。Linux的成功得益於其開放性和協作精神，以及其支持多種硬體平台和廣泛的軟體生態系統。

圖5-25　Linux

3. iOS

　　蘋果公司開發的行動作業系統,是iPhone、iPad、iPod Touch和Apple TV等設備上的主要操作系統。iOS的設計注重使用者體驗,強調簡潔、直觀和易於操作,具有高度的穩定性和安全性。以下是iOS的一些主要特點和功能:

A. 操作介面:iOS的操作介面簡潔明瞭,使用者可以透過觸控手勢和滑動輕鬆完成各種操作。該介面包含了許多內置應用程式,例如:電話、信息、郵件、日曆、相機等,用戶還可以從App Store下載其他應用程式。

B. Siri語音助理:Siri是iOS中的語音助理,可透過語音指令幫助用戶完成各種任務,例如:發送信息、設置鬧鈴、導航等。

C. iCloud雲端存儲:iOS透過iCloud為用戶提供了一個簡便的雲端存儲解決方案,用戶可以儲存和同步照片、文檔、音樂和其他資料,並能在多個設備間共享和訪問。

D. 安全性：iOS有許多安全措施，例如：Touch ID和Face ID生物識別技術、加密保護、App權限等。這些措施能保護用戶的個人隱私和資訊安全。

4. Android

是一個由Google開發的行動作業系統，現在已成為全球最受歡迎的行動作業系統之一。Android的設計目標是提供一個開放源碼的作業系統平台，使裝置製造商和開發人員可以自由發揮創意，為用戶提供優秀的使用體驗。以下是Android的一些主要特點和功能：

(1) 開放源碼

Android的開放源碼設計使開發者可以自由地開發和定制系統，這使得Android系統具有更大的靈活性和可擴展性。

(2) 操作介面

Android的操作介面具有可自由定制的特性，而且相對於其他行動作業系統來說更容易使用。系統中的圖形界面設計簡潔，容易理解和使用。

(3) 多任務處理

Android支援多任務處理，用戶可以在同一時間打開多個應用程式，並在它們之間快速切換。

(4) 支援多種硬體設備

Android支援多種硬體設備，例如：智能手機、平板電腦、智能手錶、智能家居設備和汽車娛樂系統等，這樣用戶可以在不同的設備上使用同一個系統。

(5) 安全性

Android有許多安全措施，例如：手機的解鎖模式、數據加密、應用程式權限等。此外，Google還提供了安全更新和漏洞修復，以確保用戶的安全性和隱私保護。

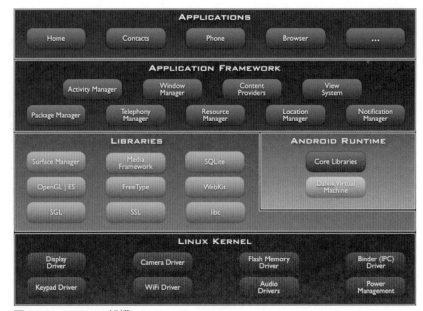

圖5-26 Android 架構

ref:http://developer.android.com/guide/basics/what-is-android.html

5. Windows

Windows作業系統是由Microsoft開發的桌面作業系統。自1985年首次推出以來，Windows經歷了多個版本的發展。每個新版本都帶來了更多功能和改進，例如：圖形用戶界面、多任務處理、網路連接和媒體功能的增強。Windows 95在1995年引入了開始菜單和任務欄，Windows XP在2001年提供了更穩定的操作系統，Windows 7在2009年改進了性能和文件管理。Windows 8於2012年引入了觸控螢幕的資源，Windows 10於2015年結合了Windows 7和Windows 8的特點。最近的版本是Windows 11，引入了重新設計的使用者介面、新的開發平台和社交平台、安全性以及可存取性的更新，與對效能的改進。透過這些發展，Windows作業系統持續提供更好的用戶體驗、性能優化和功能改進，成為廣泛使用的桌面作業系統之一。

一、是非題

( ) 1. 系統軟體是在軟體中與使用者較為接近的部分，例如：作業系統、檔案系統等皆屬於此類。

( ) 2. 不同的CPU，其組合語言就會有所差異。

( ) 3. 語法錯誤在原始程式編譯過程中會被發現。

( ) 4. 組合語言經組譯(Assembler)後，會成為機器語言。

( ) 5. 編譯程式(Compiler)對高階語言的處理，一次只能讀取、翻譯、執行一列程式敘述。

二、選擇題

( ) 1. 程式經編譯(Compile)後，不會產生下列哪一種輸出？ (A)診斷訊息(Diagnostic message) (B)列印原始程式(Source program listing) (C)可執行模組(Executable module) (D)目的模組(Object module)。

( ) 2. 一般編寫程式的流程為 (A)編譯(Compile)，執行(Execution)，連接／載入(Link/Load) (B)編譯，執行，連結／載入 (C)編譯，連結／載入，執行 (D)連接／載入，編譯，執行。

( ) 3. 作業系統的主要功能為記憶體管理，處理機管理，設備管理及 (A)資料管理(B)I/O管理 (C)中文管理 (D)程式管理。

( ) 4. 下列敘述哪一個是錯誤的？ (A)程式執行，檔案存取等，皆屬於作業系統服務範疇 (B)COBOL，BASIC皆屬於作業系統軟體 (C)電腦系統包含硬體，作業系統，應用程式及使用者 (D)作業系統目的是為了使用方便和有效的使用電腦。

( ) 5. 下列何者不為系統軟體？ (A)公用程式(Utility) (B)作業系統(Operating system) (C)會計系統(Accounting system) (D)編譯程式(Removable disk)。

( ) 6. 下列敘述何者正確？ (A)編譯器(Compiler)可編譯應用程式，故為應用軟體 (B)會計系統輔助會計作業，為應用軟體 (C)作業系統不能編譯程式，故不是系統軟體 (D)作業系統(Operation system)可編譯程式，故為系統軟體。

( ) 7. 下列何者不是載入程式的功能？ (A)連結 (B)載入 (C)重定址 (D)編譯。

( ) 8. 下列何者不屬於系統軟體？ (A)DOS (B)UNIX (C)WINZIP (D)WORD。

( ) 9. 下列何者不屬於應用系統發展軟體？ (A)VC++ (B)VB (C)BC++ (D)WORD。

( ) 10. 下列何種語言使用時不必編譯？ (A)機器語言 (B)組合語言 (C)高階語言 (D)自然語言。

( ) 11. 以下何者不屬於程式語言翻譯器？ (A)Assembler (B)Compiler (C)Decoder (D)Interpreter。

( ) 12. WinZip屬於哪一類軟體？ (A)作業系統 (B)壓縮 (C)繪圖 (D)資料庫。

( ) 13. 下列何者非系統程式？ (A)編譯器 (B)載入程式 (C)圖形處理程式 (D)組譯程式。

( ) 14. 為了預防下列何種狀況，作業系統可以對行程使用資源加以限制？ (A)Starvation (B)Synchronization (C)Paging (D)Deadlock。

( ) 15. 在批次處理(Batch processing)系統中，下列何者最適合使用在工作排程？ (A)Priority queue (B)Stack (C)Binary search tree (D)Linked list。

( ) 16. 在作業系統中，下列何者與多工(Multitasking)無關？ (A)Scaling (B)Load Balancing (C)Segmentation (D)Time-sharing。

( ) 17. 以下何者不是作業系統發生死結的條件？ (A)資源可以分享 (B)持有與等待 (C)循環等待 (D)不可搶先。

( ) 18. 以下何者為要求在一定時間內得到回應的作業系統？ (A)準時作業系統 (B)分時作業系統 (C)零時作業系統 (D)即時作業系統。

( ) 19. 關於LINUX作業系統，下列敘述何者錯誤？ (A)LINUX是開放原始碼(Open source)的軟體 (B)LINUX是多工(Multi-tasking)的作業系統 (C)LINUX是免費軟體，可以任意自由地重製與販售 (D)LINUX從手持式小型裝置，至超級電腦都可安裝使用。

( ) 20. 下列何者不是作業系統所管理的資源？ (A)記憶體空間 (B)網路頻寬 (C)磁碟空間 (D)CPU時間。

( ) 21. 以下何者不是作業系統(Operation System, OS)的主要功用？ (A)管理電腦設備，使電腦資源的應用達到最佳化 (B)控制記憶體的存取及分配記憶體的使用 (C)提供許多軟體工具，讓非專業的使用者也能設計出應用程式 (D)程式執行發生致命錯誤時可以立即偵測錯誤，並取回系統控制權以避免當機。

( ) 22. 下列何者不屬於手機常用之作業系統？ (A)Windows XP (B)Windows Mobile (C)Android (D)iPhone OS。

( ) 23. 以下何者不是造成死結(Deadlock)的必要條件(Necessary condition)？ (A)循環等待(Circular wait) (B)不可搶先(No preemption) (C)互斥(Mutual exclusion) (D)持有資源(Resource holding)。

( ) 24. 以下何者監管電腦系統各個部分(Component)的活動？ (A)作業系統(Operating system) (B)硬體系統(Hardware system) (C)公用程式(Utility program) (D)應用程式(Application program)。

( ) 25. 什麼情況下一個程序(Process)會從執行(Running)狀態變成就緒(Ready)狀態？ (A)獲得CPU 控制權(Get access to CPU) (B)時間切片耗盡(Time slice exhausted) (C)需要輸入或輸出(I/O requested) (D)輸入或輸出完成(I/O completed)。

( ) 26. 以下哪個不是作業系統的功能？ (A)提供使用者操作介面 (B)協調CPU 與周邊裝置及軟體的運作 (C)管理資訊的儲存與取用 (D)除毒功能。

( ) 27. 以下何者為作業系統？ (A) UNIX (B) Microsoft Office (C) JAVA (D) BIG5。

( ) 28. 下列何者是一種小型程式，能辨認作業系統如何與特定裝置溝通？ (A)緩衝儲存器 (B)效能監控 (C)周邊裝置 (D)驅動程式。

( ) 29. 有關置換空間(Swap space)的使用，下列描述何者不正確？ (A)為主記憶體之延伸虛擬記憶體 (B)存放暫時不使用的資料 (C)只存放分頁的資料而非整個檔案 (D)一般以磁碟空間當置換空間。

( ) 30. 下列哪種情況下不可能造成死結(Dead lock)的發生？ (A)資源的使用是可以共享的情況 (B)數個程序間沒有優先使用資源的情況 (C)程序間有正在使用資源又等待另一資源的情況 (D)資源的使用必須要互斥的情況。

( ) 31. 在微軟Windows作業系統下，下列哪個動作可以顯示工作管理員視窗？ (A) Ctrl+Alt+Del (B)Ctrl+Enter (C)Ctrl+Alt+Shift (D)Ctrl+Alt+Esc。

( ) 32. 為了讓可用的記憶體空間比實際記憶體空間大，作業系統所支援的記憶體空間管理模式為何？ (A)快閃記憶體 (B)虛擬記憶體 (C)快取記憶體 (D)隨機存取記憶體。

( ) 33. U N I X 作業系統是以何種電腦語言開發的？ (A)C (B)F O R T R A N (C)PASCAL (D)JAVA。

參考解答

一、是非題

1.× 2.○ 3.○ 4.○ 5.×

二、選擇.題

1.C	2.C	3.B	4.B	5.C	6.B	7.D	8.D	9.D	10.A
11.C	12.B	13.C	14.D	15.A	16.C	17.A	18.D	19.C	20.B
21.C	22.A	23.D	24.A	25.B	26.D	27.A	28.D	29.C	30.A
31.A	32.B	33.A							

常用應用軟體

6-1 Word基本概念與基本畫面

1. 概 念

　　文書處理套裝軟體是個人電腦上必備的工具，Word是目前最普遍的中文文書軟體，具備有排版、圖形處理等功能，且可做到「所見即所得」(What You See Is What You Get, WYSIWYG)，也提供有一個很容易操作的圖文作業環境，讓我們可以輕易的完成一篇圖文並茂的文章。

2. 基本畫面

(1) 標題列：會顯示「Microsoft Word」與你現在所編輯的文件名稱。

(2) 功能表列：包含功能表清單，只要開啟功能表，然後從中選取指令，就可以指示Word 執行此動作。

(3) 工具列：其中包含最常用的指令，可配合滑鼠的點選立即取用。

(4) 尺 規：協助迅速改變段落的對齊與定位點。

(5) 工作區域：可供輸入文件內容的區域。

(6) 插入點：就是輸入資料時的位置，只要在想要放置「插入點」的位置上，按一下滑鼠左鍵，就會出現插入點「 」。

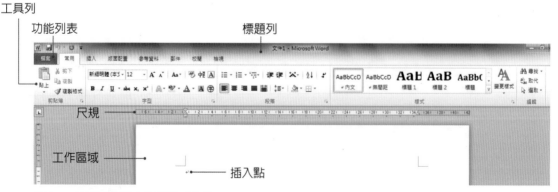

圖6-1　正在編輯的文件就是『文件1』

1. 啓動Word

執行「開始→Word20xx」，即可啓動Word。

(1) 進入開始畫面，在畫面的左側會顯示最近曾開啓的檔案，直接點選即可開啓該檔案。

(2) 畫面的右側則會顯示範本清單，可以直接點選要使用的範本。

(3) 建立空白新文件：按下「檔案→新增」功能，點選空白文件；或按下Ctrl+N快速鍵，即可建立一份空白文件。Word提供了許多現成的範本，可以直接使用範本建立一份新文件。在新增頁面中，點選要開啓的範本即可。

(4) 開啓舊有的文件：按下「檔案→開啓舊檔」功能；或按下Ctrl+O快速鍵，進入「開啓舊檔」頁面中，進行開啓檔案的動作。除此之外，還可以直接在Word文件的檔案名稱或圖示上，雙擊滑鼠左鍵，啓動Word操作視窗，並開啓該份文件。

2. 製作文件

Word啓動之後，螢幕會顯示Word工作區域，並且自動開啓一個新的空白文件。接著就可以開始製作文件了，一般而言製作的過程如下：

(1) **輸入文字**：將所需要的文字輸入。

(2) **編輯文件**：包括複製、搬移、增加插圖、表格等。

(3) **美化文件**：設定版面、字元格式、段落格式等。

(4) **預覽與列印文件**：在印出文件前先進行預覽，結果無誤後再進行列印。

3. 輸入文字

在輸入前，一定要將插入點「╟」放置在想插入文字的位置，然後開始輸入。

(1) 放置插入點

在你想放置插入點的位置按一下滑鼠，螢幕上就會出現插入點「╟」。

(2) 在文件內加入文字

要看所要輸入的文字種類，若要輸入中文，要先按螢幕右下角「注音」的輸入法模式或 Ctrl+Shift 鍵，選擇熟悉的中文輸入法，以便輸入中文字。（如果再按 Ctrl+ 空白鍵或 Shift 鍵則可以在中英文輸入方式間切換）。

(3) 加入特殊符號

先選功能列上的「插入」再選「符號」，就會出現如圖6-2 的符號對話方塊，接著只要選擇所要符號，再按按鈕即可完成插入。

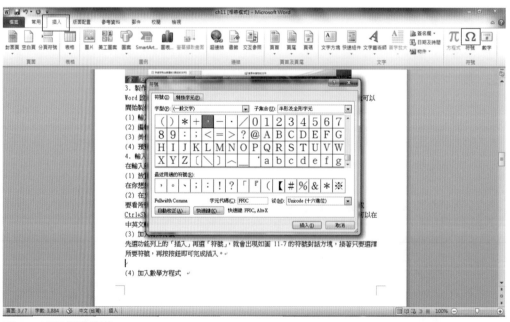

圖6-2 加入特殊符號

(4) 避免使用Enter鍵來換行

因為Enter鍵會被Word視為段落的分隔記號，所以除非要產生一個新的段落，才有必要按Enter鍵，否則會影響以後的排版。

(5) 顯示段落符號和其他非列印字元

點選功能列上的「檢視」再選除了「顯示」以外的模式，Word就會在螢幕上顯示所有段落符號、定位點、空格和其他非列印字元。其中，按了Enter鍵會在螢幕上顯示段落標記；按了Shift+Enter鍵就會在螢幕上顯示換行標記；按了Ctrl+Enter鍵就會在螢幕上顯示分頁標記。

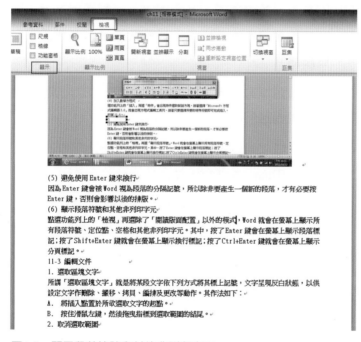

圖6-3　顯示段落符號和其他非列印字元

6-3　Word編輯文件

1. 文字的選取

文字的選取在編修文件時，都會先選取要編修的文字範圍。在Word中以灰色網底表示文字被選取；若要取消選取狀態

時，只要在文件中任一個未選取的區域，按一下滑鼠左鍵即可。

選取方式：

(1) 字詞／英文單字：在文字上或英文單字上，雙擊滑鼠左鍵。

(2) 一串文字：至要選取的文字前，按下滑鼠左鍵不放，將滑鼠游標拖曳至要選取的文字。

(3) 一行：至要選取行的左方選取區，按下滑鼠左鍵即可選取該行。

(4) 多行：至要選取行的左方選取區，按下滑鼠左鍵不放，拖曳滑鼠游標至要選取的行。

(5) 段落：至該段落的左方選取區，雙擊滑鼠左鍵，或是將滑鼠游標移至要選取的段落上連續快按滑鼠左鍵三下，即可選取該段落。

(6) 不連續選取：先選取一段範圍，按著 Ctrl 鍵不放，再去選取其他要選取範圍。

(7) 矩形區域：選取按住Alt鍵，並拖曳滑鼠產生矩形區域，在矩形區域中的內容就都會被選取。

(8) 整份文件：在文件的任一左方選取區上，快按滑鼠左鍵三下。按下Ctrl+A快速鍵或按住Ctrl鍵+數字鍵區的5鍵。按下「編輯→選取→全選」按鈕。

2. 文字的搬移、複製、剪下、貼上、復原、取消復原

(1) 複製：複製選取範圍放到剪貼簿中。快速鍵Ctrl+C。

(2) 剪下：剪下選取範圍放到剪貼簿中。快速鍵Ctrl+X。

(3) 貼上：將被複製的文字，貼到滑鼠游標所在位置。快速鍵Ctrl+V。

(4) 復原：可復原上一個執行的動作。快速存取工具列→Ctrl+Z。

(5) 取消復原清除已執行的復原動作。快速存取工具列→Ctrl+Y。

(6) 貼上智慧標籤： 進行貼上動作時在文字下方出現，將滑鼠游標移至智慧標籤上後，按下選單鈕或Ctrl鍵，即可開啟選單選擇貼上的方式。

(7) Office剪貼簿：提供了24個暫存空間，存放被剪下及要複製的文字、圖片等項目。

3. 文字的尋找與取代

(1) 文件中會有一些空白、分行符號或大小寫要轉換時，都可以使用尋找與取代功能來完成。

(2) 尋找： 按下「常用→編輯→尋找」按鈕，或按下Ctrl+F快速鍵，即可開啟導覽窗格，進行尋找的設定。

(3) 取代：按下「常用→編輯→取代」按鈕，或按下Ctrl+H快速鍵，即可開啟「尋找及取代」對話方塊，進行取代的設定。

6-4 Word更改文字的外觀

1. 修改字型格式

針對單一字元、一段文字、甚至整篇文章都可以使用的有關個別字型格式稱為字型格式，其設定方法是先選取要修改格式的範圍，然後選擇「格式」功能表中的「字型」，開啟「字型」對話方塊，再從「字型」、「字元間距」或「文字效果」的標籤中選取想要的效果。

圖6-4　修改字形格式

2. 工具列字型格式按鈕的使用

工具列中有包含較常使用的字型格式按鈕，可以先用拖曳滑鼠選取所要修改範圍後，點選按鈕即可達到所要的效果。分別表示如下列：

圖6-5　工具列字形格式按鈕

3. 修改段落格式

針對整個段落都可以使用的格式稱為段落格式，其設定方法是先選取要修改格式的段落範圍，然後選擇「格式」功能表中的「段落」，開啟「段落」對話方塊，再從「縮排及間距」、「行與分隔設定」或「體裁」的標籤中選取想要的效果。

圖6-6　段落格式修改

4. 工具列段落格式按鈕的使用

工具列中有包含較常使用的字型格式按鈕，可以先用拖曳滑鼠選取所要修改段落範圍後，點選按鈕即可達到所要的效果。

圖6-7　工具列段落格式按鈕

5. 利用尺規修改段落縮排

在Word編輯視窗上，會提供一個尺規供修改段落縮排，要修改時必須先選定所要修改的段落，接著用滑鼠拖曳各種縮排圖示來重新安排段落縮排。

首行縮排

左邊縮排　　　　　　　　　　　　　　　　　　右邊縮排

圖6-8　利用尺規修改段落縮排

6-5 Word文件列印與合併列印

1. 文件的列印

要列印文件時，電腦必須先連上印表機，才能進行列印的動作。按下「檔案→列印」功能，或按下Ctrl+P快速鍵，即可進入列印畫面中。

2. 合併列印的概念

合併列印可應用在製作學生成績通知單、邀請函、信封、地址標籤、商品標籤等。在進行合併列印前，需要先準備主文件檔案與資料檔案。

(1) 主文件：是用Word製作好的文件檔案，例如：要寄一封信函給多人時，　就可以先將信函的內容用Word製作，而這份文件就是主文件。

(2) 資料檔案：就是資料來源，是存放多筆要合併到主文件的資料檔案，可以是：Word檔案、Excel檔案、Access檔案、Outlook聯絡人、文字檔、網頁格式檔案等。

(3) 合併後新文件：將資料檔案中的欄位指定到主文件後，執行列印便可產生新文件。

3. 合併列印的流程

(1) 建立主文件、(2) 啟動合併列印、(3) 選取資料來源檔案、(4) 插入要合併的資料欄位、(5) 預覽結果、(6) 完成合併列印。規則的使用合併列印功能提供了許多不同的規則，利用這些規則，可以幫我們完成一些工作。

4. 資料篩選與排序

進行合併列印前，還可以針對資料進行資料篩選和資料排序的動作，利用這兩項功能，可以將要列印的資料先篩選出來，或是先進行某個鍵值的排序。

6-6　Excel 簡介與基本畫面

1. 簡 介

微軟公司的Excel軟體整合了試算表、商業統計圖表、資料庫管理等功能，除了可以做一般的計算工作外，另外還有許多內建函數，可以協助進行財務、統計、工程、管理科學上的分析與計算。

2. 基本畫面

(1) 標題列

會顯示「Microsoft Excel」與你現在所編輯的文件名稱。例如圖6-9中正在編輯的文件就是『活頁簿1』。

(2) 功能表列

包含功能表清單，只要開啟功能表，然後從中選取指令，就可以指示Excel執行此動作。

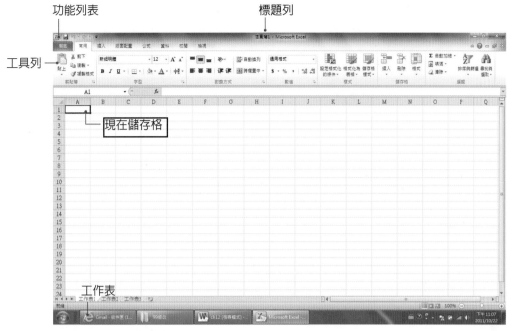

功能列表　　　　　　　標題列

工具列

現在儲存格

工作表

圖6-9　Excel基本畫面

(3) 工具列

包含一般工具列與格式工具列，其中包含最常用的指令，可配合滑鼠的點選立即取用。

(4) 工作表

Excel中，一個檔案所儲存的資料稱為活頁簿，每個活頁簿中包含許多工作表，每一工作表中有欄（直欄）與列（橫列），欄名與列名縱橫交叉的方格稱之為儲存格，可以直接以其所在的欄與列名來表示，例如在A欄的第1列的儲存格就是儲存格A1。

(5) 現在儲存格

在工作區域內的儲存格中，有一個四周外邊含粗外框的儲存格，就是現在儲存格，可以直接針對其進行資料編輯工作。例如：在圖6-9中的現在儲存格就是A1。

(6) 資料編輯列

顯示現在儲存格內容，亦可在此編輯該儲存格內容。

(7) 填滿控點

在現在儲存格的右下方有一個小黑點就是填滿控點，可以利用此一控點將現在儲存格內資料複製到其他儲存格。

(8) 狀態列

顯示活頁簿目前狀態，例如：「就緒」表示可以進行各項動作等。

(9) 儲存格的表示

A. 冒 號

以「：」分隔，表示連續儲存格，可能在同列、同欄或多列多欄，例如：

A2:A5 代表 A2, A3, A4, A5 等四個儲存格。

A3:D3 代表 A3, B3, C3, D3 等四個儲存格。

A4:C6 代表 A4, A5, A6, B4, B5, B6, C4, C5, C6等九個儲存格。

B. 逗 號

以「，」分隔，表示不連續的儲存格區間，例如：E5:G5，F7:G8表示E5 F5 G5 F7 G7 F8 G8等七個儲存格。

6-7 Excel資料的輸入

1. 資料的輸入

在使用Excel時，只要狀態列顯示「就緒」時，就表示可以在儲存格輸入資料。這時要先利用滑鼠或方向鍵將現在儲存格移至欲輸入資料的位置，接著就可以開始輸入資料，輸入完畢後按Enter鍵就完成輸入，此外可以點選資料編輯列左邊的×及✔來代表「取消」及「確定」輸入動作。若所輸入的資料超過儲存格時，如果其右邊儲存格不含任何資料時，可以完整顯示所輸入的資料。如果其右邊儲存格有資料時，則超出範圍的文字會被截斷而無法顯示。

圖6-10　資料的輸入

2. 各種資料形式的輸入

- **數值資料的輸入**

  若輸入資料只含有負號、數字及小數點，則Excel會將之當作數值資料來處理，其預設情形是切齊儲存格右邊。

- **文字資料的輸入**

  文字資料可以直接輸入在儲存格內，其預設情形是切齊儲存格左邊，如果要將所輸入的數字當作文字來處理時，必須在數字之前加上單引號「'」。

- **日期資料的輸入**

  輸入日期的資料格式是「＝DATE（年,月,日）」，其中的年是以西元年數右邊二位數字，其預設情形是切齊儲存格右邊。例如：輸入＝DATE(99,3,1)表示日期為1999年3月1日。按Ctrl+；鍵就可以輸入今天的日期。

- **時間資料的輸入**

  時間資料的輸入方式與日期方式類似，其格式為「=TIME(HH,MM,SS)」，分別表示時、分、秒。例如：輸入＝TIME(16,30,20)表示下午四點三十分二十秒。按Ctrl+Shift+；鍵就可以輸入現在時間。

3. 輸入資料的復原

輸入資料後，如果發現輸入錯誤，想要使資料恢復到還沒有鍵入以前的狀況，可以選取編輯功能表再選「復原輸入」，或是直接按工具列上的 ![icon] 就可以了。

4. 複製填滿相鄰的儲存格

在Excel中若要將相鄰儲存格之內容以相同的值填滿，可用填滿控點方式進行，其步驟如下：

(1) 先在某個儲存格輸入一筆資料或公式。

圖6-11　輸入資料

(2) 再將滑鼠指標移至該儲存格右下角的〔填滿控點〕上，等指標出現黑色的十字記號時，按住滑鼠左鍵進行拖曳到所需要的範圍，就可以看到資料自動填滿。

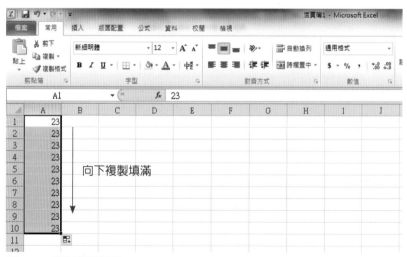

圖6-12　資料複製填滿

5. 以遞增方式填滿相鄰儲存格

　　若資料是以遞增的方式呈現，Excel提供多種遞增的格式，供快速填滿儲存格內的遞增或遞減資料，包括一般數字、甲、乙、丙、丁、一月、二月、三月、星期日、星期一、星期二、週日、週一、週二等皆可適用。其操作步驟如下：

(1) 先在連續的兩個儲存格內輸入兩個增加的文字或數字如1、2。
(2) 再選取這兩個儲存格。

圖6-13　輸入文字或數字並選取儲存格

(3) 將滑鼠指標移至選取範圍右下角的〔填滿控點〕上，等指標出現黑色的十字記號時，按住滑鼠左鍵拖曳到所需要的範圍，此時可看到資料自動進行遞增輸入。

圖6-14　資料自動進行遞增輸入

6. 輸入公式

在Excel工作表內可以直接在儲存格中輸入數學運算式或函數，以執行對應的運算，但是其開始字元必須是由等號、加號或減號，並配合運算式中的其他符號來完成。其基本式子是「＝『運算元』『運算子』『運算元』」，其中的運算元可以是常數或儲存格，而運算子則可以是算術運算子、邏輯運算子或關係運算子。以算術運算子為例，就可以執行基本的數學運算，像是：加、減、乘、結合數字、以及產生數字結果。其操作步驟如下：

(1) 將作用儲存格移至要輸入公式的儲存格。

(2) 輸入公式。

(3) 按Enter鍵完成輸入。

圖6-15　輸入公式

7. 自動加總

Excel也可以執行自動加總動作，其步驟如下：

(1) 將作用儲存格移至欲相加的位置。

(2) 利用滑鼠先行指定欲加總的區間。

(3) 按自動加總鈕。

(4) 按Enter鍵。

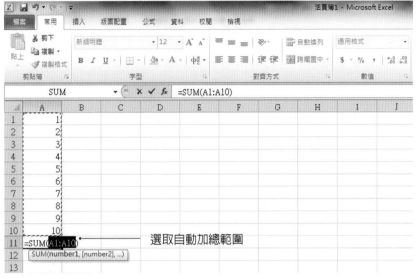

 選取自動加總範圍

圖6-16　自動加總

 6-8 **Excel資料的修改**

在Excel中，如果要修改已經輸入的資料，必須先選取儲存格或範圍，接著再進行進一步的複製、移動、刪除、修改等動作。

1. 選取儲存格

在Excel中可以選取單一、整列、整欄、某個區間、甚至不連續區間的儲存格，其選取方法如下：

- 單一儲存格

　　當你把現在儲存格移到某一儲存格時，該儲存格就被選定了。

- 整列儲存格

　　在要選定的「列名」上按一下，就可選取整列儲存格。

- 整欄儲存格

　　在要選定的「欄名」上按一下，就可選取整欄儲存格。

- 選取某區間的儲存格

要先將現在儲存格移到欲選定區間的左上角儲存格位置，利用拖曳滑鼠的方式，將滑鼠拖曳到欲選定區間的右下角儲存格，即可完成選定。

- 選取不連續區間的儲存格

先用選取區間的方式選取第一塊區間，接著按住Ctrl鍵，同時按滑鼠左鍵採用拖曳方式第二塊區間，若要再選取其他區間可以繼續採取此一方式。

2. 修改儲存格的內容

要修改儲存格的內容前，必須先利用滑鼠或方向鍵將現在儲存格移至欲修改的位置，連按兩下或按F2鍵，該儲存格資料就會出現在資料編輯列，接著將滑鼠移到資料編輯列再按一下，會使代表插入點的垂直游標出現在資料編輯列，接著就可以移動插入點到要修改的字元上進行修改。修改完畢後按Enter鍵就完成輸入，此外可以點選資料編輯列左邊的×及✓來代表「取消」及「確定」輸入動作。

3. 儲存格內容刪除

在Excel內若要刪除資料，必須先選取範圍，可以選取單一儲存格、整欄、整列甚至一個區間，接著按del鍵即可完成刪除。但若要刪除整個工作表則要選取編輯功能表中的「刪除工作表」功能。

4. 插入儲存格、欄、列

在Excel內也可以插入儲存格、欄、列，分述如下：

圖6-17　Excel中的插入選項

● 插入儲存格

只要選取插入功能表中的「儲存格」即可，並且會出現下列對話方塊，接著會視你的選項而進行將現在儲存格右移、下移，甚至可以插入整列或整欄。

圖6-18　插入儲存格

● 插入欄

此一動作會使得原本存在的儲存格所在欄往右移一欄。只要選取插入功能表中的「欄」即可。

● 插入列

此一動作會使得原本存在的儲存格所在列往下移一列。只要選取插入功能表中的「列」即可。

5. 儲存格的移動與複製

要移動工作表內儲存格的內容，必須先選取所要移動的區間範圍，接著可以用「編輯」功能表的「剪下」或按功能表上的 ，然後將插入點移到所要移往的位置後，再用「編輯」功能表的「貼上」指令或按功能表上的 完成移動。若要進行複製，只要把前面的「剪下」動作換成用「編輯」功能表的「複製」或按功能表上的 。

6. 復原某個指令或編輯動作

若要取消最近一次執行的動作，無論是鍵入、刪除文字或其他Word指令，都可以立即選擇「編輯」功能表中的「復原」指令或工具列中的 。

6-9　Excel資料格式的修改

1. 欄寬的修改

　　Excel工作表中每一欄的欄寬都有預設值，當儲存格內資料因為太長，以致無法全部顯示數值資料時，在儲存格內將以〔#〕字元填滿儲存格。此時就需要調整欄寬，調整欄寬有下列方式：

A. 用滑鼠直接拖曳欄名的右框線，此時游標外型是←│→。

B. 將現在儲存格移至要調整的欄，選取格式功能表中的「欄」，接著再選「欄寬」指令，就會出現下列欄寬對話方塊，在其中輸入新的欄寬值後按確定鈕就可以完成更改。

圖6-19　Excel中的格式選項

圖6-20　設定欄寬

2. 列高的修改

　　Excel工作表中若要調整列高有下列方式：

A. 用滑鼠直接拖曳列名的底框線。

B. 將現在儲存格移至要調整的列，選取格式功能表中的「列」，接著再選「列高」指令，就會出現下列列高對話方塊，在其中輸入新的列高值後按確定鈕就可以完成更改。

圖6-21　設定列高

3. 設定對齊方式

若要讓儲存格中資料的對齊方式修改，首先要選取範圍，接著直接按工具列上的功能按鈕。

4. 工具列字型格式按鈕的使用

工具列中有包含較常使用的字型格式按鈕，可以先用拖曳滑鼠選取所要修改範圍後，點選按鈕即可達到所要的效果。

5. 修改儲存格格式

針對單一儲存格、整欄、整列、甚至一個區段都可以使用的格式稱為儲存格格式，其設定方法是先選取要修改格式的範圍，然後選擇「格式」功能表中的「儲存格」，開啟「儲存格」對話方塊，再從「數字」、「對齊」、「字型」、「外框」、「圖樣」或「保護」的標籤中選取想要的效果。

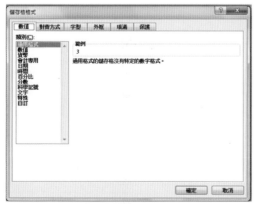

圖6-22　設定儲存格格式

- 數字格式修改

　　儲存格中的資料如果是數字資料，這一個對話方塊就可以修改其格式，例如：負數的表示、小數點後位數的表示等皆是。

- 對齊格式修改

　　利用這一個對話方塊可以修改儲存格內資料的對齊方式，例如：水平對齊、垂直對齊等皆是。

- 字型格式修改

　　利用這一個對話方塊可以修改儲存格內資料的字型格式，例如：字型、字型樣式、大小、底線、色彩等皆是。

- 外框格式修改

　　利用這一個對話方塊可以修改儲存格的外框格式，例如：是否加外框及外框的樣式等皆是。

- 圖樣格式修改

　　利用這一個對話方塊可以修改儲存格底下圖樣的格式，例如：圖樣的種類與顏色等皆是。

( ) 1. 文書處理軟體不需包含下列哪項功能？ (A)列印 (B)傳送文件 (C)編輯段落 (D)瀏覽編輯的檔案。

( ) 2. 在Word中，若欲在文件中執行Excel試算表時，可利用「插入」功能表內之哪一選項來完成之？ (A)符號 (B)檔案 (C)物件 (D)圖片。

( ) 3. 使用MS Word 2010軟體，在表格上選取一整欄，再使用功能表的[表格＼插入欄]時，新插入的欄位是在原來欄位的 (A)左方 (B)右方 (C)上方 (D)下方。

( ) 4. 在WORD 2010中，「編輯」的「貼上」功能，可以按下哪一個快速鍵？ (A)CTRL+C (B)CTRL+X (C)CTRL+V (D)CTRL+E。

( ) 5. 在Word中，如果要列印插入點目前所在的位置，是在列印對話方塊中，選擇哪一選項？ (A)全部 (B)選取部分 (C)本頁 (D)頁數。

( ) 6. 以Word建立文件，使用哪一組合鍵可以切換半形／全形的輸入模式？ (A)[Ctrl]+[Enter] (B)[Ctrl]+[Shift] (C)[Shift]+[Space] (D)[Ctrl]+[Alt]。

( ) 7. 在Word中，表格「公式」複製後滿不會自動重新計算，須按下何鍵後，才會重新計算，以顯示運算結果？ (A)[F6] (B)[F7] (C)[F8] (D)[F9]。

( ) 8. Word英文文件處理時，為使版面變得更加整齊美觀，常使用段字的功能，在適當的音節處做斷字，但在做斷字處理前，必須在「格式／段落／體裁」對話方塊中，設定哪一項？ (A)字元間距 (B)避頭尾 (C)文字自動換行 (D)溢出符號

( ) 9. 在EXCEL中，計算式=(B2+C2+D2+E2)/4等於下列何項函數計算的結果 (A)AVG(B2:E2) (B)SUM(B2:E2) (C)MAX(B2:E2) (D)MIN(B2:E2)。

( ) 10. 在Excel中，儲存格顯示「######」之資料，為以下何者因素造成？ (A)資料樣式有誤 (B)資料過長超過欄寬或格式的設定 (C)資料已被複製 (D)資料被註記。

參考解答

1.B	2.C	3.A	4.C	5.C	6.C	7.D	8.C	9.A	10.B

Q MEMO ♥

Computer Science
Introduction and
Application

CHAPTER

數字系統與資料表示法

7-1 數字系統

　　所謂數字系統就是計數的規則，利用這個計數的規則，配合數字之後，就可以用來描述各種數值。例如：十進制是我們最常用的計數規則，它就是一種數字系統，其計數規則是每數十之後就進位，而配合使用的數字是0、1、2、...、8、9。如21所代表的數值是$2*10^1+1*10^0$。其表示方式都可以用下列一般形式表示：

$$N=(d_{n-1}d_{n-2}...d_1 d_0...d_{-1}...d_{-m})_r$$
$$=(d_{n-1}r^{n-1})+(d_{n-2}r^{n-2})+...+(d_0 r^0)+(d_{-1}r^{-1})+...+(d_{-m}r^{-m})$$

　　各項符號說明如下：

● d為數字(Digit)

　　也就是某一個數字系統所配合使用的數字，這些數字一定都小於後面所說的基數。例如：十進制所使用的數字是0~9，這些數字都小於十。二進制使用的數字是0與1，也一定小於2。

● r為基數(Base or radix)

　　如為十進制則r=10，如為二進制則r=2，如為十六進制則r=16，也就是數到r之後就要進位。

　　在這些數字中最右邊的位數稱為最低有效位數(Least Significant Digit)，簡寫成L.S.D.，因其對數值大小的影響力最小。反之最左邊的位數則稱為最高有效位數(Most Significant Digit)，簡寫成M.S.D.，因其對數值所能表示的大小具有最大的影響力。

1. 常見的進位系統

(1) 十進位

這是目前人類最習慣的數字系統,基底(Radix base)為十,共有0~9十個數字。假設0<di<9,則十進位數可以表示為如下之形式:

$$(d_{m-1}d_{m-2}\ldots d_1 d_0 \ldots d_{-1}d_{-2}\ldots d_{-n})_{10}=$$
$$d_{m-1}\times 10^{m-1}+d_{m-2}\times 10^{m-2}+\ldots+d_1\times 10^1+d_0+d_{-1}\times 10^{-1}+d_{-2}\times 10^{-2}+\ldots$$
$$+d_{-n}\times 10^{-n}$$

(2) 二進位

這是電腦中所使用的數字系統,基底為二,只有0與1兩個數字,常以電位的高與低、開關的開與關來表示這兩個數字。在電腦中,每一個二進位數字皆稱為位元 (Bit)。二進位數目所代表之值,可以用下面公式求得:

$$(b_{m-1}b_{m-2}\ldots b_1 b_0.b_{-1}b_{-2}\ldots b_{-n})_2=$$
$$b_{m-1}\times 2^{m-1}+b_{m-2}\times 2^{m-2}+\ldots b_1\times 2^1+b_0+b_{-1}\times 2^{-1}+b_{-2}\times 2^{-2}+\ldots b_{-n}\times 2^{-n}$$

(3) 八進位

八進位數字為0~7,其所代表的值,同樣可以用上面十進位與二進位的方法求出,只要修改底數即可。

(4) 十六進位

十六進位數超過9的部分,使用數字A~F來表示10~15。一般用在表示電腦內部資料時,採用此種與二進位數易於相互轉換的八進位數或十六進位數,做為電腦與人之間溝通的媒介,方便閱讀與記憶。

(5) 任意基底的進位制數字系統

任意基底k的數目可以下面公式表示:

$$(a_{m-1}a_{m-2}\ldots a_1 a_0.a_{-1}a_{-2}\ldots a_{-n})_k=$$
$$a_{m-1}\times k^{m-1}+a_{m-2}\times k^{m-2}+\ldots a_1\times k^1+a_0+a_{-1}\times k^{-1}+a_{-2}\times k^{-2}+\ldots a_{-n}\times k^{-n}$$

(6) 各數字系統的對照

表7-1　各數字系統的對照

十進位 Decimal	二進位 Binary	三進位 Ternary	八進位 Octal	十六進位 Hexadecimal
0	0	0	0	0
1	1	1	1	1
2	10	2	2	2
3	11	10	3	3
4	100	11	4	4
5	101	12	5	5
6	110	20	6	6
7	111	21	7	7
8	1000	22	10	8
9	1001	100	11	9
10	1010	101	12	A
11	1011	102	13	B
12	1100	110	14	C
13	1101	111	15	D
14	1110	112	16	E
15	1111	120	17	F
16	10000	121	20	10

7-2　基底轉換法

1. 透過十進制做進制轉換

透過十進位轉換：$X_A \rightarrow Y_{10} \rightarrow Z_B$，也就是先轉成十進制，再轉成其他進位制。

(1) 任一種A進制的數要轉換成十進位數，可以代入前面任意基底的轉換公式轉成十進制。

(2) 十進位數轉換成其它進制時，必須分成整數與小數兩部分分別進行。若要將十進位數轉換成B進制時：

A. 整數部分：反覆除以B，第一次得到的餘數為B進制的小數點以左第1個位數；而商再除以B，第二次所得的餘數

為小數點以左第二個位數；其餘類推，直到商為零為止。

例如：將$(101)_{10}$分別以二進制、八進制、十六進制表示。

(A) 轉成二進制

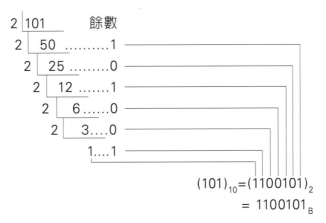

$(101)_{10}=(1100101)_2$
$= 1100101_B$

(B) 轉成八進制

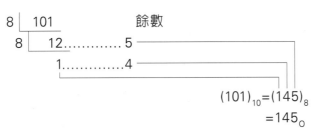

$(101)_{10}=(145)_8$
$=145_O$

(C) 轉成十六進制

```
16 | 101      餘數
      6 ……… 5
```

$(101)_{10}=(65)_{16}=65_H$

因此$(101)_{10}=(1100101)_2=(145)_8=(65)_{16}$

B. 小數部分：反覆乘以B，第一次所得乘積的整數部分為第一位小數；取小數部分，再乘以B，所得的整數為第二位小數；繼續到足夠的有效位數產生為止。

(A) $(0.9375)_{10}=(?)_2$

(B) $(0.875)_{10}=(?)_2$

(C) $(0.875)_{10}=(?)_{16}$

例如下列：

a. $(0.9375)_{10}=(?)_2$

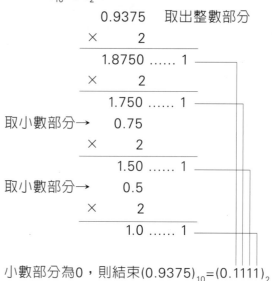

$$0.9375 \quad \text{取出整數部分}$$
$$\times \quad 2$$
$$1.8750 \ldots\ldots 1$$
$$\times \quad 2$$
$$1.750 \ldots\ldots 1$$
取小數部分→ 0.75
$$\times \quad 2$$
$$1.50 \ldots\ldots 1$$
取小數部分→ 0.5
$$\times \quad 2$$
$$1.0 \ldots\ldots 1$$

小數部分為0，則結束 $(0.9375)_{10}=(0.1111)_2$

b. $(0.875)_{10}=(?)_2$

$$0.875 \quad \text{取出整數部分}$$
$$\times \quad 2$$
$$1.750 \ldots\ldots 1$$
$$\times \quad 2$$
$$1.50 \ldots\ldots 1$$
取小數部分→ 0.5
$$\times \quad 2$$
$$1.0 \ldots\ldots 1$$

小數部分為0，則結束 $(0.875)_{10}=(0.111)_2$

c. $(0.875)_{10}=(?)_{16}$

$$0.875 \quad \text{取出整數部分}$$
$$\times \quad 16$$
$$5.250$$
$$8.75$$
$$14.000 \quad (14)_{10}=(E)_{16}$$

小數部分為0，則結束 $(0.875)_{10}=(0.E)_{16}$

範例 ①

▶ 將下列數字轉換成十進制表示法

(1) 41A8H　(2) 10011110B　(3) $(257)_8$

答

此處A以10代入

(1) $41A8H = 4*16^3 + 1*16^2 + A*16^1 + 8*16^0$

　　$= 16384 + 256 + 160 + 8$

　　$= (16808)_{10}$

　　因此 $41A8H = (16808)_{10}$

(2) $10011110B = 1*2^7 + 0*2^6 + 0*2^5 + 1*2^4 + 1*2^3 + 1*2^2 + 1*2^1 + 0*2^0$

　　$= 128 + 16 + 8 + 4 + 2$

　　$= (158)_{10}$

　　因此 $10011110B = (158)_{10}$

(3) $(257)_8 = 2*8^2 + 5*8^1 + 7*8^0$

　　　$= 128 + 40 + 7$

　　　$= (175)_{10}$

　　　因此 $(257)_8 = (175)_{10}$

範例 ②

▶ $(1022)_3 = (?)_5$

答 (1) 第一步：將 $(1022)_3 = 1*3^3 + 2*3^1 + 2*3^0$

　　　　　　　　$= 27 + 6 + 2$

　　　　　　　　$= (35)_{10}$

(2) 第二步：將 $(35)_{10}$ 轉成五進制

$$
\begin{array}{r|l}
5 & 35 \quad \text{餘數} \\
\hline
5 & 7 \ldots 0 \\
\hline
 & 1 \ldots 2
\end{array}
$$

　　　　∴ $(34)_{10} = (120)_5$

　　　　因此 $(1022)_3 = (120)_5$

範例 3

▶ $(32)_8 = (?)_6$

答 (1) 第一步：$(32)_8 = 3*8^1 + 2*8^0$

$$= 24 + 2$$
$$= (26)_{10}$$

(2) 第二步：

$$6 \underline{)26} \quad 餘數$$
$$\quad 4 \ ...2$$
$$\therefore (26)_{10} = (42)_6$$
$$因此 (32)_8 = (42)_6$$

2. 透過二進制做進制轉換

當A與B皆為2的次方時，可以透過二進位數來轉換較為方便。

(1) A進制數轉換之二進位數：若$A = 2^m$，則每一個數字可以直接轉成m個位元。

(2) 二進位數轉換成B進制數：若$B = 2^n$，則n個二進位數可以直接轉成一個B數字。

範例 4

▶ (1) $(1010110)_2 = (?)_4$　　　　(2) $(1010110)_2 = (?)_8$

(3) $(1010110)_2 = (?)_{16}$　　　(4) $(79)_{16} = (?)_8$

答 (1) 四為二的2次方，因此由右而左以2位二進制數字轉為1位四進制數字：

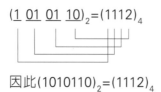

$$(\underline{1}\ \underline{01}\ \underline{01}\ \underline{10})_2 = (1112)_4$$

因此 $(1010110)_2 = (1112)_4$

(2) 八為二的3次方，故以3位二進制數字換1位八進制數字：

$(1\ 010\ 110)_2 = (126)_8$

因此 $(1010110)_2 = (126)_8$

(3) 十六為二的4次方，故以4位二進制數字換1位十六進制數字：

$(101\ 0110)_2 = (56)_{16}$

因此 $(1010110)_2 = (56)_{16}$

(4)

A. 第一步: 先將 $(79)_{16}$ 轉成二進制：

$(79)_{16} = (0111\ 1001)_2$

B. 第二步: 將 $(01111001)_2$ 轉成八進制：

$(01\ 111\ 001)_2 = (171)_8$

因此 $(79)_{16} = (171)_8$

3. 特 例

$A^m = B^n$，A進制的m個數字可直接對應B進制的n個數字，因此可直接轉換。

7-3 補數的概念

在電腦中，補數是極為有用的一種表示法，通常可用來表示負數，亦可用來化簡無號數減法之運算。以3-bit的數目為例，若用來表示無號數(Unsigned integer)，如表7-2(a)可以表示0~7；若要表示有號數(Signed integer)，如表7-2(b)可以表示-3~3；如表7-2(c)可以表示-4~+3。

在(b)中，是以+0與-0之間的分界線為軸，上下對稱，如000與111、001與110等都有各位元內容剛好相反的情形，這種兩兩對稱的數對間的關係稱為1's補數；在(c)中則是以0為軸分成上下兩部分，相互對稱，如111 與001、110與010等，此種對稱關係中，則將對稱的兩數稱為2's補數。而很明顯的，同一個正數的2's補數剛好比1's補數多1。

表 7-2　數的表示法

(a) 無號數的表示法		(b) 有號數的表示法		(c) 有號數	
十進位數	二進位數	十進位數	二進位數	十進位數	二進位數
0	000	-3	100	-4	100
1	001	-2	101	-3	101
2	010	-1	110	-2	110
3	011	-0	111	-1	111
4	100	0	000	+0	000
5	101	1	001	+1	001
6	110	2	010	+2	010
7	111	3	011	+3	011

1. 補數的求法

補數有兩種，也就是縮減基底補數(Diminished radix complement)和基底補數(Radix complement)：前者又稱為(R-1)'s補數，而後者稱為R's補數。以下是兩種補數的求法：假設 n為一個R位數目，且有m位整數與n位小數。

(1) (R-1)'s 補數：以下兩種方法皆可求出(R-1)'s補數。

　　A. 原來n中的每一位，皆用(R-1)去減原數字，即可得到(R-1)'s補數。

$$((R\text{-}1\text{-}a_m)...(R\text{-}1\text{-}a_1)(R\text{-}1\text{-}a_0)(R\text{-}1\text{-}a_{-1})...(R\text{-}1\text{-}a_{-n}))_R$$

　　B. 使用以下公式可以求出N的補數

$$(R^M\text{-}R^{\text{-}n}\text{-}N)\text{-}N$$

(2) R's 補數：有三種方法皆可以求得R's補數

　　A. 先求出(R-1)'s補數，再加上$R^{\text{-}n}$

　　B. 使用下列公式

$$(R^m\text{-}N)$$

C. 最低位連續之數字"0"不變，最低位非零數字以R減它，其左側之數字各別以(R-1)減去原數。

範例 5

▶ 求下列各數的 r's 補數及 (r-1)'s 補數

(1) $(10110100)_2$　　　　　(2) $(453.2100)_6$

(3) $(0.101011)_2$　　　　　(4) $(9028.437)_{10}$

(5) $(453.2100)_7$

答
(1)	2's：(01001100)	1's：(01001011)
(2)	6's：(102.3500)	5's：(102.3455)
(3)	2's：(0.010101)	1's：(0.010100)
(4)	10's：(0971.563)	9's：(0971.562)
(5)	7's：(213.4600)	6's：(213.4500)

7-4　數碼系統

在電腦中，用來表示數目的方法除了二進位數之外，尚有許多方法，這就是數碼系統。

表 7-3　常見的數碼系統

十進制	BCD	Excess-3	84-2-1	2421	Biquinary	2-out-of-5
0	0000	0011	0000	0000	0100001	00011
1	0001	0100	0111	0001	0100010	00101
2	0010	0101	0110	0010	0100100	00110
3	0011	0110	0101	0011	0101000	01001
4	0100	0111	0100	0100	0110000	01010
5	0101	1000	1011	1011	1000001	01100
6	0110	1001	1010	1100	1000010	10001
7	0111	1010	1001	1101	1000100	10010
8	1000	1011	1000	1110	1001000	10100
9	1001	1100	1111	1111	1010000	11000

1. BCD碼

每一個十進位數字用4個bits 表示之,其中0000表示'0',0001 表示'1',…,1001 表示'9';另外六種變化則不使用。

2. 超三(Excess-3)碼

將數字的2's補數表示法再加三(0011),即可得超三碼,與BCD相似,皆為4bits的內碼。超三碼的主要特點是有自補作用(Self-complement) 也就是某數的1's補數=其對應十進制的補數。例如:2的excess-3 code為0101,它的1's補數=1010=7=2的9's補數。因此在進行加減運算時,超三碼比BCD碼容易處理。

3. 加權數碼

數碼的每個位元皆有的加權數(Weight),將每個位元乘以其對應之加權數後,再求其總和即可計算出所表示之數字。常見的加權數碼有84-2-1、2421、二五碼等。

4. 84-2-1碼

為一種四位元的加權碼,四個位元的加權數分別為8、4、-2、-1,因此以此來命名。此種加權碼具有自補作用。

5. 2421碼

亦為四位元之加權數碼,加權數分別為2、4、2、1,故稱為2421其中,數字0~4的2421碼,其最高位元必須為"0";數字5~9的最高位元必須為"1"。也具有自補作用。

6. 二五碼

是一種加權碼,共有七個位元,分成兩組,第一組含有兩個位元,其加權數分別為5與0;第二組則有五個位元,加權數分別為4、3、2、1、0。兩組中皆必須有一個位元為"1",其餘為"0"。俗稱5043210碼。

7. 五取二碼

一種五個位元的數碼,每個內碼中皆有兩個位元為"1"和三個位元為"0",因此正好有十種組合來表示十個數字。

8. 自補作用

若某一種數碼,對其內碼取到的1's補數,即可得到其所代表之十進數字的9's補數,則稱此內碼具有自補作用。

7-5 浮點數

浮點數(Floating-point)泛指非整數的數值,也就是實數。它的主要功用是利用有限的位元來表示很大或很小的數值,同時也可以較精確地表示數值,因此常應用在較精確的計算上。

1. 表示格式

任何數值都可以化成類似科學表示法的形式,也就是小數(表示尾數)和底數、指數部分。例如:$307.5=0.3075*10^3$、$0.00256=0.256*10^{-2}$,其中0.3075和0.256稱為尾數(Mantissa)或分數(Fraction),10為底數(Base)而3、-2稱為指數(exponent)。浮點數表示法就是只記錄尾數和指數部分。而底數部份只要統一便可以不用再表示出來,如此可以省去表示底數的空間。浮點數一般格式為:

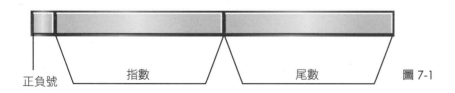

正負號　　　　指數　　　　　　　尾數　　　　圖 7-1

最左位元表示此數值的正負號,0表正數,1表負數。

指數和尾數部分各占若干個位元，因機器的不同會有不同的長度。其中指數部分的表示法可能是2的補數表示法(2's complement)或超越碼(Excess code)，尾數部分可能是帶符號大小表示法(Sign-magnitude)或2的補數表示法，全看機器本身的定義而定。

2. 正規化(Normalizing)

一個數值可以化成多種尾數－指數的形式。

如：$307.5 = 0.3075 * 10^3$

$\qquad = 3.075 * 10^2$

$\qquad = 30.75 * 10^1$

為了使得數值的表示式唯一，尾數部分須有一明確的格式定義。如規定尾數為純小數，則307.5就只有$0.3075 * 10^3$此一表示式。而將數值轉換成此規定格式的過程就稱為正規化。在浮點數的算術運算中，正規化是很重要的步驟，數值運算後要經正規化，才算運算完畢。例如：若指數部分占7個bits，並以2's complement表示，則尾數占24bits為純小數。

A. $(24.25)_{10}$

第一步：將(24.25)化為二進制

關於這種有整數也有小數的數值，要將其做進制轉換時，是把整數和小數部分分開分別轉換，最後再以小數點連接起來。

$(24.25)_{10} = (24)_{10} + (0.25)_{10}$

$= (11000)_2 + (0.01)_2$

$= (11000.01)_2$

第二步：正規化

$\therefore (11000.01)_2 = (0.1100001)2 * 2^5$

$\therefore$ 指數$= 5 = (0000101)_2$取7位

尾數$=$值1100001000000000000000)_2$

取24位

$(24.25)_{10} = (00000101110000100000000000000000)_2$

B. $(-0.125)_{10}$

第一步：將$(-0.125)_{10}$化為二進制

$(-0.125)_{10} = (-0.001)_2$

第二步：正規化

$(-0.001)_2 = (-0.1)_2 * 2^{-2}$

∴指數$= -2 = (1111110)_2$

尾數$= (10000000000000000000000)_2$

$(-0.125)_{10} = (11111110100000000000000000000000)_2$

3. 算術運算

因浮點數的表示格式較為特殊，只記錄尾數和指數部分，因此要做算術運算時其規則就較為複雜。以加減運算為例，步驟為

(1) 比較指數大小並找出差值。

(2) 將較小指數加大至兩指數相等，而每加1同時將尾數小數點左移一位。

(3) 尾數進行運算。

(4) 將運算結果正規化。

4. 隱藏位元(Hidden bit)

在以2為底數的浮點數系統，完成正規化後，將最高位的1調整到個位，並且不予記錄，這個個位數的1就稱為隱藏位元，可以此來提高精準度。

5. 偏移值(Bias或Offset)

指數存入前，可以先加上偏移值使之成為正數，而後以此種特徵值(Characteristic)來儲存，有時也可以說是以超越碼形式儲存，以求能完整表示各種正負指數。

6. 浮點數的範圍

(1) 假設浮點數表示中，有n個位元表示指數部分，m個位元表示尾數部分，且底數為r，則其範圍為

A.最大正數$(1-2^{-m})*r^{2^{n-1}-1}$

B.最小正數$(0.1)_r*r^{-2^{n-1}}$

C.最大負數$-(0.1)_r*r^{-2^{n-1}}$

D.最小負數$-(1-2^{-m})*r^{2^{n-1}-1}$

(2) 擴大表示範圍的方法

    A. 使用較大的底數

    B. 使用隱藏位元，則最大正數會成為$(2-2^{-m})*r^{2^{n-1}-1}$

    C. 增加尾數的位數

7. 精確度(Precision)

(1) 精確度可以用尾數部分來表示

(2) 提高精確度的方法

    A. 使用較小的底數

    B. 增長尾數位數

    C. 改用正規化或隱藏位元

8. IEEE 754浮點數標準

(1) 短實數

全長32位元，其中第0個位元正負符號位元，指數部分長8個位元，底數為2，以及23位元另加一個隱藏位元的尾數。

(2) 長實數

全長64位元，其中第0個位元正負符號位元，指數部分長11個位元，底數為2，以及52位元另加一個隱藏位元的尾數。

7-6　文數字資料

    文數字包括文字字元、數字和符號。雖然電腦處理的資料有這樣的區分，但是電腦內部還是以二進位數值方式儲存文數字的，也就是

說每一個英文字母（例如：A、a、B、b...）、數字（例如：0、1、2、...9）及符號（例如：+、-、/、=、...）都有一個固定的二進位數值與之對應，電腦內部就是儲存這個文數字所對應的二進位數值。

雖然如此，但是實際上電腦本身並不會區別數值資料或非數值資料，幾乎都要靠程式和軟體自己負責區分。當程式把這個數值當作是文字來看，那麼它就對應了某個文字，當然也就必須使用文字處理指令來處理它。如果當成數值來看也可以，那就要使用算術運算指令來處理它，但是這樣一來可能就沒有意義了。

因此所謂文數字的表示法就是把各種文數字對應到數值的對應方式，通常是用表格的方式呈現。而這一種對應也隨著電腦的不同而可以加以選擇，因此不同的電腦內部非數值的表示方式可能並不相同。

1. ASCII碼

ASCII（American Standard Code for Information Interchange，美國資訊交換標準代碼）是一種將字元與二進位數字互相對應的編碼標準。ASCII定義了128個字符的編碼方式，其中包括英文字母、數字、標點符號和控制字符。然而，ASCII標準只定義了128個字符的編碼方式，無法滿足包括中文在內的其他語言的需求。因此，後來出現了許多基於ASCII標準的擴展編碼方式，例如：ISO-8859、Windows Code Pages等。但這些編碼方式仍然存在許多限制和不足，因此後來被Unicode所取代。

2. Unicode碼

Unicode是一種用於文字編碼的標準。它為世界上所有的文字系統建立了一套統一的編碼方式，包括拉丁字母、希臘字母、斯拉夫字母、亞洲文字等等。Unicode透過為每個字符分配一個唯一的代碼點(Code Point)來實現編碼，這些代碼點是由十六進制數字表示的。

Unicode支持不同的編碼方式，其中最常用的是UTF-8、UTF-16和UTF-32。UTF-8是一種可變長度的編碼方式，可以用1至4個字節來表示一個字符；UTF-16是一種固定長度的編碼方式，使用2個字節或4個字節來表示一個字符；UTF-32是一種固定長度的編碼方式，使用4個字節來表示一個字符。

3. 中文輸出字型的種類

(1) 點陣字型

這種字型就是直接將點矩陣的字型儲存在記憶體中，使用時就直接取出，此種方式若儲存點數不多則輸出字型太難看；但若儲存點數較多則需要佔掉太多記憶體，同時將字體放大後可能產生鋸齒狀，因此目前幾乎很少用到。

(2) 向量字型

此種字型是利用線段來描繪字的外框，因此記憶體佔用較少，也容易放大與縮小，但是需要花費較多計算時間，同時字型放大倍數過高也會產生稜角而影響美觀。

(3) 曲線描邊字型

這是利用曲線公式來描繪字框，因此不論放大縮小倍數是多少都一樣平滑，但是缺點是計算耗時更久，常見的包括常用在印刷的Postscript與用在螢幕顯示的True Type Font(TTF)等。

7-7 聲音資料

聲音資料的表示方式通常使用數位信號處理(Digital Signal Processing, DSP)技術，將聲音轉換為數位形式，以便在電腦中進行處理和分析。以下是一個詳細的說明：

1. 採樣率(Sampling rate)

聲音是連續的波形，為了將其轉換為數位形式，需要將連續的信號在時間上進行間隔採樣。採樣率表示每秒從連續聲音中取樣的次數，單位為赫茲(Hz)。常見的採樣率有 8,000 Hz、16,000 Hz、44,100 Hz（CD質量）等。

2. 量化位元數(Bit depth)

採樣過程中，每個採樣點的幅度值需要量化為離散的數字。量化位元數表示用於每個採樣點幅度值的位元數，位元數越高，精度越高，但同時所需的存儲空間也會增加。常見的量化位元數有 8 位、16 位、24 位等。

3. 音頻通道(Audio channels)

聲音可以是單聲道(Mono)或立體聲(Stereo)。單聲道表示所有聲音信息均混合在一起，立體聲則將聲音分為左右兩個聲道，以實現更豐富的聲音效果。對於多聲道音頻，還可以有更多的聲道配置，例如：5.1 聲道和7.1 聲道。

4. 聲音壓縮編碼(Audio compression)

為了減小聲音檔案的大小並節省存儲空間，通常會對聲音進行壓縮。壓縮編碼算法可以是有損壓縮或無損壓縮。有損壓縮會減少聲音資料的部分細節，以提供更高的壓縮比，但可能會導致音質損失。無損壓縮則能夠精確地還原原始音頻資料，但壓縮比較低。

5. 文件格式(File format)

聲音資料通常以特定的文件格式保存在計算機上。常見的聲音文件格式包括 WAV(Waveform Audio File Format)、MP3(MPEG-1 Audio Layer 3)、AAC(Advanced Audio Coding)、FLAC(Free Lossless Audio Codec)等。每種文件格式都有其特定的壓縮編碼方式和支持的功能。

7-8 視訊資料

現在視訊資料的表示方式通常使用數位形式，以便在電腦中進行處理、儲存和傳輸：

1. 解析度(Resolution)

解析度指的是影像的寬度和高度，通常以像素為單位。例如：常見的解析度包括 1920x1080（全高清）、3840x2160（4K超高清）等。較高的解析度表示影像具有更多的像素，因此有更高的細節和清晰度。

2. 彩色模型(Color model)

彩色模型用於表示影像中的顏色。常見的彩色模型包括 RGB（紅綠藍）、CMYK（青、洋紅、黃、黑）和 YUV（亮度和色差信號）。在 RGB 模型中，每個像素由紅、綠、藍三個色光成分組成，透過不同強度的混合可以產生各種顏色。

3. 影像壓縮編碼(Image compression)

影像壓縮編碼技術用於減小影像檔案的大小，以節省存儲空間和傳輸帶寬。常見的影像壓縮編碼標準包括 JPEG（Joint Photographic Experts Group）、PNG（Portable Network Graphics）和 HEVC（High Efficiency Video Coding）。壓縮編碼可以是有損壓縮或無損壓縮，有損壓縮會遺失部分細節以提高壓縮比，無損壓縮則能夠完全還原原始影像。

4. 影像格式(Image format)

影像資料通常以特定的文件格式保存在計算機上。常見的影像格式包括JPEG、PNG、GIF(Graphics Interchange Format)和TIFF(Tagged Image File Format)。每種影像格式都有其特定的壓縮編碼方式和支持的功能。

7-9 影片資料

現在影片資料的表示方式是基於數位形式的視訊和聲音組合,通常用於電視、電影、網路影片和其他媒體應用:

1. 視訊編碼(Video coding)

視訊編碼是將連續的視訊幀(Frames)轉換為數位形式的過程。通常使用壓縮編碼算法來減小視訊資料的大小,以節省存儲空間和傳輸帶寬。常見的視訊編碼標準包括 MPEG-2、H.264(AVC)、H.265(HEVC)和VP9。這些編碼標準採用了各種壓縮技術,例如:運動估計、空間域和頻域轉換等,以實現高效的視訊壓縮。

2. 聲音編碼(Audio Coding)

聲音編碼是將聲音信號轉換為數位形式的過程。與視訊不同,聲音信號通常使用獨立的音頻編碼算法進行壓縮。常見的音頻編碼標準包括 MP3、AAC、AC3 和 Opus。這些編碼標準使用了各種壓縮技術,例如:聲音分析、量化、頻譜塊編碼等,以減少音頻資料的大小。

3. 容器格式(Container format)

容器格式是用於將視訊、聲音和其他相關數據結合在一起的格式。它提供了一種結構化的方式,將視訊和聲音流、字幕、元數據和其他相關資訊組織在一個文件中。常見的容器格式包括 AVI(Audio Video Interleave)、MP4(MPEG-4 Part 14)、MKV(Matroska Video)和MOV(QuickTime Movie)。這些容器格式支持不同的視訊和音頻編碼標準,以及其他功能,例如:字幕、章節、元數據等。

4. 時間碼(Timecode)

時間碼是在影片中標記每個幀的時間位置的編碼方式。它用於確定每個幀的時序和對齊視訊和聲音。時間碼可以基於幀數或實際時間表示，並用於視訊編輯、同步和後期製作等方面。

( ) 1. 下列何者使用於音訊的編碼？ (A)ASCII (B)MIDI (C)JPEG (D)GIF。

( ) 2. 下列何者不是有效的檔案壓縮格式副檔名？ (A)ZIP (B)TAR (C)TIF (D)GZ。

( ) 3. 下列何者不是應用在資料的錯誤偵測？ (A)檢查總和(Checksum) (B)霍夫曼碼(Huffman code) (C)循環式重複碼(Cyclic redundancy code) (D)漢明碼(Hamming code)。

( ) 4. 下列何種編碼技術具有檢查錯誤並更正的能力？ (A)漢明碼(Hamming code) (B)同位元檢查法(Parity bit check method) (C)循環式重複碼(Cyclic redundancy code) (D)以上皆是。

( ) 5. 寫一篇500字的中文文章，在電腦中大約會占用幾個位元組？ (A)0.5 K (B)1 K (C)0.5 M (D)1 M。

( ) 6. 若x, y, z為邏輯變數，則以下敘述何者錯誤？ (A)x + yz = (x+y)(x+z) (B)x + xy = x (C)x(x + y) = x (D)(x + y)' = x' + y'。

( ) 7. 以下何者不是位元運算？ (A)NAND (B)NOP (C)NOR (D)NOT。

( ) 8. 以下何者為 -6（10進位）的2進位表示法（2之補數）？ (A)1110 (B)1001 (C)1101 (D)1010。

( ) 9. 輸入信號中有低電位信號，就一定會輸出高電位信號的邏輯閘為何？ (A)AND (B)OR (C)NAND (D)NOR。

( ) 10. 浮點數表示法包含三個部分，哪一個不在其內？ (A)符號 (B)浮點 (C)指數 (D)有效數。

( ) 11. 四進位的11與二進位的11相加等於八進位的多少？ (A)13 (B)12 (C)11 (D)10。

( ) 12. 以下哪一個二進位的運算結果為1010？ (A) 0101 與0000 進行「AND」運算 (B) 0101 與1111 進行「OR」運算 (C) 0101 與0000 進行「XOR」運算 (D) 0101 與1111 進行「XOR」運算。

( ) 13. 兩個十六進位數字做運算AD.2 - 26.5，可得哪個二進位數？ (A) 0111 1000.1000 (B) 1100 0111.1101 (C) 1000 0011.1010 (D) 1000 0110.1101。

( ) 14. 以下哪一種不是全世界公訂的文字編碼法？ (A) EBCDIC (B) UNIX (C) Unicode (D) ASCII。

( ) 15. 在2的補數法系統中，12位元能夠表示的最大值為何？ (A) 2047 (B)2048 (C)4095 (D)4096。

( ) 16. 電腦處理資料的單位中，奈秒(Nanosecond)指的是下列哪個值？ (A)10^{-3}秒 (B)10^{-6}秒 (C)10^{-9}秒 (D)10^{-12}秒。

( ) 17. 將二進位之11001010表示成十六進位，其值為何？ (A)CA (B)4A (C)AC (D)C4。

( ) 18. 十六進位制的AB.8換算成八進位制等於多少？ (A)171.5 (B)173.2 (C)253.4 (D)271.5。

( ) 19. 假設有2個二進位數0011011100與1000111001，若將此二數值進行"互斥或" (Exclusive OR, XOR)運算，請問其輸出值為何？ (A)1100100011 (B)1011100101 (C)0111000110 (D)1011111101。

( ) 20. 十進位數字15.875，以二進位表示，下列何者正確？ (A)$(1111.101)_2$ (B)$(1111.111)_2$ (C)$(1011.111)_2$ (D)$(1011.101)_2$。

( ) 21. 數目0101與1110執行AND運算之後，其結果為 (A)0100 (B)1110 (C)1111 (D)0101。

( ) 22. 假設某電腦系統以8位元表示一個整數，而負數採用2的補數表示方式，則十進位數(-30)的二進位表示法應該為何？ (A)11100010 (B)11100001 (C)00011110 (D)10011110。

參考解答

1.B	2.C	3.B	4.A	5.B	6.D	7.B	8.D	9.C	10.B
11.D	12.D	13.D	14.B	15.A	16.C	17.A	18.C	19.B	20.B
21.A	22.A								

CHAPTER

資料結構與資料庫

8-1 資料結構概念

1. 演算法(algorithm)應具備之特性

(1) 輸入(Input)：可以沒有任何輸入。

(2) 輸出(Output)：必須有輸出之結果。

(3) 明確(Definiteness)：每一步驟必須定義明確，不可模稜兩可。

(4) 有限(Finiteness)：根據演算法的步驟執行，在有限步驟之後，一定要能停止。

(5) 有效(Effectiveness)：每一步驟必須能有效的執行。

2. 如何評估程式的效率

通常評斷程式的執行效率的標準都與演算法的計算時間和所需的記憶體空間相關，也就是會考慮下列兩點：

(1) 空間複雜度(Space complexity)
執行完程式所需要的記憶體容量。

(2) 時間複雜度(Time complexity)
執行完程式所需要的計算時間。

3. 時間複雜度(Time Complexity)

漸近式表示法(Asymptotic Notations)

(1) $O(n)$(Big oh of n)：→最常被使用，用來表示理論上限
$\exists c_1, c_2, n_0 > 0$[∃讀作存在]
ə$\forall n > n_0$ 均滿足$f(n) \leq cg(n)$
[ə讀作「使得」；∀讀作「對每一個」]
則稱$f(n) = O(g(n))$

(2) $\Omega(n)$（Omega of n）：→用來表示理論下限

$\exists c, n_0 > 0, \ni \forall n > n_0$ 均滿足 $f(n) \geq cg(n)$ 則稱 $f(n) = \Omega(g(n))$

(3) $\theta(n)$(theta of n)：→表示理論上限與下限均為此函數

$\exists c_1, c_2, n_0 > 0, \ni \forall n > n_0$，均滿足 $c_1 g(n) \leq f(n) \leq c_2 g(n)$

則稱 $f(n) = \theta(g(n))$

4. 演算法的分類

(1) 貪婪法(Greedy method)

在一種反覆的程序中，不斷的取用資料的最大值（或最小值）來進行處理。

代表範例：

最小成本擴張樹(Minimum cost spanning tree, Kruskal)

單起點全終點最短路徑(Single source shortest path)

選擇排序法(Selection Sort)

(2) 各個擊破法(Divide-and-donquer)

將一個問題分解成數個較小的問題，逐一解決後再將各部分所得結果合併。

代表範例：

Quick sort、Merge sort、Binary Searching

(3) 動態規劃(Dynamic programming)

若一個問題的解答，可以由數個小問題的組合解答而得到，而且組合小問題解答的方式皆可以得到整體上進一步的解答。則可以先將所有小問題的解先求出，再選擇最佳的組合更進一步，逐漸求出整體解。這種方法可以用在當問題的解答視為一系列決策的結果時，然後利用最佳化原理過濾掉不可能是最佳的決策序列，列舉其餘序列找出解答。

代表範例：

最短路徑(All pairs shortest path)

最佳二元搜尋樹(Optimal binary search tree)

推銷員旅行問題(Travelling salesman)

(4) 回溯法(Backtracking)

逐一嘗試各種可能性,以求出最佳解的方法。在嘗試過程中若發現行不通時,可以退回前一步驟,繼續嘗試其他的可能性。此法通常要使用堆疊來進行。

代表範例:

八后問題(Eight-queen problem)、迷宮問題(Mazing problem)、騎士路徑(Knight's tour)

(5) 分支設限(Branch and bound)

以圖形表示狀態,逐步進行搜尋,將解答範圍逐步縮小,以得到最後最佳解的方法。它與回溯法相當類似,但是主要不同的地方在於節點擴展的方法,每個節點擴展後,將產生出可用單一移動而到達的新節點,如此繼續找到解答。

陣列

1. 線性串列的表示法(在電腦內的儲存方式)

(1) 循序對應(Sequential mapping)

用一串相連的記憶體順序對應線性串列中的各個元素如下所示:

表8-1 記憶體順序對應線性串列的各個元素

index	...	3	4	5	6	7	8	...
data	...	89	78	4	58	95	65	...

A. 優點:

可以直接由位置立即存取該元素。

B. 缺點:

插入或刪除時較麻煩,因為要搬動其後元素。

(2) 鏈結對應(Linked mapping)

就是用鏈結串列方式對應，是一種非循序的對應方式，每一個元素除了值的部分以外，都必須包含指向下一個元素的指標，如下所示：

圖8-1

A. 優 點：

插入或刪除只要修改前後元素即可。

B. 缺 點：

搜尋元素時必須從頭逐一搜尋，速度較慢。

2. 陣列的定義與表示方式

(1) 陣列的定義

陣列是一組索引(Index)與數值(Value)的對應，每一個索引都有一個數值與其對應。

(2) 陣列的儲存方式

A. 以列為主(Row-major或Row-wise)：

或稱辭典編纂順序(Lexicographic order)，例如：一個陣列被宣告如下：A[2..3,6..8]

共有6個元素，以列為主的存放方式會將之以如下的順序存放：

A[2,6] A[2,7] A[2,8] A[3,6] A[3,7] A[3,8]

B. 以行為主(Column-major或Column-wise)：

同樣以前面的陣列為例，若用以行為主的方式存放，其順序如下：

A[2,6] A[3,6] A[2,7] A[3,7] A[2,8] A[3,8]

(3) 一維陣列的表示法

假若 α 表陣列起始位址，W表每一陣列元素所占空間大小陣列A 若宣告為$A[l_1..u_1]$，則位址公式為$LOC(A[i]) = \alpha + (i-l_1)W$

(4) 二維陣列的表示法

陣列A 若宣告為$A[l_1..u_1, l_2..u_2]$，令$a=u_1-l_1+1, b=u_2-l_2+1$

A. 以列為主（row-major或row-wise）：

$LOC(A[i,j]) = \alpha + (i-l_1)bW + (j-l_2)W$

B. 以行為主（column-major或column-wise）：

$LOC(A[i,j]) = \alpha + (j-l_2)aW + (i-l_1)W$

8-3　堆疊與佇列

1. 相關定義

(1) 堆 疊(Stack)

是一個有序串列，所有的加入(Insertion)與刪除(Deletion)均發生在同一端，一般稱此端為頂端(Top)。具有後進先出(LIFO, Last In First Out)的特性，如下圖所示。

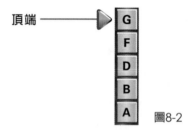

圖8-2

例如：系統堆疊(System stack)就常被用在程式執行期間處理函數呼叫，負責儲存指向前一個呼叫函數的指標與返回位址，當再度呼叫其他函數時，還要儲存各種除了靜態宣告以外的區域變數與參數。又如遞迴程式的執行，也需要藉助堆疊來儲存區域變數與返回位址。

(2) 佇 列(Queue)

是一個有序串列，所有的加入(Insertion)與刪除(Deletion)均發生在不同端，加入發生在尾端(Rear)，刪除發生在前端(Front)。具有先進先出(FIFO, First In First Out)的特性，如下圖所示。

前端　　　　　　尾端　　　圖8-3

佇列常用在作業系統中的工作佇列(Job queue)，負責管理
等待爭取CPU使用權的工作。

(3) 雙向佇列(Double-ended queue, deque)

是一個有序串列，所有的加入(Insertion)與刪除(Deletion)都
可以發生在不同端。

兩端均可加入及刪除　　圖8-4

(4) 環狀佇列(Circular queue)

是一個有序串列，是將佇列所用的陣列視為環狀，其他操作
都相同，如下圖所示即為一個具有n個元素的環狀佇列。

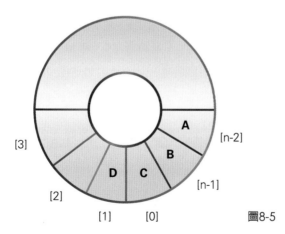

圖8-5

2. 有關堆疊的演算法

(1) 加入

　　A. 若 top=n 則 STACK_FULL（表示堆疊配置空間不足）。

　　B. 將top指標往前推進。

　　C. 將資料放入top指標所指之處。

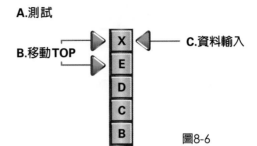

圖8-6

(2) 刪 除

A. top<=0 則 STACK_EMPTY（表示已經是空堆疊，無法刪除）。

B. 將資料取出。

C. top指標後退。

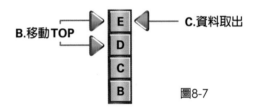

圖8-7

3. 運算式定義

(1) 中置式(Infix)

形式為：《運算元1》《運算子》《運算元2》

例　如：A + B

(2) 前置式(Prefix)

形式為：《運算子》《運算元1》《運算元2》

例　如：+ A B 又稱為Polish notation

(3) 後置式(Postfix)

形式為：《運算元1》《運算元2》《運算子》

例　如：A B + 又稱為Reverse polish notation

4. 優先順序與結合性

(1) 優先順序一般為：算術運算子 > 關係運算子 > 邏輯運算子。

(2) 算術運算子中的優先順序是：** （乘冪） > *,/ > +,-

(3) 關係運算子包括＜＞＝≠≦≧等，優先順序相同。

(4) 邏輯運算子中的優先順序是：not＞and＞or。

(5) 除了＊＊具有右結合性外，其他均屬左結合。

(6) 右結合即指同等級優先順序運算子相遇時以在右者優先，左
結合則指等級優先順序運算子相遇時以在左者優先。

5. 堆疊的應用

(1) 副程式呼叫時，儲存呼叫者的返回位址(Return address)，與
副式配置空間中的區域變數(Local variables)。

(2) 中斷之處理(Interrupt handling)：記錄原程式的狀態，如返
回位址，旗號等。

(3) 遞迴副程式改寫成為非遞迴程式時，有時需要用到堆疊。

(4) 撰寫回溯式(Backtracking)演算法時，須堆疊記錄各步驟的狀
況。

(5) 中序式與前序式或後序式間的轉換。

(6) 後序式求值計算。

(7) 堆疊機器(Stack machine)。

  8-4　遞迴

1. 遞迴(Recursion)的意義

就是程序會反覆呼叫（使用）到本身的一種程式結構，一般
分為下列兩種：

(1) 直接遞迴(Direct recursion)
當程式中被呼叫的程序(Procedure)又直接呼叫本身時，即
稱為直接遞迴。如下例：

```
procedure A(s:integer);
Var t:integer;
begin
   …
   t := 3;
   A(t);
   …
   end;
```

(2) 間接遞迴(Indirect recursion)

當程式中被呼叫的程序(Procedure)，先呼叫其他程序，最後再從其他程序呼叫到原來程序時，即稱為間接遞迴。如下例：

```
procedure A(s1:integer);
Var t1:integer;
begin
   …
   t1 := 3;
   B(t1);
   …
end;

procedure B(s2:integer);
Var t2:integer;
begin
   …
   t2 := 3;
   A(t2);
   …
   end;
```

2. 遞迴程序撰寫方式

遞迴程序中必須包括終止條件與終止值，否則遞迴將會成為無窮迴圈，因此一個正常的遞迴程序形式如下：

```
procedure 遞迴程序名稱（遞迴傳遞參數1,...）
var ...
begin
  ...
if (終止條件) then 傳回終止值
《符合終止條件即可結束遞迴傳回終止值》
else 遞迴程序名稱（新的遞迴傳遞參數1,...）;
《否則修改參數繼續進行下一層遞迴程序》
...
end;
```

所以遞迴程式撰寫程序如下：

(1) 先求出終止條件。

(2) 再找出兩層遞迴間之關連。

(3) 接著套入上列形式撰寫程式。

3. 遞迴程序與非遞迴程序之優缺點比較

(1) 遞迴程序的優點

    A. 程式簡短。

    B. 程式易看易懂。

(2) 遞迴程序的缺點

    A. 因為必須儲存參數及移轉控制，耗費時間。

    B. 因為遞迴時必須儲存參數，因此較耗費記憶體空間。

(3) 非遞迴程序的優點

    A. 節省執行時間。

    B. 節省記憶體空間。

(4) 非遞迴程序的缺點

    A. 程式較長。

    B. 程式不易看懂。

4. 常見之遞迴程序(Recursive procedure)

(1) 最大公因數(G.C.D)

原理：使用輾轉相除法，反覆計算到餘數等於零為止

非遞迴方式

```
int gcd(int a, int b)
{   int c;
    while (c=a%b){
        a=b;
        b=c;
    }
    return(b);
}
```

遞迴方式

```
int gcd(int a, int b)
{
    if(b) return(gcd(b,a%b));
    else return(a);
}
```

時間：計算GCD(a,b)所需的時間是O(log a+log b)

(2) Tower of hanoi

問題：在三根柱子上，有大小不同的中空的Disks形成塔狀，必須要設法將全部的Disks移到另一根柱子上，但是Disk須一次一個地搬動，同時搬動中大的disk不可以放在小的disk上。因此將高度為n的塔搬動時，可以分解成三個動作進行。

A. 先將上面n−1個Disks搬到另一根柱子上

B. 再將最大的Disks搬至目的地

C. 將剩下的n−1個Disks搬至目的地

總搬動次數:n^2-1次

1. 鏈結串列的表示法

(1) 陣 列(Array)

利用陣列來循序對應，即以連續空間表示。

A. 優 點：查詢快速。

B. 缺 點：

(A) 插入及刪除困難。

(B) 需事先給予一塊夠大的記憶體故彈性較差。

(2) 鏈結串列(Linked list)

利用指標(Pointer)來鏈結串列各元素，非以連續空間表示。

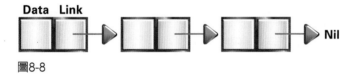

圖8-8

A. 優 點：

(A) 插入及刪除容易。

(B) 可以臨時分配記憶體故彈性較佳。

B. 缺 點：查詢速度緩慢。

(3) 二者之差異

A. 鏈結串列要用指標連結各元素，陣列則沒有指標。

B. 鏈結串列非以連續空間表示，陣列則以連續空間表示。

2. 鏈結串列與陣列比較

表8-2 鏈結串列與陣列比較

運算	循序串列(Array)	鏈結串列(Linked list)
每筆資料所記憶空間	小	大
記憶體使用率	低	高
插入 / 刪除一筆資料	費時	較快
合併串列 / 分解串列	費時	較快
循序存取	稍快 0(1)	稍慢
隨機存取	極快	極慢 0(n)
排序	可用各種排序法	合併排序基數排序
搜尋	二分法 0(logN)	循序 0(n)

3. 各種鏈結串列

(1) 單鏈串列(Single linked list, Chain)

每個節點皆只有一個Link欄位，以紀錄其下筆資料的節點。其節點宣告如前述之宣告。

Data Link

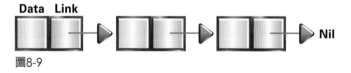

圖8-9

```
typedef struct listnode {
    int data;
    struct node *link;
} LLIST;
```

(2) 雙向鏈結(Double link)

每個節點有兩個Link欄位，分別用來指向其前與其後之相鄰節點。宣告如下所示：

```
typedef struct doublelistnode {
    Datatype data;
    struct doublelistnode *llink, *rlink;
}DLLIST;
```

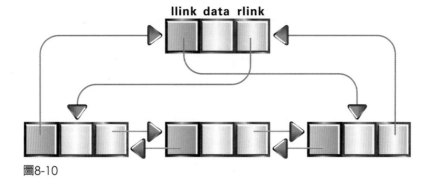

圖8-10

(3) 循環串列(Circular list)

最後一個節點的Link欄位指回第一個節點。若是雙向鏈結串列，除了最後一個節點的Rlink欄位需指向第一個節點之外；第一個節點的1Link欄位，亦須指向最後一個節點。

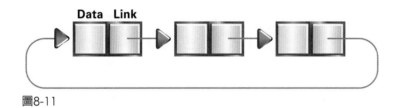

圖8-11

4. 各種鏈結串列的基本操作

(1) 加入鏈結串列

A. 取得新節點空間，將資料加入新節點中。

B. 測試原來串列是否為空串列，若為空串列則以新節點，當串列頭指標指到處，並將鏈結欄位指向NULL。

C. 若不為空串列，必須先找到所要插入處。

D. 新節點鏈結欄位指向插入處節點鏈結欄位所指之節點。

link[t]:=link[x]

E. 插入處節點鏈結欄位改為指向新節點。

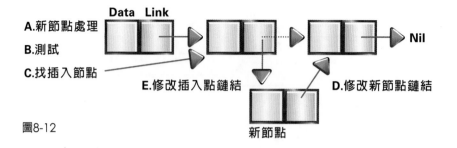

A.新節點處理
B.測試
C.找插入節點
E.修改插入點鏈結
D.修改新節點鏈結
新節點

圖8-12

(2) 自鏈結串列刪除

A. 測試是否為空串列。

B. 不為空串列要找到要刪除節點及其之前的節點。

C. 修改之前節點的鏈結欄位,指向刪除節點鏈結欄所指向之節點。link[y]:=link[x]

D. 歸還空間。

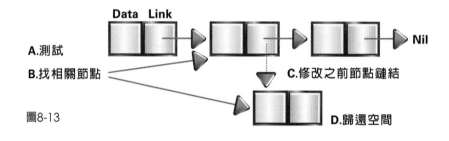

A.測試
B.找相關節點
C.修改之前節點鏈結
D.歸還空間

圖8-13

8-6 樹

1. 樹的基本定義

定義:樹(Tree)是由一個以上的節點(Node)構成的有限集合,並具有下列特性:

(1) 有一個特定的節點稱為樹根(Root)。

(2) 其餘節點可以分成n(n>=0)個互斥的集合,每個集合又都是一棵樹,並被稱為樹根節點的子樹(Subtree)。

2. 基本名詞

(1) 節　點(Node)：樹的基本元素，包括一項資料及其指向其他項資料的分支(branch)。

(2) 分　支(Branch)：兩元素之間的連線或指標，所連接的二元樹具有父子關係。

(3) 分支度(Degree)：節點的子樹數目稱為分支度，也可稱為分支因子(branch factor)。

(4) 子　樹(Subtree)：將樹根由樹中一去之後，所得的每一棵樹皆是原樹根的子樹。

(5) 樹　葉(Leaf)：分支度為零的節點，又稱為終端節點(Terminal node)。

(6) 非終端結點(Nonterminal node)：樹葉以外的其他節點，也就是分支度不為零的節點，又稱為內部節點(Interior node)。

(7) 子節點(Children)：一個節點的所有子樹樹根皆為該節點的子節點。

(8) 父節點(Parent)：若一個節點是另一節點的子節點，則後者就是前者的父節點。

(9) 兄　弟(Sibling)：相同父節點的各節點互稱兄弟。

(10)樹的分支度：樹中所有節點的最大分支度。

(11)祖　先(Ancestors)：從樹根到節點路徑中所包含的所有節點均稱為該節點的祖先。

(12)後　代(Descendant)：由一個節點到某個樹葉的路徑上經過的所有節點，皆為該節點的後代。

(13)階　度(Level)：令樹根的階度為1，若某節點階度為 l，則其子點的階度為 l+1。階度也可以定義成樹根到該節點的路徑長度。

(14)高 度(Height)：樹中節點的最大階度，又稱為深度(Depth)。

(15)樹 林(Forest)：由n顆樹所形成的集合(n>=0)。將一顆樹的樹根去掉也可以形成樹林。

範例 1

➤ 由下面這樹來說明上列這些名詞：

答 (1) A是樹根。

(2) B、C是A的兩棵子樹的樹根；同理D與E是B的子樹樹根。

(3) A的分支度為2；D的分支度為1；而樹葉M的分支度為0。整樹的分支度為2。

(4) 樹葉共有四個，由左而右為H、E、F、G。

(5) 內部節點有四個，即A、B、C、D。

(6) 節點B有D、E三個子節點；節點D、E的父節點為E。故D、E二節點是兄弟。

(7) 由樹根A到節點H的路徑經過了A、B和D，故A、B和D為H的祖先。

(8) 所有節點都是樹根A的後代；節點B的後代有D、E、H；而H、E、F、G等節點是樹葉沒有後代。

(9) 若樹根A的階度為0，則其子代B，C的階度為1，他們的子節點D、E、F、G的階度為2，H的階度為3；若樹根A的階度定義為1，則每個節點的階度都將增加1。

(10) 樹的深度由節點的最大階度而得，如節點H的階度為3或4（視樹根的階度而定）是樹中最大的，故樹的深度為3或4。

(11) 若將樹根A刪除，則可得由三顆子樹（樹根分別為B，C 和D）所組成的樹林。

3. 二元樹

定義：二元樹(Binary tree)又稱為Knuth樹，是一個由節點所構成的有限集合，同時此集合可以是：

(1) 空集合。

(2) 或是由樹根、左子樹(Left subtree)及右子樹(Right subtree)所構成。

比較：

A. 二元樹可以是空樹；而樹不能是空的。

B. 二元樹的子樹是有序的(Ordered)。

4. 二元樹的特點

(1) 二元樹的階度i，節點數最多為2^{i-1}。

(2) 深度k的二元樹節點數最多為2^k-1。

(3) 歪斜樹(Skewed binary tree)：當一個二元樹都只有左子點或都只有右子點時稱之，又分為左歪斜樹(Left-skewed binary tree)與右歪斜樹(Right-skewed binary tree)。

(4) 完滿二元樹(Full binary tree)：當一個二元樹含有最多的節點數時稱之，此時除終端節點外，每一節點均有左右子節點，也就是若其深度為k，則具有2^k-1個節點。

(5) 完整二元樹(Complete binary tree)：當一個二元樹其節點的編號順序如同完滿二元樹時稱之，此時節點i的左兒子編號為2^i，右兒子編號為2^{i+1}，父節點編號為⌊i/2⌋（「⌊ ⌋」表示取較小的整數，例如：⌊3.5⌋=3，⌊-2.8⌋=-3）。

(6) 若一顆二元樹，除樹葉之外，每個節點皆同時具有非空左子樹與右子樹，則稱為嚴格二元樹(Strictly binary tree)。

(7) 深度為k的嚴格二元樹，若其外部節點全部在第k與第k+1層，且當一節點的右子樹中有一外部節點在第k+1層，則其左子樹中全部的外部節點必皆在第k+1層，此種二元樹稱為近乎完整二元樹(Almost complete binary tree)。

(8) 若一二元樹有n個節點，B代表樹的總分支數，且 n_i 代表分支度為 i 的節點數，則下列關係式必須注意：

$B = n - 1$

$n = n_0 + n_1 + n_2$

$n_0 = n_2 + 1$

8-7 圖形

1. 基本概念

(1) 定義

是由兩個非空的有限集合V, E所組成，其中V是所有頂點 (Vertices, Nodes)的集合，E是所有邊(Edges)的集合。

(2) 圖形的種類

A. 有向圖(Directed graph)

簡稱Digraph，每一個邊用一個有序對表示，有次序性，若Vi與Vj間有連結，則用<Vi,Vj>表示。

B. 無向圖(Undirected graph)

表示邊的兩個頂點沒有次序性，簡稱Graph，若Vi與Vj間有連結，則用(Vi,Vj)表示。

(3) 基本術語

A. 完整(Complete)

圖形中每一個頂點之間都有邊連接，因此一個有n個頂點的圖形，若是無向圖需要有n(n-1)/2條邊；若是有向圖則需要n(n-1)條邊。如下圖G1即為一個具有四個頂點的完整無向圖，共有4(4-1)/2=6條邊。

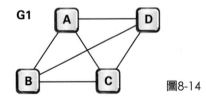

圖8-14

B. 相鄰(Adjacent)與連接(Incident)

若(v1,v2)是G 中的一個邊，則稱v1,v2相鄰；而且邊(v1,v2)連接於頂點v1和v2。例如：下圖G2中，頂點A與頂點B、C相鄰，頂點E則是獨立的(Isolated)，與其他頂點皆不相鄰。

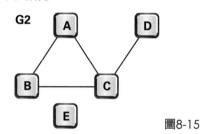

圖8-15

C. 路 徑(Path)

是指一串由頂點連接的串列，其中相連的頂點都有邊連接，而路徑中edge的數目稱為該路徑的長度。例如：G2中由B到D存在兩條路徑，分別是B-C-D與B-A-C-D，其長度分別為2與3。

D. 簡單路徑(Simple path)

是指路徑上所有頂點都不重複時，稱為簡單路徑。例如：G2中由B到D的兩條路徑都是簡單路徑。

E. 循 環(Cycle)

是一個起點和終點相同的路徑。例如：G2中由B-C-A-B這條路徑就是循環。

F. 循環的(Cyclic)

若圖形中具有循環，則稱此圖形為循環的。

G. 無循環的(Acyclic)

若圖形中沒有循環，則稱此圖形為無循環的。

H. 連 接(Connected)

無向圖中若兩點間存在路徑，則稱這兩點是Connected。例如：下圖G3中A,C間是連接的，但B,D間則不連接。

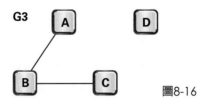

圖8-16

I. 連接圖(Connected graph)

無向圖中若任兩點間均為連接，則稱此圖形是連接圖(Connected graph)。例如：G4即為連接圖，但是G3則不是連接圖。

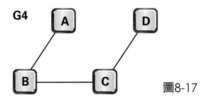

圖8-17

J. 連接部分(Connected component)

無向圖的子圖中若在盡量伸展後，任兩點間仍為連接，則稱此子圖是原來圖形的一個連接部分(Connected component)。例如：在G3中就有A-B-C與D等兩個連接部分，但在G4中則整個圖形是一個連接部分。

K. 強連接(Strongly connected)

有向圖中若兩點間相互存在路徑，則稱這兩點是 Strongly connected。例如：在 G5 中，A,C 間就是強連接的，但是 A,B 間則非強連接（因為由 B 到 A 並無路徑）。

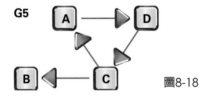

圖8-18

L. 強連接圖(Strongly connected graph)

有向圖中若任兩點間均為強連接，則稱此圖形是強連接圖(Strongly connected graph)。例如：G6即為強連接圖，但G5則非強連接圖。

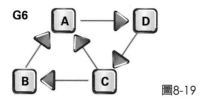

圖8-19

M. 強連接部分(Strongly connected component)

有向圖的子圖若在盡量伸展後，任兩點間仍為強連接，
則稱此子圖是原來圖形的一個強連接部分(Strongly
connected component)。例如：G5中有A-C-D一個強連
接部分，但G6則整個圖形是一個強連接部分。

N. 入支度(In-degree)

某頂點的入支度是指有向圖中以該點為終點的邊的數
目。

O. 出支度(Out-degree)

某頂點的出支度是指有向圖中以該點為起點的邊的數
目。

P. 分支度(Degree)

某頂點的分支度是指無向圖中連到該點邊的數目。

Q. Eulerian cycle

若在無向圖中，從某頂點出來，恰好經過所有Edge一
次，再回到起點的路徑，稱為Eulerian cycle，無向圖中
擁有Eulerian cycle的條件是所有頂點的分支度都是偶
數。例如G7中，A-B-C-D-A即為Eulerian cycle。若某頂
點出來，恰好經過所有Edge一次，但不回起點，則稱為
Eulerian chain，無向圖中擁有Eulerian chain的條件是
除了起點和終點的分支度是奇數外，所有頂點的分支度
都是偶數。例如G8中B-A-D-C即為Eulerian chain。

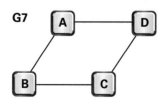
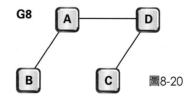

圖8-20

R. Hamiltonian cycle

是有向圖中一個恰好經過所有頂點一次的循環，若起點
與終點不同則稱為Hamiltonian path。例如：在G6中
A-D-C-B-A即為Hamiltonian cycle；A-D-C-B則為
Hamiltonian path。

8-8 搜尋與排序

1. 循序搜尋

(1) 逐一找尋直到找到為止

(2) 空間複雜度O(1)

(3) 時間複雜度O(n)

2. 二分搜尋

(1) 演算法

    A. 每次比較M=(L+U) DIV 2

    B. 若相等則搜尋結束

    C. 若比尋找目標大則找左邊(將U改為M-1)

    D. 若比尋找目標小則找右邊(將L改為M+1)

```
int BinarySearch(int A[], int x, int L, int U) {
    if (L <= U) {
        int M = (L+U)/2;
        if ( x < A[M] ) {
            return BinarySearch(A, x, L, M-1);
        }
        else if ( x > A[M] ) {
            return BinarySearch(A, x, M+1, U);
        }
        else  return M;
    }
    return -1 ;
}
```

(2) 空間複雜度O(1)

(3) 時間複雜度O(log n)

(4) divide-and-conquer演算法

3. 選擇排序

(1) 演算法

每次選擇最小

```
void selectionSort(int ADATA[], int n)
{
  int i, j, min, temp;
  for (i = 1; i < n-1; i++)
  {
    min=i+1;
    for (j = i+2; j <= n; j++)
if (ADATA[min] > ADATA[j])  min= j;
    temp = ADATA[min];
    ADATA[min] = ADATA[i];
    ADATA[i] = temp;
  }
}
```

(2) 空間複雜度O(1)

(3) 時間複雜度$O(n^2)$

(4) Greedy演算法

(5) stable

4. Bubble排序

(1) 演算法

每次與相鄰元素比較，若位置錯誤則交換

```
void bubbleSort(int numbers[], int array_size) {
  int i, j, temp;
```

```
    for (i = (array_size - 1); i >= 0; i--)
    {
      for (j = 1; j <= i; j++)
      {
        if (numbers[j-1] > numbers[j])
        {
          temp = numbers[j-1];
          numbers[j-1] = numbers[j];
          numbers[j] = temp;
        }
      }
    }
}
```

(2) 空間複雜度O(1)

(3) 時間複雜度

最佳狀況(已經順向排序)O(n)

最壞與平均狀況O(n^2)

(4) stable

5. 插入排序

(1) 演算法

將元素插入已經排好序的串列中

```
void InsertSort(char array[],unsigned int n) {
  int i,j,temp;
  for(i=1;i<n;i++)    {
    temp = array[i];
    for(j=i ; j>0 && temp < array[j-1] ; j--)    {
      array[j]=array[j-1];
      array[j-1]=temp;
    }
  }
}
```

(2) 空間複雜度O(1)

(3) 時間複雜度

最佳狀況（已經順向排序）O(n)

最壞與平均狀況O(n²)

(4) stable

8-9 檔案與資料庫

1. 資料的定義

(1) 資 料

觀察事實與事件，加以系統化的記錄，所收集的原始數據、符號、圖片，在未經過資料處理之前即稱為資料。

(2) 資 訊

為了要思考決策問題的解決方式，資料必須經處理之後才成為有組織、有價值的資訊。

(3) 知 識

將資訊經過整理歸納之後，獲取其規則而建立知識體系，通常都用在人工智慧上。

(4) 智 慧

以知識來解決實際問題，所發揮的就是一種智慧型式，一般用來發展更進一步的人工智慧上。

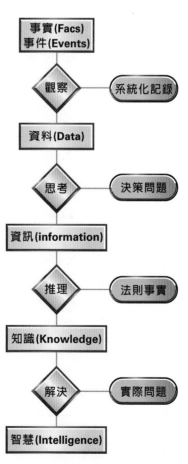

圖8-21 資料、資訊、知識與智慧間的關係

2. 資料處理(Data processing)

就是將資料經過各種有系統的分類、統計、歸納等的處理，使其成為具有參考價值資訊的過程。而其中以電子計算機進行資料處理，又稱為電子資料處理（Electronic Data Processing, EDP）。

3. 資料儲存階層

(1) 位元(Bit)

這是binary digit的簡稱，是計算機中最小的儲存單元，只能儲存一個二進位數字，也就是只能表示0/1。

(2) 位元組(Byte)

通常由8 bits所構成，一個位元組可以儲存一個字元，是計算機記憶體容量的計算單位與最基本的定址單位。又可分成兩個半位元組(Nibble)，位元組中最高位元稱為MSB(Most Significant Bit)，而最低位元稱為LSB(Least Significant Bit)。

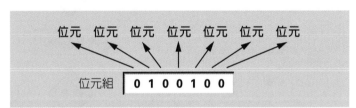

圖8-22　位元與位元組間的關係

(3) 字 組(Word)

這是CPU內部算術運算的單位，因此字組越長準確位數越高。字組通常由2^k個位元組所構成，其中k的值則視計算機之等級而定，越大型的計算機k值越大。字組長度若為m bits，則CPU內部資料匯流排的寬度即為m bits，也稱為m-bit電腦。

位元組	位元組	位元組	位元組
0100100	0100100	0100100	0100100
32位元字組			

圖8-23　位元組與字組間的關係

(4) 欄 位(Field)

欄位是由一個或多個位元組所組成,是電腦內部表示資料對人類而言有意義的最小單位。例如:學生資料中的學號、姓名、出生年月日、成績欄等。

位元組	位元組	位元組	位元組
0111100	0110100	0110100	0100111

員工代號欄位

圖8-24 位元組與欄位間的關係

(5) 記 錄(Record)

A. 邏輯記錄

這是在使用者的應用程式中所使用的系統一次所能存取記錄。

B. 實體記錄

這是實體裝置中一次讀寫的記錄,例如在磁碟檔案中,以磁區(Sector)為實體記錄,而磁帶中則以區塊(Block)為實體記錄。

員工代號	姓 名	出生地	電 話
E023	大刀王五	台北市	12345678

員工記錄

圖8-25 欄位與記錄間的關係

(6) 檔 案(File)

相關記錄的集合稱為檔案,例如:學生資料檔即為所有學生資料記錄的集合,員工薪資檔則記錄所有員工薪資記錄。

員工代號	姓 名	出生地	電 話	
E023	大刀王五	台北市	12345678	E023 員工記錄
E023	小李飛刀	基隆市	12345678	E023 員工記錄
....	....	....	....	.... 員工記錄

員工檔案

圖8-26 記錄與檔案間的關係

(7) 資料庫(Data base)

資料庫為一群相關資料檔案的集合,一起儲存以避免重覆副本,並且利用資料儲存之結構以方便存取。

員工基本檔案			
E023	大刀王五	台北市	12345678
E023	小李飛刀	基隆市	12345678
....	....	....	....

員工薪資檔案	
E023	20000
E023	42000
....	

員工資料庫

圖8-27　檔案與資料庫間的關係

8-10　資料庫管理系統概論

1. 資料庫的定義

就是一組相關資料的集合,乃是企業的應用系統所使用一組不變的資料,也可以被看成相關檔案的集合。

2. 資料庫管理系統(Data Base Management System, DBMS)的定義

是一組可以讓使用者建立與維護資料庫的程式。

3. 使用資料庫的優點(資料庫系統與檔案系統間的差異)

(1) 減少重複(Redundancy)

在非資料庫系統中每個應用系統各有其檔案,因此資料可能重複儲存,但在資料庫系統中所有的應用系統所面對的就是資料庫管理系統,而DBMS會有效的負責控制,因此可以減少重複的產生,但是有時為了效率的緣故,資料重複是無法避免的。

(2) 避免不一致(Inconsistency)

因為在非資料庫系統中每個應用系統各有其檔案,在修改資料時可能沒有修改到描述同一事實另一檔案中的資料,因此造成資料不一致的情形。但在資料庫系統中所有的應用系統所面對的就是DBMS,而DBMS會有效的負責控制,因此可以避免不一致的產生,即使在無法避免的資料重複時,也需利用Propagating update的技術避免不一致的產生。

(3) 資料共用(Shared)

在非資料庫系統中每個應用系統各有其檔案,要利用其他應用系統所有的檔案必須徹底瞭解其檔案結構與存放位置,因此資料不容易共用。但在資料庫系統中所有的應用系統所面對的就是DBMS,而DBMS會有效的管理所有資料,因此任何新舊應用系統均可共用所有資料,根本不必瞭解其檔案結構與存放位置,只要告訴DBMS正確的需求即可。

(4) 標準強迫推行(Enforced)

在非資料庫系統中每個應用系統各行其事,因此標準不易推動。但在資料庫系統中所有的應用系統都要面對DBMS,因此透過DBMS可以有效的強迫各應用系統遵守某些標準。

(5) 確保安全性(Security)

在非資料庫系統中安全性必須由每個應用系統自行控制,因此安全性不容易確保。但在資料庫系統中可以藉由DBMS的協助,確定應用程式只能透過適當的途徑對資料庫進行存取,因此可以訂定安全規則以確保安全性的達成。

(6) 維持整合性(Integrity)

所謂整合性就是要保持資料的正確性,除了必須保持前面所提到的一致性外,也必須符合鍵值整合限制(Key integrity constraint)、實體整合限制(Entity integrity constraint)、參照整合限制(Referential integrity constraint)等整合規則,這在非資料庫系統中極難達成。但在資料庫系統中可以藉由DBMS的協助,訂定整合性限制規則以維持整合性。

(7) 調和衝突的需求

在資料庫系統中因為DBA可以全盤瞭解組織的資料需求，因此適合協助調和組織中相互衝突的需求。

4. 資料庫系統的缺點

(1) 初期投資極高。

(2) 為了定義與處理的一般性而浪費資源。

(3) 為了提供安全性(Security)、同步控制、復原與整合性而浪費資源。

(4) 若DBA用人不當可能造成資料庫監控失靈。

5. 資料庫管理系統的功能

(1) 資料定義(Data definition)

DBMS必須能夠接受某些形式的資料定義，然後轉換成為適宜的目的形式。也就是說DBMS必須能處理資料定義語言(Data Definition Language, DDL)的能力。

(2) 資料操作(Data manipulation)

DBMS必須能夠處理使用者對資料庫中現有資料的查詢、修改、刪除、新增的需求。也就是說DBMS必須能包含處理資料操作語言(Data Manipulation Language, DML)的部分。

(3) 資料安全性與整合性(Security and integrity)

DBMS必須依照DBA建立的安全性與整合性規則，過濾使用者對資料庫的需求。

(4) 復原(Recovery)與同步控制(Concurrency Control)

DBMS必須具有交易處理(Transaction management)功能，控制使用者的同步需求，並提供錯誤或故障發生時的復原能力。

(5) 資料字典(Data dictionary)

資料字典中必須包含資料中的資料（Data about data，或稱 Metadata），也就是要能儲存資料格式、資料意義與其他有關描述資料特色的資料。

(6) 效 能(Performance)

DBMS中必須有監督上述各項功能以促使其儘量發揮功能的部分。

6. ANSI/SPARC 架構

(1) 內 層(Internal level)

考慮資料的實際存放方式。如圖8-28中即可表示st_emp在記憶體中各欄位的儲存長度與儲存方式。

(2) 概念層(Conceptual level)

考慮全體使用者看待資料的方式。如圖8-28中即可表示Employee此一資料庫在綜合全體使用者的需求後，全體使用者所見部分。

(3) 外 層(External level)

考慮個別使用者看待資料的方式。如圖 8-28 中 External view A 即可表示某一 COBOL 程式所見部分（特別注意，個別使用者可能無法見到全部資料）；External view B 則可表示另一 C 程式所見部分。

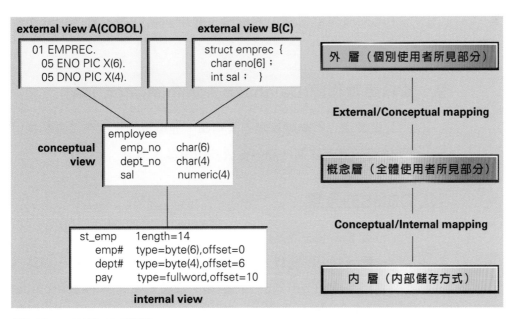

圖8-28 ANSI/SPARC架構

7. 資料獨立(Data independency)與資料相依(Data dependency)

(1) 定 義

資料獨立就是說修改應用程式時,不必去更動儲存結構與存取方式;反之即為資料相依。

(2) 邏輯資料獨立(Logical data independence)

就是說修改概念綱要(Conceptual schema)而不需要修改外部綱要(External schema)與應用程式時稱之。

(3) 實體資料獨立(Physical data independence)

就是說修改內部綱要(Internal schema)而不需要修改概念綱要、外部綱要與應用程式時稱之。

8. 資料定義語言(Data Definition Language, DDL)與資料操作語言(Data Manipulation Language, DML)

(1) DDL

用來定義與宣告資料庫中的資料。

(2) DML

用來操作資料庫中的資料,通常包含在使用者所用的語言中。

9. 資料庫管理師(Database Administrator, DA)

負責建立與維護實際的資料庫,並以技術控制方式強制推行DA的資料儲存政策,屬於資訊技術專業人員。

10. DBMS的分類

(1) 依照資料模式區分

一般可以分為關聯式資料庫(Relational database),網路式資料庫(Network database),階層式資料庫(Hierarchical database)與其他種類。(見圖8-29)

(2) 以資料庫系統的同質性程度來區別

    A. 同質性分散式資料庫管理系統(Homogeneous Distributed DBMS)

       就是所有機器的DBMS都使用相同的軟體。

    B. 異質性分散式資料庫管理系統(Heterogeneous Distributed DBMS)

       就是所有機器的DBMS沒有使用相同的軟體。

    C. 邦聯式的分散式資料庫管理系統(Federated DDBMS)就是各個地區機器具有高度的獨立性與自主性,可以經由輸出綱要(Export schema)存取資料庫的特定部分。

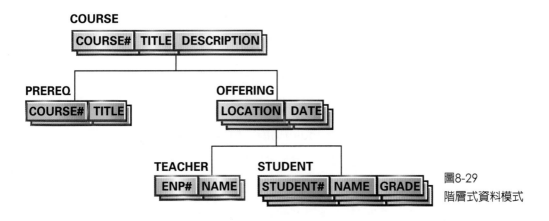

圖8-29
階層式資料模式

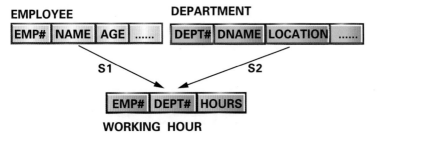

圖8-30
網路式資料模式

S(supplier)

S#	SNAME	STATUS	CITY
S1	Brown	10	LA
S2	Adams	20	NY
S3	Jones	30	London
S4	Davis	20	London
S5	Stone	10	Tokyo

外 鍵

SP(supplier-parts)

S#	P#	QTY
S1	P1	100
S1	P2	200
S1	P3	300
S1	P4	200
S1	P5	400
S1	P6	100
S2	P2	200
S2	P3	300
S3	P2	300
S4	P2	200
S4	P4	100
S4	P5	100

P(parts)

P#	PNAME	COLOR	WEIGHT	CITY
P1	Screw	Blue	15	LA
P2	Gear	Red	16	NY
P3	Nut	Red	12	London
P4	Screw	Red	14	Tokyo
P5	Engine	Green	17	London
P6	Cog	Blue	19	Tokyo

圖8-31
關聯式資料庫

11. 三階層架構(3-tier architecture)

採用三階層架構，如下圖所示，其中各種應用程式置於Web server上，擔任Application server的角色，提供各種企業邏輯(Business logic)功能；所需要的資料查詢則透過Internet連上網路上的其他DBMS進行，這些DBMS扮演資料庫伺服器(Database server)，提供各種資料管理(Data management)功能；顧客端則採用瀏覽器(Browser)作為標準的使用者介面，提供各種展示(Presentation)功能。此一架構是現在Web DB最常採用的架構，具有最大的彈性，讓系統管理者隨著技術的進步與需求的改變很容易可以單獨抽換各個階層，而不必牽一髮而動全身。

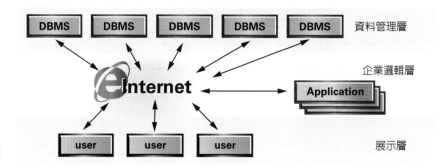

圖8-32
三階層架構

8-11 關聯式資料庫

1. 關聯式資料庫管理系統使用的基本名詞

(1) 超級鍵(Super key)

在關聯式中可以用來區別值組的屬性集合就是超級鍵,也就是符合唯一性(Uniquenes)的屬性集合。

(2) 候選鍵(Candidate key)

超級鍵若再符合不可分解性(Irreducibility)就是候選鍵,也就是若從其中拿掉任何屬性都會無法區別值組,或者說其任何子集合均不能符合唯一性。若候選鍵中只有包含一個屬性,則稱為簡單的(Simple),否則即為複合的(Composite)。

(3) 主鍵(Primary key)

從候選鍵中任選其一即為主鍵,並加底線作為標記。

(4) 備選鍵(Alternate key)

候選鍵中除了主鍵以外的其他鍵。

圖8-33 關聯式資料庫

2. 關聯式(Relations)

(1) 定義

一個關聯式是定義在一些定義域上,由下列兩個部分組成:

A. Heading(或稱關聯式綱要,Relation schema)。

B. Body。

(2) 性質

A. 不能有重複的值組。

B. 值組間沒有次序性。

C. 屬性間沒有次序性。

D. 所有屬性的值是基元的。

3. 關聯式整合規則(Relational integrity rules)

(1) 外 鍵(Foreign key)

就是關聯式R2中某屬性集合FK若符合下列兩個性質即可稱為外鍵：

A. FK中的每一個值不是全部非空(Nonnull)就是全部是空的(null)。

B. 若有另一基本關聯式R1（R1與R2並不需要完全不同）具有候選鍵CK，則每一非空的FK值必定與R1中某一值組CK的值相同。

(2) 鍵值限制規則(Key constraint)

關聯式中的候選鍵的值在任何值組中必須是唯一的。

(3) 實體整合規則(Entity integrity rule)

基本關聯式的主鍵屬性中任何一個元素不可以是空的(Null)。

(4) 參照整合規則(Referential integrity rule)

資料庫中不能包含不能相配的外鍵值，也就是說，若B參照A，則A必須存在。

4. 關聯式代數(Relational algebra)

關聯式資料庫的可用運算，包括下列：

(1) 限制(Restric)又稱選擇(Select)或 θ 限制(θ -restric)

選出原來關聯式的值組子集合。

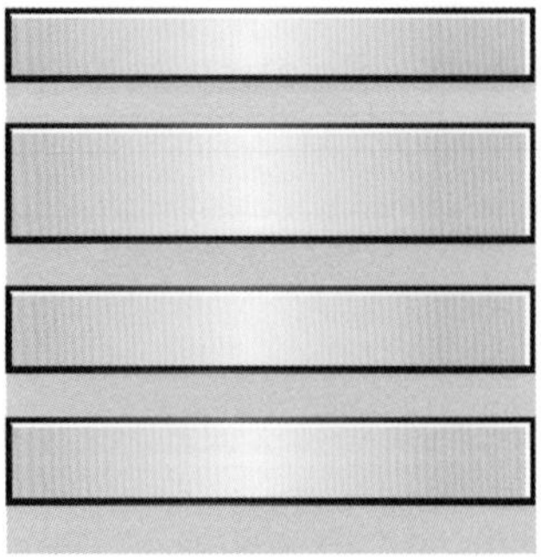

圖8-34　限制

(2) 投 影(Project)

選出原來關聯式的特定屬性,並將其他屬性都拋棄掉。

圖8-35　投影

(3) 聯 集(Union)

將原來兩個關聯式有出現的值組合在一起成為新的關聯式。

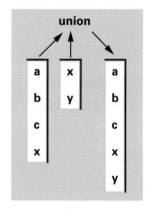

圖8-36　聯集

(4) 交 集(Intersection)

將原來在兩個關聯式中都有出現的值組合在一起成為新的關

聯式。

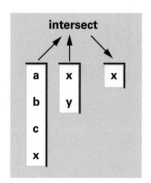

圖8-37　交集

(5) 差 集(Difference)

將原來在第一個關聯式中有出現的,但沒有出現在第二個關聯式的值組合在一起成為新的關聯式。

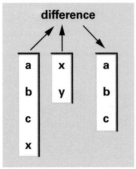

圖8-38　差集

(6) 乘 集(Product)

若已給兩個乘積相容的關聯式A、B,則所謂A×B所產生的關聯式,其heading是A與B heading的聯合(Coalescing)所組成,其body是A與B 所有值組的聯合(Coalescing)所組成。

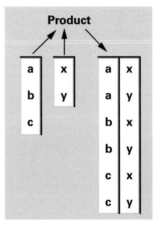

圖8-39　乘集

(7) 合併(Join)

一般是指自然合併(Natural join)，就是把兩個關聯式合併起來，例如下面例子：

S(supplier)

S#	SNAME	STATUS	CITY
S1	Brown	10	LA
S2	Adams	20	NY
S3	Jones	30	London
S4	Davis	20	London
S5	Stone	10	Tokyo

外 鍵

SP(supplier-parts)

S#	P#	QTY
S1	P1	100
S1	P2	200
S1	P3	300
S1	P4	200
S1	P5	400
S1	P6	100
S2	P2	200
S2	P3	300
S3	P2	300

P(parts)

P#	PNAME	COLOR	WEIGHT	CITY
P1	Screw	Blue	15	LA
P2	Gear	Red	16	NY
P3	Nut	Red	12	London
P4	Screw	Red	14	Tokyo
P5	Engine	Green	17	London
P6	Cog	Blue	19	Tokyo

S⋈P 的結果如下：

S#	SNAME	STATUS	CITY	P#	PNAME	COLOR	WEIGHT
S1	Brown	10	LA	P1	Screw	Blue	15
S2	Adams	20	NY	P2	Gear	Red	16
S3	Jones	30	London	P3	Nut	Red	12
S3	Jones	30	London	P5	Engine	Green	17
S4	Davis	20	London	P3	Nut	Red	12
S4	Davis	20	London	P5	Engine	Green	17
S5	Stone	10	Tokyo	P4	Screw	Red	14
S5	Stone	10	Tokyo	P6	Cog	Blue	19

圖8-40　合併

(8) 除法(Division)

若已給A:(X1,...,Xm,Y1,...,Yn)，B:(Y1,...,Yn)，則所謂

A DIVIDEBY B(或寫作A÷B)，其結果包含對應的Y值在B中都能找到由A取出的X值。如下例：

圖8-41　除法

8-12　關聯式查詢語言-SQL

SQL資料查詢的基本語法就是：

SELECT [ALL½DISTINCT] select-item-commalist

FROM table-reference-commalist

[WHERE conditional-expression]

[GROUP BY column-commalist]

[HAVING conditional-expression]

分述如下：

1. SELECT子句

選擇所要見到的屬性列，類似關聯式代數中的投影 (Project) 運算。

(1) 語 法

　A. 如果沒有標明選擇ALL或DISTINCT，則預設為ALL，表示重複的值會全部出現，反之若選DISTINCT，則不會出現重複值。

　B. Select-item-commalist是由一些用逗號隔開的Select-item所組成，其可能形式有二：

　　(A) Scalar-expression [[AS] column]：也就是用個別屬性的名稱。

　　(B) [range-variable.]*：也就是用range-variable所指定範圍內的所有屬性。

(2) 舉 例

SELECT S.*,P.PNAME

表示選取S中所有屬性與P中的PNAME屬性。

2. FROM子句

　　將參照的表格串列做乘集運算 (Product)，以供其他子句使用。

(1) 語 法

Table-reference-commalist是表示一些將要參照的表格，並以逗號隔開。

(2) 舉 例

FROM S,P

表示將SXP（求出S與P的乘集），所得結果供其他子句使用。

3. WHERE子句

　　將FROM子句提供的表格做限制運算 (Restrict)，去掉不合條件的值組。

(1) 語 法

Conditional-expression是由許多Simple-condition配合AND, OR,NOT等布林條件組成。

(2) 舉 例

```
SELECT SNO
FROM S
WHERE CITY= (SELECT CITY
                FROM S
                WHERE SNO = 'S1')
```

可以找到與S1在同一城市供應商的代號。

4. GROUP BY子句

將依照屬性串列分成群重新安排，以供其他子句使用。

(1) 語 法

Column-commalist是表示一些將要用來分群的屬性，並以逗號隔開。

(2) 舉 例

```
SELECT P#, SUM(SP.QTY) AS PQTY
FROM SP
GROUP BY P#
```

表示查詢每一種零件的代號與其供應的總數量。

5. HAVING子句

將群中不符合條件者除去，以供其他子句使用。通常若HAVING子句出現，GROUP BY子句也必須出現。

(1) 語 法

Condition-expression與前面的定義相同。

(2) 舉 例

```
SELECT P#
FROM SP
GROUP BY P#
HAVING COUNT(*)>2
```

表示查詢至少由兩個以上供應商供應的零件代號。

8-13 資料倉儲

1. 資料倉儲的定義

◎ Inmon的定義

資料倉儲是一個支援管理決策的具有主題導向(Subject-oriented)、整合的(Integrated)、非揮發(Nonvolatile)、隨時間改變(Time-variant)的資料集合。

2. 資料倉儲與檔案或資料庫的不同

表 8-3　檔案或資料庫與資料倉儲的比較

	檔案或資料庫中的作業資料	資料倉儲
資料來源	被個別儲存與個別應用的孤立資料	從線上作業中獲取之企業整合資料
資料內容	現今作業資料	同時儲存現今資料與歷史資料
儲存平台	儲存在不同平台上	儲存在單一平台
一致性	欄位意義不一致	欄位定義相同
資料觀點	資料以作業或功能觀點組織	資料以企業主要資訊主題觀點組織
穩定性	資料會隨時揮發（用完即改）	資料穩定（因為以後決策可能再用）

3. 資料倉儲的效益

(1) 可以更容易的取得最新與最廣泛的資料。

(2) 資料可以滿足決策需求。

(3) 包含對資料模式化(model)與重新模式化的能力。

(4) 存取資料不會影響正在執行作業程式的效率。

4. 資料倉儲的架構─星狀架構(Star schema)

(1) 衡量(Measure)實體

儲存可能與決策主題相關的事實資訊，如下圖中的「Sales analysis」即是。

(2) 維度(Dimension)實體

可以協助使用者在資料倉儲中搜尋，提供存取路徑進入由衡量實體與分類細節實體管理的資料內容，如下圖中的「Time」、「Location」、「Product」、「Gender」、「Age」、「Economic class」等均是。

(3) 分類細節(Category detail)實體

若要針對維度內的層級結構進一步具體定義，就需要用到分類細節實體，如下圖中的「Store」、「Product detail」、「Customer」即是。

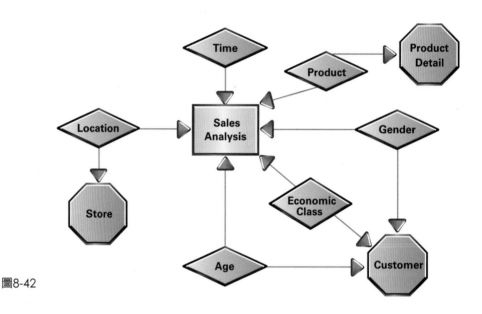

圖8-42

5. 資料超市(Data mart)

為支援特定部門或地區的需求，將資料倉儲的一部分子集合複製出來，就是資料超市。

 8-14 大數據與NoSQL資料庫

現在的大數據技術與NoSQL(Not Only SQL)資料庫相互補充，因為NoSQL資料庫能夠處理和存儲大量的非結構化數據，而大數據技術

提供了處理、分析和應用這些數據的工具和技術。這種結合使得企業和組織能夠從大數據中獲取價值並做出更明智的業務決策。

1. 大數據具有以下特性和需要特定的技術來處理和分析

(1) 量大(Volume)

大數據的最顯著特徵是數據量巨大，超出了傳統數據處理工具的處理能力。大數據技術需要具備擴展性和分散式處理能力，能夠有效地處理大規模數據集。分散式存儲和處理系統，例如：Apache hadoop和Apache spark等是處理大數據量的常用技術。

(2) 速度快(Velocity)

大數據產生的速度非常快，數據以極高的速率源源不斷地產生。為了處理即時數據和快速做出反應，需要即時數據處理技術，例如：流式處理框架Apache Kafka和Apache Flink等。

(3) 多樣(Variety)

大數據包含多種類型的數據，包括結構化、半結構化和非結構化數據。結構化數據是具有固定模式和結構的數據，例如：關聯型數據庫中的表格數據。半結構化數據是具有某種結構但不符合嚴格模式的數據，例如：XML或JSON文件。非結構化數據則是沒有固定結構和模式的數據，例如：文本、圖像、影片等。處理多樣數據需要彈性的數據模型和多種數據處理工具，例如：文檔數據庫（如MongoDB）、圖形數據庫（如Neo4j）和自然語言處理技術。

(4) 真實性(Veracity)

大數據的真實性是指數據的準確性、可信度和完整性。由於大數據通常來自不同的來源和渠道，存在數據品質和可靠性的問題。大數據技術需要具備數據清洗、數據驗證和數據品質管理的能力，以確保數據的真實性。

(5) 價值(Value)

大數據的目標是從大量的數據中提取價值，獲取洞察和進行智能決策。

2. NoSQL資料庫

NoSQL資料庫是一類非關聯型數據庫，用於儲存和檢索大量的非結構化和半結構化數據。與傳統的關聯型數據庫不同，NoSQL資料庫通常不依賴於固定的表格模式和SQL查詢語言。它們提供了更靈活的數據模型和分散式擴展性，以應對高併發、大規模和動態變化的數據需求。常見的NoSQL資料庫類型包括：

(1) 鍵值存儲(Key-value stores)

鍵值存儲使用鍵值(Key-value pair)來儲存數據。每個數據項都與一個唯一的鍵相關聯，可以透過鍵快速查找數據。示例包括Redis、Riak等。

(2) 文檔數據庫(Document databases)

文檔數據庫以文檔的形式儲存數據，通常使用JSON或XML格式。這種數據庫對於處理半結構化數據和彈性數據模型非常適用。示例包括MongoDB、CouchDB等。

(3) 行存儲(Columnar databases)

行存儲數據庫將數據按行而不是列進行存儲，這對於需要高效讀取和分析特定列的大型數據集非常有用。示例包括Apache Cassandra、Apache HBase等。

(4) 圖形數據庫(Graph databases)

圖形數據庫專用於處理圖形數據，其中數據以節點和邊的形式組織。這種數據庫非常適合解決複雜的關係和連接性問題。示例包括Neo4j、Amazon neptune等。

複習題庫

( ) 1. 某校學生有20000人，以二分搜尋法尋找學生資料，最多需要比較幾次？
(A)15 (B)32 (C)128 (D)20000

( ) 2. 利用找尤拉路徑(Eulerian path)的方法，來判斷下列圖形何者不可能一筆劃畫完？

(A) (B) (C) (D)

( ) 3. 下列何者與堆疊(Stack)的應用無關？ (A)呼叫副程式 (B)購物排隊 (C)後置式轉換 (D)執行中斷(Interrupt)

( ) 4. 資料結構的種類通常不包含下列何者？ (A)圖形(Graph) (B)佇列(Queue) (C)陣列(Array) (D)模組(Module)

( ) 5. 遞迴呼叫(Recursive call)通常採用下列何種資料結構來達成？ (A)Queue (B)Binary tree (C)Stack (D)Balanced tree

( ) 6. 下列哪一種資料結構具有 FIFO 的特性？ (A) Stack (B) Queue (C) Linked list (D) Hash table

( ) 7. 探討河內塔(Tower of hanoi)問題，從A柱移動4個大小不同套環到B柱共需移動幾次？ (A)12次 (B)14次 (C)15次 (D)16次

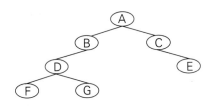

( ) 8. 以Array儲存如圖所示的Binary tree時，在Array中的狀態為

(A) | A | B | C | D | | | E | F | G | | | | |

(B) | A | B | C | D | E | F | G | | | | | | |

(C) | A | B | D | F | C | | G | E | | | | | |

(D) | A | B | C | D | | | | E | F | G | | | |

( ) 9. 下列Graph中，何者有"Euler path"？

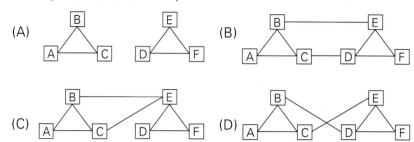

(A)　(B)

(C)　(D)

( ) 10. 比較以鏈結串列(Linked list)及陣列(Array)來儲存排序好的數列時，下列敘述何者錯誤？ (A)做Insertion時，Linked list較快 (B)做Deletion時，Linked list較快 (C)做Search時，Linked list較快 (D)找第k大的資料，Array較快。

( ) 11. 下列關於樹(Tree)的敘述，何者不正確？ (A)具有相同父節點的子節點，互稱為兄弟節點 (B)終節點是沒有任何子節點的節點 (C)非終節點至少需有二個子節點 (D)樹上的路徑長度(Path length)是每一個節點到根節點的路徑長度總和

( ) 12. 具有10個節點(Node)與9個邊(Edge)的相連圖形(Connected graph)，則 (A)必然是一棵樹(Tree) (B)每個節點至少都有兩個邊與之相連 (C)拿掉一個邊後，圖形仍然可能相連 (D)一定會有一個循環(Cycle)。

( ) 13. 在二元搜尋樹(Binary search tree)中，假設資料為左小右大之二元搜尋樹，若資料要由小到大的輸出，可用下列何種追蹤法？ (A)前序(Preorder) (B)中序(Inorder) (C)後序(Postorder) (D)以上皆是。

( ) 14. 令一個二元樹(Binary tree)的根(Root)之高度為1，則在高度為k的哪一層最多能有多少個葉子？ (A)2^k (B)k^2 (C)2^{k-1} (D)2^{k+1}。

( ) 15. 以下資料結構何者為先進先出(FIFO)？ (A)陣列(Array) (B)樹(Tree) (C)堆疊(Stack) (D)佇列(Queue)。

( ) 16. 有關遞迴(Recursion)，下列敘述何者錯誤？ (A)達成相同的功能時，遞迴程式一定比非遞迴程式的執行速度要來得快 (B)在程式執行時，遞迴程式比非遞迴程式需要較多的動態記憶體空間 (C)所有的遞迴程式都可以改使用迴圈的程式來執行 (D)遞迴程式內必須加上終止條件，否則可能陷入無止盡迴圈。

( ) 17. 以下何種資料結構具有先進後出的特性？ (A)Queue (B)Dequeue (C)Stack (D)Heap。

( ) 18. 對於二元搜尋法(Binary search)的特色說明，下列敘述何者錯誤？ (A)資料必須先經過排序 (B)資料數越多越適合本方法 (C)較適合不會再進行插入與刪除動作的靜態資料 (D)屬於線性搜尋法的一種。

( ) 19. 下列哪一個描述是二元搜尋找資料的方法？ (A)依序由前往後找 (B)由資料值小的往資料值大的找 (C)由資料值大的往資料值小的找 (D)由中間元素找，若沒找到，則找尋資料的上半部或下半部。

( ) 20. 一般而言，主程式呼叫副程式所傳遞的參數以及副程式未來欲返回主程式之位址，會透過何種資料結構傳遞？ (A)堆疊(Stack) (B)佇列(Queue) (C)陣列(Array) (D)樹(Tree)。

( ) 21. 以後序方式(Postorder)進行樹的走訪(Tree traversal)方式，以下何者將最後才處理？ (A)樹根(Root) (B)左子樹(Left subtree) (C)右子樹(Right subtree) (D)樹葉(Leaf)。

( ) 22. 下列何種搜尋方法，被搜尋檔案可以不先按鍵值排序？ (A)二元搜尋法(Binary search) (B)循序搜尋法(Sequential search) (C)插補搜尋法(Interpolation search) (D)費氏搜尋法(Fibonacci search)。

( ) 23. 撰寫老鼠走迷宮的程式，在碰到死巷後退時，需要使用下列何種資料結構？ (A)佇列 (B)堆疊 (C)樹 (D)鏈結串列。

( ) 24. 以下何者的邏輯順序和實體順序不一定相同？ (A)一維陣列 (B)多維陣列 (C)鏈結串列 (D)以上皆非。

( ) 25. 不管資料是否需要排序，何種搜尋法最快？ (A)二元搜尋法(Binary search) (B)雜湊(Hash) (C)循序搜尋法(Sequential search) (D)索引式循序搜尋法(Indexed sequential search)。

( ) 26. 下列何者不是資料庫軟體？ (A)Microsoft Excel (B)Microsoft Access (C)FoxPro (D)dBase III Plus。

( ) 27. 下列何者不是使用資料庫的優點？ (A)減少資料的重覆性 (B)易於離線整批處理 (C)達成資料的一致性與完整性 (D)維持資料的保密性與安全性。

( ) 28. 下列有關唯讀檔案的特性何者錯誤？ (A)可以看到檔案內容 (B)不可用del刪除 (C)能變更檔案內容 (D)可以用dir指令看到檔案名稱。

( ) 29. 關於循序檔(Sequential file)之敘述，下列何者不正確？ (A)適用於資料記錄隨機更動頻繁的應用 (B)適用於檔案的合併(Merge) (C)磁帶、硬碟、可讀寫式光碟皆適合儲存 (D)資料之儲存空間利用率較佳。

( ) 30. 下面何者是資料庫軟體？ (A)MS Word (B)MS Excel (C)MS Access (D)Borland Delphi。

( ) 31. 在Microsoft Access中，使用者鍵入的資料是存在 (A)Table (B)Query (C)Form (D)Report。

( ) 32. Microsoft Access 的資料表中，每一列稱為 (A)List (B)Record (C)Column (D)Report。

( ) 33. 一個檔案在磁碟中 (A)必須加密儲存 (B)一定要儲存在連續的空間 (C)可以儲存在未格式化的區域 (D)可以散亂在不同的區域。

( ) 34. 下列哪一種資料庫的存取速度最慢？ (A)直接存取式 (B)關聯式 (C)索引式 (D)循序式。

( ) 35. 資料庫系統的結構可分成內部，概念與外部三大階層，各階層有其對應的View。下列哪一敘述不正確？ (A)External View可有許多個，但Conceptual View只有一個 (B)Internal View 只有一個 (C)外部階層定義了全體使用者的觀點 (D)內部階層是表示實際儲存的全部資料庫。

( ) 36. dBASE是屬於資料庫結構中的哪一種？ (A)階層式 (B)網路式 (C)關聯式 (D)循序式。

( ) 37. 對於資料庫的定義何者錯誤？ (A)它與應用程式互為獨立 (B)資料庫結構有所變化時應用程式隨之修改 (C)是實際儲存資料的儲存體 (D)由許多相關資料所組成的集合體。

( ) 38. 圖書館中查詢圖書，一般使用下列何種檔案存取方式 (A)隨機存取 (B)直接存取 (C)循序存取 (D)索引存取。

( ) 39. 下列有關使用資料庫的優點敘述，何者錯誤？ (A)避免資料的重複性 (B)提供資料的一致性 (C)方便資料的集中管理與分享 (D)不必使用一定的格式與方法來存取資料。

( ) 40. 哪一種檔案結構儲存每筆資料記錄長度是固定的？ (A)循序檔 (B)隨機檔 (C)索引循序檔 (D)隱藏檔。

( ) 41. 檔案目錄內通常不會記錄下列何種關於檔案的資訊？ (A)產生日期 (B)存取控制列(Access control list) (C)可用硬碟區塊數 (D)主檔名與副檔名。

( ) 42. 下列敘述何者不是資料庫管理系統的特性？ (A)重複性 (B)一致性 (C)完整性 (D)秘密性。

( ) 43. 在資料處理上最小的物件單位是 (A)資料庫(Database) (B)欄位(Field) (C)記錄(Record) (D)檔案(File)。

( ) 44. 下列套裝軟體，何者不屬於資料庫系統？ (A)Acccss (B)Informix (C)FoxPro (D)Word 。

( ) 45. 資訊單位依其大小與從屬關係可分為數個層次，其中包含a.檔案(File)、b.字(Word)、c.欄(Field)、d.記錄(Record)。若依其大小與從屬關係排列，則下列何者正確？ (A)a>b>c>d (B)a>d>c>b (C)a>c>d>b (D)a>d>b>c。

( ) 46. 在一個資料庫中，如果需要刪除其中一個關聯(Relation)的屬性，可以使用哪種運算？ (A)Join (B)Project (C)Union (D)Intersection。

( ) 47. 以下何者為資料庫中用來描述一個實體(Entity)相關欄位的集合？ (A)物件(Object) (B)檔案(File) (C)記錄(Record) (D)資料庫(Database)。

( ) 48. 以下何者主要是在資料庫管理系統中作為查詢、新增或修改資料庫內容的語言？ (A)結構化查詢語言 (B)延伸標記語言 (C)資料字典 (D)資料定義語言。

( ) 49. 下列何者不是常用之資料庫管理系統？ (A)Oracle (B)DB2 (C)Microsoft SQL Server (D)Acrobat。

( ) 50. 下列有關顧客資料庫的欄位，何者最適用為主鍵(Primary Key)？ (A)顧客姓名 (B)電話號碼 (C)郵寄地址 (D)身分證號。

( ) 51. 從資料庫的大量資料中發掘有意義的知識，有效改善管理者決策品質的行動稱為？ (A)資料倉儲(Data warehousing) (B)資料探勘(Data mining) (C)資料清理(Data cleansing) (D)資料萃取(Data extracting)。

( ) 52. 最適合處理圖形或多媒體資料的資料庫管理系統為？ (A)階層式DBMS (B)關聯式DBMS (C)網路式DBMS (D)物件導向DBMS。

( ) 53. 關連式資料庫中有關索引鍵(Key)的特性，下列描述何者不正確？ (A)具有獨一性 (B)主索引鍵(Primary key)可以包括二個資料欄位 (C)一個資料表中可以有兩個索引鍵 (D)主索引鍵(Primary key)可以不是該資料表的欄位。

( ) 54. SQL查詢語言中用以選取資料表中行(Column)的資料的運算為何？
(A)Selection (B)Join (C)Projection (D)Update。

( ) 55. 下列何者是常用的關聯式資料庫查詢語言？ (A)XML (B)QBE (C)Regular Languages (D)Context-Free Languages。

( ) 56. 呼叫副程式時必須先記錄返回位址， 則以下列何者記錄返回位址為最佳？
(A)Queue (B)Stack (C)Array (D)Binary Tree。

參考解答

1.A	2.D	3.B	4.D	5.C	6.B	7.C	8.A	9.C	10.C
11.C	12.A	13.B	14.C	15.D	16.A	17.C	18.D	19.D	20.A
21.A	22.B	23.B	24.C	25.B	26.A	27.B	28.C	29.A	30.C
31.A	32.B	33.D	34.D	35.C	36.C	37.C	38.D	39.D	40.B
41.C	42.D	43.B	44.D	45.B	46.B	47.C	48.A	49.D	50.D
51.B	52.D	53.D	54.C	55.B	56.B				

程式語言發展

9-1 為何需要程式語言

　　程式語言(Programming language)是一種人與電腦溝通的方式，它是用來撰寫電腦程式的特殊語言。像我們平常使用的中文或英文用於交流，程式語言則是用於與電腦進行溝通。

　　雖然電腦是由人類創造出來的，但由於電腦的架構過於複雜，因此創造電腦的人，便利用最簡單的方式（也就是0與1）來與電腦溝通，沿用至今，所有的電腦還是只看得懂0與1。然而0與1所組成的語言完全不符合人類使用的語言，因此有了程式語言。

　　程式語言可以被視為一系列的指令，這些指令告訴電腦該如何執行特定的任務。為了要讓人可以表達所要下達的指令，必須採用接近人類語言的程式語言，再由翻譯程式翻譯成電腦能懂的0與1語言。

圖9-1
為何需要程式語言

9-2 程式語言的演進

1. 第一代語言(One Generation Languages, 1GL)

　　這是最早發展出來的電腦語言，又叫機器語言(Machine language)。這個程式語言完全由0與1的二進碼所構成，可以直

接被計算機所接受並執行，但對撰寫程式或閱讀程式的人卻是不方便且難以理解。而且對於不同機器，相同的0與1之組合亦具有不同的意義，因此機器語言是一種與機器相關(Machine dependent)的語言，各種電腦都有其特有的機器語言。

2. 第二代語言(Second Generation Languages, 2GL)

這是組合語言(Assembly language)，也是一種與機器相關的程式語言。由於機器語言不容易閱讀及撰寫，並且每編寫一行指令便需查表以找出所對應的運算碼，相當不方便且不實際，因此便發展出以簡單易懂的助憶碼(Nemonic code)來取代機器語言中由0與1組成的二進碼，利用組合語言所撰寫的程式指令與機器語言指令仍呈現一對一的關係。

然而組合語言所寫的程式無法直接被計算機所接受，因此必須透過系統所提供的組譯程式(Assembler)加以翻譯成"0"與"1"的機器語言，才能被計算機所接受而加以執行。

組合語言雖然較機器語言容易為人們所接受，但基本上組合語言仍然十分類似機器語言，必須對機器的組成構造具有相當的瞭解，才能理解與使用。

機器語言和組合語言一樣，不具有可攜性 (Portability)，也就是不同電腦平台有不同的機器語言和組合語言，撰寫出來的程式無法互相移植，因此我們習慣將機器語言與組合語言統稱為低階語言(Low level language)。

3. 第三代語言(Third Generation Languages, 3GL)

就是指一般的高階程式語言(Higher level language)，也可稱為編譯語言(Compile languages)或程序導向語言(Procedure Oriented Language, POL)。這種語言比較接近人們日常所使用的語言，而且除了輸出入部分外，儘量不與電腦構造相關，以增加其可攜性。

這種語言由於需要經過編譯程式(Compiler)或直譯程式(Interpreter)轉換成機器語言，才能在一般電腦上執行，也就是說高階語言要使用預處理器、編譯器和連結器翻譯，才可產生執行檔。因此又可稱為編譯語言。

此外，高階語言的每一個敘述(Statement)，與實際電腦內使用的指令為一對多的關係。第三代語言包括常用的C／C++、C#、Objective- C、Java、Pascal和Visual Basic等等。

4. 第四代語言(Fourth Generation Languages, 4GL)

就是極高階語言(Very high level language)，這是高階語言的進一步演進，屬於問題導向語言(Problem oriented language)或非程序性語言(Nonprocedure language)的一種。超高階語言提供了許多內建的功能和模組，使得開發者可以使用高層次的抽象概念來解決問題。

超高階語言通常具有較好的可讀性和可維護性，因為程式碼更接近人類自然語言的表達方式，使得其他開發者更容易理解和修改程式碼。讓程式設計師快速地開發程式，使其整體生產力較第三代語言高出了許多倍。不過此種語言撰寫出來的程式碼需要較大的記憶體執行，同時執行速度也比較慢。

常見的超高階語言包括Python、Java、C++、C#、JavaScript等。每種語言都有自己的特點和適用範圍，開發者可以根據項目需求和個人喜好選擇適合的語言。

5. 第五代語言(Fifth Generation Languages, 5GL)

就是自然語言(Natural language)又被稱為知識庫語言(Knowledge-based language)，這是最接近日常生活所用語言的程式語言，例如：中文、英文等均可視為自然語言。

對電腦而言，自然語言處理(Natural Language Processing, NLP)是一個涉及電腦理解和處理人類自然語言的領域。NLP的目標是使電腦能夠理解、分析、生成和回應人類語言

的內容，在過去的幾年中，由於深度學習和人工智慧技術的發展，NLP已經有了巨大的進步。

9-3 程式語言的類型

根據思維方式，我們可以將程式語言分為以下幾類：

1. 命令式程式語言(Imperative programming languages)

這種語言強調以一系列的指令來描述問題的解決步驟，又稱為程序式語言(Procedural languages)。開發者需要明確指定如何執行操作，並告訴電腦每個步驟應該怎麼做。Basic、C、Java、Pascal等都屬於命令式程式語言。

2. 函數式程式語言(Functional programming languages)

這種語言的設計思維是基於數學函數的概念，強調將整個程式視為數個基本函數組合的應用。函數式程式語言的主要特點是不可變數據和避免副作用。Haskell、Lisp、Clojure等都是函數式程式語言的代表。

3. 邏輯式程式語言(Logic programming languages)

這種語言基於數理邏輯，強調描述問題的邏輯關係和約束條件。開發者需要定義問題的事實和規則，然後讓系統自行推理和解決問題。主要用途是搜尋資料庫、定義演算法、撰寫編譯程式、開發專家系統等。Prolog(Programming Logic)就是一個代表性的邏輯式程式語言。

4. 物件導向程式語言(Object-oriented programming languages)

瑞士科學家Niklaus Wirth在1970年代開發了一種名為Pascal的程式語言，已引入物件導向概念；而真正將物件導向語言發揚光大的是美國科學家Alan Kay。Alan Kay在1970年代提出了一個名為Smalltalk的程式語言，該語言被認為是第一個真正的物件導向語言。現在Java、Python、C++、 C#等都是常用物件導向程式語言。

物件導向式語言的核心思想是將系統中的資料和相關的操作，組織成一個獨立的單元。這些單元被稱為物件(Objects)，每個物件都有自己的屬性(Attribute)和方法(Method)，並且能夠與其他物件進行交互作用。

物件導向程式設計(Object-Oriented Programming, OOP)是一種程式設計典範，物件導向式語言則是用於實現物件導向程式設計概念的程式語言。

物件導向式語言基於以下幾個基本概念：

(1) 類別(Class)

類別是物件的模板或藍圖，用於定義物件的屬性和方法。它是創建物件的基礎，描述了物件應該有的特徵和行為。

(2) 物件(Object)

物件是類別的實例，代表了真實世界中的某個具體事物。物件具有類別定義的屬性和方法，並可以與其他物件進行互動。

(3) 封裝(Encapsulation)

所謂封裝是指將相關的資料和方法組合在一起，形成一個獨立的單元。封裝的目的是隱藏實現的細節，只暴露必要的接口，提高程式碼的可讀性和安全性。

(4) 繼承(Inheritance)

這是允許一個類別（子類別）繼承另一個類別（父類別）的屬性和方法。透過繼承，子類別可以擴展或修改父類別的功能，並且可以在不重複編寫程式碼的情況下共享父類別的特性。

(5) 多型(Polymorphism)

多型指的是相同的方法可以根據不同的物件呼叫，產生不同的行為。這允許使用相同的程式碼處理不同類型的物件，提高程式碼的靈活性和可擴展性。

9-4 常見的高階程式語言

程式語言的發展日新月異，而學習程式語言則因人而異，取決於個人的目標和興趣。以下是簡單介紹一些目前使用較廣泛，且較多人學習的程式語言。

1. Python

Python是一種高級、直譯型、物件導向式的程式語言，以簡潔、易讀的語法聞名。它是由荷蘭計算機科學家Guido van Rossum在1989年所開發的。Python廣泛應用於各種領域，包括網頁開發、資料科學、人工智慧和自動化腳本等。

Python具有以下特點：

(1) 簡潔易讀

Python的語法簡潔且易於閱讀，使用空白縮排來表示程式碼區塊，使得程式碼結構清晰，讓初學者容易上手並且有助於團隊合作開發。

(2) 跨平台

Python可以在多個主要操作系統上運行，包括Windows、macOS和Linux，使得程式碼具有高度的可移植性。

(3) 高級語言

　　Python是一種高級程式語言，提供了許多內建的資料結構，例如：清單、字典和集合；Python還有物件導向程式(OOP)支援，成為功能強大且靈活的程式語言。

(4) 動態類型

　　Python是一種動態類型語言，不需要事先聲明變數的類型，可以在運行時根據值的類型進行自動推斷。

(5) 大型的標準(Standard library)

　　Python擁有一個龐大且廣泛的標準庫，其中包含許多模組和函式庫，可用於完成各種任務，例如：文件處理、網路通信、數據庫連接、數學運算、圖形處理等。

(6) 開源社群(Open source community)

　　Python擁有活躍且熱情的開源社群，提供了大量的第三方庫和工具，例如：科學計算庫NumPy、資料處理庫Pandas、網頁框架Django等。這些庫擴展了Python的功能和應用範圍。

(7) 廣泛應用

　　由於其易學性和強大的功能，Python被廣泛應用於各個領域，例如：數據分析、機器學習、網頁開發、自動化測試、科學研究、人工智慧等。

2. C語言

　　C語言的前身是B語言，1972年由貝爾實驗室的Dennis Ritchie在PDP-11電腦的UNIX作業系統上發展出來。它是一種結構化程式語言，具有低階和高階的特性，並且在系統程式設計和嵌入式系統開發等領域廣泛應用。

● COBOL程式語言具有下列特徵：

(1) 具有相當強的可攜性(Portability)，也就是說利用C語言所發展出來的軟體，只要稍微修改便可搬到其他電腦上運作。

(2) 程式精簡，具有多種運算子，可以簡單且完整地表達複雜的運算式，基本架構與Pascal 類似。

(3) 提供多種資料型態，彼此間轉換非常容易。也因為太容易轉換，程式很容易遭到型別迫換的問題。

(4) 程式設計具有高階語言的結構化與模組化的特性。 同時具有低階語言的特性， 可以進行位元運算， 易於控制週邊裝置。

```
#define _WIN32_WINNT 0x400

#define VC_EXTRALEAN

#include <afxwin.h>
#include <afxext.h>
#include <afxole.h>
#ifndef _AFX_NO_AFXCMN_SUPPORT
#include <afxcmn.h>
#endif // _AFX_NO_AFXCMN_SUPPORT

#include <afxpriv.h>
```
圖9-2　C語言

3. JAVA

JAVA是一種多用途的程式語言，廣泛應用於企業級應用程式開發、遊戲開發和系統開發。 一款非常受歡迎的沙盒遊戲Minecraft，它的遊戲引擎和遊戲邏輯都是用JAVA編寫的。JAVA具有跨平台特性，並被廣泛用於大型系統、行動應用程式和Android開發，使得JAVA成為一個功能豐富、可靠且廣受歡迎的程式語言。

4. C++

C++是一種靜態型別的通用程式語言。C++和C一樣，都具備高階語言和低階語言的功能。作為一種高階語言，C++提供了許多抽象和工具，使程式設計師能夠更方便的撰寫程式，並專注於問題的邏輯和結構。然而，C++同時也具備低階語言的特性，使開發者能夠更接近硬體和操作系統層面的細節。它被廣泛應用於遊戲開發、圖形編程和高性能應用程式等。

5. C#(C Sharp)

C#(C Sharp)是一種通用的、物件導向的程式語言，由Microsoft開發。它是一種強型別、靜態型別的語言，可用於開發各種應用程式，包括桌面應用程式、網頁應用程式和遊戲等。由於C#緊密集成於Microsoft的.NET平台，使得C#具有良好的互操作性和可擴展性，可以與其他語言和技術無縫結合。無論是大型企業應用程式還是小型專案，C#都是一個強大且廣泛使用的程式語言選擇。

6. R語言

R語言最初由紐西蘭的羅斯·伊哈卡(Ross Ihaka)和羅伯特·傑特曼(Robert Gentleman)開發。他們於1993年創立了R語言的前身——S語言的開發計劃。隨後，R語言逐漸發展成為一個獨立且開源的統計分析和數據科學的程式語言。R語言還提供了一個圖形庫，使其成為數據分析和可視化的強大工具。除此之外，R語言還可以與其他程式語言和工具進行無縫整合，例如：Python、Java和SQL等。

7. JavaScript

這是一種用於網頁開發的腳本語言，可以在瀏覽器端執行。它具有動態特性，用於實現互動性和動態內容，是網頁前端開發的主要語言之一。JavaScript的主要語法與C++雷同，但是經由編譯後可以產生Byte code，是一種可執行內容(Executable contents)，接著就可以透過網際網路(Internet)傳送到用戶端(Client)，用戶端使用能執行JAVA的瀏覽器(JAVA-enable Browser)以直譯方式執行，便可以進行動畫(Animation)、交談與通訊等效果。目前也被用在Android系統上的app開發。

我們所熟知的Google Maps，其地圖顯示、路線導航和地點搜索等功能是由JavaScript完成，而Amazon的網頁界面和購物車功能也是使用JavaScript所寫的。

( ) 1. 下列何者不是設計C++語言程式的特色？ (A)Inheritance (B)Encapsulation (C)Polymorphism (D)Open Source。

( ) 2. 以下程式片段計算得出之n =？

int n = 0;

for (int i = 1; i < 10; i += 2) n += i;

(A)15 (B)25 (C)45 (D)55。

( ) 3. 以下何者不是Java指令？ (A)for (B)if (C)loop (D)while。

( ) 4. 對下列Java程式片段的敘述何者正確？

int a = 0;

if (a = 0) a = 1;

if (a > 0) a = 2;

(A)不能執行 (B)可以執行，執行完畢a=0 (C)可以執行，執行完畢a=1 (D)可以執行，執行完畢a=2。

( ) 5. 以下何者不是物件導向程式語言基本要素？ (A)模組 (B)封裝 (C)繼承 (D)多形。

( ) 6. 以下程式語言何者適合用來寫網頁？ (A)SQL (B)HTML (C)URL (D)VHDL。

( ) 7. 以下何者不是物件導向程式語言？ (A)C (B)C++ (C)Java (D)Smalltalk。

( ) 8. 11110000 XOR 01010101 =？ (A)10100101 (B)11110101 (C)01011111 (D)01010000 。

( ) 9. 下列何者不是編譯器處理的對象？ (A)C (B)BASIC (C)FORTRAN (D)C++。

( ) 10. 下列何者是C++與C的差異？ (A)while迴圈 (B)物件導向 (C)函式多載 (D)全域變數。

( ) 11. 程式設計時，下列何者只需要使用一層迴圈？ (A)輸出全班學生姓名 (B)矩陣相乘 (C)排序 (D)輸出九九乘法表。

( ) 12. 下列ＢＡＳＩＣ程式片段之目的為計算以下算式（ 1+2+3+…+5 0 ）+(2+3+4+…+50)+(3+4+5+…+50)+ … +(48+49+50)+(49+50)+(50)

```
SUM=0
FOR I=0 TO 49
FOR J= _____
SUM=SUM+J
NEXT J
NEXT I
```

程式的空格敘述應為下列何者？　(A)I+1 TO 50　(B)I TO 50　(C)I TO 49 (D)I+1 TO 49。

( ) 13. 請問下列BASIC程式片段執行之後，變數IX的值為何？

```
IX = 0
FOR J= 1 TO 30
IF ((J MOD 2)=0) THEN
IX = IX + 2
ELSE
IX = IX + 1
END IF
NEXT J
```

(A)60　(B)30　(C)15　(D)45。

( ) 14. 以下何者為直譯器(Interpreter)的主要功用？　(A)負責將所有原始程式碼轉換為目的碼　(B)負責執行已編譯好的執行檔　(C)負責逐一解析每行原始程式碼後並執行之　(D)負責連接所有的目的碼成執行檔。

( ) 15. 對於C程式語言，下列敘述何者錯誤？　(A)有提供使用者自行定義資料型態的機制　(B)當Break陳述句在迴圈結構中被執行時，結構本體內尚未執行的陳述句會被跳過，而直接執行下一次的迴圈動作　(C)Switch選擇結構的Case陳述句中不一定要含有Break陳述句　(D)有提供前測式與後測式的迴圈敘述。

( ) 16. 有一C語言程式碼如下：

```
#include <stdio.h>
```

請問執行此程式後的輸出為何？　(A)105　(B)60　(C)45　(D)30。

( ) 17. 以下何者不是物件導向程式語言主要的特色？　(A)封裝性(Encapsulation) (B)模組化(Modularization)　(C)多型性(Polymorphism)　(D)多載(Overloading)。

( ) 18. 在流程圖中，決策判斷的圖形為　(A)矩形　(B)圓形　(C)菱形　(D)橢圓形。

( ) 19. 人們較易瞭解的語言是　(A)組合語言　(B)高階語言　(C)低階語言　(D)機器語言。

( ) 20. 以下哪一種不是主程式傳遞參數給副程式的方式？　(A)傳數值呼叫(Call by value)　(B)傳對應呼叫(Call by mapping)　(C)傳位址呼叫(Call by address)　(D)傳名稱呼叫(Call by name)。

( ) 21. C++是屬於哪一種程式語言？　(A)程序式語言(Procedural language)　(B)函數式語言(Functional language)　(C)宣告式語言(Declarative language)　(D)物件導向式語言(Object-oriented language)。

( ) 22. BASIC、C 與JAVA 可以被歸類為哪一種語言？　(A)自然語言(Natural language)　(B)高階語言(High-level language)　(C)符號式語言(Symbolic language)　(D)機器語言(Machine language)。

( ) 23. 以下哪一種不屬於程式語言？　(A)Word Pad　(B)JAVA　(C)COBOL　(D)FORTRAN。

( ) 24. 副程式可以呼叫另一個副程式，副程式呼叫自己的程式技巧稱為　(A)呼叫　(B)遞迴　(C)傳遞　(D)控制。

( ) 25. 哪一個敘述(Statement)容易破壞程式設計的結構化，應該避免使用？　(A)迴圈敘述　(B) if 敘述　(C)備註　(D) goto 敘述。

( ) 26. 以下哪一種是低階程式語言？　(A)ASSEMBLY　(B)BASIC　(C)C++　(D)FORTRAN。

( ) 27. 一系列的指令，告訴電腦執行哪些工作及執行的方式，稱為　(A)程式　(B)資料　(C)命令　(D)使用者回應。

( ) 28. 下列對虛擬碼(Pseudocode)的描述，何者不正確？　(A)是一套符號系統　(B)是一套非正式的程式語言　(C)是一種機器與人皆可以識別的語法　(D)是一套輔助程式寫作的語法。

( ) 29. 組合語言(Assembly language)是屬於　(A)第一代電腦程式語言　(B)第二代電腦程式語言　(C)第三代電腦程式語言　(D)第四代電腦程式語言。

參考解答

1.D	2.B	3.C	4.A	5.A	6.B	7.A	8.A	9.B	10.B
11.A	12.A	13.D	14.C	15.B	16.B	17.B	18.C	19.B	20.B
21.D	22.B	23.A	24.B	25.D	26.A	27.A	28.C	29.B	

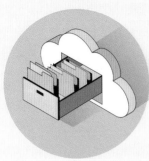

PART 03

通訊與網路

Computer Science Introduction
and Application

Computer Science
Introduction and
Application

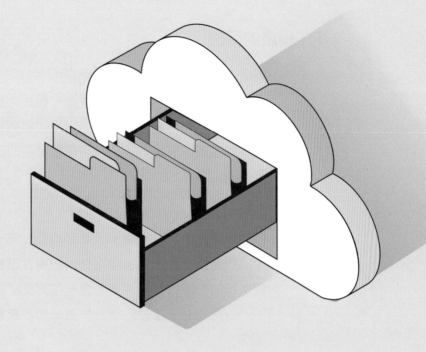

資訊通訊與網路概念

10-1 網路目的與應用

1. 網路的目的

(1) 資源共享(Resource sharing)

在網路上的使用者可以共用資源,包括程式、資料與設備,而不必管資源到底放在何處,均可透過網路取得。如此各地就不必重複保留資源,只有在需要時呼叫,即可取得所需的資源。

(2) 提高可靠度(High reliability)

因為網路上有許多資源,因此當網路上某一項資源失敗時,可以在網路上找出其它可以替代的資源來使用,從而提高整體系統的可靠性。例如重要資料檔案就可以將備份重複存在不同的機器上,所以即使喪失資料也不會影響到整個系統的運作。

(3) 節省成本(Cost reduction)

因為微電腦的快速發展,微電腦的性價比不斷提高,使得電腦系統小型化(Downsizing)的呼聲越來越高。因此在系統設計上只要讓每個人使用一部能力不錯的個人電腦,再將這些電腦利用區域網路(Local Area Network, LAN)串聯起來,使用主從式模式(Client-server model)或對等模式(Peer-to-peer model)運作,這樣比單獨使用大型電腦系統節省非常多的成本。

(4) 延展性(Scalability)較佳

在網路系統中可以很容易加入或刪除設備,以提升整體處理能力,但若採用中大型主機系統時,則只有更換成更大的主機才能提升能力,不但更新困難,成本也非常高。

(5) 通訊媒介(Communication)

透過電腦網路此一通訊媒介,可以讓人很容易的進行溝通,提供更多資訊交流的機會。

10-1 MSN之畫面

2. 網路應用

(1) 存取遠端資訊

透過網路可以存取各地的資源，不管此一資訊在何處，只要是利用網路可以連接的，就可以加以存取，例如：透過gopher、WWW等工具，使用者可以存取到遠方的文字與多媒體資訊。

圖10-2 存取遠端資訊

(2) 人與人進行通訊

利用電子郵件(E-mail)、視訊會議(Video conference)、新聞群體(Newsgroup)等應用系統讓人與人之間可以進行互動討論。

圖10-3　Outlook Express

(3) 互動式娛樂

利用網路可以創造新的娛樂型式,例如:隨選視訊(Video On Demand, VOD) 可以依照使用者的喜好,透過網路觀賞自選的電影或其他視訊節目;多人連線模擬遊戲可以讓許多人連線進行互動模擬,這些都是互動式娛樂的應用。

圖10-4　互動式娛樂

1. 基本概念

網路可以依照所使用的傳輸技術分為廣播網路與點對點網路；也可以依照規模大小或傳輸距離分為區域網路、都會網路與廣域網路。

2. 相關名詞

(1) 主 機(Host)

就是網路系統中可以用來執行程式的電腦，又可稱為站台(Site)或節點(Node)。

(2) 子網路(Subnet)

這是連接各主機，負責傳輸其訊息的網路，也是整體網路系統的子集合。在許多廣域網路中，子網路又可以分成傳輸線(Transmission line)與交換單元(Switching element)等兩部分。

A. 傳輸線

負責在各節點間傳送實體的資料位元串，因此又可稱為迴路(Circuit)或通道(Channel)。

B. 交換單元

主要在於連接多條傳輸線，當一條線上送來資料時，交換單元必須查看此訊息的目的地，以便將其送往正確的線路。有 時 也 可 稱 之 為 介 面 訊 息 處 理 機(Interface Message Processor, IMP)、封包交換節點(Packet switch node)、中介系統(Intermediate system)或資料交換(Date switching exchange)等。

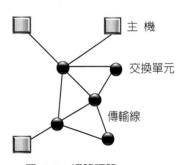

圖10-5　網路硬體

主 機
交換單元
傳輸線

(3) 網路連接設備

A. 中繼器(Repeater)

負責將線路上所接收到的訊號重新放大產生後，往其它線路上送出，使受到傳輸損耗而不易辨識的訊號放大，以延長傳輸距離，這是OSI協定中實體層負責轉送位元串的主要裝置。

B. 橋接器(Bridge)

這種裝置負責在資料鏈結層連接兩個網路，其所連接的網路通常在資料鏈結層採用不同的協定，例如：連接乙太網路(Ethernet)與權杖環(Token ring)網路就需要用到橋接器。

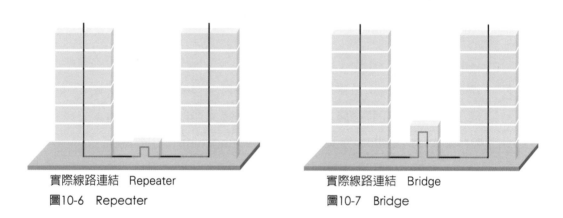

實際線路連結　Repeater

圖10-6　Repeater

實際線路連結　Bridge

圖10-7　Bridge

C. 路由器(Router)

這是在OSI協定中的網路層負責轉送分封的裝置，與bridge類似，但是此一裝置在網路層工作，因其所連接的兩個網路可能在網路層採用不同的協定，其主要功能為分封路徑選擇。

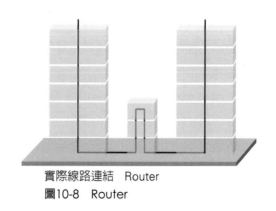

實際線路連結　Router

圖10-8　Router

D. 閘道器(Gateway)

負責連接兩個不同型態的網路系統，並進行分封的轉換，甚至可以達到OSI協定最高層的分封轉換。例如TCP/IP與X.25網路相連時，就需要此種設備。

E. 集線器(Hub)

在區域網路中用來連接多條線路的裝置，其作用與中繼器相似。可以利用此一設備構築星狀網路拓樸，以便利網路管理。

F. 交換集線器(Switching hub)

其作用與Hub類似，可以連接多條線路，但卻會根據媒體存取子層(Medium access control sublayer)的網路節點位置，來選擇分封傳送路徑，以減少分封碰撞。

G. 第二層交換器(Layer-2 switch)

在區域網路通訊傳輸中僅以第二層（資料鏈結層）的資訊來作為交換之依據，通常此類交換器先以學習的方式，針對其上每一個 Port 記錄該區段的 MAC Address，再根據第二層 frame 中的目的地位址傳送該 frame 至目的地的 Port（或區段），其他 Port（或區段）將不會收到該 frame。由於只判斷第二層的資訊故其處理效能佳，且其有效隔絕區段間非往來 frame，提升網路的傳輸效能，但是 Layer 2 的 Switch 並無法有效的阻絕廣播領域及 NetBEUI 協定的廣播封包，易造成廣播風暴問題。

H. 第三層交換器(Layer-3 switch)

又稱為 IP Switch 或 Switch Router，工作於第三層（網路層），藉由解析第三層資訊將封包傳到目的地。有別於傳統的路由器以軟體的方式來執行路由運算與傳送，Layer 3 Switch 是以硬體的方式（通常由專屬 ASIC 來進行）來加速路由運算與封包傳送。Layer 3 Switch 的每一個連接埠 (Port) 都是一個子網路 (Subnet)，而一個子網路就單獨是一個廣播領域 (Broadcast domain)，因此每一個 Port 的廣播封包並不會流竄到另一個 Port。

3. 廣播網路(Broadcast network)

(1) 用在大部分的區域網路與少數的廣域網路上,例如:乙太網路、權杖巴士(Token bus)。

(2) 由於所有的機器共用同一個通道(Channel),任一機器送出之分封(Packet),所有機器都收得到,因此在分封中必須含有一個位址欄(Address field),每部機器收到分封時都必須檢查位址是否為傳給自己,若分封並非傳給自己,就將分封略而不理。此外,大部分廣播網路都支援廣播(Broadcasting)功能,也就是可以設定特殊位址指定將分封送給整個廣播網路上所有的機器。

(3) 廣播網路也支援多點傳播(Multicast),也就是可以將分封送給某一些指定的機器。其方式通常是利用第一個地址位元來區別一般廣播或多點傳播,地址若為前者則其餘位元代表真實地址;若為後者,則其餘位元代表群組號碼,系統會將資料傳給此群機器。

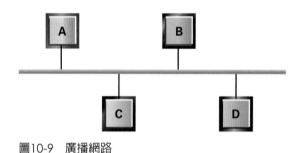

圖10-9　廣播網路

4. 點對點網路(Point-to-point network)

這種網路裝置間可能無法直接相連,使用點對點(Point-to-point)的方式來連接兩個裝置,因此裝置與其他裝置相連時,可能要先透過其他中介裝置。其特性如下:

(1) 在網路上將兩個機器以一段線路相互連接起來,此種網路適用於兩個裝置之間的距離太遠,或是用在大型網路結構上,例如廣域網路環境通常採用此種網路。

(2) 訊息傳送時會完整的被中途之交換單元接收，並加以儲存，等到線路有空時再向前送出，因此稱為儲存前送(Store-and-forward)子網路。

(3) 訊息傳送的起點與終點之間可能存在有多條路徑可供選擇，因此需要使用繞路演算法(Routing algorithm)來選擇適當的路徑。

5. 廣域網路(Wide-Area Network, WAN)

(1) 距離長（幾公里～幾百公里），用來連接 LAN 與 LAN 之間的網路。而因涵蓋較大的區域，因此通常需要利用公用的媒介，通常其線路是向通訊事業單位租用。也由於距離較遠，因此傳輸速率較低 (300Kbps~1.544Mbps)，同時線路傳輸較易出錯。

(2) 從一個裝置傳送出來的資料，必須經過中間節點，最後才能送達目的地。這些相互連接的中間節點，不處理經過的訊息內容，只是將其往另一個節點傳送，也就是只提供所謂的交換(switching)的功能。

6. 區域網路(Local-area network)

(1) 主要用於連接一些裝置，如個人電腦與工作站，做為資源共享及資訊交換用途之通訊網路。

(2) 其連接的區域較WAN為小，通常在10公里以內，例如在一棟建築之內、或鄰近的一些建築之間、或一個校區。因此其線路通道(Channels)通常屬於私人機構所有，由私人機構所自行管理。

(3) 其資料傳輸率通常比WAN來的高(1Mbps~100Mbps)，同時由於距離短，因此是可靠度高且易於管理的網路系統。

(4) 通常使用廣播網路方式進行，最近亦有採用ATM技術及光纖網路的方式。

7. 都會網路(Metropolitan Area Network, MAN)

(1) 範圍較LAN為大，使用與LAN相似的技術連接鄰近的辦公室或城市。

(2) 提供傳送數位資料與聲音訊號的傳送功能，甚至可以與地區性有線電視網結合。

(3) 使用IEEE802.6協定，即DQDB(Distributed Queue Dual Bus)技術，以兩條不同方向的單向電纜來傳輸資料，一般傳輸速度為1.544Mbps~155Mps。

8. 網路拓樸(Topology)

就是指網路的外形架構，通常有下列形式：

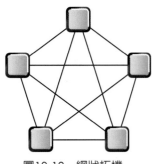

圖10-10　網狀拓樸

(1) **網狀拓樸(Mesh topology)**

A. 所有主機間都有直接專屬的連接線相連。

B. 優 點：可靠度高。

C. 缺 點：成本太高，因此在區域網路上不可行。

(2) **星狀拓樸(Star topology)**

A. 所有網路上機器均連在中央交換中心(Central switch)，以點對點方式連接，採中央集權式管理。

B. 優 點：容易管理，由中央交換中心可以馬上瞭解線路狀況。

C. 缺 點：

(A) 中央交換中心負荷重，速度慢。

(B) 可靠性差（因中央交換中心可能當機）。

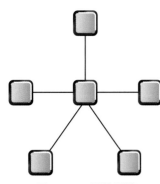

圖10-11　星狀拓樸

(3) **巴士形拓樸(Bus topology)**

A. 各站都是透過其硬體界面直接連接於一條共用線路上，採用為多點式線路連結，無中央交換中心，也無中繼器(Repeater)，採用地方分權式管理。同時通常有被動連接介面(Passive tap)，可關閉。

B. 優 點

   (A) 可靠性高,任何機器當機不會影響
       其他機器的運作。

   (B) 易於擴充、刪除節點。

C. 缺點

   (A) 匯流排共用,因此容量要大,否則
       會影響整體效率。

   (B) 安全性低,因為所有傳輸均經匯流排。

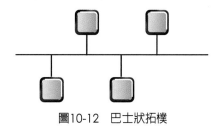

圖10-12 巴士狀拓樸

(4) 環形拓樸(Ring topology)

   A. 各站透過中繼器連接於封閉式迴路的
      傳輸媒體上,以點對點方式連接。採
      用地方分權式管理,因此分封切割與
      媒體存取控制均由各站完成。例如:
      IBM Token-ring與FDDI II。

   B. 優點

      傳輸品質穩定,即使許多機器同時要
      用也可提供穩定的品質。

   C. 缺點

      可靠性低,任何機器損壞均會造成網路癱瘓。

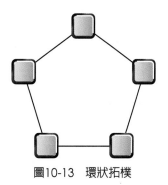

圖10-13 環狀拓樸

9. 並列傳輸(Parallel transmission)與序列傳輸(Serial transmission)

(1) 並列傳輸

   就是將多個位元串透過多條線路同時傳送,通常用在電腦內
   的資料傳輸,電腦外部傳輸方式少用。例如:Pentium II是
   64位元電腦,因此每一組64位元碼並行著在主記憶體和暫存
   器間傳送。

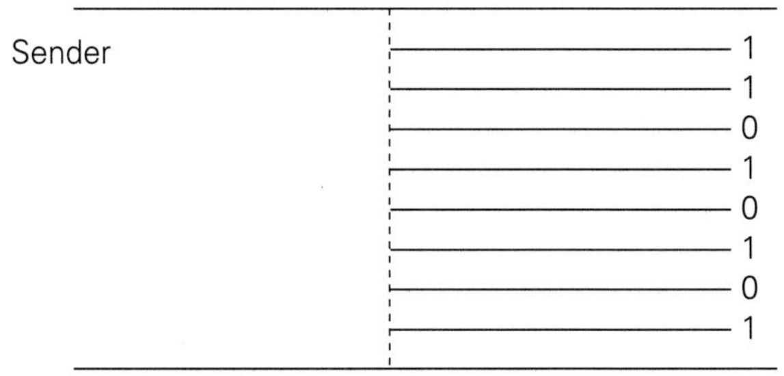

Sender   1   Receiver
                          1
                          0
                          1
                          0
                          1
                          0
                          1

圖10-14 並列傳輸

(2) 序列傳輸

乃指一串資料以一個位元接著一個位元的方式,在同一線路上傳送。

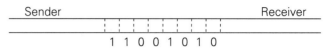

圖10-15　序列傳輸

10. 同步傳輸(Synchronous transmission)與非同步傳輸(Asynchronous transmission)

(1) 同步傳輸

在傳輸過程中,會先送出同步碼(Sync),以便發送設備與接收設備藉由各自時鐘的對時,而保持同步。再正式送出所要傳送的資料,最後送出同步碼做結束。此種方式比非同步傳輸貴,但較有效率。

7	1	2或6	2或6	2	0~1500	0~46	4	位元組數
前同步訊號	訓框界限起始處	目的地位址	出發點位址	資料欄長度	載送資料	填　補	檢查碼	

圖10-16　同步傳輸(IEEE 802.3)

(2) 非同步傳輸

每一位元組利用起始(Start)位元和結束(Stop)位元附加在位元組兩端來辨別。

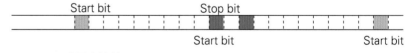

圖10-17　非同步傳輸

10-3 協定及其相關架構

1. 概念

由於電腦網路相當複雜，為了簡化設計，因此大部分的網路組織成一系列的階層(Layer)，每一階層都建構在另一階層之上，其中的相關名詞如下：

(1) 協定(Protocol)

由兩個不同機器中對應之階層之間的傳輸規則與協約，如下圖中應用層與應用層之間的規則就稱為協定。

(2) 介面(Interface)

是指相鄰兩個階層之間的規則。

(3) 網路架構

層次與協定的集合。

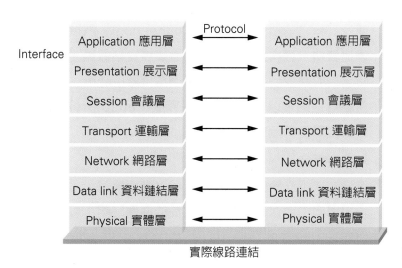

實際線路連結　　　　　　　　圖10-18　協定與介面

2. 網路軟體設計的要點

(1) 協定架構(Protocol hierarchies)

由於各種網路的區分階層方式皆不相同，包含名稱、編號、功能等皆有所不同。在不同機器上相同層次的行程稱為對等行程(Peer processes)，對等行程之間必須使用相同的協定

(Protocol)才能進行正確的通訊。兩個層次之間的通訊並非直接傳到對方,而是經由實際線路傳送,接受的一方則必須一層一層再向上轉換,直到同一層次為止。

(2) 資料傳輸規則(Rules for data transfer)

A. 單工(Simplex)

資料只能單向傳送,例如:傳統的廣播或無線電視。

B. 半雙工(Half-duplex)

可以雙向傳送,但兩個方向不可以同時傳送,例如:一般的無線電對講機。

C. 全雙工(Full-duplex)

可以雙向同時傳送資料。

(3) 連接導向(Connection-oriented)與無連接導向(Connectionless services)

這是指資料進行傳輸前是否要先在傳收雙方間建立連結。

A. 連接導向

傳遞資料之前須先建立連結(Connection),然後才能開始傳送資料,資料傳送結束後也必須將連結取消。訊息傳送時,接收端收到訊息之後必須傳送確認(Acknowledge)訊息給發送端,以確保傳送的可靠度(Reliability),但這種方式容易使傳遞的時間延誤。

B. 無連接導向

這種方式不必事先建立連接就可以進行傳送,所以不必像連接導向的傳送方式具有相當長的準備時間,可以直接進行傳送。

3. 開放式系統互連參考模式(Open System Interconnection Reference Model, OSI/RM)

這是由國際標準組織(International Standard Organization, ISO)所制定的,以便讓不同層次的協定能邁向國際標準的參考模式,對於各層的功能皆有個別之定義。

(1) 實體層(Physical layer)

A. 主要任務

直接負責在實際的通訊通道上傳送原始位元資料。

B. 功 能

(A) 通訊管理

管理通訊通道上傳輸的資料,包括訊號方式(Signal)、編碼方式(Encoding)、資料傳輸模式(Data transmission mode)等。

(B) 介面管理

處理機械、電氣與程序介面,包括線路組態(Line configuration)、拓樸(Topology)、傳輸媒介(Medium)等。

(2) 資料鏈結層(Data link layer)

A. 資料鏈結層主要任務

使用實體傳輸設備將資料傳送到線路上,並將結果毫無錯誤的上傳給網路層,因此主要負責相鄰兩點間的可靠傳送。

B. 資料鏈結層功能

(A) 切割框架

將資料切割為框架(Frame)並保證送達相鄰節點。

(B) 流量控制(Flow control)

相鄰兩點間控制傳送速度以免接收端來不及處理。

(C) 錯誤控制(Error control)

偵測錯誤並提供錯誤修正的機制。

(D) 定義完整服務給網路層

定義出需要提供給網路層的服務。

(E) 連結(Connection)關係管理

管理與相鄰節點間的連結,以保證資料的送達。

(F) 媒體存取控制

利用媒體存取控制子層(Medium Access Control, MAC sublayer)控制廣播網路中共享通道的存取。

(3) 網路層(Network layer)

A. 網路層主要任務

控制子網路的運算，讓資料可以由傳送端送達接收端。

B. 網路層功能

(A) 從傳送端到接收端的路徑控制

決定分封由原始傳送端送達接收端的路徑，可採動態或靜態方式決定。

(B) 交通壅塞的控制

控制避免有太多分封利用相同路徑傳送而產生的壅塞。

(C) 會計計費功能

計算使用者傳送的分封數量產生計費資訊。

(D) 異質網路連接

允許利用不同網路來傳送資料。

(4) 運輸層(Transport layer)

A. 運輸層主要任務

接收會議層傳來的資料，根據需求切割成為較小單元，下傳給網路層，並保證各小單元正確無誤的到達接收端。

B. 運輸層功能

(A) 電腦主機間的流量控制（端對端，End-to-end）

提供傳送端與接收端間的流量管制。

(B) 處理端對端傳輸錯誤

處理傳送端與接收端間錯誤的偵測與修正機制。

(C) 為會議層建立不同的網路連接

採用多工方式為會議層建立連接。

(D) 加強由網路層提供的服務

確實提供可靠的端對端傳送服務。

(E) 連線管理

對傳送端與接收端間的連結進行管理。

(5) 會議層(Session layer)

A. 會議層主要任務

允許不同機器間建立會議並維持會議的進行。

B. 會議層功能

(A) 建立會議

讓不同機器間可以建立會議，以提供進一步的服務。

(B) 會議對話控制

允許會議中雙向的對話。

(C) 權杖管理

避免兩端同時執行運算。

(D) 同步服務

提供檢查點，以避免傳輸中斷後必須從頭重新傳送。

(E) 遠端分時連線、檔案移轉

利用會議功能來達成的主要應用。

(6) 呈現層(Presentation layer)

A. 呈現層主要任務

協助使用者解決特定功能問題。

B. 呈現層功能

(A) 辨識資訊語法與語意。

(B) 各種電腦內碼轉換。

(C) 資料壓縮(Data compression)與加解密。

(7) 應用層(Application layer)

A. 應用層主要任務

提供使用者功能以完成各項應用。

B. 應用層功能

(A) 提供網路虛擬終端機(NETWORK virtual terminal)。

(B) 檔案移轉(FTP)。

(C) 電子郵遞(E-mail)。

(D) 遠端登入(Telnet)。

(E) 目錄查詢(Gopher, Archie)。

(8) OSI資料傳輸範例

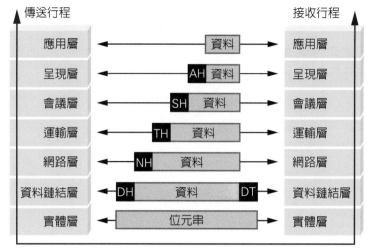

圖10-19 OSI資料傳輸範例

4. TCP/IP參考模式

近幾年來TCP/IP(Transport Control Protocol/Interface Protocol)通訊協定快速的在網路通訊協定中竄升起來，這是因為以往的通訊協定都侷限在『區域』或『廣域』網路中使用，但TCP/IP通訊協定卻可以同時滿足兩者的需要，這也就是TCP/IP重要的地方，因為TCP/IP可以用來連接全世界各LAN的網路。

Internet上使用TCP/IP通訊協定，其中IP相當於OSI的網路層；而TCP相當於運輸層；最上層為應用層的各種不同應用協定。

(1) TCP/IP早期設計目標

A. 良好的回復能力

當網路上一小部分的硬體不能運作時，不必將整個網路關閉就能修復，而且其餘部分也仍然可以維持正常的運作。

B. 繼續性操作

加入新的子網路時，不會影響原有網路服務，因此不須關閉整個網路。

C. 處理錯誤的能力

即使原先使用的網路路徑中斷時，也能夠透過其他路徑正確的將資料送到。

D. 與特定廠商無關

可以使用各個廠商的網路系統，不會形成壟斷而造成採購價格的提升。

E. 資料額外負擔小

採取分封交換的方式，每個分封只需負擔20個bytes作為標頭(header)。

(2) TCP協定的特色

A. 採用握手方式(Handshaking)建立連結

在資料傳輸之前，兩台電腦之間必須進行相互的認證，然後建立彼此的連結。

B. 分封排序

在資料傳輸時由於資料分封可能在不同的時間抵達，所以必須加以排序以確保資料內容無誤。

C. 流量控制(Flow control)

在資料傳輸時，當各個訊息所有的分封尚未完全到達之前，必須將這些分封暫存於記憶體內，以待所有分封到齊後進行分封排序與錯誤處理(Error handing)。因此當資料傳輸發生錯誤時，TCP並不會直接對他方傳達收到與否的訊息，TCP會等待對方重新傳輸，這樣可以省下許多的時間效率。

(3) Internet層

此層定義的協定就是IP(Internet Protocol)，負責將IP分封傳到所要求的目的地，其功能相當於OSI中的網路層。

(4) 運輸層

此層設計來讓機器間可以進行持續的交談，其功能相當於OSI中的運輸層，包括TCP與UDP兩個協定。

(5) IP協定概述

A. IP(Internet Protocol)協定定義了一個不可靠(Unreliable)、盡力的(Best-effort)、無連接(Connectionless)的分封傳送機制。其中所謂不可靠是指傳送得不到保障,分封可能失去、重複、延遲或失序,系統對於這些問題都不會檢測,也不會通知傳送端或接收端;盡力則指軟體會儘可能的傳送分封,不會反覆無常的丟棄資料,除非資料耗盡或網路出錯;無連接則指每一分封都會獨立處理,同一機器發出的分封可能經由不同路徑前往目的地。

B. IP分封中的IP位址,可供路由器根據路徑表(Routing table)找出傳送分封的路徑。

C. 網路壅塞時,路由器在IP層的處理是將分封丟棄掉,然後使用ICMP(Internet Control Message Protocol)協定將錯誤訊息回報給送出分封的主機。

(6) IP位址

這是TCP/IP Internet上每一部機器所被給予的一個獨一無二的32位元地址,各機器利用它與其他機器進行通訊。

IP地址可分成A、B、C、D、E等五個等級,如圖10-20所示。

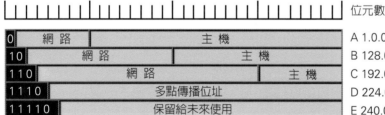

圖10-20　IP地址分級

A. Class A

網路位址(Network ID)的長度為8Bits,第一Bit必須為0〈稱為前導位元〉。Class A的網路位址可從 00000000〈二進位〉至01111111〈二進位〉,總共有2^7=128個,

但是因為00000000有特殊應用不能用,故可用的有127個。由於Class A的網路位址長度為8Bits,因此主機位址(Host ID)為32-8=24Bits,亦即每個Class A網路可運用的主機位址約有2^{24}=16777216個,但是全0與全1因有特殊用途不可使用,故可用主機位址有16777214個。由於每個Class的前導位元不同,因此,從前導位元便可判斷所屬的等級。

B. Class B

網路位址的長度為16Bits,前2Bits為前導位元,必須為10,因此Class B的IP位址必然介於128.0.0.0與191.255.255.255之間。每個Class B網路可運用的主機位址有2^{16}=65536個,但是全0與全1因有特殊用途不可使用,故可用主機位址有65534個。

C. Class C

網路位址的長度為24Bits,前3Bits為前導位元,必須為110,因此Class C的IP位址必然介於192.0.0.0與223.255.255.255之間。每個Class C網路可運用的主機位址2^{8}=256個,但是全0與全1因有特殊用途不可使用,故可用主機位址有254個。

D. Class D

作為多點傳播(Multicast)的用途。前4Bits為前導位元,必須為1110,因此Class D的IP位址必然介於224.0.0.0與239.255.255.255。

E. Class E

保留用途。前4Bits為前導位元,必須為1111,因此Class E的IP位址必然介於240.0.0.0與255.255.255.255之間。

(7) 特殊IP地址

A. 由於此一地址太長,為了便於記憶,因此通常採用點分十進制(Dot decimal)表示,也就是將IP地址切成四個用小數點隔開的十進制整數表示,例如:

IP地址　10001100　01110000　00000010　00000011
表示成　140.112.2.3。

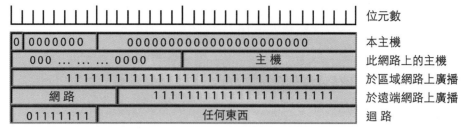

圖10-21　特殊IP地址

在IP位址中，全0表示本機，全1表示廣播(Broadcast)，
均為特殊位址，不做一般主機位址使用。

B. 將IP地址與網路遮罩(Netmask)的32位元常數執行逐位
元AND(bitwise-AND)運算就可獲得網路位址(Network
ID)，因此在正常情況下，類別A、B及C的網路遮罩別為
255.0.0.0、255.255.0.0、及255.255.255.0。

(8) 子網路

這是一種將網路切割成數份，並作為內部使用，但對外仍使
用單一網路的形式，如此可以在組織內管理多個網路，同時
也不需要進一步的申請。子網路的編法通常是由原來主機的
位址欄位中切割出來，這時必須要將網路遮罩修改，例如：
若將B等級IP中切出64個子網路，則其切割結果將如下圖，
此時的網路遮罩為255.255.252.0，因為252=11111100。

圖10-22　子網路切割

(9) 領域名稱系統(Domain Name System, DNS)

由於 IP 地址太難記憶，因此將之對應成一個類似地址的名稱，
就是所謂的領域名稱，各領域名稱與 IP 地址的對應由各地的
領域名稱伺服器 (Domain name server) 負責維護，此一名稱
之命名與英文地址類似，例如：上列之 140.112.2.3 之領域名

稱為 ccms.ntu.edu.tw，其中最末位是國碼（若缺則表示一部在美國的主機），倒數第二位則是領域名，必需視組織種類而給名稱，倒數第三位是該組織縮寫，倒數第四位則是在組織中該機器的名稱。領域名的分法為：

表10-1　領域名的意義

領域名	意　義
com	商業組織
edu	教育單位
gov	政府機構
mil	軍事單位
net	網路單位
org	其他組織

5. OSI與TCP/IP的比較

(1) TCP/IP對服務、介面及協定的區分並不清楚，因此技術若有改變，將會難以修改協定；但OSI參考模式沒有此一問題，也就是說OSI提供了較佳的隱藏性。

(2) OSI中各層間的功能由於設計者經驗的缺乏，因此並不完全，例如資料鏈結層中為了適應廣播網路而硬塞進媒體存取控制子層；但TCP/IP則較無此類問題，因此TCP/IP並不適合去描述其他網路。

(3) OSI模式描述七個層次，而TCP/IP只描述四個層次。

(4) OSI在網路層支援無連接導向與連接導向兩種通訊方式，但在運輸層只提供連接導向通訊；TCP/IP則在網路層只提供無連接導向通訊，而在運輸層則提供無連接導向與連接導向兩種通訊方式。

10-4 資料通訊基礎

1. 數據傳輸速率單位

(1) 鮑率(BAUD)

這是指訊號的改變速度，也就是每秒內訊號改變電壓值的次數。

(2) 位元率(Bit Per Second, BPS)

這是指每秒傳送的位元數，其值通常大於鮑率，因為若電壓值可以表示四種不同的訊號，則位元率將是鮑率的2倍。

2. 傳輸媒介

(1) 一般傳輸媒介可大略分為

A. 導線介質(Guided media)，如雙絞線、同軸電纜、光纖等。

B. 無線介質(Unguided media)，如無線電波、微波、紅外線、可見光等。

(2) 雙絞線(Twisted-Pair lines)

A. 特 點：

(A) 將兩條導線交互螺旋纏繞而成，以避免受到外來訊號的干擾，同時也可以減少串音之現象，最常用在電話系統，也可以用在數位或類比傳輸。提供的頻寬通常依照線的厚度與傳輸距離而定，約為Mbps之等級，傳輸距離約為數公里的範圍，成本低，因此被廣泛使用。

(B) 分為兩類

a. UTP(Unshielded Twist-Pair)

這是無遮蔽層的雙絞線，將四組雙絞線包在一起，外面包上一層塑膠保護，常用的有category 3~5的線材。

b. STP(Shielded Twist-Pair)

有遮蔽層的雙絞線，由IBM所採用，目前並不普遍。

B. 應 用：

(A) 電話系統中電話公司以雙絞線連接到用戶，長度可達數公里之遠。

(B) 電腦區域網路（例如：10Base-T的Ethernet）中常使用category 3的雙絞線。

(C) 高速電腦網路中使用category 5的線材，例如：100Base-T的 Fast Etherent。

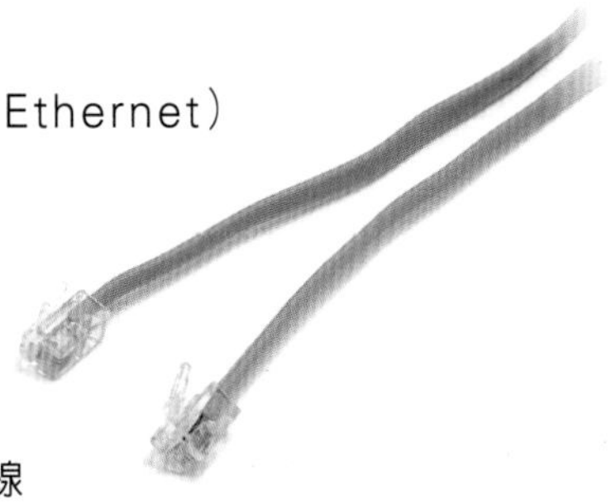

圖10-23 雙絞線

(3) 同軸電纜(Coaxial cable)

A. 特 點

(A) 其線路的組成，中心為一條訊號線，外圍則是網狀的地線隔著絕緣體包在外層形成同心圓，以避免雜訊干擾。

(B) 因為有較佳的保護，所以有較佳的傳輸率與傳輸距離，例如：1km長的同軸電纜，可以有1~2Gbps的傳輸率，但隨著距離增長，其傳輸率逐漸減低，不過長距離傳輸時可以使用訊號放大器(Amplifier)延長傳送距離。

B. 應 用

(A) 以往曾經廣泛用於電話系統中較長距離的連接，但已大部分被光纖取代了。

(B) 目前仍然廣泛的使用在有線電視與部分區域網路（例如：10Base-2）。

C. 分封類

(A) 基頻同軸電纜(Baseband coaxial cable)

通常稱50歐姆線，適用在數位傳輸上，大部分用來鋪設區域網路。

(B) 寬頻同軸電纜(Broadband coaxial cable)

通常稱75歐姆線，用在類比傳輸上，其頻寬可以用300Mhz的速度傳輸100km的距離，由於被廣泛用在有線電視上，因此目前寬頻同軸電纜的普及率比基頻同軸電纜來得高。

D. 寬頻同軸電纜的特性

(A) 必須使用調變(Modulation)的技術，將數位訊號轉換成類比訊號，才能傳送，接收端也必須使用解調變(Demodulation)才能將訊號轉換回數位。

(B) 可將通訊通道切割為許多個小頻道，如有線電視系統中的每個頻道各占約6Mhz的頻寬，每個頻道可用來傳送電視節目、音樂、數位資料等，而且互不干擾。

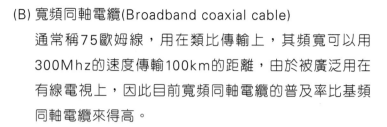

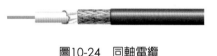

圖10-24　同軸電纜

(4) 光 纖(Fiber optics)

A. 特 性

(A) 光纖是以玻璃纖維做成光的導線，可以提供超過50000Gbps的頻寬。不過目前光纖上實際的發送訊號的速率為1Gbps，主要是受限於接端的光電二極體的反應時間為Ins，因此最高處理速率只能達到10^9(=1/(10^{-9})) bps，不過在實驗室中的短距離傳輸已可達到100Gbps。

(B) 光纖可分為兩層，核心為折射率較高的材質，包覆層為折射率較低的材質，其傳輸模式分為：

a. 多模階段式指引光纖(Multimode stepped index fiber)

核心與包覆層各用一種單一折射率的材質做成，因此在一條光纖中會有許多光線分別以不同的角度反彈前進，不同角度的光線到達時間有會差別，於是接收器所接收到的訊號會比原先要寬，使傳輸率受到限制。

b. 多模漸層式指引光纖(Multimode graded index fiber)

核心層由內而外使用不同折射率的材質做成，使得發散的光線能夠提早被折射回來，其所產生的訊號較窄，因此可以有較高的傳輸率。

圖10-25　光纖

c. 單模光纖(Single-mode fiber)

這是一種較細的光纖，直徑只有一個波長，因此只允許一條光線在其中前進，接收到的訊號幾乎與原來一樣寬，通常需使用雷射二極體來發射光線，可以用Gbps速率傳送30km遠。

B. 光纖網路

(A) 環形網路

每部電腦的介面會將光訊號傳到下一個連接處，其連接介面可以採用下列方式：

a. 被動式介面

在光纖線路上熔接兩個栓閘(Tap)，一個做為光電二極體的接收端，另一個做為發光二極體的傳輸端。其優點是當栓閘損壞時，不會影響原線路上其他節點的光訊號傳輸；但由於光訊號能量在連接處會損失，所以會限制連接電腦數量與網路長度。

b. 主動中繼器(Active repeater)

這種方式會將光訊號轉換成為電磁脈衝訊號送入電腦（也有不經過電腦的中繼器），再轉換回光波傳送出去，如此可以傳送較遠的距離，但中繼器系統若損壞則會影響整個線路。

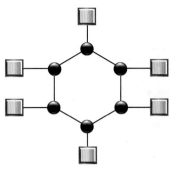

圖10-26　具有主動中繼器的環狀網路

(B) 被動星狀網路(Passive star)

a. 每一個介面的傳送端與接收端，都有一條光纖分別連接到中心的矽圓柱的兩端，任何一個介面送出光訊號時，透過中心矽圓柱將光訊號分送到全部介面的接收端。

b. 若同時有數個介面一起發光，則中心矽圓柱會將其混合在一起，送給每個接收端。

c. 因為光訊號會被分散，所以光電二極體的靈敏度非常重要。

C. 光纖與銅纜的比較

(A) 光纖的優點

a. 頻寬較大

光纖的頻寬比銅線的頻寬來得大，因此適合做網路主幹。

b. 衰減較低

光訊號衰減量較小，因此可以使用較少的中繼器。

c. 不受電磁干擾

光纖不受能量波動影響，不會有電壓不穩現象，也不會受電磁干擾。

d. 不怕侵蝕

光纖不受空氣中化學物質的侵蝕。

e. 安裝成本低

光纖輕且細，可以節省許多的空間，降低初期安裝成本。

f. 安全性較高

光訊號不會溢出光纖之外，同時串接光纖的技術也不容易，因此可以提供極佳的安全性。

(B) 光纖的缺點

a. 技術不普及

許多工程師對光纖尚未十分了解，因此在安裝與維護上成本較高。

b. 單向傳輸

　　光的傳輸是單向的，與電訊號不同，因此必須使用兩條光纖或在同一條光纖上使用兩個不同頻帶，才能進行雙向的傳輸。

c. 材料成本較高

　　光纖的成本比銅纜貴許多，同時介面成本也比電子介面高。

(5) 無線傳輸(Wireless transmission)

A. 電磁波頻譜(The electromagnetic spectrum)概念

(A) 電磁波每秒振動的次數，稱為頻率(Frequency)，以f表示，其單位為Hz(Hertz)，兩相鄰波峰或波谷之間的距離，稱為波長，以 (來表示。

(B) 電磁波採用廣播方式發送，因此只要在電路上安裝上天線，即可發送或接受電磁波。

(C) 不論頻率為何，電磁波在真空中的速度都是相同的，此即為光波c=每秒300000km，但在銅線或光纖中，電磁波的速率約減為光速2/3。

B. 常見的電磁波頻譜

(A) 無線電波

　　包括超低頻(VLF)、低頻(LF)、中頻(MF)、高頻(HF)、超高頻(VHF)，其頻率約在10^4Hz~10^8Hz，具有下列特性：

a. 無方向性沿地表前進，因此可以輕易穿越建築物，但是容易與其他設備相互干擾。

b. 其傳送距離在較低頻可達1000公里，HF與VHF因為會由電離層反射，因此傳送距離更遠。

c. 中頻以下用在飛航通訊與AM廣播，高頻與超高頻則用在FM廣播。軍用通訊或業餘無線電。

(B) 微 波

　　其頻率約在10^8Hz~10^{11}Hz，此時電波只能沿直線行進，不能穿越建築物，可以使用拋物面天線接收，又因為地表會擋住微波，故需要有中繼站，中繼站的距

離與設置的高度有關，也不會相互干擾，用在長距離電話通訊、區域行動電話、電視傳播上。

(C) 紅外線及釐米級電波

其頻率約在10^{11}Hz~10^{14}Hz，沿直線行進，不能穿透固體物質，同時距離較近，因此不會有干擾，被用在室內電視音響的遙控器。

(D) 光 波

其頻率約在10^{14}Hz以上，以雷射光束為主要應用，只能直線行進，同時無法穿透雨水、濃霧，又容易受空氣擾動影響，傳送距離最近，因此不容易相互干擾。

(6) 電話系統

A. 數位訊號相較於類比訊號的優點

(A) 數位訊號放大後幾乎不會受到損失，因此錯誤率較低，可以傳送較遠。

(B) 數位傳送可以交替傳送語音、資料與影像，使線路與設備能更有效率的運用。

(C) 數位訊號可以用較高速率在現存線路上傳送。

(D) 數位傳輸不用要求較精確的重製訊號，因此傳輸成本較低。

(E) 數位系統的維護比類比系統簡單。

B. 數據機或稱調變解調器(Modem, Modulator/Demodulator)

這是一種可以將數位訊號調變成類比訊號，與將類比訊號解調變成數位訊號的裝置，可用來連接電腦與電話線，以便讓電腦能利用現有電話線路與遠方設備通訊。

C. 電話系統架構

由下圖可知，電話系統由三個主要部分組成：

(A) 區域迴路(Local loop)

採用雙絞線傳送類比訊號。

(B) 骨幹線路

通常採用光纖或微波，大部分傳送數位訊號。

(C) 交換局

負責電話電路交換，已經從類比式進步為數位式交換機。

圖10-27　電話系統架構

D. 新興撥接技術

因為目前家中電腦利用數據機來撥接連上ISP的傳輸速度太慢，因此有下列傳輸技術的發展：

(A) 非對稱數位用戶迴路(Asymmetric Digital Subscriber Line, ADSL)

就是將現有電話系統中一般用來傳送類比訊號的用戶迴路，配上特殊的裝置使其能用較高的速度直接傳送數位訊號，由於上傳速度與下載速度不同，因此為非對稱的。目前下載速度最高可達9Mbps，上傳速度則只有16~640Kbps。

(B) 纜線數據機(Cable modem)

就是利用類比式的有線電視寬頻同軸電纜來連上網路，中間仍需此一設備來作中介。其上傳速度約為768K~10Mbps，下載速度約在10~36Mbps。

E. 區域迴路間的光纖

為了提供諸如隨選視訊之類的進一步服務，電話系統必須大幅提高頻寬，其解決方法如下：

(A) FTTH(Fiber To The Home)

就是將所有的區域迴路全部換成光纖，但是價格過於高昂。

(B) FTTC(Fiber To The Curb)

就是將光纖連到連接盒(Junction box)，由連接盒到家中仍然採用原來的雙絞線，但是此法仍然無法將速度提升到真正可以滿足的地步。

(C) FTTB(Fiber To The Building)

就是將光纖連到大樓的接線箱，由接線箱到家中仍然採用原來的雙絞線，搭配讓ADSL提升到VDSL(Very high data rate DSL) 即可擁有12.9Mbps到52.8Mbps的速度，甚可高達60Mbps。這是目前中華電信光世代的解決方案，對於大幅提升頻寬有極大的幫助。

3. 多工(Multiplexing)方式

就是讓多個設備共用一條線路的方式，一般分成兩大類：

(1) 劃頻多工 (Frequency Division Multiplexing, FDM)

A. 劃頻多工概念

就是將頻寬切割成為一個個的邏輯頻道(Band)，每個設備使用其特定的頻率來進行傳輸，例如：一般的FM廣播。

B. 劃波長多工(Wavelength Division Multiplexing, WDM)

這是用在光纖上，也用類似於FDM的多工方式，其最大的特色是利用稜鏡或光柵將不同光束組合成一條，傳到目的地後再用相同方式分開，因為採用被動(Passive)方式轉換，因此正確率較高。

C. 缺 點

需要類比電路來進行，因此可能碰到前述類比訊號的缺點。

(2) 劃時多工(Time Division Multiplexing, TDM)

A. 劃時多工概念

就是將頻道使用時間由使用者輪流利用，又可以分成同步分時多工(Synchronize TDM)與非同步分時多工(Asynchronize TDM)，其區別在於各個頻道時間的分配方式，若分配時間完全相同就是同步分時多工；反之若可能考慮使用多寡而加以修改則是非同步分時多工。由於非同步分時多工通常是用統計的方式分析過去使用狀況，因

此又稱為統計式分時多工(Statistic TDM)，又因為具有智慧性，故又稱為智慧型分時多工(Intelligent TDM)。

B. Tx

這是北美與日本TDM載波的標準，其規格稱為DS-x，其中T1可將24個語音頻道多工在一起，各在125微秒內傳送一個bytes，外加一個加框位元，因此T1的速率為(24*8+1)*8000=1.544Mbps。其他還有下列方式：

表 10-2　T載波傳送速率

名 稱	語音頻道數	合 成	數據速率
T1 (DS-1)	24		1.544Mbps
T1C (DS-1C)	48	T1X2	3.088Mbps
T2 (DS-2)	96	T1X4	6.312Mbps
T3 (DS-3)	672	T2X7或T1X28	44.736Mbps
T4 (DS-4)	4023	T3X6或T2X42或T1X168	274.176Mbps

4. 交換方式(Switching)

就是兩個節點透過網路中繼站相互傳遞訊息的方式。

(1) 線路交換(Circuit switching)

A. 當網路上兩個節點需要進行通訊時，必須先建立一條專用的線路。所建立的線路可能會經過數個中間節點，透過此一線路可以很快的傳到目的地。最常見的例子是電話系統，當撥通一通電話時，就會在雙方間建立一條專屬的線路，讓雙方進行通訊。

B. 優 點：

可以提供較高的傳輸速度。

C. 缺 點：

(A) 線路無法共享，會浪費線路之傳輸率，因此整體效率較差。

(B) 線路建立(Setup)需要較多的時間。

(2) 訊息交換(Message switching)或稱儲存及轉發(Stored-and-forward)系統

A. 這種方式在進行時，發送端與接收端之間不必建立專用線路，但是訊息必須完整發送，因此在發送訊息時，需要附加目的地的位址，經過的節點接收到完整訊息後，整理、分析、儲存再送下一節點。例如傳統的電報系統就是採用此一方式。

B. 優 點：
整體使用效率較高。

C. 缺 點：
由於單一訊息的長度沒有限制，因此訊息傳遞時各中間節點會有overhead，因此不適合即時系統與交談式系統。

(3) 分封交換(Packet Switching)

A. 分封交換技術基本上是訊息交換的改良，其與訊息交換最大的不同就是會限制傳送單位大小，因此要將訊息分割成一個個大小相等的分封，所以不會消耗中間交換裝置過多的時間，可以降低延遲，又可以提高傳輸輸出率。依照分封是否採用相同路徑，又可分為無連接導向的簡訊服務與連接導向的虛擬線路等兩種。

B. 訊簡服務(Datagram)：
在這種交換方式下，各個分封可能會利用不同的路徑以求到達接收端，傳送端與接收端不必建立特定傳輸線路，因此屬於無連接導向，這是TCP/IP所使用的方式。

C. 虛擬線路(Virtual circuit)：
在這種交換方式下，各個分封會以相同的路徑由傳送端送達接收端，傳送端與接收端之間必須建立特定線路，因此屬於連接導向，例如：ATM就是採用此種交換方式。

表10-3 各種交換方式的比較

	線路交換	訊息交換	訊簡服務	虛擬線路
實質傳輸路徑	有（保留頻寬）	無	無	無
資料傳送法	連續傳送	訊息為單位	分封為單位	分封為單位
為交談作業	是	否	是	是
路徑使用	整個交談	每個訊息	每個分封	整個交談
先建立線路	是	否	否	是
節點暫存資料	無	有 訊息為單位	有 分封為單位	有 分封為單位
延遲現象	無	有 訊息為單位	有 分封為單位	有 分封為單位
資料漏失	使用者處理	網路負責 訊息為單位	網路負責 分封為單位	網路負責 分封為單位
使用頻寬	固定	機動	機動	機動
額外位元	無	有 訊息為單位	有 分封為單位	有 分封為單位
網路超載	不能建立路徑	訊息暫存 節點	不能投送 通知發送方	不能建立路徑
計費方式	距離、時間		分封、時間	分封、時間

10-5 區域網路

1. 區域網路概念

　　IEEE 802協定主要是用在LAN上，包括CSMA/CD、Token bus與Token ring。這些協定在實體層與MAC子層各有不同的標準，但在資料鏈結層的上層卻是相容的。其中802.2描述資料鏈結層上層的部分，使用LLC(Logical Link Control)協定，負責定址(Addressing)與資料鏈結控制(Data link control)，其餘802.3、802.4、802.5、…等則分別描述不同的實體層與MAC子層，其架構如下圖所示，其中的MAC子層與LLC子層合起來相當於OSI的資料鏈結層，其中MAC較靠近實體層。

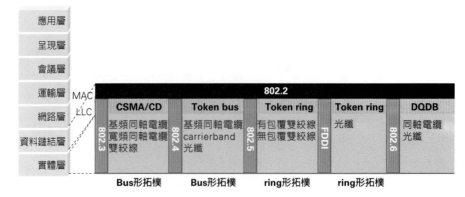

圖10-28 IEEE 802協定架構及其與OSI的關係

2. IEEE 802.3

表10-4 IEEE 802.3的纜線方式

名 稱	纜 線	距離限制	連接方式	傳輸速率	優 點
10Base-5	粗同軸電纜	500m	串 接	10Mps	適用骨幹
10Base-2	細同軸電纜(RG-58 A/U)BNC接頭	200m	串 接	10Mps	最便宜
10Base-T	雙絞線(level 3) UTP(RJ-45)接頭	100m	集線器	10Mps	容易維護
100Base-F	光 纖	1024m	集線器	100Mps	較長距離

(1) 網路結構

採用Bus形。

(2) 存取方式

採用載波感應多重存取配合碰撞偵測 (Carrier Sense Multiple Access with Collision Detection, CSMA/CD)協定。

A. 節點在傳送訊框前，先感應線路是否有人在用（先聽），若忙碌則等候一段時間，再重覆相同之程序。若無人使用，則送出訊息（再傳），但仍繼續感應（邊傳邊感應），若發現與他人碰撞，則立即停止傳訊，也必須等候一段時間後再重覆相同程序。

B. 優 點

(A) 結構簡單，容易加入新的工作站。

(B) 系統負荷低時，具有最低的等待時間。

C. 缺 點

(A)系統負荷量很高時，線路衝突將很嚴重。

(B)不適用於優先排程。

3. 高速區域網路

(1) Fast Ethernet (IEEE 802.3u)

保留802.3所有舊的分封格式、介面等，只是單純的將速度提高十倍。不過還要將最大傳送距離縮短，否則會遭遇前面所說的錯誤訊息碰撞問題。最小訊框長度維持在512 bits，但是傳輸速率提高到100Mbps。目前有100 Base T4與100 Base X兩套標準。

(2) Gigabit(IEEE 802.3z)

Gigabit乙太網路將能為網路提供1Gbps的頻寬及乙太網路的簡易性，而且比ATM等同級技術的成本更低廉。Gigabit乙太網路與先前各種乙太網路規格，都具有相同的格式與功能，可讓現有網路以漸進的方式，直接轉移到Gigabit網路架構。由於現有用戶已相當熟悉乙太網路技術，因此Gigabit乙太網路的支援成本，將遠低於其他的網路技術。支援全雙工與半雙工傳輸，目前以配合交換器(Switch)的全雙工方式為主流，在視訊、多媒體資料的傳輸上有極大的競爭力。

(3) 10G Ethernet(IEEE 802.3ae)

只支援配合交換器(Switch)的全雙工方式連結，包括支援最大長度15米的短距離銅纜方案10GBASE-CX4，也有透過單模光纖分別支持10公里和40公里的10GBASE-LR 和10GBASE-ER等多種規格，最高速度可達10Gbps。

10-6 無線電話與無線網路概念

1. 無線電話

(1) 類比式蜂巢無線電話(Analog cellular telephones)

代表性系統：AMPS(Advanced Mobile Phone System)

或稱第一代無線電話(1G)，由貝爾實驗室發展出來，是目前類比式蜂巢無線電話的主要標準，其佈設是將整個區域分割成10~20公里寬的單元(Cell)，各自使用不同的頻率傳接，同時在鄰近的單元中重複使用該頻率。能夠提供大區域性的服務範圍，而且可以提供使用者一個低雜音、高通訊品質的行動電信系統。其特性如下：

A. 由於單元的大小較小，因此電話機的功率可以較小。

B. 所有單元中的電話都會被送給基地台(Base station)，再由基地台連到MTSO(Mobile Telephone Switching Office)，再與其他MTSO及基地台進行交換。

C. 交接(Handoff)

當基地台發現行動電話的訊號越來越弱，它會詢問周圍的基地台，誰從該電話收到訊號的大小，然後基地台就會把所有權移給訊號強度最強的基地台，此一過程稱為交接。不過頻道指定是由MTSO完成，基地台只是中繼站。

D. 安全問題

(A) 可用全頻接收器接收

任何人只要有全頻接收器就可以掃描收聽在單元中的所有電話。

(B) 竊用他人電話

利用全頻接收器可以紀錄電話序號與電話號碼，接著可以盜打，甚至有人出售可供盜打的門號牟利。

(C) 天線與基地台的破壞

(2) 數位式蜂巢無線電話(Digital cellular telephones)

代表性系統：GSM(Global System for Mobile communication)

或稱第二代無線電話(2G)，這是由歐洲國家所整合出來的數位式蜂巢無線電話標準，被設計使用900MHz，另有使用1800MHz的DCS 1800，也屬於此一系統。

(3) 3G

第三代行動通訊技術，能將無線通訊與國際網際網路等多媒體通訊結合的新一代行動通訊系統，能夠處理圖像、音樂、視訊形式，提供網頁瀏覽、電話會議、電子商務資訊服務，目前3G主要有CDMA2000，WCDMA，TD-SCDMA等3種標準，都是編碼劃分多重存取協定 (Code Division Multiple Access, CDMA)的不同形式，這是利用編碼理論來區隔數個同時間傳輸的資訊，而且可以同時利用整個頻寬來傳輸。

(4) 4G

是指行動電話系統的第四代，也是3G之後的延伸，運用LTE標準，長期演進(Long Term Evolution)是基於GSM/EDGE和UMTS/HSPA標準的移動設備和數據終端的無線寬帶通信標準。它透過使用不同的無線電接口和核心網路改進來提高這些標準的容量和速度。LTE規範提供300Mbit/s的下行鏈路峰值速率、75Mbit/s的上行鏈路峰值速率和QoS規定，允許無線接入網路中。

(5) 5G

第五代行動通訊技術(5th generation mobile networks或5th generation wireless systems, 5G)是最新一代行動通訊技術，為4G系統後的演進。5G的效能目標是高資料速率、減少延遲、節省能源、降低成本、提高系統容量和大規模裝置連接。

2. 無線網路

(1) IEEE 802.11在實體層可使用2.4GHz的跳頻展頻(FHSS, Frequency Hopping Spread Spectrum)與直接序列展頻(DSSS,Direct Sequence Spread Spectrum)，也包含IEEE 802.11a使用5GHz的正交劃頻多工(OFDM, Orthogonal Frequency Division Multiplexing)速度可達54Mbps、IEEE 802.11b使用2.4GHz的直接序列展頻速度可達11Mbps、IEEE 802.11g使用2.4GHz的正交劃頻多工速度可達54Mbps。

(2) 存取協定

採用載波感應多重存取配合碰撞避免(Carrier Sense Multiple Access with Collision Avoidance, CSMA/CA)，送出資料前，先送一段小小的請求傳送封包(RTS: Request To Send)給接收端，等待接收端回應 CTS: Clear To Send 封包後，才開始傳送。其他收到RTS與CTS的節點都要在此時暫停傳送。

(3) IEEE 802.11n

IEEE 802.11n增加了對於MIMO (Multiple-Input Multiple-Output)的標準，MIMO 使用多個發射和接收天線來允許更高的資料傳輸率。MIMO並使用了Alamouti coding schemes 來增加傳輸範圍。工作在5 GHz and/or 2.4 GHz，室內有效距離由現在IEEE 802.11b/g的38公尺拉長到約70公尺。

(4) Bluetooth藍牙

是一種無線個人區域網(Wireless PAN)，名稱來自10世紀的丹麥國王哈拉爾德(Harald Gormsson)的外號。哈拉爾德喜歡吃藍莓，牙齒常常被染成藍色，而獲得「藍牙」的綽號，當時藍莓因為顏色怪異的緣故被認為是不適合食用的東西，因此這位愛嚐新的國王也成為創新與勇於嘗試的象徵。現今大多是1.2版本，是一個使用低耗電量的無線電設備，利用一

顆低價晶片,完成短距離(1~100公尺)的訊號發射與接收。用於在不同的設備之間進行無線連接,例如連接電腦計算機和周邊設備。

A. IEEE 802.15.1

這是藍牙的 1.1 版標準協定,最高速度可達 723.1kb/s,在 Version 1.2 可達 1Mbps,Version 2.0+EDR 下可達 3 Mbps,在提議中的 Multi-Band Orthogonal Frequency Division Multiplexing (MB-OFDM) version of UWB 中速度可達 53 - 480 Mbps。藍牙協定工作在無需許可的 ISM 頻段的 2.45GHz,為了避免干擾,藍牙將該頻段劃分成 79 頻道,(頻寬為 1MHZ)每秒的頻道轉換可達 1600 次。

B. 藍牙 vs WiFi

WiFi是一個更加快速的協定,覆蓋範圍更大。雖然兩者使用相同的頻率範圍,但是WiFi需要更加昂貴的硬體。藍牙設計被用來在不同的設備之間創建無線連接,而WiFi是個無線區域網路協定。

(5) WiFi第五代

以IEEE 802.11ac為準,世代名稱為「Wi-Fi 5」,信道寬度 20MHz、40MHz、80MHz、80+ 80MHz、160MHz,工作頻段為5GHz,最高8條空間流,最大副載波調製256-QAM,最高速率半雙工6.9 Gbit/s,WiFi第六代,以IEEE 802.11ax為準,世代名稱為「Wi-Fi 6」,信道寬度 20MHz、40MHz、80MHz、80+ 80MHz、160MHz,工作頻段為2.4GHz和5GHz,最高8條空間流,最大副載波調製 1024-QAM,最高速率半雙工9.6 Gbit/s,802.16-2004 版的 256 carrier OFDM,能夠藉由較寬的頻帶以及較遠的傳輸距離,協助電信業者與ISP業者建置無線網路的最後一哩,與主要以短距離區域傳輸為目的之IEEE 802.11通訊協定有著相當大的不同。在實作上,我們可以在視線所及 (LOS)之10公里範圍內以10 Mbps的同步速率傳輸,然而在都市的環境中,很可能多於 30% 的實例都並非視線所能及

(NLOS)的範圍，也因此實際上，用戶僅能在2公里範圍內以 10 Mbps 的速率傳輸。WiMAX在此方面與數位用戶迴路有一些相似處，只能在高頻寬與長距離傳輸間作取捨，而無法兼得。關於 WiMAX 的另一項特徵是其頻寬乃是由特定基地台區域內的用戶所共享，也因此每位用戶所能享有的頻寬是與單一區域內的有效用戶數成反比的。

( ) 1. 在下列網路設備中,何者可以連結兩個異質網路? (A)Repeater (B)Bridge (C)Hub (D)Router。

( ) 2. 以下對網域名稱伺服器(DNS)的敘述,何者不正確? (A)負責網域名稱 (Domain name)與IP位址轉換 (B)在做網路設定時,如果DNS伺服器設定錯, 就無法連上任何網站 (C)一個IP可對到多個網域名稱(Domain name) (D)一 個網域名稱(Domain name)可對到多個IP。

( ) 3. Router為下列哪一層的設備? (A)實體層(Physical layer) (B)資料鏈結層 (Data link layer) (C)網路層(Network layer) (D)傳送層(Transport layer)。

( ) 4. 以下何者不屬於網路OSI模型? (A)實體層 (B)邏輯層 (C)會議層 (D)表現 層。

( ) 5. 網路的五個節點全部互連,共需幾條連接線? (A)13 (B)12 (C)11 (D)10。

( ) 6. 下列何者為不合法的IP地址? (A)192.0.255.3 (B)140.9.100.1 (C)127.2.1.257 (D)1.2.3.4。

( ) 7. 為因應目前IPV4網際網路地址空間不足的問題而提出新一代網際網路地址系 統,稱為IPV6。請問一個IPV6的地址長度為何? (A)16位元 (B)32位元 (C)64位元 (D)128位元。

( ) 8. 理論上以下哪一種無線通訊系統的單一基地台可涵蓋範圍最廣? (A)GSM (B)WiMAX (C)WiFi (D)3G。

( ) 9. 下列何者為利用分時或分頻技術能將許多不同終端設備的訊號共用一條傳輸線 的網路設備? (A)Router (B)Repeater (C)Bridge (D)Multiplexer。

( ) 10. 下列何者為資料傳輸速度的單位? (A)DPI (B)BPS (C)CPS (D)CPI。

( ) 11. 下列何者非網路設備? (A)HUB (B)Router (C)Bridge (D)VR。

( ) 12. 電腦與通訊結合之資訊社會,一般所稱的〝LAN〞,指的是何種網路? (A) 區域網路 (B)廣域網路 (C)都會網路 (D)網際網路。

( ) 13. 無線區域網路標準IEEE 802.11g的最高資料傳輸速率為何？　(A)11 Mbps
(B)1 Mbps　(C)54 Mbps　(D)300 Mbps。

( ) 14. 以下何者常用來衡量網路的速度？　(A) ppm　(B) dpi　(C) bps　(D) byte。

( ) 15. 網域命名中何者代表學校機關？　(A) com　(B) ac　(C) edu　(D) gov。

( ) 16. 下列何種網路傳輸媒體，具有傳輸速度快、距離遠、頻寬大、訊號不易衰減且
不受電磁干擾等優點，而最適用為電話網路、電腦網路及有線電視網路的骨幹
(Backbone)？　(A)同軸電纜　(B)微波　(C)光纖　(D)雙絞線。

( ) 17. 一家所有部門都在同一棟大樓的公司，最適合的企業內網路(Intranet)型態為？
(A)LAN　(B)MAN　(C)VAN　(D)WAN。

( ) 18. 印表機與電腦主機間的資料傳輸方式，屬於下列何種？　(A)單工　(B)半雙工
(C)全雙工　(D)多工。

( ) 19. Wi-Fi網路利用下列何種方式提供電腦和設備與無線高速網際網路連線？　(A)
銅製電話線　(B)有線電視網路　(C)無線電訊號　(D)碟型天線。

( ) 20. 目前網路中所謂的WWW指的是下列的哪一項？　(A)What Where and Why
(B)What a Wonderful World　(C)World Web Watch　(D)World Wide Web。

參考解答

1.D	2.B	3.C	4.B	5.C	6.C	7.D	8.B	9.D	10.B
11.D	12.A	13.C	14.C	15.C	16.C	17.A	18.A	19.C	20.D

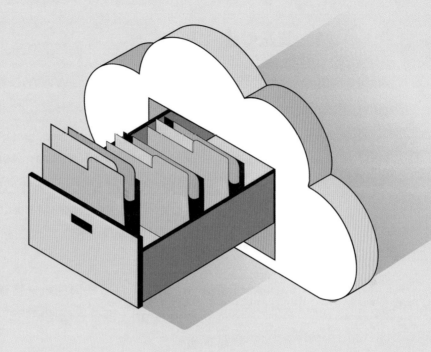

網路服務的認識

11-1 網路服務的認識

1. 資訊傳遞

(1) 全球資訊網(World Wide Web, WWW)技術架構

    A. 統一資源識別元(Universal Resource Identifier ,URI)，定位所有WWW資源。

    B. 超文字傳送協定(HyperText Transform Protocol , HTTP)，規定WWW瀏覽器和伺服器交流方式。

    C. 超文字標記語言(HyperText Markup Language , HTML)，定義WWW傳送超文字檔的結構和格式。

(2) WWW瀏覽過程

    A. 在瀏覽器上鍵入想存取網頁的統一資源定位符(Uniform resource locator)，或透過超連結方式鏈結到那個網頁或網路資源。

    B. 向那個IP位址工作的伺服器提出HTTP請求，構成該網頁的HTML文字、圖片和其他檔案透過HTTP會被逐一請求並送回。

    C. 瀏覽器把HTML、CSS和其他接受到的檔案所描述的內容，加上影像、鏈結和其他必須的資源，顯示形成網頁。

(3) 搜尋引擎

網路搜尋引擎(Web search engine)是自動從全球資訊網搜集特定的資訊，提供給使用者進行查詢的系統。其工作過程會先利用網路爬蟲(Web crawler)來連上每一個網頁上的超連結，接下來按照規則進行編排建立索引，然後使用者向搜尋引擎發出查詢，搜尋引擎接受查詢並向使用者返回資料。若要找兩種（或以上）類型的資料時，可以使用「布林運算符號」來配合搜尋。Google中提供了「+」、「-」、「OR」等布林運算符號：

    A. 且(＋)

    是「都要」(AND)的布林運算，會得到查詢的交集。

B. 非(－)

是「一定不要」的布林運算，會得到查詢的差集。例

如：查詢A-B會得到有A無B的查詢結果。

C. 或(OR)

可以查詢到兩個關鍵字結果的聯集。

圖11-1 Microsoft edge瀏覽器

(4) 電子布告欄系統(Bulletin Board System, BBS)

是一種網站系統，是網路論壇的前身，提供布告欄、分類論
壇、新聞閱讀、軟體下載與上傳、遊戲與其他使用者線上對
話等功能。使用者利用遠端登錄(Telnet)服務連線到布告欄
系統伺服器，例如：下圖為目前臺灣最大的BBS討論區「批
踢踢實業坊」。

圖11-2 批踢踢實業坊

(5) 部落格(Blog)

是一種一對多的社群媒體,線上日記型式的個人網站,藉由張貼文章、圖片或影片來記錄生活、抒發情感或分享資訊,是一種個人化的出版平台。例如:Blogger、WordPress為最大部落格平台之一;在臺灣例如:痞客邦、Xuite日誌、PCHome個人新聞台。

圖11-3　痞客邦(ref: https://www.pixnet.net/)

(6) 社交網路服務(Social Networking Service, SNS)

是一種多對多的社群媒體,提供多種讓使用者互動起來的方式,可以為聊天、寄信、影音、檔案分享、部落格、新聞群組等,為資訊的交流與分享提供了新的途徑。例如:Facebook、Pinterest、Instagram、Twitter、Plurk。

圖11-4　facebook(ref: https://www.facebook.com/)

(7) 即時通訊(Instant Messenger, IM)

是一種透過即時傳送訊息允許兩人或多人使用網路即時的傳遞文字訊息、檔案、語音與視訊交流。例如:WhatsApp、Line、Skype、Facebook Messenger、ICQ等。

圖11-5　Line

(8) 電子郵件(E-mail)

　　將我們從電腦所寫好的信件內容由自己信件伺服器傳送至對方的信件伺服器，當對方的信件伺服器接收到外來的電子郵件時，會再將郵件送至所管理的使用者帳號內等待讀取。

　A. 電子郵件地址

　　一般網路上的使用者將ID與Address組合在一起就可以組成電子郵件地址。

　B. SMTP(Simple Mail Transfer Protocol)簡單郵件傳輸協定

　　用來在網路上傳送及接收E-mail的TCP/IP協定，負責信件的發送、收信、轉送、以及信件的管理（例如：信件的儲存）功能。目前實務上主要用來傳信。

　C. POP3（Post Office Protocol，郵局收信協定，簡稱POP）

　　用於存取遠端主機的信箱，使用者可在某郵件伺服器上擁有固定的電子信箱，本身卻可游走於不同的機器間，並透過POP3存取該主機的電子信箱。

　D. MIME（Multipurpose Internet Mail Extensions，多用途互聯網郵件擴展）

　　它為擴展電子郵件標準，使其能夠支持非ASCII字符、二進制格式附件等多種格式的郵件消息。

E. IMAP

POP3協定是將郵件下載至本地電腦裡處理，IMAP則是將郵件保留在遠端的郵件伺服器上，透過瀏覽器處理。

F. 收發電子郵件的方式

(A) 使用電子郵件軟體進行郵件的收發，例如：Outlook、Windows Mail、Thunderbird。

(B) 使用網路電子信箱(Webmail)

直接透過瀏覽器來收發E-mail，例如：Gmail、yahoo。

2. 檔案傳輸與數位內容

(1) 透過網路進行檔案傳輸，可分兩種方式來進行：

A. 檔案傳輸協定(File Transfer Protocol, FTP)

是一個用於在電腦網路上客戶端和伺服器之間進行檔案傳輸的應用層協定，使用主從式(Client-Server)架構。FTP服務用埠20於客戶端和伺服器之間傳輸資料流，用埠21於傳輸控制流。常見的FTP軟體有FileZilla、CuteFTP等，用檔案總管也可登入FTP伺服器進行檔案傳輸。

B. 對等式網路(Peer-to-Peer, P2P)

是無中心伺服器、依靠使用者群交換資訊，其中每個使用者端既是一個節點，也有伺服器的功能。檔案本身存在使用者的電腦上，大多數參加檔案分享的人也同時下載其他使用者提供的分享檔案。常見的P2P檔案分享軟體有：eDonkey、BitTorrent、eMule。

(2) 數位內容(Digital Content)

將圖像、字元、影像、語音等資料加以數位化並整合運用之技術、產品或服務。（ref：經濟部數位內容產業推動辦公室）

(3) 數位典藏(Digital archive)

用數位化的方式，將重要的文物、史料、照片、影音…等資料記錄保存。

(4) 網路學習

可以利用網路進行互動學習，或向網友提問。例如：利用
Yahoo!奇摩知識+、維基百科網站(Wikipedia)。

(5) 網路影音

在網際網路上提供影音服務，可以透過網路看電影、網路電
視；收聽線上廣播、音樂等。例如：YouTube、Twitch等。

(6) 網路相簿

提供平台，讓使用者分享照片。例如：Flickr、 Google相簿
與各大部落格。

11-2　網路科技的應用

1. 智慧城市與遠距醫療

(1) 智慧城市(Smart city)概念

是指利用各種資訊科技技術與創新服務，提出能改善市民生
活品質的智慧服務與建設，以提升資源運用的效率，優化都
市管理和服務，讓市民過更便利的生活。

圖11-6　智慧城市－韓國松島國際都市(ref: http://songdo.com/)

(2) 智慧交通

是指智慧城市與交通相關的各種建設，包括：

A. 智慧路燈

整合網路及感測器，將環境感測、行動網路、追蹤定位及人車流量數據與雲端運算技術整合。進行交通違規記錄、即時車流分析、交通事故與安全監控、大數據資料分析。

B. 智慧停車服務

能查詢即時停車格空位，自動偵測辨識車牌，透過App自主開單、線上繳費。

圖11-7　智慧停車服務(ref: https://www.utaggo.com.tw)

C. 無人自駕車(Driverless Car)

仰賴電腦系統、雷達測距、攝影機、GPS定位器等設備來實現。

(3) 智慧救災

A. 即時定位救援系統

透過視訊實境互動與手機定位功能，可即時回傳報案GPS位置與現場影像，以有效縮短救災時間，掌握現場狀況，做出更有效的應變措施。

B. 無人機救災

運用無人機或機器人，代替人類深入危險場域，進行緊急救援。

(4) 遠距醫療(Telemedicine)

是結合醫療、通信和數位科技，能跨越時空的限制，進行遠距診斷、遠距會診、遠距治療、居家照護及臨床教學、醫師繼續教育等服務。例如：心電圖24小時記錄監測、跌倒偵測系統、健康智慧手環。

2. 金融科技(Financial Technology, FinTech)

WEF 2015年提出金融服務的未來報告，根據6項金融服務功能，提出了無現金世界等11個金融科技創新項目：

(1) 支付

A. 無現金世界(Cashless world)：在現有的支付系統下，有些新的消費機能正在發酵，而這也會改變消費者消費行為；關鍵趨勢為行動支付、流線型帳單、帳單整合。

B. 新興支付(Emerging payment rails)：對於加密貨幣的最大潛力應該在簡化價值轉移的過程而非價值儲存；關鍵趨勢為加密協定、點對點的傳輸、行動錢包。

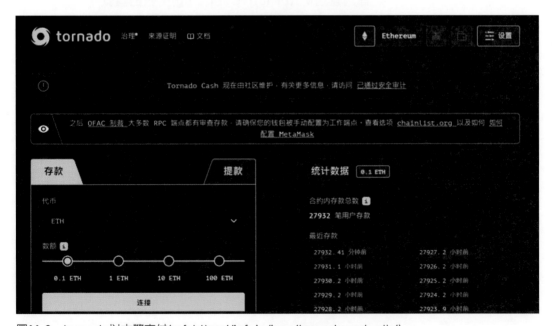

圖11-8　tornado以太幣支付(ref: https://ipfs.io/ipns/tornadocash.eth/)

(2) 保險

A. 保險裂解(Insurance disaggregation)：保險公司的策略
將因應網路保險交易市場的出現以及風險均值化而做出
改變。關鍵趨勢為自動駕駛車、第三方資本、共享經
濟。

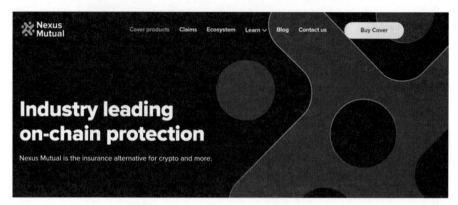

圖11-9　Nexus Mutual保險(ref: https://nexusmutual.io/)

B. 保險串接裝置(Connected Insurance)：穿戴式裝置的普
及可以使保險公司規劃出高度個人化的保單，甚至可以
主動管理顧客風險。關鍵趨勢為標準化的平台、穿戴式
裝置、物聯網。

(3) 存貸

A. 替代管道(Alternative lending)：新的貸款平台改變其評
價機制以及貸款發放，同時開發一些非傳統的資金來
源。

B. 通路偏好轉移(Shifting customer preference)：市場的
新進入者會以顧客為第一考量，故也會迫使銀行重新定
義自己的角色。邁向全通路(Omni-channel)，是指企業
採取儘可能多的零售通路類型進行組合和整合（跨通
路）銷售的行為，以滿足顧客購物、娛樂和社交的綜合
體驗需求，這些通路類型包括有形店鋪（實體店鋪、服
務網點）和無形店鋪（上門直銷、直郵和目錄、電話購
物、電視商場、網店、手機商店），以及信息媒體（網
站、社交媒體、E-mail）等等。

(4) 籌資

群眾募資(Crowdfunding)：募資平台擴大了一般的籌資活動，使整個生態圈更加豐富。

圖11-10　嘖嘖募資平台(ref: https://www.zeczec.com/)

(5) 投資管理

圖11-11　王道銀行機器人理財(ref: https://www.o-bank.com/retail/wm/robot)

A. 賦權投資者(Empowered investors)：目前正在改善複雜財務管理的門檻，迫使傳統的理財顧問進化。

B. 流程外部化(Process externalisation)：流程外部化的範圍擴大，以提升其營運效率。

(6) 市場資訊供應

    A. 機器革命(Smarter, Faster machine)：由於高頻交易的熱度下滑，對於交易演算法的關注可能轉向於使真實生活更智能。

    B. 新的市場平台(New market platforms)：改善了市場之間的連結，同時提高市場的流動性、效率。

(7) 網路銀行

    A. 傳統銀行推出網路銀行服務

    為實體銀行服務的一環，開戶要親赴銀行，例如：行動網銀App、銀行官網上的網路銀行服務。

    B. 數位帳戶

    可24小時線上服務，沒有存摺、有金融卡。可線上開戶，例如：王道銀行、國泰 KOKO、台新 Richart。

    C. 純網路銀行

    銀行所有業務網路化，可線上開戶，例如：樂天銀行、將來銀行、LINE Bank。

11-3　物聯網

1. 物聯網基本概念與常見應用

(1) 物聯網(Internet of Things, IoT)

是一種計算裝置、機械、數位機器相互關聯的系統，具備通用唯一辨識碼(UID)，並具有自動通過網路傳輸數據提供其他應用的能力。物聯網將現實世界數位化，可拉近分散的資料，統整物與物的數位資訊。物聯網的應用領域主要包括以下方面：運輸和物流、工業製造、健康醫療、智慧型環境（家庭、辦公、工廠）、個人和社會領域等。

(2) 物聯網架構

歐洲電信標準協會(ETSI)將物聯網分成三層，感知層(Device)、網路層(Network)、應用層(Applicatio)：

A. 感知層(Device)：針對不同的場景進行感知與監控，具有感測、辨識及通訊能力的設備，包含RFID 標籤及讀寫器、GPS、影像處理器與溫度、濕度、紅外線、光度、壓力、音量等各式感測器等。

B. 網路層(Connect)：將感知層收集到的資料傳輸至網際網路，能夠把感知到的資訊無障礙、高可靠性、高安全性地進行傳送，包括語音傳輸為主的「電信網路」(TeleCom)與資料傳輸為主的「數據網路」。

C. 應用層(Manage)：這是物聯網與行業間的專業進行技術融合，根據不同的需求開發出相應的應用軟體。主要包含應用支撐平台子層和應用服務子層。其中應用支撐平台子層用於支撐跨行業、跨應用、跨系統之間的資訊協同、共用、互通的功能。應用服務子層包括智慧交通、智慧醫療、智慧家居、智慧物流、智慧電力等應用。

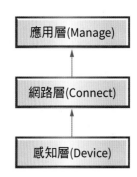

2. 物聯網常見應用

(1) 智慧家居

運用手機、平板電腦無線遙控家中的電燈、窗簾開關。

(2) 智慧語音助理(Intelligent Voice Assistant)

是一種能替個人執行任務或服務的軟體代理(Software agent)，例如：Amazon Echo上的Alexa、Google Home上的Google智能助理。

(3) 智慧電表(Advanced Metering Infrastructure, AMI)

能即時提供用戶用電資訊，讓電力公司掌握用戶用電行為與習慣，用戶也能分析用電習慣找出節能方法。

(4) 智慧交通

如GPS公車動態資訊系統查詢某路線公車的行車位置及預計到站時間。

(5) AIoT（智能物聯網）

是指人工智慧(AI)結合物聯網(IoT)的新興智慧應用，例如：智慧路燈就是一種AIoT的應用。

3. 感知層技術

感知層中感測技術主要是讓物體具有感測環境變化或物體移動的能力，辨識技術可讓裝置得知身分或狀態。感測器類型：

(1) 聲波

例如：音訊感測器、超音波感測器等。

(2) 控制與監測

例如：觸控式感測器、電流／電壓感測器、磁感應感測器、重力加速度感測器及角速度感測器（簡稱陀螺儀）等。

(3) 環境偵測

例如：紅外線熱能感測器、紅外線偵測儀、煙霧偵測器、液位／流量感測器、近程感測器、溫濕度感測器、壓力感測器、氣壓計及高度計等。

(4) 生物感測器

例如：電化學生物感測器、半導體離子感測器、光纖生物感測器、壓電晶體生物感測器、腦電圖(EEG)感測器、血糖感測器等。

4. 網路層與應用層技術

(1) 網路層

扮演感知層與應用層中間的橋梁，負責將分散於各地的感測資訊集中轉換並傳遞至應用層。例如：短距離的Wi-Fi Aware、Wi-Fi Direct、RFID、藍牙、Zigbee、無線感測網路、NFC、紅外線及中長距離的4G、5G。

(2) ZigBee

無線通訊標準為IEEE 802.15.4，具有短距離（50公尺內）、低速率(250 Kbps)、低耗電、低成本等特性。

(3) 商業智慧(Business Intelligence, BI)

有系統地運用各種資料管理技術，來辨認、擷取與分析企業內部資料庫的資料，並呈現資料分析的結果，用於支援企業決策判斷。

(4) 決策支援系統(Decision Support System, DSS)

用來協助中高階主管制定決策的資訊系統，可以支援管理階層提高決策效能。

11-4　雲端應用

1. 雲端儲存應用

(1) Dropbox、OneDrive、Google雲端硬碟、iCloud等，這些儲存服務都提供了免費的儲存空間。提供了檔案儲存、檔案備份、檔案共享及協同編輯等功能。

(2) Google雲端硬碟應用

A. 申請Google帳戶

B. 登入Google雲端硬碟

Google雲端硬碟提供15GB的免費儲存空間。

C. 從 Google 雲端硬碟網站上傳

在電腦上前往drive.google.com，接著可以從電腦上傳檔案，或在Google雲端硬碟中建立檔案。

D. 檔案管理

使用電腦時，你可以從drive.google.com或從桌面上傳檔案。檔案上傳位置可以是私人或共用資料夾。如要整理雲端硬碟中的檔案，您可以建立不同的資料夾來收納自己的文件，方便您尋找及共用各類檔案。

E. 開啓、瀏覽雲端硬碟中的檔案

可以找出要儲存下來以便離線時使用的Google文件、試算表或簡報檔案，然後在檔案上按一下滑鼠右鍵，開啓[可離線存取]。

F. 分享及共用雲端硬碟中的檔案

可以與他人共用檔案或資料夾，讓其他使用者也可以檢視項目、編輯項目或加上註解。

G. 搜尋雲端硬碟中的檔案

Google雲端硬碟可以存放任何類型的檔案,也可以很容易搜尋。

H. 查看儲存空間

(3) Google雲端硬碟App

Google雲端硬碟支援使用iOS、iPad OS、Android,使用方式與網頁版大同小異。

圖11-12　Google雲端硬碟 (ref: https://drive.google.com/drive/)

2. 雲端行事曆應用

(1) 常見的雲端行事曆

目前常見的雲端行事曆有:Google日曆、Outlook行事曆、TimeTree。

(2) 雲端行事曆應用:Google日曆

A. 登入Google日曆

B. 建立新活動與邀請好友參加活動

在日曆方格中按一下有空的時段,或按一下[＋建立]。接著在[新增邀請對象]欄位中,輸入使用者名稱或電子郵件地址的前幾個字。系統會在您輸入文字的同時顯示貴機構目錄中相符的電子郵件地址。

C. 編輯與刪除活動

遭到刪除的活動會在日曆的垃圾桶中保留大約30天；30天後，系統就會永久刪除這些活動。

D. 建立週期性活動

可以安排一次性活動（例如：會議）和週期性活動（例如：員工例會）。

E. 共用日曆

依序按一下「設定」圖示 ⚙ [設定]，在左側按一下您的日曆。在「存取權限」部分選擇[公開這個日曆]或[與<我的機構>共用]，也可以取得日曆的HTML連結，然後分享給其他使用者。

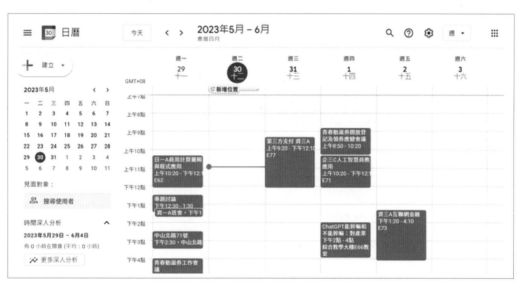

圖11-13　Google日曆(ref: https://calendar.google.com/calendar/)

3. 雲端問卷—Google表單

(1) 認識 Google表單

可以使用Google表單建立線上問卷調查和測驗，然後傳送給其他人，或是透過社群網站發布，還可以直接嵌入於網頁中。

(2) 用表單製作問卷調查表

前往forms.google.com，按一下「空白」圖示 ＋，系統隨即會開啟一份新表單。接著可以在表單中新增及編輯文字、圖片或影片，也可以設定這些項目的格式。準備好後，你可以將表單傳送給作答者並收集回應資料。

表 11-1　Google 表單問題作答類型使用

類型	說明
簡答	讓填答者輸入少量文字。
段落	開放式問答題，填答者可以輸入較多的文字。
選擇題	單選題，填答者只能選取其中一個答案。
核取方塊	代表此問題為複選題，填答者可以自行勾選多項答案，也可以加入「其他」選項，供填答者輸入簡短回答。
下拉式選單	屬於單選題，以下拉式選單方式呈現。
檔案上傳	可以讓填答者上傳檔案。
線性刻度	填答者可以按照等級評比選項
單選方格	建立同質性的問題或選項，填答者在每一列只能選取一個答案。
核取方塊格	建立同質性的問題或選項，填答者在每一列可以選取一或多個答案。
日期	填答者可填入日期。
時間	填答者可填寫時間。

圖11-14　Google表單(ref: https://docs.google.com/forms/)

(3) 用表單製作自動評分測驗卷

在Google表單中，按一下「加號」圖示 ✚ ，按一下右上角的「設定」圖示 ✿ ，依序按一下[測驗]>[設為測驗]，選用：如要收集電子郵件地址，請依序按一下 [一般]>[收集電子郵件地址]，按一下[儲存]。另外可以建立答案、指派問題配分並輸入自動作答回饋，選擇作答者在作答期間與交卷後所看到的內容，將測驗傳送給公司或學校外的使用者。

11-5 雲端影音資源應用

1. 串流影音技術

(1) 串流(Streaming)影音技術

是透過通信網路，由伺服器將影音檔案傳送並分解成許多小封包(Packets)，產生連續不間斷的訊號流；訊號流到用戶端之後，再利用媒體播放程式將這些封包一一重組與呈現，藉由不斷從伺服器往客戶端傳送視訊的小封包，產生一個連續且持續不斷的訊號流，故名為串流媒體。串流媒體最大的功用是在於即時的將壓縮後的視訊與音訊資料傳遞到客戶端，讓客戶端可以在尚未完全接收到全部的資料內容之前便開始透過用戶端的程式加以解壓縮，並且將視訊與音訊內容加以播放。常見的串流傳輸影片格式有：WMV、ASF、RM/RMVB、MOV、3GP、FLV等。

(2) 串流影音技術具有以下特性：

A. 各公司所發展的串流影音格式，都有個別標準，不同的播放軟體所支援的串流格式也不太相同。

B. 影音資料不易被複製，有助於智慧財產權的保護。

C. 影音播放結束後，不會將檔案儲存在電腦中。

2. YouTube

(1) YouTube是一個專門提供使用者上傳、觀看與分享影片的影音共享網站，網站上收集了世界各地使用者所上傳的影片，網站中並提供搜尋功能，讓使用者能夠在成千上萬的影片中迅速搜尋到特定的影片。

(2) 在 YouTube上觀看影片。

(3) 訂閱頻道，訂閱YouTube 頻道後，則該頻道只要有更新影片，訂閱者都能觀賞到。

圖11-15　YouTube (ref: https://www.youtube.com/)

(4) 上傳影片及分享影片，YouTube可上傳的影片檔案格式有：.MOV、.MPEG4、.MP4、.AVI、.WMV、.MPEGPS、.FLV、3GPP、 WebM、 DNxHR、 ProRes、 CineForm、HEVC (h265)等。

(5) 經營頻道
YouTuber是在自己的YouTube頻道上分享影片，藉由高點閱率引起廣告商注意，進而下廣告或贊助，再從中獲得收入。

(6) Facebook Watch是Facebook推出的影音平台，可以上傳原創影片，或是追蹤自己喜歡的頻道和節目，還可以快速地看到自己的Facebook好友分享了哪個影片，或為哪個影片按了讚，觀看影片時還能與好友進行線上交談。

(7) 線上串流影音平台

常見的影音平台有：Netflix、愛奇藝、friDay影音、LINETV、KKTV、KKBOX、Spotify、Apple Music、YouTube Music等。

圖11-16　Spotify(ref: https://open.spotify.com/)

3. 網路直播平台

(1) 網路直播具有即時性、互動性高、隨選隨看等特點。

(2) 目前知名的網路直播平台包含了：Twitch、金剛、Uplive、17直播、浪Live、鬥魚TV、Live.me…等。

(3) 進行實況轉播的主播被稱為直播主或實況主。

圖11-17　Twitch(ref: https://www.twitch.tv/)

1. 交通方面之應用

(1) 臺灣公車通

圖11-18　臺灣公車通
提供臺北市、新北市、基隆市、桃園市、臺中市、臺南市、高雄市、宜蘭縣、金門縣以及國道、公路客運之公車動態資訊查詢，藉由告知公車預計抵達站牌的時間，讓使用者更精確的掌握公車行車資訊。

(2) Google Maps

圖11-19　Google Maps
是Google公司向全球提供的電子地圖服務，地圖包含地標、線條、形狀等資訊，提供向量地圖、衛星相片、地形圖等三種視圖。(ref: https://www.google.com/maps?authuser=1)

(3) 高速公路1968

　　係由交通部高速公路局發行，提供專屬的高速公路路況資訊整合服務。

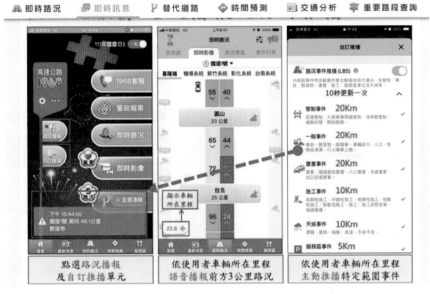

圖11-20　Coursera(ref: https://www.coursera.org/)

2. 社會與學習方面之應用

(1) 健保快易通

中央健康保險署所開發的App，民眾使用該App就能隨時隨地掌握健保署的各項資訊。其中「健康存摺」，可以查詢最近一次西醫、牙醫及中醫就醫紀錄、牙醫門診資料、就診行事曆、生理量測紀錄、就醫提醒等資訊。

圖11-21　健保快易通(ref: https://www.nhi.gov.tw/Content_List.aspx?n=98F22 C99E092DC9A&topn=CA428784F9ED78C9)

(2) 警政服務

由內政部警政署開發的服務平台，提供了電話（視訊）報案、警廣、治安（失竊車輛查詢、守護安全、查捕逃犯等）、交通（違規拖吊、即時路況查詢、事故資料申請等）及推播訊息（即時的防詐、交通、治安等宣導資訊）等服務項目。

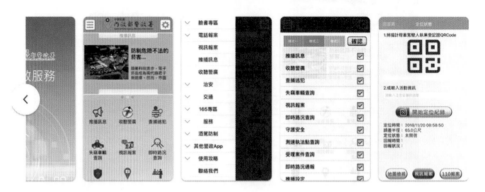

圖11-22　警政服務App(ref：https://play.google.com/store/apps/details?id=tw.gov.npa.callservice&hl=zh_TW&gl=US&pli=1)

(3) TW FidO 臺灣行動身分識別

由內政部推出的，為了簡化電子憑證的身分辨別過程，只要下載App，並使用自然人憑證註冊、綁定手機，完成行動身分識別後，繳稅時就可用手機透過指紋或臉部辨識，進入報稅系統完成申報。如此，可避免身分被冒用並提高安全性。

圖11-23　TW FidO(ref: https://fido.moi.gov.tw/pt/downloadApp)

(4) Coursera

線上自學課程的平台，該平台的課程是由多所大學（耶魯、
劍橋、史丹佛等）和教育機構所提供，課程包括生物學、物
理學、統計、法律、科技、藝術人文、設計等領域，可隨時
隨地透過App自主學習。

圖11-24　Coursera(ref: https://www.coursera.org/)

(5) Evernote

雲端筆記本，能隨時隨地將想要的資訊記錄下來，且不管是
網頁、圖片、檔案等內容都可儲存至雲端，不論是在電腦、
平板電腦、行動裝置上都可以讀取記事內容及新增筆記。

圖11-25　evernote(ref: https://help.evernote.com/hc/zh-tw/articles/
360055388913)

( ) 1. E-mail Server傳送郵件，通常是使用哪一種通訊協定？ (A)SMTP (B)FTP (C)PPP (D)TELNET。

( ) 2. 你與某研究單位有合作研究，需要使用一專業軟體，該專業軟體位於該研究單位的unix主機（IP為192.168.3.3）上。今該單位的MIS人員通知已經為你開設帳號，你可以連線進來執行程式。請問你應如何連線來使用該專業軟體？ (A)ftp192.168.3.3 (B)exec192.168.3.3 (C)telnet 192.168.3.3 (D)ping192.168.3.3。

( ) 3. 關於網際網路(Internet)上，網域名稱(Domain name)之習慣用法，下列何者錯誤？ (A)edu代表教育單位 (B)net代表非營利組織 (C)com代表商業組織 (D)gov代表政府機關。

( ) 4. HTML語言用來建立文字超連結的標籤為？ (A)<A HREF=...>...</A> (B)<CITE>...</CITE> (C)<FONT SIZE=...>...</FONT> (D)<TR>...</TR>

( ) 5. 在kayla@nasa.gov這個電子郵件位址裡，哪一部分是網域名稱(Domain Name)？ (A)kayla (B)gov (C)nasa (D)nasa.gov。

( ) 6. 在電腦網路術語中，所謂ISP是指 (A)網際網路 (B)臺灣學術網路 (C)區域網路 (D)網路服務提供者。

( ) 7. 在電腦網路中，BBS的意義為？ (A)British Broadcasting System (B)Broad Baud System (C)Bulletin Board System (D)Bits，Bytes and System。

( ) 8. 以下何者不是有關全球資訊網(WWW)的專有名詞？ (A)HTML (B)URL (C)Browser (D)MULTICS。

( ) 9. 下列哪個協定與電子郵件無關？ (A)ICMP (B)IMAP (C)POP (D)SMTP。

( ) 10. Outlook或其他收信軟體，可用下列哪個協定把電子郵件從郵件伺服器收到個人電腦上？ (A)UDP (B)SMTP (C)POP3 (D)TCP。

( ) 11. 在解決網路問題時，常使用Ping指令來測試網路是否連通，Ping是送出下列何種封包？ (A)UDP (B)TCP (C)ICMP (D)ARP。

( ) 12. ftp是下列哪一種協定？　(A)超連結文件通訊協定　(B)終端機通訊協定　(C)媒體串流通訊協定　(D)檔案傳輸通訊協定。

( ) 13. 對於超文字標記語言(HyperText Markup Language, HTML)，下列敘述何者錯誤？　(A)HTML的語法是由W3C成員所共同制定的　(B)Microsoft Internet Explorer及Netscape Navigator均支援HTML，因此皆可作為網頁的瀏覽器　(C)使用標準HTML語法製作出來的網頁在不同瀏覽器中的顯示結果有可能不相同　(D)HTML語法主要由延伸標記語言(eXtensible Markup Language, XML)轉變而來。

( ) 14. 下列伺服器何者的主要功能是將網際網路上某一機器的領域名稱(Domain Name)轉換成對應的網際網路協定位址？　(A)SQL　(B)DNS　(C)FTP　(D)Web。

( ) 15. 從 "http://www.president.gov.tw" 網址可以判斷出此單位為何類型機關？　(A)學術單位　(B)商業公司　(C)政府機關　(D)法人組織。

( ) 16. 在網域命名中，下列何者提供一般企業（商業性組織）申請？　(A)edu　(B)gov　(C)com　(D)org。

( ) 17. 下列何者為接收電子郵件之通訊協定？　(A)POP　(B)WAP　(C)GSM　(D)E-mail。

( ) 18. 以下何種較像是符合檔案傳輸協定的應用程式？　(A)CuteFTP　(B)PowerCAM　(C)WinRAR　(D)ghost。

( ) 19. 下列何種網際網路服務，可讓使用者透過網路登錄到遠端主機，執行該主機上的程式？　(A)Archie　(B)IRC　(C)News　(D)Telnet。

( ) 20. 網域名稱的使用，下列敘述何者不正確？　(A)一個網域名稱中，最後的符號.tw指的是 "臺灣" 的網域　(B)網域名稱越後面其所涵蓋的範圍越大　(C)網域名稱中第一個符號指的是電腦機器名稱　(D)資料經由網路傳輸時，網域名稱會先被轉成IP位址。

參考解答

1.A	2.C	3.B	4.A	5.D	6.D	7.C	8.D	9.A	10.C
11.C	12.D	13.D	14.B	15.C	16.C	17.A	18.A	19.D	20.C

Computer Science
Introduction and
Application

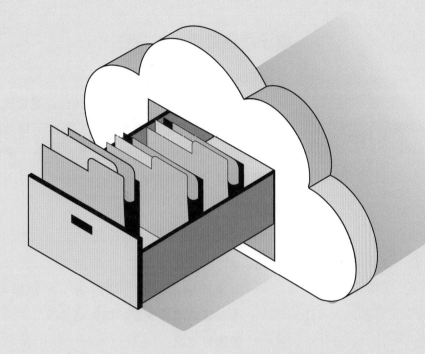

電子商務

12-1 電子商務基本概念

1. 電子商務的定義與特性

(1) 定義

電子商務(Electronic commerce)意思是在資訊網路上利用電子方式所進行的商業行為。因此，舉凡網路購物、寄送給消費者的物流、以及最後的售後服務，網路廣告，網路拍賣等均屬於電子商務的範圍。

(2) 特性

電子商務具有下列幾大特性：

A. 潛在市場大

只要是網際網路的使用者，都是電子商務的潛在消費者，顯示電子商務的龐大商機。

B. 營運成本低

電子商務透過網際網路為平台，去除實體店面成本，減少人力成本，也沒有傳統銷售通路的中間商和分銷商。而且，網路上的廣告和營銷相對便宜且靈活，大大降低營運成本。

C. 時空限制少

電子商務平台不受時間限制，消費者可以隨時進行線上購物。電子商務也使得商業活動突破了地域限制，可以在全球範圍內進行交易。

D. 交易模式多

電子商務提供了多種交易模式，包括B2C（企業對消費者）、B2B（企業對企業）、C2C（消費者對消費者）等等。這樣的多元化使得不同類型的交易可以在線上進行，滿足不同用戶的需求。

E. 交易速度快

電子商務平台通常提供即時訊息傳遞的功能，消費者在網路上即可完成比價、訂貨、付款。商家即時收到交易

訊息，進行發貨，消費者還能夠在線上追蹤包裹的運送
情況，並在最短的時間內收到商品。

F. 行銷客製化

電子商務平台透過收集和分析消費者的購買行為、偏好
和交互數據，了解他們的喜好和需求。根據這些數據，
平台可以提供個性化的商品推薦和行銷活動，以吸引消
費者的注意並提高銷售率。

圖12-1　電子商城購物，不受時空限制
(ref:https://shopee.tw/mall)

2. 電子商務的交易流程

電子商務的運作過程包含商流、資訊流、金流、與物流等四
個層面。

(1) 商　流

交易過程中，商品所有權的移轉流程。例如：商品所有權會
由商品製造商移轉給消費者。

(2) 資訊流

訊息的流通與交換，或是以資訊技術支援其他各流的部分。
例如：訂單資訊的流通。

(3) 金流

　　金錢的流通,亦即電子商務中電子交易收付款的部分。

(4) 物流

　　貨物的流通,亦即商品由生產商配送到消費者手上的部分。

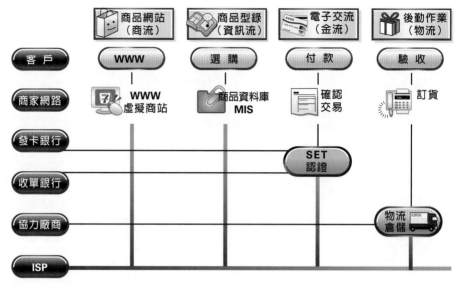

圖12-2　電子商務的交易流程

12-2　電子商務的經營模式

　　電子商務的經營模式有很多種,且日新月異中,本書僅對目前比較重要的模式列出來。

1. 企業對企業模式(Business to Business, B2B)

　　此為企業和其上游廠商或下游廠商間的交易行為,此種模式可以增加企業生產力、提高工作效率、降低營運成本等。例如:捷元B2B網站、臺灣經貿網、雄獅旅遊B2B同業網。

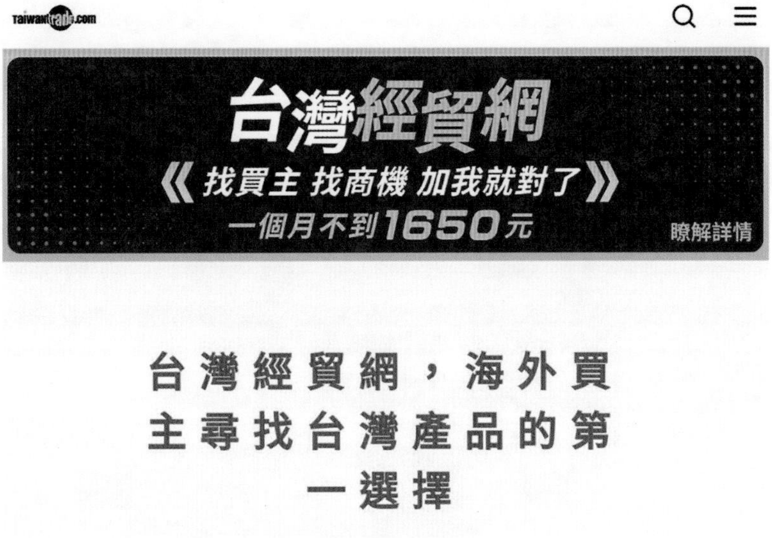

圖12-3 號稱臺灣最大的B2B網站—臺灣經貿網
(ref:https://ttmarket.taiwantrade.com/home.html)

2. 企業對消費者模式(Business to Consumer, B2C)

此為企業對消費者所提供的服務，企業利用網路將產品直接於網路上銷售，或是提供消費者諮詢服務。例如：博客來網路書店、ezTravel易遊網、PChome線上購物等。

3. 消費者對企業模式(Consumer to Business, C2B)

是以消費者為核心的商業模式，由消費者先發出需求，再由企業承接，提供客製化的服務。例如：美國的Priceline旅遊網站；ihergo愛合購、GOMAJI團購網等。

4. 消費者對消費者模式(Consumer to Consumer, C2C)

消費者之間的商品交易，交易兩方都是消費者。例如：Yahoo!奇摩拍賣、蝦皮購物，露天拍賣等所提供的服務。

5. 政府對企業模式(Government to Business, G2B；或B2G)

此為在符合政府採購法的前提下，政府與企業之間建立合作關係的交易模式。交易包含產品供應、提供服務或解決方案。

圖12-4 政府採購網，企業可查詢政府標案，並投標，屬於B2G的模式
(ref:https://web.pcc.gov.tw/pis/)

6. 政府對民眾模式(Government to Citizen, G2C)

指政府對於公民提供的各種電子化平台及線上服務，例如：政府e管家、網路報稅、政府資料開放平台等。

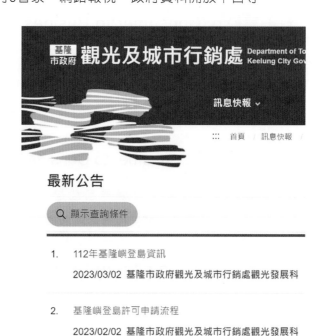

圖12-5 基隆市政府G2C的行銷
(ref:http s://www.klcg.gov.tw/tw/city/2633.html)

7. 線上對應線下(Online to Offline, O2O；Online Merge with Offline，OMO)

又稱離線商務模式，是指消費者在網路上付費，或透過網路帳戶，能在實體店面享受服務或取得商品。例如：EZTABLE、Foodpanda服務。OMO模式更強調線上和線下的無縫連接和整合，以提供一致的購物體驗和增強消費者參與度。例如：誠品書局不只提供線上購書，電子書下載；且提供實體書店，讓消費者親身體驗。

圖12-6　EZTABLE 販售許多實體餐廳的餐券，便是O2O網站
(ref:https://shop.eztable.com/)

圖12-7　誠品網路書店的編輯書房，讀者可以看過書籍介紹之後，再到實體書店翻閱。這是OMO模式。
(ref:https://meet.eslite.com/tw/en/search ?q=編輯書房)

12-3 電子付款系統

傳統的交易為一手交錢，一手交貨，因此付款不會是問題。但是當買賣雙方無法面對面的情況下，如何建立一個彼此都能信任的付款機制，便顯得格外重要。以下是目前電子交易常見的付款方式：

1. 線上刷卡

這是以信用卡為基礎的的付款方式，使用者只要輸入與信用卡相關的資料，傳給商家，由其透過網路向發卡銀行申請授權，就可以採用原有信用卡的清算系統取得貨款。雖然這種付款方式有可能洩漏信用卡資料，但因為便利性高，因此算是最普及的付款方式。

2. 貨到付款

金錢的交付方式，不在網路上進行，而是委託物流公司代收，或是在指定地點（例如：便利商店、蝦皮店面）取貨時再付款。這種付款方式，深受謹慎的消費者喜愛。

3. 網路ATM轉帳

這個方式是消費者利用網路瀏覽器連結網路ATM進行轉帳付款。轉帳手續完成後，貨款將由消費者帳戶中自動扣除，轉入特約商店帳戶。

4. 電子錢包

電子錢包(Digital wallet)是一種可以讓消費者進行交易並且儲存交易紀錄的軟體，例如：Google Pay、Apple Pay等。消費者只要在自己的行動裝置安裝相關的App，綁定支付方式，即可在線上或實體商店消費，是目前頗受歡迎的支付方式。

除了在行動裝置或電腦安裝電子錢包軟體之外，消費者也可以向金融機構申請智慧卡形式的電子錢包，例如：American

Express Serve是美國運通(American Express)推出的電子錢包卡，用於日常消費、轉帳和線上支付。它提供了類似於電子錢包的功能，讓用戶可以在支持Serve的商家進行消費。

銀行和悠遊卡公司推出的「悠遊聯名卡」是一張具有悠遊卡與悠遊錢包功能的信用卡，而7-Eleven推出的iCash儲值卡，也是一種電子錢包。

圖12-8　悠遊聯名卡
(ref:https://www.cool3c.com/article/124959)

5. 第三方支付

第三方支付指的是獨立於交易雙方（買方和賣方）之外的一個中介實體或平台，用於處理和促進電子支付交易。為買方和賣方之間提供安全、方便和快速的支付服務。

雖然電子商務的付款方式多，但對小商家或個體戶的網路賣家而言，不一定各個都是信用卡特約商店，因此想要安全、方便的收取貨款，「第三方支付」就是一個可以選擇的平台。

6. 電子現金

這種形式是以電子現金(Electronic Cash, e-cash)來取代傳統現金支付的連線付款方式，消費者必須先由電子現金發行單位如：銀行，提領電子現金，此時系統會由消費者的帳戶扣除相同的金額。接者消費者在付款時將電子現金傳給商家，由商家連線查驗其合法性，判斷是否有偽造或重複使用的問題，如果沒有問題就可以將之儲存起來供日後之用。

7. 電子支票

電子支票(Electronic check)的性質與傳統支票類似，使用者必須先在提供服務的帳務伺服器上註冊（相當於開支票戶的動作），在網路付款時的使用方式就如同簽發傳統支票一樣，但是採用電子簽章技術來取代傳統的簽章方式，商家收到以後可以向帳務伺服器申請認證，即時查詢發票人的信用情況，接著再由付款人的帳戶中轉帳完成付款。

12-4　網路交易的安全協定

在網路建設不斷擴充之際，電子商務出現了無限商機，也讓網路交易的安全性備受重視。為了解決線上資料傳輸的隱密性，並在網路交易過程中，辨識交易雙方身分，便發展出安全機制，目前的安全機制有SSL/TLS與SET兩種。

1. SSL/TLS

SSL(Secure Sockets Layer)是由Netscape公司在1995年開發的加密協定，為目前線上交易最常見的協定。

這個安全機制在客戶端和網站伺服器之間，使用非對稱式加密演算法建立一個安全的加密通道，以防止敏感信息在傳輸過程中被未經授權的人士讀取或修改。採用SSL安全機制的網站，該網站位址都是以「https」為開頭。SSL協議後來演變為TLS(Transport Layer Security)協議，TLS是SSL的後繼版本，提供更強大的加密和安全性。

2. SET

SET(Secure Electronic Transaction) 這是由VISA與MasterCard兩大信用卡組織，在1996年提出的一種應用在網際網路上以信用卡為基礎的電子付款系統規範，是用來確保開放網路上持卡交易的安全性。

SET不僅能傳送信用卡卡號，還能驗證其有效性與付款授權，此外，SET使用兩組不同的金鑰進行加密與認證，和SSL比起來，SET更隱密安全。

然而，因為所有參與SET交易的成員都必須先申請數位憑證，比較麻煩，且系統建置成本較高，因此採用率較低。

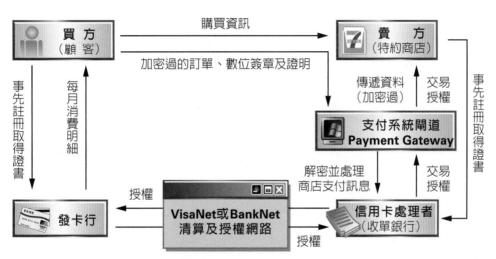

圖12-9　利用信用卡線上購物之簡易流程

12-5　行動商務

行動商務（Mobile Commerce，縮寫為m-commerce）是指使用移動設備（例如：智能手機、平板電腦、可穿戴設備等），透過行動通訊網路進行商業活動的過程。

透過行動商務，消費者可以在任何時間、任何地點使用移動設備拜訪網上商店、進行產品搜索、比較價格、下單購買等操作。行動裝置結合APP與QR Code，可提供通勤族隨時掃描車廂廣告的QR Code，取得購物優惠；行動裝置也可以結合APP與定位系統，為消費者提供特定位置的資訊與服務，例如：餐廳推薦、停車場資訊等。

同時，商家也可以透過行動商務提供更便捷的購物體驗、推廣活動和個性化服務，與消費者實現更密切的互動。

行動商務具有以下特點：

1. 移動性：消費者可以隨時隨地使用移動設備進行商業交易，無需受限於傳統的商業場所和時間。

2. 個性化和定位：行動設備可以提供消費者的個人化資訊和定位數據，使商家能夠更準確地推送相關的產品和服務。

3. 即時互動：行動設備具有即時通信和社交功能，消費者和商家可以實現即時互動和回饋，增加用戶參與度和忠誠度。

4. 多種支付方式：行動商務支持多種支付方式，如行動支付、電子錢包、信用卡支付等，提供了更多方便快捷的支付選擇。

5. 數據分析和行為追蹤：行動商務產生大量數據，商家可以透過數據分析和行為追蹤來了解消費者的需求和行為，並提供更精準的服務和推廣策略。

12-6　網路行銷

網路行銷(Internet marketing)簡單而言就是網際網路加上行銷。是指利用互聯網和網路技術進行產品或服務的推廣和銷售活動。透過網路管道與潛在客戶進行互動、建立品牌形象、吸引流量、進而促成交易的行銷策略。

常見的網路行銷方式有：

1. 網路廣告(Online advertising)

這種行銷模式是到入口網站或與產品或服務相關的社群媒體刊登付費廣告，增加品牌曝光和流量。例如：橫幅廣告、彈出廣告、原生廣告等。

2. 搜索引擎行銷(Search engine marketing)

又稱關鍵字行銷。企業透過付費搜索廣告平台（例如：Google AdWords）投放廣告，將自己網站列在搜尋引擎關鍵字搜尋結果前面，以吸引消費者注意點選，達成廣告行銷目的。

除了購買關鍵字廣告之外，還可以利用搜索引擎優化(SEO, Search Engine Optimization)，也就是利用搜尋引擎的搜尋規則，來提高網站搜尋結果中的自然排名，提升網站曝光度。

3. 許可式行銷(Permission-based marketing)

是一種獲得消費者明確的同意或許可，向其提供特定的行銷訊息或促銷活動的行銷方式。例如：消費者加入某品牌會員時，通常會被詢問日後是否願意收到廣告。許可式行銷有助於建立信任、提高品牌忠誠度、減少不必要的廣告打擾，並將資源集中在真正對其感興趣的行銷目標。

4. 聯盟式行銷(Affiliate marketing)

是指多個網站或部落格建立聯盟關係，彼此交叉行銷，透過推薦產品或服務並提供專屬連接，相互收取轉介佣金或回饋。

5. 社群行銷(Social marketing)

透過在社交媒體平台（例如：Facebook、Instagram、Twitter）上建立品牌形象、與用戶互動、分享內容和推廣產品來吸引消費大眾。

6. 病毒式行銷(Viral marketing)

是指利用創意，將產品或服務巧妙結合在故事、漫畫或相片等吸引人的元素內，並透過電子郵件或社群媒體播放出去，讓網友覺得有趣或有意義，進而轉傳出去與朋友分享，達到一傳十，十傳百的行銷效果。

7. 置入性行銷(Placement marketing)

這種行銷方式是將產品或品牌以自然且無形的方式融入電影、電視劇、音樂頻道、遊戲或其他媒體內容中。目的在以非直接宣傳的方式提高品牌知名度和曝光度，並在消費者心中建立產品的正面形象。

圖12-10　YouTube置入性行銷（ref: https://www.youtube.com/results?search_query=置入性行銷）

8. 影片行銷

微電影是具有完整故事情節的短片，廣泛被應用於企業的商品及形象廣告。例如：三菱汽車曾推出汽車銷售微電影《回家的路》。

而在YouTube、Facebook陸續推出線上直播服務之後，直播行銷成了熱門的行銷方式。直播行銷可以提供線上即時互動、真實性和獨特體驗，並有助於建立信任、提高參與度和建立品牌忠誠度。

圖12-11　YouTube直播銷售（ref: https://www.youtube.com/results?search_query=直播銷售）

複習題庫

一、是非題

( ) 1. 電子商務可以讓企業延長銷售通路，降低營運成本與提升競爭力。

( ) 2. 只要有好的商品與創意，雖然只有很少的資本，同樣可以在電子商務市場上生存。

( ) 3. 在電子商務上建立商品資料庫，讓顧客可以快速搜尋所需商品資訊是商流的一部分。

( ) 4. 在電子商務上建立商品資料庫，讓顧客可以快速搜尋所需商品資訊是資訊流的一部分。

( ) 5. 線上競標是一種B2C的應用。

( ) 6. 個人線上拍賣是一種B2C的應用。

( ) 7. 電子商務只限於在網際網路上進行交易，不包括移動應用。

( ) 8. 由於需要高級技術人員將商品數位化，因此進行網路行銷的成本將高於進行傳統行銷的成本。

( ) 9. 網路行銷中由於行銷通路與傳播媒體均由自己掌握，因此其經營自主將大幅度提高。

( ) 10. 成功的網路行銷由於仍須大量的技術投資，因此無法節省買賣雙方為了進行交易所付出的成本。

( ) 11. 網際網路上廣告可以直接更新，立即呈現在網際網路上供人們瀏覽，比傳統的印刷出版或廣告製作播放要簡便快速得多。

( ) 12. 由於資訊科技的日新月異，因此製作網路廣告仍然要靠專業的廣告設計公司，才能作出效果較佳的廣告。

( ) 13. 電子現金在使用上具有完全的匿名。

( ) 14. SET是用在電子支票上的安全標準協定。

( ) 15. 電子現金一定要存在電子錢包內才能使用。

二、選擇題

( ) 1. 下列何者不是電子商務的特性？ (A)沒有地域限制 (B)高進入障礙 (C)要有獨特技術才能創造競爭優勢 (D)價格透明化。

( )　2. 我們把自己多餘的物品放到拍賣網站上拍賣，是哪一種類型的電子商務？
(A)B2B　(B)B2C　(C)C2B　(D)C2D。

( )　3. 電子商務的主要優勢是　(A)提供實體店面體驗　(B)增加交易成本　(C)提供全天候購物便利性　(D)限制消費者選擇。

( )　4. 下列關於電子商務SET 之描述，何者為真？　(A)病毒防護　(B)文書處理　(C)資料備份　(D)為一種通訊協定，用於信用卡交易。

( )　5. 下列何者不是企業從事網路行銷可以為顧客帶來的價值？　(A)讓顧客更方便快速的購物　(B)提供給顧客更低的產品售價　(C)讓顧客更容易接觸同好　(D)提供給顧客更方便的溝通方式。

( )　6. 網路購物很方便，以下選項中，比較不需注意甚麼選項？　(A)賣家信用　(B)貨物來源　(C)網頁精美　(D)最近交易情形。

( )　7. 電子商務中的平台經濟指的是　(A)僅限於電子支付的交易　(B)資訊交流的平台　(C)跨國貿易的平台　(D)在線購物的平台。

( )　8. 下列何者是屬於消費者對消費者(C2C)的網站，且是讓使用者可以向其他消費者進行購買的動作？　(A)新聞伺服器　(B)線上拍賣　(C)無線入口網站　(D)購物車。

( )　9. 企業之間透過網際網路交換採購訂單、出貨通知與發票等標準化交易文件的商業活動，可歸類為下列何種電子商務型態？　(A)B2B　(B)B2C　(C)C2B(D)C2C。

( )　10. 下列哪個資訊系統不屬於電子商務的領域？　(A)ERP(Enterprise Resources Planning)　(B)SCM(Supply Chain Management)　(C)MIB(Management Information Base)　(D)CRM(Customer Relationship Management)。

參考解答

一、是非題

1.×	2.○	3.×	4.○	5.○	6.×	7.×	8.×	9.○	10.×
11.○	12.×	13.×	14.×	15.×					

二、選擇題

1.B	2.D	3.C	4.D	5.C	6.C	7.B	8.B	9.A	10.C

PART 04

資訊管理與安全

Computer Science Introduction
and Application

Computer Science
Introduction and
Application

資訊管理

13-1 管理資訊系統在組織中的應用

1. 管理資訊系統的定義

MIS是一種整合性的人機系統。它提供資訊以支援組織的日常作業、管理以及決策活動。此系統使用到電腦硬體與軟體、人工作業程序、模式（供做分析、規劃、控制與決策）以及資料庫。

Laudon認為：「資訊系統是企業組織因應環境挑戰的一個解決方案，是一個以資訊科技為基礎的管理與組織上的解決方案。」因此一個資訊系統包含下面三個層面：

(1) 組織

包括組織要素、組織中各層級與個別功能(Business function)及所需系統、標準作業程序(Standard Operating Procedure, SOP)、組織文化。

(2) 管理

管理者必須清楚認知環境的挑戰、制定因應策略、分配適當人力與財力資源以達成策略、利用知識與資訊進行創意性工作、重新設計組織。

(3) 技術

包括電腦硬體、電腦軟體、儲存科技、通訊技術等。

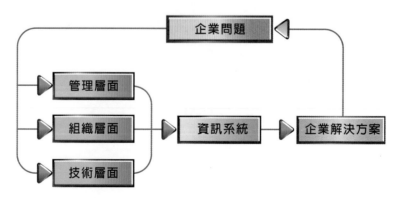

圖13-1　管理資訊系統的組成

2. 管理資訊系統的架構

　　由組織活動的層面來區分,可以用Anthony
所發展出來的組織活動分類方式分成如下表,
因此管理資訊系統可以供組織的高層進行策略
規劃,也可以提供給中層進行管理控制,更可
以讓基層進行日常作業控制或交易控制。

圖13-2　管理資訊系統的架構

表 13-1　Anthony的組織活動分類

主要功能次系統	典型之用途	解釋
策略規劃 (Strategic Planning)	倉儲位置、推出新產品	企業目標策略設定,改造企業
管理控制 (Managerial Control)	預算和資源之分配	資源運用
作業控制 (Operational Control)	生產排程規劃、應付帳款	特定事務之完成

表 13-2　依照功能區分的主要功能次系統

主要功能次系統	典型之用途
行 銷	銷售規劃、銷售預測、顧客與銷售分析
生 產	生產規劃及排程、成本控制分析
人 事	薪資管理、績效分析、規劃人事需求
財務、會計	財務分析、資金需求規劃、成本分析
支 援	採購的規劃、控制、存貨控制
資訊處理	資訊系統規劃
高階管理	策略規劃、資源分配

3. 管理資訊系統的發展趨勢

　　企業中的資訊系統會先由支援管理架構開始發展,採取由下
而上的方式發展,先發展基層的資料處理系統(DPS),將以整合
後才可以發展決策支援系統(DSS),甚至可以發展出供高層使用
的主管資訊系統(EIS)。完成這些支援組織管理架構的系統後,
組織可以繼續開發重塑管理架構的資訊系統,採用由上而下的方
式發展,先發展策略資訊系統(SIS),重塑組織的各項策略,接

著可以進行企業流程再造(BPR)，從根改造整個企業。如此可以營造出以企業工程(EE)、企業內網路(Intranet)、網際網路(Internet)為基礎的新時代企業。

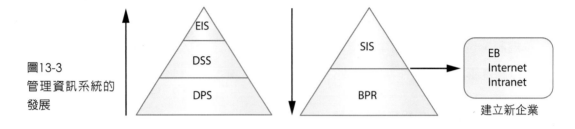

圖13-3
管理資訊系統的
發展

建立新企業

13-2 各種管理資訊系統

1. 資料處理系統(Data Processing Systems, DPS)

又稱交易處理系統(Transaction Processing Systems, TPS)或電子資料處理(Electronic Data Processing, EDP)，用來處理日常例行的交易資料，並產生報表以支援組織的作業活動。可以代替人工處理繁複的結構化資料，基本上是一種孤島式的功能性檔案系統。例如：一般單純的記帳系統，只能協助將每天的帳記下來，就是一種資料處理系統。

(1) 與MIS的比較

　　A. MIS可以提供資訊以支援組織的決策、規劃、分析的活動，因此可以支援組織的各個階層；EDP則只有針對特定作業。

　　B. EDP強調效率(Efficiency)；MIS強調成效(Effectiveness)。

　　C. EDP強調利用電腦以提高日常例行作業中資料處理的效率；MIS則是透過對資訊資源的管理以提升競爭優勢。

(2) 線上交易處理(On-Line Transaction Processing, OLTP)

讓使用者利用通訊技術直接連接主機上的資訊系統，以從事各種交易處理。例如：下圖就可以直接透過此一整合式查詢系統查詢各校圖書館的目錄中是否有所要的內容。

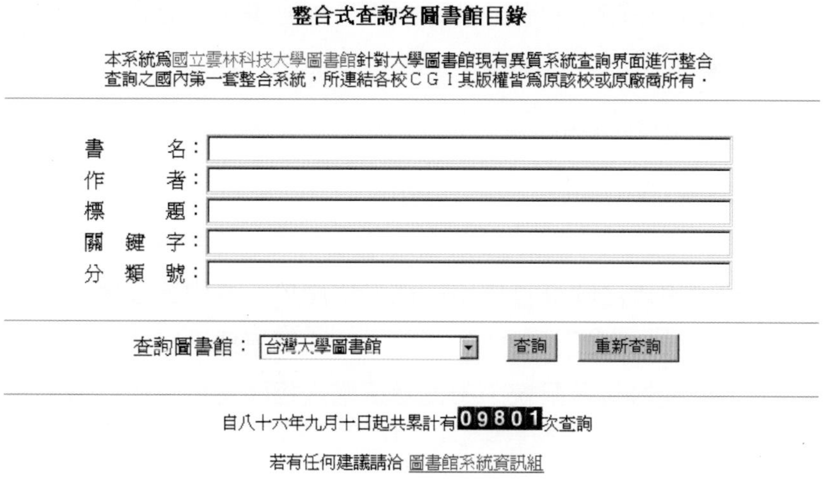

整合式查詢各圖書館目錄
本系統爲國立雲林科技大學圖書館針對大學圖書館現有異質系統查詢界面進行整合查詢之國內第一套整合系統，所連結各校CGI其版權皆爲原該校或原廠商所有．
書　名：
作　者：
標　題：
關鍵字：
分類號：
查詢圖書館：
台灣大學圖書館
查詢
重新查詢
自八十六年九月十日起共累計有09801次查詢
若有任何建議請洽 圖書館系統資訊組

圖13-4
線上交易處理系統

2. 決策支援系統(DSS)

一種強調協助人類做決策的資訊系統，偏向於用來做規劃與分析各種行動方案，並且常用試誤(Try and error)的方法找尋可能的行動方案；以交談式的方法來解決半結構性(Semi-structured)或非結構性(Non-structured)的問題；但其所強調的是支援而非代替人類進行決策。例如下圖就是一個可以計算石門水庫在枯水期時採取救旱措施的可能結果，從而讓使用者可以作為決策的參考。

Microsoft Excel - semn
石門水庫集水區主程式執行工作表
石門潭水庫容量配合下游各標的用水估算
水庫有效蓄水量 237.05 百萬M3
可估算期間(旱季)前一年10月下旬(30旬)至當年6月下旬(18旬)
請輸入以下數據
估算開始年別 民國 87 年
估算開始旬別 第 16 旬（範圍第30~16旬）
估算開始水庫有效蓄水 183.15 百萬M3
占有效容量百分比 77.26%
輸入確定
救旱措施
取消復原
列印
說明
救旱措施
估算
主程式執行檔
就緒
NUM

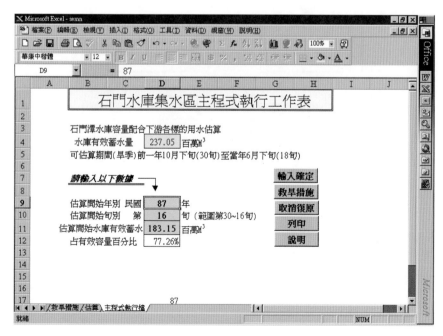

圖13-5
決策支援系統

決策支援系統可視為MIS應用的一個子集合，適用於組織的各個階層。

- 決策支援系統的架構

A. 對話子系統(Dialog Subsystem)

決策資源系統大部分的能力、彈性、使用性等特性都是由系統和使用者之間交互作用的能力所產生，我們稱這部分為對話子系統。例如：前述的石門水庫決策支援系統所呈現的畫面，就是對話子系統，由此必須輸入相關資料才可以讓系統繼續運作。

B. 資料子系統(Data Subsystem)

資料庫方法的優點及DBMS的強大能力對DSS的發展和使用也是非常重要的。例如：前述的石門水庫決策支援系統會去抓取歷年資料，推出採取相關措施的可能結果，而這些歷年資料就要由資料子系統負責維護。

C. 模式子系統(Model Subsystem)

整合資料存取及決策模式的能力，例如：前述的石門水庫決策支援系統就是根據水利上的計算模式算出來的，模式子系統可以修改此一模式。

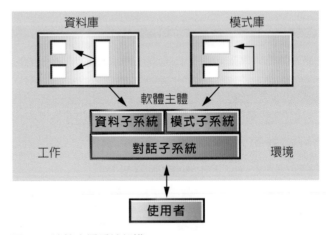

圖13-6 決策支援系統架構

- 報表比較

    DSS：決策導向，重成效，產生特殊報表。

    MIS：資訊導向，重成效，產生摘要與例外報表。

    EDP：資料導向，重效率，產生詳細報表。

- 管理資訊系統與決策支援系統的比較

A. 功能重點

MIS強調將EDP所提供的資料，整合成資訊提供給各部門使用；DSS的主要功能則為支援各階層的決策活動。

B. 系統設計導向

MIS是以部門功能為導向，各部門需要怎樣的功能，就要設計怎樣的MIS；而DSS則是解決問題導向，組織遇到怎樣的問題，就要開發對應的DSS來解決。

C. 系統設計策略

為了要滿足各部門的功能需求，MIS必須整合各個EDP所提供的資料，如此才能確實反映組織現狀；DSS則要見招拆招，因此一定要有決策前瞻性，才能開始解決組織即將面對問題的DSS。

D. 問題類別

MIS所要解決的問題都是其中變數已知，同時變數間關係也已知的結構化問題，例如：會計等；而DSS所要解決的問題則是其中變數未知或部分未知，同時變數間關係也未知或部分未知的半結構化問題或非結構化問題。

E. 系統輸出

MIS輸出的是整合資料的摘要報表，與便於管理的表現例外情形的例外報表；DSS則是輸出協助決策分析的特殊報表。

F. 系統架構

MIS的系統架構是整合EDP的整合性系統；DSS則為了要因應未來多樣化的變化，因此必須是一個彈性的架構。

G. 時　程

MIS所用資料主要是歷史性與現況資料，以滿足各項組織功能需求；DSS則要有前瞻性，才能解決未來多樣化的環境，因此所用資料要從歷史資料、現況資料到對未來的預測性資料。

表 13-3　MIS與DSS的比較

特　性	MIS	DSS
功能重點	提供資訊	支援決策
系統設計導向	部門功能導向	解決問題導向
系統設計策略	整合EDP以反映組織現況	反應決策前瞻性
問題類別	結構性問題	半結構性、非結構性問題
系統輸出	摘要、例外報表	協助決策分析的特殊報表
系統架構	大的整合架構	彈性的架構
時程	過去到現在	過去到未來

3. 專家系統(ES)

(1) 專家系統定義

　　是一種將專家知識和經驗建構在電腦上，且具有推論能力的電腦化系統，以類似專家解決問題的方式對某一特定問題提供建議或答案，並能解釋推論的結果。

(2) 決策支援系統與專家系統的比較

　　專家系統可以視為DSS的例子，是人工智慧的一支。

A. 分析推論模式

　　在所使用的分析推論方式上，DSS因為要從大量資料中推導出一個可以協助人類決策的資訊，因此採用資料庫模式與數學模式；而ES則是為了取代人類專家，因此採用模擬人類思維方式的人工智慧邏輯推論模式。

B. 設計目標

　　DSS主要用來協助人進行決策，而非取代人類的決策角色；但是ES則是要模擬專家並取代之。

C. 系統功能

　　DSS在功能上涵括了由資訊源收集資料，然後進行分析預測；但是ES不但要由資訊源收集資料進行分析預測，還要進行價值判斷，選出最佳的可行方案。

D. 對話方式

　　DSS的對話方式是由人問DSS，假設狀況如何，則結果可能會如何演變；而ES則是由ES問人，了解現況，然後根據情況與知識，推論出最佳解決方案。

E. 資料內容

　　在處理的資料上，DSS以數值資料為主；ES則要根據法則、事實來推論。

F. 問題特性

　　DSS由於必須針對未來多變的問題，因此所面對的問題較為廣泛；而ES則是專門用來解決某一特定領域的問題，因此問題較為狹窄。

G. 問題類別

　　DSS所針對的問題通常都相當獨特，不太容易重複出現；而ES則需面對重複出現的特定種類問題。

表 13-4　DSS與ES的比較

特性	DSS	ES
分析推論模式	資料庫模式、數學模式	人工智慧的邏輯推論模式
設計目標	協助人進行決策	模擬專家並取代之
系統功能	由資訊源收集進行分析預測	由資訊源收集資料進行分析預測，再進行價值判斷
對話方式	人問DSS	ES問人
資料內容	數值資料	法則、事實
問題特性	廣泛	狹窄
問題類別	獨特	重複

(3) 電子資料處理、決策支援系統與專家系統的比較--由決策制訂階段來看

　　A. EDP大都進行資料收集，協助使用者收集決策所需資訊。

　　B. DSS則可以幫助使用者收集資料外，還可以協助研擬可行方案，分析各種方案的可行性。

　　C. ES則更進一步，除了幫助使用者收集資料外，還可以協助研擬可行方案，並且以自己的知識作價值判斷，認定哪一個是最佳方案。

　　D. 決策制定系統則可以進一步選定方案，完全不必靠人來進行決策；自動化控制系統更可以直接採取行動。

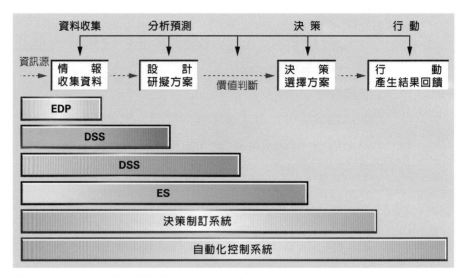

圖13-7　EDP、DSS與ES的比較

(4) 專家系統的架構

　　A. 推理機(Inference engine)

　　　　負責進行推論、控制、解釋、配合。

　　B. 知識庫(Knowledge base)

　　　　根據某種知識的表達方法,將法則（事實）、經驗、推理、條件等儲存起來。

　　C. 使用者介面(User interface)

　　　　因為專家系統必須要與使用者交談,因此必須要有開機介面、使用者介面、網路介面、系統介面。最重要的是系統的友善程度,因此常以自然語言(Natural language)來完成。

　　D. 資料庫(Database)

　　　　負責相關資料的儲存維護,以及資料與知識之間的交換使用。

　　E. 知識擷取子系統

　　　　主要負責將專家的知識轉換成法則,因此包括知識獲得、知識結構化、知識表達與知識翻譯。

　　F. 記憶暫存

　　　　可以將所用到的法則、事實與推論內容暫存於此,以便後續繼續進行推論。

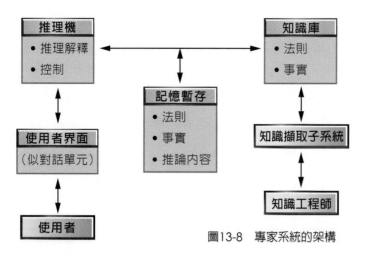

圖13-8　專家系統的架構

4. 策略資訊系統(SIS)

(1) 定 義

策略資訊系統是可以支援或改變企業競爭策略的資訊系統。
企業可以利用資訊科技來強化已經採用的策略，甚至創造新
的策略機會。因此只要是可以做到這一點的系統就算SIS，
例如：美國聯邦快遞(FedEx)就開發出一套貨物追蹤系統，
讓客戶可以利用網際網路隨時隨地查到目前委託貨物運到哪
裡，並且可以估計出來預定到達時間，讓客戶滿意度提高，
從而增強了競爭上的優勢。

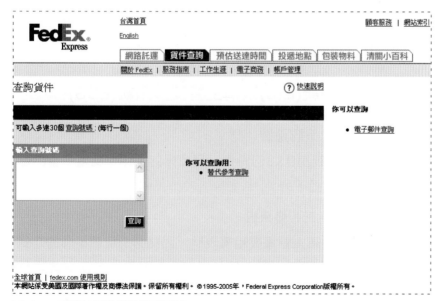

圖13-9　聯邦快遞的貨物追蹤系統
(ref:http://www.fedex.com/tw/tracking/)

(2) 策略資訊系統的重點

策略資訊系統的重點在於如何運用資訊科技獲取競爭優勢，因此時機與領先是重要的關鍵因素，例如：網路書店中的Amazon就是最早進入市場，開發了讓使用者非常容易使用的線上購書系統，成為全世界最大的一家網路書店，營業額也隨著規模的擴大而直線上升。

圖13-10
Amazon網路書店

(ref:http://www.amazon.com)

(3) 策略資訊系統與管理資訊系統的差別

策略資訊系統與管理資訊系統的差別在於SIS非常強調時間性、差異性、與創造性，但兩者的重點皆是成效(Performance)導向。

5. 主管資訊系統(EIS)或稱主管支援系統(ESS)

(1) 主管資訊系統是做什麼？

EIS可以視為DSS的特例，其支援的工作是高階主管的個人工作，包括下列：

A. 組織狀況報導系統

EIS要讓主管掌握組織現狀，因此必須用最精簡的方式，呈現出組織中各部門的業務推動情形，並且要儘早反映組織中可能發生的經營隱憂。

B. 人際溝通支援系統

　　EIS要協助主管進行人際溝通，因此必須協助排定行程，

　　與人聯絡，甚至建立不同的溝通管道。

(2) 為何要建立主管資訊系統？

　　A. EIS必須與業務需求有關。

　　B. 高階主管對EIS有強烈的需求。

　　C. 高階主管認為EIS是應做的一件事。

表 13-5　各種管理資訊系統間的比較

系統特	TPS(EDP)	MIS(MRS)	DSS	ES	EIS	SIS
功能重點	提供資料	提供資訊	支援決策	模擬專家提供建議解	支授高階汰策略	支援或逐行策略
系統設計策略	檔案檔的部門性應用	反應組統現況整合EDP部門功能導向	反應決策前瞻性解決問題導向	AI的知識庫應用	提供組織狀況(status)	支援成逐行高階策略
問題類別	部門性結構性問題	各類結構性問題	半結構性問題	半結構性問題	非結構性問題	非結構性問題
系統輸出	詳細報表	綜合摘要例外報表	特殊報表決策分析	提供建議解的特殊報表	彩色圖示（濃縮）	
系統架構	孤島式的功能性系統	大的整合架構	彈性的架構	狹隘的AI架構	彈性架構	
時程	過去到現在	過去到現在	過去到未來	過去到未來	過去到未來	
輸入	每一筆交易資料	綜合摘要、異動資料、高資料量	決策資訊分析模式	決策知識、條件	濃縮資訊	現在到未來
使用者	基層經理人作業人員	中階經理人基層經理人	各級決策者	專家或半專家	高階主管	高階主管
操作者	同上	同上	透過幕僚、文書人員	同上	同上	
資料內容	數值資料庫	數值資料庫	數值資料庫、模式庫	知識庫	數值資料庫	
導向	資料導向(Data-Driven)	資料導向	模式導向(Model-Driven)	AI導向	使用者導向(User-Driven)	策略導向
促成科技	電腦科技	資料庫科技	資料庫科技	人工智慧	用戶介面	
資訊來源	內部（組織）	內部	內外部	內外部	特重外部、整合內部資料	網路特重外部、
處理	排序、列表、更新、結合(Merge)	例行報表簡易模式低水平分析	交談模擬分析	推理配對	圖形模擬交談	整合內部資料

6. ERP(Enterprise Resource Planning)

(1) 定義：

根據林東清(2005)，ERP是一個大型模組化、整合性的流程導向系統，整合企業內部財會、製造、進銷存等資訊流，快速提供決策資訊，提升企業的營運績效與快速反應能力。它是企業e化的後台心臟與骨幹，任何前台的應用系統包括EC、CRM、SCM等都以它為基礎。

(2) ERP基本功能

表13-6

Porter價值鏈	管理模組	主要功能
主要活動	物料與庫存管理	物料採購、倉儲管理、存貨管理。
	生產與製造管理	主生產規劃、物料需求規劃、現場控制、產能需求規劃、品質管理。
	銷售與訂單管理	銷售作業管理、訂單管理、配銷需求規劃、送貨管理、運輸管理。
支援活動	財務會計管理	財務會計：應收帳款、應付帳款、現金管理、財務控制 管理會計：產品成本會計、間接成本管理。
	人力資產管理	員工招募、薪資、福利、教育、考核、出勤。
	企業行政管理	企業策略規劃、預算管理、利潤分析管理、環境公安管理、決策支援、資產會計、專案管理。

資料來源：林東清(2005)

(3) ERP vs. TPS：

A. 整合企業流程以支援資源規劃與有效運用：

ERP的功能隨企業的需求而改善，也依企業的型態和對供給鏈的要求而有所區分，可以提供即時主動的監控，以使作業流程最佳化。ERP可以提供即時、完整、正確的資訊以支援企業整體資源的規劃與有效運用。

B. 內部管理導向：

由於ERP是由MRP發展而成，因此主要在針對內部管理所需資訊流的整合，但目前的ERP也已經逐漸開始邁向上下游資源的整合。

C. 高度模組化：

ERP是高度模組化的系統，企業可以根據本身需求導入所需之流程模組，同時若外界環境調整，ERP亦可分別抽調演進。

D. 集權控管：

ERP會將資訊集中控管，從而達成整合、相容與共享。

E. 提供即時資訊：

由於資訊整合，ERP可以使企業成員即時取得所需資訊，提高決策品質。

7. 顧客關係管理(Customer Relationship Management,CRM)概念

(1) 定 義

企業為建立與客戶間的關係，利用資訊技術分析客戶相關資料與資訊，接著整合各種與顧客互動的管道與媒介，以求創造雙方價值。

(2) CRM系統架構

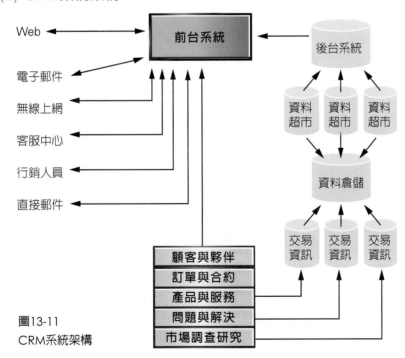

圖13-11
CRM系統架構

8. 供應鏈管理(Supply chain management)

(1) 定 義

有效連結與管理企業內部各部門與外部各合作夥伴的資源，使其能集中力量回應顧客需求，成為創造顧客價值的來源。

(2) 支援SCM的主要解決方案與IT工具

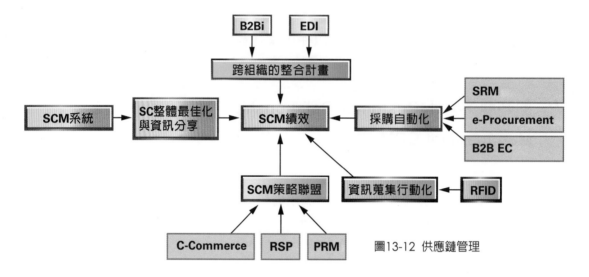

圖13-12 供應鏈管理

A. QR

商業快速回應QR(Quick Response)，在歐、美、日與其他亞洲各國各使用不同的名詞，但主要的意義皆是將買方與供應商連結在一起，以達到在生產者與銷售者間商品與資訊快速與效率化的移動，以快速回應消費者的需求。

B. ECR

有效消費者回應ECR(Efficient Consumer Response)，與QR類似，但以超級市場產業為主。主要的目的在於拿掉整個供應鏈(Supply chain)運作流程中沒有為消費者加值的成本，將生產者前推(Push)式的系統轉變為較有效率的以消費者需求拉動(Pull)式的系統，並將這些效率化的成果回饋給消費者。因此ECR的實施重點包括在供給面的物流配銷方式的改進、需求面的品類管理改善。

C. Global Logistics

全球運籌管理，所謂運籌管理是有效整合資訊、運輸、存貨、倉儲、原料處理、包裝等過程支援企業策略及滿足顧客需求。成功的運籌管理必須透過跨功能別的合作、有效的供應鏈管理並整合所有資源著重在顧客服務上；而全球化則希望能將整個全球資源做最有效分配。因此全球運籌管理就是要以全球資源有效分配的角度來做運籌管理，以期對顧客提供更佳的服務。

D. BTO(Build To Order)

根據訂單生產，生產者在接到顧客訂單後才生產，以求免除中間不必要庫存的新企業模式。這種模式必須透過更有效率的供應鏈管理來達成的，不斷去除中間不必要的層級，以求能提供顧客更高的價值。

E. CTO(Configure To Order)

根據訂單組裝，也就是顧客需要什麼樣的產品就直接做給他，而且可以當場帶走。因此必須縮短製造過程，並不斷將製造過程向顧客端移動，最好就是在經銷點生產，如此不需整個生產的時間，也可以滿足顧客差異化的需要。

F. 電子訂貨系統 (Electronic Ordering System, EOS)

是結合電腦與通訊方式，並採用電子資料交換(Electronic Data Interchange, EDI)方式，取代傳統商業下單/接單及相關作業的自動化訂貨系統。亦即零售商店藉由電腦終端機，將訂貨資料輸入至訂貨系統，並轉換成EDI標準格式經通訊網路傳送到加值網路中心(Value Added Network, VAN)，再轉送給供應商。

G. POS 系統，即為銷售點管理系統 (Point Of Sales, POS)

係利用光學自動閱讀與掃描的收銀機設備，以取代過去傳統式的單一功能收銀機，除了能夠迅速精確的計算商品貨款外，並能分門別類的讀取及收集各種銷貨、進貨、庫存等數據的變化情形，並以所連結的電腦將資料處理、分析後，列印出各種報表，提供給經營階層做管理、決策的依據。

13-3 專案管理概念

1. 專案管理的定義

對於一次性的工作（例如：應用軟體開發），藉著領導與溝通，由定義、規劃、執行、控制等過程，有效地完成該工作目標，生產品質好的產品（或服務），且使工作成員生產力增加及高度的成就感。

2. 專案的特性

(1) 具有特定的目標

專案必須要有一個目標，而且完成目標後，專案就要結束。

(2) 須在特定的時間內完成

通常專案都要有一個完成期限，並且定出時程與各階段所應完成的工作，驅使專案成員根據所分配的工作分工完成專案的個別目標。

(3) 須在一定的預算內完成

專案的資本支出與營運費用必須事先預估，期望可以在預算的範圍內完成專案所要達成的目標。

(4) 由被指派的臨時小組來完成

參與專案的某些成員是兼任的，與部分專任人員共同組成臨時小組來完成專案。

3. 專案管理的過程

按照國際專案管理學會的專案管理知識體系指南(PMBOK)，專案管理可以分為以下五大過程組：

(1) 起始過程組

藉由獲得授權以啟動專案或階段，用以定義新專案或既有專案新階段的過程。

(2) 規劃過程組

為建立專案範疇、優化專案目標及實現專案目標而定義行動方針的過程。

(3) 執行過程組

為滿足專案需求，而進行專案管理計畫書中所定義之工作的過程。

(4) 監視與管制過程組

追蹤、審查及調整專案進度與績效，辨識計畫中需變更的事項，並啓動相對應之變更所需的過程。

(5) 結束過程組

完成橫跨所有過程組的所有活動，以正式結束專案或階段的過程。

4. 專案管理三角形(Project management triangle)

是在專案管理上有關限制的模型。在以下內容中取捨：

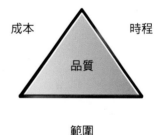

·　專案工作的品質會受到專案成本、時程及專案範圍（特徵）所限制。專案的成本和許多因素有關，包括資源、工作包、勞動率，以及如何緩和或控制會讓成本變異的影響因素。時程的限制是指要完成專案中所有工作需要的時間。範圍是指要達到成果需要滿足的規格。會針對專案要完成的目的有整體的定義，也會詳細敘述最後完成的內容。

·　專案經理可以在各限制條件之間取捨。

·　一個限制條件中的調整多半會影響到其他的限制條件，有可能有些限制條件要妥協，或是犧牲品質。

　　例如：專案可以在增加預算或是縮小範圍的情形下加速完成。同樣的，加大專案範圍也需要對應增加預算或拉長時程。若減少預算，但專案範圍及時程都不調整，會讓專案的品質下降。

13-4 系統開發概念

1. 瀑布式(Waterfall)

(1) 特色

強調需有完整的規劃、分析、設計、測試及文件等管理控制過程,必須在前一階段完成文件產出並驗證確認後,才能進入下一階段,各階段僅循環一次沒有明確規定要劃分成多少個階段。適用於需求明確、複雜、大型的專案。此一模式最具有代表性的方法就是SDLC。

(2) 至少劃分成分析、設計、實施等 3 階段,但也可能劃分 5~7 階段不等(每一家學說都不同,掌握精神即可)。

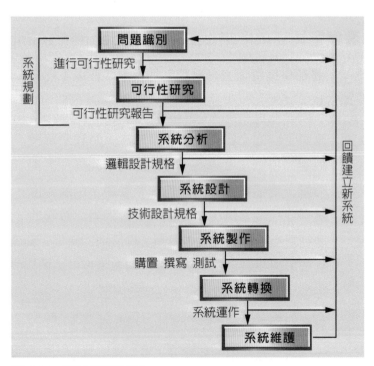

圖13-13　瀑布式系統開發

2. 反覆式(Iterative)

(1) 漸增模式(Incremental model)

強調將需求分成幾個部分，採用類似Waterfall模式開發，但是需求是漸增式的增加，因為每次增加不多，因此開發週期可反覆快速進行。其適用通常與Waterfall模式相同，但由於採用漸增式增加需求，因此每一階段完成的文件不會像Waterfall模式那樣複雜，也不需要像Waterfall模式那樣複雜的驗證。

(2) 雛形模式(Prototyping model)

適用於需求不明確，專案小，應用領域不熟悉或高風險之專案。強調雛形之快速開發，以雛形作為使用者與開發人員溝通工具，此一方法需要使用者高度參與，其雛形發展策略包括：

A. 演化式雛形(Evolutionary prototyping)

就是利用雛形逐漸演化的方式，讓雛形系統逐漸接近使用者的真正需求。

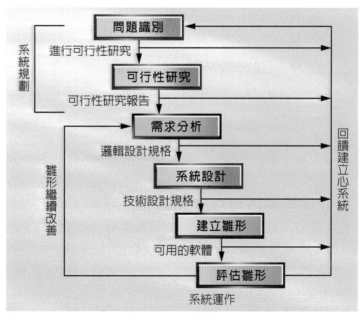

圖13-14　演化式雛形

B. 快速用後丟棄式雛形(Rapid throwaway prototyping)

利用與演化式雛形相同的方式完成系統，但此一系統品質較差，故僅作為分析與設計之工具，接著將雛形系統

丟棄，重新根據分析與設計的結果開發系統，因成本較高，一般適用於風險最高的情形。

(3) 螺旋模式(Spiral model)

強調風險分析(Risk analysis)，結合了SDLC與雛形模式，因此不至於產生雛形模式難以進行開發過程管理的問題，其進行步驟如下：

A. 找出系統目標，可行方案與限制。

B. 依目標與限制評估方案。

C. 開發雛形。

D. 使用者評估繼續發展雛形的風險，以決定下一步驟。

(4) 同步模式(Concurrent model)

採用製造業的同步工程(Concurrent engineering)以縮短產品開發時間，通常適用於套裝軟體的專案，可以採用下列方式進行：

A. 活動同步(Activity concurrency)：不同團隊平行開發。

B. 資訊同步(Information concurrency)：不同團隊資訊共享。

C. 整合性的管理系統：協調各種資源的互動關係。

13-5 軟體取得方式

1. 資訊部門自行開發(Inhouse)

公司內部的資訊部門自行開發軟體，可以掌握產品的開發進度和品質，並控制成本。

2. 使用者自行開發(End User Computing, EUC)

由使用者針對自己的需求而自行開發資訊系統的現象，可讓員工安全地遠端存取完成工作所需的應用程式、桌面和資料，掌握產品的開發進度和品質，並控制成本。

3. 資訊系統委外開發(Outsourcing)

將組織中的資訊相關活動部份或全部由外界的資訊服務提供者來
進行。其中資訊相關活動包括資訊作業、資訊管理、資訊規劃、資訊
系統發展、資訊評估等。其引進方式包括下列：

(1) 委外開發專用系統

(2) 買斷引進套裝軟體(Package)

(3) 租用引進套裝軟體(Application Service Provider, ASP)

表13-7　各種開發方法比較

方　法	特　徵	優　點	缺　點	適　用
SDLC	・正式程序 ・撰寫大量文件 ・使用者僅擔任有限 　角色	・適用大型複雜系 　統	・開發速度緩慢 ・成本較高 ・需求變動不易 ・大量文件整理	大型、複雜、需 求確定
雛形發展法	・根據需求動態撰寫 　試驗系統 ・快速、非正式與重 　複進行 ・使用者持續參與	・開發快速 ・成本較低 ・適用於需求不確 　定環境 ・使用者參與	・不適用大型複雜 　系統 ・品質可能有疑慮	小型、簡單、需 求不確定
套裝軟體	・大量生產 ・內部不必發展軟體	・降低開發負荷 ・降低成本 ・減少對內部資訊 　資源的需求	・可能不符需求 ・功能可能與現行 　程序不合而需加 　以調整	業界共同性、標 準性的需求
ASP	・內部不必發展軟體 ・需要時才連線使用	・降低開發負荷 ・降低成本 ・減少對內部資訊 　資源的需求	・可能不符需求 ・功能可能與現行 　程序不合而需加 　以調整	業界共同性、標 準性的需求、使 用頻率低
EUC	・由使用者利用開發 　工具發展 ・資訊人員僅有最小 　與非正式的參與	・使用者進行控制 　可減少開發時間 　與降低成本 ・符合使用者需求	・軟體品質堪虞 ・可能不合整體標 　準	簡單、作業控制 階層、單一功能 部門相關
Outsourcing	・由外界廠商負責發 　展	・可以降低或控制 　成本 ・減少對內部資訊 　資源的需求	・喪失資訊控制權 ・依賴受委廠商 ・資訊安全可能有 　顧慮	未來策略影響力 低、結構化、獨 立系統

( ) 1. 對於瀑布式(Waterfall)軟體開發流程模式，下列敘述何者錯誤？ (A)強調軟體開發生命週期各階段應清楚地定義要交付哪些工作產出 (B)每一階段完成的工作產出都必須經過確認無問題後，才可將此階段的工作產出予以凍結(Freeze)後，作為下一個階段工作的基準 (C)此種開發方式較適用於需要在短時間完成系統開發的專案 (D)相對於雛形開發流程模式，使用者的參與度較不足。

( ) 2. 對於管理資訊系統(Management Information System, MIS)，下列敘述何者錯誤？ (A)廣義的管理資訊系統是指「一種整合性的人機系統，可提供資訊以支援組織的日常作業、管理及決策活動」 (B)管理資訊系統包含人、機、資訊、組織四個部分 (C)常見的管理資訊系統包括企業資源規劃、供應鏈管理、客戶關係管理及作業系統 (D)企業導入管理資訊系統，可有效強化組織流程、提高效率進而提升競爭優勢。

( ) 3. 下列哪一項是軟體發展生命週期中，首要的優先步驟？ (A)系統分析 (B)可行性研究 (C)系統測試 (D)程式設計。

( ) 4. 下列何種軟體，可以連結兩個不同的應用系統，使其彼此溝通並交換資料？ (A)企業軟體(Enterprise software) (B)整合軟體(Integration software) (C)分散軟體(Distribution software) (D)中介軟體(Middleware)。

( ) 5. 在軟體開發生命週期中，通常哪個階段所需要花費的時間最多？ (A)需求分析 (B)設計 (C)編碼 (D)維護。

( ) 6. 下列何者不屬於目前決策支援系統的發展目標？ (A)提升生產品質 (B)提供規劃模擬 (C)提升決策品質 (D)取代決策者。

( ) 7. 關於shareware軟體，下列哪一項是錯誤的？ (A)拷貝共享軟體給他人可以收取服務費 (B)使用者不得任意更改軟體的內容 (C)可以長期使用不必付費 (D)使用時造成任何形式損害，作者不負擔任何責任。

( ) 8. 所謂公元2000年的電腦危機是指 (A)電腦在公元2000年會氾濫成災 (B)電腦在公元2000年的日期出錯 (C)電腦在公元2000年耗盡資源 (D)電腦在公元2000年會控制人類。

( ) 9. 下列何者不屬於電子商務的應用範圍？ (A)防火牆 (B)經銷通路 (C)網站資料庫查詢 (D)電子資料交換。

( ) 10. 目前調查局破獲地下光碟複製工廠，並起訴若干負責人與工作人員，請問其拷貝光碟的行為，係違反下列何者有關智慧財產權之法律？ (A)著作權法 (B)商標法 (C)專利法 (D)營業事業登記法。

( ) 11. 下列敘述中，何者不屬於專家系統的構成元件 (A)inference engine (B)natural language interface (C)interpretation subsystem (D)robotics subsystem。

( ) 12. 下列何者使用知識庫(knowledge base)？ (A)資料庫管理系統 (B)專家系統 (C)策略計劃系統 (D)管理資訊系統。

( ) 13. 某企業購入一套不得再複製的應用軟體，由資訊中心複製後散發至公司內部使用，未曾私下對外銷售，此種行為屬於 (A)合法內部運用 (B)所有權有效利用 (C)軟體剽竊行為 (D)資訊流通行為。

( ) 14. 專家系統為一種交談式系統，其核心是 (A)推理機 (B)人－機界面 (C)資料庫(Data base) (D)知識庫(Knowledge base)。

參考解答

1.C	2.C	3.B	4.D	5.D	6.D	7.C	8.B	9.A	10.A
11.D	12.B	13.C	14.A						

Computer Science
Introduction and
Application

知識科技

14-1 知識與知識科技

對組織而言，擁有知識的多寡會對企業的競爭造成重大衝擊，著名的管理學者杜拉克博士 (Dr. Peter Drucker) 認為：「知識是企業優勢的唯一來源」；微軟公司 (Microsoft) 總裁比爾蓋茲 (Bill Gates) 也認為只要能連接企業三大系統功能：知識管理 (Knowledge management)、企業經營 (Business operation) 和電子商務 (Electronic commerce)，即可打造明日高效能的企業。由此可見知識對企業組織的重要性，運用知識科技能使企業獲取極大的競爭力。

至於知識，則可以區分內隱知識(Tacit knowledge)與外顯知識(Explicit knowledge)。其中內隱知識存在於個人身上，與個別情境經驗有關，是主觀獨特的，而且難以具體化與共同化。而外顯知識則存在於團體中，比較具體客觀，能以明確的語言形容，可以相互流通以及向外部延伸擴散。

因此，在組織中負責創造或處理資訊的工作人員就稱為資訊工作者，又可以分為資料工作者與知識工作者。知識工作者之定義為創造新資訊或新知識之工作者，例如：建築師、工程師、法官、科學家、記者、研究人員、作家、程式設計師等。而資料工作者之定義為使用整理或分送資訊者，例如：銷售人員、會計人員、藥劑師、監工、祕書等。

14-2 知識管理的定義

知識管理的定義，是一個協助組織表達、創造、傳播與運用知識的機制與程序，包含下列層面：

1. 知識的表達

在此層面的定義中，將知識管理定義為對於某一組織環境中所接觸到的各項資料表達與儲存，可以表達資料間的關係、需要管理之資料的管理規則，以確保資料可以真實且完整的表達。

2. 知識的創造

在此一層面中，知識管理可以定義為資料收集、組織內知識的分享與共用、與管理資訊系統(MIS)、流程管理及學習經驗等的整合。

3. 知識的傳播與運用

在此一層面中，知識管理著重於建立機制讓組織成員可以分享與運用所創造的知識，以提升組織競爭力並創造利潤。

 14-3 **組織知識的創造**

根據認知理論，個人在學習知識中，必須經過經驗(Experience)、學習(Learn)與創造(Create)的過程，但是此時所獲取的知識都是屬於內隱的知識，必須透過下列由野中(Nonaka)與竹內(Takeuchi)所發展的知識迴旋(Spiral of knowledge)過程才能成為組織全體所擁有的知識。

1. 共同化(Socialization)

先將內隱的個體知識團體化，引起群體的共鳴，不過基本上此一過程後各群體成員所接受的仍為內隱知識，其所傳遞的是共鳴的知識(Empathizing)。例如傳統店舖內學徒透過觀察、模仿與練習去學習老師傅的內隱技巧，不過此種方式是一個相當有限的知識創造型態，上述的學徒雖能學到老師傅的技巧，但是他與老師傅都沒有辦法對技巧作系統性的認識，因為此一知識並未轉成外顯知識。

2. 外部化(Externalization)

將這種形成團體共識的知識加以外顯化，成為具體明確且可有效使用的組織知識，其所傳遞的知識是表達的知識(Articulation)。例如老師傅可以在長時間的運用技巧後把他的專業技巧寫成手冊，讓組織內的其他成員都可以看到這一個專業技巧的「武功秘笈」。

3. 內部化(Embodying)

組織學習吸收外部知識使之內部化，以豐富組織的知識存量，使員工都能利用這些知識來擴大、延伸、重新界定自己的內隱知識，其所得到的是內部化知識(Internalization)。例如：前面例子中組織內的其他成員只要鑽研老師傅所寫的手冊，就可以運用老師傅以往的技巧來解決問題。

4. 組合化(Combining)

將各種不同來源的組織知識進一步組合化，以增加組織知識系統對於最終產品與服務的價值，其所得到的是組合化知識(Combination)。例如：組織內成員可以編纂多位老師傅所寫的手冊，從中歸納出更新的內涵。

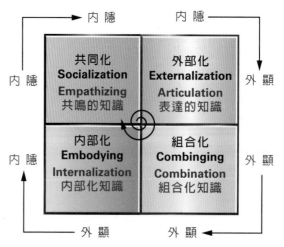

資料來源：Nonaka(1991)

圖14-1　知識創造的過程

為了要做好知識管理，必須將知識表達成知識庫(Knowledge base)，接著才能讓組織內的其他成員分享與運用，知識的表達方式常見者有規則基底法、語意網路法、框架結構法。

1. 規則基底法(Rule-based)

亦可稱為產生規則(Production rule)，其標準架構為" if ... then ... "例如下列實例

法則1

若 信用評等佳　且　有保證人

則 核准房貸

法則2

若 月收入 > 6萬　且　已婚　且　穩定工作

則 信用評等佳

此種表達方法非常容易讓人接受與理解，不過在表達知識較多時就很難一一表示，同時也相當占據空間。

2. 語意網路法(Semantic network)

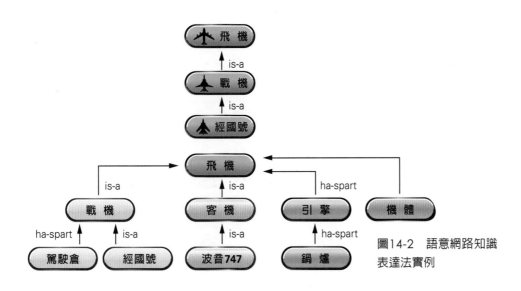

圖14-2 語意網路知識表達法實例

描述以網狀結構為基礎的知識表示法，又稱聯合網路(Associative network)。在語意網路中節點(Node)代表一個概念、物件或性質。而連接兩節點間的有向邊(Arc)則代表彼此之間的關係(Relation)。其所代表的僅是一種觀念而非一種特殊的知識方法，因此在實際的應用中，必須對節點間的有向徑所能代表的意義做限制。

3. 框架結構法(Frame structure)

是組織知識的一種資料結構，基本上是物件導向程式系統方法在專家系統的一種運用。一個框架由框架名稱，以及一連串屬性與值(Attribute-value)的配對組成，這些屬性通常稱為槽(Slot)，而其值稱為填充物(Filler)。槽必須含有此架構所要描述事物的各項特徵，而填充物則為各項特徵的詳細值。此法可將人類知識應用上的思維模式，利用分類法(Taxonomy)的原則，將知識分門別類，形成層次化的知識表示方法。

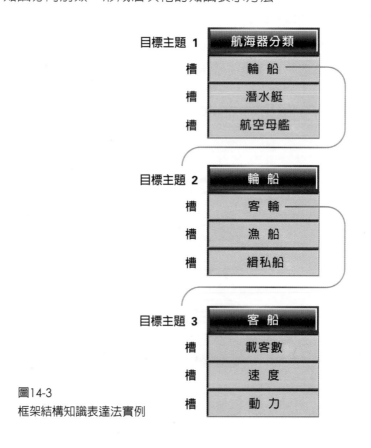

圖14-3
框架結構知識表達法實例

這是在將知識表達成知識庫,加以運用推論出新的知識或用來解決特定問題,其推理方式常見者有向前結合法與向後結合法。

1. 向前結合(Forward chaining)

由已知事實出發,尋找該事實所能適用的法則,再將該法則的結論當成中間事實,繼續找尋適用的法則,不斷地做,直到找出所要結論為止。此一方式是資料取向(Data driven),其適用狀況是在使用者可掌握基本資料,或者最初條件不多,可能結論很多時適用。例如若有下列法則:

IF 燕子 　　　→THEN 是鳥

IF 鳥 且 企鵝 →THEN 不會飛

IF 鳥 且 駝鳥 →THEN 不會飛

IF 鳥 　　　→THEN 會飛

則可以利用下列向前結合的過程進行推論

IF 燕子 →THEN 是鳥

IF 鳥 　→THEN 會飛

因此可以獲致燕子會飛的結論。

2. 向後結合(Backward chaining)

先決定結論,再找資料來驗證所定的結論的正確性。此一方式是目標取向(Goal-driven),其適用狀況是目標明確,但資料辨認不易、完整掌握難。另外結論不多,可能最初條件很多時也適用。例如:用前面的法則為例,利用向後結合可以驗證燕子是否會飛的命題,其推論過程如下:

會飛 ← 鳥

鳥 　← 燕子

因此可以證實此一命題為真。

14-6 資料挖採

資料挖採就是使用各種統計分析與模式化方法，到資料中尋找有用的特徵(Patterns)以及關連性(Relationships)。它主要是用來幫助具有需求人員從資料中發掘出各種假設，但是它並不幫你驗證這些假設，也不幫你判斷這些假設對你的價值。

1. 資料挖採的功能

(1) 分類(Classification)

　　按照事先設定的對象屬性區隔標準分門別類，建立類別，此種功能可以利用決策樹方法進行。例如：將顧客分為常客、稀客等，可以區隔出所應進行的行銷手段。

(2) 推估(Estimation)

　　根據已有資料中相關屬性資料的特性，推論取得其他屬性的未知值，此種功能可以利用相關分析、迴歸分析與類神經網路等方法進行。例如：按照顧客的收入、居住環境來推估其未來可能的消費金額。

(3) 預測(Prediction)

　　根據某一屬性過去的資料值來預測其未來可能值，可以使用迴歸分析、時間序列分析與類神經網路等方法進行。例如：由顧客過去的消費金額預測其未來某一段期間內可能的消費金額。

(4) 關聯分群(Affinity grouping)

　　從所有物件中根據某個關聯找出相關物件，例如：可以利用顧客每次的購買資料從貨品中找出相關的放在同一區貨架上。

(5) 同質分群(Clustering)

　　在大群物件中區隔出其中具有同質性的群組，例如：由銷售資料中找出年輕婦女大多較為喜歡購買的商品。此法與分類的不同在於事先並未設定對象屬性區隔標準。

2. 採用的統計分析方法與常見模式

(1) 分 類(Classification)

根據一些變數的數值直接分類，或是經過一番計算後根據結果來分類。可以利用此一方法來進行對象篩選，此時可以用一些已經分類的歷史性資料或測試來研究它們的特徵是否適合問題，然後再根據這些調整後特徵對其他未經分類或是新的資料進行分類。

(2) 迴 歸(Regression)

使用一系列的現有數值來預測一個連續數值的可能值。

(3) 時間序列預測(Time-Series Forecasting)

與迴歸方法非常接近，只是時間序列預測是與時間相關，用現有的數值來預測未來的數值。因此此一方法可以處理與時間有關的一些特性，例如：時間的階層性、季節性、節日、與其他特別因素。

(4) 分 群(Clustering)

利用統計方法將資料分為近似的幾組，其目的主要是將組與組之間的差異找出來，同時也要找出組中成員的相似性。此法與分類不同的是事先不知分組標準。

(5) 結 合(Association)

要找出資料內容中，在某一事件或是其他相關性中會同時出現的資料。例如：資料項目A在某一事件發生時會出現，則此一方法可以找出資料項目B也出現在該事件中的機率有多少。例如：若顧客買了低脂優酪乳，則此顧客同時也買低脂牛奶的機率是為若干。

(6) 序列發掘(Sequence Discovery)

與結合很像，不同的是序列發掘中相關的資料項目是以時間來區隔，例如：若做了X手術，則Y病菌在手術後感染的機率是多少。

複習題庫

( ) 1. 下列何者屬於內隱知識？ (A)百科全書 (B)食譜 (C)英語會話錄音帶 (D)雜誌。

( ) 2. 下列何者屬於外顯知識？ (A)標準舞老師示範 (B)數學公式 (C)讓打字速度加快的方法 (D)電影。

( ) 3. 根據組織編製的手冊練習無蝦米輸入法，讓全體人員中文輸入速度加快，是下列組織知識發展階段中的哪一個階段？ (A)共同化 (B)外部化 (C)組合化 (D)內部化。

( ) 4. 下列何者是嘗試模擬人類大腦行為的系統？ (A)遠距醫療 (B)公用資訊站 (C)類神經網路 (D)電子商務。

( ) 5. 最常使用的知識表達方法是 (A)規則基底法 (B)語意網路法 (C)框架結構法 (D)混合法。

( ) 6. 向前結合的推理方法不適用於下列哪一個環境？ (A)使用者可掌握基本資料 (B)最初已知條件不多 (C)可能結論很多時 (D)驗證最終結論是否正確。

( ) 7. 一個專家系統(Expert system)通常包含使用者介面、知識庫與下列何者？ (A)推論引擎 (B)電子白板 (C)群組軟體 (D)資料字典。

( ) 8. 若要依照過去經驗，找出今年某一時期可能的銷售額，以憑準備進貨額是利用下列哪一種資料挖採方法？ (A)分類 (B)時間序列預測 (C)分群 (D)結合。

( ) 9. 若要找出客戶中具有類似消費習慣的人，了解其特性，是利用下列哪一種資料挖採方法？ (A)分類 (B)時間序列預測 (C)分群 (D)結合。

( ) 10. 若要找出顧客會同時購買哪些商品，是利用下列哪一種資料挖採方法？ (A)分類 (B)時間序列預測 (C)分群 (D)結合。

參考解答

1.C	2.B	3.D	4.C	5.A	6.D	7.A	8.B	9.C	10.D

CHAPTER

資訊倫理與安全

15-1 電腦的負面效應

1. 侵犯個人隱私權

因為在電腦裡可以儲存大量資訊，同時這些資訊也可以透過網路快速傳送，因此只要對於所保管的資料維護不良時，就可能讓有心人有機可乘，從而侵犯到個人隱私。

數位身分證暫停換發 政院：相關投入經費不會浪費
【參考 2021/1/21 中央社改寫】

內政部原定今年7月全面換發數位身分證，在1月先進行小規模試辦，不過，內政部上午在行政院會報告「數位身分識別證New eID換發檢討評估」，行政院會決議暫停換發，待專法通過後再推動。

李孟諺在行政院會後記者會轉述說，行政院長蘇貞昌表示，發行數位身分證原本是發展智慧政府、邁向數位國家重要政策之一，但確實看到國際資安攻擊不斷有新的手法，尤其面對中國各種資安攻擊，他同意內政部提出暫緩數位身分證的發行計畫，就法制完備後，讓社會各界瞭解後再進行。

臺灣與美國租稅協議談了N年，從未達成租稅互惠協定，且臺灣法令保護個人資料隱私、銀行代美國財政部查稅依法無據。更重要的是，按照目前個資法的保護，除非存款人自己同意，否則僅有符合公眾利益及有互惠租稅協議兩部分才可協助辦理，銀行無權動用到個人資料。

討論問題：
1. 對於此一事件，你的看法如何？
2. 此一事件應該如何解決，請提出你的看法。

2. 生產過程使用到有毒物質的影響

電腦的生產雖然是高科技產業，但是其生產流程會用到許多有毒化學物質。例如：以往在生產印刷電路板時，需要用到氟氯

碳化物(CFC)來清洗電路板，但是此種化學物質對地球臭氧層的危害是眾人皆知的；此外，積體電路(IC)的生產也會產生相當多的有毒廢水，對環境的危害程度相當高。

半導體產業的職業災害

【參考 http://www.coolloud.org.tw/information/high-tech/2000-0524-01.htm 改寫】

1996年128名IBM員工及其家人（其中已有11人死於癌症），控告化學製造廠柯達公司(Eastman Kodak Company)、Union Corporation、J.T. Borer和KIT Chemicals。他們宣稱由於工作時暴露於危險的化學物質中，使他們的健康受到嚴重的傷害--包括癌症和流產。雖然紐約州的工人賠償法讓員工無法直接控告IBM，但他們子女可以！他們之中已有16個員工子女與其對簿公堂--宣稱這些化學物質導致了新生兒的先天缺陷。在加州聖荷西(San Jose)，另一群前IBM員工（他們已得了癌症）和家人控訴IBM公司和化學供應商，他們宣稱工廠使工人暴露於致癌的化學物質中，超過三十年之久。同時，70 位蘇格蘭女士控告另一家美國公司--以加州Santa Clara為重心的國民半導體公司，宣稱她們也暴露在致癌物質中。

這些訴訟案使得這個「全世界最大也成長最快的製造部門」的環境與職業傷害受到高度關注。價值1500億美元的半導體產業於25年前悄悄地在Santa Clara的矽谷開始發展，隨之驚人地成長。然而，伴隨驚人的經濟成長而來的是巨大的環境傷害。半導體廠商用了大量的有毒物質去製造電腦配備，例如：磁碟機(Disk drives)、印刷電路板(Circuit boards)、影像播放設備，還有矽晶圓本身。每年2200億的矽晶圓製造出的有毒物質是驚人的，且包含高度腐蝕性的氯化氫酸，例如：砷、鎘等物質；還有揮發性的溶劑，像是木精三氯甲烷、甲苯、苯、丙酮，和三氯乙烯；還有有毒氣體。許多上述的物質已知，或有很大的可能是致癌物質。美國勞工局於1999年4月發行的勞工統計資料顯示，半導體產業工人得到職業病的機率是其他製造部門工人的兩倍。

討論問題：

1. 對於這些事件，你的看法如何？
2. 這些事件應該如何解決，請提出你的看法。

3. 廢棄電腦的危害

電腦在使用時雖然可以發揮極大的效用，但是一旦損壞或過時後，廢棄的電腦也會構成相當嚴重的問題，因為廢棄電腦中可以回收利用的部分不多，同時廢棄電腦所占的空間相當龐大，處理起來又非常困難，可能對環境造成相當大的影響。

製造者延伸責任

【參考 http://www.ier.org.tw/phpBB2/viewtopic.php?p=774& 環保共識論壇改寫】

最近臺灣電子業面臨著一個迫切危機，業界人士紛紛枕戈待旦，積極應戰。觸發危機的是來勢洶洶的歐盟環保指令WEEE（廢電機電子設備指令，Waste Electrical and Electronic Equipment）。WEEE於2005年8月正式實施，它規定大小家電、資訊、通信、照明、電動工具、運動設備等類別的電器設備，其生產者與進口商必須要負起回收產品的責任及處理費用，才能進口到歐盟國家。進口商與製造商可選擇提供保證金給當地認可的回收機構代為執行，也可參與政府機構的共同回收行動，以保證未來當他們的產品不再被消費者使用時，廢棄產品組件的回收與再利用率能達成法定比例。

這個歐盟指令標舉「製造者延伸責任」（Extended Producer Responsibility, EPR），製造者必須保證該產品從原料取得、製程、運輸……直到販賣給消費者使用，與廢棄後的回收處理，都不會製造污染，不對環境造成負擔。製造者必須跟著產品，走完「從搖籃到墳墓」的生命週期(Product's life cycle)，責任才告終了。唯有從源頭減量及綠色設計做起，才能真正降低環境衝擊。製造者或販售商若要減少繳給回收機構的處理費用，就須從源頭變更設計，減少產品的包裝體積與重量，改以簡單、容易拆解、可回收再利用的包裝材質。政府藉處理費用來框定製

造者的責任，迫其藉由源頭減量及綠色設計來克服廢棄物過量產生的問題，這就是「製造者延伸責任」。「製造者延伸責任」不只針對產品廢棄物的回收處理，真正可貴之處在於溯及「源頭減量」與「綠色設計」，這些對環境的正面作為，可協助社會以有效及環保方式解決困擾的廢棄物問題，並改變企業的環保態度，提升企業品牌形象。

討論問題：

1. 對於這個措施，你的看法如何？
2. 臺灣的資訊電子業針對此一措施應該如何因應，請提出你的看法。

4. 在使用上對人體造成的傷害

由於電腦的使用相當吸引人，因此可能會讓人在不知不覺中長時間使用，若是姿勢不夠良好就可能造成神經傷害，例如：手肘與脊椎等部位都是可能遭到傷害的脆弱部位。包括：

(1) 重複受壓傷害(Repetitive Stress Injury, RSI)
    肌肉群在高負荷使力或不斷重複的低負荷使力下不斷重複收縮所造成的傷害，例如：長時間敲擊鍵盤或滑鼠會造成腕關節症候群(Carpal Tunnel Syndromes, CTS)。

(2) 電腦視力症候群(Computer Vision Syndromes, CVS)
    由於過度使用視力注視電腦螢幕所造成的症狀。

(3) 科技壓力症(Technostress)
    由於電腦引起的心理壓力。

生產力基地台檢測合格 被疑動手腳

【參考 2006/03/25 聯合報改寫】

電信總局昨天派員前往生產力大樓的屋頂，測量10公尺內14座基地台的電磁波，並由電腦換算出2G和3G系統的磁波強度。電信總局人員表示，2G系統規範的磁波功率值，為每平方公分0.45及0.9毫瓦，測量結果顯示，大樓頂樓的2G系統磁波密

度是0.000099毫瓦,低於規範值9萬分之1,屬政府規定的環境建議值範圍內。3G系統測試後,也低於萬分之1,未超過規範值。

惠中里長痛批電信總局「用電腦分析假數據」。她說,先前里民多次測量發現,生產力大樓四樓的磁波強度已超過標準值20倍,不可能在合法範圍內。里民不可能接受這樣測量結果,若不拆除基地台,里民將再次發起抗爭。

市府都市發展局使用管理課長說,電信業者申請基地台,由電信總局核准,目前已發出2041張執照。雖然電信法明訂,基地台設置不受土地分區使用的限制,但仍要符合建築法的規定,若架設在違建上,被查報後,市府可逕行拆除基地台。

市府正研擬「台中市行動電話基地台設施設置管理自治條例」,若中央核備通過,新設基地台或現有基地台要換照,都必須向市府申請雜項執照。根據這項自治條例,基地台天線底座應離地面20公尺以上,且200公尺內不得設有其他的基地台。同一建物若有2家電信業者申請,必須採共同天線。

討論問題:

1. 對於這個事件,你的看法如何?
2. 電信業者應該如何解決此一問題,請提出你的看法。

5. 電腦處理失敗時所造成的後遺症

現代電腦由於容易使用,因此造成許多組織非常依賴電腦,甚至到了沒有電腦就無法運作的地步。此時若發生電腦失敗,將使這些組織陷入癱瘓。例如銀行的提款系統若無法正常運作,則不只銀行無法正常運作,甚至可能使許多相關的組織均無法正常運作。

國泰世華ATM系統出包不斷 金管會重罰1200萬、總座降薪3成
【參考 2022/12/29 壹蘋新聞網改寫】

國泰世華銀行資訊系統近年來大大小小當機已6次，ATM、網銀、APP經常出包，讓消費者叫苦連天，雖推出減免手續費的補償方案，仍無法掩飾民眾怒火。金管會今天宣布，對國泰世華銀行處以罰款1200萬元，總經理降薪3成3個月。

金管會表示，相關缺失顯示該行就重要資訊系統基礎設施定期維運測試之深度及廣度不足，未完善建立對中台服務系統之管理規範，亦未妥適規劃施工時發生事故之緊急應變機制，核有未完善建立及未確實執行內部控制制度之情事。

今年4月國泰世華銀才因半年內ATM當機4次，被金管會開罰200萬元，10月8日又發生大當機，APP無法登入、網銀、信用卡、ATM，全台Costco好市多大排長龍無法結帳，也痛失獨家聯名卡合約。

銀行局副局長林志吉說明，10/8因電力維護第一次同時使用四台發電機導致過熱，過去最多僅使用三台，關掉空調卻影響降載跳電，導致部分伺服器因過熱而自動關機，該行於10:57~15:25間ATM、網路銀行及信用卡收單服務無法正常運作，顯示事先演練不足，當時沒有啟動異地備援是評估可以加快維修速度，但當下判斷失準，並與總經理橫向溝通不夠精準到位。光是10/8這次賠償Costco多利金就已高達1118萬元，筆數1萬7000筆，另外信用卡交易影響9筆，簽約收單無法刷卡商店有49家。

第二件是國泰世華銀行11月29日及30日自行監控發現該行CUBE App有登入緩慢情形，經研判後於12月1日凌晨4:30擴充網路銀行及行動銀行中台服務系統前端之「商業邏輯層」資源，卻造成後端「通訊層」交易資訊累積，而於同日 09:30~16:02發生網路銀行及行動銀行交易緩慢，網銀與APP又當一整天。

討論問題：

1. 對於這個事件，你的看法如何？
2. 國泰世華銀行應該如何解決此一問題，請提出你的看法。

黑莓機當機 美加挨告

【參考 2011/10/28 工商時報改寫】

美國加州黑莓機用戶米歇爾向加州聯邦法院控告RIM違反服務合約、怠忽職守及服務改善不當。向來以資安防護周密為賣點的黑莓機在10月11日爆發連續4天當機事件，各地黑莓機用戶完全無法使用電子郵件、即時訊息及網頁瀏覽功能，引發大批用戶抱怨。控告書中估算，RIM平均每天進帳的服務營收達340萬美元，但米歇爾表示自己「未獲得付費應享有的服務」，故代表全美簽有黑莓機服務合約的用戶向RIM提告，並要求RIM提出現金賠償。

討論問題：

1. 對於這些事件，你的看法如何？
2. RIM應該如何解決此一問題，請提出你的看法。

6. 電腦對社會造成的衝擊

由於電腦的各種優點，使電腦可以快速打入社會中的各階層，取代目前人力，從而使許多組織可以節省大量人力。雖然從經濟層面而言，此為不得不然的趨勢，但是若沒有對可能被取代的員工做好訓練，則可能使員工面臨失業的危機，因而造成嚴重的失業問題。

盜版斷背山 5分鐘抓下

【參考 2006/03/09 民生報改寫】

BT(BitTorrent)、e-mule是新一代的P2P共享傳輸軟體，每個使用者在利用此軟體下載時，也同時可支持別人下載，因此有「下載的人越多，速度越快」特性，理論上來說，利用BT軟體只需要五分鐘就可下載一部電影，由於效率驚人，使得此一軟體在網路上十分受歡迎。

立法委員謝國樑日前召開記者會，展示違法下載的斷背山電影，他痛斥網路非法下載猖獗，斷背山都還沒下檔，盜版早已

隨處可得，「李安的斷背山，被非法下載砍斷了手臂！」，根據統計，在2004年底BT的下載量，已經佔全球網路流量的30％，下載內容以MP3音樂、電影、軟體為主，他並主動向智慧財產局檢舉「http://bt.fkee.com/」等十個BT電影下載網站，他說，李安為國爭光值得欣喜，但振興國片應優先維護著作權，阻止盜版，否則新聞局砸再多的國片輔導金，仍難敵BT下載，更無法造就第二個李安。

經濟部智慧財產局坦承，網路IP數量太大難以計數，且不少網站架在國外，即使智財局成立保智大隊，專責在網路上監控、查察非法下載者，但仍然抓不勝抓。

討論問題：

1. 對於這些事件，你的看法如何？
2. 這些事件應該如何解決，請提出你的看法。

15-2 資訊倫理

1. 資訊倫理的定義

雖然電腦有上列的負面效應，不過真正掌控電腦的還是人，唯有讓人接受某種規範，才能避免各種負面效應的擴大。在這一個層面上，法律雖然提供了規範，但是法律所規範的只是最初淺，至少必須做到的事。要藉由倫理的講求才能建立良好的社會秩序，在此之上才能進行經濟發展。

所謂的資訊倫理就是指資訊社會中共同接受而能遵守的規範，這是為了因應資訊科技的變遷而創立的倫理，避免特權與非法不正當的控制資訊、玩弄資訊，從而造成各種社會亂象。由於資訊倫理牽涉相當廣泛，為使討論集中，所以目前一般根據Mason(1986)所提出的資訊時代的四個倫理議題，包括隱私權(Privacy)、資訊正確性(Accuracy)、財產權(Property)、資訊取用權(Accessibility)，簡稱PAPA。

● 隱私權與現行法律相關規定

在資訊上所謂隱私權，是指在沒有獲得當事人同意前，不得將原先為特定目的提供的資訊用在其他目的上。例如：信用卡公司若將客戶為了申請信用卡而提供的資料，轉賣給直銷公司，即可算違反此一倫理，應該盡可能避免。同時，現在我國也已針對政府機關與特定行業，制定「個人資料保護法」，保護個人隱私權。根據《個人資料保護法》第2條第1款的定義，所謂的個人資料指自然人之姓名、出生年月日、國民身分證統一編號、護照號碼、特徵、指紋、婚姻、家庭、教育、職業、病歷、醫療、基因、性生活、健康檢查、犯罪前科、聯絡方式、財務情況、社會活動及其他得以直接或間接方式識別該個人之資料。個人資料之本人就其個人資料依本法規定行使之下列權利，不得預先拋棄或以特約限制之：(1)查詢及請求閱覽；(2)請求製給複製本；(3)請求補充或更正；(4)請求停止蒐集、電腦處理及利用；(5)請求刪除。依《個人資料保護法》第28~31條的規定，公務機關或非公務機關違反該法規定，致當事人權益受損害者，應負損害賠償責任。被害人雖非財產上之損害，亦得請求賠償相當之金額；其名譽被侵害者，並得請求為回復名譽之適當處分。如被害人不易或不能證明其實際損害額時，得請求法院依侵害情節，以每人每一事件新臺幣五百元以上二萬元以下計算。同時也可以進行團體訴訟，因此若外流十萬筆個人資料，可能被法官裁定五千萬元以上的損害賠償。另外，依《個人資料保護法》第34條的規定，意圖為自己或第三人不法之利益或損害他人之利益，而對於個人資料檔案為非法變更、刪除或以其他非法方法，致妨害個人資料檔案之正確而足生損害於他人者，處五年以下有期徒刑、拘役或科或併科新臺幣一百萬元以下罰金。意圖為自己或第三人不法之利益或損害他人之利益，而對於個人資料檔案為非法輸出、干擾、變更、刪除或以其他非法方法妨害個人資料檔案之正確，致生損害於他人者，處三年以下有期徒刑、拘役或易科新臺幣五萬元以下罰金。

- 正確性問題與實例說明

　　也就是握有資訊的人應該盡可能的保證資訊的精確性，避免因為資訊的錯誤而導致其他人的權益受損。例如：銀行所握有個人的信用記錄，若因各種原因產生錯誤，當事人有權要求銀行更正，以維持資訊的精確性，否則當事人為此產生的各種損害均應由銀行賠償。目前，在我國的《個人資料保護法》亦有類似的規範。

- 財產權與現行法律相關規定

　　也就是資訊究竟為誰所擁有？各種資訊的傳播有無侵害資訊財產權？此一問題在現在變得非常嚴重，因為資訊本身可以用極低的成本複製與傳播，結果造成智慧財產權極易受到侵害，因此各國均有制定智慧財產權相關法律加以規範。以我國而言，規範此一部分的法律相當多，包括維護著作權的《著作權法》，維護專利權的《專利法》，維護商標的《商標法》，與保護企業營業秘密的《營業秘密保護法》等，均屬於此類知識財產權 (Intelligent property)的重要法律。例如：根據《著作權》法第3條，屬於文學、科學、藝術或其他學術範圍之創作都視為著作，可以享有著作人格權與著作財產權。在網路傳送的所有資訊，不論形式是文字、聲音、音樂、影像、攝影、圖形、動畫、電腦軟體等，都可能有著作權，如未取得合法的授權就擅自引用他人的資訊，就有可能造成著作權的侵犯問題。根據《著作權》法第91條，擅自以重製之方法侵害他人之著作財產權者，處三年以下有期徒刑、拘役，或科或併科新臺幣七十五萬元以下罰金。意圖銷售或出租而擅自以重製之方法侵害他人之著作財產權者，處六月以上五年以下有期徒刑，得併科新臺幣二十萬元以上二百萬元以下罰金，尤其若以重製於光碟之方法犯此罪者，處六月以上五年以下有期徒刑，得併科新臺幣五十萬元以上五百萬元以下罰金。但是著作僅供個人參考或合理使用者，不構成著作權侵害。此外第92條更規定，擅自以公開口述、公開播送、公開上映、公開演出、公開展示、改作、編輯或出租之方法侵害他人之著作財產權者，處三年以下有期徒刑、拘役、或科或併科新臺幣七十五萬元以下罰金。可以說處罰的相當重。

• 資訊取用權的意義及實際情形

也就是指除非資訊的取用會造成隱私權的侵犯，否則應該盡可能的讓人可以自由取用。此一規範在美國是以「資訊自由法案」來規定，在我國目前是以民國97年修正通過的《檔案法》來規範。《檔案法》第17條規定「申請閱覽、抄錄或複製檔案，應以書面敘明理由為之，各機關非有法律依據不得拒絕」，但是有下列情形時，則可拒絕：一、有關國家機密者。二、有關犯罪資料者。三、有關工商秘密者。四、有關學識技能檢定及資格審查之資料者。五、有關人事及薪資資料者。六、依法令或契約有保密之義務者。七、其他為維護公共利益或第三人之正當權益者。甚至根據第28條的規定，公立大專校院及公營事業機構準用本法之規定。受政府委託行使公權力之個人或團體，於其受託事務範圍內，亦同。

15-3 資訊安全概念

1. 資訊安全的定義

為了保護電腦系統及資料，以免受到未經許可人員有意或無心的損壞或使用，所需要採取的防範措施。也就是保護電腦系統，避免有天災、惡意破壞及人為錯誤產生。

2. 資料安全的威脅

(1) 資料安全威脅的因素

A. 風險集中

電腦化之後，資料趨於集中，使得任何資料安全威脅所引發的風險大為提高。

B. 電腦的非人性化

電腦的操作上是非人性化的，只要輸入符合的使用者代號與密碼就可以進入系統，增加資訊安全威脅。

C. 對電腦依賴度提高

電腦化越成功的組織，對電腦依賴度提高，例如銀行是電腦化最成功的行業，一旦電腦被侵入，所造成的損失將難以估計。

D. 網路傳播無遠弗屆

由於網路的發展，使得無意或惡意的錯誤傳播迅速。

(2) 資料安全威脅與防範

表 15-1　天然災害

威脅來源	後 果	防範措施
火 災	資料、文件及設備燒毀，作業中斷	消防設施
水 災	作業中斷、短路，資料、文件受潮	地點選擇，防水
風 災	設備傾覆，作業中斷	防風措施
雷 擊	設備燒毀，作業中斷，人員傷亡	避雷、接地
蟲、鼠害	電纜破壞，短路，故障	除蟲、除鼠
灰 塵	磁碟損毀，資料漏失，短路	空氣過濾機
地 震	地板破壞，設備傾覆滑動，作業中斷	結構補強

表 15-2　資源中斷

威脅來源	後 果	防範措施
停 電	作業中斷，資料漏失	不斷電設備
停 水	空調失靈，溫度升高，當機	替代的窗型冷氣
通訊中斷	連線作業中斷，連線異動資料漏失	備份線路
電源干擾	機器不穩定，功能失常，當機	穩壓設備、接地
罷 工	作業停頓	加強勞資關係

表 15-3　操作、功能錯誤

威脅來源	後 果	防範措施
維護、增設	故障、當機	小心、設備離線
硬體設備	操作錯誤	使用操作手冊
軟體系統	功能錯誤	聯絡廠商
應用軟體	處理錯誤，輸出不正確	除錯、聯絡廠商
資 料	輸出不正確	使用操作手冊

表15-4　人為因素

威脅來源	後 果	防範措施
電腦犯罪	資料毀損，洩密、金錢損失	技術性管制
洩 密	機密外洩，影響士氣	內部管制、稽核
破 壞	設備損毀，資料損毀，竊盜	警衛、門禁

3. 電腦犯罪

(1) 電腦犯罪的類型

A. 竄改資料(Data diddling)

將資料竄改以達成特定目的，例如：將帳戶結存數字由小改大，以便盜領。

B. 暗藏指令、木馬屠城(Trojan horse)

在正常程式內暗藏可能造成災害的指令，等到程式開始運作後，再由外遙控或輸入指令開始破壞行為。

C. 微竊技術、混水摸魚(Salami techniques)

就是利用程式將一般帳戶的尾數微小差額集中存入某一特定帳戶，積少成多後就是一筆相當可觀的金額。

D. 邏輯炸彈(Logic bombs)

在程式當中設定特殊狀況條件，當條件成立時就會引發破壞。例如：員工在離職前，可能在程式當中設下某月某日讓電腦當機的指令。

E. 電腦病毒(Computer virus)

就是散佈電腦病毒，以致造成他人電腦無法順利運作或程式與資料遭到毀壞。

F. 潛入禁區(Trap doors)或稱後門

通常發生在系統設計時為了測試或其他用途而預留的特殊路徑，可以避開電腦安全系統。若沒有將之封閉，之後可能有人會利用此一途徑潛入系統進行各種破壞。

G. 非同步攻擊(Asynchronous attacks)

就是採用分段攻擊的方式，分別在不同時間攻擊系統的各項安全措施，以避免因為突然的攻擊而引起注意。

H. 尾隨混入、李代桃僵(Piggy backing and impersonation)

就是利用別人沒有登出(Logout)的畫面混入系統，進行各種破壞措施。

I. 垃圾再生(Scavenging)

由各部門丟棄的垃圾找尋有用的資訊。

J. 資料洩漏(Data leakage)

就是組織內的人員將不應外流的資料洩漏出去。

K. 線路竊聽(Wiretapping)

利用網路傳輸上都要經過各中間點的特性，在某一中間點搭線竊聽。

L. 駕駛攻擊(War driving)

在駕駛車輛的同時，使用行動裝置偵測無線網路存取點，嘗試攔截無線網路訊號。

(2) 惡意軟體(Malicious software)形式

A. 電腦病毒(Computer viruses)

難以偵測且在電腦系統上快速傳播的不良軟體程式，會破壞資料或分裂處理與記憶系統，通常在未經使用者認知獲許可下，附加於其他程式或檔案來執行。

B. 蠕蟲(Worms)

是一種獨立的電腦程式，可以透過網路將病毒複製到其他電腦，與病毒不同的是，worm可以自行運作，不需附在其他檔案上。

C. 特洛伊木馬(Trojan horses)

本身並非病毒，不會複製，但卻是其他病毒或惡意程式入侵電腦系統的媒介。

D. 間諜軟體(Spyware)

是一個偷偷自行安裝在電腦上，會監視上網活動，並跳出廣告。甚至可能是鍵盤側錄軟體(Key loggers)會記錄使用者輸入鍵盤的按鍵，從中偷取密碼或其他資訊。

E. 欺騙(Spoofing)

將原來網址連接到其他無關網站,假冒成要連接的目的地,已進行後續駭客相關行為。

F. 側錄(Sniffers)

是一種偷聽程式,監控網路上資訊的流動與交換。

G. 分散式阻斷服務(Distributed Denial of Service, DDoS)

分散式阻斷服務攻擊,利用網路上已被攻陷的一群電腦向某一特定的目標電腦發動密集式的「拒絕服務」要求,藉以把目標電腦的網路資源及系統資源耗盡,使之無法提供正常服務,癱瘓預定目標的商業活動。

H. 身分偷竊(Identity theft)

非法取得他人隱私資訊的犯罪行為。

I. 網路釣魚(Phishing)

設立假網站或發送類似合法E-mail向使用者要求個人將機密資料回覆或輸入。其中兩種型式是雙面惡魔(Evil twins)與網址轉嫁連結(Pharming)。雙面惡魔是一種假裝提供值得信任的無線網路連接,讓不知情的使用者在登入同時竊取重要資訊。網址轉嫁連結轉接使用者到一個偽造的網站,即使使用者在瀏覽器輸入正確網址,也會由於ISP的漏洞而使犯罪者改變地址資訊。

J. 點擊詐欺(Click fraud)

個人或電腦程式故意點選線上廣告,但並不想了解該廣告或產品。

(3) 電腦犯罪的對策

A. 技術性防護方法

利用電腦技術來防止電腦犯罪的進行,這是對付電腦犯罪最有效的方法,包括下列方法:

(A) 通行碼

在進入電腦系統,甚至進入各檔案時都要輸入正確的通行碼,否則就無法進入該系統或檔案。

(B) 限制授權

限制只有特定獲得授權的使用者才可以對檔案進行授權範圍內的操作，例如若只有獲得對檔案的新增權力而未獲得刪除權力，則只能對檔案進行新增而不能進行刪除。

(C) 加密轉換

就是將資料內容加密轉換，這樣即使檔案被別人取得，也無法了解其中意義。

(D) 電腦稽核

主要目的留下所有活動的記錄(Logging)，不過嚴密的稽核帶來不友善，造成系統較難使用。

B. 保障著作權

主要就是防止不正常使用軟體，以致造成電腦病毒的散布，此外也可以鼓勵更多人投入軟體撰寫的工作，開發更多更好用的軟體。

C. 法律制裁

對不法份子給予適當的法律制裁，才能制止其他人仿效。

D. 電腦管理程序的改善

利用良好的終端機與其他電腦管理程序的改善，將使諸如李代桃僵或垃圾再生的電腦犯罪手法徹底絕跡。

(4) 電腦犯罪的案例

案例一：CIH電腦病毒

在1998年5月間，一個以「CIH」命名的電腦病毒在網路上迅速擴散至全世界，這個被稱為「車諾比」的病毒威力強大，它會對入侵的電腦主機硬碟進行重新格式化的動作，造成電腦用戶資料的損失，當時這個病毒造成了全世界數以百萬的電腦用戶受害，其感染重災區主要是一些盜版猖獗的國家。這個造成全球受害嚴重的電腦病毒，經調查後證實是由臺灣某一大學學生所創造，當時他並未了解該病毒會造成如

此大的災害，雖然他最後因當時法律無明文規範而逃過牢獄之災，但是隨著《刑法》妨害電腦使用罪在94年2月2日修正，無故取得刪除或變更他人電腦或其相關設備之電磁紀錄，致生損害於公眾或他人者，可處五年以下有期徒刑。因此要提醒大家除了不要刻意製造電腦病毒外，更不要使用來歷不明或盜版軟體才能有效防止電腦病毒的入侵。

案例二：網路偷錢

入侵銀行電腦，然後利用網路將資金轉移到自己的帳戶中，像這種電影情節，已不斷地在真實世界中上演。1995年一位來自俄國的年輕人只利用了一台個人電腦就成功地入侵位於紐約花旗銀行的電腦主機並盜取了四百萬美元。為避免追查，這些錢迅速地透過全球網路四處轉移，最後被轉入位於巴西的一家銀行中，隨即被提領一空。其犯案過程無往不利，這也突顯了銀行在安全管控方面出現了重大的疏失。經過一年多的極力追查之後，才在倫敦逮捕了這名青年。這類型的犯罪型態，常常跨越了許多國家，不僅防範上十分困難，偵查的過程，更是一項嚴酷的挑戰。

案例三：堅守自盜

1996年間，一位任職於臺北市監理處的一位雇員，利用其職務之便，竄改該處電腦資料並偽發駕照以牟利，據清查約有二百多人循此管道購買假駕照。由於駕照本身是監理處合格發給，且監理處電腦裡有完整的駕駛人檔案，若不是因為案情爆發，這種電腦犯罪手法將很難被察覺。相同的案例層出不窮，一名在加州一家網路公司服務的員工，竊取了該公司數十萬名信用卡用戶的相關資料，並將這些資料在網路上公開出售，最後雖遭逮捕，卻也顯現出該問題的嚴重性。由於業者總希望員工在辦理相關業務時盡可能的方便，以增進工作效率，卻常常因此忽略了安全措施的重要性，加上又有利可圖，使得有些員工在利益的誘惑之下做了不法的行為。要預防這類的電腦犯罪除了做好稽核工作外，最重要的就是加強員工的教育。

案例四：阻斷交易

2000年二月，yahoo、eBay、CNN及ZDNet的網路，在短時間內湧入大量的無意義資料封包，致使該公司網路擁塞無法正常的提供客戶服務，這種被稱為「分散式阻斷服務攻擊」(Distributed Denial of Service, DDoS)的手法，雖不至於造成公司資料毀損或機密外洩，但由於服務被迫中斷，易造成公司極大的損失。若這類攻擊被應用於股市或期貨等電子交易市場，只要使交易中斷一小段時間，就足以擾亂交易秩序，其後果將十分嚴重。

案例五：網路詐騙

近年來，網路詐欺的手法不斷推陳出新，多數的詐騙手段都是藉由電子信箱廣告，宣稱可提供快速致富的方法、治療癌症的靈藥或文憑等，以吸引消費者上鉤，進而從中騙取金錢。例如：美國聯邦貿易委員會就以詐欺的罪名控告一家管理公司及其經營者，該公司涉嫌以老鼠會的方式進行詐騙，利用電子郵件廣告宣稱加入者至少可以獲得一萬美元的獎金，許多消費者因而受騙。消費者唯有詳加查證，購買合法之商品，才能減少網路詐騙行為的發生。

案例六：網路惡作劇(Hoax)

2000年，一位仁兄利用網路散發了一則不實的新聞，指稱一家在美國製造光纖管轉接器公司的CEO已辭職，此消息一出，造成當日該公司股票狂跌，損失甚巨，但散布該不實新聞之主嫌卻乘機從中獲利。由於網路謠言常不經查證就迅速地傳播，因此常被有心人士利用來誹謗某些人、某些公司或某些商品之信譽，甚至用來傳播一些讓電腦使用者驚嚇的訊息。這種用電子郵件方式散布的惡作劇通常沒有附件檔案，也不會附上可證實其訊息的旁證或參照，敘述方式雷同，一般而言藉由這些特徵不難認出。

案例七：侵犯智慧財產權

2001年國內成功大學學生因為擁有MP3檔案，被檢方搜索並查扣下載MP3檔案的學生電腦，此舉引發了對於智慧財產權保護的廣泛討論，也突顯了盜拷軟體的嚴重性。由於現今

網路發達，網路上的盜版資訊以迅雷不及掩耳的速度傳播，以目前轟動全球的《哈利·波特》(Harry Potter)一書為例，新書出版不到一天，網路上就已經有免費的新書內容可供下載，造成書商嚴重的損失。此外唱片及電影業者更是深受其害。據統計大約有將近70%的使用者曾經從網路上載錄歌曲，幾乎只要會上網的人多少都會有類似的行為，使用者也常在不自覺的情況下就誤觸法律。

4. 電腦安全管理

(1) 概念

以BS7799資訊安全管理系統(Information Security Management System, ISMS)標準定義而言：就是 "資訊對組織而言就是一種資產，和其他重要的營運資產一樣有價值，因此需要持續給予妥善保護。資訊安全可保護資訊不受各種威脅，確保持續營運，將營運損失降到最低，得到最豐厚的投資報酬率和商機。" ISO27001 是以 BS7799 為基礎制定的。此標準包含兩部分：ISO/IEC 17799:2005標準，是資訊安全管理實施細則(Code of practice for information security management)，提供組織實施資訊安全的指南；ISO/IEC 27001:2022，以規範建立資訊安全管理系統(ISMS)的一套規範，其中詳細說明了建立、實施及維護資訊安全管理系統的要求，指出實施機構應該遵循的風險評估標準。其最終目的在於幫助企業組織建立適合自身需要的資訊安全管理系統。

(2) ISO/IEC 27001: 2022的組成

ISO 27001共分成四大管控重點、93項控制措施，各控制措施均有控制措施種類、資訊安全特性、網路安全概念、運作能力、安全領域。

四大管控重點為：

A.組織控制。

B.人員控制。

C.技術控制。

D.實體控制。

15-4 資料加密

1. 資料加密的意義

採用密碼形式儲存或傳送敏感資料時，就稱為資料加密，其目的是為了防止非正規的使用者存取不應該見到的資料，最好是能讓非正規使用者即使得到對應的原始資料與密碼文字也無法找到加密鍵，因此也無法再繼續解碼。

2. 資料加密的一般方法

將原始資料（通常稱為Plaintext）根據加密演算法(Encryption algorithm)獲得密碼文字(ciphertext)加以儲存或傳送，其中加密演算法需要輸入原始資料與加密鍵(Encryption key)，其中通常加密演算法是公開的，但是加密鍵則是只有需要知道的人才能知道。

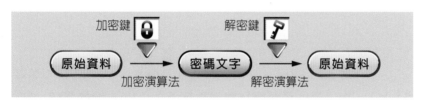

圖15-1　加密與解密過程

3. 加密演算法的種類

(1) 對稱鍵(Symmetric key)加密系統特性
- A. 加密鍵與解密鍵相同。
- B. 加密鍵與解密鍵需保持秘密(Private key)。
- C. 加解密速度快。
- D. 鍵的傳送困難。
- E. 適合用來保護個人資料、資料庫。

(2) 非對稱鍵(Asymmetric key)加密系統特性
- A. 加密鍵(Public key)與解密鍵(Secret key)不同。

B. 加密鍵公開，解密鍵需保持祕密。

C. 加解密速度較慢。

D. 鍵產生困難。

E. 適合於網路系統運作。

4. 無線區域網路安全(IEEE 802.11 security)

(1) WEP

無線加密協議（Wireless Encryption Protocol），是個保護無線網路資料安全的體制。因為無線網路是用無線電把訊息傳播出去，它特別容易被竊聽。WEP的設計是要提供和傳統有線區域網路相當的機密性，使用 RC4 (Rivest Cipher) 串流加密技術達到機密性，並使用 CRC-32校驗和達到資料正確性。不過密碼分析學家已經找出 WEP 好幾個弱點，因此在2003年被 Wi-Fi Protected Access (WPA) 淘汰，又在2004年由完整的 IEEE 802.11i 標準（又稱為WPA2）所取代。WEP 雖然有些弱點，但也足以嚇阻非專業人士的窺探了。

(2) WPA

全名為 Wi-Fi Protected Access，有WPA和WPA2兩個標準，是一種保護無線電腦網路(Wi-Fi)安全的系統，它是應研究者在前一代的系統有線等效加密(WEP)中找到的幾個嚴重的弱點而產生的。WPA 實作了 IEEE 802.11i 標準的大部分，是在 802.11i 完備之前替代 WEP 的過渡方案。WPA3(Wi-Fi Protected Access 3)是一種用於保護無線區域網路(Wi-Fi)通信安全性的協議。它是Wi-Fi聯盟於2018年推出的最新一代安全標準，旨在提供更強大的保護措施，以應對現代網路安全威脅。WPA3相對於之前的WPA2協議引入了一些新的安全功能，包括強化密碼安全性、提供個人模式加密、公共網路增強與拒絕服務防護，但只能在支援該協議的設備之間提供安全性。

5. 安全套接層(Secure Sockets Layer, SSL)

其後繼者為傳輸層安全(Transport Layer Security, TLS)是在網際網路上提供安全保密的通訊協議，提供網站、電子郵件等安全數據傳輸。SSL 3.0和TLS 1.0有輕微差別，但兩種規範其實大致相同。主要利用對稱加密演算法在網際網路上提供傳接雙方身份認證與通訊保密，其基礎是公共鍵基礎設施(Public Key Infrastructure, PKI)。實際上，只有網路服務者被驗證身分，而其客戶端則不一定進行。此協定可以預防竊聽、干擾(Tampering)、和偽造訊息。TLS包含三個基本階段：

(1) 以握手(Handshake)方是對等協商雙方支援的密鑰祕密鍵加密演算法。

(2) 基於PKI證書進行身分認證（通常只認證伺服器），利用數位信封的方式加密顧客端隨機產生的秘密鍵，伺服器利用公開鍵此一數位信封。

(3) 雙方即利用此祕密鍵加解密傳輸的資料。

15-5 惡意程式

1. 惡意程式(Malware)意義

為有心人士撰寫，對電腦或各種電子設備可能產生影響、未經授權存取、竊取資料，甚至破壞的程式碼。

2. 惡意程式分類

(1) 狹義的電腦病毒 (Computer virus)

是一種會自我複製的惡意程式，經常附著在檔案或程式上，待電腦下載並開啟後即有可能遭受病毒感染。並且在受感染電腦啟動時，隱密地進行作業，較為常見的行為是破壞受感染電腦上之檔案。NIST SP800-83將病毒分為兩大類：編譯

病毒(Compiled viruses)是經過編譯的程式，可以在作業系統上直接執行。直譯病毒(Interpreted viruses)則靠應用程式執行。

(2) 電腦蠕蟲 (Computer worm)

基本與電腦病毒相似，均會自我複製。但病毒必須透過人為發送遭感染的檔案或程式讓使用者啓動後遭感染；然而蠕蟲不須人為操縱，本身就具備自行傳播的能力，蠕蟲會搜尋連接之主機或其他機器是否為遭受感染，並且透過受感染系統上內建的傳播功能，感染下一個受害主機。

(3) 木馬病毒(Trojan)

也稱為特洛伊木馬(Trojan Horse)，即模仿希臘神話故事中的特洛伊木馬，可以自行存在，但不以複製或擴散為目的，將惡意程式包裝成擁有特定使用者感興趣功能的工具程式，在程式中卻包含了可以控制受害電腦、存取受害電腦資料、甚至造成受害電腦危害的惡意程式碼。

(4) 後門程式(Backdoor)

如同替受害電腦開啓後門，可以透過程式的撰寫或其餘方式繞過系統的安全檢測和安全性控制，導致受害電腦在認為安全的情況下遭受惡意程式的侵襲。但對於開發者而言，後門程式是開發後預留的修整渠道，當開發的程式有任何漏洞或問題時，開發者便可以透過該後門進入並進行修正。然而，當這個後門被有心人士探測或聽聞，或是發行後未將後門移除，則可能遭受他人利用，進而對使用者的電腦或手機造成極大的威脅。

(5) 勒贖軟體(Ransomware)

是顯而易見地以取得受害者的贖金做為目標而運行，受害電腦感染後，並不會大肆破壞或影響電腦的運作，卻會在毫無徵兆的狀況下加密受害電腦中的檔案，直到一段時間後，才跳出視窗告知受害者其電腦中的檔案已被勒贖軟體加密為特殊格式，必須透過惡意程式指定的方式支付款項，才能自攻擊方取得解密金鑰以解鎖電腦中的重要檔案。

(6) 供應鏈攻擊

是一種以軟體發展人員和供應商為目標的新興威脅。目標是要存取原始程式碼、建立程式或更新機制，方法就是感染合法應用程式來散布惡意程式碼。

15-6 網路安全

1. 網路安全五大議題

(1) 傳輸保密 (Confidentiality)

或稱機密性，是指如何確保資料在網路上傳送，即使被人截取也無法解讀，因此可以保證只有經過授權的人才能存取這些資料。

(2) 資料完整 (Integrity)

是指由甲端傳至乙端的資料不會被篡改；或者即使資料被篡改，乙端在收訊時，也可以立刻知道資料是否完整無誤。

(3) 收送者身分確認(Authentication)

或稱鑑別性，就是可以驗證送信人是否就是署名人，以防止冒名信件，並可驗證收件人身分，以確定只有收件人可以讀取該信件。

(4) 不可否認 (Non-repudiation)

指的是若在網路上進行交易，當交易有疑問時，傳送端如何證明確實沒有進行該筆交易，或接收端要能證明確實有該筆交易發生。

(5) 可用性 (Availability)

是指確保授權的使用者在需要時，可以使用資訊資產。

2. 數位簽章(Digital signature)

用電子方式簽下自己的姓名，以聲明文件為有效文件。

(1) 數位簽章的過程

A. 產生RSA鍵對

在進行數位簽章處理之前，簽署者必須先產生自己的一對RSA鍵對，內容包括一把公開鍵及一把相對應的秘密鍵，並把其中公開鍵公佈給所有貿易伙伴知道，但卻私自隱密地保存秘密鍵，使不為外人所知。

B. 計算資料摘要並在加密後傳送

在文件簽署之時，簽署者先把所要簽署的文件內容，經由一雜湊函數(Hash function)的運算，以得到與原文資料完全相關的資料摘要(Message digest)，之後再對這資料摘要以簽署者所獨自擁有的秘密鍵做加密運算，所得到的結果即為原文資料的數位簽章。簽署者並把這一數位簽章與原文資料一起傳送出去。

C. 接收端驗證

驗證的一方在接到上述資料之後，首先把原文資料以相同的雜湊函數重新做運算，以得到一資料摘要。此外，驗證者也把所收到的數位簽章用簽署者所公佈的公開鍵做解密運算，而得到另一資料摘要。最後比對這兩個資料摘要是否相同，如果是，則表示所收到的資料確實是簽署者所簽署的文件資料。

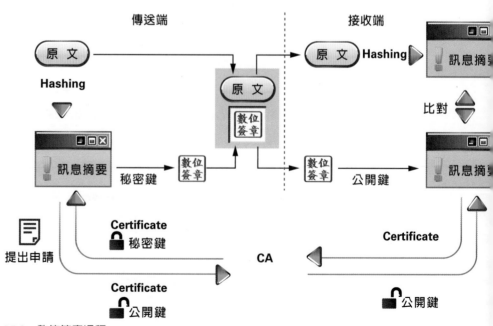

15-2　數位簽章過程

(2) 數位簽章的特性

    A. 由於產生過程使用簽署者的秘密鍵，除了獨自擁有該鍵的原簽署者外，沒有其他人能偽造，因此可以用來驗證簽署者的身分。

    B. 數位簽章與原文資料完全相關，經簽署的文件資料內容不能被篡改，可以保證資料完整 。

    C. 由於使用簽署者的公開鍵進行驗證，因此任何人都可以進行驗證。

(3) 認證中心

    進行數位簽章之前，簽署者必須把公開鍵送給安全認證中心 (Certification Authority, CA)登記，並由該中心發給電子印鑑證明(Certificate)，傳送時簽署者要把數位簽章文件併同電子印鑑證明一起送給對方。收方經由電子印鑑證明的佐證與數位簽章的驗證，就可以確認數位簽章文件的正確 。

複習題庫

( ) 1. 以下哪一動作最容易使自己的電腦感染電腦病毒？ (A)開啓網路上純文字的文件 (B)開啓不明電子郵件的附加檔案 (C)傳送電子郵件 (D)使用有Y2K問題的電腦。

( ) 2. 下列有關電腦病毒的敘述，何者錯誤？ (A)病毒是一段程式 (B)將電腦之電源關掉，即可將病毒消滅 (C)使用合法版權軟體可以避免病毒感染 (D)進入執行檔前，可先用掃毒程式清掃此執行檔可能寄生之病毒。

( ) 3. 在數位簽章的程序中，發送人使用下列何者來簽章？ (A)發送者的公鑰 (B)發送者的私鑰 (C)接收者的公鑰 (D)接收者的私鑰。

( ) 4. 以下敘述何者正確？ (A)對稱式加密法有不同的加密與解密金鑰 (B)AES是對稱式加密法 (C)RSA是對稱式加密法 (D)DES是非對稱式加密法。

( ) 5. 有關間諜程式，下列敘述何者錯誤？ (A)木馬程式的目的是破壞電腦資料，造成被感染電腦使用者的不便 (B)後門程式就是間諜程式 (C)Windows Defender 是防駭軟體的一種 (D)為避免閱讀郵件而感染間諜程式，最好能關閉電子郵件軟體的預覽郵件功能。

( ) 6. 有關線上交易的安全機制，下列敘述何者錯誤？ (A)使用SET協定，電子交易的雙方均需先取得SET數位認證，才能利用SET機制進行線上交易 (B)使用SSL協定，電子交易的雙方不需事先取得認證，即可進行安全的線上交易 (C)SET的通訊協定是採用"https" (D)「電子錢包」是使用SET機制進行電子交易的必要軟體。

( ) 7. 以下何者不是資訊安全(Information Security)所欲達到的目標？ (A)明確性(Clarity) (B)機密性(Confidentiality) (C)完整性(Integrity) (D)可用性(Availability)。

( ) 8. 以下哪個狀態無法判定是電腦中毒後所產生的現象？ (A)損毀硬碟，無法啓動 (B)唱歌、發出怪聲、邀請玩遊戲 (C)檔案無故失蹤 (D)檔案名稱改變、檔案長度日期改變。

( ) 9. 以下哪個不是電腦病毒防治軟體？ (A)趨勢科技 PC-cillin (B)Norton Anti-Virus (C)Trend Micro Anti-Spyware (D)Bloody Virus。

( ) 10. 以下哪項不是電腦防毒的措施？ (A)經常備份資料檔案 (B)下載任意網路上提供的免費軟體 (C)使用他人使用過的電腦前，先重新啓動 (D)定期更新作業系統、病毒防治軟體、與IE瀏覽器。

( ) 11. 下列何種防範措施無法有效增進資訊安全性？　(A)建立資訊安全系統　(B)合理劃分使用者的權限並設定密碼　(C)適當壓縮重要檔案　(D)定期記錄電腦使用狀況。

( ) 12. 下列何者是常見的惡意程式？　(A)病毒　(B)特洛伊木馬程式　(C)蠕蟲　(D)以上三者皆是。

( ) 13. 為了避免通訊資料被竊取，最適當的保護措施為？　(A)備份資料　(B)加密資料　(C)壓縮資料　(D)篩選資料。

( ) 14. 用來限制使用特定網站的是　(A)防垃圾郵件程式　(B)防毒程式　(C)間諜移除程式　(D)網路過濾器。

( ) 15. 為防止非法供應音樂及其他數位內容而設計的政策是　(A)討論串　(B)網路電話(C)網路聯播　(D)數位版權管理。

( ) 16. 在公開金鑰加密法的「數位簽章」(Digital signature)中，甲傳給乙資料以甲之私鑰加密，則乙的解密方式為？　(A)甲之公鑰　(B)甲之私鑰　(C)乙之公鑰　(D)乙之私鑰。

( ) 17. 下列何種伺服器(Server)具有快取(Cache)功能，可以降低網際網路上的傳輸負載，並充當防火牆(Firewall)，保護網路系統？　(A)DHCP Server　(B)File Server　(C)Proxy Server　(D)Web Server。

( ) 18. 下列標準中，何者為目前電子安全交易所常使用的協定？　(A)SMTP　(B)HTTP　(C)ISO　(D)SSL。

( ) 19. 關於公開金鑰的描述，下列敘述何者正確？　(A)使用者只需準備一把公開的鑰匙　(B)使用者只需準備一把私密的鑰匙　(C)使用者需準備一把公開的鑰匙及一把私密的鑰匙　(D)使用者完全不需準備鑰匙。

( ) 20. 下列關於RSA加密法的描述，何者不正確？　(A)RSA為一公開加密法　(B)溝通的對方必須要有共同的私密金鑰　(C)用私密金鑰加密是為了確認身分　(D)用公開金鑰加密是為了保密。

參考解答

1.B	2.B	3.B	4.B	5.A	6.C	7.A	8.C	9.D	10.B
11.C	12.D	13.B	14.D	15.D	16.A	17.C	18.D	19.C	20.B

新修訂版

第**3**版
Third Edition

微積分
CALCULUS

林騰蛟 —— 著

掃描 QR Code
下載習題詳解

作・者・簡・介

林 騰 蛟

(一) 學　歷：

1. 省立屏東師專數理組。
2. 私立淡江大學電子計算機科學系工學士。
3. 國立臺灣師範大學工業教育研究所碩士。
4. 國立交通大學資訊管理研究所碩士班肄業。
5. 國立臺灣工業技術學院管理研究所博士班肄業。
6. 國立臺灣師範大學工業教育研究所博士。

(二) 現　職：

1. 教育部常務次長。
2. 國立臺北科技大學兼任副教授。

(三) 經　歷：

1. 小學教師。
2. 行政院環保署設計師、分析師。
3. 國立臺灣科學教育館輔導員。
4. 教育部技職司專員、科長、專門委員。
5. 臺北市政府教育局副局長。
6. 私立淡江大學、市立臺北師範大學兼任講師；
   國立臺北商業技術學院、國立臺灣科技大學兼任副教授。

(四) 考　試：

1. 76年高考電子計算人員及格
2. 78年高考科技教育行政人員及格
3. 79年專技高考資訊技師及格
4. 79年高考一級資訊處理科錄取
5. 79年資訊專業人員考試系統分析師合格

序 言

　　微積分其實是微分與積分的合稱，為十七世紀時由牛頓（Newton,I）與萊布尼茲（Leibniz,G.W.）首創。微積分不僅為數學上重要的一支，其所包含之幾何、物理概念及數理涵義，對於科學及邏輯思考上之啟迪至為深遠。一般認為，微積分是大專院校最重要的一門基本課程。

　　本書係依照教育部最新公佈之「微積分」課程標準及教材大綱編輯而成，是專門為大專學生學習微積分而編寫的一本教科書。本書內容介紹了函數極限、連續等基本概念，一元函數微積分學、二元函數微分學及重積分之觀念與應用，簡要介紹了數列、級數以及冪級數。為今後更進一步學習數學其它分支奠定基礎。

　　本書在每一節後均備有相當數量的習題，以供學生練習演算之用。部分習題有一定的難度，讀者可根據情況選用，大部份習題只要用心練習應該能夠完成的。

　　本書能順利付梓與再版，要感謝文京出版機構林總經理世宗的協助與督促，尤其感謝許多關心的師長、朋友們提供很多寶貴的意見。雖然，編者編撰本書力求謹慎完善，但疏漏錯誤之處難免，尚祈諸君賢達及所有使用本書之教授、同學，能繼續不吝賜教指正。謝謝！

編著者　謹識

CONTENTS

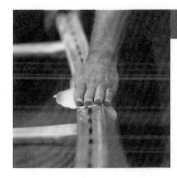

CHAPTER

1

函數的極限與連續

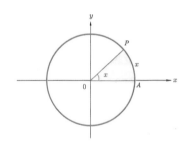

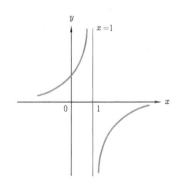

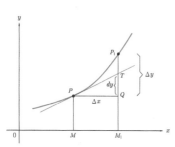

CHAPTER

3

導函數的應用

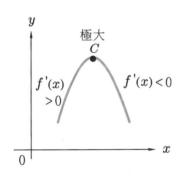

CHAPTER

4

不 定 積 分

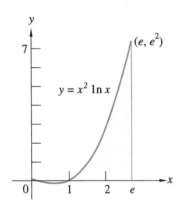

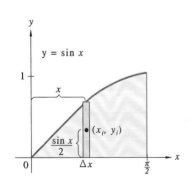

CHAPTER

5

定 積 分

CHAPTER

6

定積分的應用

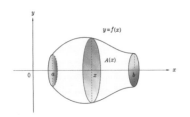

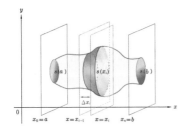

CHAPTER

7

數列、級數與冪級數

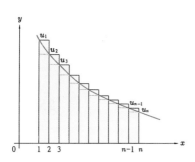

偏導數與重積分

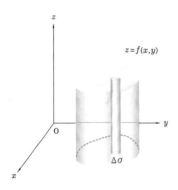

CHAPTER

附　錄

掃描QR code下載習題詳解

CHAPTER 1

函數的極限與連續

函數、極限、連續是微積分學三個最基本的概念。微積分學的許多基本概念都可以用極限概念來表述，且微分法、積分法都可以用極限運算來描述，所以掌握極限概念與極限運算是十分重要的。連續性是函數的重要特性之一，我們將用極限概念來說明函數連續性的定義。

1-1　函數與函數的圖形

1　函數與定義域、函數值

 Definition >> 定 義 **1.1**

若在某一變化過程中有兩個變量 x 與 y，如果對於 x 在某一範圍 $\mathscr{X}$ 內的每一個確定的值，按照一個對應法則 f，y 都有唯一確定的值與它對應，那就說 y 是 x 的函數，記之為 $y = f(x)$，x 叫做自變量，也稱 y 是 因變量。

稱 x 的範圍 $\mathscr{X}$ 是函數的定義域，本書中的函數定義域是實數域或其子集合。定義域通常是區間或區間之和。一般常見區間有下列幾種：

開區間：$(a, b) = \{x | a < x < b\}$

閉區間：$[a, b] = \{x | a \leq x \leq b\}$

半開半閉區間：$(a, b] = \{x | a < x \leq b\}$

$\qquad\qquad\qquad$ 或 $[a, b) = \{x | a \leq x < b\}$

無窮區間：$(a, +\infty) = \{x | x > a\}$

$\qquad\qquad\quad [a, +\infty) = \{x | x \geq a\}$

$\qquad\qquad\quad (-\infty, b) = \{x | x < b\}$

$\qquad\qquad\quad (-\infty, b] = \{x | x \leq b\}$

$\qquad\qquad\quad (-\infty, \infty) = \{x | -\infty < x < +\infty\}$

為了表明 y 是 x 的函數，常用記號 $y = f(x)$ 或 $y = \phi(x), y = F(x), y = G(x), \cdots$ 等來表示。字母 f, ϕ, F, G 等僅表示 y 對於 x 存在某種函數關係。

對於自變量 x 的每一個值 x_0，相應變量 y 有唯一確定的值 y_0，稱 y_0 是當 $x = x_0$ 時的**函數值**，記之為 $y_0 = f(x_0)$。若 x 取遍定義域 X 中每一數值，相應地都有 y 之值，我們稱函數 y 的所有值的集合 $\mathscr{Y}$ 為**函數的值域**。本書中函數 $y = f(x)$ 值域 $\mathscr{Y}$ 也是實數域或其子集合，稱這類函數為**實數值函數**。

要注意自變量的每一個值，對應的函數值只有一個值。但反之不一定。即一個函數值，可能有不止一個自變量的值與之對應。例如 $f(x) = x^2$，當函數值 $f(x) = 1$ 時，自變量 $x = \pm 1$ 時函數值都為 1。

Example 1

已知函數 $f(x) = \sqrt{x-2}$，求函數值 $f(2), f(4), f(6)$。

$$f(2) = \sqrt{2-2} = 0 \ , \ f(4) = \sqrt{4-2} = \sqrt{2}$$
$$f(6) = \sqrt{6-2} = \sqrt{4} = 2$$

Example 2

設 $f(t) = t^2 + 1$，求 $f(t + \triangle t) - f(t)$

$$f(t + \triangle t) - f(t)$$
$$= (t + \triangle t)^2 + 1 - (t^2 + 1)$$
$$= t^2 + 2t \cdot \triangle t + (\triangle t)^2 + 1 - t^2 - 1$$
$$= 2t \cdot \triangle t + (\triangle t)^2$$

2 函數的表示法與函數圖形

函數 $y = f(x)$ 中的對應法則 f 如何給出？或者說，如何得到從自變量 x 的值求出對應的函數值。通常函數關係 f 有多種方式表達。最常用表示函數的方法有下列三種：

(1) **解析法**：這是用公式或分析式表示自變量與函數之間的關係，這個等式叫做函數的解析表達式（或函數關係式）。例如，$S = \pi R^2, A = 80t, y = \sqrt{x-4}, \cdots$ 等等。

(2) **列表法**：將一系列的自變量與對應的函數值列成表格，如此表示函數的方法叫做列表法。例如數學中的平方表，平方根表，對數表、三角函數表等等。由於兩個變量的函數關係，有時不能用解析法給出，所以列表法在自然科學與工程技術上是常用的方法。不僅如此，下述的函數圖形法也需要先用列表法，即把自變量與函數值之間關係用列表法一一列出。

(3) **圖形法**：把自變量 x 的一個值 x_0 和對應的函數值 y_0，分別作為點的橫坐標和縱坐標，可以在平面直角坐標系內描出一個點 (x_0, y_0)，所有這些點的集合，叫做這個函數的圖形。圖形法就是用圖形表示自變量與函數之間的關係。

已給函數的解析表達式，要畫函數的圖形，一般分為**列表**、**描點**、**連線** 三個步驟。先用列表法列出自變量和對應函數值的表格，用這些對應值 (x, y) 在平面直角坐標系內描出一些點，然後用一條或幾條平面光滑曲線（包括直線），按照自變量由小到大的順序，把所描的點連結起來，就得到函數的圖形。這種畫函數圖形的方法叫做描點法。不難看出，用描點法所畫的圖形一般是近似的、部分的。只有描出圖形上儘可能多的點，才能使畫出的圖形更精確。

Example 3

> 繪畫函數 $y = x$ 的圖形。

解 列表：在函數的定義域 $(-\infty, \infty)$ 內取自變量 x 一組值，計算出對應的函數值 y，列成下表：

x	$\cdots$	-5	-4	-3	-2	-1	0	1	2	3	4	$\cdots$
$y = x$	$\cdots$	-5	-4	-3	-2	-1	0	1	2	3	4	$\cdots$

描點：根據表中這些對應值，在平面直角坐標系內描點

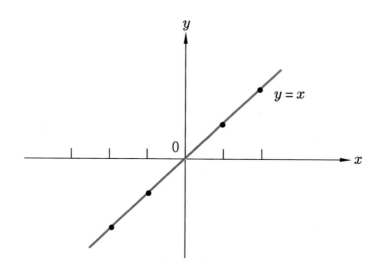

圖 1-1-1

連線：用光滑曲線，按自變量由小到大的程序，把所描的點連結起來，就是函數 $y = x$ 的圖形（圖 1-1-1），顯然，$y = x$ 的圖形是第 I、III 象限的角平分線。$y = x$ 的圖形關於原點是對稱的。

Example 4

繪畫函數 $\quad y = f(x) = \begin{cases} 1 & \text{當 } x > 0 \text{時} \\ 0 & \text{當 } x = 0 \text{時} \\ -1 & \text{當 } x < 0 \text{時} \end{cases}$ 的圖形

 列出函數的自變量與函數值之對應表格：

x	$\cdots$	-3	-2	-1	0	1	2	3	$\cdots$
$y = f(x)$	$\cdots$	-1	-1	-1	0	1	1	1	$\cdots$

因此，函數 $y = f(x)$ 的圖形為圖 1-1-2

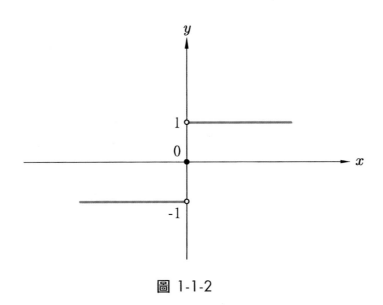

圖 1-1-2

圖形上有實點與虛點之分，請讀者注意其不同的涵義。

Example 5

繪畫 $y = x^2$ 的圖形。

 列出 $y = x^2$ 的自變量與函數值之對應表：

x	$\cdots$	-3	-2	-1	0	1	2	3	$\cdots$
y	$\cdots$	9	4	1	0	1	4	9	$\cdots$

因此，函數 $y = x^2$ 的圖形為圖 1-1-3，其圖形關於 y 軸是對稱的。

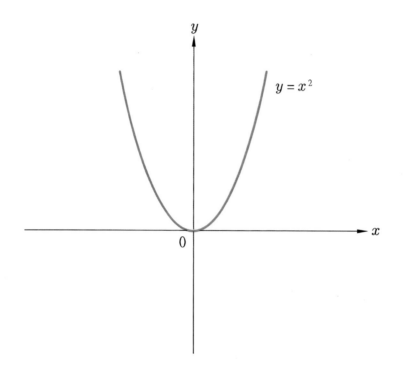

圖 1-1-3

Example 6

繪畫函數 $\quad y = f(x) = \begin{cases} \dfrac{x^2-1}{x-1} & 當\ x \neq 1\ 時 \\ 1 & 當\ x = 1\ 時 \end{cases}$ 的圖形

 列出函數自變量與函數值之對應表格：

x	$\cdots$	-2	-1	0	1	2	$\cdots$
y	$\cdots$	-1	0	1	1	3	$\cdots$

因此，$y = f(x)$ 的圖形為圖 1-1-4。

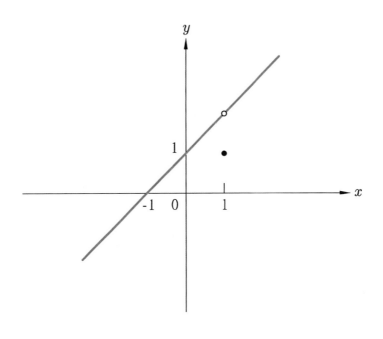

圖 1-1-4

　　若函數 $y = f(x)$ 在定義域內的每一點 x 都有 $f(-x) = f(x)$，則圖形上點 $(x, f(x))$ 與點 $(-x, f(-x))$ 關於 y 軸是對稱的，於是函數 $y = f(x)$ 的圖形關於 y 軸是對稱的。例 5 便屬於這種情況。我們稱滿足 $f(-x) = f(x)$ 的函數是**偶函數**。

　　若函數 $y = f(x)$ 在定義域內的每一點 x 都有 $f(-x) = -f(x)$，則圖形上點 $(x, f(x))$ 與點 $(-x, f(-x))$ 關於坐標原點 0 是對稱的，於是函數 $y = f(x)$ 的圖形關於坐標原點 0 是對稱的。例 3 與例 4 便屬於這種情況。我們稱滿足 $f(-x) = -f(x)$ 的函數是 **奇函數**。

3　常用的初等函數

(1)　冪函數

$$y = f(x) = x^{\mu} \qquad (\mu\text{是實數})$$

稱做冪函數。例如 $y = x^{\frac{3}{2}}, y = x^{\frac{1}{2}}, y = x^4, \cdots$，它的定義域隨不同的 μ 而不同。但是無論 μ 為何值，在區間 $(0, \infty)$ 內總是有定義的。例如 $y = x^{\frac{1}{2}}$ 的定義域在 $[0, \infty)$ 內，$y = x^2$ 的定義域在 $(-\infty, \infty)$ 內。

(2) 多項式函數

$$y = a_n x^n + a_{n-1} x^{n-1} + \cdots + a_1 x + a_0$$

其中 n 為非負整數，稱 n 為多項式的次數。

多項式函數 $y = a_1 x + a_0$ $(a_1 \neq 0)$ 稱為線性函數，其圖形為一直線，多項式函數 $y = a_2 x^2 + a_1 x + a_0$ $(a_2 \neq 0)$ 稱為二次函數，其圖形為一拋物線。

其他如三角函數，反三角函數，指數函數，對數函數及階梯函數都是微積分中常用的函數，我們就不一一列舉。

1-2 函數的極限

1 函數極限的概念

已給函數 $y = f(x)$，若函數在 $x = x_0$ 的鄰近任意一點都有定義（但是函數在 $x = x_0$ 處並不要求必須有定義），若我們在 x 軸上，讓 x 漸漸的朝點 x_0 的方向移動（朝 x_0 移動的方式可以從點 x_0 的左邊、右邊或從點 x_0 左右交換方式），但是 x**不達到** x_0。這時函數 $y = f(x)$ 圖形上的點 $(x, f(x))$ 沿著函數圖形漸漸地朝鉛垂線 $x = x_0$ 方向移動。如果當 x**很接近** x_0 時候（即 x 與 x_0 的距離很小），$f(x)$ 的值會**趨近**一個確定值 ℓ 的話，則稱 $f(x)$ 在 $x = x_0$ 處**極限存在**，並稱 ℓ 為 $f(x)$ 在 $x = x_0$ 的極限，記之為

$$\lim_{x \to x_0} f(x) = \ell$$

如果當 x 很接近 x_0 的時候，$f(x)$ 的值並不會趨近一個確定值，則稱 $f(x)$ 在 $x = x_0$ 處**極限不存在**。

Example 1

已給函數

$$y = f(x) = \begin{cases} \dfrac{x^2 - 1}{x - 1} & \text{當 } x \neq 1 \text{ 時} \\ 1 & \text{當 } x = 1 \text{ 時} \end{cases}$$

研究當 x 趨近 1 時函數 $y = f(x)$ 的極限。

 解 只要 $x \neq 1$，函數 $y = f(x) = x + 1$，因此

x	2	1.1	1.01	1.001	1.0001	$\cdots$
$y = f(x)$	3	2.1	2.01	2.001	2.0001	$\cdots$

x	0	0.9	0.99	0.999	$\cdots$
$y = f(x)$	1	1.9	1.99	1.999	$\cdots$

以上表格中可以看出，當 x 無論用何種方式接近 $x = 1$，則函數 $y = f(x)$ 越來越接近 2。因此

$$\lim_{x \to 1} f(x) = 2$$

Example 2

已給函數　$y = f(x) = \begin{cases} 1 & \text{當 } x > 0 \text{ 時} \\ 0 & \text{當 } x = 0 \text{ 時} \\ -1 & \text{當 } x < 0 \text{ 時} \end{cases}$

研究當 x 趨近 0 時函數 $y = f(x)$ 的極限。

 解

x	± 2	± 1	± 0.1	± 0.01	± 0.001	$\cdots$
$y = f(x)$	± 1	± 1	± 1	± 1	± 1	$\cdots$

以上表格中可以看到，當 x 接近 0 時，函數 $f(x)$ 不趨近一個值，因此函數 $y = f(x)$ 在 $x = 0$ 無極限。

2 ▼ 極限的性質

我們儘量避免用定義計算函數的極限，介紹了以下一些定理後，就可以正確且簡便計算極限，這些定理證明已超出本課程要求，不作贅述。

定理 1.1

極限值存在的唯一性：若 $\lim\limits_{x \to x_0} f(x) = \ell$ 且 $\lim\limits_{x \to x_0} f(x) = M$，則 $\ell = M$

定理 1.2

若 $f(x) = C \in R$，則 $\lim\limits_{x \to x_0} f(x) = C$

定理 1.3

若 $f(x) = x$，則 $\lim\limits_{x \to x_0} f(x) = x_0$

定理 1.4

若 C 是一個常數，且 $\lim\limits_{x \to x_0} f(x)$ 存在，則

$$\lim\limits_{x \to x_0} Cf(x) = C \lim\limits_{x \to x_0} f(x)$$

Example 3

(1) $\displaystyle\lim_{x\to 3} 7x = 7\lim_{x\to 3} x = 7\times 3 = 21$

(2) $\displaystyle\lim_{x\to\sqrt{2}} \frac{2}{3}x = \frac{2}{3}\lim_{x\to\sqrt{2}} x = \frac{2}{3}\times\sqrt{2} = \frac{2\sqrt{2}}{3}$

定理 **1.5**

設 $\displaystyle\lim_{x\to x_0} f(x) = \ell$, $\displaystyle\lim_{x\to x_0} g(x) = m$ ，則

(1) $\displaystyle\lim_{x\to x_0} [f(x) \pm g(x)] = \ell \pm m$

(2) $\displaystyle\lim_{x\to x_0} [f(x)\cdot g(x)] = \lim_{x\to x_0} f(x) \cdot \lim_{x\to x_0} g(x) = \ell\cdot m$

(3) $\displaystyle\lim_{x\to x_0} \frac{f(x)}{g(x)} = \frac{\displaystyle\lim_{x\to x_0} f(x)}{\displaystyle\lim_{x\to x_0} g(x)} = \frac{\ell}{m}$ ，（當 $m\ne 0$ 時）

Example 4

計算

(1) $\displaystyle\lim_{x\to 2}(5x-3)$

(2) $\displaystyle\lim_{x\to 4}(4x+2)(3x-1)$

(3) $\displaystyle\lim_{x\to 1}\frac{4x+5}{2x-7}$

 (1) $\displaystyle\lim_{x\to 2}(5x-3) = \lim_{x\to 2} 5x - 3 = 10 - 3 = 7$

(2) $\displaystyle\lim_{x\to 4}(4x+2)(3x-1)$

$= \displaystyle\lim_{x\to 4}(4x+2)\cdot\lim_{x\to 4}(3x-1)$

$= (16+2)\cdot(12-1) = 18\times 11 = 198$

(3) $\displaystyle\lim_{x\to 1}\frac{4x+5}{2x-7} = \frac{\displaystyle\lim_{x\to 1}(4x+5)}{\displaystyle\lim_{x\to 1}(2x-7)} = \frac{9}{-5} = -\frac{9}{5}$

定理 **1.6**

設 $\lim\limits_{x \to x_0} f(x) = \ell$，$n$ 是一個正整數，則

$$\lim\limits_{x \to x_0} [f(x)]^n = [\lim\limits_{x \to x_0} f(x)]^n = \ell^n$$

推論 $\lim\limits_{x \to x_0} x^n = x_0^n$，$n$ 為正整數。

Example 5

計算

(1) $\lim\limits_{x \to 3} x^5$

(2) $\lim\limits_{x \to 2} (x^3 + 2x^2 + 3x + 7)$

(3) $\lim\limits_{x \to 2} (3x + 2)^3$

(4) $\lim\limits_{x \to C} (a_n x^n + a_{n-1} x^{n-1} + \cdots + a_1 x + a_0)$

解

(1) $\quad \lim\limits_{x \to 3} x^5 = 3^5 = 243$

(2) $\quad \lim\limits_{x \to 2} (x^3 + 2x^2 + 3x + 7)$

$\quad = 2^3 + 2 \times 2^2 + 3 \times 2 + 7 = 29$

(3) $\quad \lim\limits_{x \to 2} (3x + 2)^3 = (3 \times 2 + 2)^3 = 512$

(4) $\quad \lim\limits_{x \to C} (a_n x^n + a_{n-1} x^{n-1} + \cdots + a_1 x + a_0)$

$\quad = a_n C^n + a_{n-1} C^{n-1} + \cdots + a_1 C + a_0$

註 由第(4)小題可見，設多項式函數

$$f(x) = a_n x^n + a_{n-1} x^{n-1} + \cdots + a_1 x + a_0$$

則

$$\lim\limits_{x \to C} f(x) = \lim\limits_{x \to C} (a_n x^n + a_{n-1} x^{n-1} + \cdots + a_1 x + a_0)$$
$$= a_n C^n + a_{n-1} C^{n-1} + \cdots + a_1 C + a_0 = f(C)$$

3 有理函數的極限

CALCULUS

定理 **1.7**

若 $M(x) = \dfrac{f(x)}{g(x)}$ 為有理函數（即 $f(x)$ 與 $g(x)$ 都是多項式函數），且 $\lim\limits_{x \to x_0} g(x)$
$= g(x_0) \neq 0$，則

$$\lim_{x \to x_0} M(x) = \frac{\lim\limits_{x \to x_0} f(x)}{\lim\limits_{x \to x_0} g(x)} = \frac{f(x_0)}{g(x_0)} = M(x_0)$$

Example 6

計算

(1) $\lim\limits_{x \to 1} \dfrac{3x^2 + 2x + 4}{3x + 2}$

(2) $\lim\limits_{x \to 3} \dfrac{x^2 - 4x + 3}{4x^2 + 1}$

---

(1) $\lim\limits_{x \to 1} \dfrac{3x^2 + 2x + 4}{3x + 2} = \dfrac{3 \times 1^2 + 2 \times 1 + 4}{3 \times 1 + 2} = \dfrac{9}{5}$

(2) $\lim\limits_{x \to 3} \dfrac{x^2 - 4x + 3}{4x^2 + 1} = \dfrac{3^2 - 4 \times 3 + 3}{4 \times 3^2 + 1} = \dfrac{0}{37} = 0$

與定理 1.7 緊密聯繫的有下述定理 1.8。

定理 **1.8**

若有理函數 $M(x) = \dfrac{f(x)}{g(x)}$，且 $g(x_0) = 0$，但是 $f(x_0) \neq 0$，則 $\lim\limits_{x \to x_0} M(x)$
不存在。

定理 1.8，當 $g(x_0) = 0, f(x_0) \neq 0$ 時，有理函數 $M(x) = \dfrac{f(x)}{g(x)}$，當 $x \to x_0$ 時，
極限不存在。但是當 $g(x_0) = 0$，且 $f(x_0) = 0$ 時，$\lim\limits_{x \to x_0} M(x)$ 就不一定不存在，應
作進一步分析。

由於 $f(x), g(x)$ 都是多項式,所以當 $f(x_0) = 0$ 與 $g(x_0) = 0$ 時, $f(x)$ 與 $g(x)$ 都有因式 $(x - x_0)$,於是

$$f(x) = (x - x_0)f_1(x) \ , \ g(x) = (x - x_0)g_1(x)$$

這時,有理函數 $M(x)$ 簡化成

$$M(x) = \frac{f(x)}{g(x)} = \frac{(x - x_0)f_1(x)}{(x - x_0)g_1(x)} = \frac{f_1(x)}{g_1(x)}$$

這時分三種情況:

(1) 若 $g_1(x_0) \neq 0$,根據定理1.7;可得

$$\lim_{x \to x_0} M(x) = \lim_{x \to x_0} \frac{f(x)}{g(x)} = \lim_{x \to x_0} \frac{(x - x_0)f_1(x)}{(x - x_0)g_1(x)}$$

$$= \lim_{x \to x_0} \frac{f_1(x)}{g_1(x)} = \frac{f_1(x_0)}{g_1(x_0)}$$

(2) 若 $g_1(x_0) = 0, f_1(x_0) \neq 0$,根據定理1.8,當 $x \to x_0$ 時, $M(x)$ 的極限不存在。

(3) 若 $g_1(x_0) = 0, f_1(x_0) = 0$,可由剛才類似分析,繼續把分子,分母約分消去公因子 $(x - x_0)$,最後總能得到或者用定理1.7 求得極限,或者用定理 1.8 得到不存在極限。

Example 7

計算

(1) $\displaystyle\lim_{x \to 1} \frac{x^3 + 2x^2 - x - 2}{x^3 + 2x^2 - 2x - 1}$

(2) $\displaystyle\lim_{x \to 2} \frac{3x^2 + 2x}{x^3 - x^2 - x - 2}$

(3) $\displaystyle\lim_{x \to 1} \frac{x^3 + x^2 - 5x + 3}{x^4 + x^3 - 3x^2 - x + 2}$

(4) $\displaystyle\lim_{x \to 2} \frac{x^3 - 4x}{x^3 - 3x^2 + 4}$

(5) $\displaystyle\lim_{x \to 3} \frac{x^2 - 6x + 9}{x^2 - 2x - 3}$

解　(1) $\displaystyle\lim_{x \to 1} \frac{x^3 + 2x^2 - x - 2}{x^3 + 2x^2 - 2x - 1} = \lim_{x \to 1} \frac{(x - 1)(x^2 + 3x + 2)}{(x - 1)(x^2 + 3x + 1)}$

$$= \lim_{x \to 1} \frac{x^2 + 3x + 2}{x^2 + 3x + 1} = \frac{6}{5}$$

(2) $\quad \lim\limits_{x \to 2} \dfrac{3x^2 + 2x}{x^3 - x^2 - x - 2} = \lim\limits_{x \to 2} \dfrac{x(3x + 2)}{(x - 2)(x^2 + x + 1)}$

極限不存在

(3) $\lim\limits_{x \to 1} \dfrac{x^3 + x^2 - 5x + 3}{x^4 + x^3 - 3x^2 - x + 2} = \lim\limits_{x \to 1} \dfrac{(x - 1)^2(x + 3)}{(x - 1)^2(x^2 + 3x + 2)}$

$$= \lim\limits_{x \to 1} \dfrac{x + 3}{x^2 + 3x + 2} = \dfrac{2}{3}$$

(4) $\lim\limits_{x \to 2} \dfrac{x^3 - 4x}{x^3 - 3x^2 + 4} = \lim\limits_{x \to 2} \dfrac{(x - 2)(x^2 + 2x)}{(x - 2)^2(x + 1)}$

$$= \lim\limits_{x \to 2} \dfrac{x^2 + 2x}{(x - 2)(x + 1)}$$

極限不存在

(5) $\lim\limits_{x \to 3} \dfrac{x^2 - 6x + 9}{x^2 - 2x - 3} = \lim\limits_{x \to 3} \dfrac{(x - 3)^2}{(x - 3)(x + 1)}$

$$= \lim\limits_{x \to 3} \dfrac{x - 3}{x + 1} = 0$$

4 根式之極限

定理 1.9

若 $\lim\limits_{x \to x_0} f(x) = \ell$，$n$ 為正整數，則

(1) 當 n 為奇數時，則

$$\lim\limits_{x \to x_0} \sqrt[n]{f(x)} = \sqrt[n]{\lim\limits_{x \to x_0} f(x)} = \sqrt[n]{\ell}$$

(2) 當 n 為偶數時，且 $\ell \geq 0$，則

$$\lim\limits_{x \to x_0} \sqrt[n]{f(x)} = \sqrt[n]{\lim\limits_{x \to x_0} f(x)} = \sqrt[n]{\ell}$$

註 當 n 為偶數時，且 $\ell < 0$，則 $\lim\limits_{x \to x_0} \sqrt[n]{f(x)}$ 不存在。

Example 8

計 算

(1) $\lim_{x \to 16} \sqrt[4]{x}$

(2) $\lim_{x \to -27} \sqrt[3]{x}$

 (1) $\lim_{x \to 16} \sqrt[4]{x} = \sqrt[4]{16} = 2$

(2) $\lim_{x \to -27} \sqrt[3]{x} = \sqrt[3]{-27} = -3$

Example 9

計 算

(1) $\lim_{x \to 0} \dfrac{\sqrt{1+x^2}-1}{x}$

(2) $\lim_{x \to 4} \dfrac{\sqrt{2x+1}-3}{\sqrt{x-2}-\sqrt{2}}$

分 析

　　定理1.7、1.8 討論了有理函數的極限，用類似的方法可以討論形式是分式但不是有理函數的極限。以本例的兩題為例說明極限的計算。

 (1) 當 $x \to 0$ 時，函數 $\dfrac{\sqrt{1+x^2}-1}{x}$ 的分子分母都趨於零，類似有理函數把該函數作恆等變形使其分子、分母不同時趨於零。即

$$\frac{\sqrt{1+x^2}-1}{x} = \frac{(\sqrt{1+x^2}-1)(\sqrt{1+x^2}+1)}{x(\sqrt{1+x^2}+1)}$$

$$= \frac{1+x^2-1}{x(\sqrt{1+x^2}+1)} = \frac{x^2}{x(\sqrt{1+x^2}+1)} = \frac{x}{\sqrt{1+x^2}+1}$$

於是

$$\lim_{x \to 0} \frac{\sqrt{1+x^2}-1}{x} = \lim_{x \to 0} \frac{x}{\sqrt{1+x^2}+1} = 0$$

(2) $\displaystyle\lim_{x\to 4}\frac{\sqrt{2x+1}-3}{\sqrt{x-2}-\sqrt{2}}$

$=\displaystyle\lim_{x\to 4}\frac{(\sqrt{2x+1}-3)(\sqrt{x-2}+\sqrt{2})(\sqrt{2x+1}+3)}{(\sqrt{x-2}-\sqrt{2})(\sqrt{x-2}+\sqrt{2})(\sqrt{2x+1}+3)}$

$=\displaystyle\lim_{x\to 4}\frac{(\sqrt{2x+1}-3)(\sqrt{2x+1}+3)(\sqrt{x-2}+\sqrt{2})}{(\sqrt{x-2}-\sqrt{2})(\sqrt{x-2}+\sqrt{2})(\sqrt{2x+1}+3)}$

$=\displaystyle\lim_{x\to 4}\frac{(2x+1-9)(\sqrt{x-2}+\sqrt{2})}{(x-2-2)(\sqrt{2x+1}+3)}$

$=\displaystyle\lim_{x\to 4}\frac{2(x-4)(\sqrt{x-2}+\sqrt{2})}{(x-4)(\sqrt{2x+1}+3)}$

$=\displaystyle\lim_{x\to 4}\frac{2(\sqrt{x-2}+\sqrt{2})}{\sqrt{2x+1}+3}=\frac{2\sqrt{2}}{3}$

註 例 9 類型的極限稱 $\frac{0}{0}$ 型，這類極限題總需作恒等變形消去 $\frac{0}{0}$ 型，然後求極限值或判斷無極限。

5 極限存在之準則

定理 1.10

夾擠定理：若在 $x=x_0$ 點的某開區間中所有 x（可能不包括 x_0）有

$$\psi(x) \le f(x) \le \varphi(x)$$

且 $\displaystyle\lim_{x\to x_0}\psi(x)=\lim_{x\to x_0}\varphi(x)=\ell$，則 $\displaystyle\lim_{x\to x_0}f(x)$ 存在且等於 ℓ

夾擠定理十分重要，許多基本的極限依靠它來獲得。

Example 10

試證：(1) $\displaystyle\lim_{x\to 0}\sin x=0$，(2) $\displaystyle\lim_{x\to 0}\cos x=1$

(1) 先設 $0 < x < \dfrac{\pi}{2}$，參閱圖 1-2-1，圖中的圓是單位圓。

由於 $\overline{OP} = \overline{OA} = 1$，$\overset{\frown}{PA} = x$。

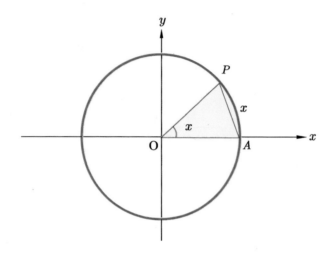

圖 1-2-1

由圖 1-2-1 可知，由於 $\triangle OAP$ 的面積 < 扇形 OAP 的面積。

故 $\dfrac{1}{2}\overline{OP} \cdot \overline{OA} \cdot \sin x < \dfrac{1}{2}\overline{OP} \cdot \overline{OA} \cdot x$，於是 $0 < \sin x < x$

根據夾擠定理得

$$\lim_{x \to 0^+} \sin x = 0$$

若 $-\dfrac{\pi}{2} < x < 0$，則 $\dfrac{\pi}{2} > -x > 0$

於是

$$0 < \sin(-x) < -x$$

即

$$x < \sin x < 0$$

根據夾擠定理得

$$\lim_{x \to 0^-} \sin x = 0$$

所以

$$\lim_{x \to 0} \sin x = 0$$

註 $x \to 0^+$ 與 $x \to 0^-$ 表示單邊極限（見下一節，$x \to 0^+$ 表示 x 從 0 的右邊趨近 0，$x \to 0^-$ 表示 x 從 0 的左邊趨近 0。

(2) $\cos x = \pm\sqrt{1 - \sin^2 x}$ （對於任何 x）

若 $-\dfrac{\pi}{2} < x < \dfrac{\pi}{2}$，則 $\cos x > 0$

故 $\cos x = \sqrt{1 - \sin^2 x}$

於是

$$\lim_{x \to 0} \cos x = \lim_{x \to 0} \sqrt{1 - \sin^2 x}$$
$$= \sqrt{\lim_{x \to 0}(1 - \sin^2 x)} = \sqrt{1 - 0} = 1$$

Example 11

計算 $\displaystyle\lim_{x \to 0} x^2 \sin \dfrac{1}{x}$

 對於任何 $x \neq 0$，都有

$$-1 \le \sin \dfrac{1}{x} \le 1$$

因此

$$-x^2 \le x^2 \sin \dfrac{1}{x} \le x^2$$

當 $x \to 0$ 時，$-x^2 \to 0$，$x^2 \to 0$，故由夾擠定理得

$$\lim_{x \to 0} x^2 \sin \dfrac{1}{x} = 0$$

定理 1.11

$\displaystyle\lim_{x \to x_0} f(x) = 0$ 若且唯若 $\displaystyle\lim_{x \to x_0} |f(x)| = 0$

Example 12

計算 $\displaystyle\lim_{x \to 0} x \sin \frac{1}{x}$

 解　若 $x \neq 0$，都有 $\left| \sin \dfrac{1}{x} \right| \leq 1$，因此

$$0 \leq \left| x \sin \frac{1}{x} \right| = |x| \left| \sin \frac{1}{x} \right| \leq |x|$$

由於 $\displaystyle\lim_{x \to 0} |x| = 0$，故根據夾擠定理得

$$\lim_{x \to 0} \left| x \sin \frac{1}{x} \right| = 0$$

利用定理 1.11 就得

$$\lim_{x \to 0} x \sin \frac{1}{x} = 0$$

在本節最後介紹一個重要極限，由於篇幅關係，證明從略。

定理 **1.12**

$\displaystyle\lim_{x \to 0} (1 + x)^{\frac{1}{x}} = e$，其中 e 是無理數，　$e = 2.71828 \cdots\cdots$

Example 13

求 $\displaystyle\lim_{x \to 0} (1 + kx)^{\frac{1}{x}}$　（ k 為實數）

 解　$\displaystyle\lim_{x \to 0} (1 + kx)^{\frac{1}{x}} = \lim_{x \to 0} [(1 + kx)^{\frac{1}{kx}}]^k = e^k$

習題 1-2
PRACTICE

1. $\displaystyle\lim_{x \to 2}(x^3 + 3x^2 + 2x + 7)$

2. $\displaystyle\lim_{x \to 1}\frac{x^2 + 3x + 6}{5x^2 + 1}$

3. $\displaystyle\lim_{x \to 4}(3x - 5)^2$

4. $\displaystyle\lim_{x \to 0}\left(\frac{x^3 - 3x^2 + 2}{x - 4} + 1\right)$

5. $\displaystyle\lim_{x \to 4}\frac{x^2 - 8x + 16}{\sqrt{12 + x}}$

6. $\displaystyle\lim_{x \to 2}\frac{x^2 - 5x + 6}{x^3 - x^2 - x - 2}$

7. $\displaystyle\lim_{x \to 1}\frac{x^3 - 1}{x^3 - 3x^2 + 3x - 1}$

8. $\displaystyle\lim_{x \to -2}\frac{x^2 - x - 6}{x^3 + 3x^2 + 2x}$

9. $\displaystyle\lim_{x \to -2}\frac{x^4 + 4x^3 + 4x^2}{x^2 + 5x + 6}$

10. $\displaystyle\lim_{x \to 1}\frac{x^4 - 4x + 3}{x^3 - 3x + 2}$

11. $\displaystyle\lim_{x \to 0}\frac{\sqrt{16 + x} - 4}{\sqrt{1 + x} - 1}$

12. $\displaystyle\lim_{x \to 10}\frac{\sqrt{x + 6} - 4}{x - 10}$

13. $\displaystyle\lim_{x \to 3}\frac{\sqrt{5x + 1} - 4}{\sqrt{x + 2} - \sqrt{5}}$

14. $\displaystyle\lim_{x \to 1} \frac{\sqrt{3-x} - \sqrt{1+x}}{x^2 - 1}$

15. $\displaystyle\lim_{x \to -8} \frac{\sqrt{1-x} - 3}{2 + \sqrt[3]{x}}$

16. $\displaystyle\lim_{x \to 1} \left[\frac{1}{x-1} - \frac{3}{x^3 - 1} \right]$

17. $\displaystyle\lim_{x \to 1} \frac{\sqrt[3]{x} - 1}{\sqrt{x} - 1}$

18. $\displaystyle\lim_{\triangle x \to 0} \frac{\sqrt{x + \triangle x} - \sqrt{x}}{\triangle x}$

19. $\displaystyle\lim_{x \to 0} \frac{4x^3 - 2x^2 + x}{3x^2 + 2x}$

20. $\displaystyle\lim_{x \to 0} \frac{\sqrt{x^2 + p^2} - p}{\sqrt{x^2 + q^2} - q} \qquad (p > 0, \ q > 0)$

21. $\displaystyle\lim_{\triangle x \to 0} \frac{(x + \triangle x)^3 - x^3}{\triangle x}$

22. $\displaystyle\lim_{x \to 4} \frac{\sqrt{2x+1} - 3}{\sqrt{x-2} - \sqrt{2}}$

1-3 單邊極限

在上一節極限的定義裡，函數 $f(x)$ 在點 x_0 左邊、右邊或在 x_0 左右交叉無限接近 x_0 時，$f(x)$ 的值都趨近一個固定值 ℓ，才能說 $f(x)$ 在 $x = x_0$ 有極限。

這一節開始我們將用 $x \to x_0^-$ 表示 x 從 x_0 的左側（即 $x < x_0$）趨近 x_0，若函數值 $f(x)$ 能趨近固定值 ℓ，我們就說 $f(x)$ 在 x_0 點有左極限，記之為

$$\lim_{x \to x_0^-} f(x) = \ell$$

類似地，我們用 $x \to x_0^+$ 表示 x 從 x_0 的右側（即 $x > x_0$）趨近 x_0，若函數值 $f(x)$ 能趨近固定值 ℓ，我們就說 $f(x)$ 在 x_0 點有右極限，記之為

$$\lim_{x \to x_0^+} f(x) = \ell$$

Example 1

已給函數（1-1 節例 4）

$$f(x) = \begin{cases} 1 & \text{當 } x > 0 \text{ 時} \\ 0 & \text{當 } x = 0 \text{ 時} \\ -1 & \text{當 } x < 0 \text{ 時} \end{cases}$$

計算：

(1) $\lim\limits_{x \to 0^+} f(x)$; (2) $\lim\limits_{x \to 0^-} f(x)$

(3) $\lim\limits_{x \to 1} f(x)$; (4) $\lim\limits_{x \to -2} f(x)$

解

(1) $\lim\limits_{x \to 0^+} f(x) = 1$

(2) $\lim\limits_{x \to 0^-} f(x) = -1$

(3) $\lim\limits_{x \to 1} f(x) = 1$

(4) $\lim\limits_{x \to -2} f(x) = -1$

Example 2

已給函數（1-1 節例 6）

$$f(x) = \begin{cases} \dfrac{x^2 - 1}{x - 1} & \text{當 } x \neq 1 \text{ 時} \\ 1 & \text{當 } x = 1 \text{ 時} \end{cases}$$

計算：(1) $\lim\limits_{x \to 1^+} f(x)$，(2) $\lim\limits_{x \to 1^-} f(x)$，(3) $\lim\limits_{x \to 1} f(x)$

(1) $\lim\limits_{x \to 1^+} f(x) = \lim\limits_{x \to 1^+} \dfrac{x^2 - 1}{x - 1} = \lim\limits_{x \to 1^+} (x + 1) = 2$

(2) $\lim\limits_{x \to 1^-} f(x) = \lim\limits_{x \to 1^-} \dfrac{x^2 - 1}{x - 1} = \lim\limits_{x \to 1^-} (x + 1) = 2$

(3) $\lim\limits_{x \to 1} f(x) = \lim\limits_{x \to 1} \dfrac{x^2 - 1}{x - 1} = \lim\limits_{x \to 1} (x + 1) = 2$

函數在 $x = x_0$ 點有三個極限定義，它們之間的關係有下述重要定理。

定理 **1.13**

$\lim\limits_{x \to x_0} f(x) = \ell$ 的充分必要條件為

$$\lim\limits_{x \to x_0^-} f(x) = \lim\limits_{x \to x_0^+} f(x) = \ell$$

由定理 1.13 可見，若 $f(x)$ 在 $x = x_0$ 處左、右極限有一個不存在，或者存在但不相等，則 $f(x)$ 在 $x = x_0$ 處極限不存在。

Example 3

計算 $\lim\limits_{x \to 0} \dfrac{|x|}{x}$

$$\lim_{x \to 0^-} f(x) = \frac{|x|}{x} = \lim_{x \to 0^-} \frac{-x}{x} = -1$$

$$\lim_{x \to 0^+} f(x) = \frac{|x|}{x} = \lim_{x \to 0^+} \frac{x}{x} = 1$$

由於 $\lim\limits_{x \to 0^-} \dfrac{|x|}{x} \neq \lim\limits_{x \to 0^+} \dfrac{|x|}{x}$ ，故 $\lim\limits_{x \to 0} \dfrac{|x|}{x}$ 不存在。

Example 4

求　$f(x) = \begin{cases} 3x & -1 < x < 1 \\ 2 & x = 1 \\ 3x^2 & 1 < x < 2 \end{cases}$

在 $x \to 0$ 及 $x \to 1$ 時的極限。

$$\lim_{x \to 0} f(x) = \lim_{x \to 0} 3x = 0$$

$$\lim_{x \to 1^-} f(x) = \lim_{x \to 1^-} 3x = 3$$

$$\lim_{x \to 1^+} f(x) = \lim_{x \to 1^+} 3x^2 = 3$$

故 $\lim\limits_{x \to 1} f(x) = 3$

Example 5

函數　$f(x) = \begin{cases} x^2 & x < 1 \\ x & x > 1 \end{cases}$

有 $\lim\limits_{x \to 1^+} f(x) = 1$, $\lim\limits_{x \to 1^-} f(x) = 1$
左、右極限相等。因此，當 $x \to 1$ 時 $f(x)$ 有極限，且
$\lim\limits_{x \to 1} f(x) = 1$

但函數 $f(x)$ 在 $x = 1$ 處無定義。

Example 6

函數 $f(x) = \begin{cases} -x+1 & x \le 1 \\ 2x+2 & x > 1 \end{cases}$

有 $\lim_{x \to 1^+} f(x) = 4$,$\lim_{x \to 1^-} f(x) = 0$

左、右極限不相等,因此,當 $x \to 1$ 時 $f(x)$ 無極限,此函數 $f(x)$ 在 $x = 1$ 處有定義,$f(1) = 0$

Example 7

$f(x) = [x]$,$x \in R$

$[x]$:稱為 **最大整數函數** 或稱 **高斯函數**。它的函數值是小於或等於 x 的最大整數。

例如 $[3.5] = 3$,$[\sqrt{2}] = [1.41] = 1$,$[-4.5] = -5$,$[x]$ 滿足不等式:$x-1 < [x] \le x$ 最大整數函數又可表示為

$$f(x) = [x] = n-1 \qquad (n-1 \le x < n)$$

其中 n 為整數。最大整數函數 $[x]$ 的圖形為階梯形,可見圖 1-3-1

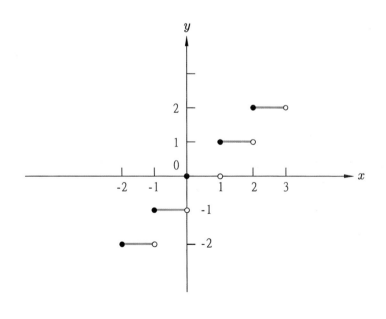

圖 1-3-1

不難看出，對於任何整數 n，都有

$$\lim_{x \to n^-} [x] = n - 1 \ , \ \lim_{x \to n^+} [x] = n$$

1. 設

$$f(x) = \begin{cases} x^2 + 2x - 3 & x \leq 1 \\ x & 1 < x < 2 \\ 2x - 2 & x \geq 2 \end{cases}$$

求 (1) $\lim\limits_{x \to 1} f(x)$ (2) $\lim\limits_{x \to 2} f(x)$ (3) $\lim\limits_{x \to 3} f(x)$

2. 設

$$f(x) = \begin{cases} 3x + 2 & x \geq 4 \\ 4 + \dfrac{5}{2}x & x < 4 \end{cases}$$

求 x 趨近下列各點時 $f(x)$ 的極限：(1) $x \to 4$；(2) $x \to 1$；(3) $x \to 10$

3. 設

$$f(x) = \begin{cases} \dfrac{-1}{x-1} & x < 0 \\ 0 & x = 0 \\ x & 0 < x < 1 \\ 1 & 1 \leq x < 2 \end{cases}$$

求 (1) $\lim\limits_{x \to 1} f(x)$；(2) $\lim\limits_{x \to 2} f(x)$；(3) $\lim\limits_{x \to 0} f(x)$

4. 求 $f(x) = \dfrac{x}{x}, \varphi(x) = \dfrac{|x|}{x}$ 在 $x \to 0$ 時的左、右極限，並說明它們在 $x \to 0$ 時的極限是否存在。

1-4 連續函數

在微積分學中，要研究不同性質的函數，其中有一類重要的函數，就是連續函數。一個函數在點 $x = x_0$ 是連續或間斷，從函數圖形上看是十分清晰與直觀的。例如

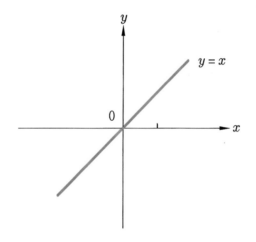

圖 1-4-1

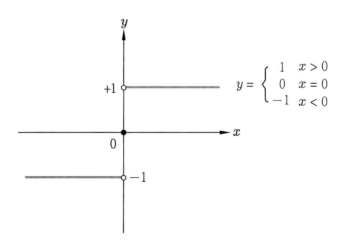

$$y = \begin{cases} 1 & x > 0 \\ 0 & x = 0 \\ -1 & x < 0 \end{cases}$$

圖 1-4-2

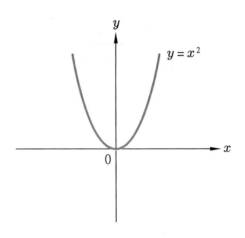

圖 1-4-3

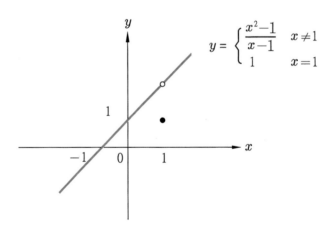

圖 1-4-4

　　圖 1-4-1 函數 $y = x$ 在每一點都是連續的。圖 1-4-2 函數 $y = f(x)$ 除了 $x = 0$ 一點以外也都是連續的，圖 1-4-3 函數 $y = x^2$ 在每一點都是連續的。圖 1-4-4 函數 $y = f(x)$ 除了 $x = 1$ 一點以外也都是連續的。

　　我們可以從函數圖形上看出連續與不連續，但是單從圖形上看是不行的，有的函數圖形不易作出甚至無法作出，圖形只能幫助我們形象地理解連續的概念，而不能代替嚴格的定義。

Definition >> 定 義 1.2

設函數 $f(x)$ 在 $x = x_0$ 處有定義，即 $f(x_0)$ 有意義，且 $\lim\limits_{x \to x_0} f(x) = f(x_0)$ ，則稱函數 $f(x)$ 在 x_0 處連續。

定義中的三個條件不能缺一，$f(x_0)$ 有意義，$\lim\limits_{x \to x_0} f(x)$ 存在，且 $\lim\limits_{x \to x_0} f(x) = f(x_0)$。若在這三個條件中有一條不成立，就稱函數 $f(x)$ 在 x_0 為不連續。

Example 1

函數 $y = \dfrac{1}{x}$ 在 $x \neq 0$ 處有定義，而在 $x = 0$ 處無定義，所以 $x = 0$ 處函數不連續

Example 2

函數 $\quad y = f(x) = \begin{cases} 2x & x \neq 1 \\ 3 & x = 1 \end{cases}$

這裡 $\lim\limits_{x \to 1} f(x) = \lim\limits_{x \to 1} 2x = 2, f(1) = 3$ 所以 $x = 1$ 時函數不連續。

Example 3

最大整數函數 $f(x) = [x]$ 在整數點都不連續。因為

$$[x] = n - 1 \qquad n - 1 \leq x < n$$

所以 $\lim\limits_{x \to n^-} [x] = n - 1, \lim\limits_{x \to n^+} [x] = n$ ，故函數在整數點不連續。

函數在 x_0 點處連續與不連續，是函數在一個點附近的特性，在此基礎上，可以介紹函數在一個區間上連續的概念。

Definition >>   **1.3**

函數 $f(x)$ 在開區間 (a,b) 內所有點連續，則稱 $f(x)$ 在 (a,b) **內連續**。

Definition >>   **1.4**

若函數 $f(x)$ 在 (a,b) 內連續，且 $\lim_{x\to a^+} f(x) = f(a), \lim_{x\to b^-} f(x) = f(b)$ 則稱 $f(x)$ 在閉區間 $[a,b]$ 上**連續**。

上述定義中，若 $\lim_{x\to a^+} f(x) = f(a)$ 則稱函數在 a **右連續**；若 $\lim_{x\to b^-} f(x) = f(b)$，則稱函數 $f(x)$ 在 b **左連續**。

Example 4

(1) $f(x) = \dfrac{1}{\sqrt{4-x^2}}$ 在 $(-2,2)$ 內連續，因為函數 $f(x)$ 在區間端點 $x = -2$，$x = 2$ 沒有定義，所以函數 $f(x)$ 在 $[-2,2]$ 上不連續。

(2) $f(x) = \sqrt{4-x^2}$ 在 $[-2,2]$ 上連續，因為 $f(x)$ 在 $(-2,2)$ 內連續，且

$$\lim_{x\to -2^+} f(x) = f(-2) = 0, \quad \lim_{x\to 2^-} f(x) = f(2) = 0$$

Example 5

設

$$f(x) = \begin{cases} x-1 & 0 < x \le 1 \\ 2-x & 1 < x \le 3 \end{cases}$$

(1) 當 $x \to 1$ 時 $f(x)$ 的極限存在嗎？

(2) $f(x)$ 在 $x = 1$ 處連續嗎？

(3) 求 $f(x)$ 的連續區間。

 （1）$\lim_{x\to 1^-} f(x) = 0, \lim_{x\to 1^+} f(x) = 1$，故 $\lim_{x\to 1} f(x)$ 不存在

(2) 由於 $\lim\limits_{x \to 1} f(x)$ 不存在，故 $f(x)$ 在 $x = 1$ 處不連續

(3) 由於 $\lim\limits_{x \to 1^-} f(x) = f(1) = 0$，故 $(0,1]$ 是 $f(x)$ 的連續區間。

又因 $\lim\limits_{x \to 1^+} f(x) = 1 \neq f(1)$, $\lim\limits_{x \to 3^-} f(x) = f(3) = -1$ 故 $(1,3]$ 是 $f(x)$ 的連續區間

綜合之，$f(x)$ 的連續區間是 $(0,1]$ 與 $(1,3]$

定理 1.14

設函數 $f(x), g(x)$ 在 $x = x_0$ 處連續，則

(1) $f(x) \pm g(x)$ 在 $x = x_0$ 處連續。

(2) $cf(x)$ 在 $x = x_0$ 處連續，其中 c 為常數。

(3) $f(x)g(x)$ 在 $x = x_0$ 處連續。

(4) $\dfrac{f(x)}{g(x)}$ 在 $x = x_0$ 處連續。其中 $g(x_0) \neq 0$。

定理 1.15

設函數 $f(x), g(x)$ 在開（閉）區間內（上）連續，則

(1) $f(x) \pm g(x)$ 在開（閉）區間內（上）連續。

(2) $cf(x)$ 在開（閉）區間內（上）連續，其中 c 為常數。

(3) $f(x)g(x)$ 在開（閉）區間內（上）連續。

(4) $\dfrac{f(x)}{g(x)}$ 在開（閉）區間內（上）連續，其中 $g(x)$ 在區間內（上）處處不為零。

定理 **1.16**

　多項式函數、有理函數（除了分母為零的點）、根式函數、三角函數、指數函數與對數函數是連續函數。

定理 **1.17**

　若 $\lim\limits_{x \to x_0} g(x) = \ell$，且 $f(x)$ 在 $x = \ell$ 處連續（即 $\lim\limits_{x \to \ell} f(x) = f(\ell)$），則

$$\lim_{x \to x_0} f(g(x)) = f(\lim_{x \to x_0} g(x_0)) = f(\ell)$$

　由定理1.17可得合成函數的連續性，此即

定理 **1.18**

　若函數 $g(x)$ 在 $x = x_0$ 處連續，且函數 $f(x)$ 在 $g(x_0)$ 處連續，則合成函數 $f(g(x))$ 在 x_0 也連續，即 $\lim\limits_{x \to x_0} f(g(x)) = f(\lim\limits_{x \to x_0} g(x)) = f(g(x_0))$

Example 6

　試證：絕對值函數 $f(x) = |x|$ 為連續函數。

 　設 x_0 為任意實數，則

$$\lim_{x \to x_0} f(x) = \lim_{x \to x_0} |x| = \lim_{x \to x_0} \sqrt{x^2} = \sqrt{\lim_{x \to x_0} x^2}$$

$$= \sqrt{x_0^2} = |x_0| = f(x_0)$$

　故 $f(x)$ 連續

根據定理1.17與定理1.18知道，連續性的條件對於求合成函數的極限十分有用。

定理 **1.19**

介值定理（中間值定理）：若函數 $f(x)$ 在閉區間 $[a,b]$ 上連續，設 ℓ 為介於 $f(a)$ 與 $f(b)$ 之間一數，則在 $[a,b]$ 中至少存在一點 $x=c$，使得 $f(c)=\ell$

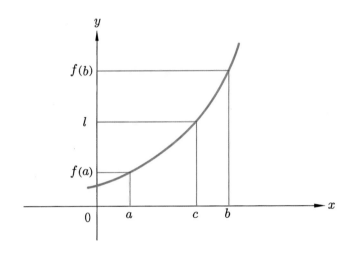

圖 1-4-5

推論

　　勘根定理：　若 $f(x)$ 在 $[a,b]$ 上連續，且 $f(a)f(b)<0$，則在 (a,b) 內至少有一點 c，使得 $f(c)=0$

　　勘根定理說明，如果 $f(x)$ 在 $[a,b]$ 上連續且 $f(a)f(b)<0$，則方程式 $f(x)=0$ 在 (a,b) 內至少有一個根。

Example 7

試證方程式 $x^5 - 3x = 1$ 至少有一個根介於 1 與 2 之間。

 解　令 $f(x) = x^5 - 3x - 1$，由於

$$f(1) = 1 - 3 - 1 = -3 < 0 \ , \ f(2) = 2^5 - 3 \times 2 - 1 = 25 > 0$$

故由勘根定理知在 $x = 1$ 與 $x = 2$ 之間，方程式 $f(x) = 0$ 至少有一個根，即 $x^5 - 3x = 1$ 至少有一個根。

Definition >>

設函數 $f(x)$ 的定義域為 D，如果有 $x_0 \in D$，使得對於 D 內任何 x 都有

$$f(x) \leq f(x_0)$$

則稱 x_0 是函數 $f(x)$ 在定義域 D 上的**最大值**。

若有 $x_0 \in D$，使得對於 D 內任何 x 都有

$$f(x) \geq f(x_0)$$

則稱 x_0 是函數 $f(x)$ 在定義域 D 上的**最小值**。

例如 $f(x) = x^2$ 在 $(-\infty, \infty)$ 內有最小值，無最大值。 $f(x) = \dfrac{1}{x}$ 在 $(2, 3)$ 內無最大值也無最小值，在 $(0, 1]$ 上有最小值無最大值。

定理 **1.20**

最大值與最小值定理：若函數 $f(x)$ 在閉區間 $[a, b]$ 上連續，

則 $f(x)$ 在 $[a, b]$ 上必有最大值和最小值。

如何求最大值與最小值可見 $3-3$ 節。

習題 1-4
PRACTICE

1. 討論 $x = 1$ 時 $f(x), g(x)$ 的連續性：

$$f(x) = \frac{x^2 - 1}{x^3 - 1} \ , \ g(x) = \begin{cases} \dfrac{x^2 - 1}{x^3 - 1} \ , \ x \neq 1 \\ \dfrac{2}{3} \qquad \ , \ x = 1 \end{cases}$$

2. 設

$$f(x) = \begin{cases} \dfrac{x^3 - 4x^2 + x - 4}{x - 4} \ , \ x \neq 4 \\ 5 \qquad\qquad\qquad , \ x = 4 \end{cases}$$

討論 $f(x)$ 在 $x = 4$ 處是否連續。

3. 設

$$f(x) = \begin{cases} x \ , \ 0 < x < 1 \\ 1 \ , \ 1 \leq x < 2 \end{cases}$$

(1) 求 $\lim\limits_{x \to 1} f(x)$

(2) $f(x)$ 在 $x = 1$ 處連續嗎？

(3) 求 $f(x)$ 的連續區間。

4. 設

$$f(x) = \begin{cases} 3x \ , \ 0 \leq x < 1 \\ 2 \ , \ x = 1 \\ 3 \ , \ 1 < x < 2 \end{cases}$$

(1) 求 $\lim\limits_{x \to 1} f(x)$

(2) $f(x)$ 在 $x = 1$ 處連續嗎？

(3) 求 $f(x)$ 的連續區間。

5. 若

$$f(x) = \begin{cases} \dfrac{x^2 - 1}{x^3 - x^2 + x - 1} & , \ x \neq 1 \\ a & , \ x = 1 \end{cases}$$

為連續函數，求 a 之值。

6. 若

$$f(x) = \begin{cases} 3x - 2, \ x \leq -1 \\ ax - b, \ -1 < x < 1 \\ 4x^2 \quad , \ x \geq 1 \end{cases}$$

為連續函數，求 a 與 b 之值。

7. 試證方程式 $x \cdot 2^x = 1$ 至少有一個小於 1 的正根。

8. 試證方程式 $x = a\sin x + b$ 至少有一個正根，其中 $a > 0$，$b > 0$，至少有一個正根，並且它不超過 $b + a$。

1-5 三角函數的極限

定理 1.21

$$\lim_{x\to 0} \frac{\sin x}{x} = 1$$

 由於當 $x \to 0$ 時，$\sin x \to 0$，因為不能簡單計算極限 $\lim\limits_{x\to 0} \dfrac{\sin x}{x}$。因為函數 $\dfrac{\sin x}{x}$ 除 $x = 0$ 外，都是有定義的。現先設 $0 < x < \dfrac{\pi}{2}$，見圖 1-5-1

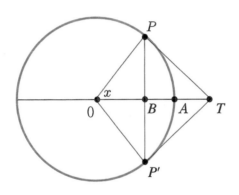

圖 1-5-1

圖中 $\overline{TP}$，$\overline{TP'}$ 是單位圓的切線，由於 $\overline{OP} = \overline{OP'} = 1$，故 $\overline{PT} = \tan x$，根據 $\triangle OPB$ 面積 < 扇形 OPA 面積 < $\triangle OPT$ 面積，故

$$\sin x < x < \tan x$$

將上式除以 $\sin x$，有

$$1 < \frac{x}{\sin x} < \frac{1}{\cos x}$$

或

$$\cos x < \frac{\sin x}{x} < 1$$

根據夾擠定理，當 $0 \to 0^+$ 得

$$\lim_{x \to 0^+} \frac{\sin x}{x} = 1$$

現令 $t = -x$，則有

$$\lim_{x \to 0^+} \frac{\sin x}{x} = \lim_{t \to 0^-} \frac{\sin(-t)}{(-t)} = \lim_{t \to 0^-} \frac{\sin t}{t}$$

$$= \lim_{x \to 0^-} \frac{\sin x}{x} = 1$$

於是

$$\lim_{x \to 0} \frac{\sin x}{x} = 1$$

定理 **1.22**

$$\lim_{x \to 0} \frac{1 - \cos x}{x} = 0$$

 根據三角函數半角公式得

$$1 - \cos x = 2 \sin^2 \frac{x}{2}$$

於是

$$\lim_{x \to 0} \frac{1 - \cos x}{x} = \lim_{x \to 0} \frac{2 \sin^2 \dfrac{x}{2}}{x}$$

$$= \lim_{x \to 0} \frac{\sin^2 \dfrac{x}{2}}{\dfrac{x}{2}} = \lim_{x \to 0} \left[\frac{\sin \dfrac{x}{2}}{\dfrac{x}{2}} \cdot \sin \frac{x}{2} \right]$$

$$= \lim_{x \to 0} \frac{\sin \dfrac{x}{2}}{\dfrac{x}{2}} \times \lim_{x \to 0} \sin \frac{x}{2} = 1 \cdot 0 = 0$$

Example 1

求 $\displaystyle \lim_{x \to 0} \frac{x}{\tan x}$

解 $\quad \lim\limits_{x \to 0} \dfrac{x}{\tan x} = \lim\limits_{x \to 0} \dfrac{x \cos x}{\sin x} = \lim\limits_{x \to 0} \left[\dfrac{x}{\sin x} \times \cos x \right]$

$\qquad\qquad\quad = \lim\limits_{x \to 0} \dfrac{x}{\sin x} \times \lim\limits_{x \to 0} \cos x = 1 \times 1 = 1$

Example 2

求 $\lim\limits_{x \to 0} \dfrac{4 \sin 3x}{5x}$

解 $\quad \lim\limits_{x \to 0} \dfrac{4 \sin 3x}{5x} = \lim\limits_{x \to 0} \left[\dfrac{\sin 3x}{3x} \times \dfrac{4 \times 3}{5} \right]$

$\qquad\qquad\quad = \left[\lim\limits_{x \to 0} \dfrac{\sin 3x}{3x} \right] \times \dfrac{12}{5} = \dfrac{12}{5}$

Example 3

求 $\lim\limits_{x \to 0} \dfrac{\tan 3x}{\sin 4x}$

解 $\quad \lim\limits_{x \to 0} \dfrac{\tan 3x}{\sin 4x} = \lim\limits_{x \to 0} \left(\dfrac{\sin 3x}{\cos 3x} \times \dfrac{1}{\sin 4x} \right)$

$\qquad\qquad\quad = \lim\limits_{x \to 0} \left[\dfrac{\sin 3x}{3x} \times \dfrac{1}{\cos 3x} \times \dfrac{4x}{\sin 4x} \times \dfrac{3x}{4x} \right]$

$\qquad\qquad\quad = \lim\limits_{x \to 0} \dfrac{\sin 3x}{3x} \times \lim\limits_{x \to 0} \dfrac{1}{\cos 3x} \times \lim\limits_{x \to 0} \dfrac{4x}{\sin 4x} \times \dfrac{3}{4}$

$\qquad\qquad\quad = 1 \times 1 \times 1 \times \dfrac{3}{4} = \dfrac{3}{4}$

Example 4

求 $\displaystyle\lim_{x\to\pi}\frac{\sin x}{x-\pi}$

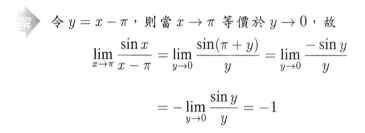

解 令 $y = x-\pi$，則當 $x\to\pi$ 等價於 $y\to 0$，故

$$\lim_{x\to\pi}\frac{\sin x}{x-\pi} = \lim_{y\to 0}\frac{\sin(\pi+y)}{y} = \lim_{y\to 0}\frac{-\sin y}{y}$$

$$= -\lim_{y\to 0}\frac{\sin y}{y} = -1$$

Example 5

求 $\displaystyle\lim_{x\to 0}\frac{1-\cos 5x}{3x}$

解 $\displaystyle\lim_{x\to 0}\frac{1-\cos 5x}{3x} = \lim_{x\to 0}\left[\frac{1-\cos 5x}{5x}\times\frac{5}{3}\right]$

$$= \lim_{x\to 0}\frac{1-\cos 5x}{5x}\times\frac{5}{3} = 0$$

Example 6

求 $\displaystyle\lim_{x\to\pi}\frac{\sin 4x}{\sin 3x}$

解 $\displaystyle\lim_{x\to 0}\frac{\sin 4x}{\sin 3x} = \lim_{x\to 0}\left(\frac{\sin 4x}{4x}\times\frac{3x}{\sin 3x}\times\frac{4}{3}\right)$

$$= \lim_{x\to 0}\frac{\sin 4x}{4x}\times\lim_{x\to 0}\frac{3x}{\sin 3x}\times\frac{4}{3}$$

$$= \frac{4}{3}$$

習題 1-5
PRACTICE

求下列各式極限

1. $\lim\limits_{x \to 0} \dfrac{\tan kx}{x}$

2. $\lim\limits_{x \to 0} \dfrac{\sin \alpha x}{\sin \beta x}$ $(\beta \neq 0)$

3. $\lim\limits_{x \to 0} \dfrac{\sin 4x}{\tan 3x}$

4. $\lim\limits_{x \to 0^+} \dfrac{x}{\sqrt{1 - \cos x}}$

5. $\lim\limits_{x \to 0} \dfrac{1 - \cos x}{5x^2}$

6. $\lim\limits_{\triangle x \to 0} \dfrac{\sin(x_0 + \triangle x) - \sin x_0}{\triangle x}$

7. $\lim\limits_{\triangle x \to 0} \dfrac{\cos(x_0 + \triangle x) - \cos x_0}{\triangle x}$

8. $\lim\limits_{\triangle x \to 0} \dfrac{\tan(x_0 + \triangle x) - \tan x_0}{\triangle x}$

9. $\lim\limits_{x \to 0} \dfrac{\sin(a + x) - \sin(a - x)}{x}$

10. $\lim\limits_{x \to 0} \dfrac{x^2}{\sin^2 \frac{x}{3}}$

11. $\lim\limits_{x \to 0} x \cot x$

12. $\lim\limits_{x \to 0} \dfrac{1 - \cos 2x}{x \sin x}$

13. $\lim\limits_{x \to 1} \dfrac{1 - x^2}{\sin \pi x}$

14. $\displaystyle\lim_{x \to 0} \frac{\tan x - \sin x}{x^3}$

15. $\displaystyle\lim_{x \to a} \frac{\sin x - \sin a}{x - a}$

1-6 無窮極限與漸近線

x → x₀時無窮極限、鉛垂漸近線

先介紹兩個符號，即 ∞ 與 $-\infty$，分別讀作**無窮大**與**負無限大**，尤其要注意它們不是實數。

我們先來研究幾個函數的圖形來理解無窮極限的概念。

Example 1

$$f(x) = \frac{1}{(x-1)^2} \quad , \quad x \neq 1$$

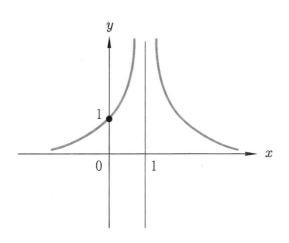

圖 1-6-1

$x \to 1^-$	0.9	0.99	0.999	$\cdots$
$f(x)$	100	10000	1000000	$\cdots$

$x \to 1^+$	1.1	1.01	1.001	$\cdots$
$f(x)$	100	10000	1000000	$\cdots$

故 $x \to 1$，$f(x) \to \infty$

Example 2

$$f(x) = -\frac{1}{(x-1)^2} \quad, \quad x \neq 1$$

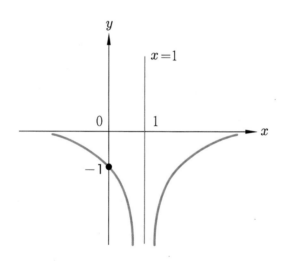

圖 1-6-2

$x \to 1^-$	0.9	0.99	0.999	$\cdots$
$f(x)$	-100	-10000	-1000000	$\cdots$

$x \to 1^+$	1.1	1.01	1.001	$\cdots$
$f(x)$	-100	-10000	-1000000	$\cdots$

故 $x \to 1$，$f(x) \to -\infty$

Example 3

$$f(x) = \frac{1}{\sqrt{x-1}} \quad , \quad x > 1$$

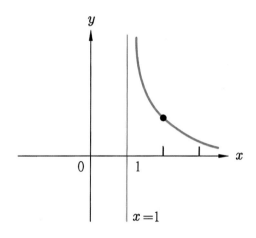

圖 1-6-3

$x \to 1^+$	1.1	1.01	1.001	1.0001	$\cdots$
$f(x)$	$\sqrt{10}$	10	$10\sqrt{10}$	100	$\cdots$

故 $x \to 1^+$，$f(x) \to \infty$

Example 4

$$f(x) = -\frac{1}{\sqrt{x-1}} \quad , \quad x > 1$$

$x \to 1^+$	1.1	1.01	1.001	1.0001	$\cdots$
$f(x)$	$-\sqrt{10}$	-10	$-10\sqrt{10}$	-100	$\cdots$

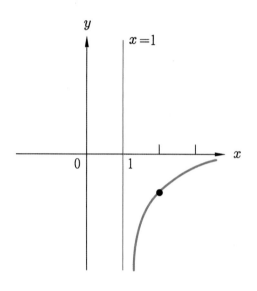

圖 1-6-4

故 $x \to 1$，$f(x) \to -\infty$

Example 5

$$f(x) = \frac{1}{\sqrt{1-x}} \quad , \quad x < 1$$

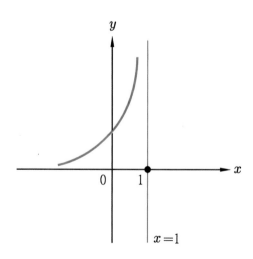

圖 1-6-5

$x \to 1^-$	0.9	0.99	0.999	$\cdots$
$f(x)$	$\sqrt{10}$	10	$10\sqrt{10}$	$\cdots$

故 $x \to 1^-$，$f(x) \to \infty$

Example 6

$$f(x) = -\frac{1}{\sqrt{1-x}} \quad , \quad x < 1$$

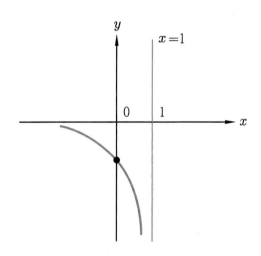

圖 1-6-6

$x \to 1^-$	0.9	0.99	0.999	$\cdots$
$f(x)$	$-\sqrt{10}$	-10	$-10\sqrt{10}$	$\cdots$

故 $x \to 1^-$，$f(x) \to -\infty$

Example 7

$$f(x) = \frac{1}{x-1} \quad , \quad x \neq 1$$

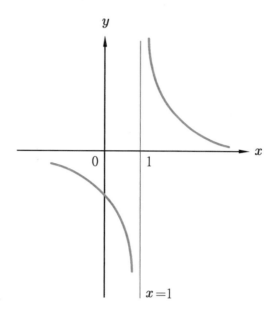

圖 1-6-7

$x \to 1^-$	0.9	0.99	0.999	$\cdots$
$f(x)$	-10	-100	-1000	$\cdots$

			1.001	$\cdots$
$x \to 1^+$	1.1	1.01		
$f(x)$	10	100		

故 $x \to 1^-$，$f(x) \to -\infty$

$x \to 1^+$，$f(x) \to \infty$

Example 8

$$f(x) = -\frac{1}{x-1} \quad , \quad x \neq 1$$

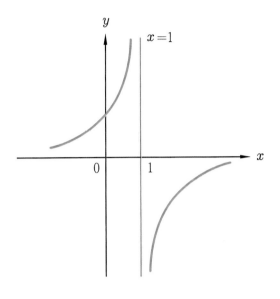

圖 1-6-8

$x \to 1^-$	0.9	0.99	0.999	$\cdots$
$f(x)$	10	100	1000	$\cdots$

$x \to 1^+$	1.1	1.01	1.001	$\cdots$
$f(x)$	-10	-100	-1000	$\cdots$

故 $x \to 1^-$，$f(x) \to \infty$

$\quad x \to 1^+$，$f(x) \to -\infty$

Definition >> 定 義 1.6

設函數 $f(x)$ 定義在包含 x_0 的開區間內（x_0 不一定在此開區間內），若對任一個 $M > 0$ 總存在 $\delta > 0$，使得當 $0 < |x - x_0| < \delta$ 時，恒有

$$f(x) > M$$

我們稱為 $f(x)$ 變成無限大（或無限遞增），記之為 $\lim\limits_{x \to x_0} f(x) = \infty$

註 我們稱 $\lim_{x \to x_0} f(x) = \infty$ 是無窮極限，但並不表示函數 $f(x)$ 當 $x \to x_0$ 時極限存在，而表示當 x 接近 x_0 時，$f(x)$ 的發展趨勢。有關無窮極限（包括下述幾種情況）都應這樣理解。

Definition >> 定 義 **1.7**

設函數 $f(x)$ 定義在包含 x_0 的開區間內（ x_0 不一定在此開區間內），若對任一個 $M < 0$，總存在 $\delta > 0$，使得當 $0 < |x - x_0| < \delta$ 時，恆有

$f(x) < M$

我們稱為 $f(x)$ 變成負無限大（或無限遞減），記之為 $\lim_{x \to x_0} f(x) = -\infty$

上述兩個定義針對例 1、2 兩種情況的，其餘針對單邊極限的情況可類似敘述，現在僅舉 $\lim_{x \to x_0^+} = \infty$ 為例。

Definition >> 定 義 **1.8**

設函數 $f(x)$ 定義在開區間 (x_0, c) 內，若對任一個 $M > 0$，總存在 $\delta > 0$，使得當 $0 < x - x_0 < \delta$ 時，恆有

$f(x) > M$

我們則稱 $f(x)$ 變成無限大，並記之為 $\lim_{x \to x_0^+} f(x) = \infty$

請讀者把 $\lim_{x \to x_0^+} f(x) = -\infty,\ \lim_{x \to x_0^-} f(x) = \infty,\ \lim_{x \to x_0^-} f(x) = -\infty$ 的定義寫出來。

Definition >> 定 義 **1.9**

若 $\lim_{x \to x_0^-} f(x) = \infty,\ \lim_{x \to x_0^+} f(x) = \infty,$
$\lim_{x \to x_0^-} f(x) = -\infty,\ \lim_{x \to x_0^+} f(x) = -\infty$ 中有一個成立，都稱鉛垂直線 $x = x_0$ 是函數 $y = f(x)$ 圖形之**垂直漸近線**。

註 函數圖形漸近線之概念很直觀生動,函數圖形永遠不會與漸近線相連,但無限靠近它。

從圖形垂直漸近線可以看到需要掌握計算無窮極限。

定理 1.23

(1) 若 n 為正偶數,則

$$\lim_{x \to 0} \frac{1}{x^n} = \infty$$

(2) 若 n 為正奇數,則

$$\lim_{x \to 0^-} \frac{1}{x^n} = -\infty$$

$$\lim_{x \to 0^+} \frac{1}{x^n} = \infty$$

Example 9

設 $f(x) = \dfrac{1}{(x-2)^3}$, $g(x) = \dfrac{1}{(x-3)^2}$

試討論(1) $\lim\limits_{x \to 2^-} f(x)$, (2) $\lim\limits_{x \to 2^+} f(x)$, (3) $\lim\limits_{x \to 3} g(x)$

 解

(1) 命 $x - 2 = t$, 當 $x \to 2^-$ 時 $t \to 0^-$

故 $\lim\limits_{x \to 2^-} f(x) = \lim\limits_{x \to 2^-} \dfrac{1}{(x-2)^3} = \lim\limits_{t \to 0^-} \dfrac{1}{t^3} = -\infty$

(2) 命 $x - 2 = t$, 當 $x \to 2^+$ 時 $t \to 0^+$

故 $\lim\limits_{x \to 2^+} f(x) = \lim\limits_{x \to 2^+} \dfrac{1}{(x-2)^3} = \lim\limits_{t \to 0^+} \dfrac{1}{t^3} = \infty$

(3) 命 $x - 3 = t$, 當 $x \to 3$ 時 $t \to 0$

故 $\lim\limits_{x \to 3} g(x) = \lim\limits_{x \to 3} \dfrac{1}{(x-3)^2} = \lim\limits_{t \to 0} \dfrac{1}{t^2} = \infty$

定理 1.24

若 $\lim\limits_{x \to x_0} f(x) = \infty$, 且 $\lim\limits_{x \to x_0} g(x) = \ell$, 則

(1) $\lim\limits_{x \to x_0} [f(x) \pm g(x)] = \infty$

(2) $\lim\limits_{x \to x_0} [f(x) \cdot g(x)] = \infty$　　（若 $\ell > 0$）

$\lim\limits_{x \to x_0} \dfrac{f(x)}{g(x)} = \infty$　　（若 $\ell > 0$）

(3) $\lim\limits_{x \to x_0} [f(x) \cdot g(x)] = -\infty$　　（若 $\ell < 0$）

$\lim\limits_{x \to x_0} \dfrac{f(x)}{g(x)} = -\infty$　　（若 $\ell < 0$）

(4) $\lim\limits_{x \to x_0} \dfrac{g(x)}{f(x)} = 0$

註1 定理1.24中 $x \to x_0$ 換成 $x \to x_0^+, x \to x_0^-$ 結論仍然成立

註2 若 $\lim\limits_{x \to x_0} f(x) = -\infty$，類似結論仍然成立。

Example 10

已給 $f(x) = \dfrac{x^2 - x}{x^2 - x - 2}$，試求 $\lim\limits_{x \to 2^-} f(x)$，$\lim\limits_{x \to 2^+} f(x)$，$\lim\limits_{x \to -1^-} f(x)$，$\lim\limits_{x \to -1^+} f(x)$，$\lim\limits_{x \to 3} f(x)$

解　$f(x) = \dfrac{x^2 - x}{x^2 - x - 2} = \dfrac{x(x-1)}{(x-2)(x+1)}$

$\lim\limits_{x \to 2^-} f(x) = \lim\limits_{x \to 2^-} \dfrac{x(x-1)}{(x-2)(x+1)} = \lim\limits_{x \to 2^-} \dfrac{1}{x-2} \cdot \lim\limits_{x \to 2^-} \dfrac{x(x-1)}{x+1}$

$= -\infty \cdot \dfrac{2}{3} = -\infty$

$\lim\limits_{x \to 2^+} f(x) = \lim\limits_{x \to 2^+} \dfrac{1}{x-2} \cdot \lim\limits_{x \to 2^+} \dfrac{x(x-1)}{x+1} = \infty \cdot \dfrac{2}{3} = \infty$

$\lim\limits_{x \to -1^-} f(x) = \lim\limits_{x \to -1^-} \dfrac{x(x-1)}{x-2} \cdot \lim\limits_{x \to -1^-} \dfrac{1}{x+1} = -\dfrac{2}{3} \cdot (-\infty) = \infty$

$\lim\limits_{x \to -1^+} f(x) = \lim\limits_{x \to -1^+} \dfrac{x(x-1)}{x-2} \cdot \lim\limits_{x \to -1^+} \dfrac{1}{x+1} = -\dfrac{2}{3} \cdot (+\infty) = -\infty$

$$\lim_{x \to 3} f(x) = \frac{3 \times (3-1)}{(3-2) \cdot (3+1)} = \frac{3}{2}$$

Example 11

求下列函數圖形的垂直漸近線

(1) $f(x) = 2x^2 + \dfrac{3}{x^2}$

(2) $f(x) = \dfrac{x^2 + x - 6}{x + 1}$

 (1) 當 $x \to 0$ 時，$f(x) \to \infty$

故 $x = 0$ 是垂直漸近線

(2) 因為

$$\lim_{x \to -1^-} f(x) = -\infty \ , \ \lim_{x \to -1^+} f(x) = \infty$$

故 $x = -1$ 是 $f(x)$ 的垂直漸近線

2

x → ±∞時函數極限、水平漸近線

Definition >> 定 義 1.10

設函數 $f(x)$ 定義在開區間 (a, ∞) 內，且 ℓ 為一實數，對任一 $\epsilon > 0$ ，總存在一 $N > 0$，使得若 $x > N$（ x 無限遞增），則

$$|f(x) - \ell| < \epsilon$$

記之為 $\lim_{x \to \infty} f(x) = \ell$

Definition >>   **1.11**

設函數 $f(x)$ 定義在開區間 $(-\infty, b)$ 內,且 ℓ 為一實數,對任一 $\epsilon > 0$,總存在一 $N < 0$,使得若 $x < N$(x 無限遞減),則

$$|f(x) - \ell| < \epsilon$$

記之為 $\lim\limits_{x \to -\infty} f(x) = \ell$

例如,若 $f(x) = \dfrac{1}{(x-1)^2} + 1$,則 $\lim\limits_{x \to \infty} f(x) = 1$, $\lim\limits_{x \to -\infty} f(x) = 1$

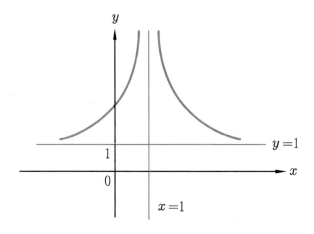

圖 1-6-9

Definition >>   **1.12**

若 $\lim\limits_{x \to \infty} f(x) = \ell$ 或 $\lim\limits_{x \to -\infty} f(x) = \ell$ 中有一個成立,都稱直線 $y = \ell$ 是函數 $f(x)$ 之圖形的**水平漸近線**。

定理 **1.25**

$\lim\limits_{x \to \infty} c = c,\ \lim\limits_{x \to -\infty} c = c$,其中 c 為常數

定理 **1.26**

設 $\lim_{x \to \infty} f(x) = \ell$，$\lim_{x \to \infty} g(x) = m$，則

(1) $\lim_{x \to \infty} [cf(x)] = c \lim_{x \to \infty} f(x) = c\,\ell$　　c為常數

(2) $\lim_{x \to \infty} [f(x) \pm g(x)] = \lim_{x \to \infty} f(x) \pm \lim_{x \to \infty} g(x) = \ell \pm m$

(3) $\lim_{x \to \infty} [f(x) \cdot g(x)] = \lim_{x \to \infty} f(x) \cdot \lim_{x \to \infty} g(x) = \ell \cdot m$

(4) $\lim_{x \to \infty} \dfrac{f(x)}{g(x)} = \dfrac{\lim\limits_{x \to \infty} f(x)}{\lim\limits_{x \to \infty} g(x)} = \dfrac{\ell}{m}, (m \neq 0)$

(5) $\lim_{x \to \infty} \sqrt[n]{f(x)} = \sqrt[n]{\lim_{x \to \infty} f(x)} = \sqrt[n]{\ell}$

其中① n 為正奇數，ℓ 為實數；② n 為正偶數，且 $\ell > 0$

註 上述定理 1.25、1.26 對於 $x \to -\infty$ 結論仍成立

定理 **1.27**

若 r 為正有理數，c 為任意實數且 x^r 有定義，則

(1) $\lim_{x \to \infty} \dfrac{c}{x^r} = 0$

(2) $\lim_{x \to -\infty} \dfrac{c}{x^r} = 0$

Example 12

計算

(1) $\lim_{x \to \infty} \dfrac{x^2 + x}{2x^2 - 1}$

(2) $\lim_{x \to \infty} \dfrac{x^3 - 3x + 5}{3x^2 + 2x - 1}$

(3) $\lim_{x \to \infty} \dfrac{2^x - 1}{2^x}$

(4) $\lim_{x \to \infty} \dfrac{3 - 2x}{\sqrt{5 + 4x^2}}$

(5) $\lim_{x \to \infty} (x - \sqrt{x^2 + x})$

(1) $\displaystyle\lim_{x\to\infty}\frac{x^2+x}{2x^2-1}=\lim_{x\to\infty}\frac{1+\dfrac{1}{x}}{2-\dfrac{1}{x^2}}=\frac{\displaystyle\lim_{x\to\infty}\left(1+\dfrac{1}{x}\right)}{\displaystyle\lim_{x\to\infty}\left(2-\dfrac{1}{x^2}\right)}=\frac{1}{2}$

(2) $\displaystyle\lim_{x\to\infty}\frac{x^3-3x+5}{3x^2+2x-1}=\lim_{x\to\infty}\frac{1-\dfrac{3}{x^2}+\dfrac{5}{x^3}}{\dfrac{3}{x}+\dfrac{2}{x^2}-\dfrac{1}{x^3}}=\infty$

(3) $\displaystyle\lim_{x\to\infty}\frac{2^x-1}{2^x}=\lim_{x\to\infty}\left(1-\frac{1}{2^x}\right)=1$

(4) $\displaystyle\lim_{x\to\infty}\frac{3-2x}{\sqrt{5+4x^2}}=\lim_{x\to\infty}\frac{\dfrac{3}{x}-2}{\sqrt{\dfrac{5}{x^2}+4}}=\frac{-2}{\sqrt{4}}=-1$

(5) $\displaystyle\lim_{x\to\infty}\left(x-\sqrt{x^2+x}\right)=\lim_{x\to\infty}\frac{x^2-\left(x^2+x\right)}{x+\sqrt{x^2+x}}$

$\displaystyle=\lim_{x\to\infty}\frac{-x}{x+\sqrt{x^2+x}}=\lim_{x\to\infty}\frac{-1}{1+\sqrt{1+\dfrac{1}{x}}}=-\frac{1}{2}$

Example 13

試求函數 $f(x)=\dfrac{3x+2}{\sqrt{3x^2+1}}$ 圖形的水平漸近線

$\displaystyle\lim_{x\to\infty}f(x)=\lim_{x\to\infty}\frac{3x+2}{\sqrt{3x^2+1}}=\lim_{x\to\infty}\frac{3+\dfrac{2}{x}}{\sqrt{3+\dfrac{1}{x^2}}}=\frac{3}{\sqrt{3}}=\sqrt{3}$

故 $y=\sqrt{3}$ 是圖形的水平漸近線

3 斜漸近線

Definition >> 定 義 1.13

若 $\lim\limits_{x\to\infty}[f(x)-(ax+b)]=0$ 與 $\lim\limits_{x\to-\infty}[f(x)-(ax+b)]=0$ 中有一個成立，都稱直線 $y=ax+b$ 是函數 $f(x)$ 之圖形的**斜漸近線**。

定理 1.28

若函數 $f(x)$ 有斜漸近線 $y=ax+b$，則

$$a=\lim_{x\to\infty}\frac{f(x)}{x}\quad,\quad b=\lim_{x\to\infty}(f(x)-a(x))$$

例如，例 11 中 $f(x)=\dfrac{x^2+x-6}{x+1}$ 有垂直漸近線，$x=-1$。不難驗證，$\lim\limits_{x\to\infty}f(x)$ 與 $\lim\limits_{x\to-\infty}f(x)$ 不存在，故 $f(x)$ 無水平漸近線。現求 $f(x)$ 的斜漸近線 $y=ax+b$，因為

$$a=\lim_{x\to\infty}\frac{f(x)}{x}=\lim_{x\to\infty}\frac{x^2+x-6}{x(x+1)}=\lim_{x\to\infty}\frac{1+\dfrac{1}{x}-\dfrac{6}{x^2}}{1+\dfrac{1}{x}}=1$$

$$b=\lim_{x\to\infty}(f(x)-ax)=\lim_{x\to\infty}\left(\frac{x^2+x-6}{x+1}-x\right)$$

$$=\lim_{x\to\infty}\frac{x^2+x-6-x^2-x}{x+1}=\lim_{x\to\infty}\frac{-6}{x+1}=0$$

所以，$f(x)$ 圖形的斜漸近線為 $y=x$

Example 14

求 $f(x)=\dfrac{x^2+x-2}{x-3}$ 圖形的所有漸近線

因為 $\lim\limits_{x \to 3^+} f(x) = \infty$，所以 $x = 3$ 是函數 $f(x)$ 之圖形的垂直漸近線。

由於 $\lim\limits_{x \to \infty} f(x)$ 不存在，故 $f(x)$ 之圖形無水平漸近線。

現在求 $f(x)$ 的斜漸近線 $y = ax + b$

$$a = \lim_{x \to \infty} \frac{f(x)}{x} = \lim_{x \to \infty} \frac{x^2 + x - 2}{x(x-3)} = \lim_{x \to \infty} \frac{1 + \dfrac{1}{x} - \dfrac{2}{x^2}}{1 - \dfrac{3}{x}} = 1$$

$$b = \lim_{x \to \infty} (f(x) - x) = \lim_{x \to \infty} \left(\frac{x^2 + x - 2}{x - 3} - x \right)$$

$$= \lim_{x \to \infty} \frac{x^2 + x - 2 - x^2 + 3x}{x - 3} = \lim_{x \to \infty} \frac{4x - 2}{x - 3}$$

$$= \lim_{x \to \infty} \frac{4 - \dfrac{2}{x}}{1 - \dfrac{3}{x}} = 4$$

故 $y = x + 4$ 是函數 $f(x)$ 圖形之斜漸近線。

在 1-2 節中我們曾介紹極限

$$\lim_{x \to 0} (1 + x)^{\frac{1}{x}} = e$$

若令 $y = \dfrac{1}{x}$，則

$$e = \lim_{x \to 0} (1 + x)^{\frac{1}{x}} = \lim_{y \to \infty} \left(1 + \frac{1}{y} \right)^y$$

Example 15

求 $\lim\limits_{x \to \infty} \left(1 + \dfrac{k}{x} \right)^x$，$k$ 為實數

$$\lim_{x \to \infty} \left(1 + \frac{k}{x}\right)^x = \lim_{x \to \infty} \left[\left(1 + \frac{k}{x}\right)^{\frac{x}{k}}\right]^k$$

$$= e^k$$

Example 16

求 $\displaystyle \lim_{x \to \infty} \left(\frac{x-1}{x+1}\right)^x$

 當 $x \neq 0$ 時

$$\frac{x-1}{x+1} = \frac{1 - \dfrac{1}{x}}{1 + \dfrac{1}{x}}$$

於是

$$\lim_{x \to \infty} \left(\frac{x-1}{x+1}\right)^x = \lim_{x \to \infty} \frac{(1 - \dfrac{1}{x})^x}{(1 + \dfrac{1}{x})^x}$$

$$= \frac{\displaystyle\lim_{x \to \infty} (1 - \dfrac{1}{x})^x}{\displaystyle\lim_{x \to \infty} (1 + \dfrac{1}{x})^x}$$

$$= \frac{\left[\displaystyle\lim_{x \to \infty} (1 - \dfrac{1}{x})^{-x}\right]^{-1}}{\displaystyle\lim_{x \to \infty} (1 + \dfrac{1}{x})^x} = \frac{e^{-1}}{e} = e^{-2}$$

習題 **1-6**
PRACTICE

求下列各極限（1～13）

1. $\lim\limits_{x \to \infty} \left(2 - \dfrac{1}{x} + \dfrac{1}{x^2} \right)$

2. $\lim\limits_{x \to \infty} \dfrac{x^2 + x + 1}{(x - 1)^2}$

3. $\lim\limits_{x \to \infty} \dfrac{1 + x - 3x^3}{1 + x^2 + 3x^3}$

4. $\lim\limits_{x \to \infty} \dfrac{x^2 - 1}{2x^2 - x - 1}$

5. $\lim\limits_{x \to \infty} \left(\dfrac{x^3}{2x^2 - 1} - \dfrac{x^2}{2x + 1} \right)$

6. $\lim\limits_{x \to \infty} \dfrac{\sqrt{x^2 - 3}}{\sqrt[3]{x^3 + 1}}$

7. $\lim\limits_{x \to \infty} \left(\sqrt{x^2 + 1} - \sqrt{x^2 - 1} \right)$

8. $\lim\limits_{x \to \infty} \dfrac{\sqrt{x^2 + 1}}{x + 1}$

9. $\lim\limits_{x \to \infty} \left(\sqrt{x^2 + 3x} - x \right)$

10. $\lim\limits_{x \to \infty} \left(2x - \sqrt{4x^2 - 3x} \right)$

11. $\lim\limits_{x \to \infty} \left(1 + \dfrac{2}{x} \right)^x$

12. $\lim\limits_{x \to \infty} \left(\dfrac{x - 1}{x + 3} \right)^{x+2}$

13. $\lim\limits_{x \to \infty} \left(\dfrac{2x+3}{2x+1} \right)^{x+1}$

求下列各函數的所有漸近線（14～18）

14. $f(x) = \dfrac{3x+2}{6x^2 - 7x + 2}$

15. $f(x) = \dfrac{4x^2 + 7x + 1}{3x - 2}$

16. $f(x) = \dfrac{x^2 - 1}{x^2 + x - 6}$

17. $f(x) = \dfrac{x^2 + 1}{x}$

18. $f(x) = \sqrt{x^2 - 4x}$

CHAPTER 2

導函數

有了函數極限概念以後，我們就可以討論曲線的切線，物體運動的速度、加速度、非恒穩的電流強度等等變化率問題。變化率在數學上稱作導數。

2-1 導數、導函數的定義

1 導數概念

Example 1

曲線之切線

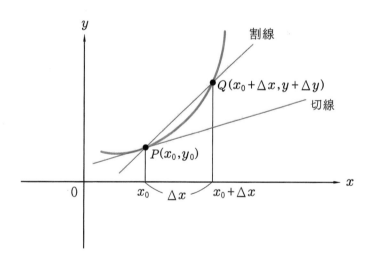

圖 2-1-1

設曲線為 $y = f(x)$ 的圖形上兩點 $P(x_0, f(x_0))$ 與 $Q(x_0 + \triangle x, f(x_0 + \triangle x))$ ，則 PQ 兩點所連割線的斜率為

$$k_1 = \frac{f(x_0 + \triangle x) - f(x_0)}{\triangle x}$$

若 Q 沿著曲線 $y = f(x)$ 靠近 P 時，割線 $\overline{PQ}$ 的極限位置是曲線在 P 點的切線，因此，曲線 $y = f(x)$ 在 P 點的切線斜率為

$$k = \lim_{\triangle x \to 0} k_1 = \lim_{\triangle x \to 0} \frac{f(x_0 + \triangle x) - f(x_0)}{\triangle x}$$

於是曲線在 $P(x_0, f(x_0))$ 的切線方程式為

$$y - f(x_0) = k(x - x_0)$$

Example 2

質點直線運動的瞬時速度

已知質點作直線（變速）運動路程 S 與時間 t 的關係為

$$S = f(t)$$

當時間 t 從 t_0 變到 $t_0 + \triangle t$ 時，質點在 $\triangle t$ 時間內經過的路程 $\triangle S$ 為

$$\triangle S = f(t_0 + \triangle t) - f(t_0)$$

於是質點在 t_0 到 $t_0 + \triangle t$ 時間內的平均速度為

$$\frac{\triangle S}{\triangle t} = \frac{f(t_0 + \triangle t) - f(t_0)}{\triangle t}$$

顯然，平均速度 $\dfrac{\triangle S}{\triangle t}$ 的大小隨著 $\triangle t$ 而改變，當 $|\triangle t|$ 很小時，可以把平均速度 $\dfrac{\triangle S}{\triangle t}$ 作為質點在時刻 t_0 的瞬時速度的近似值，顯然，當 $|\triangle t|$ 越小時，它的近似程度也越好。所以當 $\triangle t \to 0$ 時，平均速度 $\dfrac{\triangle S}{\triangle t}$ 的極限值就是物體在時刻 t_0 的瞬時速度

$$V = \lim_{\triangle t \to 0} \frac{\triangle S}{\triangle t} = \lim_{\triangle t \to 0} \frac{f(t_0 + \triangle t) - f(t_0)}{\triangle t}$$

2 導函數定義

Definition >> 定 義 **2.1**

設 $y = f(x)$ 在點 x_0 的某一包含 x_0 的開區間內有定義，$x_0 + \triangle x$ 也在此開區間內，若極限

$$\lim_{\triangle x \to 0} \frac{\triangle y}{\triangle x} = \lim_{\triangle x \to 0} \frac{f(x_0 + \triangle x) - f(x_0)}{\triangle x}$$

存在，則稱函數 $f(x)$ 在點 x_0 點可**可微分**(differentiable)，這個極限值叫做 $f(x)$ 在點 x_0 的**導數**(derivative)，記作 $f'(x_0)$ 或 $\frac{df}{dx}|_{x=x_0}$ 或 $y'|_{x=x_0}$。

Example 3

求 $y = f(x) = x^2$ 在點 x_0 處的導數。

解
$$f'(x_0) = \lim_{\triangle x \to 0} \frac{(x_0 + \triangle x)^2 - x_0^2}{\triangle x}$$

$$= \lim_{\triangle x \to 0} \frac{x_0^2 + 2x_0\triangle x + (\triangle x)^2 - x_0^2}{\triangle x}$$

$$= \lim_{\triangle x \to 0} (2x_0 + \triangle x) = 2x_0$$

Example 4

求 $f(x) = x^2 + 2x$ 在點 x_0 處的導數

解
$$f'(x_0) = \lim_{\triangle x \to 0} \frac{(x_0 + \triangle x)^2 + 2(x_0 + \triangle x) - x_0^2 - 2x_0}{\triangle x}$$

$$= \lim_{\triangle x \to 0} \frac{2x_0\triangle x + (\triangle x)^2 + 2\triangle x}{\triangle x}$$

$$= \lim_{\triangle x \to 0} (2x_0 + 2 + \triangle x) = 2x_0 + 2$$

Definition >>

若函數 $f(x)$ 在定義域的每一點都可微分,則稱 $f(x)$ 為一可微函數,且稱

$$f'(x) = \lim_{\triangle x \to 0} \frac{f(x + \triangle x) - f(x)}{\triangle x}$$

是函數 $f(x)$ 之**導函數**(derivative function)。函數 $f(x)$ 的導函數亦常以 $\dfrac{df(x)}{dx}$,y',$\dfrac{dy}{dx}$ 等表示。

Example 5

設 $f(x) = c, c$ 為常數。求 $f'(x)$?

 $f'(x) = \lim_{\triangle x \to 0} \dfrac{f(x + \triangle x) - f(x)}{\triangle x} = \lim_{\triangle x \to 0} \dfrac{c - c}{\triangle x} = 0$

Example 6

設 $f(x) = x^3$,求 $f'(x)$ 與 $f'(2)$?

$f'(x) = \lim_{\triangle x \to 0} \dfrac{(x + \triangle x)^3 - x^3}{\triangle x}$

$= \lim_{\triangle x \to 0} \dfrac{x^3 + 3x^2 \cdot \triangle x + 3x \cdot (\triangle x)^2 + (\triangle x)^3 - x^3}{\triangle x}$

$= \lim_{\triangle x \to 0} [3x^2 + 3x \cdot \triangle x + (\triangle x)^2] = 3x^2$

$f'(2) = 3 \times 2^2 = 12$

Definition >>   **2.3**

如果極限

$$\lim_{\triangle x \to 0^+} \frac{\triangle y}{\triangle x} = \lim_{\triangle x \to 0^+} \frac{f(x_0 + \triangle x) - f(x_0)}{\triangle x}$$

與

$$\lim_{\triangle x \to 0^-} \frac{\triangle y}{\triangle x} = \lim_{\triangle x \to 0^-} \frac{f(x_0 + \triangle x) - f(x_0)}{\triangle x}$$

存在，則分別叫做函數 $f(x)$ 在點 x_0 **右方可微分**與**左方可微分**，其極限值叫做函數 $f(x)$ 在點 x_0 處的**右導數**與**左導數**。分別記作 $f'_+(x_0)$ 與 $f'_-(x_0)$，即

$$f'_+(x_0) = \lim_{\triangle x \to 0^+} \frac{f(x_0 + \triangle x) - f(x_0)}{\triangle x}$$

$$f'_-(x_0) = \lim_{\triangle x \to 0^-} \frac{f(x_0 + \triangle x) - f(x_0)}{\triangle x}$$

根據左、右極限與極限的關係可得下述定理：

定理 2.1

$f'_+(x_0) = f'_-(x_0) = \ell$ 的充分必要條件為 $f'(x_0)$ 存在且等於 ℓ。

註1 若函數 $f(x)$ 在開區間 (a,b) 內任一點處導數存在，則稱 $f(x)$ 在 (a,b) 內可微分。

註2 若函數 $f(x)$ 在 $[a,b]$ 上有定義，在 (a,b) 內可微分，且 $f'_+(a), f'_-(b)$ 存在，則稱 $f(x)$ 在閉區間 $[a,b]$ 上可微分。

Example 7

設函數 $y = f(x) = |x|$，討論在點 $x = 0$ 處的左、右導數

解 $y = f(x) = |x| = \begin{cases} x, & x \geq 0 \\ -x, & x < 0 \end{cases}$

$f'_+(0) = \lim_{\triangle x \to 0^+} \frac{\triangle y}{\triangle x} = \lim_{\triangle x \to 0^+} \frac{0 + \triangle x - 0}{\triangle x} = 1$

$f'_-(0) = \lim_{\triangle x \to 0^-} \frac{\triangle y}{\triangle x} = \lim_{\triangle x \to 0^-} -\left(\frac{0 + \triangle x - 0}{\triangle x}\right) = -1$

因為 $f'_+(0) \neq f'_-(0)$，故 $f(x)$ 在 $x = 0$ 處不可微分。

3 可微分性與連續性

┌─ 定理 2.2 ─┐

如果函數 $y = f(x)$ 在點 x_0 處可微分，則函數 $y = f(x)$ 在點 x_0 處連續。

 因 $f(x)$ 在 x_0 處可微分，故

$$f'(x_0) = \lim_{\triangle x \to 0} \frac{f(x_0 + \triangle x) - f(x_0)}{\triangle x}$$

命 $x = x_0 + \triangle x$，故 $\triangle x = x - x_0$，當 $\triangle x \to 0$ 時， $x \to x_0$，於是上式可寫為

$$f'(x_0) = \lim_{x \to x_0} \frac{f(x) - f(x_0)}{x - x_0}$$

於是

$$\lim_{x \to x_0} f(x) = \lim_{x \to x_0} \left[\frac{f(x) - f(x_0)}{x - x_0} \cdot (x - x_0) + f(x_0) \right]$$

$$= \lim_{x \to x_0} \frac{f(x) - f(x_0)}{x - x_0} \cdot \lim_{x \to x_0} (x - x_0) + f(x_0)$$

$$= f'(x_0) \cdot 0 + f(x_0) = f(x_0)$$

所以 $y = f(x)$ 在點 x_0 處連續

註 1 此定理之逆定理不成立。即函數在一點連續，在該點不一定可微分。例如函數 $f(x) = |x|$ 在 $x = 0$ 處連續，但由例 7 知它在該點不可微分。

註 2 函數 $y = f(x)$ 在 x_0 點處不連續，則函數在該點處必不可微分。

4 導數的幾何意義

在例 1 中，我們已介紹了曲線的切線，介紹了導數的幾何意義，為了強調幾何意義，再作幾點說明。

先介紹曲線上一點處的切線的定義。

Definition >> 定 義 2.4

設 M_0 是曲線 L 上的一個定點，在曲線 L 上 M_0 附近取一點 M，如果當點 M 沿曲線 L 無限接近於 M_0 時，曲線 L 的割線 $\overline{M_0M}$ 有極限位置 $\overline{M_0T}$，則稱直線 $\overline{M_0T}$ 為曲線 L 在點 M_0 的切線。

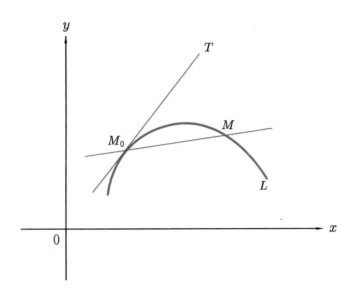

圖 2-1-2

設曲線 $y = f(x)$ 上兩點 $M_0(x_0, y_0)$ 與 $M(x_0 + \triangle x, y_0 + \triangle y)$ 的割線斜率是

$$\frac{\triangle y}{\triangle x} = \frac{f(x_0 + \triangle x) - f(x_0)}{\triangle x}$$

當 $\triangle x \to 0$ 時，點 M 沿著曲線無限趨近於點 M_0。由於 $\frac{\triangle y}{\triangle x}$ 的極限存在，所以割線 $\overline{M_0M}$ 有極限位置 $\overline{M_0T}$，它就是曲線在 M_0 點的切線，割線的斜率的極限就是曲線切線的斜率，即

$$k = \lim_{\triangle x \to 0} \frac{\triangle y}{\triangle x} = \lim_{\triangle x \to 0} \frac{f(x_0 + \triangle x) - f(x_0)}{\triangle x}$$

所以函數 $y = f(x)$ 在點 M_0 的導數 $f'(x_0)$ 的幾何意義是**曲線 $y = f(x)$ 在點 $M_0(x_0, f(x_0))$ 處的切線的斜率**。若 $f'(x_0)$ 存在，則曲線 $y = f(x)$ 在 M_0 處有不

垂直於 x 軸的切線。若函數 $y = f(x)$ 在 M_0 處連續且 $\lim\limits_{x \to 0} \dfrac{\triangle y}{\triangle x} = \infty$ ，則曲線在 M_0 點處有垂直於 x 軸的切線。

Example 8

求曲線 $y = \dfrac{1}{x}$ 在點 $\left(2, \dfrac{1}{2}\right)$ 的切線方程式

$$y'|_{x=2} = \lim_{\triangle x \to 0} \frac{1}{\triangle x} \left[\frac{1}{2 + \triangle x} - \frac{1}{2} \right]$$

$$= \lim_{\triangle x \to 0} \frac{1}{\triangle x} \frac{-\triangle x}{2(2 + \triangle x)}$$

$$= \lim_{\triangle x \to 0} \frac{-1}{2(2 + \triangle x)} = -\frac{1}{4}$$

所以切線方程式為

$$y - \frac{1}{2} = -\frac{1}{4}(x - 2)$$

即　$x + 4y - 4 = 0$

用導數定義求下列函數在給定 x 值之導數（1～5）。

1. $f(x) = 3x^2 + 2x$, $x = 1$

2. $f(x) = 3\sqrt{x} + 1$, $x = 3$

3. $f(x) = \dfrac{1}{x^2}$, $x = 2$

4. $f(x) = \dfrac{1}{x + 3}$, $x = 1$

5. $f(x) = |x + 1|$, $x = -\dfrac{1}{2}$

6. 求下列函數在給定點的左、右導數，並指出在該點的可微性。

　(1) $f(x) = \begin{cases} x & , x \leq 1 \\ 2 - x & , x > 1 \end{cases}$, $x_0 = 1$

　(2) $f(x) = \begin{cases} \sin x & , x \geq 0 \\ x^2 & , x < 0 \end{cases}$, $x_0 = 0$

7. 求下列曲線在給定點的切線方程式

　(1) 求曲線 $y = \dfrac{2}{x} + x$ 在點 $(2, 3)$ 的切線方程式。

　(2) 求曲線 $y = x^2 + 3x - 5$ 在點 $(2, 5)$ 的切線方程式。

2-2 函數的和、積、商的導數

定理 **2.3**

如果函數 $f(x), g(x)$ 在點 x 處有導數，則函數 $y = f(x) \pm g(x)$ 在該點也有導數，並且

$$[f(x) \pm g(x)]' = f'(x) \pm g'(x)$$

換句話說，兩個函數的代數和的導數等於它們的導數的代數和

$$[f(x) + g(x)]' = \lim_{\triangle x \to 0} \frac{[f(x + \triangle x) + g(x + \triangle x)] - [f(x) + g(x)]}{\triangle x}$$

$$= \lim_{\triangle x \to 0} \frac{f(x + \triangle x) - f(x)}{\triangle x} + \lim_{x \to x_0} \frac{g(x + \triangle x) - g(x)}{\triangle x}$$

$$= f'(x) + g'(x)$$

類似地，可以證明 $[f(x) - g(x)]' = f'(x) - g'(x)$

定理 **2.4**

如果函數 $f(x), g(x)$ 在點 x 處有導數，則函數 $y = f(x)g(x)$ 在該點也有導數，並且

$$[f(x)g(x)]' = f'(x)g(x) + f(x)g'(x)$$

$$[f(x)g(x)]'$$

$$= \lim_{\triangle x \to 0} \frac{f(x + \triangle x)g(x + \triangle x) - f(x)g(x)}{\triangle x}$$

$$= \lim_{\triangle x \to 0} \frac{f(x + \triangle x)g(x + \triangle x) - f(x)g(x + \triangle x) + f(x)g(x + \triangle x) - f(x)g(x)}{\triangle x}$$

$$= \lim_{\triangle x \to 0} \left[\frac{f(x + \triangle x) - f(x)}{\triangle x} g(x + \triangle x) \right] + \lim_{\triangle x \to 0} \left[f(x) \frac{g(x + \triangle x) - g(x)}{\triangle x} \right]$$

$$= \lim_{\triangle x \to 0} \frac{f(x + \triangle x) - f(x)}{\triangle x} \lim_{\triangle x \to 0} g(x + \triangle x) + f(x) \lim_{x \to x_0} \frac{g(x + \triangle x) - g(x)}{\triangle x}$$

根據函數 $f(x), g(x)$ 在 x 處有導數，故 $f'(x), g'(x)$ 存在，且 $g(x)$ 在 x 處連續，所以

$$[f(x)g(x)]' = f'(x)g(x) + f(x)g'(x)$$

定理 2.5

如果函數 $f(x), g(x)$ 在點 x 處有導數，且 $g(x)$ 在該點不為零，則函數 $y = \dfrac{f(x)}{g(x)}$ 在點 x 處有導數，並且

$$\left[\frac{f(x)}{g(x)} \right]' = \frac{f'(x)g(x) - f(x)g'(x)}{g^2(x)}$$

$$\left[\frac{f(x)}{g(x)} \right]' = \lim_{\triangle x \to 0} \left[\frac{f(x + \triangle x)}{g(x + \triangle x)} - \frac{f(x)}{g(x)} \right] \frac{1}{\triangle x}$$

$$= \lim_{\triangle x \to 0} \frac{f(x + \triangle x)g(x) - f(x)g(x + \triangle x)}{\triangle x g(x)g(x + \triangle x)}$$

$$= \lim_{\triangle x \to 0} \frac{f(x + \triangle x)g(x) - f(x)g(x) - f(x)g(x + \triangle x) + f(x)g(x)}{\triangle x g(x)g(x + \triangle x)}$$

$$= \lim_{\triangle x \to 0} \left[\frac{f(x + \triangle x) - f(x)}{\triangle x} g(x) - f(x) \frac{g(x + \triangle x) - g(x)}{\triangle x} \right] \cdot$$

$$\frac{1}{g(x)g(x + \triangle x)}$$

根據 $f(x), g(x)$ 的可微性與 $g(x)$ 連續性，故

$$\left[\frac{f(x)}{g(x)} \right]' = \frac{f'(x)g(x) - f(x)g'x)}{g^2(x)}$$

Example 1

(1) 設 $f(x) = c, c$ 是常數，求 $f'(x)$

(2) 設 $f(x) = x^n$，n 是正整數，求 $f'(x)$

(3) 設 $f(x) = ax^n$，a 為常數，n 為正整數，求 $f'(x)$

解

(1) $f'(x) = 0$ （見上節例 5）

(2) $f'(x) = \lim\limits_{\triangle x \to 0} \dfrac{f(x + \triangle x) - f(x)}{\triangle x} = \lim\limits_{\triangle x \to 0} \dfrac{(x + \triangle x)^n - x^n}{\triangle x}$

$$= \lim\limits_{\triangle x \to 0} \dfrac{1}{\triangle x} \left[x^n + nx^{n-1}\triangle x + \dfrac{n(n-1)}{2!}(\triangle x)^2 + \cdots + (\triangle x)^n - x^n \right]$$

$$= \lim\limits_{\triangle x \to 0} \left[nx^{n-1} + \dfrac{n(n-1)}{2!}\triangle x + \cdots + (\triangle x)^{n-1} \right]$$

$$= nx^{n-1}$$

(3) 利用定理 2.4 得

$$f'(x) = (ax^n)' = (a)'x^n + a(x^n)'$$
$$= 0 \cdot x^n + nax^{n-1} = nax^{n-1}$$

根據例 1 的結果與定理 2.4 可得多項式函數的導數公式，此即下述定理。

定理 2.6

設函數 $f(x)$ 為多項式函數

$$f(x) = a_n x^n + a_{n-1} x^{n-1} + \cdots + a_2 x^2 + a_1 x + a_0$$

則 $f(x)$ 的導函數為

$$f'(x) = na_n x^{n-1} + (n-1)a_{n-1}x^{n-2} + \cdots + 2a_2 x + a_1$$

其中 $a_0, a_1, a_2, \cdots, a_n$ 是常數。

Example 2

已知 $f(x) = (3x^2 + 5x + 2)(5x^3 + 3x^2 + 1)$ 求 $f'(x)$

 根據定理 2.4 與定理 2.6 可得

$$
\begin{aligned}
f'(x) &= (3x^2 + 5x + 2)'(5x^3 + 3x^2 + 1) + (3x^2 + 5x + 2)(5x^3 + 3x^2 + 1)' \\
&= (6x + 5)(5x^3 + 3x^2 + 1) + (3x^2 + 5x + 2)(15x^2 + 6x) \\
&= 75x^4 + 136x^3 + 75x^2 + 18x + 5
\end{aligned}
$$

Example 3

已知 $f(x) = \dfrac{4x^3 + 2x + 1}{5x^2 + 1}$ 求 $f'(x)$

 根據定理 2.5 與定理 2.6 可得

$$
\begin{aligned}
f'(x) &= \frac{(4x^3 + 2x + 1)'(5x^2 + 1) - (4x^3 + 2x + 1)(5x^2 + 1)'}{(5x^2 + 1)^2} \\
&= \frac{(12x^2 + 2)(5x^2 + 1) - (4x^3 + 2x + 1) \cdot 10x}{(5x^2 + 1)^2} \\
&= \frac{60x^4 - 40x^4 + 2x^2 - 10x + 2}{(5x^2 + 1)^2} \\
&= \frac{20x^4 + 2x^2 - 10x + 2}{(5x^2 + 1)^2}
\end{aligned}
$$

定理 **2.7**

$(x^{-n})' = -nx^{-n-1}$，其中 n 為正整數

 根據定理 2.5 與定理 2.6 可得

$$
(x^{-n})' = \left(\frac{1}{x^n}\right)' = \frac{0 \cdot x^n - 1 \cdot nx^{n-1}}{(x^n)^2} = -\frac{nx^{n-1}}{x^{2n}} = -nx^{-n-1}
$$

Example 4

已知 $f(x) = 7x^5 - \dfrac{1}{x^3}$，求 $f'(x)$

 $f'(x) = (7x^5)' - (x^{-3})' = 35x^4 + 3x^{-4} = 35x^4 + \dfrac{3}{x^4}$

Example 5

求 $f(x) = 3x^3 + 2x$ 在 $x = 1$ 之切線方程式

 $f'(x) = 9x^2 + 2$ ， $f'(1) = 11$ ， $f(1) = 5$

故切線方程式

$$y - 5 = 11(x - 1)$$

即 $\quad 11x - y - 6 = 0$

求下列各函數之導函數（1～5）

1. $f(x) = 5x^4 - 2x^3 + 5x + 7$

2. $f(x) = 3x^5 - \dfrac{1}{x^4}$

3. $f(x) = (3x^2 + 2x + 1)(4x^3 - \dfrac{1}{2}x^2 + 3x + 2)$

4. $f(x) = \dfrac{x^2 + x + 1}{x^3 + 1}$

5. $f(x) = (x+1)^2(x-1)$

求下列各函數在指定點之切線方程式 (6～7)

6. 求三次拋物線 $y = 3x^3$ 在點 $(2, 24)$ 處的切線。

7. 求拋物線 $y = 3x^2 + 2x - 1$ 在點 $(1, 4)$ 處的切線。

2-3 合成函數之導數方法─連鎖法則

上節介紹多項式函數 $f(x) = 3x^5 + 4x^3 + 2x^2 + 7$ 的導數，現有 $F(x) = [f(x)]^{20} = (3x^5 + 4x^3 + 2x^2 + 7)^{20}$ ，若將該式展開後用多項式導數公式計算導數，不僅計算量大，有時計算幾乎成為不可能。本節將介紹連鎖法則就可解出此類型問題。

先介紹合成函數之概念。

Definition >> 定 義 **2.5**

> 設 y 是 u 的函數 $y = f(u)$，定義域 U，又 u 是 x 的函數 $u = \varphi(x)$，定義域為 X，如果對 X 的某一子集 X^* 中的任一 x，相應的 u 值能使 y 有確定的值，則稱 y 通過 u 是 x 的**合成函數**，u 稱為**中間變量**，記為
>
> $$y = f(u) = f(\varphi(x)) \qquad x \in X^*$$
>
> 這種將一個函數 "代入" 另一個函數的步驟叫做**函數的合成**。

例如 $y = f(u) = u^{20}, u = \varphi(x) = 3x^5 + 4x^3 + 2x^2 + 7$，於是 $y = f(\varphi(x)) = (3x^5 + 4x^3 + 2x^2 + 7)^{20}$

例如 $y = f(u) = 3u^5 + 4u^3 + 2u, u = x + \sin x$ 於是 $y = f(\varphi(x)) = 3(x + \sin x)^5 + 4(x + \sin x)^3 + 2(x + \sin x)$

例如 $y = (x^2 + 4x + 2)^{100}$ 可以看成 $y = u^{100}, u = x^2 + 4x + 2$ 的合成函數

例如 $y = \dfrac{1}{(x^2 + x + 1)^3}$ 可以看成 $y = u^{-3}$ 與 $u = x^2 + x + 1$ 的合成函數。

定理 **2.8**

設函數 $y = f(u)$ 是對 u 之可微函數，$u = \varphi(x)$ 是對 x 之可微函數，且 y 通過 u 是 x 的合成函數，則

$$\frac{dy}{dx} = \frac{dy}{du}\frac{du}{dx}$$

即 $\dfrac{d}{dx}f(\varphi(x)) = f'(\varphi(x)) \cdot \varphi'(x)$

合成函數的中間變量可以不止一個，即有類似公式：$\dfrac{dy}{dx} = \dfrac{dy}{du}\dfrac{du}{dv}\dfrac{dv}{dx}$ 等等。

Example 1

$y = (3x^2 + 5x + 7)^{100}$，求 y'？

 令 $y = u^{100}, u = 3x^2 + 5x + 7$
則

$$y' = \frac{dy}{dx} = \frac{dy}{du}\frac{du}{dx} = 100u^{99} \cdot (6x + 5)$$

$$= 100(3x^2 + 5x + 7)^{99}(6x + 5)$$

具體計算時不一定把中間變量 u 明顯表示出來。本題也可這樣求解。

$$y' = 100(3x^2 + 5x + 7)^{99}\frac{d}{dx}(3x^2 + 5x + 7)$$
$$= 100(3x^2 + 5x + 7)^{99}(6x + 5)$$

Example 2

$y = \dfrac{1}{(3x^4 + 2x^2 + 1)^3}$，求 y'？

$$y' = \frac{d}{dx}[(3x^4 + 2x^2 + 1)^{-3}]$$

$$= -3(3x^4 + 2x^2 + 1)^{-4}\frac{d}{dx}(3x^4 + 2x^2 + 1)$$

$$= -3(3x^4 + 2x^2 + 1)^{-4}(12x^3 + 4x)$$

$$= \frac{-3(12x^3 + 4x)}{(3x^4 + 2x^2 + 1)^4}$$

$$= \frac{-12x(3x^2 + 1)}{(3x^4 + 2x^2 + 1)^4}$$

Example 3

$$y = \frac{3x^2 + x + 4}{(x^3 + 2x^2 + 5)^4} \text{ , 求 } y' \text{ ?}$$

解
$$
\begin{aligned}
y' &= \frac{d}{dx}[(3x^2 + x + 4)(x^3 + 2x^2 + 5)^{-4}] \\
&= \frac{d}{dx}(3x^2 + x + 4) \cdot (x^3 + 2x^2 + 5)^{-4} + (3x^2 + x + 4)\frac{d}{dx}[(x^3 + 2x^2 + 5)^{-4}]] \\
&= (6x + 1) \cdot (x^3 + 2x^2 + 15)^{-4} \\
&\quad + (3x^2 + x + 4)(-4)(x^3 + 2x^2 + 5)^{-5}\frac{d}{dx}(x^3 + 2x^2 + 5) \\
&= \frac{6x + 1}{(x^3 + 2x^2 + 5)^4} - \frac{4(3x^2 + x + 4)}{(x^3 + 2x^2 + 5)^5}(3x^2 + 4x) \\
&= \frac{(6x + 1)(x^3 + 2x^2 + 5) - 4(3x^2 + x + 4)(3x^2 + 4x)}{(x^3 + 2x^2 + 5)^5} \\
&= \frac{-30x^4 - 47x^3 - 62x^2 - 34x + 5}{(x^3 + 2x^2 + 5)^5}
\end{aligned}
$$

Example 4

$$y = \left(\frac{3x - 5}{4x^2 + 5x - 7}\right)^3 \text{ , 求 } y' \text{ ?}$$

解
$$
\begin{aligned}
\frac{dy}{dx} &= 3\left(\frac{3x - 5}{4x^2 + 5x - 7}\right)^2 \frac{d}{dx}\left[\frac{3x - 5}{4x^2 + 5x - 7}\right] \\
&= 3\left(\frac{3x - 5}{4x^2 + 5x - 7}\right)^2 \Big[3(4x^2 + 5x - 7)^{-1} \\
&\quad + (3x - 5)(-1)(4x^2 + 5x - 7)^{-2}(8x + 5)\Big] \\
&= 3\left(\frac{3x - 5}{4x^2 + 5x - 7}\right)^2 \left[\frac{3}{(4x^2 + 5x - 7)} - \frac{(3x - 5)(8x + 5)}{(4x^2 + 5x - 7)^2}\right] \\
&= \frac{-12(3x - 5)^2(3x^2 - 10x - 1)}{(4x^2 + 5x - 7)^4}
\end{aligned}
$$

Example 5

設 $y = 3u + 2u^2, u = 5t^2 - 7t + 1, t = 5x - 1$，求 $\dfrac{dy}{dt}, \dfrac{dy}{dx}$？

解
$$\frac{dy}{dt} = \frac{dy}{du} \cdot \frac{du}{dt} = (3 + 4u)(10t - 7)$$

$$= [3 + 4(5t^2 - 7t + 1)](10t - 7)$$

$$= (20t^2 - 28t + 7)(10t - 7)$$

$$\frac{dy}{dx} = \frac{dy}{du} \cdot \frac{du}{dt} \cdot \frac{dt}{dx} = \frac{dy}{dt} \cdot \frac{dt}{dx}$$

$$= (20t^2 - 28t + 7)(10t - 7) \cdot 5$$

$$= 5[20(5x - 1)^2 - 28(5x - 1) + 7][10(5x - 1) - 7]$$

$$= 25(100x^2 - 68x + 11)(50x - 17)$$

習題 2-3 PRACTICE

求下列各函數之導數（1～12）

1. $y = (3x^2 + 4x + 7)^{100}$

2. $y = \dfrac{1}{(2x^3 + 3x + 1)^2}$

3. $y = \dfrac{3x + 1}{(2x^2 + x + 2)^2}$

4. $y = \left(3x + \dfrac{1}{2x}\right)^4$

5. $y = (x^2 + 7x + 1)^2 (3x^2 + 5x)^3$

6. $y = \left(\dfrac{x + 4}{2x^2 + 5x - 7}\right)^4$

7. $y = \left[\dfrac{1}{x^3} + (5x + 2)^{-3}\right]^3$

8. $y = \left[4x^2 + \left(2x - \dfrac{7}{x}\right)^3\right]^{-4}$

9. $y = [3x^2 + (3x^2 + 2x - 1)^3]^{20}$

10. $y = (3x^2 + 1)(4x - 6)(x^2 - x + 1)$

11. 設 $g(x) = \dfrac{f(x)}{x^2}, f(2) = 3, f'(2) = -5$，求 $g'(2)$？

12. 若 $y = 3x^2 + 5x + 2, x = f(t), f(0) = 7, f'(0) = 1$，求 $\dfrac{dy}{dx}\big|_{t=0}$？

2-4 隱函數的導函數

如果變量 x、y 之間的關係是由二次方程式 $F(x, y) = 0$ 所確定，這樣的函數叫做 **隱函數**。以自變量 x 的算式表示的函數 $y = f(x)$ 叫做 **顯函數**。

例如，在方程式 $5x - 2y + 4 = 0$ 中，對於每一個確定的 x 值，相應地就可以由此方程式確定 y 的值，所以這個方程式確定 y 是 x 的一個隱函數。由此方程式可解出 y；即

$$y = \frac{5x + 4}{2}$$

此式是 y 關於 x 的顯函數。但並不是都能從二元方程式 $F(x, y) = 0$ 來解出 y。例如二元方程式 $7y^8 + 5y^6 - 3y^4 + 9x^4 + 4xy^2 = 0$，它表示 y 與 x 的函數關係，但沒有辦法寫出 y 與 x 的顯函數關係。因此就需要掌握直接由方程式 $F(x, y) = 0$ 求出 $y = f(x)$ 的導數的方法。這個方法就是 **隱函數的微分法**。這只要對方程式 $F(x, y) = 0$ 的兩邊對 x 求導數，就可得到 $\dfrac{dy}{dx}$。以下邊若干例說明之。

Example 1

> 已知 $3x^2 + 4y^2 = 5$，求 $\dfrac{dy}{dx}$？

 方程式兩邊都對 x 求導數，並注意到 y 是 x 的函數，故

$$6x + 8y\frac{dy}{dx} = 0$$

$$8y\frac{dy}{dx} = -6x$$

於是

$$\frac{dy}{dx} = -\frac{3x}{4y}$$

Example 2

> 已知 $x^3 + y^3 - 3axy = 0$，求 $\dfrac{dy}{dx}$？

方程式兩邊都對 x 求導數，並注意到 y 是 x 的函數，故

$$3x^2 + 3y^2\frac{dy}{dx} - 3ay - 3ax\frac{dy}{dx} = 0$$

$$\frac{dy}{dx}(3y^2 - 3ax) = 3ay - 3x^2$$

$$\frac{dy}{dx} = \frac{ay - x^2}{y^2 - ax}$$

註1 答案中 $\frac{dy}{dx}$ 用 x, y 表示，不必把 y 消去全用 x 表示。

註2 一個二次方程式 $F(x, y) = 0$ 僅確定 x、y 之間存在一種關係，既可以把 y 看成是 x 的關係，又可以把 x 看成 y 的關係，因此從方程式 $F(x, y) = 0$ 既可以求 $\frac{dy}{dx}$ 也可以求 $\frac{dx}{dy}$。下面不妨以例 1 為例說明。

Example 3

已知 $3x^2 + 4y^2 = 5$，求 $\frac{dx}{dy}$？

 方程式兩邊都對 y 求導數，並注意到 x 是 y 的函數，故

$$6x\frac{dx}{dy} + 8y = 0$$

$$\frac{dx}{dy} = -\frac{4y}{3x}$$

利用隱函數的微分法可以推廣公式 $\frac{d}{dx}(x^n) = nx^{n-1}$ 與 $\frac{d}{dx}(x^{-n}) = -nx^{-n-1}$（$n$ 為正整數）。這就是下邊的定理 **2.9**。

定理 **2.9**

$$\frac{d}{dx}\left(x^{\frac{q}{p}}\right) = \frac{q}{p}x^{\frac{q}{p}-1}, \ p, q \ \text{為整數}, \ p \neq 0$$

 令 $y = x^{\frac{q}{p}}$，故 $y^p = x^q$

在上方程式兩邊對 x 求導數，故

$$py^{p-1}\frac{dy}{dx} = qx^{q-1}$$

$$\frac{dy}{dx} = \frac{qx^{q-1}}{py^{p-1}} = \frac{qyx^{q-1}}{py^p} = \frac{qyx^{q-1}}{px^q}$$

$$= \frac{q}{p}yx^{-1} = \frac{q}{p}x^{\frac{q}{p}-1}$$

現在我們已得到這樣的結論：設 μ 是有理數，則 $\frac{d}{dx}(x^\mu) = \mu x^{\mu-1}$。實際上，有更一般的結論，**即若 μ 是實數**，也有 $\frac{d}{dx}(x^\mu) = \mu x^{\mu-1}$ （ μ **為實數**），證明從略。

Example 4

已知 $y = 2\sqrt{x} - \frac{1}{x} + \sqrt[4]{x}$，求 y'？

 解 $y' = (2x^{\frac{1}{2}} - x^{-1} + x^{\frac{1}{4}})'$

$$= 2 \cdot \frac{1}{2} \cdot x^{-\frac{1}{2}} - (-1)x^{-2} + \frac{1}{4}x^{-\frac{3}{4}}$$

$$= x^{-\frac{1}{2}} + x^{-2} + \frac{1}{4}x^{-\frac{3}{4}}$$

$$= \frac{1}{\sqrt{x}} + \frac{1}{x^2} + \frac{1}{4\sqrt[4]{x^3}}$$

Example 5

已知 $f(x) = \sqrt{3x^2 + 5x} + \frac{1}{x}$，求 $f'(x)$？

$f'(x) = \dfrac{6x + 5}{2\sqrt{3x^2 + 5x}} - \dfrac{1}{x^2}$

Example 6

已知 $\sqrt{x^2 y} - xy^2 = 4$，求 $\dfrac{dy}{dx}$？

 方程式兩邊對 x 求導數得

$$\sqrt{y} + \frac{x}{2\sqrt{y}}\frac{dy}{dx} - y^2 - 2xy\frac{dy}{dx} = 0$$

$$\left(\frac{x}{2\sqrt{y}} - 2xy\right)\frac{dy}{dx} = y^2 - \sqrt{y}$$

$$\frac{dy}{dx} = \frac{2\sqrt{y}(y^2 - \sqrt{y})}{x - 4xy\sqrt{y}}$$

Example 7

$\dfrac{x}{y} + \dfrac{y}{x} = 1$，求 $\dfrac{dy}{dx}$？

解　因為 $\dfrac{x}{y} + \dfrac{y}{x} = 1$，故

$$x^2 + y^2 = xy$$

兩邊對 x 求導數得

$$2x + 2y\frac{dy}{dx} = y + x\frac{dy}{dx}$$

$$(2y - x)\frac{dy}{dx} = y - 2x$$

$$\therefore \frac{dy}{dx} = \frac{y - 2x}{2y - x}$$

應用隱函數微分法求下列各題之 $\dfrac{dy}{dx}$

1. $x + 2y - 2\sqrt{xy} = 0$

2. $\dfrac{x^2}{a^2} + \dfrac{y^2}{b^2} = 1$

3. $y^3 + 3y + 2ax = 0$

4. $x^{\frac{2}{3}} + y^{\frac{2}{3}} = 1$

5. $\dfrac{y^3}{x^4} - \dfrac{x^4}{y^3} = 1$

6. $7x - \sqrt{3xy} + x^2y^2 = y^3$

7. $(x^2 + y^2)^2 - (x^2 - y^2)^2 = x^5 - y^4$

8. $\sqrt{xy} + \sqrt{\dfrac{x}{y}} = y$

9. $y^2 - 2xy + b^2 = 0$

10. $x^3 + y^3 - 3axy = 0$

2-5 函數的微分

1 微分概念

設函數 $y = f(x)$，當自變量 x 的增量 $\triangle x$ 趨於零時，對應的函數的增量

$$\triangle y = f(x + \triangle x) - f(x)$$

也趨於零。但是在一般情況下，增量 $\triangle y$ 是 $\triangle x$ 的十分複雜的函數。例如 $y = \sqrt{x}$，則 $\triangle y = \sqrt{x + \triangle x} - \sqrt{x}$。例如 $y = x^3$，則 $\triangle y = (x+\triangle x)^3 - x^3 = 3x^2 \cdot \triangle x + 3x(\triangle x)^2 + (\triangle x)^3$。

現在的問題是要用 $\triangle x$ 的一個線性函數 $A \cdot \triangle x$ 來近似代替 $\triangle y$。這個 A 是什麼？

如果函數 $y = f(x)$ 在點 x 有導數，即有

$$f'(x) = \frac{dy}{dx} = \lim_{\triangle x \to 0} \frac{\triangle y}{\triangle x} = \lim_{\triangle x \to 0} \frac{f(x + \triangle x) - f(x)}{\triangle x}$$

這意味著：$f(x)$ 的導數 $f'(x)$ 是當自變量增量 $\triangle x \to 0$ 時，函數值的增量 $\triangle y$ 與自變量的增量 $\triangle x$ 之比的極限。因此，當 $\triangle x$ 較小時，$\frac{\triangle y}{\triangle x} \approx \frac{dy}{dx} = f'(x)$ 或 $\triangle y \approx f'(x)\triangle x$，於是我們有下邊定義。

Definition >> 定 義 **2.6**

若 $y = f(x)$ 為一可微分函數，則 $y = f(x)$ 在 x 的微分為

$$dy = f'(x)\triangle x$$

Example 1

求函數 $y = x^3$ 在 $x = 1, \triangle x = 0.1$ 時的增量及微分。

解 $\triangle y = (1.1)^3 - 1^3 = 0.331$

$dy = 3 \cdot 1^2 \cdot 0.1 = 0.3$

微分的幾何意義：在 $y = f(x)$ 的圖形上（見圖 2-5-1），取點 $P(x, y)$ 及它鄰近的點 $P_1(x + \triangle x, y + \triangle y)$，$\overline{PM}, \overline{P_1M_1}$ 都平行於 y 軸，過 P 作平行於 x 軸的直線與 $\overline{P_1M_1}$ 交於 Q。過 P 點的切線交 $\overline{P_1M_1}$ 於 T 點。於是

$$\overline{PQ} = \triangle x \quad , \quad \overline{P_1Q} = \triangle y \quad , \quad \overline{TQ} = f'(x)\triangle x = dy$$

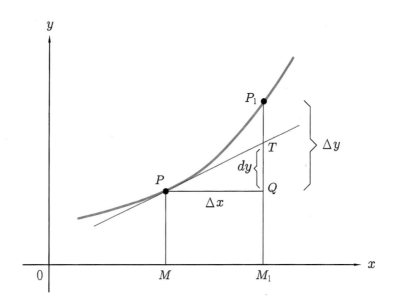

圖 2-5-1

因此，當 $\triangle y$ 是曲線的縱坐標的增量時，dy 就是切線的縱坐標的對應增量，$\triangle y$ 與 dy 之差是圖形上 $\overline{P_1T}$ 之長，一般地，它是隨著 $\triangle x$ 愈小而愈小，而且要比 $\triangle x$ 減小得快些。

註 我們把 x 的微分認為就是函數 $y = x$ 的微分，則

$$dx = dy = (x)'\triangle x = 1 \cdot \triangle x = \triangle x$$

因此，一般地 $y = f(x)$ 的微分可以寫為

$$dy = f'(x)dx$$

於是，導數 y' 可以看作 dy 與 dx 之商：

$$y' = \frac{dy}{dx}$$

Example 2

求下列各函數 y 的微分 dy？

(1) $y = 3x^4 + 2x^2 + 5x + 1$

(2) $y = (x^2 + 1)(x^3 + 2x + 7)$

(3) $y = \dfrac{x^2 - 5}{x + 1}$

(4) $y = \sqrt{x} + \dfrac{1}{x^2}$

(1) $dy = (12x^3 + 4x + 5)dx$

(2) $dy = d(x^2 + 1) \cdot (x^3 + 2x + 7) + (x^2 + 1) \cdot d(x^3 + 2x + 7)$

$\quad = 2x(x^3 + 2x + 7)dx + (x^2 + 1)(3x^2 + 2)dx$

$\quad = (5x^4 + 9x^2 + 14x + 2)dx$

(3) $dy = \dfrac{2x(x + 1)dx - (x^2 - 5)dx}{(x + 1)^2}$

$\quad = \dfrac{(x^2 + 2x + 5)dx}{(x + 1)^2}$

(4) $dy = \dfrac{dx}{2\sqrt{x}} - \dfrac{2}{x^3}dx$

$\quad = \left(\dfrac{1}{2\sqrt{x}} - \dfrac{2}{x^3} \right) dx$

2 微分在近似計算中應用

由於　　$\triangle y \approx dy = f'(x)dx$

即　　　$f(x + \triangle x) \approx f(x) + f'(x)dx$

利用該公式可作近似計算。

Example 3

求 $\sqrt[3]{1.02}$ 的近似值。

解 設 $f(x) = \sqrt[3]{x}$，取 $x_0 = 1$，$\triangle x = 0.02$

則 $\sqrt[3]{1.02} = f(1.02) \approx f(1) + f'(1)\triangle x$

現在 $f(1) = 1$，$f'(1)\triangle x = \dfrac{0.02}{3\sqrt[3]{1^2}} = \dfrac{1}{150}$

故 $\sqrt[3]{1.02} \approx 1 + \dfrac{1}{150} = \dfrac{151}{150}$

Example 4

求 $\sqrt[3]{63}$ 的近似值。

解 設 $f(x) = \sqrt[3]{x}$，取 $x_0 = 64$，$\triangle x = -1$

則 $\sqrt[3]{63} = f(63) \approx f(64) + f'(64)\triangle x$

現在 $f(64) = \sqrt[3]{64} = 4$ ， $f'(64) \cdot \triangle x = \dfrac{-1}{3\sqrt[3]{(64)^2}} = -\dfrac{1}{48}$

於是 $\sqrt[3]{63} \approx \sqrt[3]{64} - \dfrac{1}{48} = 4 - \dfrac{1}{48} = \dfrac{191}{48}$

Example 5

半徑為 100 厘米的金屬圓片加熱後，半徑伸長了 0.5 厘米，問面積約增大了多少？

解 以 S 與 r 分別表示圓片的面積及半徑，則

$$S = \pi r^2$$

現在 $r = 100$ 厘米，$\triangle r = 0.5$ 厘米，求面積 S 的對應的增量，即

$$\triangle S \approx ds = \frac{ds}{dr} \cdot \triangle r = 2\pi r \cdot \triangle r$$

$$= 2\pi \times 100 \times 0.5 = 100\pi$$

求下列各函數的微分（1～5）

1. $y = \dfrac{1}{0.2x^4}$

2. $y = \dfrac{\sqrt[3]{x}}{0.8}$

3. $y = (x^3 + 5x^2 + 1)(x^2 - \sqrt{x})$

4. $y = (1 + x - x^2)^3$

5. $y = \dfrac{x^3 - 1}{x^3 + 1}$

試求下列各近似值（6～8）

6. $\sqrt[3]{1001}$

7. $\sqrt{120}$

8. $\dfrac{1}{(5.1)^4}$

2-6 三角函數的導函數

我們將先推出 $\sin x$ 與 $\cos x$ 的導函數,然後根據和、積、商的導數公式可得其餘三角函數的導數。

設 $y = \sin x$ 則

$$\triangle y = \sin(x + \triangle x) - \sin x$$

$$= \sin x \cos \triangle x + \cos x \sin \triangle x - \sin x$$

$$= \sin x (\cos \triangle x - 1) + \cos x \cdot \sin \triangle x$$

$$\lim_{\triangle x \to 0} \frac{\triangle y}{\triangle x} = \lim_{\triangle x \to 0} \left[\sin x \cdot \frac{\cos \triangle x - 1}{\triangle x} + \cos x \cdot \frac{\sin \triangle x}{\triangle} \right]$$

$$= \sin x \cdot \lim_{\triangle x \to 0} \frac{\cos \triangle x - 1}{\triangle x} + \cos x \lim_{\triangle x \to 0} \frac{\sin \triangle x}{\triangle x}$$

由於

$$\lim_{\triangle x \to 0} \frac{\cos \triangle x - 1}{\triangle x} = 0 \qquad (\text{1-5 節定理 1.22})$$

$$\lim_{\triangle x \to 0} \frac{\sin \triangle x}{\triangle x} = 1 \qquad (\text{1-5 節定理 1.21})$$

於是

$$\frac{d}{dx} \sin x = \cos x$$

若 $y = \cos x$ 則

$$\triangle y = \cos(x + \triangle x) - \cos x$$

$$= \cos x \cos \triangle x - \sin x \sin \triangle x - \cos x$$

$$= \cos x (\cos \triangle x - 1) - \sin x \sin \triangle x$$

$$\therefore \frac{d}{dx}(\cos x) = \lim_{\triangle x \to 0} \frac{\triangle y}{\triangle x} = \lim_{\triangle x \to 0} \left[\cos x \frac{\cos \triangle x - 1}{\triangle x} - \sin x \frac{\sin \triangle x}{\triangle x} \right]$$

$$= \cos x \lim_{\triangle x \to 0} \frac{\cos \triangle x - 1}{\triangle x} - \sin x \lim_{\triangle x \to 0} \frac{\sin \triangle x}{\triangle x}$$

$$= \cos x \cdot 0 - \sin x = -\sin x$$

求出 $\sin x$ 與 $\cos x$ 的導函數以後，其它三角函數的導函數不難求得，因此現有

定理 2.10

$$\frac{d}{dx}(\sin x) = \cos x \ ; \ \frac{d}{dx}(\cos x) = -\sin x$$

$$\frac{d}{dx}(\tan x) = \frac{1}{\cos^2 x} = \sec^2 x \ ; \ \frac{d}{dx}(\cot x) = -\frac{1}{\sin^2 x} = -\csc^2 x$$

$$\frac{d}{dx}(\sec x) = secx \cdot \tan x \ ; \ \frac{d}{dx}(\csc x) = -\csc x \cdot \cot x$$

Example 1

求下列函數的導函數

(1) $y = x \tan x - \cot x$

(2) $y = \dfrac{x}{1 - \cos x}$

(3) $y = \sqrt{1 + \cos^2(x^2)}$

(4) $y = x \sec^2 x - \tan x$

(5) $y = \cos^2 \left(\dfrac{1 - \sqrt{x}}{1 + \sqrt{x}} \right)$

解 (1) $y' = \tan x + x \sec^2 x + \csc^2 x$

(2) $y' = \dfrac{1 - \cos x - x \sin x}{(1 - \cos x)^2}$

(3) $y' = \dfrac{2 \cos(x^2)(-\sin(x^2)) \cdot 2x}{2\sqrt{1 + \cos^2(x^2)}} = \dfrac{-2x \cos(x^2) \sin(x^2)}{\sqrt{1 + \cos^2(x^2)}}$

$\qquad = \dfrac{-x \sin(2x^2)}{\sqrt{1 + \cos^2(x^2)}}$

(4) $y' = \sec^2 x + 2x \sec x \cdot \sec x \tan x - \sec^2 x$

$\qquad = 2x \sec^2 x \cdot \tan x$

(5)

$$y' = 2\cos\left(\frac{1-\sqrt{x}}{1+\sqrt{x}}\right)\left[-\sin\left(\frac{1-\sqrt{x}}{1+\sqrt{x}}\right)\right]\frac{-\dfrac{1}{2\sqrt{x}}(1+\sqrt{x})-(1-\sqrt{x})\dfrac{1}{2\sqrt{x}}}{(1+\sqrt{x})^2}$$

$$= 2\cos\left(\frac{1-\sqrt{x}}{1+\sqrt{x}}\right)\sin\left(\frac{1-\sqrt{x}}{1+\sqrt{x}}\right)\frac{(1+\sqrt{x})+(1-\sqrt{x})}{2\sqrt{x}(1+\sqrt{x})^2}$$

$$= \frac{1}{\sqrt{x}(1+\sqrt{x})^2}\sin\left[\frac{2(1-\sqrt{x})}{1+\sqrt{x}}\right]$$

Example 2

以隱函數微分法求下列各題的 $\dfrac{dy}{dx}$

(1) $x = \cos(xy)$

(2) $x\sin 2y = y\cos 2x$

 (1) 在方程式兩邊對 x 求導數得

$$1 = -\sin(xy) \cdot \left(y + x\frac{dy}{dx}\right)$$

$$x\sin(xy) \cdot \frac{dy}{dx} = -1 - y\sin(xy)$$

故

$$\frac{dy}{dx} = -\frac{1 + y\sin(xy)}{x\sin(xy)}$$

(2) 在方程式兩邊對 x 求導數得

$$\sin 2y + x\cos 2y \cdot \left(2\frac{dy}{dx}\right) = \frac{dy}{dx}\cos 2x - y\sin 2x \cdot 2$$

$$(2x\cos 2y - \cos 2x)\frac{dy}{dx} = -\sin 2y - 2y\sin 2x$$

$$\frac{dy}{dx} = \frac{\sin 2y + 2y\sin 2x}{\cos 2x - 2x\cos 2y}$$

Example 3

求曲線 $y = \sqrt{4x + \sin^4 x}$ 在 $\left(\dfrac{\pi}{4}, \sqrt{\pi + \dfrac{1}{4}} \right)$ 點之切線方程式。

 解

$$y' = \frac{4 + 4\sin^3 x \cos x}{2\sqrt{4x + \sin^4 x}} = \frac{2(1 + \sin^3 x \cos x)}{\sqrt{4x + \sin^4 x}}$$

當 $x = \dfrac{\pi}{4}$ 時，$y' = \dfrac{5}{2\sqrt{\pi + \dfrac{1}{4}}} = \dfrac{5}{\sqrt{4\pi + 1}}$

故在 $\left(\dfrac{\pi}{4}, \sqrt{\pi + \dfrac{1}{4}} \right)$ 處的切線方程式為

$$y - \sqrt{\pi + \frac{1}{4}} = \frac{5}{\sqrt{4\pi + 1}} \left(x - \frac{\pi}{4} \right)$$

即 $5x - \sqrt{4\pi + 1}\, y + \dfrac{3}{4}\pi + \dfrac{1}{2} = 0$

求下列各函數的導函數（1～25）

1. $y = 3\sin(3x^2 + 5)$

2. $y = 5\tan\dfrac{x}{5} + \tan\dfrac{\pi}{8}$

3. $y = x\sin x + \cos x$

4. $y = 2\sin x + x^2\tan x$

5. $y = \dfrac{\sin x}{1 + \cos x}$

6. $y = \dfrac{\cos x}{1 + \cot x}$

7. $y = \dfrac{1 - \sin x}{1 + \sin x}$

8. $y = \dfrac{2x}{1 + \tan x}$

9. $y = \dfrac{\sin^2 x}{\sin x^2}$

10. $y = \sin^2(2x^2 - x)$

11. $y = \dfrac{\sin x + \cos x}{\sin x - \cos x}$

12. $y = \dfrac{\sin x \sec x}{1 + x\tan x}$

13. $y = \left(\sin\dfrac{1}{x}\right)^3$

14. $y = (\cos x^3)^{-\frac{1}{2}}$

15. $y = \dfrac{\sin x}{x} + \dfrac{x}{\sin x}$

16. $y = (1 + \sin^2 x)^4$

17. $y = \sin \sqrt{1 + x^2}$

18. $y = \sqrt{\tan \dfrac{x}{2}}$

19. $y = \sin^2 \dfrac{x}{3} \cot \dfrac{x}{2}$

20. $y = \tan x - \dfrac{1}{3} \tan^3 x + \dfrac{1}{5} \tan^5 x$

21. $y = \dfrac{1 + \sin^2 x}{\cos(x^2)}$

22. $y = \sqrt{1 + \cos^2(x^2)}$

23. $y = \dfrac{1}{\cos(x - \cos x)}$

24. $y = \sin^2(x^3)$

25. $y = \sin^2 x \sin(x^2)$

以隱函數微分法求下列各題的 $\dfrac{dy}{dx}$（26～33）

26. $y^2 \cos x = a^2 \sin 3x$

27. $y \sin x - \cos(x - y) = 0$

28. $x = \sin(x^2 + y^2)$

29. $\cos x + \sin x \cdot \cos(xy) = y^2 \sin x$

30. $\cos(x - y) = y \sin x$

31. $\sqrt{1 + \sin^3(xy^2)} = y$

32. $\cos(xy) = x$

33. $\sin(xy) + \cos(xy) = 0$

2-7 反三角函數的導函數

1 反函數

設函數 $y = f(x)$ 的定義域為 $\mathscr{X}$，函數值域為 $\mathscr{Y}$，即對於 $\mathscr{X}$ 中每一個自變量 x_0，相應地在值域 $\mathscr{Y}$ 中有一個值 y_0 與之對應，且 $y_0 = f(x_0)$。這時有兩種情況：

(1) 對於 $\mathscr{X}$ 中某兩個元素 x_1, x_2，雖然 $x_1 \neq x_2$，但是 $f(x_1) = f(x_2)$。例如函數 $y = x^2$，若取 $x_1 = -1, x_2 = 1$，雖然 $x_1 \neq x_2$，但是 $f(x_1) = f(x_2) = 1$。

(2) 對於 $\mathscr{X}$ 中任意兩個元素 x_1, x_2，當 $x_1 \neq x_2$ 時，恒有 $f(x_1) \neq f(x_2)$。例如函數 $f(x) = x^3$，只要 $f(x_1) = f(x_2)$，必有 $x_1 = x_2$。

這是兩種具有不同性質的函數，對於具有情況(2)的函數 $y = f(x)$，稱為在定義域 $\mathscr{X}$ 中的**一對一函數**，記作 1-1 函數。

一個函數是否是 1-1 函數，還依賴於定義域。例如，$f(x) = x^2$，若定義域是 $(-\infty, \infty)$，它不是 1-1 函數。若定義域是 $(0, \infty)$，它是 1-1 函數。

當函數 $y = f(x)$ 是 1-1 函數，在它的值域 $\mathscr{Y}$ 中任何一個值 y_0 都僅有一個 x_0 與之對應。因此我們可以把值域 $\mathscr{Y}$ 視作定義域，定義域 $\mathscr{X}$ 視作值域，來定義一個與 $y = f(x)$ 有互逆關係的函數，即函數 $y = f(x)$ 的反函數。

Definition >> 定 義 2.7

設 $y = f(x)$ 的定義域是 X，值域是 Y，即

$$f : X \to Y$$
$$x \mapsto y = f(x)$$

且 f 對於 X 是 1-1 的，則定義一函數

$$g : Y \to X$$
$$f(x) \mapsto x$$

即 $g(f(x)) = x$

稱 f 為**直接函數**，g 為 f 的**反函數**，並記之為 $g = f^{-1}$。亦稱 f 為**可逆函數**

顯然，若 $y = f(x)$ 是可逆函數，且 $g = f^{-1}$，這時也必有 g 是可逆函數，且 $g^{-1} = f$，故

$$f(g(y)) = y$$

由於我們習慣上自變量常以 x 表示，故 f 的反函數應寫為 $g(x) = f^{-1}(x)$ 且

$$f(f^{-1}(x)) = x \ , \ f^{-1}(f(x)) = x$$

例如，設 $f(x) = ax + b(a \neq 0)$，不難驗證，它是一個 1-1 函數，因此它是可逆函數。現求它的反函數，由 $y = f(x) = ax + b$，把 y 視作自變量，x 視作函數值，解之得 $x = \dfrac{y - b}{a}$，所以 $y = f(x) = ax + b$ 的反函數是

$$y = g(x) = f^{-1}(x) = \frac{x - b}{a}$$

現在來驗證 $f(f^{-1}(x)) = x$ 與 $f^{-1}(f(x)) = x$。

事實上，

$$f(f^{-1}(x)) = a(f^{-1}(x)) + b = a\left(\frac{x - b}{a}\right) + b = x$$

$$f^{-1}(f(x)) = \frac{f(x) - b}{a} = \frac{ax + b - b}{a} = x$$

2 反函數的導函數

設函數 $y = f(x)$ 的反函數為 $y = f^{-1}(x)$，故

$$f(y) = f(f^{-1}(x)) = x$$

在此方程式兩邊對 x 求導數，並注意 y 是 x 的函數，用隱函數微分法得

$$f'(y)\frac{dy}{dx} = 1$$

故

$$\frac{dy}{dx} = \frac{1}{f'(y)} = \frac{1}{f'(f^{-1}(x))} = \frac{1}{\dfrac{dx}{dy}}$$

註 若函數 $y = f(x)$ 在定義域 $\mathscr{X}$ 內是可微函數，則必有 $f'(x) \neq 0$

3 反三角函數的導函數

若三角函數的定義域是 $(-\infty, \infty)$，它們是周期函數，不是可逆函數。但是適當限制定義域，它們就是可逆函數。

若 $y = \sin x$ 的定義域是 $\left[-\dfrac{\pi}{2}, \dfrac{\pi}{2}\right]$，就是可逆函數，值域為 $[-1, 1]$。所以它的反函數 $y = \sin^{-1} x$ 的定義域為 $[-1, 1]$，值域為 $\left[-\dfrac{\pi}{2}, \dfrac{\pi}{2}\right]$。現在來求 $y = \sin^{-1} x$ 的導函數。

設 $y = \sin^{-1} x$，則 $\sin y = x$，對此式兩邊對 x 求導數，用隱函數微分法得

$$\cos y \cdot \frac{dy}{dx} = 1, \quad \frac{dy}{dx} = \frac{1}{\cos y}$$

由於 $y \in \left[-\frac{\pi}{2}, \frac{\pi}{2}\right]$，所以 $\cos y > 0$，於是 $\cos y = \sqrt{1 - \sin^2 y}$

$$\frac{dy}{dx} = \frac{1}{\sqrt{1 - \sin^2 y}} = \frac{1}{\sqrt{1 - [\sin(\sin^{-1} x)]^2}} = \frac{1}{\sqrt{1 - x^2}}$$

此即

$$\frac{d}{dx}(\sin^{-1} x) = \frac{1}{\sqrt{1 - x^2}}$$

利用類似方法可得 $\cos^{-1} x, \tan^{-1} x, \cot^{-1} x, \sec^{-1} x, \csc^{-1} x$ 的定義域以及導函數，此即下述定理 2.11。

定理 **2.11**

$$\frac{d}{dx}(\sin^{-1} x) = \frac{1}{\sqrt{1 - x^2}} \quad , \quad \frac{d}{dx}(\cos^{-1} x) = \frac{-1}{\sqrt{1 - x^2}}$$

$$\frac{d}{dx}(\tan^{-1} x) = \frac{1}{1 + x^2} \quad , \quad \frac{d}{dx}(\cot^{-1} x) = \frac{-1}{1 + x^2}$$

$$\frac{d}{dx}(\sec^{-1} x) = \frac{1}{|x|\sqrt{x^2 - 1}} \quad , \quad \frac{d}{dx}(\csc^{-1} x) = \frac{-1}{|x|\sqrt{x^2 - 1}}$$

為了幫助讀者把三角函數及反三角函數的定義域對比清楚，現一一列下。

$$y = \sin x \ , \ x \in \left[-\frac{\pi}{2}, \frac{\pi}{2}\right] \ ; \ y = \sin^{-1} x \ , \ x \in [-1, 1]$$

$$y = \cos x \ , \ x \in [0, \pi] \ ; \ y = \cos^{-1} x, x \in [-1, 1]$$

$$y = \tan x \ , \ x \in \left(-\frac{\pi}{2}, \frac{\pi}{2}\right) \ ; \ y = \tan^{-1} x \ , \ x \in (-\infty, \infty)$$

$$y = \cot x \ , \ x \in (0, \pi) \ ; \ y = \cot^{-1} x \ , \ x \in (-\infty, \infty)$$

$$y = \sec x \ , \ x \in \left[-\frac{3\pi}{2}, -\frac{\pi}{2}\right) \cup \left[-\frac{\pi}{2}, \frac{\pi}{2}\right) \cup \left(\frac{\pi}{2}, \frac{3\pi}{2}\right)$$

$$y = \sec^{-1} x \ , \ x \in (-\infty, -1] \cup [1, \infty)$$

$$y = \csc x \ , \ x \in (-\pi, 0) \cup (0, \pi]$$

$$y = \csc^{-1} x \ , \ x \in (-\infty, -1) \cup [1, \infty)$$

Example 1

求 y'

(1) $y = \cos^{-1}(x^4)$

(2) $y = \sec^{-1}(x^2)$

(3) $y = x^3 (\sin^{-1} x)^4$

(4) $y = \dfrac{1}{\cot^{-1} x}$

(5) $y = \dfrac{x^2 \sin^{-1} x}{\tan^{-1} x}$

(6) $y = x \sin^{-1} x + \sqrt{1 - x^2}$

解

(1) $y' = \dfrac{-1}{\sqrt{1 - (x^4)^2}} \cdot 4x^3 = \dfrac{-4x^3}{\sqrt{1 - x^8}}$

(2) $y' = \dfrac{1}{x^2 \sqrt{(x^2)^2 - 1}} \cdot 2x = \dfrac{2}{x\sqrt{x^4 - 1}}$

(3) $y' = 3x^2 (\sin^{-1} x)^4 + x^3 \cdot 4(\sin^{-1} x)^3 \cdot \dfrac{1}{\sqrt{1 - x^2}}$

$$= x^2 (\sin^{-1} x)^3 \left[3 \sin^{-1} x + \dfrac{x}{\sqrt{1 - x^2}}\right]$$

(4) $y' = \dfrac{-1}{(\cot^{-1} x)^2} \cdot \dfrac{-1}{1 + x^2} = \dfrac{1}{(1 + x^2)(\cot^{-1} x)^2}$

(5) $y' = \dfrac{1}{(\tan^{-1} x)^2} \left[\left(2x\sin^{-1} x + x^2 \cdot \dfrac{1}{\sqrt{1-x^2}} \right) \tan^{-1} x - x^2 \sin^{-1} x \cdot \dfrac{1}{1+x^2} \right]$

$\qquad = \dfrac{1}{(\tan^{-1} x)^2} \left[\left(2x\sin^{-1} x + \dfrac{x^2}{\sqrt{1-x^2}} \right) \tan^{-1} x - \dfrac{x^2 \sin^{-1} x}{1+x^2} \right]$

(6) $y' = \sin^{-1} x + \dfrac{x}{\sqrt{1-x^2}} + \dfrac{-2x}{2\sqrt{1-x^2}}$

$\qquad = \sin^{-1} x + \dfrac{x}{\sqrt{1-x^2}} - \dfrac{x}{\sqrt{1-x^2}}$

$\qquad = \sin^{-1} x$

Example 2

求下列隱函數的導函數 $\dfrac{dy}{dx}$

(1) $xy = \tan^{-1} \dfrac{x}{y}$

(2) $[\sin^{-1}(xy)]^2 = x + y$

 解 (1) $xy = \tan^{-1} \dfrac{x}{y}$

上式兩邊對 x 求導函數得

$$y + x\dfrac{dy}{dx} = \dfrac{1}{1 + (\dfrac{x}{y})^2} \cdot \dfrac{y - x\dfrac{dy}{dx}}{y^2}$$

$$y + x\dfrac{dy}{dx} = \dfrac{1}{x^2 + y^2} \left(y - x\dfrac{dy}{dx} \right)$$

$$\left(x + \dfrac{x}{x^2 + y^2} \right) \dfrac{dy}{dx} = \dfrac{y}{x^2 + y^2} - y$$

$$\dfrac{dy}{dx} = \dfrac{y(1 - x^2 - y^2)}{x(1 + x^2 + y^2)}$$

(2) $[\sin^{-1}(xy)]^2 = x + y$

上式兩邊對 x 求導函數得

$$2 \sin^{-1}(xy) \frac{1}{\sqrt{1 - x^2 y^2}} \left(y + x \frac{dy}{dx} \right) = 1 + \frac{dy}{dx}$$

$$\frac{2x \sin^{-1}(xy) - \sqrt{1 - x^2 y^2}}{\sqrt{1 - x^2 y^2}} \frac{dy}{dx} = 1 - \frac{2y \sin^{-1}(xy)}{\sqrt{1 - x^2 y^2}}$$

$$\frac{dy}{dx} = \frac{\sqrt{1 - x^2 y^2} - 2y \sin^{-1}(xy)}{2x \sin^{-1}(xy) - \sqrt{1 - x^2 y^2}}$$

求下列列函數導函數

1. $y = \cot^{-1} x^2$

2. $y = \sin^{-1} \dfrac{2}{x}$

3. $y = \tan^{-1}(1 - x^2)$

4. $y = \sin^{-1} \sqrt{1 - 3x}$

5. $y = \tan^{-1} \sqrt{x^3 - 2x}$

6. $y = (\cos^{-1} x)^2$

7. $y = x \sin^{-1} x + \sqrt{1 - x^2}$

8. $y = \dfrac{\cos^{-1} x}{x}$

9. $y = \dfrac{1}{\cos^{-1} x}$

10. $y = \sqrt{x} \cot^{-1} x$

11. $y = \dfrac{x^2}{\cot^{-1} x}$

12. $y = \dfrac{\cos^{-1} x}{\sqrt{1 - x^2}}$

13. $y = x \cos x \cdot \tan^{-1} x$

14. $y = \cot^{-1} \dfrac{x + 1}{x - 1}$

15. $y = \dfrac{\sin^{-1} x}{\sqrt{1 - x^2}}$

16. $y = \sqrt{4x - x^2} + 4 \sin^{-1} \dfrac{\sqrt{x}}{2}$

17. $y = \cos^{-1} \sqrt{\dfrac{1 - x}{1 + x}}$

18. $y = \left(\cos^{-1} \dfrac{x}{2} \right)^2$

19. $y = \dfrac{\cos^{-1} x}{\sin^{-1} x}$

20. $y = \csc^{-1} \sqrt{x^2 + 1}$

21. $y = \sec^{-1} \sqrt{x - 1}$

22. $y = \csc^{-1}(\cot x)$

23. $y = \cos(\sin^{-1} x)$

24. $y = \sin(\cos^{-1} x)$

25. $y = \tan(\cot^{-1} x)$

26. $y = \csc^{-1}(\tan x)$

2-8 高階導函數

函數 $y = f(x)$ 的導函數 $y' = f'(x)$ 仍然是一個函數,如果函數 $y' = f'(x)$ 的導函數存在,這個導函數稱之為原來函數 $y = f(x)$ 的二階導函數,記作

$$y'', f''(x), \frac{d^2y}{dx^2} \text{ 或 } \frac{d^2f}{dx^2}$$

此即

$$f''(x) = \lim_{\triangle x \to 0} \frac{f'(x + \triangle x) - f'(x)}{\triangle x} = \frac{df'(x)}{dx}$$

原點在直線上運動方程式為 $S = S(t)$,則它的一階導函數是質點運動的速度 $v = \dfrac{dS}{dt}$,二階導函數是質點運動的加速度, $a = \dfrac{dv}{dt} = \dfrac{d^2S}{dt^2}$。

類似地,可以求出三階導函數 y''' $\left(\text{或 } f'''(x), \dfrac{d^3y}{dx^3}, \dfrac{d^3f}{dx^3}\right)$,四階導函數 $y^{(4)}$ $\left(\text{或 } f^{(4)}(x), \dfrac{d^4y}{dx^4}, \dfrac{d^4f}{dx^4}\right)\cdots$。

二階及二階以上的導函數統稱為**高階導函數**。

Example 1

求 $y = x^n$ 的各階導函數(n 為正整數)

解
$$y' = nx^{n-1}$$

$$y'' = n(n-1)x^{n-2}$$

$$y''' = n(n-1)(n-2)x^{x-3}$$

$$\cdots\cdots\cdots\cdots$$

$$y^{(n)} = n(n-1)\cdots\cdots 2 \cdot 1 = n!$$

$$y^{(n+1)} = 0$$

Example 2

若 $f(x) = 3x^4 + 2x^3 + 7x^2 + 5x + 2$，

求 $f'(x), f''(x), f'''(x), f^{(4)}(x), f^{(5)}(x)$

 $f'(x) = 12x^3 + 6x^2 + 14x + 5$

$f''(x) = 36x^2 + 12x + 14$

$f'''(x) = 72x + 12$

$f^{(4)}(x) = 72$

$f^{(5)}(x) = 0$

Example 3

若 $f(x) = \dfrac{1}{x^3}$，求 $f'(x), f''(x), \cdots, f^{(n)}(x)$

 $f(x) = \dfrac{1}{x^3} = x^{-3}$

$f'(x) = (-3)x^{-4}$

$f''(x) = (-3)(-4)x^{-5}$

$\cdots\cdots\cdots\cdots$

$f^{(n)} = (-3)(-4)(-5)\cdots(-2-n)x^{-3-n}$

Example 4

若 $f(x) = \sin x$，求 $f'(x), f''(x), \cdots, f^{(n)}(x)$

 $f(x) = \sin x$

$f'(x) = \cos x = \sin\left(x + \dfrac{\pi}{2}\right) = \cos x$

$$f''(x) = -\sin x = \sin\left(x + 2 \cdot \frac{\pi}{2}\right) = -\sin x$$

$$f'''(x) = -\cos x = \sin\left(x + 3 \cdot \frac{\pi}{2}\right) = -\cos x$$

$$f^{(4)}(x) = \sin x = \sin\left(x + 4 \cdot \frac{\pi}{2}\right) = \sin x$$

$$f^{(5)}(x) = \cos x = \sin\left(x + 5 \cdot \frac{\pi}{2}\right) = \cos x$$

. . . .

$$f^{(n)}(x) = \sin\left(x + n \cdot \frac{\pi}{2}\right)$$

Example 5

若 $y = x\cos x$，求 y'', y''' ?

 $y' = \cos x - x\sin x$

$y'' = -\sin x - \sin x - x\cos x = -2\sin x - x\cos x$

$y''' = -2\cos x - \cos x + x\sin x = -3\cos x + x\sin x$

Example 6

求函數 $y = \sin^{-1}(a\sin x)$ 的二階導函數。

 $y' = \dfrac{1}{\sqrt{1 - (a\sin x)^2}} \cdot a\cos x = \dfrac{a\cos x}{\sqrt{1 - a^2\sin^2 x}}$

$$y'' = \frac{-a\sin x\sqrt{1 - a^2\sin^2 x} - a\cos x \cdot \dfrac{-2a^2\sin x \cdot \cos x}{2\sqrt{1 - a^2\sin^2 x}}}{(1 - a^2\sin^2 x)}$$

$$= \frac{a^3\sin x\cos^2 x - a\sin x(1 - a^2\sin^2 x)}{(1 - a^2\sin^2 x)\sqrt{1 - a^2\sin^2 x}}$$

$$= \frac{a^3 \sin x - a \sin x}{(1 - a^2 \sin^2 x)^{3/2}}$$

$$= \frac{a \sin x (a^2 - 1)}{(1 - a^2 \sin^2 x)^{3/2}}$$

Example 7

若 $y = \sin(x + y)$，用隱函數微分法求二階導函數 $\dfrac{d^2 y}{dx^2}$？

 在 $y = \sin(x+y)$ 兩邊對 x 求導函數得

$$\frac{dy}{dx} = \cos(x+y) \cdot \left(1 + \frac{dy}{dx}\right) \qquad (*)$$

$$[1 - \cos(x+y)]\frac{dy}{dx} = \cos(x+y)$$

故

$$\frac{dy}{dx} = \frac{\cos(x+y)}{1 - \cos(x+y)} \ , \ 1 + \frac{dy}{dx} = \frac{1}{1 - \cos(x+y)}$$

在 $(*)$ 式兩邊對 x 求導函數得

$$\frac{d^2 y}{dx^2} = -\sin(x+y) \cdot \left(1 + \frac{dy}{dx}\right)^2 + \cos(x+y) \cdot \frac{d^2 y}{dx^2}$$

故

$$\frac{d^2 y}{dx^2} = -\frac{\sin(x+y)}{1 - \cos(x+y)} \cdot \left(1 + \frac{dy}{dx}\right)^2$$

$$= -\frac{\sin(x+y)}{[1 - \cos(x+y)]^3}$$

習題 **2-8**
PRACTICE

求下列各函數的二階導函數（ $1\sim10$ ）

1. $y = x^2 \sin x$

2. $y = \tan^{-1} x$

3. $y = \dfrac{1}{x^3 + 1}$

4. $y = \dfrac{1}{a + \sqrt{x}}$

5. $y = \sqrt{a^2 + x^2}$

6. $y = \tan x$

7. $y = \sin^4 x - \cos^4 x$

8. $y = \cos x \sin 2x \cos 3x$

9. $y = \sin^{-1} x \cdot \cos^{-1} x$

10. $y = \sin^{-1} x \cdot \tan^{-1} x$

11. 若 $y = \dfrac{1-x}{1+x}$ ，求 $y^{(5)}$ ？

12. 驗證函數 $y = \sqrt{2x - x^2}$ 滿足關係式 $y^3 y'' + 1 = 0$

13. 若 $\cos(xy) = x$ ，求 $\dfrac{d^2 y}{dx^2}$ ？

2-9 對數函數與指數函數的導函數

1 自然對數函數與對數函數之導函數

本節我們先引進自然對數函數。自然對數函數是以數 " e " 為底的對數函數。e 值的原始定義是一個數列的極限值。

$$e = \lim_{n \to \infty} \left(1 + \frac{1}{n}\right)^n$$

在函數的極限一節中介紹過下述等式

$$e = \lim_{x \to 0}(1 + x)^{\frac{1}{x}} = \lim_{x \to \infty} \left(1 + \frac{1}{x}\right)^x$$

e 之值約為 $2.71828182\cdots$

[**Definition** >> 定 義 **2.8**

自然對數函數 $y = \ln x = \log_e x, (x > 0)$

]

對數函數 $\log_a x$ 有如下主要性質:

(1) $\log_a(x_1 x_2) = \log_a x_1 + \log_a x_2 \qquad (a > 0, a \neq 1)$

(2) $\log_a \dfrac{x_1}{x_2} = \log_a x_1 - \log_a x_2 \qquad (a > 0, a \neq 1)$

(3) $\log_a x^n = n \log_a x \qquad (a > 0, a \neq 1)$

(4) 換底公式:

$$\log_a x = \frac{\log_b x}{\log_b a} \qquad (a, b > 0, a \neq 1, b \neq 1)$$

因此自然對數函數 $y = \ln x$ 有類似性質:

(1) $\ln(x_1 x_2) = \ln x_1 + \ln x_2$

(2) $\ln \dfrac{x_1}{x_2} = \ln x_1 - \ln x_2$

(2) $\ln x^n = n \ln x$

$y = \ln x$ 的圖形見圖 2-9-1

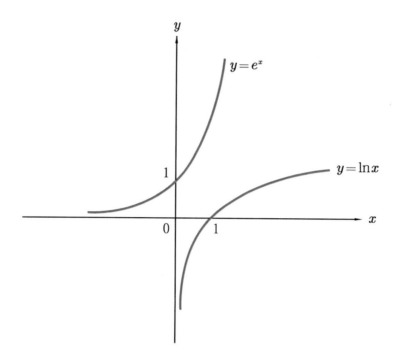

圖 2-9-1

定理 **2.12**

設 $y = \ln x$，則 $y' = \dfrac{1}{x}$ $\qquad (x > 0)$

$$\triangle y = \ln(x + \triangle x) - \ln x$$
$$= \ln \frac{x + \triangle x}{x} = \ln \left(1 + \frac{\triangle x}{x}\right)$$

$$\frac{\triangle y}{\triangle x} = \frac{1}{\triangle x} \ln \left(1 + \frac{\triangle x}{x}\right) = \frac{1}{x} \ln \left(1 + \frac{\triangle x}{x}\right)^{\frac{x}{\triangle x}}$$

$$y' = \lim_{\triangle x \to 0} \frac{\triangle y}{\triangle x} = \lim_{\triangle x \to 0} \frac{1}{x} \ln \left(1 + \frac{\triangle x}{x}\right)^{\frac{x}{\triangle x}}$$

$$= \frac{1}{x} \lim_{\triangle x \to 0} \ln \left(1 + \frac{\triangle x}{x}\right)^{\frac{x}{\triangle x}} = \frac{1}{x} \ln e = \frac{1}{x}$$

若 $x \in R, x \neq 0$ 可以證明：

$$\frac{d}{dx}\ln|x| = \frac{1}{x}$$

Example 1

求下列函數的導函數

(1) $y = \ln(x^2 + 2x + 5)$

(2) $y = \ln|\sin x|$

(3) $y = \ln \ln 3x \qquad (x > 1)$

(4) $y = \sin(\ln x) \qquad (x > 0)$

 (1) $y' = \dfrac{1}{x^2 + 2x + 5}(2x + 2) = \dfrac{2(x+1)}{x^2 + 2x + 5}$

(2) $y' = \dfrac{1}{\sin x} \cdot \cos x = \cot x$

(3) $y' = \dfrac{1}{\ln 3x}\dfrac{1}{3x} \cdot 3 = \dfrac{1}{x \ln 3x}$

(4) $y' = \cos(\ln x) \cdot \dfrac{1}{x} = \dfrac{\cos(\ln x)}{x}$

定理 2.13

設 $y = \log_a x, (a > 0, a \neq 1)$ 則

$$\frac{d}{dx}(\log_a x) = \frac{1}{x \ln a}$$

 因為

$$\log_a x = \frac{\ln x}{\ln a}$$

故

$$\frac{d}{dx}(\log_a x) = \frac{1}{\ln a} \cdot \frac{1}{x} = \frac{1}{x \ln a}$$

Example 2

求下列函數的導函數

(1) $y = \log_{10}(5x^3 + 2x^2 + 4)$

(2) $y = \log_{10} \ln x^2 \qquad (x > 0)$

(3) $y = \ln(\log_{10}(\sin x))$

(4) $y = \log_a \sqrt{1 - \sin x}$

解 (1) $y = \log_{10}(5x^3 + 2x^2 + 4)$

$$= \frac{\ln(5x^3 + 2x^2 + 4)}{\ln 10}$$

$$y' = \frac{1}{\ln 10} \frac{1}{5x^3 + 2x^2 + 4}(15x^2 + 4x)$$

$$= \frac{15x^2 + 4x}{\ln 10(5x^3 + 2x^2 + 4)}$$

(2) $y = \log_{10} \ln x^2 = \dfrac{\ln \ln x^2}{\ln 10}$

$$y' = \frac{1}{\ln 10} \frac{1}{\ln x^2} \frac{1}{x^2} \cdot 2x = \frac{1}{x \ln 10 \cdot \ln x}$$

(3) $y = \ln(\log_{10}(\sin x))$

$$= \ln \left[\frac{\ln(\sin x)}{\ln 10} \right]$$

$$y' = \frac{1}{\dfrac{\ln(\sin x)}{\ln 10}} \frac{1}{\ln 10} \frac{1}{\sin x} \cdot \cos x$$

$$= \frac{\cot x}{\ln(\sin x)}$$

(4) $y = \log_a \sqrt{1 - \sin x}$

$$y' = \frac{1}{\ln a \sqrt{1 - \sin x}} \frac{1}{2\sqrt{1 - \sin x}} (-\cos x)$$

$$= -\frac{\cos x}{2 \ln a (1 - \sin x)}$$

2 對數微分法

有些函數若先取對數，再利用對數性質轉換形式，可以使求導數變得更簡單。

Example 3

求函數 $y = \sqrt{\dfrac{(x - 2)(x - 5)}{(x - 1)(x - 7)}}$ 的導函數，$(x > 7)$。

 取對數（假定 $x > 7$），得

$$\ln y = \frac{1}{2}[\ln(x - 2) + \ln(x - 5) - \ln(x - 1) - \ln(x - 7)]$$

上式兩端對 x 求導函數，注意 y 是 x 的函數得

$$\frac{1}{y} \cdot y' = \frac{1}{2}\left[\frac{1}{x - 2} + \frac{1}{x - 5} - \frac{1}{x - 1} - \frac{1}{x - 7}\right]$$

$$y' = \frac{1}{2}\sqrt{\frac{(x - 2)(x - 5)}{(x - 1)(x - 7)}}\left[\frac{1}{x - 2} + \frac{1}{x - 5} - \frac{1}{x - 1} - \frac{1}{x - 7}\right]$$

Example 4

求函數 $y = x^{\cos x}$ 的導函數，$(x > 0)$。

解 取對數，得

$$\ln y = \cos x \cdot \ln x$$

兩端對 x 求導函數，得

$$\frac{1}{y} \cdot y' = -\sin x \ln x + \cos x \cdot \frac{1}{x}$$

$$= \frac{-x \sin x \cdot \ln x + \cos x}{x}$$

$$y' = y \frac{-x \sin x \cdot \ln x + \cos x}{x}$$

$$= \frac{(-x \sin x \ln x + \cos x) x^{\cos x}}{x}$$

Example 5

求由方程式 $(\sin x)^y = (\cos y)^x$ 確定的隱函數 $y = y(x)$ 的導函數。

解 方程式兩邊取對數，得

$$y \ln(\sin x) = x \ln(\cos y)$$

兩端對 x 求導函數，得

$$y' \ln(\sin x) + \frac{y}{\sin x} \cdot \cos x = \ln(\cos y) + \frac{x}{\cos y}(-\sin y)y'$$

$$y' = \frac{\ln(\cos y) - y \cot x}{\ln(\sin x) + x \cdot \tan y}$$

3 指數函數與指數函數之導函數

稱 $y = a^x$ 是以 a 為底的指數函數，其中 $a > 0, a \neq 1$。若取 $a = e$，即 $y = e^x$ 便是以自然數 e 為底的指數函數。

$y = a^x$ 有如下重要性質

(1) $a^x > 0, a^0 = 1$

(2) $a^{x_1} \cdot a^{x_2} = a^{x_1 + x_2}$

(3) $\dfrac{a^{x_1}}{a^{x_2}} = a^{x_1 - x_2}$

(4) $(a^{x_1})^{x_2} = a^{x_1 x_2}$

(5) $a^{\log_a x} = x, \ (x > 0)$

　　$\log_a a^x = x, \ (x \in R)$

　　性質(5)表明 $y = a^x$ 與 $y = \log_a x$ 互為反函數。

　　特別地，取 $a = e$，自然指數函數 $y = e^x$ 有類似性質：

(1) $e^x > 0, e^0 = 1$

(2) $e^{x_1} \cdot e^{x_2} = e^{x_1 + x_2}$

(3) $\dfrac{e^{x_1}}{e^{x_2}} = e^{x_1 - x_2}$

(4) $(e^{x_1})^{x_2} = e^{x_1 x_2}$

(5) $e^{\ln x} = x, \ (x > 0)$

　　$\ln e^x = x, \ (x \in R)$

　　性質(5)表明 $y = e^x$ 與 $y = \ln x$ 互為反函數。

　　由於 $e = 2.71828182 > 1$，故 $y = e^x$ 的圖形見圖 2-9-1。

　　現在研究 $y = e^x$ 與 $y = a^x$ 之導函數。

　　設 $y = e^x$，兩邊取對數得，$\ln y = \ln e^x = x$，該式兩邊對 x 求導函數得：

　　$\dfrac{1}{y} \cdot y' = 1$，故 $y' = y = e^x$。

　　設 $y = a^x$，故 $\log_a y = \log_a a^x = x$，兩邊對 x 求導函數得：

　　$\dfrac{1}{y \ln a} \cdot y' = 1$

故

　　$$y' = y \ln a = a^x \cdot \ln a$$

　　於是有下述定理 **2.14**：

定理 **2.14**

$$\frac{d}{dx}(e^x) = e^x \ , \ \frac{d}{dx}(a^x) = a^x \ln a$$

Example 6

求下列函數的導函數

(1) $y = e^{x^2}$

(2) $y = e^{\sin x + x}$

(3) $y = e^{\frac{1}{x}\sin x}$

(4) $y = 3^{x^2 + \sin x}$

(5) $y = \ln(2 + a^x)$

(1) $y = e^{x^2} \cdot 2x = 2xe^{x^2}$

(2) $y' = e^{\sin x + x} \cdot (\cos x + 1)$

(3) $y' = e^{\frac{1}{x}\sin x}\left(-\frac{1}{x^2}\sin x + \frac{1}{x}\cos x\right)$

$$= \frac{1}{x^2}e^{\frac{1}{x}\sin x}(x\cos x - \sin x)$$

(4) $y' = \ln 3 \cdot 3^{x^2 + \sin x}(2x + \cos x)$

(5) $y' = \frac{1}{2 + a^x} \cdot a^x \ln a = \frac{a^x \ln a}{2 + a^x}$

求下列函數的一階導函數（1～15）

1. $y = \ln(\cos^2 x + \sqrt{1 + \cos^2 x})$

2. $y = \ln(\cos^{-1} x)$

3. $y = \ln(\sin^{-1} x)$

4. $y = e^{\cos^2 x}$

5. $y = e^{-\sin^{-1} x}$

6. $y = 2^{\dfrac{x}{\ln x}}$

7. $y = \log_2(\ln 2x)$

8. $y = \ln(\tan^{-1} \sqrt{1 + x^2})$

9. $y = x[\cos(\ln x) + \sin(\ln x)]$

10. $y = 10^{x \tan 2x}$

11. $y = \ln[\ln^2(\ln^3 x)]$

12. $y = \ln \tan^{-1} \dfrac{1}{1 + x}$

13. $y = \ln \tan x$

14. $y = \dfrac{-\cos x}{2 \sin^2 x} + \dfrac{1}{2} \ln \tan \dfrac{x}{2}$

15. $y = \ln \dfrac{1}{\sqrt{1 - x^4}}$

求下列各隱函數的導函數（16～20）

16. $2y \ln y = x$

17. $3^x + 3^y = 3^{x+y}$

18. $\tan^{-1} \dfrac{y}{x} = \ln \sqrt{x^2 + y^2}$

19. $y = 1 + xe^y$

20. $x^y = y^x$

求下列函數的二階導函數（21～30）

21. $y = e^x \ln x$

22. $y = \ln(1 + x)$

23. $y = \ln \dfrac{a + bx}{a - bx}$

24. $y = \ln(x + \sqrt{1 + x^2})$

25. $y = \log_a(x + e^x)$

26. $y = xe^{x^2}$

27. $y = e^{\sqrt{x}}$

28. $y = \cos^2 x \ln x$

29. $y = e^{x+y}$

30. $y = \ln \sin x$

CHAPTER **3**

導函數的應用

本章摘要

3-1 微分中值定理

微分中值定理建立函數與其導數之間的關係，它為利用導數研究函數的型態提供有力的工具。微分中值定理包括洛爾定理 (Rolle's Theorem) 與**均值定理** (Mean-value Theorem)。

1 洛爾定理(Rolle's Theorem)

定理 3.1

若函數 $f(x)$ 滿足下列條件：

(1) 在閉區間 $[a,b]$ 上連續，(2)在開區間 (a,b) 內可微

(3) $f(a) = f(b)$

則在 (a,b) 內至少存在一點 $\xi(a < \xi < b)$ 使

$$f'(\xi) = 0$$

 因為 $f(x)$ 在 $[a,b]$ 上連續，根據閉區間上連續函數的性質， $f(x)$ 在 $[a,b]$ 上有最大值 M 與最小值 m（$1-4$ 節）。現在分兩種情況討論。

若 $m = M$，即 $f(x)$ 在 $[a,b]$ 上是常數， $f(x) = m$，於是 $f'(x) = 0$（對於任何 $x \in [a,b]$），故 $f'(\xi) = 0$。

若 $m < M$，因為 $f(a) = f(b)$，則 M 和 m 至少有一個不等於 $f(a) = f(b)$，不妨設 $M \neq f(b)$，於是在 (a,b) 內至少存在一點 ξ，使得 $f(\xi) = M$。

現在證明 $f'(\xi) = 0$。由於 $f(\xi) = M$ 是函數 $f(x)$ 在 $[a,b]$ 上的最大值，因此對於任何 $\triangle x$，總有

$$f(\xi + \triangle x) \leq f(\xi) , \ (\xi + \triangle x 在 [a,b] 上)$$

即　$f(\xi + \triangle x) - f(\xi) \leq 0$ 當 $\triangle x > 0$ 時

$$\frac{f(\xi + \triangle x) - f(\xi)}{\triangle x} \leq 0$$

當 $\triangle x < 0$ 時

$$\frac{f(\xi + \triangle x) - f(\xi)}{\triangle x} \geq 0$$

由於 $f(x)$ 在 (a,b) 內可微，故

$$f'(\xi) = \lim_{\triangle x \to 0} \frac{f(\xi + \triangle x) - f(\xi)}{\triangle x}$$

存在，於是

$$f'(\xi) = \lim_{\triangle x \to 0^+} \frac{f(\xi + \triangle x) - f(\xi)}{\triangle x} \leq 0$$

$$f'(\xi) = \lim_{\triangle x \to 0^-} \frac{f(\xi + \triangle x) - f(\xi)}{\triangle x} \geq 0$$

因此　　$f'(\xi) = 0$

(註) 洛爾定理有明顯的幾何意義。若連續曲線 $y = f(x)$ 的弧 AB 上處處具有不垂直於 x 軸的切線且兩端點的縱坐標相等，則在這弧上至少能找到一點，使曲線在該點處的切線平行於 x 軸（圖 3-1-1）。

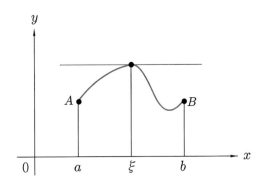

圖 3-1-1

▼2 均值定理（拉格朗日定理）

定理 3.2

設函數 $f(x)$ 在閉區間 $[a,b]$ 上連續，且在開區間 (a,b) 內具有導函數，則在該區間內至少存在一點 ξ，使得

$$f(b) - f(a) = (b - a)f'(\xi)$$

成立。

 引進輔助函數

$$\varphi(x) = f(x) - f(a) - \frac{f(b) - f(a)}{b - a}(x - a)$$

則

$$\varphi(a) = \varphi(b) = 0$$

且在 (a, b) 內有

$$\varphi'(x) = f'(x) - \frac{f(b) - f(a)}{b - a}$$

於是 $\varphi(x)$ 滿足洛爾定理條件，故在 (a, b) 內至少存在一點 ξ，使得

$$\varphi'(\xi) = f'(\xi) - \frac{f(b) - f(a)}{b - a} = 0$$

由此得

$$f(b) - f(a) = (b - a)f'(\xi)$$

註 1 洛爾定理是均值定理當 $f(a) = f(b)$ 時的特例。均值定理又稱拉格朗日 (Lagrange) 中值定理，公式 $f(b) - f(a) = (b - a)f'(\xi)$ 稱為拉格朗日中值公式。均值定理的幾何意義是：若連續弧 AB 上處處具有不垂直於 x 軸的切線，則在這弧上至少能找到一點 ξ，使曲線在該點的切線平行於弦 $\overline{AB}$（見圖 3-1-2）。從圖形上看，這與洛爾定理類似，不過這時弦 $\overline{AB}$ 不一定平行於 x 軸而已。

註 2 洛爾定理與均值定理告訴我們 ξ 存在，具體尋找 ξ 是十分困難的，僅對簡單、特殊的函數能求出。

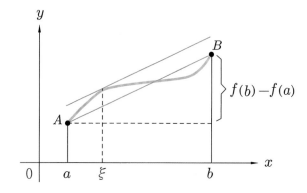

圖 3-1-2

定理 **3.3**

若函數 $f(x)$ 在區間 $[a,b]$ 上連續且在區間 (a,b) 上導函數處處為零，即 $f'(x) = 0$，則函數 $f(x)$ 在該區間上為常數。

在 (a,b) 上任取兩點 x_1, x_2，根據均值定理總有

$$f(x_2) - f(x_1) = (x_2 - x_1) \cdot f'(\xi) = 0$$

所以　　$f(x_2) = f(x_1)$　　這說明在區間上任意兩點的函數值都相等，此即函數在區間上是一個常數。

Example 1

設 $\dfrac{a_0}{1} + \dfrac{a_1}{2} + \dfrac{a_2}{3} + \cdots + \dfrac{a_n}{n+1} = 0$，其中 $a_0, a_1, a_2, \cdots, a_n$ 為常數。試證方程式

$$a_0 + a_1 x + a_2 x^2 + \cdots + a_n x^n = 0$$ 在 $(0,1)$ 內至少有一個實根。

考察函數

$$f(x) = \frac{a_0}{1}x + \frac{a_1}{2}x^2 + \frac{a_2}{3}x^3 + \cdots + \frac{a_n}{n+1}x^{n+1}$$

$f(x)$ 是多項式，故在 $[0,1]$ 上連續，在 $(0,1)$ 內可微，且 $f(0) = f(1) = 0$，根據洛爾定理，在 $(0,1)$ 內至少有一點 ξ，使 $f'(\xi) = 0$，即

$$a_0 + a_1 \xi + a_2 \xi^2 + \cdots + a_n \xi^n = 0$$

所以方程式 $a_0 + a_1 x + a_2 x^2 + \cdots + a_n x^n = 0$ 在 $(0,1)$ 內至少有一實根。

Example 2

驗證函數 $f(x) = x^2 - 1$ 在 $[-1, 1]$ 上滿足洛爾定理。

解 $f(-1) = f(1) = 0$，在 $[-1, 1]$ 上連續，在 $[-1, 1]$ 上可微，故至少存在一點 ξ，使得 $f'(\xi) = 0$，而 $f'(x) = 2x$，故 $x = 0$，即為所求之點。

Example 3

驗證 $f(x) = px^2 + qx + r$，在區間 $[a, b]$ 上均值定理的正確性。

解 $f(x)$ 是多項式，所以它在 $[a, b]$ 上連續，在 (a, b) 內可微，其導函數為

$$f'(x) = 2px + q$$

又

$$\frac{f(b) - f(a)}{b - a} = \frac{(pb^2 + qb + r) - (pa^2 + qa + r)}{b - a}$$
$$= p(b + a) + q$$

令　　$p(b + a) + q = f'(x)|_{x=\xi} = 2p\xi + q$

解之得

$$\xi = \frac{1}{2}(a + b)$$

此即，存在點 $\xi = \frac{1}{2}(a + b)$

使得

$$f(b) - f(a) = (b - a)f'(\xi)$$

這就驗證了均值定理的正確性。

微分中值定理的 ξ 雖然很難求出，但它仍不影響它在微積分學中的地位，今後我們將不止一次提到它。

1. 驗證函數 $y = x^3 + 4x^2 - 7x - 10$ 在區間 $[-1, 2]$ 上滿足洛爾定理。

2. 驗證函數 $y = \ln \sin x$ 在區間 $\left[\dfrac{\pi}{6}, \dfrac{5\pi}{6}\right]$ 上滿足洛爾定理。

3. 驗證拉格朗日定理對於函數 $y = \ln x$ 在區間 $[1, e]$ 上的正確性。

4. 驗證函數 $f(x) = \tan^{-1} x$ 在區間 $[0, 1]$ 上滿足拉格朗日定理。

5. 驗證函數 $f(x) = 4x^3 - 5x^2 + x - 2$ 在區間 $[0, 1]$ 上滿足拉格朗日定理。

3-2 函數的增減性

Definition >> 定 義 3.1

設函數 $f(x)$ 定義在某實數區間內，若 x_1, x_2 為區間內**任意**二點，且 $x_1 <$ x_2 ，

(1) $f(x_1) \geq f(x_2)$，則稱 $f(x)$ 在區間內為**減函數**或稱為**單調下降函數**。

(2) $f(x_1) > f(x_2)$，則稱 $f(x)$ 在區間內為**嚴格減函數**或稱為**嚴格單調下降函數**。
如圖 3-2-1(a)。

(3) $f(x_1) \leq f(x_2)$，則稱 $f(x)$ 在區間內為**增函數**或稱為**單調上升函數**。

(4) $f(x_1) < f(x_2)$，則稱 $f(x)$ 在區間內為**嚴格增函數**或稱為**嚴格單調上升函數**。
如圖 3-2-1(b)。

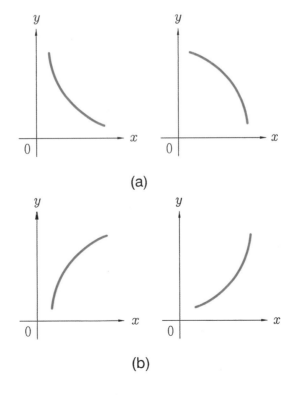

圖 3-2-1

例如函數 $f(x) = x$ 是嚴格增函數， $f(x) = -x$ 是嚴格減函數。如圖 3-2-2。

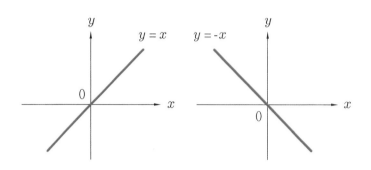

圖 3-2-2

一個函數是否是增或減函數往往與定義域區間有關係。例如 $f(x) = \sin x$，它在 $[-\pi, \pi]$ 上不是增或減函數，但是在 $\left[-\dfrac{\pi}{2}, \dfrac{\pi}{2}\right]$ 與 $\left[\dfrac{\pi}{2}, \dfrac{3\pi}{2}\right]$ 上，分別是嚴格增函數與嚴格減函數。

要研究一個函數的增減性，可以用上述定義來判定，但是這僅限於較簡單的函數，對於比較複雜的函數運用函數的一階導函數來判定函數之增減性。我們先來分析一階導函數的幾何意義。

如果函數 $y = f(x)$ 的圖形在 (a, b) 內每點都有切線（即 $f'(x)$ 在 (a, b) 內處處存在），且這些切線斜率都是正的（即 $f'(x) > 0$），這時 $y = f(x)$ 的圖形是一條沿 x 軸正向上升的曲線（如圖 3-2-3(a)）如果這些切線斜率都是負的（即 $f'(x) < 0$），這時 $y = f(x)$ 的圖形是一條沿 x 軸正向下降的曲線（如圖 4-2-3(b)）。

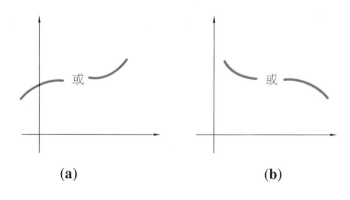

(a)　　　　　　　　**(b)**

圖 3-2-3

定理 **3.4**

增減性的充分性判別準則：設 $f(x)$ 在 $[a,b]$ 上連續，在 (a,b) 內可微。

(1) 若在 (a,b) 內處處有 $f'(x) > 0$，則 $f(x)$ 在 $[a,b]$ 上是嚴格增函數。

(2) 若在 (a,b) 內處處有 $f'(x) < 0$，則 $f(x)$ 在 $[a,b]$ 上是嚴格減函數。

(3) 若在 (a,b) 內處處有 $f'(x) = 0$，則 $f(x)$ 在 $[a,b]$ 上是常數。

 在 $[a,b]$ 上任取兩點 x_1, x_2，且 $x_1 < x_2$ 根據均值定理可得

$$f(x_2) - f(x_1) = (x_2 - x_1)f'(\xi) \qquad (x_1 < \xi < x_2)$$

在上式中，$x_2 - x_1 > 0$，故當 $f'(\xi) > 0$ 時，有 $f(x_2) - f(x_1) > 0$，即

$$f(x_1) < f(x_2)$$

由於 x_1, x_2 的任意性，故 $y = f(x)$ 在 $[a,b]$ 上嚴格增加。若當 $f'(\xi) < 0$ 時，可得

$$f(x_1) > f(x_2)$$

故 $y = f(x)$ 在 $[a,b]$ 上嚴格減少。若當 $f'(\xi) = 0$ 時，可得

$$f(x_1) = f(x_2)$$

故 $y = f(x)$ 在 $[a,b]$ 上是常數。

註1 此定理中的閉區間換成其它各種有限區間或無窮區間結論仍然成立。

註2 此定理中由導函數的正負號來判定函數嚴格增或嚴格減函數是充分條件，但不是必要的。例如 $f(x) = x^3$ 在 $(-\infty, \infty)$ 內是嚴格增函數，但是在點 $x = 0$ 處，$f'(0) = 0$。

　　一般情況下，一個函數在其定義域內不會是增函數或減函數。因此，我們需要把函數定義域劃分成不同小區間，在其小區間內是增或減函數。用來劃分不同區間的點我們稱為 **臨界點**。

Definition >>

設 ξ 為函數 $y = f(x)$ 之定義域內一點,若 $f'(\xi)$ 不存在或 $f'(\xi) = 0$,則稱 ξ 為 $f(x)$ 之一個**臨界點**(或稱**臨界值**)。

若函數 $y = f(x)$ 的一階導函數是連續函數,則函數在其相鄰兩臨界點之間函數是嚴格增函數或嚴格減函數。

Example 1

確定函數 $f(x) = 2x^3 - 15x^2 + 36x + 21$ 的增減區間。

 函數在 $(-\infty, \infty)$ 內是連續,可微函數,它的一階導函數是

$$f'(x) = 6x^2 - 30x + 36$$

解方程式 $f'(x) = 6x^2 - 30x + 36 = 0$,求得根為

$$x_1 = 2 \ , \ x_2 = 3$$

所以函數的臨界點為 $2, 3$,它們把函數定義域分成三個區間:

$$(-\infty, 2) \ , \ (2, 3) \ , \ (3, \infty)$$

函數在這三個區間內是嚴格增(或減)函數。不難驗證,
$f'(x)$ 在此三個區間的符號及 $f(x)$ 增減性分別為

$(-\infty, 2)$, $f'(x) > 0$ $f(x)$ 為嚴格增函數

$(2, 3)$, $f'(x) < 0$ $f(x)$ 為嚴格減函數

$(3, \infty)$, $f'(x) > 0$ $f(x)$ 為嚴格增函數

Example 2

確定函數 $y = \sqrt{2x - x^2}$ 的增減區間。

 函數的定義域為 $(0,2)$，它的一階導函數為 $y' = \dfrac{1-x}{\sqrt{2x-x^2}}$，當 $x = 0, 2$ 時，

$y' = \infty$；當 $x = 1$ 時，$y' = 0$，故 $0, 1, 2$ 是函數的臨界點。因此函數定義域分

成兩個區間 $(0,1), (1,2)$，則 $f'(x)$ 在此二個區間的符號及 $f(x)$ 的增減性分別

為

$(0,1)$ $f'(x) > 0, f(x)$ 為嚴格增函數

$(1,2)$ $f'(x) < 0, f(x)$ 為嚴格減函數

Example 3

討論函數 $f(x) = (x-8)\sqrt{x+1}$ 的增減區間。

 $f(x)$ 的定義域為 $[-1, \infty)$。

$f'(x) = \dfrac{3x-6}{2\sqrt{x+1}}$，當 $x = -1$ 時，$f'(x) = \infty$ ；當 $x = 2, f'(x) = 0$

所以 $-1, 2$ 是函數的臨界點。故

$(-1, 2)$ $f'(x) < 0, f(x)$ 為嚴格減函數

$(2, \infty)$ $f'(x) > 0, f(x)$ 為嚴格增函數

Example 4

討論函數 $f(x) = \dfrac{x^2+1}{x}$ 的增減區間。

解 $f(x)$ 的定義域為 $(-\infty, 0), (0, \infty)$

$f'(x) = \dfrac{x^2-1}{x^2}$，當 $x = \pm 1$ 時，$f'(x) = 0$

所以 $-1, 1$ 是函數的臨界點，故

$(-\infty, -1)$ $f'(x) > 0, f(x)$ 是嚴格增函數

$(-1, 0)$ $f'(x) < 0, f(x)$ 是嚴格減函數

$(0, 1)$ $f'(x) < 0, f(x)$ 是嚴格減函數

$(1, \infty)$ $f'(x) > 0, f(x)$ 是嚴格增函數

1. 證明函數 $y = x^3 + 2x + 5$ 在任何區間上都是嚴格增函數。

2. 證明函數 $y = \dfrac{1}{3}\tan^{-1} x - x$ 在定義域上都是嚴格減函數。

3. 求 $f(x) = x^3 - 3x^2 - 9x + 14$ 的增減區間。

4. 求 $f(x) = (x-2)^3(2x+1)^2$ 的增減區間。

5. 求 $f(x) = \sqrt[3]{(2x-1)(2-x)^2}$ 的增減區間。

6. 求 $f(x) = x - 2\sin x \qquad (0 \le x \le 2\pi)$ 的增減區間。

7. 求 $f(x) = x + \cos x$ 的增減區間。

8. 求 $f(x) = x\sqrt{1-x^2}$ 的增減區間。

 函數的極值

1 極大值、極小值

上節我們用函數的一階導函數研究了函數的增性區間與減性區間，其中臨界點起著十分關鍵的作用。

上節例 1 中的點 $x = 2$ 的函數值 $f(2)$ 大於其鄰近點的函數值，點 $x = 3$ 的函數值 $f(3)$ 小於其鄰近點的函數值。具有這樣性質的點在理論上及實用上都很重要，稱為**極值點**。

Definition >> 定 義 3.3

設 $f(x)$ 的定義域為 $\mathscr{D}$，點 $c \in \mathscr{D}$，

(1) 若在一個包含 c 的小區間 $(c - \delta, c + \delta) \subset \mathscr{D}$，使得 $\forall x \in (c - \delta, c + \delta)$ 都有 $f(x) \leq f(c)$，則稱 $f(c)$ 是 $f(x)$ 的**極大值**，點 c 稱為 $f(x)$ 的**極大點**

(2) 若存在一個包含 c 的小區間 $(c - \delta, c + \delta) \subset \mathscr{D}$，使得 $\forall x \in (c - \delta, c + \delta)$ 都有 $f(x) \geq f(c)$，則稱 $f(c)$ 是 $f(x)$ 的**極小值**，點 c 稱為 $f(x)$ 的**極小點**。

極大點、極小點統稱**極值點**，極大值、極小值統稱**極值**。

函數的極大（小）值是函數的局部性質，而不是函數在定義域上的整體性質。如果函數 $f(x)$ 在 $x = x_0$ 處有極大值，它僅說明 $f(x)$ 在 x_0 處鄰近 $f(x_0)$ 大於其餘函數值，但它不一定是函數的最大值，甚至這一區間上的一個極大值 $f(x_0)$ 可能小於極小值 $f(x_1)$，可見圖 3-3-1。

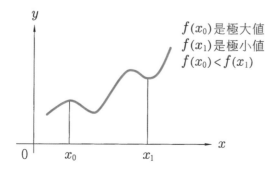

圖 3-3-1

極值的必要條件:若函數 $f(x)$ 在點 c 可微,且在 c 點取得極值,則 $f'(c) = 0$

 設 $f(c)$ 是極大值(對於極小值可類似證明),由定義在 c 的某個鄰域內除了點 c 外的任何點 $c + \triangle x$,都有

$$f(c + \triangle x) - f(c) < 0$$

當 $\triangle x > 0$ 時

$$\frac{f(c + \triangle x) - f(c)}{\triangle x} < 0$$

故　$f'(c) = \lim\limits_{\triangle x \to 0^+} \dfrac{f(c + \triangle x) - f(c)}{\triangle x} \leq 0$

當 $\triangle x < 0$ 時

$$\frac{f(c + \triangle x) - f(c)}{\triangle x} > 0$$

故　$f'(c) = \lim\limits_{\triangle x \to 0^-} \dfrac{f(c + \triangle x) - f(c)}{\triangle x} \geq 0$

因為 $f'(c)$ 存在,所以 $f'(c) = 0$

註 極值的必要條件說明可微函數 $f(x)$ 在極值點 c 一定有 $f'(c) = 0$。但是,相反地不一定正確,例如 $f(x) = x^3, f'(x) = 3x^2$,雖然 $f'(0) = 0$,但 $x = 0$ 不是 $f(x) = x^3$ 的極值點,因為在 $x = 0$ 左,右都有 $f'(x) > 0$,函數都是嚴格增函數,故 $x = 0$ 點不是極值點。於是,在求出 $f'(x) = 0$ 的點以後,還要進一步研究確定是否是極值點。

極值的第一充分條件:設函數 $f(x)$ 在點 c 處的一個鄰域內可微,且 $f'(c) = 0$。若在此鄰域內:

(1) 當 $x < c$ 時有 $f'(x) > 0$,當 $x > c$ 有 $f'(x) < 0$,則函數 $f(x)$ 在點 c 取極大值。

(2) 當 $x < c$ 時有 $f'(x) < 0$,當 $x > c$ 有 $f'(x) > 0$,則函數 $f(x)$ 在點 c 取極小值。

定理的證明比較簡單，不作介紹。定理的內容以圖 3-3-2 所示。

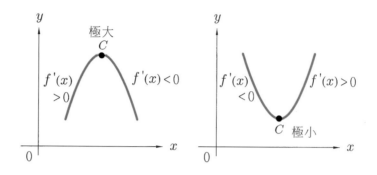

圖 3-3-2

Example 1

求函數 $f(x) = (x-2)^2(x-3)$ 的極值。

解 $f'(x) = (x-2)(3x-8)$

令 $f'(x) = 0$，解得 $x = 2, x = \dfrac{8}{3}$，將函數增減區間列表如下：

x	$(-\infty, 2)$	2	$(2, \frac{8}{3})$	$\frac{8}{3}$	$(\frac{8}{3}, \infty)$
$f'(x)$	> 0	0	< 0	0	> 0
$f(x)$	↗	極大	↘	極小	↗

函數 $f(x)$ 在 $x = 2$ 處有極大值，$f(2) = 0$，在 $x = \dfrac{8}{3}$ 處有極小值，$f\left(\dfrac{8}{3}\right) = -\dfrac{4}{27}$。表中 ↗ 表示 $f(x)$ 單調上升，↘ 表示單調下降。

定理 **3.7**

極值的第二充分條件：設函數 $f(x)$ 在點 c 值具有二階導函數且 $f'(c) = 0, f''(c) \neq 0$，則

(1) 當 $f''(c) < 0$ 時，函數 $f(x)$ 在點 c 處取極大值。

(2) 當 $f''(c) > 0$ 時，函數 $f(x)$ 在點 c 處取極小值。

(1) 當 $f''(c) < 0$ 時，即

$$f''(c) = \lim_{\triangle x \to 0} \frac{f'(c + \triangle x) - f'(c)}{\triangle x} = \lim_{\triangle x \to 0} \frac{f'(c + \triangle x)}{\triangle x} < 0$$

根據函數極限的性質，在 c 的足夠小的鄰域內，有

$$\frac{f'(c + \triangle x)}{\triangle x} < 0$$

因此，當 $\triangle x < 0$ 時， $f'(c + \triangle x) > 0$

當 $\triangle x > 0$ 時， $f'(c + \triangle x) < 0$

根據極值的第一充分條件知 $f(x)$ 在 $x = c$ 處有極大值。

(2) 類似可證。

註　若 $f'(c) = 0, f''(c) = 0$ 本定理就不能應用，仍需定理3.6。

Example 2

求函數 $f(x) = (x - 2)^2(x - 3)$ 的極值。

解　$f'(c) = (x - 2)(3x - 8)$

$f''(x) = 6x - 14$

令 $f'(x) = 0$ 解之得 $x_1 = 2, x_2 = \dfrac{8}{3}$

因 $f''(2) = 12 - 14 < 0$，故 $x_1 = 2$ 時， $f(x)$ 有極大值 $f(2) = 0$

因 $f''\left(\dfrac{8}{3}\right) = 16 - 14 > 0$，故 $x_2 = \dfrac{8}{3}$ 時， $f(x)$ 有極小值 $f\left(\dfrac{8}{3}\right) = -\dfrac{4}{27}$

Example 3

求函數 $f(x) = x^3(x - 2)^2$ 的極值。

$f'(x) = x^2(x-2)(5x-6)$

$f''(x) = 2x(x-2)(5x-6) + x^2(5x-6) + 5x^2(x-2)$

令 $f'(x) = 0$，解之得 $x_1 = 0, x_2 = 2, x_3 = \dfrac{6}{5}$

因 $f''(0) = 0$，故用定理 3.7 不能確定 $x_1 = 0$ 是否是 $f(x)$ 的極值點，現用定理 3.6 討論。由於在 $(-\infty, 0)$ 內 $f'(x) > 0$，在 $\left(0, \dfrac{6}{5}\right)$ 內 $f'(x) > 0$，故 $x = 0$ 不是 $f(x)$ 的極值點。

因 $f''(2) > 0$，故 $x = 2$ 是 $f(x)$ 的極小值點，其極小值為 $f(2) = 0$。

因 $f''\left(\dfrac{6}{5}\right) < 0$，故 $x = \dfrac{6}{5}$ 是 $f(x)$ 的極大值點，其極大值為 $f\left(\dfrac{6}{5}\right) = \dfrac{3456}{3125}$。

Example 4

求函數 $f(x) = (x-1)^{\frac{2}{3}}$ 的極值。

解 $f'(x) = \dfrac{2}{3\sqrt[3]{x-1}}$

$x = 1$ 時 $f'(x)$ 不存在，且 $f(x)$ 在 $x = 1$ 時是連續的。故用定理 3.6，由於在 $(-\infty, 1)$ 內 $f'(x) < 0$，在 $(1, \infty)$ 內 $f'(x) > 0$，於是 $f(x)$ 在 $x = 1$ 有極小值 $f(1) = 0$。

通過上述幾例求極值的計算，可以總結求函數極值的步驟如下：

第一步：計算 $f'(x)$，求出 $f(x)$ 的臨界點（即求出 $f'(x) = 0$ 的點與 $f'(x)$ 不存在的點）。

第二步：若 $f'(c) = 0, f''(c) \neq 0$，則由定理 3.7 根據 $f''(c)$ 的符號可以確定點 c 是極大或極小點。

第三步：若 $f'(c) = 0, f''(c) = 0$，則由定理 3.6 討論點 c 左右兩側區間 $f'(x)$ 的符號確定函數在 c 點是極大點或極小點，或不是極值點。

第四步：若 $f'(c)$ 不存在，但 $f'(x)$ 連續，則可由定理 3.6 的方法，討論點 c 左右兩側區間 $f'(x)$ 的符號確定 c 點是否是函數的極值點或不是極值點。

第五步：找出 $f(x)$ 的所有極值點 $c_1, c_2, \cdots, c_s$ 則 $f(c_1), f(c_2), \cdots, f(c_s)$ 是 $f(x)$ 值。

2 最大值、最小值

函數的最大值與最小值在 $1-4$ 節介紹。函數 $f(x)$ 的最大（小）值可能在閉區間 $[a,b]$ 的端點取得，也可能在區間 $[a,b]$ 的內部取得。如果在區間內部，最大（小）值一定也是函數的極大（小）值。由於 $f(x)$ 在 $[a,b]$ 上可微，所以極值點一定是臨界點。**因此可按下列步驟求可微函數 $f(x)$ 在閉區間 $[a,b]$ 上的最大值和最小值：**

(1) **求出 $f(x)$ 在 (a,b) 內的極值點 $x_1, x_2, \cdots, x_n$**

(2) **比較 $f(a), f(x_1), f(x_2), \cdots, f(x_n), f(b)$**

其中最大（小）者就是函數 $f(x)$ 在 $[a,b]$ 上最大（小）值。

Example 5

求函數 $f(x) = 2x^3 + 3x^2 - 36x + 15$ 在 $[-5,5]$ 上的最大值和最小值。

 $f'(x) = 6(x+3)(x-2)$

令 $f'(x) = 0$，求得臨界點 $x_1 = -3$，$x_2 = 2$，因為

$$f(-5) = 20 \; , \; f(-3) = 96 \; , \; f(2) = -29 \; , \; f(5) = 160$$

所以，$f(x)$ 在 $[-5,5]$ 上，$x = 5$ 有最大值 $f(5) = 160$；$x = 2$ 有最小值 $f(2) = -29$。

Example 6

求 $f(x) = \sin 2x - x$ $\left(-\dfrac{\pi}{2} \le x \le \dfrac{\pi}{2} \right)$ 的最大值與最小值。

 $f'(x) = 2\cos 2x - 1$

令 $f'(x) = 0$，求得臨界點 $x_1 = -\dfrac{\pi}{6}, x_2 = \dfrac{\pi}{6}$
因為

$$f\left(-\frac{\pi}{2}\right) = \frac{\pi}{2} \; , \; f\left(-\frac{\pi}{6}\right) = -\frac{\sqrt{3}}{2} + \frac{\pi}{6} \; , \; f\left(\frac{\pi}{6}\right) = \frac{\sqrt{3}}{2} - \frac{\pi}{6}$$

$$f\left(\frac{\pi}{2}\right) = -\frac{\pi}{2}$$

所以 $f(x)$ 的最大值 $f\left(-\frac{\pi}{2}\right) = \frac{\pi}{2}$，最小值 $f\left(\frac{\pi}{2}\right) = -\frac{\pi}{2}$

求下列函數的極值（1～6）

1. $y = 3x^4 - 4x^3 + 7$

2. $y = x^3 - 3x^2 - 9x + 10$

3. $y = \dfrac{1 + 3x}{\sqrt{4 + 5x}}$

4. $y = x - \sin x$

5. $y = -3x^4 + 6x^2 + 5$

6. $y = \sqrt[3]{(x^2 - 1)^2}$

求下列函數在給定區間上的最大值和最小值（7～14）

7. $y = 3x^4 - 6x^2 + 7 \qquad [-2, 2]$

8. $y = x + 2\sqrt{x} \qquad [0, 4]$

9. $y = x^5 - 5x^4 + 5x^3 + 7 \qquad [-1, 2]$

10. $y = \sqrt{64 - x^2} \quad , \qquad [-7, 7]$

11. $y = \sin 2x - x \quad , \qquad \left(-\dfrac{\pi}{2} \leq x \leq \dfrac{\pi}{2} \right)$

12. $f(x) = \dfrac{1 - x + x^2}{1 + x - x^2} \qquad (0 \leq x \leq 1)$

13. $f(x) = \dfrac{x - 1}{x + 1} \quad , \qquad [0, 4]$

14. $f(x) = \tan^{-1} \dfrac{1 - x}{1 + x} \quad , \qquad [0, 1]$

3-4 函數的圖形

在前兩節我們研究了函數的增減性區間及極值。但是僅知這些還不能比較準確地描繪函數的圖形。函數的曲線凹凸性與反曲點對描繪函數曲線也起著十分重要的作用。

凹向性與反曲點

函數同樣在增（減）性區間上，可能一個向上彎曲而另一個是向下彎曲的。我們給出下列定義：

Definition >> 定 義 3.4

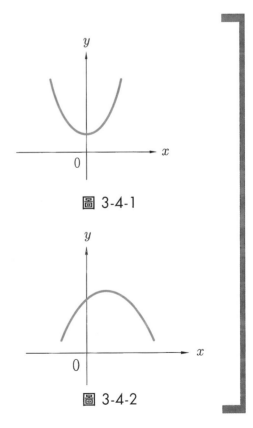

若曲線弧位於曲線弧上每一點處切線的上方（圖 3-4-1），則稱此曲線弧是**向上凹的**。

圖 3-4-1

若曲線弧位於曲線上每一點處切線的下方（圖 3-4-2），則稱此曲線弧是**向下凹的**。

圖 3-4-2

　　用定義判別曲線 $y = f(x)$ 的向上凹與向下凹是比較困難的。但若 $f(x)$ 具有連續導數 $f'(x)$，則不難看出，在向上凹的曲線上切線斜率 $f'(x)$ 是增加的；在向下凹的曲線弧上切線斜率 $f'(x)$ 是減少的；而 $f'(x)$ 的增減性可由 $f''(x)$ 的符號確定，於是我們有下述定理 **3.8**。

定理 **3.8**

　　凹性的充分條件 ： 設函數 $y = f(x)$ 在 (a,b) 內連續且具有二階導函數。則

(1) 若在 (a,b) 內 $f''(x) > 0$，曲線弧 $y = f(x)$ 是向上凹的。

(2) 若在 (a,b) 內 $f''(x) < 0$，曲線弧 $y = f(x)$ 是向下凹的。

Example 1

判定下列曲線的凹性

(1) $f(x) = x^2$

(2) $f(x) = x^3$

(3) $f(x) = \dfrac{1}{x}$

解 (1) $f'(x) = 2x$, $f''(x) = 2 > 0$

故曲線在定義域內是向上凹的。

(2) $f'(x) = 3x^2$, $f''(x) = 6x$

故在 $(-\infty, 0)$ 內，$f''(x) < 0$ 曲線弧是向下凹的。在 $(0, \infty)$，$f''(x) > 0$ 曲線弧是向上凹的。

(3) $f'(x) = -\dfrac{1}{x^2}, f''(x) = \dfrac{2}{x^3}$

故在 $(-\infty, 0)$ 內，$f''(x) < 0$，曲線弧是向下凹的，在 $(0, \infty)$ 內，$f''(x) > 0$，曲線弧是向上凹的。

Definition >> 定 義 **3.5**

若函數 $y = f(x)$ 在包含 x_0 點的某區間內可微,且 x_0 是曲線弧 $y = f(x)$ 向上凹與向下凹的分界點,則稱此分界點 $(x_0, f(x_0))$ 是曲線弧的**反曲點**

定理 **3.9**

反曲點的必要條件:設函數 $y = f(x)$ 在 x_0 處有二階連續導函數,且 $(x_0, f(x_0))$ 為反曲點,則 $f''(x_0) = 0$

定理 **3.10**

反曲點的充分條件:設函數 $y = f(x)$ 在點 x_0 處的某鄰域內有二階導函數。

⑴ 如果 $f''(x)$ 在 x_0 的左邊附近恒為一種符號,在 x_0 的右邊附近恒為另一種符號,則點 $(x_0, f(x_0))$ 是曲線 $y = f(x)$ 的一個反曲點。

⑵ 當 $f''(x)$ 在 x_0 的左、右兩側附近都保持同一種符號時,則點 $(x_0, f(x_0))$ 不是曲線 $y = f(x)$ 的一個反曲點。

註 若 $f''(x_0) = 0$,則 $(x_0, f(x_0))$ 不一定是反曲點。例如 $f(x) = x^4, f'(x) = 4x^3$ $f''(x) = 12x^2, x = 0$ 使得 $f'(x) = f''(x) = 0$,但 $x = 0$ 不是它的反曲點。

如果 $f(x)$ 在區間 (a, b) 內具有二階導函數,可按下列步驟求曲線 $y = f(x)$ 的反曲點:

⑴ 求出二階導函數 $f''(x)$

⑵ 令 $f''(x) = 0$,解出該方程式在 (a, b) 內的實根。

⑶ 考察 $f''(x)$ 在每個實根x_0兩側的符號可確定x_0是否是反曲點(根據定理 3.10)

Example 2

求下列曲線的反曲點：

(1) $f(x) = x^2$

(2) $f(x) = x^3$

(3) $f(x) = \dfrac{1}{x}$

(1) $f'(x) = 2x, f''(x) = 2 \neq 0$，故曲線 $y = x^2$ 無反曲點。

(2) $f'(x) = 3x^2, f''(x) = 6x$，令 $f''(x) = 0$ 解得 $x = 0$，當 $x \in (-\infty, 0)$ 時，$f''(x) < 0$，$x \in (0, \infty)$ 時，$f''(x) > 0$，故點 $(0,0)$ 是曲線 $y = x^3$ 的反曲點。

(3) $f'(x) = -\dfrac{1}{x^2}, f''(x) = \dfrac{2}{x^3}, f''(x) = 0$ 無實根，故曲線 $y = \dfrac{1}{x}$ 無反曲點。

Example 3

求曲線 $y = 3x^4 - 4x^3 + 1$ 的極值點與反曲點

$f(x) = 3x^4 - 4x^3 + 1, f'(x) = 12x^3 - 12x^2 = 12x^2(x-1)$ $f''(x) = 36x\left(x - \dfrac{2}{3}\right)$

令 $f'(x) = 0$ 解得 $x_1 = 0, x_2 = 1$

因為 $f''(0) = 0$，不能用二階導數判斷其極值，但是在 $x = 0$ 的左側 $f'(x) < 0$，在 $x = 0$ 的右側 $f'(x) < 0$，於是 $(0,1)$ 點不是曲線的極值點。

因為 $f''(1) > 0$，故 $(1,0)$ 點是曲線的極小值點，其極小值為 $f(1) = 0$。

令 $f''(x) = 0$ 解得 $x = 0, x = \dfrac{2}{3}$

由於在 $x = 0$ 的左側 $f''(x) > 0$，在 $x = 0$ 的右側 $f''(x) < 0$，於是 $(0,1)$ 點是曲線的反曲點

由於在 $x = \dfrac{2}{3}$ 的左側 $f''(x) < 0$，在 $x = \dfrac{2}{3}$ 的右側 $f''(x) > 0$，於是 $\left(\dfrac{2}{3}, \dfrac{11}{27}\right)$ 點是曲線的反曲點。

Example 4

求曲線 $y = f(x) = x^4 - 2x^3 + 4$ 的凹向區間及反曲點

$f'(x) = 4x^3 - 6x^2$

$f''(x) = 12x(x - 1)$

令 $f''(x) = 0$ 解得 $x_1 = 0, x_2 = 1$ 它們把定義域 $(-\infty, \infty)$ 分成三區間

$$(-\infty, 0), (0, 1), (1, \infty)$$

列表格如下：

x	$(-\infty, 0)$	0	$(0, 1)$	1	$(1, \infty)$
$f''(x)$	$+$	0	$-$	0	$+$
$y = f(x)$	向上凹	反曲點	向下凹	反曲點	反上凹

故反曲點是 $(0, 4); (1, 3)$

2 描繪函數的圖形

現在我們掌握了應用導數討論函數的極值點，曲線的凹凸性、反曲點，應用極限討論曲線的漸近線 (1-6 節)。據此就能比較準確地描繪函數的圖形，一般可按下列步驟描繪函數的圖形。

⑴ 確定函數 $y = f(x)$ 的定義域。

⑵ 確定函數關於性坐標軸（y 軸）與坐標原點的對稱性（若無對稱性就無此步驟）。

⑶ 求出 $f'(x)$ 與 $f''(x)$，解出方程式 $f'(x) = 0, f''(x) = 0$ 在定義域內的全部實根。用這些根以及一階導數不存在的點把函數的定義域分割成若干小區間。

⑷ 在直角坐標系中標明曲線的極值點、反曲點以及曲線與坐標軸的交點。

⑸ 確定函數在小區間上的增減性，曲線的凹凸性（即向上凹與向下凹性）。

⑹ 把上述結果，按自變量大小順序列入一個表格內。

⑺ 畫出漸近線，根據表格內曲線形態描繪出曲線的形狀。

下面以實例說明之。

Example 5

作出函數 $y = \dfrac{2}{3}x^3 - \dfrac{1}{2}x^2 - x + 1$ 圖形

 函數 $y = f(x)$ 的定義域為 $(-\infty, \infty)$

$$f'(x) = 2x^2 - x - 1 = (2x+1)(x-1)$$

$$f''(x) = 4x - 1$$

$f'(x) = 0$ 　　的根為 　$x = -\dfrac{1}{2}$, $x = 1$

$f''(x) = 0$ 　　的根為 　$x = \dfrac{1}{4}$

將這些點 $-\dfrac{1}{2}, \dfrac{1}{4}, 1$ 由小到大順序排列，可把定義域分割成小區間：

$$\left(-\infty, -\frac{1}{2}\right), \left(-\frac{1}{2}, \frac{1}{4}\right), \left(\frac{1}{4}, 1\right), (1, \infty)$$

應用求極值點方法得到 $x = -\dfrac{1}{2}$ 時函數有極大值，$x = 1$ 時函數有極小值。

應用確定反曲點方法得到 $x = \dfrac{1}{4}$ 時曲線上的點是反曲點。在各小區間內分析 $f'(x)$ 的符號得曲線向上還是向下，分析 $f''(x)$ 的符號可得到曲線是向上凹還是向下凹。把上述一系列計算與分析列表如下

x	$\left(-\infty, -\frac{1}{2}\right)$	$-\frac{1}{2}$	$\left(-\frac{1}{2}, \frac{1}{4}\right)$	$\frac{1}{4}$	$\left(\frac{1}{4}, 1\right)$	1	$(1, \infty)$
$f'(x)$	$+$	0	$-$	$-$	$-$	0	$+$
$f''(x)$	$-$	$-$	$-$	0	$+$	$+$	$+$
曲線	↗		↘		↘		↗
$y = f(x)$	向下凹	極大	向下凹	反曲點	向上凹	極小	向上凹

表中 ↗ 表示曲線向上，↘ 表示曲線向下。計算關鍵點的坐標：

$$\left(-\frac{1}{2}, f\left(-\frac{1}{2}\right)\right) = \left(-\frac{1}{2}, \frac{31}{24}\right) \quad ; \quad \left(\frac{1}{4}, f\left(\frac{1}{4}\right)\right) = \left(\frac{1}{4}, \frac{35}{48}\right) \quad ;$$

$$(1, f(1)) = \left(1, \frac{1}{6}\right) ; \quad (0, 1)$$

由於當 $x \to \infty$ 時，$y \to \infty$；$x \to -\infty$，$y \to -\infty$ 所以，曲線無漸近線。

最後按照上述所得曲線的關鍵點與形態（向上或下，向上凹或下凹）作出函數曲線 $y = f(x)$ 的圖形。（圖 3-4-3）

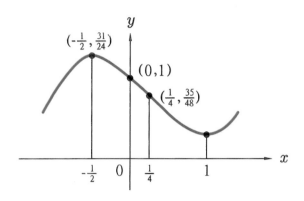

圖 3-4-3

註 在表格前面一段的文字分析今後不一定寫出，表中各欄填寫過程實際上就是分析過程。

Example 6

作出函數 $y = \dfrac{(x-1)^3}{(x+1)^2}$ 的圖形

 函數 $y = f(x)$ 的定義域是 $(-\infty, -1), (-1, \infty)$

$$f'(x) = \frac{(x-1)^2(x+5)}{(x+1)^3} \quad , \quad f''(x) = \frac{24(x-1)}{(x+1)^4}$$

$f'(x) = 0$ 的根為 $x = -5, x = 1$

$f''(x) = 0$ 的根為 $x = 1$

列表如下：

x	$(-\infty, -5)$	-5	$(-5, -1)$	$(-1, 1)$	1	$(1, \infty)$
$f'(x)$	$+$	0	$-$	$+$	0	$+$
$f''(x)$	$-$	$-$	$-$	$-$	0	$+$
曲線 $y = f(x)$	↗ 向下凹	極大	↘ 向下凹	↗ 向下凹	反曲點	↗ 反上凹

由於 $\lim\limits_{x \to -1} f(x) = -\infty$，曲線有一條鉛垂漸近線 $x = -1$，由於

$$a = \lim_{x \to \infty} \frac{f(x)}{x} = \lim_{x \to \infty} \frac{(x-1)^3}{x(x+1)^2} = 1$$

$$b = \lim_{x \to \infty} [f(x) - kx] = \lim_{x \to \infty} \left[\frac{(x-1)^3}{(x+1)^2} - x \right] = -5$$

曲線有斜漸近線 $y = x - 5$

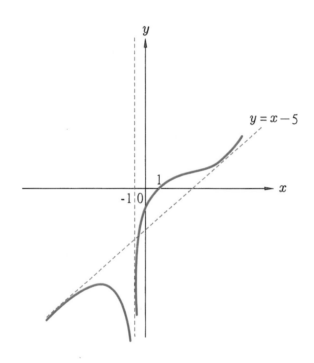

圖 3-4-4

極大點坐標 $\left(-5, -\dfrac{27}{2} \right)$；反曲點坐標 $(1, 0)$，曲線與 x 軸交點坐標 $(1, 0)$ 與 y

軸交點坐標 $(0, -1)$ 作出函數 $y = \dfrac{(x-1)^3}{(x+1)^2}$ 的圖形

求下列函數凹凸區間反曲點（1～4）

1. $y = x^3 - 9x^2 + 24x + 24$

2. $y = x^4 - 18x^2 + 4$

3. $y = \dfrac{x^2 - 1}{x - 3}$

4. $y = (x - 2)^{\frac{5}{3}} + 3$

作出下列函數的圖形（5～6）

5. $y = x^3 - 3x + 2$

6. $y = (x - 2)^{\frac{4}{3}}$

3-5 不定型與羅必達法則

若當 $x \to a(x \to \infty)$ 時，函數 $f(x), g(x)$ 都趨於零或都趨於無窮大，則極限 $\lim\limits_{\substack{x \to a \\ (x \to \infty)}} \dfrac{f(x)}{g(x)}$ 可能存在，可能不存在。通常把這種極限叫做不定型，並分別簡記成 $\dfrac{0}{0}$ 型或 $\dfrac{\infty}{\infty}$ 型。在 1-5 節定理 1.21 極限 $\lim\limits_{x \to 0} \dfrac{\sin x}{x}$ 是 $\dfrac{0}{0}$ 型。對於這類不定型極限，不能運用 "商的極限等於極限的商" 這一法則。我們可用羅必達法則計算這類不定型的極限。除這兩種不定型以外，還有 $\infty - \infty$ 型，$0 \cdot \infty$ 型，0° 型，1^{∞}，∞^{0} 型等都可以轉化成 $\dfrac{0}{0}$ 型或 $\dfrac{\infty}{\infty}$ 型極限。

▼ 1

$\dfrac{0}{0}$ 與 $\dfrac{\infty}{\infty}$ 不定型極限

定理 3.11

設(1)當 $x \to a$ 時，$f(x), g(x)$ 都趨於零（無窮大）(2)在點 a 的某一鄰域內（點 a 本身除外），$f'(x), g'(x)$ 均存在且 $g'(x) \neq 0$，且 $\lim\limits_{x \to a} \dfrac{f'(x)}{g'(x)}$ 存在（或無窮大），則

$$\lim_{x \to a} \frac{f(x)}{g(x)} = \lim_{x \to a} \frac{f'(x)}{g'(x)}$$

註 當 $x \to \infty$，本定理也成立。

Example 1

求 $\lim\limits_{x \to 1} \dfrac{3x^3 - x^2 - 3x + 1}{4x^4 + x^3 - 4x^2 - 8x + 7}$ $\quad \left(\dfrac{0}{0}\right)$

$$\lim_{x \to 1} \frac{3x^3 - x^2 - 3x + 1}{4x^4 + x^3 - 4x^2 - 8x + 7}$$

$$= \lim_{x \to 1} \frac{9x^2 - 2x - 3}{16x^3 + 3x^2 - 8x - 8} = \frac{4}{3}$$

Example 2

求 $\displaystyle\lim_{x \to 0} \frac{x - x\cos x}{x - \sin x}$ 的值　　$\left(\dfrac{0}{0}\right)$

$$\lim_{x \to 0} \frac{x - x\cos x}{x - \sin x} = \lim_{x \to 0} \frac{1 - \cos x + x\sin x}{1 - \cos x}$$

$$= \lim_{x \to 0} \frac{2\sin x + x\cos x}{\sin x} = \lim_{x \to 0} \frac{3\cos x - x\sin x}{\cos x} = 3$$

註 這裏用了三次羅必達法則。

Example 3

求 $\displaystyle\lim_{x \to 0} \frac{\sin x - x\cos x}{\sin^3 x}$ 的值　　$\left(\dfrac{0}{0}\right)$

$$\lim_{x \to 0} \frac{\sin x - x\cos x}{\sin^3 x} = \lim_{x \to 0} \frac{x\sin x}{3\sin^2 x \cdot \cos x}$$

$$= \lim_{x \to 0} \frac{x}{3\sin x\cos x} = \lim_{x \to 0} \frac{1}{3\cos 2x} = \frac{1}{3}$$

Example 4

$$\lim_{x \to \infty} \frac{\dfrac{\pi}{2} - \tan^{-1} x}{\dfrac{1}{x}} \qquad \left(\dfrac{0}{0}\right)$$

解
$$\lim_{x\to\infty}\frac{\frac{\pi}{2}-\tan^{-1}x}{\frac{1}{x}}=\lim_{x\to\infty}\frac{-\frac{1}{1+x^2}}{-\frac{1}{x^2}}$$

$$=\lim_{x\to\infty}\frac{x^2}{1+x^2}=\lim_{x\to\infty}\frac{2x}{2x}$$

$$=\lim_{x\to\infty}\frac{2}{2}=1$$

Example 5

求　$\displaystyle\lim_{x\to\infty}\frac{x^2+x+1}{(x-1)^2}$　$\left(\dfrac{\infty}{\infty}\right)$

解
$$\lim_{x\to\infty}\frac{x^2+x+1}{(x-1)^2}=\lim_{x\to\infty}\frac{2x+1}{2(x-1)}$$

$$=\lim_{x\to\infty}\frac{2}{2}=1$$

Example 6

求　$\displaystyle\lim_{x\to\infty}\frac{x+\sin x}{x}$　$\left(\dfrac{\infty}{\infty}\right)$

解 因 $\displaystyle\lim_{x\to\infty}(x+\sin x)=\infty$，$\displaystyle\lim_{x\to\infty}x=\infty$，此題看來是 $\dfrac{\infty}{\infty}$ 型不定型，用羅必達法則得 $\displaystyle\lim_{x\to\infty}\frac{x+\sin x}{x}=\lim_{x\to\infty}\frac{1+\cos x}{1}$ 不存在，這時我們不能認為原題極限不存在。因為 $\dfrac{x+\sin x}{x}=1+\dfrac{\sin x}{x}$，且 $\displaystyle\lim_{x\to\infty}\frac{\sin x}{x}=0$ 故 $\displaystyle\lim_{x\to\infty}\frac{x+\sin x}{x}=\lim_{x\to\infty}\left(1+\frac{\sin x}{x}\right)=1$，產生矛盾的原因是羅必達法則是計算極限的充分法則，即當 $\displaystyle\lim_{x\to\infty}\frac{f'(x)}{g'(x)}$ 不存在時，極限 $\displaystyle\lim_{x\to\infty}\frac{f(x)}{g(x)}$ 並不一定存在，換言之，，用羅必達法則計算極限不存在時，原極限 $\displaystyle\lim_{x\to\infty}\frac{f(x)}{g(x)}$ 也可能存在，需要應用其他方法計算。

2 $0 \cdot \infty$ 與 $\infty - \infty$ 不定型極限

這兩種不定型可以用代數變換，化為 $\dfrac{0}{0}$ 型或 $\dfrac{\infty}{\infty}$ 型。例如，若乘積 $f \cdot g$ 為不定型 $0 \cdot \infty$，則

$$f \cdot g = \frac{f}{\dfrac{1}{g}} \qquad \left(\frac{0}{0} \right)$$

或

$$f \cdot g = \frac{g}{\dfrac{1}{f}} \qquad \left(\frac{\infty}{\infty} \right)$$

這時，再用羅必達法則計算。

又如，若 $f \to \infty, g \to \infty$，則 $f - g$ 是 $\infty - \infty$ 不定型，這時

$$f - g = \frac{\dfrac{1}{g} - \dfrac{1}{f}}{\dfrac{1}{f} \cdot \dfrac{1}{g}} \qquad \left(\frac{0}{0} \right)$$

是 $\dfrac{0}{0}$ 型，可用羅必達法則。且在實際問題計算時還可用其它方法得出簡單的化解方法。

Example 7

求 $\displaystyle \lim_{x \to \frac{\pi}{2}} (\sec x - \tan x)$ 的值 $\quad (\infty - \infty)$

解

$$\lim_{x \to \frac{\pi}{2}} (\sec x - \tan x) = \lim_{x \to \frac{\pi}{2}} \left(\frac{1}{\cos x} - \frac{\sin x}{\cos x} \right)$$

$$= \lim_{x \to \frac{\pi}{2}} \frac{1 - \sin x}{\cos x} \quad \text{它已化成} \ \frac{0}{0} \ \text{型}$$

於是

$$\lim_{x \to \frac{\pi}{2}} = \lim_{x \to \frac{\pi}{2}} \frac{1 - \sin x}{\cos x} \qquad \left(\frac{0}{0} \right)$$

$$= \lim_{x \to \frac{\pi}{2}} \left(\frac{-\cos x}{-\sin x} \right) = 0$$

Example 8

求 $\displaystyle\lim_{x\to\frac{\pi}{2}^+}\left[\left(x-\frac{\pi}{2}\right)\tan x\right]$　　$(0,\infty)$

解 這是 $(0\cdot\infty)$ 型，於是

$$\lim_{x\to\frac{\pi}{2}^+}\left[\left(x-\frac{\pi}{2}\right)\tan x\right]=\lim_{x\to\frac{\pi}{2}^+}\left(\frac{x-\dfrac{\pi}{2}}{\dfrac{1}{\tan x}}\right)\qquad\left(\frac{0}{0}\right)$$

$$=\lim_{x\to\frac{\pi}{2}^+}\frac{1}{-\dfrac{1}{\tan^2 x\cos^2 x}}=\lim_{x\to\frac{\pi}{2}^+}(-\tan^2 x\cos^2 x)$$

$$=\lim_{x\to\frac{\pi}{2}^+}(-\sin^2 x)=-1$$

Example 9

求 $\displaystyle\lim_{x\to 0}x^n\ln x$　$(n>0)$　$(0\cdot\infty)$

$$\lim_{x\to 0}x^n\cdot\ln x\qquad(0,\infty)$$

$$=\lim_{x\to 0}\frac{\ln x}{\dfrac{1}{x^n}}\qquad\left(\frac{\infty}{\infty}\right)$$

$$=\lim_{x\to 0}\frac{-x^n}{n}=0$$

3 1^∞、∞^0 與 0^0 不定型極限

這三種類型不定型可用取對數的方法化為前面幾種不定型。可設

$$y=f^g$$

則取對數得 $\ln y=g\ln f$，它是 $0\cdot\infty$ 型不定型。

Example 10

求 $\quad \lim\limits_{x \to 0^+} (\tan x)^{\sin x} \qquad (0^0)$

解 設 $y = (\tan x)^{\sin x}$ ，則

$$\ln y = \sin x \ln(\tan x), (y = e^{\ln y})$$

於是

$$\lim_{x \to 0^+} \ln y = \lim_{x \to 0^+} \sin x \ln(\tan x) \qquad (0, \infty)$$

$$= \lim_{x \to 0^+} \frac{\ln \tan x}{\dfrac{1}{\sin x}} \qquad \left(\frac{\infty}{\infty}\right)$$

$$= \lim_{x \to 0^+} \frac{-\sin x}{\cos^2 x} = 0$$

故

$$\lim_{x \to 0^+} y = \lim_{x \to 0^+} e^{\ln y} = e^0 = 1$$

Example 11

求 $\quad \lim\limits_{x \to 0} \left(\dfrac{\sin x}{x}\right)^{\frac{1}{x^2}} \qquad (1^\infty)$

解 設 $y = \left(\dfrac{\sin x}{x}\right)^{\frac{1}{x^2}}$ ，$\ln y = \dfrac{1}{x^2} \ln \dfrac{\sin x}{x}$

$$\lim_{x \to 0} \ln y = \lim_{x \to 0} \frac{1}{x^2} \ln \frac{\sin x}{x} \qquad (\infty, 0)$$

$$= \lim_{x \to 0} \frac{\ln \dfrac{\sin x}{x}}{x^2} \qquad \left(\frac{0}{0}\right)$$

$$= \lim_{x \to 0} \frac{\dfrac{x \cos x - \sin x}{x \sin x}}{2x}$$

$$= \lim_{x \to 0} \frac{x \cos x - \sin x}{2x^2 \sin x} \qquad \left(\frac{0}{0}\right)$$

$$= \lim_{x \to 0} \frac{-\sin x}{4 \sin x + 2x \cos x} \qquad \left(\frac{0}{0}\right)$$

$$= \lim_{x \to 0} \frac{-\cos x}{6 \cos x - 2x \sin x} = -\frac{1}{6}$$

故

$$\lim_{x \to 0} y = \lim_{x \to 0} e^{\ln y} = e^{-\frac{1}{6}} = \frac{1}{\sqrt[6]{e}}$$

用羅必達法則求下列極限（1～20）

1. $\displaystyle\lim_{x\to 0}\frac{\sin 3x}{x}$

2. $\displaystyle\lim_{x\to 1}\frac{x-1}{x^n-1}$

3. $\displaystyle\lim_{x\to b}\frac{x^m-b^m}{x^n-b^n},(m,n為實數)$

4. $\displaystyle\lim_{x\to \pi}\frac{\sin 7x}{\sin 5x}$

5. $\displaystyle\lim_{x\to 0}\frac{\tan x-x}{x-\sin x}$

6. $\displaystyle\lim_{x\to \frac{\pi}{4}}\frac{\tan x-1}{\sin 4x}$

7. $\displaystyle\lim_{x\to a}\frac{\cos x-\cos a}{x-a}$

8. $\displaystyle\lim_{x\to a}\frac{\tan x-\tan a}{x-a}\qquad \left(a\neq \frac{\pi}{2}+n\pi\right)$

9. $\displaystyle\lim_{x\to \frac{3\pi}{2}}\frac{\tan x}{\tan 3x}$

10. $\displaystyle\lim_{x\to 2^+}\frac{\ln(x-2)}{\ln(e^x-e^2)}$

11. $\displaystyle\lim_{x\to 0}\left(\frac{1}{\tan x}-\frac{1}{x}\right)$

12. $\displaystyle\lim_{x\to 1}\left(\frac{1}{2(1-\sqrt{x})}-\frac{1}{3(1-\sqrt[3]{x})}\right)$

13. $\displaystyle\lim_{x\to\frac{\pi}{2}} \left(\frac{x}{\cot x} - \frac{\pi}{2\cos x} \right)$

14. $\displaystyle\lim_{x\to 1} \left(\frac{2}{x^2-1} - \frac{1}{x-1} \right)$

15. $\displaystyle\lim_{x\to\infty} \left(1 + \frac{a}{x} \right)^x$

16. $\displaystyle\lim_{x\to 0^+} \left(\frac{1}{x} \right)^{\tan x}$

17. $\displaystyle\lim_{x\to +\infty} \left(1 + \frac{1}{x^2} \right)^x$

18. $\displaystyle\lim_{x\to\infty} (x + 2^x)^{\frac{1}{x}}$

19. $\displaystyle\lim_{x\to 0^+} (\sin^{-1} x)^{\tan x}$

20. $\displaystyle\lim_{x\to 0^+} x^{\sin x}$

CHAPTER 4

不定積分

本 章 摘 要

不定積分是一元函數微積分學的一個基本概念。不定積分運算是求導函數或求微分的逆運算。本章先介紹反導函數與不定積分概念，然後介紹兩種積分方法、最後介紹某些特殊類型函數的積分。

4-1 不定積分及其基本積分公式

1 不定積分概念

對於任意滿足一定條件的函數 $f(x)$，我們已會求 $f(x)$ 的導函數 $f'(x)$。但是，反過來給定函數 $f(x)$，則哪一個函數的導函數恰是 $f(x)$？不定積分便是這一類函數，它的導函數是 $f(x)$。

Definition >> 定 義 **4.1**

設在區間 $[a,b]$ 上有 $F'(x) = f(x)$ 或 $dF(x) = f(x)dx$，則稱 $F(x)$ 是 $f(x)$ 在 $[a,b]$ 上的**反導函數**(antiderivative)。

Example 1

設 $f(x) = x$，則 $F(x) = \dfrac{1}{2}x^2$ 是 $f(x)$ 的反導函數。

Example 2

設 $f(x) = 0$，則 $F(x) = C$（C 為任意常數）是 $f(x)$ 的反導函數。

Example 3

設 $f(x) = \cos x$，則 $F(x) = \sin x$ 是 $f(x)$ 的反導函數，且 $F(x) = \sin x + C$（其中 C 為任意常數）也是 $f(x)$ 的反導函數。

不難看出，一個函數 $f(x)$ 的反導函數是不唯一的。即若 $F(x)$ 是 $f(x)$ 的反導函數，則 $F(x) + C$（其中 C 為任意常數）也是 $f(x)$ 的反導函數。現在需要回答另一個問題：若 $F(x), G(x)$ 都是 $f(x)$ 的反導函數，則 $F(x)$ 與 $G(x)$ 之間有什麼關係？此即下列定理 4.1 所回答。

定理 **4.1**

若 $F'(x) = G'(x) = f(x)$ 在區間 $[a, b]$ 上任一點都成立，則在區間 $[a, b]$ 上任一點 x 都有

$$F(x) = G(x) + C$$

即 $F(x)$ 與 $G(x)$ 僅相差一個常數。

 命 $H(x) = F(x) - G(x)$，則在 (a, b) 上，

$$H'(x) = F'(x) - G'(x) = f(x) - f(x) = 0$$

由 3-1 節定理 3.3 知在區間 (a, b) 上

$$H(x) = F(x) - G(x) = C = 常數$$

又由於 $H(x)$ 在 $[a, b]$ 上可微，於是 $H(x)$ 在 $[a, b]$ 上連續，故 $H(x) = C$ 在 $[a, b]$ 上都對。

Definition >> 定 義 **4.2**

函數 $f(x)$ 的所有反導函數的全體叫做函數 $f(x)$ 的**不定積分** (indefinite integral)

$$\int f(x)dx$$

稱 $f(x)$ 是**被積函數**，$f(x)dx$ 叫做**被積表達式**，而 x 叫做**積分變量**。

由定理 4.1 知，若 $F(x)$ 是 $f(x)$ 的一個反導函數，則

$$\int f(x)dx = F(x) + C$$

其 C 為任意常數。

Example 4

由 例 1 知

$$\int xdx = \frac{1}{2}x^2 + C$$

Example 5

由 例 3 知

$$\int \cos xdx = \sin x + C$$

根據不定積分定義，可得不定積分與導數或微分的關係

$$\frac{d}{dx}[\int f(x)dx] = f(x) \qquad 或 \qquad d\int f(x)dx = f(x)dx$$

$$\int f'(x)dx = f(x) + C \qquad 或 \qquad \int df(x) = f(x) + C$$

由此可見，求導函數與求不定積分互為逆運算。當積分記號與微分記號連在一起時，或者抵消，或者抵消後差一個常數。

2 基本積分公式

由於求導函數與求不定積分互為逆運算，所以可以由導函數公式推出相應的不定積分公式。

在第二章中，我們已經學會了 $x^n, \sin x$ 等三角函數， $\sin^{-1} x$ 等反三角函數， $e^x, \ln(x)$ 的導數函數，因此可以很容易推出基本積分公式，希望讀者務必熟記。

$$\int 0 \cdot dx = C$$

$$\int x^\mu dx = \frac{1}{\mu + 1}x^{\mu+1} + C \qquad (\mu \neq -1)$$

$$\int \sin xdx = -\cos x + C$$

$$\int \cos x \, dx = \sin x + C$$

$$\int \sec^2 x \, dx = \tan x + C$$

$$\int \csc^2 x \, dx = -\cot x + C$$

$$\int \sec x \tan x \, dx = \sec x + C$$

$$\int \csc x \cot x \, dx = -\csc x + C$$

$$\int \frac{dx}{\sqrt{1 - x^2}} = \sin^{-1} x + C$$

$$\int -\frac{dx}{\sqrt{1 - x^2}} = \cos^{-1} x + C$$

$$\int \frac{dx}{1 + x^2} = \tan^{-1} x + C$$

$$\int -\frac{dx}{1 + x^2} = \cot^{-1} x \, dx$$

$$\int \frac{dx}{x\sqrt{x^2 - 1}} = \sec^{-1} x + C$$

$$\int -\frac{dx}{x\sqrt{x^2 - 1}} = \csc^{-1} x + C$$

$$\int e^x \, dx = e^x + C$$

$$\int a^x \, dx = \frac{1}{\ln a} a^x + C$$

$$\int \frac{1}{x} \, dx = \ln |x| + C$$

3 不定積分的性質

(1) 被積分函數中的常數因子可以提到積分號外面

$$\int kf(x)dx = k\int f(x)dx \qquad (k\ \text{為常數})$$

(2) 兩個函數和（或差）的不定積分等於各函數不定積分的和

$$\int [f(x) \pm g(x)]dx = \int f(x)dx \pm \int g(x)dx$$

（證略）性質(2)可以推廣到有限個函數的情況。

利用基本積分表及不定積分的兩個性質，我們可以求一些簡單的不定積分。

Example 6

求　$\displaystyle\int \sqrt{x}(x^2 + 2x + 3)dx$

$$\int \sqrt{x}(x^2 + 2x + 3)dx$$

$$= \int \left(x^{\frac{5}{2}} + 2x^{\frac{3}{2}} + 3x^{\frac{1}{2}}\right)dx$$

$$= \int x^{\frac{5}{2}}dx + \int 2x^{\frac{3}{2}}dx + \int 3x^{\frac{1}{2}}dx$$

$$= \frac{1}{\frac{5}{2}+1}x^{\frac{5}{2}+1} + \frac{2}{\frac{3}{2}+1}x^{\frac{3}{2}+1} + \frac{3}{\frac{1}{2}+1}x^{\frac{1}{2}+1} + C$$

$$= \frac{2}{7}x^{\frac{7}{2}} + \frac{4}{5}x^{\frac{5}{2}} + 2x^{\frac{3}{2}} + C$$

註　三個不定積分的任意常數只須合為一個 C 即可。

Example 7

求　$\displaystyle\int (3x + 5)^2 dx$

$$\int (3x+5)^2 dx = \int (9x^2 + 30x + 25)dx$$

$$= \int 9x^2 dx + \int 30x dx + \int 25 dx$$

$$= \frac{9}{3}x^3 + \frac{30}{2}x^2 + 25x + C$$

$$= 3x^3 + 15x^2 + 25x + C$$

Example 8

求　$\displaystyle\int \left(x^2 + \frac{1}{x^2}\right)^2 dx$

$$\int \left(x^2 + \frac{1}{x^2}\right)^2 dx = \int \left(x^4 + 2 + \frac{1}{x^4}\right) dx$$

$$= \frac{1}{5}x^5 + 2x + \frac{1}{-3}x^{-3} + C$$

$$= \frac{1}{5}x^5 + 2x - \frac{1}{3x^3} + C$$

Example 9

求　$\displaystyle\int (4\sin x - x^3 + \sec x \tan x)dx$

$$\int (4\sin x - x^3 + \sec x \tan x)dx$$

$$= -4\cos x - \frac{1}{4}x^4 + \sec x + C$$

Example 10

求 $\displaystyle\int (3e^x + \cos x + 1)dx$

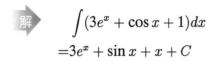 $\displaystyle\int (3e^x + \cos x + 1)dx$

$= 3e^x + \sin x + x + C$

求下列不定積分

1. $\int (3x^4 + 2x^3 + 5x^2 + 7)dx$

2. $\int x^3 \sqrt[3]{x^2}dx$

3. $\int (x^3 + 1)^2 dx$

4. $\int \dfrac{\sqrt{x} - 2\sqrt[3]{x} + 1}{\sqrt[3]{x^2}}dx$

5. $\int \dfrac{15x^3 + 2}{x^4}dx$

6. $\int \left(\dfrac{2}{\sqrt{1 - x^2}} + \dfrac{3}{1 + x^2} \right) dx$

7. $\int (3\sec^2 x + \csc^2 x)dx$

8. $\int \left(5e^x + \dfrac{1}{x} + a^x \right) dx$

9. $\int \left(\dfrac{1}{1 + x^2} - \sqrt{x} + 5x^2 + 1 \right) dx$

10. $\int (\sqrt[3]{x} + \sqrt{x} + 1)dx$

4-2 變數代換法（U－代入法）

　　利用基本積分表與積分的基本性質，我們所能解決的不定積分問題是非常有限的。因此，有必要進一步介紹求不定積分的方法。本節介紹的變數代換法是一種基本的積分方法。它是通過適當的變數（量）代換，使所求積分化為基本積分表中的積分。它的根據是下述定理。

定理 4.2

　　設 $f(u)$ 具有反導函數 $F(u)$，$u = \varphi(x)$ 可微，則 $F[\varphi(x)]$ 是 $F[\varphi(x)]\varphi'(x)$ 的反導函數，即有變數代換公式

$$\int f[\varphi(x)]\varphi'(x)dx = F[\varphi(x)] + C \tag{4.2.1}$$

通常在求不定積分 $\int f[\varphi(x)]\varphi'(x)dx$ 時，我們可令 $u = \varphi(x), du = \varphi'(x)dx$，故

$$\int f[\varphi(x)]\varphi'(x)dx = \int f(u)du = F(u) + C = F[\varphi(x)] + C$$

這種技巧常稱為 u-代入法。

 　設 $G(x) = F[\varphi(x)]$，故由連鎖法則

$$\frac{d}{dx}[G(x)] = \frac{dF}{du}\frac{du}{dx} = f(u)\frac{du}{dx} = f[\varphi(x)]\varphi'(x)$$

即 $G(x)$ 是 $f[\varphi(x)]\varphi'(x)$ 的反導函數，所以有

$$\int f[\varphi(x)]\varphi'(x)dx = G(x) + C = F[\varphi(x)] + C$$

以下舉例說明方法的適用。

Example 1

$$\int (3x + 2)^{50}dx$$

解 令 $u = 3x + 2$，則 $du = 3dx, dx = \dfrac{1}{3}du$

於是

$$\int (3x+2)^{50}dx = \int u^{50} \cdot \frac{1}{3}du$$

$$= \frac{1}{51 \times 3}u^{51} + C = \frac{1}{153}(3x+2)^{51} + C$$

Example 2

$$\int (ax+b)^m dx \ , \ m \neq -1$$

解 令 $u = ax + b$，則 $du = adx, dx = \dfrac{1}{a}du$

於是

$$\int (ax+b)^m dx = \int u^m \cdot \frac{1}{a}du$$

$$= \frac{1}{a(m+1)}u^{m+1} + C$$

$$= \frac{1}{a(m+1)}(ax+b)^{m+1} + C$$

Example 3

$$\int \frac{1}{(ax+b)^m}dx \qquad m \neq 1$$

解 令 $u = ax + b$，則 $du = adx, dx = \dfrac{1}{a}du$

於是

$$\int \frac{1}{(ax+b)^m}dx = \int \frac{1}{u^m} \cdot \frac{1}{a}du$$

$$= \frac{1}{a(-m+1)}u^{-m+1} + C$$

$$= \frac{1}{a(-m+1)}(ax+b)^{-m+1} + C$$

Example 4

求　$\int \frac{dx}{a^2 + x^2}$, $(a > 0)$

 因為基本積分公式中有

$$\int \frac{dx}{1+x^2} = \tan^{-1} x + C$$

所以，我們先用 a^2 去除被積函數的分子分母，即

$$\int \frac{dx}{a^2 + x^2} = \int \frac{\frac{1}{a^2}dx}{1 + (\frac{x}{a})^2}$$

令 $u = \frac{x}{a}$, $dx = adu$

於是

$$\int \frac{dx}{a^2 + x^2} = \frac{1}{a}\int \frac{du}{1+u^2} = \frac{1}{a}\tan^{-1} u + C$$

$$= \frac{1}{a}\tan^{-1}\frac{x}{a} + C$$

有時也不一定明顯寫出 $u = \varphi(x)$，只要湊成微分 du 即可。現以剛才幾個例子為例說明。

$$\int (3x+2)^{50}dx = \int \frac{1}{3}(3x+2)^{50}d(3x+2)$$

$$=\frac{1}{3 \times 51}(3x + 2)^{51} + C$$

$$=\frac{1}{153}(3x + 2)^{51} + C$$

$$\int (ax + b)^m dx = \int \frac{1}{a}(ax + b)^m d(ax + b)$$

$$=\frac{1}{a(m + 1)}(ax + b)^{m+1} + C \qquad (m \neq -1)$$

$$\int \frac{1}{(ax + b)^m} dx = \int \frac{1}{a(ax + b)^m} d(ax + b)$$

$$=\frac{1}{a(-m + 1)}(ax + b)^{-m+1} + C \qquad (m \neq 1)$$

$$\int \frac{dx}{a^2 + x^2} = \int \frac{dx}{a^2(1 + \frac{x^2}{a^2})} = \int \frac{1}{a}\frac{1}{1 + \frac{x^2}{a^2}} d\left(\frac{x}{a}\right)$$

$$=\frac{1}{a}\tan^{-1}\frac{x}{a} + C$$

因此 $u-$ 代入法經常稱為**湊微分法**

Example 5

求 $\displaystyle\int \sin 3x\, dx$

$$\int \sin 3x\, dx = \frac{1}{3}\int \sin 3x\, d(3x)$$

$$= -\frac{1}{3}\cos 3x + C$$

Example 6

求 $\displaystyle\int \frac{dx}{\sqrt{a^2 - x^2}} \qquad (a > 0)$

解 $\displaystyle\int\frac{dx}{\sqrt{a^2-x^2}}=\int\frac{dx}{a\sqrt{1-(\frac{x}{a})^2}}=\int\frac{d\left(\frac{x}{a}\right)}{\sqrt{1-(\frac{x}{a})^2}}=\sin^{-1}\frac{x}{a}+C$

Example 7

求 $\displaystyle\int\frac{xdx}{\sqrt{1-x^2}}$

解 $\displaystyle\int\frac{xdx}{\sqrt{1-x^2}}=-\frac{1}{2}\int\frac{d(1-x^2)}{\sqrt{1-x^2}}=-\sqrt{1-x^2}+C$

Example 8

求 $\displaystyle\int x\sqrt{3+x^2}dx$

解 $\displaystyle\int x\sqrt{3+x^2}dx=\frac{1}{2}\int\sqrt{3+x^2}d(3+x^2)$

$\displaystyle=\frac{1}{2}\times\frac{2}{3}(3+x^2)^{\frac{3}{2}}+C=\frac{1}{3}(3+x^2)^{\frac{3}{2}}+C$

Example 9

求 $\displaystyle\int\frac{dx}{a^2-x^2}$

解 $\displaystyle\int\frac{dx}{a^2-x^2}=\frac{1}{2a}\int\left(\frac{1}{a+x}+\frac{1}{a-x}\right)dx$

$\displaystyle=\frac{1}{2a}\left[\int\frac{dx}{a+x}+\int\frac{dx}{a-x}\right]=\frac{1}{2a}\left[\int\frac{d(a+x)}{a+x}-\int\frac{d(a-x)}{a-x}\right]$

$\displaystyle=\frac{1}{2a}\left[\ln|a+x|-\ln|a-x|\right]+C$

$$=\frac{1}{2a}\ln\left|\frac{a+x}{a-x}\right|+C$$

Example 10

求　$\displaystyle\int\frac{dx}{x(3+5\ln x)}$　　$(x>0)$

$$\int\frac{dx}{x(3+\ln x)}=\int\frac{d\ln x}{3+5\ln x}=\frac{1}{5}\int\frac{d(3+5lnx)}{3+5\ln x}$$

$$=\frac{1}{5}\ln|3+5\ln x|+C$$

Example 11

求　$\displaystyle\int xe^{-x^2}dx$

$$\int xe^{-x^2}dx=-\frac{1}{2}\int e^{-x^2}d(-x^2)=-\frac{1}{2}e^{-x^2}+C$$

Example 12

求　$\displaystyle\int\frac{xdx}{\sqrt{1-x^2}}$

$$\int\frac{xdx}{\sqrt{1-x^2}}=-\frac{1}{2}\int\frac{d(1-x^2)}{\sqrt{1-x^2}}=-\sqrt{1-x^2}+C$$

Example 13

求　$\displaystyle\int\frac{xdx}{1+x^2}$

$$\int \frac{xdx}{1+x^2} = \frac{1}{2} \int \frac{d(1+x^2)}{1+x^2} = \frac{1}{2} \ln|1+x^2| + C$$

$$= \frac{1}{2} \ln(1+x^2) + C \qquad (\because 1 + x^2 > 0)$$

Example 14

求　$\displaystyle\int \frac{\tan^{-1} x}{1+x^2} dx$

$$\int \frac{\tan^{-1} x}{1+x^2} dx = \int \tan^{-1} x\, d(\tan^{-1} x)$$

$$= \frac{1}{2}(\tan^{-1} x)^2 + C$$

Example 15

求　$\displaystyle\int \frac{dx}{17 + 8x + x^2}$

$$\int \frac{dx}{17 + 8x + x^2} = \int \frac{d(4+x)}{1 + (4+x)^2} = \tan^{-1}(4+x) + C$$

Example 16

求　$\displaystyle\int \frac{x+1}{x^2 + 2x + 2} dx$

令 $u = x^2 + 2x + 2$，$du = 2(x+1)dx$

故原式 $= \dfrac{1}{2} \displaystyle\int \frac{du}{u} = \frac{1}{2} \ln|u| + C = \frac{1}{2} \ln|x^2 + 2x + 2| + C$

$\qquad = \dfrac{1}{2} \ln(x^2 + 2x + 2) + C \quad (\because x^2 + 2x + 2 > 0)$

註　例 15 與例 16 在被積函數的分母中都屬於二次三項式 $x^2 + px + q$ 不能分解為一次因式一類的題，由於不能分解為一次因式，故

$$x^2 + px + q = \left(x + \frac{p}{2}\right)^2 + \frac{4q - p^2}{4} \qquad (4q - p^2 > 0)$$

令 $a = \sqrt{\dfrac{4q - p^2}{4}}$ ，則

$$x^2 + px + q = \left(x + \frac{p}{2}\right)^2 + a^2$$

於是

$$\int \frac{dx}{x^2 + px + q} = \int \frac{d(x + \frac{p}{2})}{(x + \frac{p}{2})^2 + a^2}$$

$$= \int \frac{d[\frac{1}{a}(x + \frac{p}{2})]^2}{[\frac{1}{a}(x + \frac{p}{2})]^2 + 1} = \tan^{-1}\left[\frac{1}{a}\left(x + \frac{p}{2}\right)\right] + C$$

若 $x^2 + px + q$ 可以分解因式（即 $p^2 - 4q > 0$），不妨設 $x^2 + px + q = (x - a)(x - b)$，則

$$\int \frac{dx}{x^2 + px + q} = \int \frac{dx}{(x - a)(x - b)}$$

$$= \int \frac{1}{a - b}\left[\frac{1}{x - a} - \frac{1}{x - b}\right] dx = \frac{1}{a - b}\ln\left|\frac{x - a}{x - b}\right| + C$$

記住上述分析將會有很大益處。

　　下列幾個不定積分需先作三角恒等變換或其它代數恒等變換。

Example 17

　　求　$\displaystyle\int \sin^2 x\, dx$

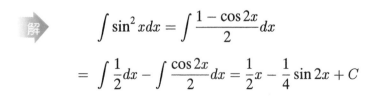

解

$$\int \sin^2 x\, dx = \int \frac{1 - \cos 2x}{2} dx$$

$$= \int \frac{1}{2} dx - \int \frac{\cos 2x}{2} dx = \frac{1}{2}x - \frac{1}{4}\sin 2x + C$$

Example 18

求 $\int \cos^3 x dx$

$$\int \cos^3 x dx = \int \cos^2 x \cos x dx = \int \cos^2 x d\sin x$$

$$= \int (1 - \sin^2 x) d\sin x = \int d\sin x - \int \sin^2 x d\sin x$$

$$= \sin x - \frac{1}{3} \sin^3 x + C$$

Example 19

求 $\int \sin^4 x dx$

$$\int \sin^4 x dx = \int \left(\frac{1 - \cos 2x}{2}\right)^2 dx$$

$$= \frac{1}{4} \int (1 - 2\cos 2x + \cos^2 2x) dx$$

$$= \frac{1}{4} \int dx - \frac{1}{2} \int \cos 2x dx + \frac{1}{4} \int \cos^2 2x dx$$

$$= \frac{1}{4} x - \frac{1}{4} \int \cos 2x d2x + \frac{1}{8} \int (1 + \cos 4x) dx$$

$$= \frac{1}{4} x - \frac{1}{4} \sin 2x + \frac{1}{8} x + \frac{1}{32} \int \cos 4x d4x$$

$$= \frac{3}{8} x - \frac{1}{4} \sin 2x + \frac{1}{32} \sin 4x + C$$

Example 20

求 $\int \sin x \cos x dx$

$$\int \sin x \cos x dx = \int \sin x d \sin x = \frac{1}{2} \sin^2 x + C$$

或

$$\int \sin x \cos x dx = \frac{1}{2} \int \sin 2x dx = \frac{1}{4} \int \sin 2x d2x = -\frac{1}{4} \cos 2x + C$$

(註) 這兩個答案都正確，因為它們之間僅相差一個常數！

Example 21

求 $\displaystyle\int \sin^2 x \cos^3 x dx$

$$\int \sin^2 x \cos^3 x dx = \int \sin^2 x \cos^2 x d \sin x$$
$$= \int \sin^2 x (1 - \sin^2 x) d \sin x = \int \sin^2 x d \sin x - \int \sin^4 x d \sin x$$
$$= \frac{1}{3} \sin^3 x - \frac{1}{5} \sin^5 x + C$$

Example 22

求 $\displaystyle\int \cos 2x \sin 3x dx$

$$\int \cos 2x \sin 3x dx = \frac{1}{2} \int [\sin(2+3)x - \sin(2-3)x] dx$$
$$= \frac{1}{2} \int (\sin 5x + \sin x) dx = -\frac{1}{10} \cos 5x - \frac{1}{2} \cos x + C$$

Example 23

求 $\displaystyle\int \tan x dx$

$$\int \tan x\, dx = \int \frac{\sin x}{\cos x}\, dx = -\int \frac{d\cos x}{\cos x} = -\ln|\cos x| + C$$

Example 24

求 $\displaystyle\int \sec x\, dx$

$$\int \sec x\, dx = \int \frac{1}{\cos x}\, dx = \int \frac{\cos x\, dx}{\cos^2 x}$$

$$= \int \frac{d\sin x}{1 - \sin^2 x} = \frac{1}{2}\int \left(\frac{1}{1+\sin x} + \frac{1}{1-\sin x} \right) d\sin x$$

$$= \frac{1}{2}\int \frac{d\sin x}{1+\sin x} + \frac{1}{2}\int \frac{d\sin x}{1-\sin x}$$

$$= \frac{1}{2}\int \frac{d(1+\sin x)}{1+\sin x} - \frac{1}{2}\int \frac{d(1-\sin x)}{1-\sin x}$$

$$= \frac{1}{2}\ln|1+\sin x| - \frac{1}{2}\ln|1-\sin x| + C$$

$$= \frac{1}{2}\ln \left| \frac{1+\sin x}{1-\sin x} \right| + C$$

習題 4-2
PRACTICE

求下列積分

1. $\displaystyle\int e^{-5x}dx$

2. $\displaystyle\int (x+2)^{100}dx$

3. $\displaystyle\int \sin(a-bx)dx \qquad (b \neq 0)$

4. $\displaystyle\int \sqrt{ax+b}dx, \qquad (a \neq 0)$

5. $\displaystyle\int \frac{1}{7x+3}dx$

6. $\displaystyle\int \frac{dx}{\sqrt{9-16x^2}}$

7. $\displaystyle\int \frac{dx}{3x^2+4}$

8. $\displaystyle\int \frac{xdx}{2-x^2}$

9. $\displaystyle\int \frac{2x-5}{x^2-5x+8}dx$

10. $\displaystyle\int 7xe^{-x^2}dx$

11. $\displaystyle\int x^2\sqrt{4+x^3}dx$

12. $\displaystyle\int \frac{6x^2-14x}{3\sqrt{2x^3-7x^2+4}}dx$

13. $\displaystyle\int e^x \cos e^x dx$

14. $\displaystyle\int \frac{\sin\sqrt{x}}{\sqrt{x}}dx$

15. $\displaystyle\int \frac{5x-2}{x^2+4}dx$

16. $\displaystyle\int \frac{\ln^3 x}{x}dx \qquad (x>0)$

17. $\displaystyle\int \frac{1}{x\ln^2 x}dx \qquad (x>0)$

18. $\displaystyle\int \frac{3xdx}{\sqrt{1-x^2}}$

19. $\displaystyle\int \frac{dx}{x^2-4}$

20. $\displaystyle\int \frac{dx}{2x(1+3\ln x)}$

21. $\displaystyle\int \cos^2 x dx$

22. $\displaystyle\int \sin^3 x dx$

23. $\displaystyle\int \cos^4 x dx$

24. $\displaystyle\int \sin^3 x \cos^4 x dx$

25. $\displaystyle\int \sin 3x \cos 5x dx$

26. $\displaystyle\int \cot x dx$

27. $\displaystyle\int \csc x dx$

28. $\displaystyle\int \frac{dx}{x^2-4x-5}$

29. $\displaystyle\int \frac{dx}{4x^2+4x+3}$

30. $\displaystyle\int \frac{dx}{x^2+x-6}$

31. $\displaystyle\int \frac{dx}{2x^2-3x-2}$

32. $\displaystyle\int \frac{2x+1}{x^2-x-6}dx$

4-3 分部積分法

分部積分法是一種常用的積分方法。它是由微分學中兩個函數乘積的導函數公式啟示而得的。

設函數 $u = u(x)$ 與 $v = v(x)$ 有連續導函數,因此,由導函數公式知

$$\frac{d}{dx}[u(x) \cdot v(x)] = \frac{du(x)}{dx} \cdot v(x) + u(x) \cdot \frac{dv(x)}{dx}$$

將上式兩邊求不定積分得

$$\int \frac{d}{dx}[u(x) \cdot v(x)]dx = \int \frac{du(x)}{dx} \cdot v(x)dx + \int u(x) \cdot \frac{dv(x)}{dx}dx$$

於是將上式右端第一個積分移至另一端得

$$\int u(x) \cdot v'(x) \cdot dx = u(x) \cdot v(x) - \int v(x) \cdot u'(x)dx$$

或

$$\int udv = uv - \int vdu \qquad (4.3.1)$$

公式 (4.3.1) 即是有名的 **分部積分公式**。

公式 (4.3.1) 說明,如果求 $\int udv$ 比較困難,可根據公式可以轉化成求 $\int vdu$,若 $\int vdu$ 容易得到,$\int udv$ 也就求出來了。初學者常常不易把一個被積函數 $f(x)$ 如何分派為 $f(x) = u(x)v'(x)$,這只能依靠經驗得到。

Example 1

求 $\int xe^x dx$

解 設 $u = x, dv = e^x dx$,則 $v = e^x, du = dx$

原式 $= \int x de^x = xe^x - \int e^x dx = xe^x - e^x + C$

Example 2

求 $\int x^2 e^x dx$

 設 $u = x^2, dv = e^x dx$，則 $du = 2xdx, v = e^x$

原式 $= \int x^2 de^x = x^2 e^x - 2 \int e^x x dx$

$\qquad = x^2 e^x - 2(xe^x - e^x) + C$

$\qquad = (x^2 - 2x + 2)e^x + C$

Example 3

求 $\quad \int x \sin x dx$

 設 $u = x, dv = \sin x dx$，則 $du = dx, v = -\cos x$

原式 $= -\int x d\cos x = -x\cos x + \int \cos x dx$

$\qquad = -x\cos x + \sin x + C$

由以上幾例可以看到，如果 u 和 dv 選取不當，就可能求不出結果，例如

$$\int xe^x dx = \frac{1}{2}\int e^x dx^2 = \frac{1}{2}e^x x^2 - \frac{1}{2}\int x^2 e^x dx$$

$$\int x\sin x dx = \frac{1}{2}\int \sin x dx^2 = \frac{1}{2}\sin x \cdot x^2 - \frac{1}{2}\int x^2 \cos x dx$$

這二個積分由於選擇 u 與 dv 不當以致使原來的不定積分變成更複雜的不定積分，更不易計算。

從以上幾個例子可以看出，不定積分

$$\int p(x)e^{\alpha x}dx , \int p(x)\sin(ax+b)dx,$$

$$\int p(x)\cos(ax+b)dx$$

其中 $p(x)$ 為 n 次多項式，a, b 為常數。這三種積分可多次用分部積分法公式求出積分。此時應取 $u = p(x), dv = e^{\alpha x}dx = \frac{1}{\alpha}de^{\alpha x}$ 或 $dv = \sin(ax+b)dx = -\frac{1}{a}d\cos(ax+b)$ 或 $dv = \cos(ax+b)dx = \frac{1}{a}d\sin(ax+b)$ 。這三類積分須用 n 次的分部積分法公式才能解出。現舉例說明之。

Example 4

求　$\int (x^2 + 2x + 3)e^{2x}dx$

解 設 $u = x^2 + 2x + 3, dv = e^{2x}dx = \dfrac{1}{2}de^{2x}$

則 $du = (2x + 2)dx, v = \dfrac{1}{2}e^{2x}$

原式 $= (x^2 + 2x + 3) \cdot \dfrac{1}{2}e^{2x} - \int \dfrac{1}{2}e^{2x}(2x + 2)dx$

$\qquad = \dfrac{1}{2}(x^2 + 2x + 3)e^{2x} - \int (x + 1)e^{2x}dx$

又設 $u = x + 1, dv = e^{2x}dx = \dfrac{1}{2}de^{2x}$

則 $du = dx, v = \dfrac{1}{2}e^{2x}$

原式 $= \dfrac{1}{2}(x^2 + 2x + 3)e^{2x} - \left[(x + 1) \cdot \dfrac{1}{2}e^{2x} - \int \dfrac{1}{2}e^{2x}dx \right]$

$\qquad = \dfrac{1}{2}(x^2 + 2x + 3 - x - 1)e^{2x} + \dfrac{1}{2}\int e^{2x}dx$

$\qquad = \dfrac{1}{2}(x^2 + x + 2)e^{2x} \quad \dfrac{1}{4}e^{2x} + C$

$\qquad = \dfrac{1}{2}\left(x^2 + x + \dfrac{5}{2} \right)e^{2x} + C$

Example 5

求　$\int (2x^2 + 3)\sin(3x + 1)dx$

解 設 $u = 2x^2 + 3, dv = \sin(3x + 1)dx = -\dfrac{1}{3}d\cos(3x + 1)$

則 $du = 4xdx, v = -\dfrac{1}{3}\cos(3x + 1)$

原式 $= (2x^2 + 3)\left[-\dfrac{1}{3}\cos(3x + 1) \right] - \int -\dfrac{1}{3}\cos(3x + 1) \cdot 4xdx$

$$= -\frac{1}{3}(2x^2 + 3)\cos(3x + 1) + \frac{4}{3}\int x\cos(3x + 1)dx$$

又設 $u = x, dv = \cos(3x + 1)dx = \frac{1}{3}d\sin(3x + 1)$

則 $du = dx, v = \frac{1}{3}\sin(3x + 1)$

$$原 式 = -\frac{1}{3}(2x^2 + 3)\cos(3x + 1) + \frac{4}{3}\left[x \cdot \frac{1}{3}\sin(3x + 1) - \int\frac{1}{3}\sin(3x + 1)dx\right]$$

$$= -\frac{1}{3}(2x^2 + 3)\cos(3x + 1) + \frac{4}{9}x\sin(3x + 1) + \frac{4}{27}\cos(3x + 1) + C$$

註1 在用分部積分法求不定積分時, 不必在計算每一個不定積分時都寫出一個積分常數, 而只需在最後一個不定積分求出以後統一共用一個積分常數 C 標出即可。

註2 在用分部積分法計算不定積分時，經常不把 u、v 明顯標出，而直接計算也可。

例如

$$\int x^2 e^x dx = \int x^2 de^x = x^2 e^x - 2\int e^x x dx \tag{4.3.2}$$

$$= x^2 e^x - 2\int x de^x = x^2 e^x - 2xe^x + 2\int e^x dx \tag{4.3.3}$$

$$= x^2 e^x - 2xe^x + 2e^x + C \tag{4.3.4}$$

$$= (x^2 - 2x + 2)e^x + C \tag{4.3.5}$$

Example 6

求 $\int \ln x dx$

解

$$\int \ln x dx = x\ln x - \int x \cdot d\ln x = x\ln x - \int dx$$
$$= x\ln x - x + C$$

Example 7

求 $\displaystyle\int x^2 \ln x\, dx$

解

$$\int x^2 \ln x\, dx = \frac{1}{3}\int \ln x\, dx^3 = \frac{1}{3}x^3 \ln x - \frac{1}{3}\int x^3 d\ln x$$

$$= \frac{1}{3}x^3 \ln x - \frac{1}{3}\int x^3 \cdot \frac{1}{x}dx$$

$$= \frac{1}{3}x^3 \ln x - \frac{1}{3}\int x^2 dx$$

$$= \frac{1}{3}x^3 \ln x - \frac{1}{9}x^3 + C$$

Example 8

求 $\displaystyle\int x \tan^{-1} x\, dx$

解

$$\int x \tan^{-1} x\, dx = \frac{1}{2}\int \tan^{-1} x\, dx^2$$

$$= \frac{1}{2}[x^2 \tan^{-1} x - \int x^2 d\tan^{-1} x]$$

$$= \frac{1}{2}\left[x^2 \tan^{-1} x - \int x^2 \cdot \frac{1}{1+x^2}dx\right]$$

$$= \frac{1}{2}\left[x^2 \tan^{-1} x - \int \left(1 - \frac{1}{1+x^2}\right) dx\right]$$

$$= \frac{1}{2}[x^2 \tan^{-1} x - x + \tan^{-1} x] + C$$

Example 9

求 $\displaystyle\int \sin^{-1} x\, dx$

解
$$\int \sin^{-1} x dx = x \sin^{-1} x - \int \frac{x}{\sqrt{1-x^2}} dx$$

$$= x \sin^{-1} x + \frac{1}{2} \int \frac{d(1-x^2)}{\sqrt{1-x^2}}$$

$$= x \sin^{-1} x + \sqrt{1-x^2} + C$$

求下列不定積分

1. $\displaystyle\int x\sin 3x \cdot dx$

2. $\displaystyle\int x^3 \cos 3x\,dx$

3. $\displaystyle\int x^2 \ln x\,dx$

4. $\displaystyle\int \ln\frac{x}{4}\,dx$

5. $\displaystyle\int x\sin^2 x\,dx$

6. $\displaystyle\int \sqrt{x}\ln x\,dx$

7. $\displaystyle\int e^{3x}\cos 4x\,dx$

8. $\displaystyle\int x\sin x\cos x\,dx$

9. $\displaystyle\int \cos^{-1} x\,dx$

10. $\displaystyle\int x^3 e^{-2x}\,dx$

11. $\displaystyle\int x^2 \sin(3x+1)\,dx$

12. $\displaystyle\int x\cot^{-1} x\,dx$

13. $\displaystyle\int e^{3x}(3x^2+5x+1)\,dx$

14. $\displaystyle\int (3x^2+2x+1)\sin x\,dx$

15. $\displaystyle\int x^3 \cos 2x\,dx$

 4-4 # 有理函數的積分

▼ 1 幾個簡單的有理函數的積分

有理函數的一般形式為

$$f(x) = \frac{P(x)}{Q(x)} = \frac{a_0 x^n + a_1 x^{n-1} + \cdots + a_{n-1} x + a_n}{b_0 x^m + b_1 x^{m-1} + \cdots + b_{m-1} x + b_m}$$

其中 m 和 n 都是正整數或零；$a_0, a_1, \cdots, a_n$ 及 $b_0, b_1, \cdots, b_m$ 都是常數，且 $a_0 \neq 0, b_0 \neq 0$。我們總假定在分子多項式 $P(x)$ 與分母多項式 $Q(x)$ 之間沒有公因子的。

一般形式的有理函數積分暫緩研究，我們先研究四個簡單類型的有理函數的積分。

(1) $\int \dfrac{M}{x-a} dx$

(2) $\int \dfrac{M}{(x-a)^n} dx \qquad (n > 1)$

(3) $\int \dfrac{Mx+N}{x^2+px+q} dx \qquad (p^2 - 4q < 0)$

(4) $\int \dfrac{Mx+N}{(x^2+px+q)^n} dx \qquad (p^2 - 4q < 0, n > 1)$

以上這四個類型的積分方法如下：

(1) $\displaystyle\int \frac{M}{x-a} dx = \int \frac{M}{x-a} d(x-a) = M \ln|x-a| + C$

(2) $\displaystyle\int \frac{M}{(x-a)^n} dx = \int \frac{M}{(x-a)^n} d(x-a) = \frac{M}{-n+1}(x-a)^{-n+1} + C$

$$= \frac{M}{1-n} \frac{1}{(x-a)^{n-1}} + C \qquad (n \neq 1)$$

(3) $\displaystyle\int \frac{Mx+N}{x^2+px+q} dx = \int \frac{Mx + \frac{MP}{2} - \frac{MP}{2} + N}{x^2+px+q} dx$

$$= \int \frac{Mx + \frac{MP}{2}}{x^2+px+q} dx + \int \frac{N - \frac{MP}{2}}{x^2+px+q} dx$$

$$= \frac{M}{2} \int \frac{2x + p}{x^2 + px + q} dx + \left(N - \frac{MP}{2} \right) \int \frac{dx}{x^2 + px + q}$$

$$= \frac{M}{2} \int \frac{d(x^2 + px + q)}{x^2 + px + q} + \left(N - \frac{MP}{2} \right) \int \frac{dx}{(x + \frac{p}{2})^2 + q - \frac{p^2}{4}}$$

$$= \frac{M}{2} \ln |x^2 + px + q| + \left(N - \frac{MP}{2} \right) \int \frac{dx}{(x + \frac{p}{2})^2 + q - \frac{p^2}{4}}$$

容易驗證

$$\int \frac{dx}{(x + \frac{p}{2})^2 + q - \frac{p^2}{4}} = \frac{2}{\sqrt{4q - p^2}} \tan^{-1} \frac{2x + p}{\sqrt{4q - p^2}}$$

故

$$\int \frac{Mx + N}{x^2 + px + q} dx = \frac{M}{2} \ln |x^2 + px + q| + \frac{2N - MP}{\sqrt{4q - p^2}} \tan^{-1} \frac{2x + p}{\sqrt{4q - p^2}} + C$$

Example 1

求　$\int \frac{3x + 2}{x^2 + 2x + 2} dx$

解　$\int \frac{3x + 2}{x^2 + 2x + 2} dx = \frac{3}{2} \int \frac{2x + 2}{x^2 + 2x + 2} dx - \int \frac{dx}{x^2 + 2x + 2}$

$$= \frac{3}{2} \int \frac{d(x^2 + 2x + 2)}{x^2 + 2x + 2} - \int \frac{dx}{(x + 1)^2 + 1}$$

$$= \frac{3}{2} \ln |x^2 + 2x + 2| - \tan^{-1}(x + 1) + C$$

Example 2

求　$\int \frac{3x}{x^2 + 4x + 6} dx$

解
$$\int \frac{3x}{x^2+4x+6}dx = \frac{3}{2}\int \frac{2x+4}{x^2+4x+6}dx - \int \frac{6dx}{x^2+4x+6}$$

$$= \frac{3}{2}\int \frac{d(x^2+4x+6)}{x^2+4x+6} - \int \frac{6dx}{(x+2)^2+2}$$

$$= \frac{3}{2}\ln|x^2+4x+6| - 3\sqrt{2}\int \frac{d\left(\dfrac{x+2}{\sqrt{2}}\right)}{\left(\dfrac{x+2}{\sqrt{2}}\right)^2+1}$$

$$= \frac{3}{2}\ln|x^2+4x+6| - 3\sqrt{2}\tan^{-1}\left(\frac{x+2}{\sqrt{2}}\right) + C$$

(4) $\displaystyle\int \frac{Mx+N}{(x^2+px+q)^n}dx = \frac{M}{2}\int \frac{2x+p}{(x^2+px+q)^n}dx + \left(N - \frac{MP}{2}\right)\int \frac{dx}{(x^2+px+q)^n}$

右邊第一個積分

$$\int \frac{2x+p}{(x^2+px+q)^n}dx = \int \frac{d(x^2+px+q)}{(x^2+px+q)^n}$$

$$= \frac{1}{1-n}\frac{1}{(x^2+px+q)^{n-1}} + C$$

右邊第二個積分

$$\int \frac{dx}{(x^2+px+q)^n} = \int \frac{dx}{\left[\left(x+\dfrac{p}{2}\right)^2 + q - \dfrac{p^2}{4}\right]^n}$$

$$= \int \frac{dx}{\left[\left(x+\dfrac{p}{2}\right)^2 + \dfrac{4q-p^2}{4}\right]^n}$$

令 $x+\dfrac{p}{2} = u$，$\dfrac{4q-p^2}{4} = a^2$（因 $4q-p^2 > 0$）

於是第二個積分化為形如

$$I_n = \int \frac{du}{(u^2+a^2)^n}$$

可用分部積分法計算此積分，得遞推公式：

$$I_n = \int \frac{du}{(u^2+a^2)^n} = \frac{1}{a^2}\int \frac{u^2+a^2-u^2}{(u^2+a^2)^n}dn$$

$$= \frac{1}{a^2} \int \frac{du}{(u^2 + a^2)^{n-1}} - \frac{1}{a^2} \int \frac{u^2 du}{(u^2 + a^2)^n}$$

$$= \frac{1}{a^2} \int \frac{du}{(u^2 + a^2)^{n-1}} - \frac{1}{2a^2} \int \frac{u\, d(u^2 + a^2)}{(u^2 + a^2)^n}$$

$$= \frac{1}{a^2} \int \frac{du}{(u^2 + a^2)^{n-1}} - \frac{1}{2a^2} \int \frac{u}{-n+1} d(u^2 + a^2)^{-n+1}$$

$$= \frac{1}{a^2} \int \frac{du}{(u^2 + a^2)^{n-1}} - \frac{1}{2a^2} \left[\frac{u}{1-n}(u^2 + a^2)^{1-n} - \int \frac{(u^2 + a^2)^{1-n}}{1-n} du \right]$$

$$= \frac{1}{a^2} \int \frac{du}{(u^2 + a^2)^{n-1}} + \frac{1}{2a^2(n-1)} \left[\frac{u}{(u^2 + a^2)^{n-1}} - \int \frac{du}{(u^2 + a^2)^{n-1}} \right]$$

$$= \frac{1}{a^2} \left[\frac{1}{2(n-1)} \frac{u}{(u^2 + a^2)^{n-1}} + \frac{2n-3}{2n-2} \int \frac{du}{(u^2 + a^2)^{n-1}} \right]$$

$$= \frac{1}{a^2} \left[\frac{1}{2(n-1)} \frac{u}{(u^2 + a^2)^{n-1}} + \frac{2n-3}{2n-2} I_{n-1} \right], (n = 2, 3 \cdots)$$

由 (c) 知，

$$I_1 = \int \frac{du}{u^2 + a^2} = \frac{1}{a} \tan^{-1} \frac{x}{a} + C$$

故

$$I_2 = \frac{1}{a^2} \left[\frac{u}{2(u^2 + a^2)} + \frac{1}{2} I_1 \right]$$

$$= \frac{1}{2a^2} \left[\frac{u}{u^2 + a^2} + \frac{1}{a} \tan^{-1} \frac{x}{a} \right] + C$$

$$I_3 = \frac{1}{a^2} \left[\frac{u}{2 \cdot 2(u^2 + a^2)^2} + \frac{3}{4} I_2 \right]$$

$$= \frac{u}{4a^2(u^2 + a^2)^2} + \frac{3u}{8a^4(u^2 + a^2)^2} + \frac{3}{8a^5} \tan^{-1} \frac{x}{a} + C$$

這樣 I_n 就可計算出來。

Example 3

求 $\displaystyle\int \frac{x+3}{(x^2+4x+5)^2}dx$

解

$$\int \frac{x+3}{(x^2+4x+5)^2}dx = \frac{1}{2}\int \frac{2x+4}{(x^2+4x+5)^2}dx + \int \frac{dx}{(x^2+4x+5)^2}$$

$$= \frac{1}{2}\int \frac{d(x^2+4x+5)}{(x^2+4x+5)^2} + \int \frac{dx}{(x^2+4x+5)^2}$$

$$= -\frac{1}{2(x^2+4x+5)} + I_2$$

$$I_2 = \int \frac{dx}{(x^2+4x+5)^2} = \int \frac{dx}{[(x+2)^2+1]^2} = \int \frac{d(x+2)}{[(x+2)^2+1]^2}$$

令 $u = x+2$，則

$$I_2 = \int \frac{du}{(u^2+1)^2} = \int \frac{u^2+1}{(u^2+1)^2}du - \int \frac{u^2 du}{(u^2+1)^2}$$

$$= \tan^{-1}u - \frac{1}{2}\int \frac{ud(u^2+1)}{(u^2+1)^2}$$

$$= \tan^{-1}u - \frac{1}{2}\int -ud(u^2+1)^{-1}$$

$$= \tan^{-1}u + \frac{1}{2}\left[\frac{u}{u^2+1} - \int \frac{du}{u^2+1}\right]$$

$$= \tan^{-1}u + \frac{u}{2(u^2+1)} - \frac{1}{2}\tan^{-1}u + C$$

$$= \frac{1}{2}\tan^{-1}(x+2) + \frac{x+2}{2(x^2+4x+5)} + C$$

因此，

$$原式 = -\frac{1}{2(x^2+4x+5)} + \frac{1}{2}\tan^{-1}(x+2)$$

$$+ \frac{x+2}{2(x^2+4x+5)} + C$$

2 部分分式法

若有理函數

$$f(x) = \frac{P(x)}{Q(x)}$$

為假分式時（即多項式 $P(x)$ 的次數 $\geq$ 多項式 $Q(x)$ 的次數），可以利用長除法，把它化為一個多項式一個真分式之和：

$$\frac{P(x)}{Q(x)} = W(x) + \frac{R(x)}{Q(x)}$$

其中 $W(x), R(x)$ 都是多項式，並且 $R(x)$ 的次數小於 $Q(x)$ 的次數。

Example 4

化假分式

$$\frac{x^3 + 2x^2 + 1}{x^2 + 1}$$

為多項式與真分式之和。

$$\frac{x^3 + 2x^2 + 1}{x^2 + 1} = \frac{(x^2 + 1)(x + 2) - x - 1}{x^2 + 1}$$

$$= x + 2 - \frac{x + 1}{x^2 + 1}$$

因此，研究一個假分式的積分變成一個多項式的積分與一個真分式的積分之和。於是我們只需研究一個真分式的積分。

代數學中有下列定理 4.3。

定理 **4.3**

如果多項式

$$Q(x) = b_0 x^m + b_1 x^{m-1} + \cdots + b_{m-1} x + b_m \quad (b_0 \neq 0)$$

為實系數多項式，則 $Q(x)$ 總可以分解為一些實系數的一次因式與二次因式的連乘積，即

$$Q(x) = b_0 (x - a)^k \cdots (x - b)^t (x^2 + px + q)^\lambda \cdots (x^2 + rx + s)^\mu \tag{1}$$

其中 $k, \cdots, t; \lambda, \cdots \mu$ 都是正整數，且二次因式 $x^2 + px + q, \cdots, x^2 + rx + s$ 不能再分解為實系數的一次因式，即 $p^2 - 4q < 0 \cdots, r^2 - 4s < 0$ 等成立。

定理 4.4

如果 $Q(x)$ 的分解式如(1)，則真分式 $\dfrac{P(x)}{Q(x)}$ 可以唯一地分解為如下形式

$$\frac{P(x)}{Q(x)} = \frac{A_1}{(x-a)^k} + \frac{A_2}{(x-a)^{k-1}} + \cdots + \frac{A_k}{x-a} + \cdots$$

$$+ \frac{B_1}{(x-b)^t} + \frac{B_2}{(x-b)^{t-1}} + \cdots + \frac{B_t}{x-b} + \cdots$$

$$+ \frac{M_1 x + N_1}{(x^2 + px + q)^\lambda} + \frac{M_2 x + N_2}{(x^2 + px + q)^{\lambda-1}} + \cdots + \frac{M_\lambda x + N_\lambda}{(x^2 + px + q)}$$

$$+ \cdots + \frac{R_1 x + T_1}{(x^2 + rx + s)^\mu} + \frac{R_2 x + T_2}{(x^2 + rx + s)^{\mu-1}} + \cdots$$

$$+ \frac{R_\mu x + T_\mu}{x^2 + rx + s} \tag{2}$$

其中 $A_i, B_i, M_i, N_i, R_i, T_i$ 均為常數。

定理4.4說明任何真分式都可以化為形如(2)式的部分分式之和。於是對於真分式的不定積分變成式(2)右端的部分分式不定積分之和，而部分分式的不定積分不外乎前述(1)、(2)、(3)與(4)四種類型的有理函數的積分，因此只要根據定理4.4把一個真分式化成部分分式之和，有理函數的不定積分就不困難了。

Example 5

求 $\displaystyle\int \frac{x+3}{x^2 - 5x + 6} dx$

解 真分式 $\dfrac{x+3}{x^2 - 5x + 6} = \dfrac{x+3}{(x-2)(x-3)}$

$$= \frac{A}{x-2} + \frac{B}{x-3}$$

其中 A、B 為待定常數。可以用下述方法確定。上式兩邊去分母（即上式兩邊都乘以 $(x-2)(x-3)$ 得

$$x + 3 = A(x-3) + B(x-2)$$

它是一個恒等式，因此它對任何 x 都成立。令 $x=2$ 代入上式，得 $A=-5$。令 $x=3$ 代入上式，得 $B=6$。所以

$$\int \frac{x+3}{x^2-5x+6}dx = \int -\frac{5}{x-2}dx + \int \frac{6}{x-3}dx$$

$$= -5\ln|x-2| + 6\ln|x-3| + C$$

$$= \ln\left|\frac{(x-3)^6}{(x-2)^5}\right| + C$$

Example 6

求　　$\int \frac{2x+3}{x^3+x^2-2x}dx$

$$\frac{2x+3}{x^3+x^2-2x} = \frac{2x+3}{x(x-1)(x+2)} = \frac{A}{x} + \frac{B}{x-1} + \frac{C}{x+2}$$

去分母得

$$2x+3 = A(x-1)(x+2) + Bx(x+2) + Cx(x-1)$$

令 $x=0$ 代入上式，得 $A=-\dfrac{3}{2}$；令 $x=1$ 代入上式，得 $B=\dfrac{5}{3}$；令 $x=-2$ 代入上式，得 $C=-\dfrac{1}{6}$。所以

$$\int \frac{2x+3}{x^3+x^2-2x}dx = -\frac{3}{2}\int \frac{dx}{x} + \frac{5}{3}\int \frac{dx}{x-1} - \frac{1}{6}\int \frac{dx}{x+2}$$

$$= -\frac{3}{2}\ln|x| + \frac{5}{3}\ln|x-1| - \frac{1}{6}\ln|x+2| + C$$

Example 7

求　　$\int \frac{x}{x^3-x^2+x-1}dx$

 $$\frac{x}{x^3 - x^2 + x - 1} = \frac{x}{(x-1)(x^2+1)} = \frac{A}{x-1} + \frac{Bx+C}{x^2+1}$$

去分母得

$$x = A(x^2 + 1) + (Bx + C)(x - 1)$$

令 $x = 1$ 代入上式，得 $A = \dfrac{1}{2}$；令 $x = 0$ 代入上式，得 $A - C = 0$，故 $C = \dfrac{1}{2}$；

再比較上式兩端 x^2 的系數得 $A + B = 0$，故 $B = -\dfrac{1}{2}$。所以

$$\int \frac{x}{x^3 - x^2 + x - 1} dx = \frac{1}{2} \int \frac{dx}{x-1} - \frac{1}{2} \int \frac{x-1}{x^2+1} dx$$

$$= \frac{1}{2} \ln|x-1| - \frac{1}{2} \int \frac{x\,dx}{x^2+1} + \frac{1}{2} \int \frac{dx}{x^2+1}$$

$$= \frac{1}{2} \ln|x-1| - \frac{1}{4} \ln|x^2+1| + \frac{1}{2} \tan^{-1} x + C$$

Example 8

求 $\displaystyle\int \frac{x^3 + x^2 + 2}{x^4 + 4x^2 + 4} dx$

 $$\int \frac{x^3 + x^2 + 2}{x^4 + 4x^2 + 4} dx = \int \frac{x^3 + x^2 + 2}{(x^2 + 2)^2} dx$$

令

$$\frac{x^3 + x^2 + 2}{(x^2 + 2)^2} = \frac{Ax + B}{(x^2 + 2)^2} + \frac{Cx + D}{x^2 + 2}$$

去分母得

$$x^3 + x^2 + 2 = Ax + B + (Cx + D)(x^2 + 2)$$

比較上式兩端 x 的同次冪的係數，得

$$C = 1, D = 1, A = -2, B = 0$$

所以，

$$\int \frac{x^3 + x^2 + 2}{x^4 + 4x^2 + 4} dx = \int \frac{-2x}{(x^2 + 2)^2} dx + \int \frac{x + 1}{x^2 + 2} dx$$

$$= -\int \frac{d(x^2+2)}{(x^2+2)^2} + \frac{1}{2}\int \frac{2x\,dx}{x^2+2} + \int \frac{dx}{x^2+2}$$

$$= \frac{1}{x^2+2} + \frac{1}{2}\ln|x^2+2| + \frac{\sqrt{2}}{2}\tan^{-1}\left(\frac{x}{\sqrt{2}}\right) + C$$

Example 9

求 $\displaystyle\int \frac{x^4\,dx}{x^2+1}$

$$\frac{x^4}{x^2+1} = x^2 - 1 + \frac{1}{x^2+1}$$

所以，

$$\int \frac{x^4}{x^2+1}\,dx = \int (x^2-1)\,dx + \int \frac{dx}{x^2+1}$$

$$= \frac{1}{3}x^3 - x + \tan^{-1}x + C$$

習題 4-4
PRACTICE

求下列不定積分

1. $\displaystyle\int \frac{x}{x^2 - 7x + 12}dx$

2. $\displaystyle\int \frac{x^2 + 1}{(x+1)^2(x-1)}dx$

3. $\displaystyle\int \frac{1}{(x+1)(x^2 + x + 1)}dx$

4. $\displaystyle\int \frac{1}{x(x^2+1)^2}dx$

5. $\displaystyle\int \frac{dx}{(x^2+1)(x^2+x+1)}$

6. $\displaystyle\int \frac{x^3 - 1}{4x^3 - x}dx$

7. $\displaystyle\int \frac{dx}{x^4 - 1}$

8. $\displaystyle\int \frac{x^5 + x^4 - 8}{x^4 + x}dx$

CHAPTER 5

定積分

本章摘要

定積分是一元函數積分學的另一個基本概念，它是由於實際問題的需要而引起重視的。本章將從曲邊梯形的面積與變力所作的功作為兩個例子，引進定積分的概念，然後討論它的性質和計算方法。

5-1 定積分概念

1 兩個實例

Example 1

曲邊梯形的面積

所謂曲邊梯形是這樣的梯形，它有三條邊是直線，其中兩條互相平行，第三條直線與前兩條直線垂直叫做底邊，第四邊是一條曲線弧叫做曲邊，這條曲邊與任意一條垂直於底邊的直線至多只交於一點。如圖 5-1-1 的陰影部分就是一個曲邊梯形。為什麼我們要先研究曲邊梯形的面積？因為在平面上由一條封閉曲線所成的平面圖形，一般都可用幾條互相垂直的直線把它分成若干個曲邊梯形，如圖 5-1-2。這樣，計算曲線所圍圖形的面積歸結為計算曲邊梯形的面積。

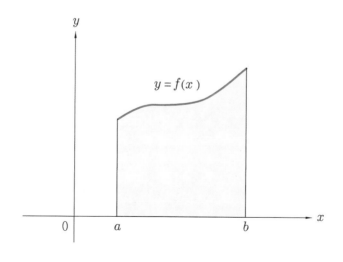

圖 5-1-1

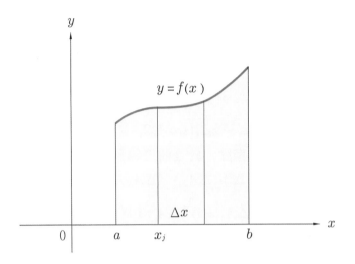

圖 5-1-2

設曲邊梯形是由連續曲線 $y = f(x)(f(x) \geq 0)$，x 軸與直線 $x = a$，$x = b$ 所圍成的（圖 5-1-3），求此曲邊梯形之面積 A。

若 $f(x) = h$（h 為常數），曲邊梯形便成為矩形，它面積為

　矩形面積 = 高 × 底

若 $f(x)$ 不是常數，如何求曲邊梯形的面積？可按如下四步來計算。

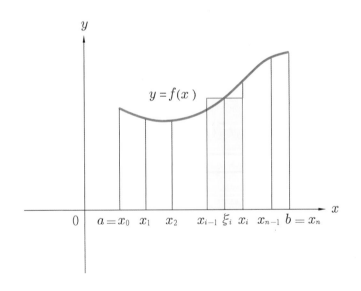

圖 5-1-3

第一步　把總量分為各部分量之和

將區間 $[a,b]$ 任意分成 n 個子區間，各分點座標為

$$a = x_0 < x_1 \cdots < x_{i-1} < x_i \cdots < x_{n-1} < x_n = b$$

第 i 個子區間的長度為 $\Delta x_i = x_i - x_{i-1}(i = 1, 2, \cdots n)$。

過各分點作垂直於 x 軸的直線，於是曲邊梯形就被分成 n 個以小區間為底邊的小曲邊梯形，其面積分別為 $\Delta A_1, \Delta A_2, \cdots \Delta A_n$，於是有

$$A = \Delta A_1 + \Delta A_2 + \cdots + \Delta A_n = \sum_{i=1}^{n} \Delta A_i$$

第二步　取各部分量的近似值

當各個小曲邊梯形的底長 ΔX_i 不大時，高度的變化也不大，這時可以把小曲邊梯形近似看成小矩形，並且在子區間 $[x_{i-1}, x_i]$ 上任取一點 $\xi_i(x_{i-1} \leq \xi_i \leq x_i)$，以 $f(\xi_i)$ 作為小矩形之高，於是以此小矩形的面積作為小曲邊梯形面積的近似值，即

$$\Delta A_i \approx f(\xi_i)\Delta x_i \ , \ (i = 1, 2, \cdots, n)$$

第三步　求總量的近似值

把這些小矩形的面積加起來，便得到曲邊梯形面積的近似值。

$$A = \sum_{i=1}^{n} \Delta A_i \approx \sum_{i=1}^{n} f(\xi_i)\Delta x_i$$

即在圖 5-1-3 中由這幾個矩形構成的台階形面積作為曲邊梯形面積的近似值。

第四步　由近似值求得精確值

不難看到，當分點無限增多，且各個子區間的長度 Δx_i 都趨於零時，台階形的面積就愈來愈接近曲邊梯形的面積。用 λ 表示最大子區間的長度

$$\lambda = \max \Delta x_i \quad (i = 1, 2, \cdots, n)$$

於是，$\lambda \to 0$ 就相當於所有的子區間長度都趨於零，因此就有

$$A = \lim_{\lambda \to 0} \sum_{i=1}^{n} f(\xi_i)\Delta x_i$$

這就是所求的曲邊梯形的面積。

Example 2

變力所作的功

設某物體受平行力下的作用沿著直線 ox 運動，力 F 的方向與物體運動的方向一致。如果力 F 是一個常數，則力 F 與物體在直線 ox 上所經過路程 S 的乘積

$$W = F \cdot S$$

便是力 F 在這個線段 S 上所作的功。

現在假定力 $F = F(x)$ 是 x 的函數，當物體在變力 F 的作用下，由直線 ox 上點 a 運動到點 b 時，如何定義這個變力所作的功？如何計算功？

如同例 1 一樣，可分四步完成。用分點把區間 $[a, b]$ 分成 n 個子區間 $[x_{i-1}, x_i]$，分點為

$$a = x_0 < x_1 < \cdots < x_{i-1} < x_i < \cdots < x_{n-1} < x_n = b$$

在小區間 $[x_{i-1}, x_i]$ 上任取一點 ξ_i，$x_{i-1} \leq \xi_i \leq x_i$，在區間很小時，在此區間上變力 F 所作的功可近似認為是 $W_i = F(\xi_i)(x_i - x_{i-1}) = F(\xi_i)\Delta x_i$。當分點愈多且每一小區間的長度 Δx_i 愈小時，近似值就愈加準確，若令 $\lambda = \max_i \Delta x_i$，不難看到力 F 的功為

$$W = \lim_{\lambda \to 0} \sum_{i=1}^{n} W_i = \lim_{\lambda \to 0} \sum_{i=1}^{n} F(\xi_i)\Delta x_i$$

2 定積分定義

上面僅舉了兩個例子的計算，都可以歸結為計算有相同形式的和式極限，還有其它許多問題的計算，都可以歸結為求這種和式的極限。由此引入定積分概念。

Definition >> 定 義 **5.1**

設函數 $f(x)$ 在 $[a, b]$ 上有定義，任取分點

$$a = x_0 < x_1 < x_2 < \cdots < x_{i-1} < x_i < \cdots < x_n = b$$

這些分點把區間 $[a, b]$ 分成 n 個子區間 $[x_{i-1}, x_i]$，其長度是

$$\Delta x_i = x_i - x_{i-1} \quad (i = 1, 2, \cdots, n)$$

在子區間 $[x_{i-1}, x_i]$ 內任取一點 ξ_i，作和式

$$I_n = f(\xi_1)\Delta x_1 + f(\xi_2)\Delta x_2 + \cdots\cdots + f(\xi_n)\Delta x_n$$

$$= \sum_{i=1}^{n} f(\xi_i)\Delta x_i$$

如果當 $\lambda = \max(\Delta x_i) \to 0$ 時，積分和 I_n 的極限存在，則稱此極限值為函數 $f(x)$ 在區間 $[a,b]$ 上的**定積分**，記作

$$\int_a^b f(x)dx = \lim_{\lambda \to 0} \sum_{i=1}^{n} f(\xi_i)\Delta x_i$$

其中 x 稱為**積分變量**，$f(x)$ 稱為**被積函數**，$f(x)dx$ 稱為**被積分式**，$[a,b]$ 稱為**積分區間**，b 稱為**積分上限**，a 稱為**積分下限**，$\int$ 稱為**積分號**。積分和 I_n 也稱為**黎曼和 (Riemann Sums)**。

註 1　函數 $f(x)$ 在 $[a,b]$ 上的積分只與被積函數 $f(x)$ 和積分區間 $[a,b]$ 有關，而與積分變量的記號無關。也就是說，如果不改變被積函數 $f(x)$，也不改變積分區間 $[a,b]$，只是將積分變量 x 用其它字母表示，則積分值不變。即

$$\int_a^b f(x)dx = \int_a^b f(t)dt = \int_a^b f(u)du$$

註 2　在定積分定義中，假定上限 b 大於下限 a，實際上常常不受此限制，為此把定義擴充如下：當 $a > b$ 時，規定

$$\int_a^b f(x)dx = -\int_b^a f(x)dx$$

註 3　　　　$\int_a^a f(x)dx = 0$

註 4　如果 $f(x)$ 在 $[a,b]$ 上有正值也有負值，如圖 5-1-4 所示，定積分的幾何意義是各部分面積的代數和。

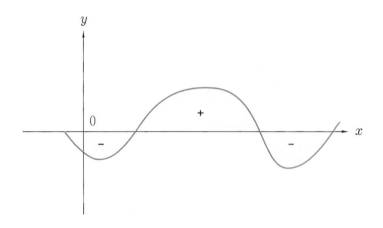

圖 5-1-4

3 定積分存在定理

若函數 $f(x)$ 在 $[a,b]$ 上定積分存在,則稱 $f(x)$ 在 $[a,b]$ 上**可積**。下面介紹兩個充分性條件。

定理 **5.1**

設 $f(x)$ 在區間 $[a,b]$ 上連續,則 $f(x)$ 在 $[a,b]$ 上可積,即 $\int_a^b f(x)dx$ 存在。

定理 **5.2**

設 $f(x)$ 在 $[a,b]$ 上有界(即對於任何 $x \in [a,b]$,總存在一正數 M,使得 $|f(x)| \le M$),且在 $[a,b]$ 內有有限個不連續點,則 $f(x)$ 在 $[a,b]$ 上可積。

註 一函數 $f(x)$ 有界就意味著 $f(x)$ 的圖形在水平線 $y = M$ 與 $y = -M$ 之間。

Example 3

設 $f(x) = \begin{cases} 1 & , \quad 0 \le x < 1 \\ 2 & , \quad 1 \le x \le 2 \end{cases}$

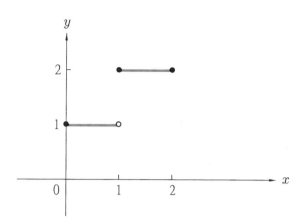

圖 5-1-5

根據定理 5.2，可見 $\displaystyle\int_1^2 f(x)dx$ 存在。

Example 4

計算 $\displaystyle\int_3^6 x^2dx$。

被積函數 $f(x)=x^2$ 在區間 $[3,6]$ 上連續，由定理 5.1 知可以積分。於是將

區間 $[3,6]$ 分成 n 等分，分點為 $x_i=3+\dfrac{3}{n}i(i=0,1,2,\cdots,n)$，每個子區間

的長度均為 $\dfrac{3}{n}$，取 $\xi_i=x_{i-1}$，則黎曼和為

$$\sum_{i=0}^{n-1} f(\xi_i)\Delta x_i = \sum_{i=0}^{n-1}\left(3+\frac{3}{n}i\right)^2\times\frac{3}{n}$$

$$= \frac{27}{n}\sum_{i=0}^{n-1}\left(1+\frac{2}{n}i+\frac{1}{n^2}i^2\right)$$

$$= \frac{27}{n}\left\{n+\frac{2}{n}\cdot\frac{(n-1)n}{2}+\frac{1}{n^2}\frac{(n-1)n(2n-1)}{6}\right\}$$

$$= \frac{27}{n}\left\{n+n-1+\frac{(n-1)(2n-1)}{6n}\right\}$$

$$= \frac{9(2n-1)(7n-1)}{2n^2}$$

這裡，$\lambda = \dfrac{3}{n}$，於是 $\lambda \to 0$ 時相當於 $n \to \infty$，所以

$$\int_3^6 x^2 dx = \lim_{\lambda \to 0} \sum_{i=0}^{n-1} f(\xi_i) \Delta x_i$$

$$= \lim_{n \to \infty} \frac{9(2n-1)(7n-1)}{2n^2} = 63$$

習題 5-1 PRACTICE

1. 設曲邊梯形由曲邊 $y = x^2 + 1$，直線 $x = 3$，$x = 5$ 和橫軸所圍成的曲邊梯形的面積。

2. 計算 $\int_1^2 x^3 dx$。

5-2 定積分的基本性質、微積分基本定理

根據定積分的概念，不難證明定積分的基本性質。

1　基本性質

定理 **5.3**

函數的代數和的定積分等於它們的定積分的代數和，即

$$\int_a^b [f(x) \pm g(x)]dx = \int_a^b f(x)dx \pm \int_a^b g(x)dx$$

定理 **5.4**

被積函數的常數因子可以提到積分號外面，即

$$\int_a^b kf(x)dx = k\int_a^b f(x)dx \qquad （k \text{ 是常數}）$$

定理 **5.5**

積分區間的可加性 ：不論 a, b, c 的相對位置如何，總有等式

$$\int_a^b f(x)dx = \int_a^c f(x)dx + \int_c^b f(x)dx$$

成立。

定理 **5.6**

若對於任何 $x \in [a,b]$ 都有 $f(x) \geq 0$，則 $\displaystyle\int_a^b f(x)dx \geq 0$。

定理 **5.7**

若對於任何 $x \in [a,b]$ 都有 $f(x) \geq g(x)$，則

$$\int_a^b f(x)dx \geq \int_a^b g(x)dx$$

定理 **5.8**

估值性質：設函數 $f(x)$ 在閉區間 $[a,b]$ 上有最大值 M 及最小值 m，則

$$m(b-a) \leq \int_a^b f(x)dx \leq M(b-a)$$

定理 **5.9**

定積分中值定理：若函數 $f(x)$ 在閉區間 $[a,b]$ 上連續，則在 $[a,b]$ 上至少存在一點 ξ，使

$$\int_a^b f(x)dx = f(\xi)(b-a) \qquad (\xi \in [a,b])$$

推論

設 k 為常數，則

$$\int_a^b kdx = k(b-a)$$

2 變上限積分

設函數 $f(x)$ 在閉區間 $[a,b]$ 上連續，$x \in [a,b]$，顯然 $\int_a^x f(t)dt$ 之值與 x 有關，所以

$$\Phi(x) = \int_a^x f(t)dt \qquad (a \le x \le b) \tag{5.2.1}$$

定義了一個函數，則稱此函數 $\Phi(x)$ 是**變上限積分**，它的幾何意義是圖 5-2-1 陰影部分面積。

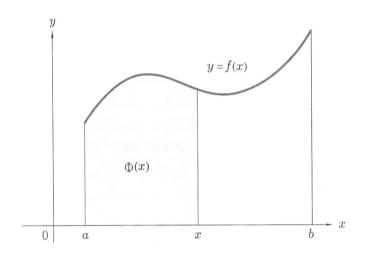

圖 5-2-1

(註) 有時變上限積分 $\Phi(x)$ 常寫為

$$\Phi(x) = \int_a^x f(x)dx$$

這樣 x 既是積分上限、又是積分變量。由於定積分與積分變量的記號無關，為了防止混淆，我們常用 (5.2.1) 式表示。

定理 5.10

設函數 $f(x)$ 在閉區間 $[a,b]$ 上連續，則函數 $\Phi(x) = \int_a^x f(t)dt$ 是 $[a,b]$ 上的一個可導函數，且

$$\Phi'(x) = \frac{d}{dx}\int_a^x f(t)dt = f(x)$$

證 $\Delta\Phi = \Phi(x + \Delta x) - \Phi(x)$

$$= \int_a^{x+\Delta x} f(t)dt - \int_a^x f(t)dt$$

$$= \int_a^{x+\Delta x} f(t)dt + \int_x^a f(t)dt$$

$$= \int_x^{x+\Delta x} f(t)dt$$

由於被積函數 $f(t)$ 在閉區間 $[x, x + \Delta x]$ 上連續,故由定積分中值定理(定理 5.9)得

$$\Delta\Phi = \int_x^{x+\Delta x} f(t)dt = f(\xi)\Delta x \quad (x \leq \xi \leq x + \Delta x)$$

因此

$$\lim_{\Delta x \to 0} \frac{\Delta\Phi}{\Delta x} = \lim_{\Delta x \to 0} f(\xi)$$

由於 $\Delta x \to 0$ 時, $\xi \to x$,且 $f(x)$ 是連續函數,於是

$$\frac{d\Phi}{dx} = \lim_{\Delta x \to 0} f(\xi) = f(x)$$

即

$$\Phi'(x) = \frac{d}{dx} \int_a^x f(t)dt = f(x)$$

註 定理 5.10 是一個重要的定理,它不僅指出 $\Phi(x)$ 的可微性、連續性。且告訴我們,若 $f(x)$ 在 $[a, b]$ 上連續,則它有反導函數,且 $\int_a^x f(t)dt$ 就是 $f(x)$ 的一個反導函數。

定理 **5.11**

設 $f(x)$ 在 $[a, b]$ 上連續, $g(x), h(x)$ 在 $[a, b]$ 上可導,則

(1) $\dfrac{d}{dx} \int_a^{g(x)} f(t)dt = f(g(x)) \cdot g'(x)$

(2) $\dfrac{d}{dx} \int_{h(x)}^{g(x)} f(t)dt = f(g(x)) \cdot g'(x) - f(h(x)) \cdot h'(x)$

Example 1

求 $\dfrac{d}{dx}\left[\displaystyle\int_a^x e^{-t^2}dt\right]$

 由定理 5.10 得

$$\frac{d}{dx}\left[\int_a^x e^{-t^2}dt\right]=e^{-x^2}$$

Example 2

求 $\dfrac{d}{dx}\left[\displaystyle\int_a^{x^2} e^{-t^2}dt\right]$

 由定理 5.10 與合成函數導函數的連續法則得

$$\frac{d}{dx}\left[\int_a^{x^2} e^{-t^2}dt\right]=\frac{d}{dx^2}\left[\int_a^{x^2} e^{-t^2}dt\right]\frac{dx^2}{dx}$$

$$=e^{-(x^2)^2}\cdot 2x=2xe^{-x^4}$$

Example 3

求 $\dfrac{d}{dx}\left[\displaystyle\int_x^{x^2} e^{-t^2}dt\right]$

 由積分區間的可加性定理得

$$\int_x^{x^2} e^{-t^2}dt=\int_x^0 e^{-t^2}dt+\int_0^{x^2} e^{-t^2}dt$$

$$=-\int_0^x e^{-t^2}dt+\int_0^{x^2} e^{-t^2}dt$$

於是

$$\frac{d}{dx}\left[\int_x^{x^2} e^{-t^2}\right] = -\frac{d}{dx}\int_0^x e^{-t^2}dt$$

$$+\frac{d}{dx}\int_0^{x^2} e^{-t^2}dt$$

$$= -e^{-x^2} + 2xe^{-x^4}$$

3　微積分基本定理

定理 5.12

設函數 $f(x)$ 是在區間 $[a,b]$ 上的連續函數，$F(x)$ 是 $f(x)$ 的一個反導函數，則

$$\int_a^b f(x)dx = F(b) - F(a) = F(x)\Big|_a^b$$

 由於 $F(x)$ 和 $\int_a^x f(t)dt$ 都是 $f(x)$ 的反導函數，它們之間應只差一個常數，故有

$$\int_a^x f(t)dt = F(x) + C$$

若令 $x = a$，則上式左端為零，故

$$0 = F(a) + C$$

即

$$C = -F(a)$$

於是

$$\int_a^x f(t)dt = F(x) - F(a)$$

當 $x = b$ 時，得到

$$\int_a^b f(t)dt = F(b) - F(a)$$

或

$$\int_a^b f(x)dx = F(b) - F(a) = F(x)\Big|_a^b$$

此公式經常稱為**牛頓—萊布尼茲公式**。它把定積分的計算歸結為求被積函數的反導函數，從而建立了定積分與不定積分之間的聯繫。

Example 4

$$\int_0^1 e^x dx = e^x\Big|_0^1 = e - 1$$

Example 5

$$\int_{-1}^1 \frac{dx}{1 + x^2} = \tan^{-1} x\Big|_{-1}^1$$

$$= \tan^{-1} 1 - \tan^{-1}(-1)$$

$$= \frac{\pi}{4} - (-\frac{\pi}{4}) = \frac{\pi}{2}$$

Example 6

$$\int_1^2 (x^2 + \frac{1}{x^4})dx = \left(\frac{1}{3}x^3 - \frac{1}{3x^3}\right)\Big|_1^2$$

$$= \frac{21}{8}$$

Example 7

設　$f(x) = \begin{cases} x^2 & 0 \le X < 1 \\ x+1 & 1 \le x \le 2 \end{cases}$

求　$\displaystyle\int_{\frac{1}{2}}^{\frac{3}{2}} f(x)dx$

解

$$\int_{\frac{1}{2}}^{\frac{3}{2}} f(x)dx = \int_{\frac{1}{2}}^{1} f(x)dx + \int_{1}^{\frac{3}{2}} f(x)dx$$

$$= \int_{\frac{1}{2}}^{1} x^2 dx + \int_{1}^{\frac{3}{2}} (x+1)dx$$

$$= \frac{1}{3}x^3 \Big|_{\frac{1}{2}}^{1} + \left(\frac{1}{2}x^2 + x\right) \Big|_{1}^{\frac{3}{2}} = \frac{17}{12}$$

　　求不定積分常用變數代換法與分部積分法，下面幾個例子說明在使用變數代換法與分部積分法計算定積分時應該如何處理積分上、下限。

Example 8

求　$\displaystyle\int_{-1}^{1} \frac{x+1}{x^2+2x+2}dx$

解　令 $u = x^2 + 2x + 2$，$du = 2(x+1)dx$，求不定積分

$$\int \frac{x+1}{x^2+2x+2}dx = \frac{1}{2}\ln|u| + C$$

當 $x = -1$ 時，$u = 1$；當 $x = 1$ 時，$u = 5$，故

$$\int_{-1}^{1} \frac{x+1}{x^2+2x+2}dx = \frac{1}{2}\ln|u| \Big|_{1}^{5}$$

$$= \frac{1}{2}\ln 5 = \ln\sqrt{5}$$

Example 9

求　$\displaystyle\int_0^1 \frac{xdx}{1+x^2}$

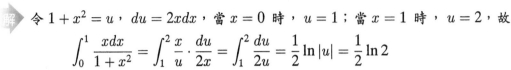 令 $1+x^2 = u$，$du = 2xdx$，當 $x=0$ 時，$u=1$；當 $x=1$ 時，$u=2$，故

$$\int_0^1 \frac{xdx}{1+x^2} = \int_1^2 \frac{x}{u}\cdot\frac{du}{2x} = \int_1^2 \frac{du}{2u} = \frac{1}{2}\ln|u| = \frac{1}{2}\ln 2$$

註　例 8 與例 9 是用變數代換法求定積分的例子。

Example 10

求　$\displaystyle\int_0^1 x^2 e^x dx$

解　用不定積分的分部積分法得

$$\int_0^1 x^2 e^x dx = x^2 e^x\Big|_0^1 - 2\int_0^1 e^x x dx$$

$$= e - 2\left[xe^x\Big|_0^1 - \int_0^1 e^x dx\right]$$

$$= e - 2e + 2e^x\Big|_0^1 = e - 2$$

Example 11

求　$\displaystyle\int_0^{\frac{\pi}{2}} x\sin xdx$

解　$\displaystyle\int_0^{\frac{\pi}{2}} x\sin xdx = -x\cos x\Big|_0^{\frac{\pi}{2}} + \int_0^{\frac{\pi}{2}} \cos xdx$

$$= \sin x\Big|_0^{\frac{\pi}{2}} = 1$$

註 例 10 與例 11 是用分部積分法求定積分的例子。

Example 12

求 $\displaystyle\int_0^\pi |\cos| dx$

解 因在區間 $\left[0, \dfrac{\pi}{2}\right]$ 上，$|\cos x| = \cos x$，在區間 $\left[\dfrac{\pi}{2}, \pi\right]$ 上，$|\cos x| = -\cos x$，於是

$$\int_0^\pi |\cos x| dx = \int_0^{\frac{\pi}{2}} \cos x\, dx + \int_{\frac{\pi}{2}}^{\pi} (-\cos x) dx$$

$$= \sin x \Big|_0^{\frac{\pi}{2}} - \sin x \Big|_{\frac{\pi}{2}}^{\pi}$$

$$= 1 + 1 = 2$$

求下列函數的導函數 $(1 \sim 3)$

1. $f(x) = \displaystyle\int_x^5 \sqrt{1+t^2}\,dt$

2. $f(x) = \displaystyle\int_0^{x^2} \sin\sqrt{t}\,dt \qquad (x > 0)$

3. $f(x) = \displaystyle\int_{x^2}^{e^x} \dfrac{\ln t}{t}\,dt \qquad (x > 0)$

4. 求 $\dfrac{d}{dx}\displaystyle\int_x^{3x^2} \dfrac{\sin t}{t}\,dt \qquad (x > 0)$

5. 求 $\dfrac{d}{dx}\displaystyle\int_x^{x^2} e^{t^2}\,dt$

計算下列積分 $(6 \sim 28)$

6. $\displaystyle\int_a^b \dfrac{dx}{x} \qquad (0 < a < b)$

7. $\displaystyle\int_0^1 (3x^4 + 2x^3 - x^2 + 5x - 2)\,dx$

8. $\displaystyle\int_0^1 \dfrac{dx}{x^2 + 4x + 5}$

9. $\displaystyle\int_0^{\frac{\pi}{2}} \sqrt{\cos x - \cos^3 x}\,dx$

10. $\displaystyle\int_0^2 |1 - x|\,dx$

11. $\displaystyle\int_0^a \sqrt{a^2 - x^2}\,dx \quad (a > 0)$

12. $\displaystyle\int_1^3 \dfrac{(2 + \ln x)^2}{x}\,dx$

13. $\displaystyle\int_0^{\frac{\pi}{2}} x^2 \sin x\,dx$

14. $\displaystyle\int_0^{\pi} e^x \cos x\,dx$

15. $\displaystyle\int_1^{2} x^2 \ln x\,dx$

16. $\displaystyle\int_0^{\frac{\pi}{2}} \cos^2 x\,dx$

17. $\displaystyle\int_0^{1} \frac{dx}{x^2 - 4}$

18. $\displaystyle\int_0^{\frac{\pi}{2}} \sin^3 x\,dx$

19. $\displaystyle\int_0^{1} \cos^{-1} x\,dx$

20. $\displaystyle\int_0^{\frac{\pi}{2}} (x - x \sin x)\,dx$

21. $\displaystyle\int_0^{1} \frac{dx}{1 + e^x}$

22. $\displaystyle\int_0^{\frac{\pi}{2}} \cos^5 x \sin 2x\,dx$

23. $\displaystyle\int_0^{1} x \tan^{-1} x\,dx$

24. $\displaystyle\int_0^{e-1} \ln(x + 1)\,dx$

25. $\displaystyle\int_0^{\frac{\pi}{2}} e^{2x} \cos x\,dx$

26. $\displaystyle\int_0^{\frac{1}{2}} (\sin^{-1} x)^2\,dx$

27. $\displaystyle\int_1^{e} x^2 \ln^2 x\,dx$

28. $\displaystyle\int_{-1}^{0} \frac{3x^4 + 3x^2 + 1}{x^2 + 1}\,dx$

5-3 定積分的近似計算法

根據微積分基本定理，我們都是用被積函數的反導函數來計算定積分。但是在許多實際問題中被積函數往往是用曲線或表格給出的，這時寫不出被積函數的解析式子，當然也無法求出它的反導函數。另外，即使被積函數能用解析式子表示，它的反導函數也不一定能計算出，因此無法用微積分基本定理計算。於是有必要引進定積分的近似計算法。

根據定積分定義知定積分 $\int_a^b f(x)dx$ 是曲邊梯形的面積，因此定積分的近似計算實際上就是曲邊梯形面積的近似計算。

我們介紹三種方法：矩形法、梯形法和拋物線法。

矩形法

把積分區間 $[a,b]$ 分為長度相等的子區間，則當子區間個數充分大時，黎曼和與定積分值非常接近，這就是**矩形法**。

把區間 $[a,b]$ 等分為 n 份時，分點為

$$a = x_0 < x_1 < x_2 < \cdots < x_{n-1} < x_n = b$$

子區間的長度為

$$\Delta x = \frac{b-a}{n}$$

並設函數 $y = f(x)$ 對應於各分點的函數值 $f(x_0)$，$f(x_1), \cdots, f(x_{n-1}), f(x_n)$，都唯一確定。

如圖 5-3-1 所示，把整個曲邊梯形分為 n 個底長都是 $\frac{b-a}{n}$ 的小曲邊梯形，而對每一個小曲邊梯形以左端點的函數值為高作成小矩形，各個小矩形面積的和便是曲邊梯形面積的近似值。故

$$\int_a^b f(x)dx \approx f(x_0)\Delta x + f(x_1)\Delta x + \cdots + f(x_{n-1})\Delta x$$

$$= \Delta x\left[f(x_0) + f(x_1) + \cdots + f(x_{n-1})\right]$$

$$= \frac{b-a}{n}\left[f(x_0) + f(x_1) + \cdots + f(x_{n-1})\right] \tag{5.3.1}$$

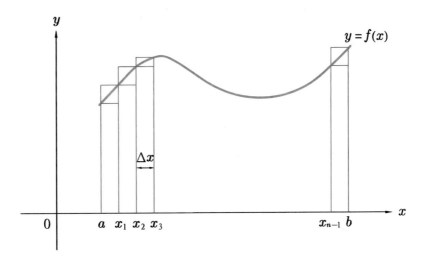

圖 5-3-1

如圖 5-3-1 所示，若對每一個小曲邊梯形以右端點的函數值為高作成小矩形，各個小矩形面積的和也是曲邊梯形面積的近似值。故

$$\int_a^b f(x)dx \approx f(x_1)\Delta x + f(x_2)\Delta x + \cdots + f(x_n)\Delta x$$

$$= \Delta x \left[f(x_1) + f(x_2) + \cdots + f(x_n) \right]$$

$$= \frac{b-a}{n} \left[f(x_1) + f(x_2) + \cdots + f(x_n) \right] \tag{5.3.2}$$

公式 (5.3.1) 與 (5.3.2) 都是定積分的矩形法公式。

2 梯形法

由圖 5-3-1 可見，無論用公式 (5.3.1) 與 (5.3.2) 誤差都較大。因此，為了改進近似程度，我們在計算每個小曲邊梯形面積時，在每個小曲邊梯形內用連接兩頂點的弦代替過端點平行於 x 軸的直線，也就是用梯形代替矩形作為小曲邊梯形面積的近似。正如圖 5-3-2 所示。

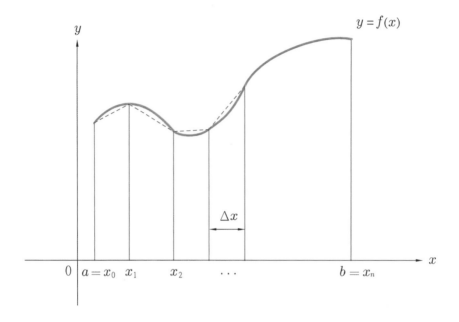

圖 5-3-2

於是有

$$\int_a^b f(x)dx \approx \frac{1}{2}\left[f(x_0)+f(x_1)\right]\Delta x + \frac{1}{2}\left[f(x_1)+f(x_2)\right]\Delta x$$

$$+ \cdots + \frac{1}{2}\left[f(x_{n-1})+f(x_n)\right]\Delta x$$

$$= \frac{\Delta x}{2}\left[f(x_0)+2f(x_1)+2f(x_2)+\cdots+2f(x_{n-1})+f(x_n)\right]$$

$$= \frac{b-a}{2n}\left[f(x_0)+2f(x_1)+\cdots+2f(x_{n-1})+f(x_n)\right] \tag{5.3.3}$$

公式 (5.3.3) 是定積分的**梯形法公式**。

3 拋物線法（辛普生法）

梯形法雖比矩形法精確，但是它們都是以直線代替曲線，為了提高精確度，我們考慮用一比較簡單的曲線代替圖形的曲線。所謂拋物線法便是用拋物線代替曲邊梯形曲線的方法。

我們先推導以拋物線為曲邊的曲邊梯形（即拋物線梯形）的面積公式。

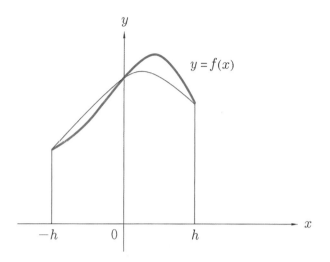

圖 5-3-3

如圖 5-3-3 所示，以拋物線 $y = px^2 + qx + r$ 為曲邊，$[-h, h]$ 為底的拋物線梯形的面積為

$$s = \int_{-h}^{h} (px^2 + qx + r)dx = \frac{h}{3}(2ph^2 + 6r) \tag{1}$$

設 $f(-h) = y_0$，$f(0) = y_1$，$f(h) = y_2$，則可由這三點 $(-h, y_0)$，$(0, y_1)$，(h, y_2) 可確定拋物線。即

$$y_0 = f(-h) = p(-h)^2 + q(-h) + r$$

$$= ph^2 - qh + r \tag{2}$$

$$y_1 = f(0) = p \cdot 0 + q \cdot 0 + r = r \tag{3}$$

$$y_2 = f(h) = ph^2 + qh + r \tag{4}$$

由 (2)，(3)，(4) 解得

$$2ph^2 = y_0 - 2y_1 + y_2 ,$$

$$r = y_1$$

於是由 (1) 知

$$S = \frac{h}{3}(y_0 + 4y_1 + y_2) \tag{5}$$

此公式說明，底邊長為 $2h$ 的拋物線梯形的面積等於 $\dfrac{1}{3}$ 乘以底邊兩端點的縱座標與底邊中點縱座標的四倍之和。且此結果與座標軸的選取無關。

把區間 $[a, b]$ 等分為 n 份（ n 為偶數），分點為

$$a = x_0 < x_1 < \cdots < x_{n-1} < x_n = b$$

在各個區間 $[x_0, x_2], [x_2, x_4], \cdots, [x_{n-2}, x_n]$ 上都按公式 (5) 計算拋物線梯形面積，便可求出曲邊梯形的面積的近似值。

$$\int_a^b f(x)dx \approx \frac{\Delta x}{3}(y_0 + 4y_1 + y_2) + \frac{\Delta x}{3}(y_2 + 4y_3 + y_4)$$

$$+ \cdots + \frac{\Delta x}{3}(y_{n-2} + 4y_{n-1} + y_n)$$

$$= \frac{b - a}{3n}[y_0 + y_n + 4(y_1 + y_3 + \cdots + y_{n-1})$$

$$+ 2(y_2 + y_4 + \cdots + y_{n-2})] \tag{5.3.4}$$

此公式叫做**拋物線法公式**（即**辛普生公式**）。其中 $y_i = f(x_i)$。

Example 1

求 $\displaystyle\int_0^1 e^{-x^2}$ 的近似值。

解 因為 e^{-x^2} 的反導函數不能用解析式子表示出來。所以只能用近似計算其近似值。取 $n = 10$，即把區間 $[0, 1]$ 分成 10 等分，分點 x_i 及其對應的函數值 $f(x_i)$ 列表如下：

i	0	1	2	3	4
x_i	0	0.1	0.2	0.3	0.4
$f(x_i)$	1.00000	0.99005	0.96079	0.91393	0.85214

5	6	7	8	9	10
0.5	0.6	0.7	0.8	0.9	1
0.77880	0.69768	0.61263	0.52729	0.44486	0.36788

利用矩形公式 (5.3.1) 得

$$\int_0^1 e^{-x^2}dx \approx \frac{1}{10}\Big[f(x_0) + f(x_1) + \cdots + f(x_9)\Big] \approx 0.77782$$

利用矩形公式 (5.3.2) 得

$$\int_0^1 e^{-x^2}dx \approx \frac{1}{10}\Big[f(x_1) + f(x_2) + \cdots + f(x_{10})\Big] \approx 0.71461$$

利用梯形公式 (5.3.3) 得

$$\int_0^1 e^{-x^2}dx \approx \frac{1}{20}\Big[f(x_0) + 2f(x_1) + \cdots + 2f(x_9) + f(x_{10})\Big]$$

$$\approx 0.74621$$

利用拋物線公式 (5.3.4) 得

$$\int_0^1 e^{-x^2}dx \approx \frac{1}{30}\Big[f(x_0) + f(x_{10}) + 4(f(x_1) + f(x_3) + \cdots + f(x_9))$$

$$+2(f(x_2) + f(x_4) + \cdots + f(x_8))\Big]$$

$$\approx 0.74683$$

1. 用三種積分近似計算法計算定積分 $\int_1^3 \dfrac{dx}{x}$ 以求 $\ln 3$ 的近似值（取 $n = 10$，被積函數值取四位小數）。

2. 已知 $\int_0^1 \dfrac{dx}{1+x^2} = \dfrac{\pi}{4}$，即 $\pi = 4\int_0^1 \dfrac{dx}{1+x^2}$，用三種近似計算法計算 π 的近似值，算到小數點後三位（取 $n = 10$）。

5-4 廣義積分

在前面介紹定積分時，一般假定被積函數 $f(x)$ 在有限區間 $[a,b]$ 上連續，定積分 $\int_a^b f(x)dx$ 總存在。即使被積函數在個別點有界不連續時它也是可積的。現在假定積分區間為無限，即積分區間是 $(-\infty,b],[a,\infty),(-\infty,\infty)$ 等類型，或者被積函數 $f(x)$ 在積分區間上有無窮不連續點時定積分的概念都需要推廣。這樣二種推廣，叫做**廣義積分**以區別於前面介紹的常義積分，廣義積分也稱**瑕積分**。

1 積分區間為無限

設函數 $f(x)$ 在區間 $[a,\infty)$ 內連續，取 $b>a$，若極限

$$\lim_{b\to\infty}\int_a^b f(x)dx$$

存在，則定義廣義積分

$$\int_a^\infty f(x)dx=\lim_{b\to\infty}\int_a^b f(x)dx$$

此時，我們說廣義積分 $\int_a^\infty f(x)dx$**存在**或**收斂**；若極限不存在，我們說廣義積分 $\int_a^\infty f(x)dx$ 沒有意義或者是發散的。

同樣地，定義廣義積分 $\int_{-\infty}^b f(x)dx=\lim_{a\to-\infty}\int_a^b f(x)dx$。

如果廣義積分 $\int_{-\infty}^0 f(x)dx$ 與 $\int_0^\infty f(x)dx$ 都收斂，我們也可以定義積分

$\int_{-\infty}^\infty f(x)dx$，則

$$\int_{-\infty}^\infty f(x)dx=\int_{-\infty}^0 f(x)dx+\int_0^\infty f(x)dx$$

Example 1

求 $\int_0^\infty \dfrac{dx}{1+x^2}$

解
$$\lim_{b \to \infty} \int_0^b \frac{dx}{1 + x^2} = \lim_{b \to \infty} \left[\tan^{-1} x \right]_0^b$$

$$= \lim_{b \to \infty} \tan^{-1} b = \frac{\pi}{2}$$

於是

$$\int_0^\infty \frac{dx}{1 + x^2} = \frac{\pi}{2}$$

這個結果的幾何意義（正如圖 5-4-1）是：當 b 無限增大時，雖然圖 5-4-1 中陰影部分無限向右延伸，但其面積卻有極限值 $\frac{\pi}{2}$。

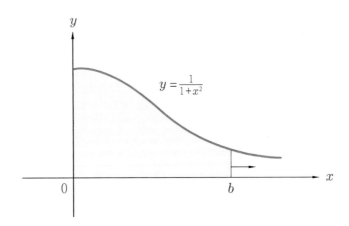

圖 5-4-1

Example 2

求 $\displaystyle \int_2^\infty \frac{1}{(x-1)^2} dx$

解
$$\lim_{b \to \infty} \int_2^b \frac{1}{(x-1)^2} dx = \lim_{b \to \infty} \left[-\frac{1}{x-1} \right]_2^b$$

$$= \lim_{b \to \infty} \left[-\frac{1}{b-1} + 1 \right] = 1$$

Example 3

求　$\displaystyle\int_{-\infty}^{0} xe^{x}dx$

$$\int_{a}^{0} xe^{x}dx = xe^{x}\Big|_{a}^{0} - \int_{a}^{0} e^{x}dx$$

$$= -ae^{a} - e^{x}\Big|_{a}^{0} = -ae^{a} - 1 + e^{a}$$

$$\lim_{a\to-\infty}\int_{a}^{0} xe^{x}dx = \lim_{a\to-\infty}\left(-ae^{a} - 1 + e^{a}\right) = -1$$

故

$$\int_{-\infty}^{0} xe^{x}dx = -1$$

Example 4

求　$\displaystyle\int_{-\infty}^{0} e^{x}dx$

$$\int_{-\infty}^{0} e^{x}dx = \lim_{a\to-\infty}\int_{a}^{0} e^{x}dx$$

$$= \lim_{a\to-\infty} e^{x}\Big|_{a}^{0}$$

$$= \lim_{a\to-\infty}(1 - e^{x}) = 1$$

Example 5

求　$\displaystyle\int_{2}^{\infty} \dfrac{dx}{x\ln x}$

解
$$\int_2^\infty \frac{dx}{x \ln x} = \lim_{b \to \infty} \int_2^b \frac{dx}{x \ln x}$$

$$= \lim_{b \to \infty} [\ln |\ln x|] \Big|_2^b$$

$$= \lim_{b \to \infty} [\ln |\ln b| - \ln |\ln 2|] = \infty$$

故 $\int_2^\infty \frac{dx}{x \ln x}$ 發散。

Example 6

證明積分 $\int_1^\infty \frac{dx}{x^P}$ 當 $p > 1$ 時收斂；當 $p \le 1$ 時發散。

解　當 $p = 1$ 時，
$$\int_1^\infty \frac{dx}{x} = \lim_{b \to \infty} \int_1^b \frac{dx}{x} = \lim_{b \to \infty} \left[\ln |x| \right]_1^b$$

$$= \lim_{b \to \infty} \ln |b| = \infty$$

當 $p \ne 1$ 時，
$$\int_1^\infty \frac{dx}{x^p} = \lim_{b \to \infty} \int_1^b \frac{dx}{x^p} = \lim_{b \to \infty} \left[\frac{x^{1-p}}{1-p} \right]_1^b$$

$$= \lim_{b \to \infty} \left[\frac{b^{1-p}}{1-p} - \frac{1}{1-p} \right]$$

$$= \lim_{b \to \infty} \frac{b^{1-p}}{1-p} + \frac{1}{p-1}$$

由於當 $p > 1$ 時，
$$\lim_{b \to \infty} \frac{b^{1-p}}{1-p} = 0$$

當 $p < 1$ 時，
$$\lim_{b \to \infty} \frac{b^{1-p}}{1-p} = \infty$$

於是，當 $p \leq 1$ 時，

$$\int_1^\infty \frac{dx}{x^p} = \infty \qquad 發散$$

當 $p > 1$ 時，

$$\int_1^\infty \frac{dx}{x^p} = \frac{1}{p-1} \qquad 收斂$$

2 　被積函數有無窮不連續點

設 $f(x)$ 在 $(a, b]$ 上連續，而 $\lim\limits_{x \to a} f(x) = \infty$，若極限

$$\lim_{t \to a} \int_a^b f(x)dx$$

存在，則定義

$$\int_a^b f(x)dx = \lim_{t \to a} \int_t^b f(x)dx$$

此時，我們說廣義積分 $\int_a^b f(x)dx$ **存在**或**收斂**，若極限不存在，我們說廣義積分 $\int_a^b f(x)dx$ **沒有意義**或是**發散**的。

同樣，若 $f(x)$ 在 $[a, b)$ 上連續，$\lim\limits_{x \to b} f(x) = \infty$，若

$$\lim_{t \to b} \int_a^t f(x)dx$$

存在，則定義廣義積分

$$\int_a^b f(x)dx = \lim_{t \to b} \int_a^t f(x)dx$$

否則沒有意義或發散。

我們也可以定義被積函數 $f(x)$ 在積分區間內有無窮不連續點的廣義積分。即後 $f(x)$ 在 $[a, b]$ 上除 $x = c$ 一點外連續，而 $\lim\limits_{x \to c} f(x) = \infty$，若

$$\lim_{t \to c} \int_a^t f(x)dx 與 \lim_{t' \to c} \int_{t'}^b f(x)dx$$

都存在，則定義廣義積分

$$\int_a^b f(x)dx = \lim_{t \to c} \int_a^t f(x)dx + \lim_{t' \to c} \int_{t'}^b f(x)dx$$

存在或收斂，否則，沒有意義或發散。

Example 7

求　$\displaystyle\int_0^a \frac{dx}{\sqrt{a^2 - x^2}}$

 被積函數在積分上限 $x = a$ 處不連續，故

$$\int_0^a \frac{dx}{\sqrt{a^2 - x^2}} = \lim_{t \to a} \int_0^t \frac{dx}{\sqrt{a^2 - x^2}}$$

$$= \lim_{t \to a} \left[\sin^{-1} \frac{x}{a} \right]_0^t$$

$$= \lim_{t \to a} \left[\sin^{-1} \frac{t}{a} \right] = \sin^{-1} 1 = \frac{\pi}{2}$$

Example 8

討論廣義積分 $\displaystyle\int_a^b \frac{dx}{(x - a)^p}(b > a)$ 的斂散性。

 當 $p \leq 0$ 時，被積函數在 $[a, b]$ 上連續，沒有無窮不連續點，積分是常義下的定積分，顯然可積。

當 $p > 0$ 時，$x = a$ 是被積函數的無窮不連續點。

若 $p = 1$，則

$$\int_a^b \frac{dx}{x - a} = \lim_{t \to a} \int_t^b \frac{dx}{x - a}$$

$$= \lim_{t \to a} \left[\ln |x - a| \right]_t^b$$

$$= \lim_{t \to a} [\ln |b - a| - \ln |t - a|]$$

$$= \ln |b - a| - \lim_{t \to a} [\ln |t - a|]$$

$$= -\infty$$

若 $p < 1$，則

$$\int_a^b \frac{dx}{(x-a)^p} = \lim_{t \to a} \int_t^b \frac{dx}{(x-a)^p}$$

$$= \lim_{t \to a} \frac{1}{1-p} \left[\frac{1}{(x-a)^{p-1}} \right]_t^b$$

$$= \lim_{t \to a} \frac{1}{1-p} \left[\frac{1}{(b-a)^{p-1}} - \frac{1}{(t-a)^{p-1}} \right]$$

$$= \frac{1}{1-p} \frac{1}{(b-a)^{p-1}}$$

若 $p > 1$，則

$$\int_a^b \frac{dx}{(x-a)^p} = \lim_{t \to a} \int_t^b \frac{dx}{(x-a)^p}$$

$$= \lim_{t \to a} \frac{1}{1-p} \left[\frac{1}{(x-a)^{p-1}} \right]_t^b$$

$$= \lim_{t \to a} \frac{1}{1-p} \left[\frac{1}{(b-a)^{p-1}} - \frac{1}{(t-a)^{p-1}} \right]$$

$$= \infty$$

故廣義積分 $\displaystyle\int_a^b \frac{dx}{(x-a)^p}$ 為 $p < 1$ 時收斂，當 $p \geq 1$ 時發散。

Example 9

計算 $\displaystyle\int_{-1}^1 \frac{dx}{x^2}$

解 當 $x = 0$ 時，被積函數 $f(x) = \dfrac{1}{x^2}$ 不連續，無界。且

$$\int_{-1}^0 \frac{dx}{x^2} = \lim_{t \to 0} \int_{-1}^t \frac{dx}{x^2} = \lim_{t \to 0} \left[-\frac{1}{x} \right]_{-1}^t$$

$$= \lim_{t \to 0} \left[-\frac{1}{t} + \frac{1}{-1} \right] = \infty$$

故 $\displaystyle\int_{-1}^{1}\dfrac{dx}{x^2}$ 發散。

（註）下面的計算是錯誤的，為什麼？

$$\int_{-1}^{1}\frac{dx}{x^2}=\left[-\frac{1}{x}\right]_{-1}^{1}=-1-1=-2$$

計算下列廣義積分，確定其斂散性。

1. $\displaystyle\int_1^\infty \frac{dx}{\sqrt{x}}$

2. $\displaystyle\int_1^\infty \frac{dx}{x^3}$

3. $\displaystyle\int_2^\infty \frac{dx}{x(\ln x)^2}$

4. $\displaystyle\int_0^\infty e^{-x}\sin x\, dx$

5. $\displaystyle\int_{-\infty}^\infty \frac{dx}{x^2+2x+2}$

6. $\displaystyle\int_0^2 \frac{dx}{(1-x)^2}$

7. $\displaystyle\int_0^1 \frac{x\, dx}{\sqrt{1-x^2}}$

8. $\displaystyle\int_0^2 \frac{dx}{x^2-4x+3}$

9. $\displaystyle\int_{-1}^0 \frac{x\, dx}{\sqrt{1+x}}$

10. $\displaystyle\int_1^e \frac{dx}{x\sqrt{1-(\ln x)^2}}$

本 章 摘 要

　　本章將上一章學過的定積分理論用來分析和解決一些幾何、物理中的問題。這一章的學習，不僅要能掌握一些在應用方面的公式，更重要的是學會用定積分的觀念和方法去解決實際問題。

6-1　平面圖形的面積

1　在直角座標系下平面圖形的面積

　　按定積分定義知，由曲線 $y = f(x)(f(x) \geq 0)$ 及直線 $x = a$、$x = b(a < b)$ 與 x 軸所圍成的曲邊梯形（圖6-1-1）的面積是定積分。

$$A = \int_a^b f(x)dx$$

若曲線 $y = f(x)(f(x) \leq 0)$，則由曲線、直線 $x = a$、$x = b(a < b)$ 與 x 軸所圍成的曲邊梯形（圖6-1-2）的面積是定積分。

$$A = -\int_a^b f(x)dx$$

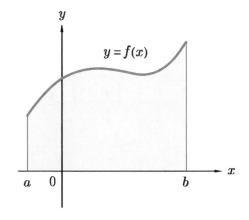

圖 6-1-1　　　　　　　　　　　圖 6-1-2

　　由兩條曲線 $y_1 = f_1(x)$ 和 $y_2 = f_2(x)(f_2(x) < f_1(x))$，直線 $x = a$ 與 $x = b$ 所圍成圖形（圖6-1-3）的面積為

$$A = \int_a^b \left[f_1(x) - f_2(x)\right]dx$$

類似地，由曲線 $x = \psi_1(y)$，$x = \psi_2(y)(\psi_2(y) < \psi_1(y))$，直線 $y = c$ 與 $y = d$ 所圍成圖形（圖 6-1-4）的面積為

$$A = \int_c^d \left[\psi_1(y) - \psi_2(y)\right]dy$$

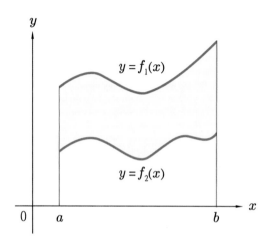

圖 6-1-3

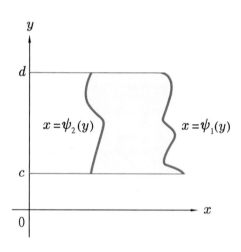

圖 6-1-4

Example 1

求由拋物線 $y = x^2 - 4x + 5$，x 軸及直線 $x = 3$，$x = 5$ 所圍成的圖形的面積。

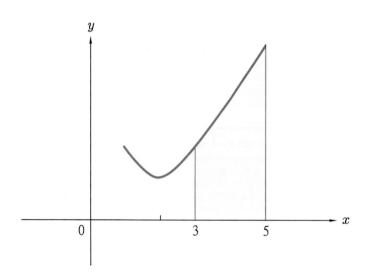

圖 6-1-5

解 $A = \int_3^5 (x^2 - 4x + 5)dx = \left(\frac{1}{3}x^3 - 2x^2 + 5x\right)\Big|_3^5$

$= \frac{32}{3}$

Example 2

求由拋物線 $y = x^2 - 3$ 與直線 $y = 2x$ 所圍成的圖形的面積。

解 作出 $y = x^2 - 3$ 與 $y = 2x$ 的圖形，求出交點 $(-1, -2)$ 與 $(3, 6)$。

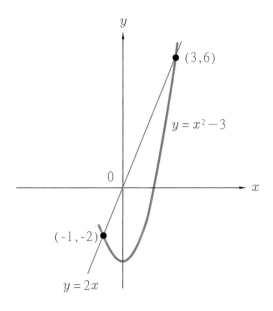

圖 6-1-6

$A = \int_{-1}^3 [2x - (x^2 - 3)]dx = \int_{-1}^3 (2x - x^2 + 3)dx$

$= \left(x^2 - \frac{1}{3}x^3 + 3x\right)\Big|_{-1}^3 = 10\frac{2}{3}$

Example 3

求由拋物線 $y^2 = x$ 與直線 $y = x - 2$ 所圍成的圖形的面積。

解 作出 $y^2 = x$ 與 $y = x - 2$ 的圖形，求出交點 $(1, -1)$ 與 $(4, 2)$。

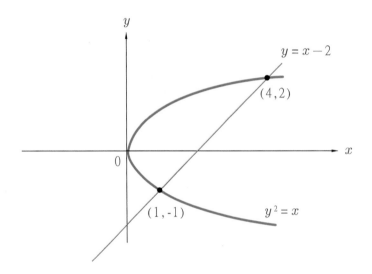

圖 6-1-7

$$A = \int_{-1}^{2} (y + 2 - y^2) dy = \left(\frac{1}{2} y^2 + 2y - \frac{1}{3} y^3 \right) \Big|_{-1}^{2}$$

$$= \frac{9}{2}$$

註 若積分變量採用 x，積分區間就需要分兩段，即

$$A = \int_{0}^{1} [\sqrt{x} - (-\sqrt{x})] dx + \int_{1}^{4} [\sqrt{x} - (x - 2)] dx$$

$$= \int_{0}^{1} 2\sqrt{x} dx + \int_{1}^{4} (\sqrt{x} - x + 2) dx$$

$$= \left(2 \times \frac{2}{3} x^{\frac{3}{2}} \right) \Big|_{0}^{1} + \left(\frac{2}{3} x^{\frac{3}{2}} - \frac{1}{2} x^2 + 2x \right) \Big|_{1}^{4}$$

$$= \frac{9}{2}$$

2 在極座標系下平面圖形的面積

在極座標系下，$r = f(\theta)$ 表示一曲線方程式。假設它是一個連續函數，稱以曲線 $r = f(\theta)$ 和兩條極徑 $\theta = \alpha$，$\theta = \beta$ 為界線的圖形稱為曲邊扇形，現求此扇形面積 A。

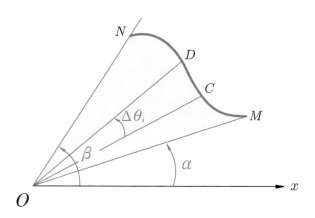

圖 6-1-8

設所求面積 A，曲線弧 $\overarc{MN}$ 所對的角為 $\beta - \alpha$，把 θ 作為自變量，任意分 $\beta - \alpha$ 為 n 個小角，其中第 i 個小角記作 $\Delta\theta_i (i = 1, 2, 3, \cdots, n)$，則對應於 $\Delta\theta_i$ 的曲線弧及極徑 $\overline{OC}$，及 $\overline{OD}$ 圍成的小曲邊扇形的面積 ΔS_i 適合不等式

$$\frac{1}{2}m_i^2\Delta\theta_i \leq \Delta s_i \leq \frac{1}{2}M_i^2\Delta\theta_i$$

其中 $m_i = f(\theta'_i)$ 及 $M_i = f(\theta_i'')$ 是小曲邊扇形的最小及最長極徑，而此兩極徑都在 $\Delta\theta_i$ 內，整個曲邊扇形的面積 A 滿足

$$\frac{1}{2}\sum_{i=1}^{n}m_i^2\Delta\theta_i \leq A \leq \frac{1}{2}\sum_{i=1}^{n}M_i^2\Delta\theta_i$$

即

$$\frac{1}{2}\sum_{i=1}^{n}f^2(\theta'_i)\Delta\theta_i \leq A \leq \frac{1}{2}\sum_{i=1}^{n}f^2(\theta''_i)\Delta\theta_i$$

當 n 無限增大而且每個 $\Delta\theta_i$ 都趨於零時，如果 $f(\theta)$ 是在閉區間 $[\alpha, \beta]$ 上連續函數，則上述不等式左右兩個和式的極限存在，並且極限值都是定積分，故

$$A = \frac{1}{2}\int_{\alpha}^{\beta}r^2(\theta)d\theta = \frac{1}{2}\int_{\alpha}^{\beta}f^2(\theta)d\theta$$

　　假定在極座標系下，欲求由兩連續曲線 $r = f(\theta)$，$r = g(\theta)$ 和兩條極徑 $\theta = \alpha$，$\theta = \beta$ 為界線所圍區域的面積，

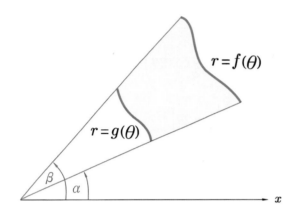

圖 6-1-9

利用上述類似方法，可得面積公式

$$A = \frac{1}{2} \int_{\alpha}^{\beta} \left([f(\theta)]^2 - [g(\theta)]^2 \right) d\theta$$

Example 4

求心形線 $r = a(1 + \cos\theta)$ 於 $\theta = 0$ 與 $\theta = \frac{\pi}{4}$ 間之平面圖形面積。

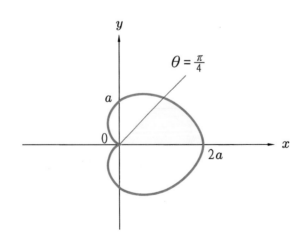

圖 6-1-10

$$A = \int_0^{\frac{\pi}{4}} \frac{1}{2} a^2 (1 + \cos\theta)^2 d\theta$$

$$= \int_0^{\frac{\pi}{4}} \frac{1}{2} a^2 (1 + 2\cos\theta + \cos^2\theta) d\theta$$

$$= \int_0^{\frac{\pi}{4}} \frac{1}{2} a^2 \left(\frac{3}{2} + 2\cos\theta + \frac{1}{2}\cos 2\theta \right) d\theta$$

$$= \frac{1}{2} a^2 \left[\frac{3}{2}\theta + 2\sin\theta + \frac{1}{4}\sin 2\theta \right] \Big|_0^{\frac{\pi}{4}}$$

$$= \frac{a^2}{16} (3\pi + 8\sqrt{2} + 2)$$

Example 5

求心形線 $r = a(1 + \cos\theta)$ 圍成的面積。

此曲線對稱於 x 軸，心形線位於 x 軸上方的面積是 x 軸所圍而成，故

$$A = 2 \cdot \frac{1}{2} \int_0^{\pi} a^2 (1 + \cos\theta)^2 d\theta$$

$$= a^2 \int_0^{\pi} (1 + 2\cos\theta + \cos^2\theta) d\theta$$

$$= a^2 \left(\frac{3}{2}\theta + 2\sin\theta + \frac{1}{4}\sin 2\theta \right) \Big|_0^{\pi}$$

$$= \frac{3}{2}\pi a^2$$

Example 6

求雙紐線 $r^2 = a^2 \cos 2\theta$ 圍成的全部面積。

雙紐線關於 x 軸、y 軸都是對稱的，於是雙紐線在第 I 象限內的面積等於全部面積的 $\dfrac{1}{4}$，雙紐線在第 I 象限內極角從 0 變到 $\dfrac{\pi}{4}$，故

$$A = 4 \cdot \frac{1}{2} \int_0^{\frac{\pi}{4}} a^2 \cos 2\theta \, d\theta$$

$$= 2a^2 \left[\frac{1}{2} \sin 2\theta \right]_0^{\frac{\pi}{4}} = a^2$$

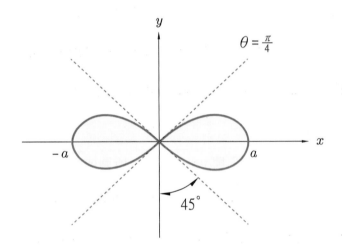

圖 6-1-11

習題 6-1 PRACTICE

1. 求由拋物線 $y = x^2 - 4$ 與直線 $y = 2 - x$ 圍成的圖形的面積。

2. 求由拋物線 $y = 3 - 2x - x^2$ 與 x 軸所圍成的圖形的面積。

3. 求由拋物線 $(x - 1)^2 = -8(y - 8)$ 與橫軸所圍成的圖形的面積。

4. 求三次拋物線 $y = x^3$ 及直線 $y = 4x$ 所圍成的圖形的面積。

5. 求拋物線 $y = -x^2 + 4x - 3$ 及其在點 $(0, -3)$ 和點 $(3, 0)$ 處的切線所圍成的圖形的面積。

6. 求由拋物線 $y = 4x - x^2 - 3$ 與 $y = x^2 - 2x$ 所圍成的圖形的面積。

7. 求由拋物線 $x = y^2$ 與直線 $x = 2 + y$ 所圍成的圖形的面積。

8. 求拋物線 $y^2 = 4(x + 1)$ 及 $y^2 = 4(1 - x)$ 所圍成的圖形的面積。

求下列極座標方程式所圍區域之面積 $(9 \sim 10)$

9. 求對數螺線 $r = ae^\theta$ 及矢徑 $\theta = -\pi$，$\theta = \pi$ 所圍成的圖形的面積。

10. 求心形線 $r = a(1 + \cos\theta)$ 和圓 $r = 3a\cos\theta$ 共同部分的面積。

6-2 平面曲線的弧長

1 直角座標系下之弧長

直線段的長度可以直接度量出來的，圓的周長可以用它的內接正多邊形的邊長，當邊數無限增多時的極限定義的。對於光滑曲線段的弧長也可以用類似的方法定義其長度。所謂**光滑曲線段** 是指曲線 $y = f(x)$ 滿足在區間 $[a, b]$ 上存在一階導函數 $f'(x)$ 且 $f'(x)$ 連續。

在曲線弧 $\overset{\frown}{AB}$ 上任取分點

$$A = M_0, M_1, M_2, \cdots M_{i-1}, M_i, \cdots M_{n-1}, M_n = B$$

並依次連結相鄰分點成一內接折線，折線的長度 S_n 是各個直線段長度 $\overline{M_{i-1}M_i}$ 之和

$$S_n = \sum_{i=1}^{n} \overline{M_{i-1}M_i}$$

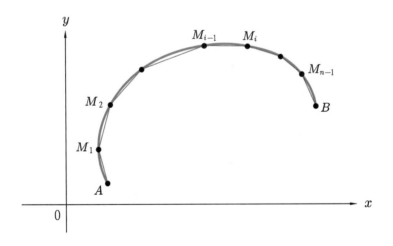

圖 6-2-1

設 $\mu = \max \overline{M_{i-1}M_i}(i = 1, 2, \cdots, n)$ 當分點無限增多，且 $\mu \to 0$ 時，如果 S_n 的極限值存在，則稱此極限 S 為曲線段 $\overset{\frown}{AB}$ 的弧長，即

$$S = \lim_{n \to \infty} S_n = \lim_{\mu \to 0} \sum_{i=1}^{n} \overline{M_{i-1}M_i}$$

設曲線段 $\overset{\frown}{AB}$ 在直角座標中的方程式為 $y = f(x)$，且 $f(x)$ 在區間 $[a,b]$ 上有連續導數。令 M_i 的座標為 $(x_i, y_i)(i = 0,1,2,\cdots,n)$，且 $x_0 = a, x_n = b$，則

$$S = \lim_{n \to \infty} S_n = \lim_{\mu \to 0} \sum_{i=1}^{n} \overline{M_{i-1}M_i}$$

$$= \lim_{\mu \to 0} \sum_{i=1}^{n} \sqrt{(x_i - x_{i-1})^2 + (y_i - y_{i-1})^2}$$

根據拉格朗日中值定理（3-1 節定理 3.2）

$$y_i - y_{i-1} = f(x_i) - f(x_{i-1})$$
$$= (x_i - x_{i-1})f'(\xi_i) \quad (x_{i-1} < \xi_i < x_i)$$

故

$$\sqrt{(x_i - x_{i-1})^2 + (y_i - y_{i-1})^2} = (x_i - x_{i-1})\sqrt{1 + [f'(\xi_i)]^2}$$
$$= \Delta x_i \sqrt{1 + [f'(\xi_i)]^2}$$

其中

$$\Delta x_i = x_i - x_{i-1} \qquad (i = 0,1,2,\cdots)$$

所以

$$S = \lim_{\mu \to 0} \sum_{i=1}^{n} \sqrt{1 + [f'(\xi_i)]^2} \Delta x_i$$

根據定積分定義，曲線弧長公式為

$$S = \int_a^b \sqrt{1 + [f'(x)]^2} dx \tag{6.2.1}$$

若 A 點固定，曲線弧長隨 B 點流動而不同，於是

$$s(x) = \int_a^x \sqrt{1 + [f'(t)]^2} dt$$

則

$$\frac{ds}{dx} = \frac{d}{dx} \int_a^x \sqrt{1 + [f'(t)]^2} dt = \sqrt{1 + [f'(x)]^2}$$

$$ds = \sqrt{1 + [f'(x)]^2} \quad dx = \sqrt{(dx)^2 + (dy)^2}$$

$$(ds)^2 = (dx)^2 + (dy)^2 \tag{6.2.2}$$

圖 6-2-2 是公式 (6.2.2) 的幾何解釋，dx, dy 與 ds 構成直角三角形，ds 是斜邊，ds 是 Δs 之近似值。

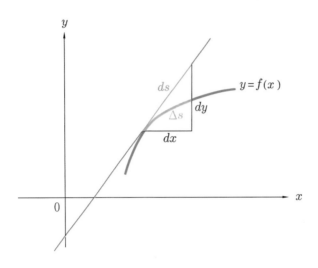

圖 6-2-2

───── **Example 1** ─────────────────────────

證明半徑為 R 的圓周長為 $2\pi R$。

 設圓的方程式為 $x^2 + y^2 = R^2$，根據圓之對稱性，只需求第 I 象限中弧長乘四即可，圓在第 I 象限中的方程式為

$$y = \sqrt{R^2 - x^2} \quad , \quad 0 \le x \le R$$

則由公式 (6.2.1)

$$S = 4 \int_0^R \sqrt{1 + \left(\frac{dy}{dx}\right)^2}\, dx = 4R \int_0^R \frac{1}{\sqrt{R^2 - x^2}}\, dx$$

$$= 4R \sin^{-1} \frac{x}{R}\Big|_0^R = 2\pi R$$

───── **Example 2** ─────────────────────────

求曲線 $y = \dfrac{1}{4}x^2 - \dfrac{1}{2}\ln x$ 自 $x = 1$ 至 $x = e$ 之弧長。

解 $\quad y' = \dfrac{1}{2}x - \dfrac{1}{2x}$

$$1 + (y')^2 = \frac{1}{4}x^2 + \frac{1}{2} + \frac{1}{4x^2} = \left(\frac{1}{2}x + \frac{1}{2x}\right)^2$$

由公式 (6.2.1) 得

$$S = \int_1^e \sqrt{1 + (y')^2}\,dx = \int_1^e \sqrt{\left(\frac{1}{2}x + \frac{1}{2x}\right)^2}\,dx$$

$$= \int_1^e \left(\frac{1}{2}x + \frac{1}{2x}\right)dx = \frac{1}{4}(e^2 + 1)$$

若曲線以參數式表示：

$$x = f(t) \;,\; y = g(t) \qquad (\alpha \leq t \leq \beta)$$

則由

$$ds = \sqrt{(dx)^2 + (dy)^2} = \sqrt{\left(\frac{dx}{dt}\right)^2 + \left(\frac{dy}{dt}\right)^2}\,dt$$

得到參數式曲線弧長公式為

$$S = \int_\alpha^\beta \sqrt{\left(\frac{dx}{dt}\right)^2 + \left(\frac{dy}{dt}\right)^2}\,dt \qquad\qquad (6.2.3)$$

Example 3

計算擺線 $x = a(t - \sin t), y = a(1 - \cos t)$ 的第一拱的弧長。

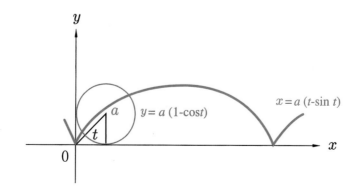

　　　　　　　　圖 6-2-3

擺線第一拱對應的參數值 t 的變化範圍為 $0 \le t \le 2\pi$。弧微分為

$$ds = \sqrt{(dx)^2 + (dy)^2}$$

$$= \sqrt{a^2(1 - \cos t)^2 + a^2 \sin^2 t}\, dt$$

$$= \sqrt{a^2(2 - 2\cos t)}\, dt = \sqrt{2}a\sqrt{1 - \cos t}\, dt = \sqrt{2}a\sqrt{2 \sin^2 \frac{t}{2}}\, dt$$

$$= 2a \left| \sin \frac{t}{2} \right| dt$$

弧長為

$$S = \int_0^{2\pi} 2a \left| \sin \frac{t}{2} \right| dt = \int_0^{2\pi} 2a \sin \frac{t}{2} dt$$

$$= -4a \cos \frac{t}{2} \Big|_0^{2\pi} = 8a$$

Example 4

求橢圓 $x = a\cos t$，$y = b\sin t$ 的周長。（設 $a > b > 0$）。

 $x'(t) = -a \sin t$，$y'(t) = b \cos t$

$$ds = \sqrt{[x'(t)]^2 + [y'(t)]^2}\, dt$$

$$= \sqrt{a^2 \sin^2 t + b^2 \cos^2 t}\, dt$$

$$= a\sqrt{1 - \cos^2 t + \frac{b^2}{a^2} \cos^2 t}\, dt$$

$$= a\sqrt{1 - \left(1 - \frac{b^2}{a^2}\right) \cos^2 t}\, dt$$

$$= a\sqrt{1 - \varepsilon^2 \cos^2 t}\, dt$$

其中

$$\varepsilon = \frac{\sqrt{a^2 - b^2}}{a}$$

是橢圓的離心率。

因此，橢圓周長為

$$S = 4 \int_0^{\frac{\pi}{2}} a\sqrt{1 - \varepsilon^2 \cos^2 t}\, dt$$

這個積分不能表達成有限形式。由於這個積分是由計算橢圓的弧長而得到的，故稱為**橢圓積分**，它的數值可由橢圓積分數值表中查到。

2 極座標系下之弧長

設在極座標系曲線方程式 $r = f(\theta)$，$f'(\theta)$ 在區間 $[\alpha, \beta]$ 上連續，則由參數方程式

$$x = r\cos\theta = f(\theta)\cos\theta$$

$$y = r\sin\theta = f(\theta)\sin\theta \qquad (\alpha \le \theta \le \beta)$$

$$\frac{dx}{d\theta} = f'(\theta)\cos\theta - f(\theta)\sin\theta$$

$$\frac{dy}{d\theta} = f'(\theta)\sin\theta + f(\theta)\cos\theta$$

於是

$$\left(\frac{dx}{d\theta}\right)^2 + \left(\frac{dy}{d\theta}\right)^2 = [f'(\theta)\cos\theta - f(\theta)\sin\theta]^2 + [f'(\theta)\sin\theta + f(\theta)\cos\theta]^2$$

$$= [f'(\theta)]^2 + [f(\theta)]^2$$

$$= \left(\frac{dr}{d\theta}\right)^2 + r^2$$

代入式 (6.2.3) 得弧長公式為

$$S = \int_\alpha^\beta \sqrt{\left(\frac{dr}{d\theta}\right)^2 + r^2}\, d\theta$$

$$= \int_\alpha^\beta \sqrt{[f'(\theta)]^2 + f^2(\theta)}\, d\theta \tag{6.2.4}$$

Example 5

求心臟線 $r = a(1 + \cos\theta)$ 的全長。

$r' = -a\sin\theta$，故

$$r^2 + r'^2 = a^2(1 + \cos\theta)^2 + (-a\sin\theta)^2$$

$$= 2a^2(1 + \cos\theta) = 4a^2\cos^2\frac{\theta}{2}$$

故

$$S = \int_0^{2\pi} \sqrt{r^2 + r'^2}\,d\theta = \int_0^{2\pi} \sqrt{4a^2\cos^2\frac{\theta}{2}}\,d\theta$$

$$= 2a \int_0^{2\pi} \left|\cos\frac{\theta}{2}\right|\,d\theta$$

$$= 4a \int_0^{\pi} \cos\frac{\theta}{2}\,d\theta = 8a\sin\frac{\theta}{2}\Big|_0^{\pi} = 8a$$

Example 6

求對數螺線 $r = e^{a\theta}(-\infty < \theta < +\infty)$ 從極徑 $\theta = \alpha$ 至 $\theta = \beta$ 之間的弧長。

$$S = \int_\alpha^\beta \sqrt{r^2 + r'^2}\,d\theta$$

$$= \int_\alpha^\beta \sqrt{(e^{a\theta})^2 + (ae^{a\theta})^2}\,d\theta$$

$$= \sqrt{1 + a^2} \int_\alpha^\beta e^{a\theta}\,d\theta$$

$$= \frac{\sqrt{1 + a^2}}{a}\left(e^{a\beta} - e^{a\alpha}\right)$$

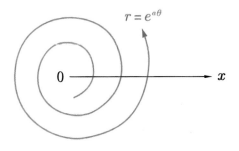

圖 6-2-4

習題 6-2
PRACTICE

1. 求曲線 $y = \ln(1 - x^2)$ 自 $x = 0$ 至 $x = \dfrac{1}{2}$ 一段弧的長度。

2. 求曲線 $y = \dfrac{\sqrt{x}}{3}(3 - x)$ 上相應於 $1 \leq x \leq 3$ 的一段弧的長度。

3. 求曲線 $y = \dfrac{1}{4}x^2 - \dfrac{1}{2}\ln x$ 在 $1 \leq x \leq e$ 之間的弧長。

4. 計算曲線 $x = \tan^{-1} t$，$y = \dfrac{1}{2}\ln(1 + t^2)$ 從 $t = 0$ 到 $t = 1$ 之弧長。

5. 計算曲線 $x = e^t \sin t$，$y = e^t \cos t$ 自 $t = 0$ 至 $t = \dfrac{\pi}{2}$ 之弧長。

6. 求 $r = e^{2\theta}$，$0 \leq \theta \leq 1$ 之弧長。

 6-3 立體的體積

1 已知平行截面面積的立體體積

設所考慮的立體由一曲面以及垂直於 x 軸的兩個平面 $x = a, x = b$ 所包圍。並且假設垂直於 x 軸的立體的截面面積是已知的，它是 x 的連續函數 $s(x)(a \leq x \leq b)$。（見圖 6-3-1）

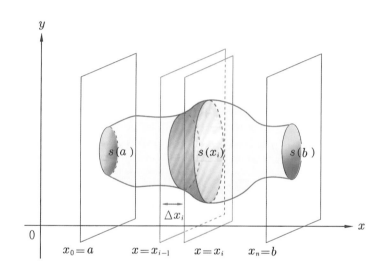

圖 6-3-1

為了計算這個立體體積 V，我們把區間 $[a, b]$ 任意分成 n 個小區間 $[x_{i-1}, x_i]$，$(i = 1, 2, \cdots n)$，其中 $x_0 = a, x_n = b$。對應於每一個分點 x_i 的截面面積為 $s(x_i)$，而介於兩截面 $s(x_{i-1})$ 與 $s(x_i)$ 間的立體之高為 $\Delta x_i = x_i - x_{i-1}$。以 ΔV_i 表示曲面及兩截面所圍體積。於是所求物體體積

$$V = \sum_{i=1}^{n} \Delta V_i$$

由於截面面積 $s(x)$ 是 x 的連續函數，它在小區間 $[x_{i-1}, x_i]$ 上有最小截面面積 $m_i = s(x_i')$ 與最大截面面積 $M_i = s(x''_i)$，因此

$$m_i \Delta x_i \leq V_i \leq M_i \Delta x_i$$

$$\sum_{i=1}^{n} m_i \Delta x_i \leq V \leq \sum_{i=1}^{n} M_i \Delta x_i$$

即

$$\sum_{i=1}^{n} s(x_i')\Delta x_i \leq V \leq \sum_{i=1}^{n} s(x_i'')\Delta x_i$$

由於 $s(x)$ 是在閉區間 $[a,b]$ 上的連續函數，所以當 $\max|\Delta x_i| \to 0$ 時，上述不等式左右兩個和式極限存在且相等，因此在區間 $[a,b]$ 上的立體體積為

$$V = \int_a^b s(x)dx$$

Example 1

求以半徑是 r 的圓為底，以平行且等於該圓直徑的線段為頂點，而高為 h 的正劈錐體體積。

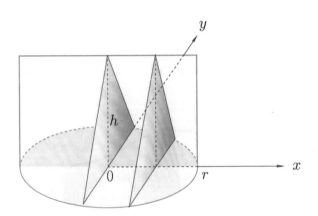

圖 6-3-2

設圓的方程式 $x^2 + y^2 = r^2$ 過 x 軸上點 x 作垂直於 x 軸的平面，截正劈錐體得等腰三角形，此截面的面積為

$$s(x) = h \cdot y = h\sqrt{r^2 - x^2}$$

故

$$V = \int_{-r}^{r} h\sqrt{r^2 - x^2}dx$$

令 $x = r\cos\theta$，$dx = -r\sin\theta d\theta$，則

$$V = \int_{\pi}^{0} -hr^2 \sin^2\theta d\theta = hr^2 \int_{0}^{\pi} \frac{1 - \cos 2\theta}{2} d\theta$$

$$= hr^2 \left[\frac{\theta}{2} - \frac{1}{4}\sin 2\theta \right]_{0}^{\pi} = \frac{\pi r^2 h}{2}$$

2 旋轉體的體積

旋轉體是由一個平面圖形繞這平面的一條直線旋轉一周而成的立體，此直線稱**旋轉軸**。例如，球體是半圓繞它的直徑旋轉一周而成的立體。圓柱體是長方形繞它的一條邊旋轉一周而成的立體。圓錐體是一個直角三角形繞它的一條直角邊旋轉一周而成的立體。

現求由曲線 $y = f(x)$（假定它不與 x 軸相交），直線 $x = a, x = b$，x 軸所圍的曲邊梯形繞 x 軸旋轉一周而成旋轉體的體積。

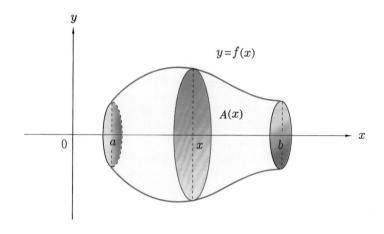

圖 6-3-3

在 x 點處垂直於 x 軸的截面面積是半徑為 $y = f(x)$ 的圓面積，即

$$A(x) = \pi y^2 = \pi[f(x)]^2$$

於是曲線繞 x 軸旋轉所成旋轉體的體積為

$$V = \pi \int_a^b [f(x)]^2 dx$$

Example 2

求星形線

$$x^{\frac{2}{3}} + y^{\frac{2}{3}} = a^{\frac{2}{3}}$$

圍成的圖形繞 x 軸所產生的旋轉體的體積。

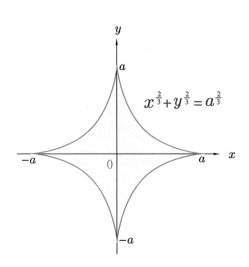

$$x^{\frac{2}{3}} + y^{\frac{2}{3}} = a^{\frac{2}{3}}$$

圖 6-3-4

$$y = \left(a^{\frac{2}{3}} - x^{\frac{2}{3}} \right)^{\frac{3}{2}} \ , \ y^2 = \left(a^{\frac{2}{3}} - x^{\frac{2}{3}} \right)^3$$

故

$$V = \pi \int_{-a}^a y^2 dx$$

$$= 2\pi \int_0^a \left(a^{\frac{2}{3}} - x^{\frac{2}{3}} \right)^3 dx$$

$$= 2\pi \int_0^a \left(a^2 - 3a^{\frac{4}{3}} x^{\frac{2}{3}} + 3a^{\frac{2}{3}} x^{\frac{4}{3}} - x^2 \right) dx$$

$$= 2\pi \left[a^2 x - \frac{9}{5} a^{\frac{4}{3}} x^{\frac{5}{3}} + \frac{9}{7} a^{\frac{2}{3}} x^{\frac{7}{3}} - \frac{x^3}{3} \right]_0^a$$

$$= 2\pi \left[a^3 - \frac{9}{5} a^3 + \frac{9}{7} a^3 - \frac{1}{3} a^3 \right] = \frac{32}{105} \pi a^3$$

Example 3

求由曲線 $y = x^2, x = y^2$ 所圍成的圖形繞 x 軸旋轉所成旋轉體的體積。

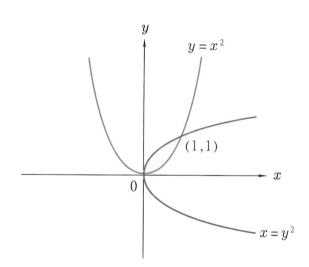

圖 6-3-5

不難求得曲線 $y = x^2$ 與 $x = y^2$ 的交點是 $(0,0)$ 與 $(1,1)$ 這兩條曲線所圍成的圖形是圖形中的陰影區域。曲線 $y = x^2$，$0 \leq x \leq 1$ 繞 x 軸旋轉所成旋轉體的體積是

$$V_1 = \pi \int_0^1 y^2 dx = \pi \int_0^1 x^4 dx = \frac{1}{5} \pi$$

曲線 $x = y^2$，$0 \leq x \leq 1$ 繞 x 軸旋轉所成旋轉體的體積是

$$V_2 = \pi \int_0^1 y^2 dx = \pi \int_0^1 x dx = \frac{1}{2} \pi$$

由於所求旋轉體的體積 V 是 $V_2 - V_1$，故

$$V = V_2 - V_1 = \frac{3}{10}\pi$$

類似推理，曲線 $x = g(y)$ 繞 y 軸旋轉所成旋轉體的體積為

$$V = \pi \int_c^d x^2(y)dy = \pi \int_c^d [g(y)]^2 dy$$

Example 4

曲線 $y = x^2$，$x = 0, y = 4$ 繞 y 軸旋轉所成旋轉體的體積。

解
$$V = \pi \int_0^4 x^2 dy = \pi \int_0^4 y\,dy$$

$$= \frac{\pi}{2} y^2 \Big|_0^4 = 8\pi$$

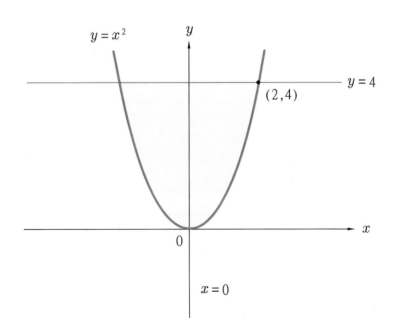

圖 6-3-6

習題 6-3
PRACTICE

求已知曲線所圍成圖形按指定的軸旋轉所產生的旋轉體體積。

1. $\dfrac{x^2}{a^2} - \dfrac{y^2}{b^2} = 1$，$x = 2a$，$y = 0$繞 x 軸。

2. $\dfrac{x^2}{a^2} + \dfrac{y^2}{b^2} = 1$，$x = 0$，$y = 0$分別繞 x 軸及 y 軸。

3. $y = \dfrac{1}{2}x^2$，$y = 2x$繞 x 軸。

4. $y = x^2$，$y = 2x$繞 y 軸。

CHAPTER 7

數列、級數與冪級數

無窮級數（簡稱為級數）是微積分的一個重要組成部分。它在表示函數、研究函數與作近似計算等方面有著極其重要的作用。本章先介紹數列，然後說明常數項無窮級數一般概念，並著重研究正項級數，它們是級數理論的基礎，最後討論交錯級數、冪級數與泰勒級數，簡單扼要地介紹有關級數方面的內容。

7-1 數 列

▼1 數列的概念

將一列（串）正整數寫出來

$$1, 2, 3, \cdots, n, \cdots$$

將一列（串）正奇數寫出來

$$1, 3, 5, \cdots, 2n - 1, \cdots$$

"數列" 的涵義便是將一串數按照某種規律排列出來，其定義如下：

Definition >> 定 義 7.1

設變量 x 在變動時，取得一列有順序的值：

$$x_1, x_2, \cdots, x_m, \cdots, x_n, \cdots$$

這一串值是按其下標 $1, 2, 3, \cdots, n, \cdots$ 依次增大的順序排列的，此即當 $n > m$ 時，x_n 在 x_m 的後面，且這一列數無窮盡，像這樣的一列數稱為**數列**。數列中的每一個數稱為數列中的**項**，第 n 項數 x_n 叫做數列的**通項**或**一般項**；數列有時簡記為 $\{x_n\}$。

例如

$$A = \{2n\} : 2, 4, 8, 10, 12, 14, \cdots, 2n, \cdots$$

$$B = \left\{\frac{1}{n}\right\} : 1, \frac{1}{2}, \frac{1}{3}, \frac{1}{4}, \frac{1}{5}, \frac{1}{6}, \cdots, \frac{1}{n}, \cdots$$

$$C = \{n\} : 1, 2, 3, 4, 5, 6, \cdots, n, \cdots$$

$$D = \left\{(-1)^{n+1}\right\} : 1, -1, 1, -1, \cdots, (-1)^{n+1}, \cdots$$

$$E = \{n-1\} : 0, 1, 2, 3, 4, 5, \cdots, n-1, \cdots$$

$$F = \left\{\frac{1+(-1)^n}{2}\right\} : 0, 1, 0, 1, \cdots, \frac{1+(-1)^n}{2}, \cdots$$

等都是數列，它們的一般項分別為

$$2n, \frac{1}{n}, n, (-1)^{n+1}, n-1, \frac{1+(-1)^n}{2}$$

使用函數的概念可以把 $x_1, x_2, \cdots, x_n, \cdots$ 的每一個值看成為自變量，是正整數 n 的函數值，此即

$$x_n = f(n) \quad , \quad (n = 1, 2, \cdots)$$

我們有興趣的是研究當 n 無限增大時數列的**變化趨勢**。容易看出，數列 A, C, E 三個數列當 n 無限增大時，數列的值無限增大。數列 B 當 n 無限增大時，它的值無限與零接近。數列 D 與 F，當 n 無限增大時，數列的值無發展的趨勢，而是"來回"變化。

(1) 數列的單調性

若數列 $\{x_n\}$ 滿足

$$x_1 \leq x_2 \leq \cdots \leq x_n \leq x_{n+1} \leq \cdots$$

便稱數列 $\{x_n\}$**單調上升**。

若數列 $\{x_n\}$ 滿足

$$x_1 < x_2 < x_3 < \cdots < x_n < x_{n+1} < \cdots$$

便稱數列 $\{x_n\}$**嚴格單調上升**。

若數列 $\{x_n\}$ 滿足

$$x_1 \geq x_2 \geq \cdots \geq x_n \geq x_{n+1} \geq \cdots$$

便稱數列 $\{x_n\}$**單調下降**。

若數列 $\{x_n\}$ 滿足

$$x_1 > x_2 > x_3 > \cdots > x_n > x_{n+1} > \cdots$$

便稱數列 $\{x_n\}$**嚴格單調下降**。

單調（或嚴格單調）上升與單調（或嚴格單調）下降的數列，都叫做單調（或嚴格單調）數列。

容易看出，數列 A, C, E 是嚴格單調上升數列，數列 B 是嚴格單調下降數列。

如何判斷一個數列的單調上升或下降呢？一般有下面兩種方法。

（ⅰ）若對於每一個 n 都有 $x_n - x_{n+1} \geq 0$（或 ≤ 0），則數列是單調下降（或上升）數列。

（ⅱ）若於每一個 n 都有 $\dfrac{x_n}{x_{n+1}} \geq 1$（或 ≤ 1），則數列是單調下降（或上升）數列。

Example 1

判斷下列數列的單調性。

(1) $x_n = \dfrac{n-1}{n+1}$ 　　　　(2) $x_n = n\left(\dfrac{1}{3}\right)^n$

解 (1) 　　　$x_n - x_{n+1} = \dfrac{n-1}{n+1} - \dfrac{n}{n+2} = \dfrac{-2}{(n+1)(n+2)} < 0$

即 $x_n < x_{n+1}$，故 x_n 是嚴格單調上升數列。

(2)
$$\frac{x_n}{x_{n+1}} = \frac{n\left(\dfrac{1}{3}\right)^n}{(n+1)\left(\dfrac{1}{3}\right)^{n+1}} = \frac{3n}{n+1}$$

$$= 3\left(1 - \frac{1}{n+1}\right) \geq 3\left(1 - \frac{1}{2}\right)$$

$$= \frac{3}{2} > 1$$

即 $x_n > x_{n+1}$，故 x_n 是嚴格單調下降數列。

(2) **數列的有界性**

對於數列 $\{x_n\}$，若存在正數 M，使得對於數列 $\{x_n\}$ 中的每一個值 x_n，都滿足不等式

$$|x_n| \leq M$$

便稱數列 $\{x_n\}$ 是有界的；如果這樣的正數 M 不存在，就說數列 $\{x_n\}$ 是無界的。

容易看出，數列 A, C, E 是無界的，數列 B, D, F 是有界的。

2 數列的極限

數列的極限是函數的極限的特例。即數列的極限問題，就是研究當 n 無限增大時，數列 $\{x_n\}$ 與一個常數 A 無限接近的變化趨勢。

Definition >> 定 義 **7.2**

> 若數列 $\{x_n\}$ 當 n 無限增加時，x_n 趨近一個固定值 A，記作
>
> $$\lim_{n \to \infty} x_n = A$$
>
> 並稱此數列是 "收斂" (Convergence) 數列，或稱 x_n 收斂於 A，常數 A 是數列的極限。

如果數列沒有極限，就稱數列是發散的。

不難看出，數列 B 是收斂的，極限為零。

數列 A，C 與 E 當 n 無限增大時，數列的值無限增大趨向 "∞"，故這三個數列是發散的。數列 D 與 F 當 n 無限增大時，數列的值不趨向一個固定的常數，故它們也是發散的。

數列

$$1, -\frac{1}{3}, \frac{1}{5}, -\frac{1}{7}, \cdots, (-1)\frac{1}{2n-1}, \cdots$$

當 n 無限增大時，數列的值雖然正、負相間不斷變化，但是數列的值趨向於零，因此該數列收斂於零。

我們再來介紹幾個數列。

CALCULUS

Example 2

等差數列。

若數列 $\{x_n\}$ 的一般項滿足 $x_n = a + (n-1)q$（其中 a, q 為常數），稱該數列是**等差數列**，q 稱為**公差**。

不難看出，等差數列除了公差 $q = 0$ 以外數列是發散的，當公差 $q = 0$ 時它收斂至 a。

當 $q > 0$ 時等差數列是單調上升數列，且是無界的。

當 $q < 0$ 時等差數列是單調下降數列，也是無界的。

Example 3

等比數列。

若數列 $\{x_n\}$ 的一般項滿足 $x_n = ar^{n-1}$（其中 a, r 為常數），稱該數列是等比數列，r 稱為**公比**。

不難看出，當公比 $|r| < 1$ 時，$\lim\limits_{n \to \infty} x_n = 0$；$|r| > 1$ 時，$\lim\limits_{n \to \infty} x_n = \infty$，因此，當 $|r| < 1$ 時，數列收斂至零；當 $|r| > 1$ 時，數列發散。且當 $r = 1$ 時，數列收斂至 a；當 $r = -1$ 時，數列發散（因為這時 $\lim\limits_{n \to \infty} r^n$ 無確定之值）。

顯然，當 $a > 0$ 且 $r > 1$ 時，等比數列是單調上升數列；

當 $a < 0$ 且 $r > 1$ 時，等比數列為單調下降數列。

Example 4

調和數列。

若數列 $\{x_n\}$ 的一般項滿足 $x_n = \dfrac{1}{a + (n-1)q}$（其中 a, q 為常數），稱該數列是**調和數列**。前述數列 B 便是調和數列。當 $q > 0$ 時，調和數列是單調下降數列。

不難看出，收斂數列有如下重要性質。

定理 **7.1**

收斂數列的有界性：如果數列 x_n 收斂，則它一定是有界的。

---

3 單調有界數列的收斂性

定理 **7.2**

單調有界數列必有極限。

設數列 $\{x_n\}$ 單調上升且有界，由於它單調上升，故當 n 無限增大時，x_n 的值不斷增加，這時只有兩種可能；或者 x_n 的值趨向無窮大，或者 x_n 的值趨向於一個固定值。又由於數列有界，因此它只可能趨向於一個固定值，此即數列收斂。若數列單調下降且有界可類似證明。

註　若一個數列雖然有界，但無單調性質，則數列並不保證收斂。例如，前述數列 D 與 F 都有界，但都不是單調數列，都是發散數列。

現在介紹一種重要的單調上升數列：若數列 $\{x_n\}$ 的一般項為

$$x_n = \left(1 + \frac{1}{n}\right)^n$$

可以證明它是單調上升數列，且 $2 < x_n < 3$，於是該列是收斂的，它的極限值用 e 表示，即

$$e = \lim_{n \to \infty} \left(1 + \frac{1}{n}\right)^n$$

e 是無理數，若它的小數取到十五位，其值是

$$e = 2.718281828459045\cdots$$

在實際計算中，一般都取前面兩三位。

e 便是對數函數中自然對數 $\ln x$ 的底。e 在理論研究中有著特殊重要的作用。例如，指數函數 $y = a^x$ 的導函數為 $y' = a^x \ln a$，若取 $a = e$，則 $y' = e^x$。

可以證明：當 x 取實數而趨向 $+\infty$ 或 $-\infty$ 時，函數 $\left(1+\dfrac{1}{x}\right)^{x}$ 的極限都存在且都於 e，此即

$$\lim_{x\to\pm\infty}\left(1+\frac{1}{x}\right)^{x}=e$$

若命 $y=\dfrac{1}{x}$，則有

$$\lim_{y\to 0}(1+y)^{\frac{1}{y}}=\lim_{x\to\infty}\left(1+\frac{1}{x}\right)^{x}=e$$

收斂數列有與函數極限類似四則運算，即

定理 7.3

若 $\lim\limits_{n\to\infty} x_n = A$，$\lim\limits_{n\to\infty} y_n = B$，$k$ 為任意實數，則

(1) $\lim\limits_{n\to\infty}(x_n \pm y_n) = \lim\limits_{n\to\infty} x_n \pm \lim\limits_{n\to\infty} y_n = A \pm B$

(2) $\lim\limits_{n\to\infty}(kx_n) = k \lim\limits_{n\to\infty} x_n = kA$

(3) $\lim\limits_{n\to\infty}(x_n y_n) = \left(\lim\limits_{n\to\infty} x_n\right)\left(\lim\limits_{n\to\infty} y_n\right) = AB$

(4) 當 $B \neq 0$ 時，

$$\lim_{n\to\infty}\frac{x_n}{y_n}=\frac{\lim\limits_{n\to\infty} x_n}{\lim\limits_{n\to\infty} y_n}=\frac{A}{B}$$

根據極限定義知若 $x_n = \dfrac{1}{n}$，則 $\lim\limits_{n\to\infty} x_n = 0$。於是根據上述四則運算定理可以計算一系列數列的極限。

Example 5

判斷下列數列是否收斂，若收斂並求其極限值：

(1) $x_n = \dfrac{1}{n} - \dfrac{1}{n+1}$ 　　　　(2) $x_n = \dfrac{1}{n^2}$

(3) $x_n = \dfrac{n^2+3n+1}{5n^2}$ 　　　　(4) $x_n = \cos n\pi$

(5) $x_n = \sin \dfrac{\pi}{n}$

解 (1) $\displaystyle\lim_{n\to\infty} x_n = \lim_{n\to\infty}\left(\frac{1}{n} - \frac{1}{n+1}\right)$

$\displaystyle \qquad\qquad = \lim_{n\to\infty}\frac{1}{n} - \lim_{n\to\infty}\frac{1}{n+1}$

$\displaystyle \qquad\qquad = 0$

(2) $\displaystyle\lim_{n\to\infty} x_n = \lim_{n\to\infty}\frac{1}{n^2} = \lim_{n\to\infty}\frac{1}{n}\cdot\lim_{n\to\infty}\frac{1}{n}$

$\displaystyle \qquad\qquad = 0$

(3) $\displaystyle\lim_{n\to\infty} x_n = \lim_{n\to\infty}\frac{n^2 + 3n + 1}{5n^2}$

$\displaystyle \qquad\qquad = \lim_{n\to\infty}\frac{n^2}{5n^2} + \lim_{n\to\infty}\frac{3n}{5n^2} + \lim_{n\to\infty}\frac{1}{5n^2}$

$\displaystyle \qquad\qquad = \frac{1}{5} + 0 + 0 = \frac{1}{5}$

(4) $x_n = \cos n\pi$ 取 -1 與 $+1$ 兩值，當 $n \to \infty$，週而復始循環往復變化，故 x_n 無極限。

(5) $\displaystyle\lim_{n\to\infty} x_n = \lim_{n\to\infty}\sin\frac{\pi}{n}$

$\displaystyle \qquad\qquad = \sin\left(\lim_{n\to\infty}\frac{\pi}{n}\right)$

$\displaystyle \qquad\qquad = \sin 0 = 0$

習題 7-1
PRACTICE

寫出數列 $\{x_n\}$ 的前五項 x_1, x_2, x_3, x_4, x_5，並判斷該數列是否收斂？若收斂，則求其極限值 (1～8)

1. $x_n = \dfrac{n+3}{n+2}$

2. $x_n = \left(\dfrac{1}{3}\right)^n$

3. $x_n = \sin \dfrac{n\pi}{2}$

4. $x_n = \tan n\pi$

5. $x_n = (-1)^n \dfrac{1}{n}$

6. $x_n = n - (-1)^n$

7. $x_n = 1 + (-1)^n$

8. $x_n = \dfrac{3n+1}{2n-1}$

根據所給數列的前四項，寫出該數列一般項 x_n 的表示式，並判斷該數列是否收斂？若收斂，求其極限值（9～12）

9. $\dfrac{1}{2}, \dfrac{2}{3}, \dfrac{3}{4}, \dfrac{4}{5}, \cdots$

10. $\dfrac{1}{1 \cdot 2}, \dfrac{1}{2 \cdot 3}, \dfrac{1}{3 \cdot 4}, \dfrac{1}{4 \cdot 5}, \cdots$

11. $1, -\dfrac{1}{2}, \dfrac{1}{3}, -\dfrac{1}{4}, \cdots$

12. $\dfrac{1}{1 \cdot 3}, \dfrac{1}{3 \cdot 5}, \dfrac{1}{5 \cdot 7}, \dfrac{1}{7 \cdot 9}, \cdots$

7-2 無窮級數

Definition >> 定 義 7.3

已給數列

$$u_1, u_2, \cdots, u_n, \cdots$$

則

$$\sum_{n=1}^{\infty} u_n = u_1 + u_2 + u_3 + \cdots + u_n + \cdots \qquad (7.2.1)$$

稱為無窮級數，簡稱級數，第 n 項 u_n 稱為級數的**一般項**。

無窮級數前 n 項之和

$$S_n = u_1 + u_2 + \cdots + u_n \qquad (7.2.2)$$

稱為級數的**部分和**。若部分和數列 $\{S_n\}$：

$$S_1, S_2, \cdots S_n, \cdots \qquad (7.2.3)$$

收歛，則稱無窮級數 (7.2.1) **收歛**，部分和數列 $\{S_n\}$ 的極限值 S 稱為級數 (7.2.1) **的和**，並且寫為

$$S = \sum_{n=1}^{\infty} u_n = u_1 + u_2 + \cdots + u_n + \cdots$$

若 $\{S_n\}$ 沒有極限，則稱級數發散。

Example 1

判斷等比級數（或稱 n 何級數）：$\displaystyle\sum_{n=1}^{\infty} ar^n = ar + ar^2 + \cdots + ar^n + \cdots$ 的歛性。

 級數的部分和

$$S_n = ar + ar^2 + \cdots + ar^n = a(r + r^2 + \cdots + r^n)$$

$$= \frac{ar(1 - r^n)}{1 - r}$$

當 $|r| > 1$ 時，數列 S_n 發散。

當 $r = 1$ 時，$S_n = na$，數列 S_n 發散。

當 $r = -1$ 時，

$$S_n = -a + a - a + a \cdots + (-1)^n a$$

$$= \begin{cases} -a & , \quad \text{當 } n \text{ 為奇數時} \\ 0 & , \quad \text{當 } n \text{ 為偶數時} \end{cases}$$

數列 S_n 發散

當 $|r| < 1$ 時，

$$\lim_{n \to \infty} S_n = \lim_{n \to \infty} \frac{ar(1 - r^n)}{1 - r}$$

$$= \lim_{n \to \infty} \frac{ar}{1 - r} - \lim_{n \to \infty} \frac{ar^{n+1}}{1 - r}$$

$$= \frac{ar}{1 - r}$$

因此，等比級數

$$ar + ar^2 + \cdots + ar^n + \cdots$$

當 $|r| \geq 1$ 時，級數發散；

當 $|r| < 1$ 時，級數收斂，其和為 $\dfrac{ar}{1 - r}$。

Example 2

判斷級數

$$\sum_{n=1}^{\infty} \frac{1}{n(n+1)}$$

的斂散性（是收斂還是發散）

 解

$$\sum_{n=1}^{\infty} \frac{1}{n(n+1)} = \sum_{n=1}^{\infty} \left(\frac{1}{n} - \frac{1}{n+1} \right)$$

它的部分和

$$S_n = \sum_{k=1}^{n} \frac{1}{k(k+1)}$$

$$= \left(1 - \frac{1}{2}\right) + \left(\frac{1}{2} - \frac{1}{3}\right) + \cdots + \left(\frac{1}{n} - \frac{1}{n+1}\right)$$

$$= 1 - \frac{1}{2} + \frac{1}{2} - \frac{1}{3} + \cdots + \frac{1}{n} - \frac{1}{n+1}$$

$$= 1 - \frac{1}{n+1} \tag{7.2.4}$$

故

$$\lim_{n\to\infty} S_n = \lim_{n\to\infty}\left(1 - \frac{1}{n+1}\right) = 1$$

於是原級數收斂，且其和為 1。

定理 **7.4**

設已有兩個收斂級數

$$S = x_1 + x_2 + \cdots + x_n + \cdots$$

$$\sigma = y_1 + y_2 + \cdots + y_n + \cdots$$

則

(1)　$(x_1 \pm y_1) + (x_2 \pm y_2) + \cdots + (x_n \pm y_n) + \cdots$

$= (x_1 + x_2 + \cdots + x_n + \cdots) \pm (y_1 + y_2 + \cdots + y_n + \cdots)$

$= s \pm \sigma$

(2)　$kx_1 + kx_2 + \cdots + kx_n + \cdots$

$= k(x_1 + x_2 + \cdots + x_n + \cdots)$

$= ks$

 (1) 因為部分和

$$(x_1 \pm y_1) + (x_2 \pm y_2) + \cdots + (x_n \pm y_n)$$

$$= (x_1 + x_2 + \cdots + x_n) \pm (y_1 + y_2 + \cdots + y_n)$$

$$= s_n \pm \sigma_n \to s \pm \sigma$$

(2) 因為部分和

$$kx_1 + kx_2 + \cdots + kx_n$$
$$= k(x_1 + x_2 + \cdots + x_n)$$
$$= ks_n \to ks$$

定理 7.5

收斂級數的必要條件：若級數 $\sum\limits_{n=1}^{\infty} x_n$ 收斂，則 $\lim\limits_{n \to \infty} x_n = 0$

 因為

$$x_n = S_n - S_{n-1}$$

故

$$\lim_{n \to \infty} x_n = \lim_{n \to \infty} S_n - \lim_{n \to \infty} S_{n-1}$$
$$= S - S = 0$$

由此可知，若級數的一般項不趨近於零，則級數發散。但是若級數的一般項趨近於零，級數不一定收斂。例如**調和級數**

$$1 + \frac{1}{2} + \frac{1}{3} + \cdots + \frac{1}{n} + \cdots$$

它的一般項 $x_n = \dfrac{1}{n} \to 0$，但是我們可以證明它是發散的。

$$1 + \frac{1}{2} + \frac{1}{3} + \cdots + \frac{1}{n} + \cdots$$

$$= 1 + \frac{1}{2} + \left(\frac{1}{3} + \frac{1}{4}\right) + \left(\frac{1}{5} + \cdots + \frac{1}{8}\right) + \left(\frac{1}{9} + \cdots + \frac{1}{16}\right) + \cdots$$

$$> \frac{1}{2} + \frac{1}{2} + \left(\frac{1}{4} + \frac{1}{4}\right) + \left(\frac{1}{8} + \cdots + \frac{1}{8}\right) + \left(\frac{1}{16} + \cdots + \frac{1}{16}\right) + \cdots$$

$$= \frac{1}{2} + \frac{1}{2} + \frac{1}{2} + \frac{1}{2} + \frac{1}{2} + \cdots$$

由於後一級數的 n 項部分和等於 $n \cdot \dfrac{1}{2}$，故發散於 $+\infty$，而調和級數大於它，於是調和級數發散。

該例說明級數一般項趨於零是級數收斂的必要條件但不是充分條件。若一般項不趨於零，該級數一定發散，或者說一般項不趨於零是級數發散的充分條件。

例如 $\displaystyle\sum_{n=1}^{\infty} \cos n\pi = -1 + 1 - 1 + 1 \cdots$，它的一般項不趨於零，級數發散。

又如級數 $\displaystyle\sum_{n=1}^{\infty} \dfrac{n-2}{n+3}$，因為 $\displaystyle\lim_{n \to \infty} \dfrac{n-2}{n+3} = 1$ ，故級數發散。

1. 已知級數的前四項，寫出級數一般項的表達式：

(1) $\dfrac{1}{1 \cdot 5} + \dfrac{1}{3 \cdot 7} + \dfrac{1}{5 \cdot 9} + \dfrac{1}{7 \cdot 11} + \cdots$

(2) $\dfrac{1}{3} - \dfrac{2}{3^2} + \dfrac{3}{3^3} - \dfrac{4}{3^4} + \cdots$

(3) $\dfrac{1}{2 \ln 2} + \dfrac{1}{3 \ln 3} + \dfrac{1}{4 \ln 4} + \dfrac{1}{5 \ln 5} + \cdots$

(4) $\dfrac{1}{2} + \dfrac{2}{5} + \dfrac{3}{10} + \dfrac{4}{17} + \cdots$

2. 試證下列級數是收斂的，並求其和。

(1) $\displaystyle\sum_{n=1}^{\infty} \left(\dfrac{9}{10}\right)^n$

(2) $\displaystyle\sum_{n=1}^{\infty} \dfrac{1}{(2n-1)(2n+1)}$

(3) $\dfrac{1}{1 \cdot 2} + \dfrac{1}{2 \cdot 3} + \dfrac{1}{3 \cdot 4} + \dfrac{1}{4 \cdot 5} + \cdots$

(4) $1 + \dfrac{4}{5} + \left(\dfrac{4}{5}\right)^2 + \left(\dfrac{4}{5}\right)^3 + \cdots$

3. 判別下列級數的斂散性（用等比級數、調和級數與收斂級數的必要條件）：

(1) $\displaystyle\sum_{n=1}^{\infty} \sqrt{\dfrac{n}{n+1}}$

(2) $1 + \dfrac{3}{2} + \left(\dfrac{3}{2}\right)^2 + \left(\dfrac{3}{2}\right)^3 + \cdots$

(3) $\dfrac{2}{3} + \dfrac{3}{4} + \dfrac{4}{5} + \dfrac{5}{6} + \cdots$

(4) $\dfrac{1}{3} + \dfrac{1}{6} + \dfrac{1}{9} + \dfrac{1}{12} + \cdots$

(5) $1 - \dfrac{8}{9} + \dfrac{8^2}{9^2} - \dfrac{8^3}{9^3} + \dfrac{8^4}{9^4} + \cdots$

(6) $2 + \dfrac{2}{2} + \dfrac{2}{3} + \dfrac{2}{4} + \cdots$

(7) $\dfrac{\ln 2}{2} + \dfrac{\ln^2 2}{2^2} + \dfrac{\ln^3 2}{2^3} + \cdots$

(8) $\dfrac{1}{1001} + \dfrac{2}{2001} + \cdots + \dfrac{n}{1000 \cdot n + 1} + \cdots$

7-3 正項級數

正項級數是最基本的常數項級數。所謂**正項級數**就是數的各項都是非負的常數，即在級數 $\sum\limits_{n=1}^{\infty} x_n$ 中，對於所有的 x_n 都有 $x_n \geq 0$。

顯然，正項級數 $\sum\limits_{n=1}^{\infty} x_n (x_n \geq 0, n = 1, 2, \cdots)$ 的部分和

$$S_n = x_1 + x_2 + \cdots + x_n$$

數列是一個單調上升數列：$S_n \leq S_{n+1} \; (n = 1, 2, \cdots)$ 於是根據級數收斂定義得到判別項級數收斂的充要條件。

定理 7.6

正項級數收斂的充要條件是部分和數列有界。

這個定理在實際判別級數的斂散時並不方便，因為一個數列是否有界通常是不容易看出來的，但是可由此定理推出下述幾個比較方便的判別法則。

比較判別法

定理 7.7

比較判別法：設有兩個正項級數 $\sum\limits_{n=1}^{\infty} u_n$ 及 $\sum\limits_{n=1}^{\infty} v_n$。

(1) 如果從某項起恆有 $u_n \leq v_n$，且 $\sum\limits_{n=1}^{\infty} v_n$ 收斂，則 $\sum\limits_{n=1}^{\infty} u_n$ 收斂。

(2) 如果從某項起恆有 $u_n \geq v_n$，且 $\sum\limits_{n=1}^{\infty} v_n$ 發散，則 $\sum\limits_{n=1}^{\infty} u_n$ 發散。

Example 1

判別級數 $\sum\limits_{n=1}^{\infty} \dfrac{1}{n^n} = 1 + \dfrac{1}{2^2} + \dfrac{1}{3^3} + \cdots + \dfrac{1}{n^n} + \cdots$ 的斂散性。

因為等比級數

$$\sum_{n=1}^{\infty} \frac{1}{2^n} = \frac{1}{2} + \frac{1}{2^2} + \cdots + \frac{1}{2^n} + \cdots$$

收斂，且從第三項起恆有

$$\frac{1}{n^n} < \frac{1}{2^n}$$

所以原級數收斂。

Example 2

判別級數 $\displaystyle\sum_{n=1}^{\infty} \frac{1}{n^p} = 1 + \frac{1}{2^p} + \frac{1}{3^p} + \cdots + \frac{1}{n^p} + \cdots \ (p > 0)$ （稱為 $p-$ 級數）的斂散性。

 $p = 1$ 時，

$$\sum_{n=1}^{\infty} \frac{1}{n} = 1 + \frac{1}{2} + \frac{1}{3} + \cdots + \frac{1}{n} + \cdots$$

是調和級數，已經證明是發散的。

當 $0 < p < 1$ 時，由於當 $n > 1$ 時總有 $\frac{1}{n^p} > \frac{1}{n}$，因此根據比較判別法知級數發散。

當 $p > 1$ 時，可以證明，級數是收斂的。（可以參閱本節積分判別法後例 6，也可以用比較判別法，判斷級數小於一個收斂的等比級數）。歸納之，當 $p \leq 1$ 時，$p-$ 級數發散，當 $p > 1$ 時，$p-$ 級數收斂。

例如，$p = 2$ 時級數

$$\sum_{n=1}^{\infty} \frac{1}{n^2} = 1 + \frac{1}{2^2} + \frac{1}{3^2} + \cdots + \frac{1}{n^2} + \cdots$$

收斂，$p = \frac{1}{2}$ 時級數

$$\sum_{n=1}^{\infty} \frac{1}{\sqrt{n}} = 1 + \frac{1}{\sqrt{2}} + \frac{1}{\sqrt{3}} + \cdots + \frac{1}{\sqrt{n}} + \cdots$$

發散。

使用比較判別法時需要找出不等式關係，在級數的一般項表示式複雜時使用起來比較困難，在實用上常用它的極限形式。

定理 7.8

極限比較判別法：設有正項級數 $\sum\limits_{n=1}^{\infty} u_n$ 和 $\sum\limits_{n=1}^{\infty} v_n$ $(v_n \neq 0)$ 及 $\lim\limits_{n \to \infty} \dfrac{u_n}{v_n} = A$，則

(1) 若常數 $A \geq 0$，且 $\sum\limits_{n=1}^{\infty} v_n$ 收斂，則 $\sum\limits_{n=1}^{\infty} u_n$ 收斂。

(2) 若 $0 < A \leq +\infty$，且 $\sum\limits_{n=1}^{\infty} v_n$ 發散，則 $\sum\limits_{n=1}^{\infty} u_n$ 發散。

Example 3

判斷下列級數的斂散性：

(1) $\sum\limits_{n=1}^{\infty} \dfrac{1}{\sqrt{4n^2 - 1}}$　　　　(2) $\sum\limits_{n=1}^{\infty} \dfrac{1}{\sqrt[3]{n^2 - n}}$

(3) $\sum\limits_{n=1}^{\infty} \dfrac{1}{\sqrt{4n(n^2 + 1)}}$　　(4) $\sum\limits_{n=1}^{\infty} \dfrac{1}{2^n - n}$

(5) $\sum\limits_{n=1}^{\infty} \dfrac{\ln n}{n^2}$

解

(1)
$$\lim_{n \to \infty} \frac{\dfrac{1}{\sqrt{4n^2 - 1}}}{\dfrac{1}{n}} = \lim_{n \to \infty} \frac{n}{\sqrt{4n^2 - 1}}$$

$$= \lim_{n \to \infty} \frac{1}{\sqrt{4 - \dfrac{1}{n^2}}}$$

$$= \frac{1}{2}$$

由於 $\sum\limits_{n=1}^{\infty} \dfrac{1}{n}$ 發散，所以 $\sum\limits_{n=1}^{\infty} \dfrac{1}{\sqrt{4n^2 - 1}}$ 發散。

(2)
$$\lim_{n\to\infty} \frac{\dfrac{1}{\sqrt[3]{n^2 - n}}}{\dfrac{1}{\sqrt[3]{n^2}}} = \lim_{n\to\infty} \frac{\sqrt[3]{n^2}}{\sqrt[3]{n^2 - n}}$$

$$= \lim_{n\to\infty} \frac{1}{\sqrt[3]{1 - \dfrac{1}{n}}}$$

$$= 1$$

由於 $\displaystyle\lim_{n\to\infty} \frac{1}{\sqrt[3]{n^2}}$ 是 $p = \dfrac{2}{3} < 1$ 的 p 級數發散，所以 $\displaystyle\sum_{n=1}^{\infty} \frac{1}{\sqrt[3]{n^2 - n}}$ 發散

(3)
$$\lim_{n\to\infty} \frac{\dfrac{1}{\sqrt{4n(n^2 + 1)}}}{\dfrac{1}{\sqrt{n^3}}} = \lim_{n\to\infty} \frac{\sqrt{n^3}}{\sqrt{4n(n^2 + 1)}} = \frac{1}{2} \lim_{n\to\infty} \frac{1}{\sqrt{1 + \dfrac{1}{n^2}}}$$

$$= \frac{1}{2}$$

由於 $\displaystyle\lim_{n\to\infty} \frac{1}{\sqrt{n^3}}$ 收斂，故 $\displaystyle\lim_{n\to\infty} \frac{1}{\sqrt{4n(n^2 + 1)}}$ 收斂

(4) $\displaystyle\lim_{n\to\infty} \frac{\dfrac{1}{2^n - n}}{\dfrac{1}{2^n}} = \lim_{n\to\infty} \frac{2^n}{2^n - n} = 1$

由於 $\displaystyle\lim_{n\to\infty} \frac{1}{2^n}$ 是公比為 $\dfrac{1}{2}$ 的幾何級數，故級數收斂，於是級數 $\displaystyle\lim_{n\to\infty} \frac{1}{2^n - n}$ 收斂。

(5) $\displaystyle\lim_{n\to\infty} \frac{\dfrac{\ln n}{n^2}}{\dfrac{1}{n^p}} = \lim_{n\to\infty} \frac{\ln n}{n^{2-p}} = 0 \qquad (1 < p < 2)$

由於 p 一級數 $\displaystyle\lim_{n\to\infty} \frac{1}{n^p}$ 收斂 $(p > 1)$，於是原級數收斂。

　　用比較判別法判別一個級數的收斂性時，需要找出一個適當的級數與原級數比較，而選擇什麼級數才能使比較法有效，是不大容易的。因此有必要介紹下述的判別法則。

2 比值判別法

對一般的正項級數，研究級數後項與前項比的情況，這樣就得到下面的比值判別法則。

定理 7.9

比值判別法：設 $\sum\limits_{n=1}^{\infty} u_n$ 為正項級數，若 $\lim\limits_{n\to\infty} \dfrac{u_{n+1}}{u_n}$ 存在且等於 ρ（包括無窮大），則

(1) 當 $\rho < 1$ 時，級數收斂。

(2) 當 $\rho > 1$ 時，級數發散。

(3) 當 $\rho = 1$ 時，不能確定級數的斂散性。

 我們先證明 $\rho < 1$ 時，級數收斂。

因為 $\rho < 1$，於是存在 p 滿足 $\rho < p < 1$，使得當 $n > N$（N 為某一正整數）都有

$$u_{N+1} \leq u_N p$$

$$u_{N+2} \leq u_{N+1} p \leq u_N p^2$$

$$\cdots\cdots$$

$$u_{N+k} \leq u_{N+k-1} p \leq \cdots \leq u_N p^k$$

由於等比級數 $\sum\limits_{k=0}^{\infty} u_N p^k$ 收斂，於是級數 $\sum\limits_{k=0}^{\infty} u_{N+k} \leq \sum\limits_{k=0}^{\infty} u_N p^k$ 亦收斂，再加上前面有限項 $\sum\limits_{n=1}^{N} u_n$ 可得級數 $\sum\limits_{n=1}^{\infty} u_n$ 收斂。

當 $\rho > 1$ 時，存在 r 滿足 $\rho > r > 1$。

於是

$$u_{N+1} \geq u_N r$$

$$u_{N+2} \geq u_N r^2$$

$$\vdots$$

$$u_{N+k} \geq u_N r^k$$

由於等比級數 $\sum\limits_{k=0}^{\infty} u_N r^k$ 發散，故級數 $\sum\limits_{k=0}^{\infty} u_{N+k} \geq \sum\limits_{k=0}^{\infty} u_N r^k$ 亦發散，再加上前面有限項的級數 $\sum\limits_{n=1}^{\infty} u_n$ 亦發散。

Example 4

判別下列級數的收斂性：

(1) $1 + \dfrac{1}{1 \cdot 2} + \dfrac{1}{1 \cdot 2 \cdot 3} + \cdots + \dfrac{1}{1 \cdot 2 \cdot 3 \cdots n} + \cdots$

(2) $\dfrac{1}{10} + \dfrac{1 \cdot 2}{10^2} + \dfrac{1 \cdot 2 \cdot 3}{10^3} + \cdots + \dfrac{1 \cdot 2 \cdot 3 \cdots n}{10^n} + \cdots$

(3) $\sum\limits_{n=1}^{\infty} \dfrac{3n-1}{3^n}$

(4) $\dfrac{1}{1 \cdot 2} + \dfrac{1}{3 \cdot 4} + \dfrac{1}{5 \cdot 6} + \cdots + \dfrac{1}{(2n-1) \cdot (2n)} + \cdots$

解

(1) $\dfrac{u_{n+1}}{u_n} = \dfrac{\frac{1}{(n+1)!}}{\frac{1}{n!}} = \dfrac{n!}{(n+1)!} = \dfrac{1}{n+1}$

故 $\rho = \lim\limits_{n \to \infty} \dfrac{u_{n+1}}{u_n} = 0 < 1$

於是級數收斂

(2) $\dfrac{u_{n+1}}{u_n} = \dfrac{\frac{(n+1)!}{10^{n+1}}}{\frac{n!}{10^n}} = \dfrac{n+1}{10}$

故 $\rho = \lim\limits_{n \to \infty} \dfrac{u_{n+1}}{u_n} = \infty$

於是級數發散

(3) $\dfrac{u_{n+1}}{u_n} = \dfrac{3(n+1)-1}{3^{n+1}} \cdot \dfrac{3^n}{3n-1}$

$= \dfrac{3n+2}{3(3n-1)} = \dfrac{3 + \frac{2}{n}}{3\left(3 - \frac{1}{n}\right)}$

故　$\displaystyle\lim_{n\to\infty}\frac{u_{n+1}}{u_n}=\frac{3}{9}=\frac{1}{3}<1$

於是級數收斂

(4) $\rho=\displaystyle\lim_{n\to\infty}\frac{u_{n+1}}{u_n}=\lim_{n\to\infty}\frac{(2n-1)\cdot 2n}{(2n+1)(2n+2)}$

$$=\lim_{n\to\infty}\frac{\left(2-\dfrac{1}{n}\right)\cdot 2}{\left(2+\dfrac{1}{n}\right)\left(2+\dfrac{2}{n}\right)}=1$$

故根據比值判別法不能確定原級數是否收斂，但是可用極限比較判別法，因為

$$\lim_{n\to\infty}\frac{\dfrac{1}{(2n-1)\cdot(2n)}}{\dfrac{1}{n^2}}=\lim_{n\to\infty}\frac{n^2}{(2n-1)\cdot 2n}$$

$$=\lim_{n\to\infty}\frac{1}{\left(2-\dfrac{1}{n}\right)\cdot 2}=\frac{1}{4}$$

由於 $\displaystyle\sum_{n=1}^{\infty}\frac{1}{n^2}$ 收斂，故原級數收斂

3　根式判別法

定理 7.10

根式判別法：設 $\sum_{n=1}^{\infty}u_n$ 為正項級數，若 $\displaystyle\lim_{n\to\infty}\sqrt[n]{u_n}$ 存在且等於 ρ（包括無窮大），則

(1) 當 $\rho<1$ 時，級數收斂。

(2) 當 $\rho>1$ 時，級數發散。

(3) 當 $\rho=1$ 時，不能確定級數的斂散性。

先證明 $\rho < 1$ 時級數收斂。

因為 $\rho < 1$，所以存在 p 滿足 $\rho < p < 1$，使得當 $n < N$（N 為某一正整數）都有

$$\sqrt[n]{u_n} \leq p \quad ， 即 u_n \leq p^n$$

於是

$$\sum_{n=N}^{\infty} u_n \leq \sum_{n=N}^{\infty} p^n$$

右端級數是公比小於 1 的等比級數，是收斂級數，故 $\sum_{n=N}^{\infty} u_n$ 也收斂，再加上前面有限項後得原級數收斂。若 $\rho > 1$，故存在 p 滿足 $\rho > p > 1$，使得當 $n > N$（N 為某一正整數）都有

$$\sqrt[n]{u_n} \geq p \quad ， 即 u_n \geq p^n$$

故

$$\sum_{n=N}^{\infty} u_n \geq \sum_{n=N}^{\infty} p^n$$

右端級數是公比大於 1 的等比級數，是發散級數，從而 $\sum_{n=N}^{\infty} u_n$ 發散，再加上有限項後所成的原級數仍發散。

Example 5

判別下列級數的收斂性

(1) $\sum_{n=1}^{\infty} \left(\dfrac{2n-1}{3n+1} \right)^n$ (2) $\sum_{n=1}^{\infty} \dfrac{1}{n^n}$

(3) $\sum_{n=1}^{\infty} \dfrac{3^n}{n^2}$ (4) $\sum_{n=1}^{\infty} \left(\dfrac{n}{n+1} \right)^{n^2}$

(5) $\sum_{n=1}^{\infty} \dfrac{n}{\left(a + \dfrac{1}{n} \right)^n}$

解 (1) $\sqrt[n]{u_n} = \dfrac{2n-1}{3n+1} = \dfrac{2-\dfrac{1}{n}}{3+\dfrac{1}{n}}$

$$\rho = \lim_{n\to\infty} \sqrt[n]{u_n} = \lim_{n\to\infty} \dfrac{2-\dfrac{1}{n}}{3+\dfrac{1}{n}} = \dfrac{2}{3} < 1$$

故原級數收斂

(2) $\rho = \lim_{n\to\infty} \sqrt[n]{u_n} = \lim_{n\to\infty} \dfrac{1}{n} = 0 < 1$

故原級數收斂

(3) $\rho = \lim_{n\to\infty} \sqrt[n]{u_n} = \lim_{n\to\infty} \dfrac{3}{\sqrt[n]{n^2}} = 3 > 1$

故原級數發散

(4) $\rho = \lim_{n\to\infty} \sqrt[n]{u_n} = \lim_{n\to\infty} \sqrt[n]{\left(\dfrac{n}{n+1}\right)^{n^2}}$

$$= \lim_{n\to\infty} \left(\dfrac{n}{n+1}\right)^n = \lim_{n\to\infty} \dfrac{1}{\left(1+\dfrac{1}{n}\right)^n}$$

$$= \dfrac{1}{e} < 1$$

故原級數收斂

(5) $\rho = \lim_{n\to\infty} \sqrt[n]{u_n} = \lim_{n\to\infty} \sqrt[n]{\dfrac{n}{\left(a+\dfrac{1}{n}\right)^n}}$

$$= \lim_{n\to\infty} \dfrac{\sqrt[n]{n}}{a+\dfrac{1}{n}} = \dfrac{1}{a}$$

故當 $a > 1$ 時，原級數收斂

當 $0 < a < 1$ 時，原級數發散

4 積分判別法

定理 **7.11**

積分判別法：設 $\sum\limits_{n=1}^{\infty} u_n$ 為正項級數，$f(x)$ 為定義在 $[1,\infty)$ 上的單調遞減連續函數，且 $f(n) = u_n$ $(n=1,2,\cdots)$ 則級數 $\sum\limits_{n=1}^{\infty} u_n$ 與廣義積分 $\int_1^{+\infty} f(x)dx$ 有相同的收斂與發散性。

 在座標平面上作出曲線 $y=f(x)$ 與直線 $x=1$，$x=n$，x 軸所圍成的曲邊梯形。由定積分定義知，曲邊梯形的面積

$$I_n = \int_1^n f(x)dx$$

由圖 7-3-1。實線所表示圖形的台階形面積為

$$u_1 + u_2 + \cdots + u_{n-1} = S_{n-1}$$

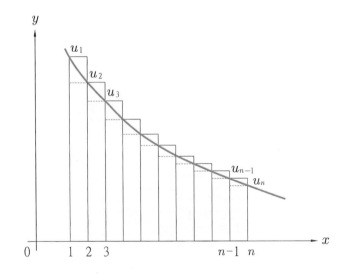

圖 7-3-1

虛線所表示圖形的台階形面積為

$$u_2 + u_3 + \cdots + u_n = S_n - u_1$$

且

$$I_n < S_{n-1}，S_n - u_1 \leq I_n$$

於是

$$S_n - u_1 < I_n < S_{n-1} < S_n$$

若 $\int_1^{+\infty} f(x)dx$ 收斂，此即 $\lim_{n \to \infty} I_n = I$ （常數），於是單調上升數列 S_n 有界。 $S_n < I + u_1$。因此 S_n 有極限，從而 $\sum_{n=1}^{\infty} u_n$ 收斂。

若 $\int_1^{+\infty} f(x)dx$ 發散，此即 $\lim_{n \to \infty} I_n = \infty$ 這時由 $S_n > I$ 知 S_n 發散，從而 $\sum_{n=1}^{\infty} u_n$ 發散。

Example 6

p – 級數

$$\sum_{n=1}^{\infty} \frac{1}{n^p} = 1 + \frac{1}{2^p} + \frac{1}{3^p} + \cdots + \frac{1}{n^p} + \cdots \ (p > 0)$$

試證：當 $p \le 1$ 時，級數發散；當 $p > 1$ 時級數收斂。

 用積分判別法，因為

$$u_n = \frac{1}{n^p}，取 f(x) = \frac{1}{x^p}$$

於是

$$f(n) = u_n$$

又因

$$\int_1^{\infty} f(x)dx = \int_1^{\infty} \frac{1}{x^p}dx = \left. \frac{1}{-p+1}x^{-p+1} \right|_1^{\infty}$$

上述積分當 $p \le 1$ 時，廣義積分發散；當 $p > 1$ 時，廣義積分收斂至 $\frac{1}{p-1}$。於是 p – 級數在 $p \le 1$ 時發散。

Example 7

判別下列級數的斂散性：

(1) $\displaystyle\sum_{n=2}^{\infty} \frac{1}{5n+3}$

(2) $\displaystyle\sum_{n=2}^{\infty} \frac{1}{n(\ln n)^2}$

 (1) 取

$$f(x) = \frac{1}{5x+3}$$

則廣義積分

$$\int_2^\infty f(x)dx = \int_2^\infty \frac{1}{5x+3}dx = \lim_{b\to\infty} \int_2^b \frac{1}{5x+3}dx$$

$$= \lim_{b\to\infty} \frac{1}{5}\ln(5x+3)\Big|_2^b = \lim_{b\to\infty} \frac{1}{5}[\ln(5b+3) - \ln 13]$$

$$= \infty \tag{7.2.5}$$

故根據積分判別法原級數發散

(2) 取

$$f(x) = \frac{1}{x(\ln x)^2}$$

$$\int_2^\infty f(x)dx = \int_2^\infty \frac{1}{x(\ln x)^2}dx$$

$$= \lim_{b\to\infty} \int_2^b \frac{1}{x(\ln x)^2}dx = \lim_{b\to\infty} -\frac{1}{\ln x}\Big|_2^b$$

$$= \lim_{b\to\infty}\left[-\frac{1}{\ln b} + \frac{1}{\ln 2}\right] = \frac{1}{\ln 2} \tag{7.2.6}$$

廣義積分收斂，根據積分判別法原級數收斂。

1. 用比較判別法判別下列各級數的斂散性

(1) $\displaystyle\sum_{n=1}^{\infty} \frac{1}{3n+2}$

(2) $\displaystyle\sum_{n=1}^{\infty} \frac{5}{4n^2+1}$

(3) $\displaystyle\sum_{n=1}^{\infty} \frac{1}{(n+1)(n+4)}$

(4) $\displaystyle\sum_{n=1}^{\infty} \frac{1}{\sqrt{n^2+2n}}$

(5) $\displaystyle\sum_{n=1}^{\infty} \sin \frac{\pi}{2^n}$

2. 用比值判別法判別下列各級數斂散性

(1) $\dfrac{5}{1!} + \dfrac{5^2}{2!} + \dfrac{5^3}{3!} + \cdots$

(2) $\dfrac{3}{1\cdot 2} + \dfrac{3^2}{2\cdot 2^2} + \dfrac{3^3}{3\cdot 2^3} + \cdots$

(3) $\displaystyle\sum_{n=1}^{\infty} \frac{1\cdot 3\cdot 5\cdot \cdots \cdot (2n-1)}{3^n \cdot n!}$

(4) $\dfrac{2!}{2} + \dfrac{3!}{2^2} + \dfrac{4!}{2^3} + \cdots$

(5) $\displaystyle\sum_{n=1}^{\infty} n^2 \sin \frac{\pi}{2^n}$

3. 用根值判別法判別下列數的斂散性

(1) $\displaystyle\sum_{n=1}^{\infty} \frac{1}{2^n}$

(2) $\displaystyle\sum_{n=1}^{\infty} \left(\frac{2n}{n+1}\right)^n$

(3) $\displaystyle\sum_{n=1}^{\infty} \frac{3^n}{\sqrt{n^n}}$

4. 用積分判別法判別下列級數的斂散性

(1) $\displaystyle\sum_{n=4}^{\infty} \frac{1}{n \ln n (\ln \ln n)^2}$

(2) $\displaystyle\sum_{n=1}^{\infty} \frac{n}{1 + n^2}$

7-4 交錯級數與任意項級數

1 交錯級數

Definition >> **7.4**

級數中正數項和負數項交替出現的級數稱為**交錯級數**。

例如

$$1 - \frac{1}{2} + \frac{1}{3} - \frac{1}{4} + \frac{1}{5} + \cdots + (-1)^{n-1}\frac{1}{n} + \cdots$$

就是交錯級數。

我們只討論以正項開始的級數，即

$$\sum_{n=1}^{\infty}(-1)^{n-1}u_n = u_1 - u_2 + u_3 \cdots + (-1)^{n-1}u_n + \cdots\cdots \quad (u_n > 0)$$

而以負項開始的級數，只要各項提出一個負號，便可歸結為這種情況。

定理 7.12

若交錯級數 $\sum\limits_{n=1}^{\infty}(-1)^{n-1}u_n$ $(u_n > 0)$ 滿足條件：

(1) $u_n \geq u_{n+1}$ $(n = 1, 2, \cdots)$，即 u_1，u_2，$\cdots$ 是單調下降數列。

(2) $\lim\limits_{n\to\infty} u_n = 0$，即一般項趨於零。

則級數 $\sum\limits_{n=1}^{\infty}(-1)^{n-1}u_n$ 收斂，且級數的和 $S \leq u_1$。

 S_n 表示交錯級數前 n 項之和，先證明數列 $\{S_{2n}\}$ 極限存在，再證明數列 $\{S_{2n+1}\}$ 極限也存在，且二者相等。

$$S_{2n} = u_1 - u_2 + \cdots + u_{2n-1} - u_{2n}$$

$$= (u_1 - u_2) + (u_3 - u_4) + \cdots + (u_{2n-1} - u_{2n}) \geq 0$$

根據條件 (1) 知，$0 \le S_2 \le S_4 \le \cdots \le S_{2n} \le \cdots$ 所以 S_{2n} 為單調上升數列，

且　　$S_{2n} = u_1 - (u_2 - u_3) - \cdots - (u_{2n-2} - u_{2n-1}) - u_{2n} \le u_1$

此即 $\{S_{2n}\}$ 是單調上升有界數列，故必有極限，且

$$\lim_{n \to \infty} S_{2n} = S \le u_1$$

又根據條件 (2)，有

$$\lim_{n \to \infty} S_{2n+1} = \lim_{n \to \infty} (S_{2n} + u_{2n+1}) = \lim_{n \to \infty} S_{2n} + \lim_{n \to \infty} u_{2n+1}$$
$$= S + 0 = S$$

由於 $\lim_{n \to \infty} S_{2n} = \lim_{n \to \infty} S_{2n+1} = S$，故得 $\lim_{n \to \infty} S_n = S$，此即級數收斂，且 $S \le u_1$

調和級數

$$1 + \frac{1}{2} + \frac{1}{3} + \cdots + \frac{1}{n} + \cdots$$

是發散的，但是根據剛才證明的定理可以判斷級數

$$1 - \frac{1}{2} + \frac{1}{3} - \frac{1}{4} + \cdots + (-1)^{n-1}\frac{1}{n} + \cdots$$

是收斂的

Example 1

判斷級數

$$\frac{1}{\ln 2} - \frac{1}{\ln 3} + \frac{1}{\ln 4} - \frac{1}{\ln 5} + \cdots$$

是收斂還是發散的

 解 這是一個交錯級數，且

$$\frac{1}{\ln n} > \frac{1}{\ln(n+1)}$$

與

$$\lim_{n \to \infty} \frac{1}{\ln n} = 0$$

於是級數收斂

任意項級數的絕對收斂及條件收斂

對於任意一個級數 $\sum\limits_{n=1}^{\infty} u_n$，它的項有正有負。如果把一個級數 $\sum\limits_{n=1}^{\infty} u_n$ 的每一項都取絕對值，所成的正項級數 $\sum\limits_{n=1}^{\infty} |u_n|$，稱為級數 $\sum\limits_{n=1}^{\infty} u_n$ 的絕對值級數。若一個級數的絕對值級數收斂，則稱原級數**絕對收斂**，且有下述重要定理7.13。

定理 7.13

若級數 $\sum\limits_{n=1}^{\infty} u_n$ 絕對收斂，則級數 $\sum\limits_{n=1}^{\infty} u_n$ 也收斂。

 對於任何的 n 有

$$|u_n| \pm u_n \leq |u_n| + |u_n| = 2|u_n|$$

故

$$0 \leq \frac{|u_n| + u_n}{2} \leq |u_n|$$

$$0 \leq \frac{|u_n| - u_n}{2} \leq |u_n|$$

因為 $\sum\limits_{n=1}^{\infty} |u_n|$ 收斂，所以

$$\sum_{n=1}^{\infty} \frac{|u_n| + u_n}{2} \text{與} \sum_{n=1}^{\infty} \frac{|u_n| - u_n}{2}$$

均收斂，於是

$$\sum_{n=1}^{\infty} u_n = \sum_{n=1}^{\infty} \frac{|u_n| + u_n}{2} - \sum_{n=1}^{\infty} \frac{|u_n| - u_n}{2}$$

收斂

定理7.13告訴我們，若 $\sum\limits_{n=1}^{\infty} |u_n|$ 收斂，必有 $\sum\limits_{n=1}^{\infty} u_n$ 收斂，這時稱原級數為**絕對收斂**。另一方面，若 $\sum\limits_{n=1}^{\infty} u_n$ 收斂，但 $\sum\limits_{n=1}^{\infty} |u_n|$ 是發散的，則稱原級數為**條件收斂**。例如級數

$$1 - \frac{1}{2} + \frac{1}{3} - \frac{1}{4} + \frac{1}{5} \cdots$$

是條件收斂級數。

Example 2

判別下列級數的斂散性（是收斂還是發散的），如果是收斂的話，指出是絕對收斂還是條件收斂。

(1) $\sum\limits_{n=1}^{\infty} \dfrac{(-1)^{n-1}}{2^n}$ 　　(2) $\sum\limits_{n=1}^{\infty} \dfrac{(-1)^n}{\sqrt{n}}$

(3) $\sum\limits_{n=1}^{\infty} (-1)^{n+1} \dfrac{n}{n+1}$ 　　(4) $\sum\limits_{n=1}^{\infty} (-1)^{n-1} \dfrac{n}{3^{n-1}}$

解 (1) $u_n = \dfrac{(-1)^{n-1}}{2^n}$

$$\frac{|u_{n+1}|}{|u_n|} = \frac{2^n}{2^{n+1}} = \frac{1}{2} < 1$$

故 $\sum\limits_{n=1}^{\infty} |u_n|$ 收斂，於是原級數絕對收斂。

(2) $u_n = \dfrac{(-1)^n}{\sqrt{n}}$

由於級數 $\sum\limits_{n=1}^{\infty} |u_n|$ 是 $p = \dfrac{1}{2}$ 的調和級數，是發散級數。但是級數 $\sum\limits_{n=1}^{\infty} (-1)^n \dfrac{1}{\sqrt{n}}$ 是交錯級數，且

$$\frac{1}{\sqrt{n}} > \frac{1}{\sqrt{n+1}} , \quad \lim_{n \to \infty} \frac{1}{\sqrt{n}} = 0$$

所以原級數條件收斂。

(3) $u_n = (-1)^{n+1} \dfrac{n}{n+1}$

由於

$$\lim_{n \to \infty} u_n = \lim_{n \to \infty} \frac{n}{n+1} = 1 \neq 0 ,$$

故原級數發散。

(4) $u_n = (-1)^{n-1} \dfrac{n}{3^{n-1}}$

$$\frac{|u_{n+1}|}{u_n} = \frac{n+1}{3^n} \cdot \frac{3^{n-1}}{n} = \frac{1}{3}\left(1 + \frac{1}{n}\right)$$

故

$$\lim_{n \to \infty} \frac{|u_{n+1}|}{u_n} = \frac{1}{3} < 1$$

於是原級數絕對收斂。

判別下列各級數的斂散性， 如果是收斂的話，指出是條件收斂還是絕對收斂。

1. $1 - \dfrac{1}{2} + \dfrac{1}{4} - \cdots + (-1)^{n+1}\dfrac{1}{2n} + \cdots$

2. $1 - \dfrac{1}{2^2} + \dfrac{1}{3^2} - \cdots + (-1)^{n+1}\dfrac{1}{n^2} + \cdots$

3. $\dfrac{1}{\ln 2} - \dfrac{1}{\ln 3} + \dfrac{1}{\ln 4} - \dfrac{1}{\ln 5} + \cdots$

4. $\displaystyle\sum_{n=1}^{\infty}(-1)^{n+1}\dfrac{n+1}{2^{n-1}}$

5. $\displaystyle\sum_{n=1}^{\infty}(-1)^{n+1}\dfrac{n^3}{2^{n+1}}$

6. $\displaystyle\sum_{n=1}^{\infty}(-1)^{n}\sqrt{\dfrac{n(n+1)}{(n-1)(n-2)}}$

7-5 冪級數

1 冪級數的收斂半徑與收斂區間

設 x 是一個變量,形如下式的級數

$$\sum_{n=0}^{\infty} a_n(x-x_0)^n = a_0 + a_1(x-x_0) + a_2(x-x_0)^2 + \cdots + a_n(x-x_0)^n + \cdots \quad (7.5.1)$$

稱為**冪級數**。當 $x_0 = 0$ 時,具有簡單形式

$$\sum_{n=0}^{\infty} a_n x^n = a_0 + a_1 x + a_2 x^2 + \cdots + a_n x^n + \cdots \qquad (7.5.2)$$

若在 (7.5.1) 式中作變換 $t = x - x_0$,則 (7.5.1) 式化為

$$\sum_{n=0}^{\infty} a_n(x-x_0)^n = \sum_{n=0}^{\infty} a_n t^n$$

因此,我們主要研究形式為 (7.5.2) 的冪級數。

級數 (7.5.2) 中的 x 是一個變量,級數的收斂與否應該與 x 有關,收斂點 x 的集合稱冪級數的**收斂區間**。為此先介紹下述重要定理。

定理 **7.14**

設有冪級數 $\sum\limits_{n=0}^{\infty} a_n x^n$,

(1) 當 $x = x_0$ $(x_0 \neq 0)$ 時級數收斂,則適合不等式 $|x| < |x_0|$ 的一切 x,級數絕對收斂。

(2) 當 $x = x_0$ $(x_0 \neq 0)$ 時級數發散,則適合不等式 $|x| > |x_0|$ 的一切 x,級數也發散。

---

 (1) 由於

$$a_0 + a_1 x_0 + a_2 x_0^2 + \cdots + a_n x_0^n + \cdots$$

收斂,所以有

$$\lim_{n \to \infty} a_n x^n = 0$$

所以存在常數 M 滿足

$$|a_n x^n| \leq M \quad (n = 0, 1, 2, \cdots)$$

於是

$$|a_n x^n| = \left| a_n x_0^n \cdot \frac{x^n}{x_0^n} \right|$$

$$= |a_n x_0^n| \cdot \left| \frac{x}{x_0} \right|^n \leq M \left| \frac{x}{x_0} \right|^n$$

因為當 $|x| < |x_0|$ 時，等比級數

$$\sum_{n=0}^{\infty} M \left| \frac{x}{x_0} \right|^n$$

收斂，故級數 $\sum\limits_{n=0}^{\infty} |a_n x^n|$ 收斂，此即冪級數 $\sum a_n x^n$ 絕對收斂。

(2) 可用反證法之。假設 $x = x_0$ 時級數發散，現設 x_1 滿 $|x_1| > |x_0|$ ，但是 $\sum\limits_{n=0}^{\infty} a_n x_1^n$ 收斂，則由剛才 (1) 所證，當 $x = x_0$ 時級數應收斂，與假設矛盾。

對於任何冪級數 $\sum\limits_{n=0}^{\infty} a_n x^n$，在 $x = 0$ 點總是收斂的。它的收斂狀況不外乎下列三種情況：

(1) 僅在 $x = 0$ 處收斂，在任何非零點都發散。例如級數 $\sum\limits_{n=0}^{\infty} (nx)^n$ 僅在 $x = 0$ 收斂。

(2) 在任何一點 x 處數都收斂，即冪級數在區間 $(-\infty, \infty)$ 上收斂，例如級數 $\sum\limits_{n=0}^{\infty} \dfrac{x^n}{n!}$ 處處收斂。

(3) 級數既有不為零的收斂點，又有發散點。我們可以進一步分析。若 $x = x_0$ 時，$\sum\limits_{n=0}^{\infty} a_n x_0^n$ 收斂，則級數在 $(-x_0, x_0)$ 內都絕對收斂。若 $x = x_1$ 時，$\sum\limits_{n=0}^{\infty} a_n x_1^n$ 發散，則我們還可以擴大收斂區域 $(-x_0, x_0)$，也就是必然會找到一點 $x = R(> 0)$，使得級數當 $|x| < R$ 時絕對收斂，當 $|x| > R$ 時級數發散。當 $x = \pm R$ 時級數可能收斂也可能發散。我們稱正數 R 是冪級數的**收斂半徑**。根據冪級數在 $x = \pm R$ 點的收斂情況，就可寫出冪級數的**收斂區間**$[-R, R]$ 或 $(-R, R]$ 或 $[-R, R)$ 或 $[-R, R]$。

今後為了敘述方便，把僅在 $x = 0$ 處收斂的冪級數規定收斂半徑 $R = 0$，把

冪級數在無限區間 $(-\infty,\infty)$ 收斂，規定收斂半徑 $R=\infty$

利用正項級數的比值判別法可以求得冪級數的收斂半徑。

定理 **7.15**

設有冪級數 $\sum\limits_{n=0}^{\infty} a_n x^n$ $(a_n \neq 0)$，且 $\rho = \lim\limits_{n\to\infty} \left| \dfrac{a_{n+1}}{a_n} \right|$，則

(1) 當 $0 < \rho < \infty$ 時，收斂半徑 $R = \dfrac{1}{\rho}$。

(2) 當 $\rho = 0$ 時，收斂半徑 $R = \infty$。

(3) 當 $\rho = \infty$ 時，收斂半徑 $R = 0$。

絕對值級數 $\sum\limits_{n=0}^{\infty} |a_n x^n|$，利用比值判別法有

$$\lim_{n\to\infty} \frac{|a_{n+1} x^{n+1}|}{|a_n x^n|} = |x| \lim_{n\to\infty} \frac{|a_{n+1}|}{|a_n|}$$

$$= \rho |x|$$

若 $\rho \neq 0$，則當 $\rho|x| < 1$ 時，原數絕對收斂，即 $|x| < \dfrac{1}{\rho}$ 時，原級數絕對收斂。當 $\rho|x| > 1$ 時，絕對值級數 $\sum\limits_{n=0}^{\infty} |a_n x^n|$ 發散，且這時級數一般項不趨於零，故 $\sum\limits_{n=0}^{\infty} a_n x^n$ 發散。這表明冪級數收斂半徑 $R = \dfrac{1}{\rho}$。

若 $\rho = 0$，對任何實數都有 $\lim\limits_{n\to\infty} \dfrac{|a_{n+1} x^{n+1}|}{|a_n x^n|} = 0$，故級數 $\sum\limits_{n=0}^{\infty} a_n x^n$ 處處絕對收斂，即 $R = \infty$，若 $\rho = \infty$ 除了 $x = 0$ 外，有 $\lim \dfrac{|a_{n+1} x^{n+1}|}{|a_n x^n|} = \infty$，故級數僅在 $x = 0$ 處收斂，所以 $R = 0$

Example 1

求下列冪級數的收斂半徑 R

(1) $\sum\limits_{n=1}^{\infty} (-1)^{n-1} \dfrac{x^n}{n \cdot 2^n}$

(2) $\sum\limits_{n=1}^{\infty} (-1)^{n+1} \dfrac{x^n}{n}$

(3) $1 + \dfrac{x^2}{2!} + \dfrac{x^4}{4!} + \cdots + \dfrac{x^{2n}}{(2n)!} + \cdots$

(4) $\sum\limits_{n=0}^{\infty} \dfrac{(-1)^n x^{2n+1}}{(2n+1)!}$

解 (1) $\left|\dfrac{a_{n+1}}{a_n}\right| = \dfrac{n2^n}{(n+1)2^{n+1}} = \dfrac{1}{2\left(1+\dfrac{1}{n}\right)}$

$$\rho = \lim_{n \to \infty}\left|\dfrac{a_{n+1}}{a_n}\right| = \dfrac{1}{2}$$

收斂半徑 $R-2$

(2) $\rho = \lim_{n \to \infty}\left|\dfrac{a_{n+1}}{a_n}\right| = \lim_{n \to \infty} \dfrac{n}{n+1} = 1$

收斂半徑 $R=1$

(3) 級數一般項為

$$u_n = \dfrac{x^{2n}}{(2n)!}$$

冪級數 $\sum\limits_{n=0}^{\infty} u_n$ 沒有奇次冪的項，所以不能直接用定理的方法求收斂半徑 R，只能直接利用比值判別法求收斂半徑 R。

$$\lim_{n \to \infty}\left|\dfrac{u_{n+1}}{u_n}\right| = \lim_{n \to \infty} \dfrac{|x|^2}{(2n+1)(2n+2)}$$

$$= |x|^2 \lim_{n \to \infty} \dfrac{1}{(2n+1)(2n+2)}$$

$$= 0 < 1$$

於是對於任何 x 級數收斂，因此收斂半徑 $R = \infty$

(4) 級數一般項

$$u_n = \dfrac{(-1)^n x^{2n+1}}{(2n+1)!}$$

冪級數 $\sum\limits_{n=0}^{\infty} u_n$ 沒有偶次冪的項，不能直接用定理方法求 R，只能直接利用比值判別法求 R。

$$\lim_{n \to \infty}\left|\dfrac{u_{n+1}}{u_n}\right| = \lim_{n \to \infty} \dfrac{x^2}{(2n+2)(2n+3)}$$

$$= |x|^2 \lim_{n \to \infty} \dfrac{1}{(2n+2)(2n+3)}$$

$$= 0$$

於是 $R = \infty$

Example 2

求下列冪級數的收斂半徑，收斂區間：

(1) $\sum\limits_{n=1}^{\infty} (-1)^{n-1}\dfrac{(2x)^n}{n}$ (2) $\sum\limits_{n=1}^{\infty} a^{n^2} x^n$ $(0 < a < 1)$

(3) $\sum\limits_{n=1}^{\infty} n! x^n$ (4) $\sum\limits_{n=1}^{\infty} (-1)^{n-1}\dfrac{(x-1)^n}{5n}$

(5) $(2x+1) + \dfrac{(2x+1)^2}{2} + \dfrac{(2x+1)^3}{3} + \cdots$

解

(1) $\rho = \lim\limits_{n\to\infty} \left| \dfrac{a_{n+1}}{a_n} \right| = \lim\limits_{n\to\infty} \left[\dfrac{2^{n+1}}{n+1} \cdot \dfrac{n}{2^n} \right] = 2$

$R = \dfrac{1}{2}$ ，當 $x = -\dfrac{1}{2}$ 時，級數為

$$\sum_{n=1}^{\infty} (-1)^{n-1}\frac{2^n}{n}\left(-\frac{1}{2}\right)^n = \sum_{n=1}^{\infty} (-1)^{2n-1}\frac{1}{n} = -\sum_{n=1}^{\infty}\frac{1}{n}$$

故 $x = -\dfrac{1}{2}$ 冪級數發散。

當 $x = \dfrac{1}{2}$ 時，級數為

$$\sum_{n=1}^{\infty} (-1)^{n-1}\left(2\cdot\frac{1}{2}\right)^n \cdot \frac{1}{n} = \sum_{n=1}^{\infty} (-1)^{n-1}\frac{1}{n}$$

這是交錯級數，且 $\dfrac{1}{n} > \dfrac{1}{n+1}$ ， $\lim\limits_{n\to\infty}\dfrac{1}{n} = 0$ ，故是收斂級數。

所以冪級數 $\sum\limits_{n=1}^{\infty} (-1)^{n-1}\dfrac{(2x)^n}{n}$ 的收斂區間為

$$\left(-\frac{1}{2}, \frac{1}{2}\right]$$

(2) $\rho = \lim\limits_{n\to\infty} \left| \dfrac{a_{n+1}}{a_n} \right| = \lim\limits_{n\to\infty} \dfrac{a^{(n+1)^2}}{a^{n^2}}$

$= \lim\limits_{n\to\infty} a^{2n+1} = 0$

故 $R = \infty$ ，收斂區間為 $(-\infty, \infty)$

(3) $\rho = \lim\limits_{n\to\infty} \left| \dfrac{a_{n+1}}{a_n} \right| = \lim\limits_{n\to\infty} \dfrac{(n+1)!}{n!} = \lim\limits_{n\to\infty} (n+1) = \infty$

故 $R = 0$ ，級數僅在 $x = 0$ 處收斂。

(4) $\rho = \lim\limits_{n\to\infty} \left| \dfrac{a_{n+1}}{a_n} \right| = \lim\limits_{n\to\infty} \dfrac{5n}{5(n+1)} = 1$

故 $R = 1$，即 $|x - 1| < 1$，$0 < x < 2$，

當 $x = 0$ 時，級數為

$$\sum_{n=1}^{\infty} \frac{(-1)^{n-1}(-1)^n}{5n} = -\sum_{n=1}^{\infty} \frac{1}{5n}$$

發散

當 $x = 2$ 時，級數為

$$\sum_{n=1}^{\infty} (-1)^{n-1} \frac{1}{5n} = \frac{1}{5} \sum_{n=1}^{\infty} \frac{(-1)^{n-1}}{n}$$

收斂

於是冪級數的收斂區間為 $(0, 2]$

(5) 級數一般項為

$$u_n = \frac{(2x+1)^n}{n}$$

$$\rho = \lim_{n \to \infty} \left| \frac{a_{n+1}}{a_n} \right| = \lim_{n \to \infty} \frac{n}{n+1} = 1$$

$R = 1$。即 $-1 < 2x + 1 < 1$，$-1 < x < 0$

當 $x = -1$ 時，級數

$$\sum_{n=1}^{\infty} u_n = \sum_{n=1}^{\infty} \frac{(-1)^n}{n}$$

收斂

當 $x = 0$ 時，級數

$$\sum_{n=1}^{\infty} u_n = \sum_{n=1}^{\infty} \frac{1}{n}$$

發散

所以冪級數的收斂區間為 $[-1, 0)$

2 冪級數的運算

冪級數的運算分四則代數運算與分析運算。

設有兩個冪級數 $\sum\limits_{n=0}^{\infty} a_n x^n = f(x)$ 及 $\sum\limits_{n=0}^{\infty} b_n x^n = g(x)$，其收斂半徑為 R_1 與 R_2，且設 $R = \min(R_1, R_2)$，則在區間 $(-R, R)$ 內有

(1) $\sum\limits_{n=0}^{\infty} a_n x^n \pm \sum\limits_{n=0}^{\infty} b_n x^n = \sum\limits_{n=0}^{\infty} (a_n \pm b_n) x^n = f(x) \pm g(x)$

且在區間 $(-R, R)$ 內絕對收斂。

(2) $\quad \sum\limits_{n=0}^{\infty} a_n x^n \cdot \sum\limits_{n=0}^{\infty} b_n x^n$

$= a_0 b_0 + (a_0 b_1 + a_1 b_0) x + (a_0 b_2 + a_1 b_1 + a_2 b_0) x^2 + \cdots$

$+ (a_0 b_n + a_1 b_{n-1} + a_2 b_{n-2} + \cdots + a_n b_0) x^n + \cdots$

$= \sum\limits_{n=0}^{\infty} \left(\sum\limits_{i=0}^{n} a_i b_{n-i} \right) x^n = f(x) \cdot g(x)$

且在區間 $(-R, R)$ 內絕對收斂。

定理7.16說明兩冪級數在其公共收斂區間內（即兩冪級數收斂區間之交集內）可以像多項式一樣作加法與乘法運算。

設冪級數 $\sum\limits_{n=0}^{\infty} a_n x^n$ 的收斂半徑為 R $(R > 0)$ ，且在區間 $(-R, R)$ 內有和函數 $S(x)$，即

$$S(x) = \sum\limits_{n=0}^{\infty} a_n x^n$$

則

(1) $S(x)$ 在 $(-R, R)$ 內連續。

(2) $S(x)$ 在 $(-R, R)$ 內可導，且級數可逐項求導函數，求導以後得到的冪級數與原級數有相同的收斂半徑，即

$$\frac{dS(x)}{dx} = \frac{d}{dx} \left(\sum\limits_{n=0}^{\infty} a_n x^n \right) = \sum\limits_{n=0}^{\infty} \frac{d}{dx} (a_n x^n)$$

$$= a_1 + 2a_2 x + 3a_3 x^2 + \cdots + n a_n x^{n-1} + \cdots$$

(3) $S(x)$ 在區間 $(-R, R)$ 內可以積分，且級數可逐項積分，積分後得到的冪級數與原級數有相同的收斂半徑，即

$$\int_0^x S(x)dx = \int_0^x \left(\sum_{n=0}^\infty a_n x^n \right) dx$$

$$= \sum_{n=0}^\infty \int_0^x a_n x^n dx$$

$$= a_0 x + \frac{a_1}{2}x^2 + \frac{1}{3}a_2 x^3 + \cdots + \frac{a_n}{n+1}x^{n+1} + \cdots$$

應用該定理可以求冪級數的和函數。

公比為 $x(<1)$ 等比級數之和 $\dfrac{1}{1-x}$

即 $\quad \dfrac{1}{1-x} = 1 + x + x^2 + \cdots + x^n + \cdots \qquad (|x| < 1) \qquad (1)$

上式兩邊積分得

$$\int_0^x \frac{dx}{1-x} = \int_0^x dx + \int_0^x x dx + \int_0^x x^2 dx + \cdots + \int_0^x x^n dx + \cdots$$

$$-\ln(1-x) = x + \frac{1}{2}x^2 + \frac{1}{3}x^3 + \cdots + \frac{1}{n}x^n + \cdots \qquad (|x| < 1)$$

$$\ln(1-x) = -x - \frac{1}{2}x^2 - \frac{1}{3}x^3 - \cdots - \frac{1}{n}x^n - \cdots$$

$$= -\sum_{n=1}^\infty \frac{x^n}{n} \qquad (|x| < 1) \qquad (2)$$

Example 3

求冪級數 $\sum\limits_{n=1}^\infty \dfrac{1}{2n-1}x^{2n-1}$ 的和函數。

解 $\left| \dfrac{u_{n+1}}{u_n} \right| = \left| \dfrac{x^{2n+1}}{2n+1} \cdot \dfrac{2n-1}{x^{2n-1}} \right| = \dfrac{2n-1}{2n+1} \cdot x^2$

$\lim\limits_{n \to \infty} \left| \dfrac{u_{n+1}}{u_n} \right| = |x|^2 < 1$

冪級數的收斂區間為 $(-1, 1)$

設和函數

$$S(x) = \sum_{n=1}^{\infty} \frac{1}{2n-1} x^{2n-1} \qquad |x| < 1$$

逐項求導函數

$$\frac{ds(x)}{dx} = \frac{d}{dx} \left(\sum_{n=1}^{\infty} \frac{1}{2n-1} x^{2n-1} \right)$$

$$= \sum_{n=1}^{\infty} \frac{d}{dx} \left(\frac{1}{2n-1} x^{2n-1} \right)$$

$$= \sum_{n=1}^{\infty} x^{2n-2} = 1 + x^2 + x^4 + \cdots + x^{2n} + \cdots$$

$$= \frac{1}{1-x^2} \qquad |x| < 1$$

對上式兩邊積分得

$$\int_0^x \frac{ds(x)}{dx} = \int_x^0 \frac{dx}{1-x^2}$$

即

$$S(x) - S(0) = \frac{1}{2} \ln \left| \frac{1+x}{1-x} \right| \qquad |x| < 1$$

由於 $S(0) = 0$，故

$$S(x) = \frac{1}{2} \ln \left| \frac{1+x}{1-x} \right| \qquad |x| < 1$$

1. 求下列各冪級數的收斂半徑和收斂區間：

(1) $\displaystyle\sum_{n=1}^{\infty} nx^n$

(2) $\displaystyle\sum_{n=1}^{\infty} (-1)^{n+1}\frac{x^n}{n^2}$

(3) $1 + \dfrac{x}{2} + \dfrac{x^2}{2 \cdot 4} + \dfrac{x^3}{2 \cdot 4 \cdot 6} + \cdots$

(4) $\displaystyle\sum_{n=1}^{\infty} \frac{(x-5)^n}{\sqrt{n}}$

(5) $\displaystyle\sum_{n=1}^{\infty} \frac{1}{4^n} x^{2n}$

(6) $x - \dfrac{1}{3 \cdot 3!}x^3 + \dfrac{1}{5 \cdot 5!}x^5 + \cdots$

(7) $\displaystyle\sum_{n=1}^{\infty} \frac{2^n}{n^2+1} x^n$

(8) $\displaystyle\sum_{n=1}^{\infty} (x-3)^n$

2. 利用逐項求導函數或逐項求積分，求下列各冪級數的收斂區間及和函數：

(1) $\displaystyle\sum_{n=1}^{\infty} \frac{x^{4n+1}}{4n+1}$

(2) $\displaystyle\sum_{n=1}^{\infty} \frac{n}{2} x^{n-1}$

7-6 泰勒級數

由上節知道，一個冪級數在其收斂區間內表示一個函數（即冪級數的和函數），且在其收斂區間內具有多項式一樣的代數運算和分析運算。本節將討論如何把一個函數表示成冪級數。

1 函數的冪級數展開式－泰勒級數

Definition >>   **7.5**

若 $f(x)$ 在 x_0 處有任意階導數，冪級數

$$f(x_0) + f'(x_0)(x - x_0) + \frac{f''(x_0)}{2!}(x - x_0)^2 + \cdots + \frac{f^{(n)}(x_0)}{n!}(x - x_0)^n + \cdots$$

稱為 $f(x)$ 在 x_0 處的**泰勒級數**，它們的係數 $\frac{f^{(n)}(x_0)}{n!}$ 稱為 $f(x)$ 在 x_0 處的**泰勒係數**。當 $x_0 = 0$ 時冪級數

$$f(0) + f'(0)x + \frac{f''(0)}{2!}x^2 + \cdots + \frac{f^{(n)}(0)}{n!}x^n + \cdots$$

稱為 $f(x)$ 的**麥克勞林級數**。

從上述定義知，對於一個函數只要有任意階導函數，就可以形式上構造一個泰勒級數，但是這個泰勒級數是否收斂且在其收斂區間內的和函數是否是 $f(x)$？實際上一個函數 $f(x)$ 的泰勒級數並不一定收斂至 $f(x)$，它有一定要求，此即下述定理。

定理 7.18

設函數 $f(x)$ 在區間 $(x_0 - R, x_0 + R)$ 內有任意階導函數，則 $f(x)$ 在 x_0 的泰勒級數在該區間內的和函數仍為 $f(x)$ 的充分必要條件是 $f(x)$ 在區間 $(x_0 - R, x_0 + R)$ 內關於 x_0 點處的泰勒級數的餘項

$$R_n(x) = f(x) - \left[f(x_0) + f'(x_0)(x - x_0) + \frac{f''(x_0)}{2!}(x - x_0) \right.$$

$$+\cdots+\frac{f^{(n)}(x_0)}{n!}(x-x_0)^n\Bigg]$$

當 $n \to \infty$ 時趨於零。即

$$\lim_{n\to\infty} R_n(x) = 0 \qquad x \in (x_0 - R, x_0 + R)$$

2 初等函數的冪級數展開式

常見的初等函數都滿足剛才的定理。所以對於初等函數的冪級數可以用求導數（泰勒係數）的辦法獲得，此即直接展開法。我們也可以利用冪級數的運算得到求函數冪級數展開式的間接展開法。

(1) 直接展開法

a. 求出 $f(x)$ 的各階導函數，並求出函數及各階導函數在 x_0 點的值。

b. 寫出 $f(x)$ 在 x_0 點的泰勒級數或麥克勞林級數

c. 求出級數的收斂半徑

Example 1

將 e^x 在 $x_0 = 0$ 展開為冪級數

解　因為 $f^{(n)}(x) = f(x) = e^x$ 所以 $f^{(n)}(0) = 1$，$(n = 0, 1, 2, \cdots)$，於是所求冪級數為

$$e^x = 1 + x + \frac{x^2}{2!} + \cdots + \frac{x^n}{n!} + \cdots$$

收斂半徑

$$R = \lim_{n\to\infty} \frac{a_n}{a_{n+1}} = \lim_{n\to\infty} \frac{(n+1)!}{n!} = \lim_{n\to\infty} (n+1) = \infty$$

Example 2

展開 $f(x) = \sin x$ 為 x 的冪級數

因為

$$f'(x) = \cos x \quad , \quad f''(x) = -\sin x$$

$$f'''(x) = -\cos x \quad , \quad f^{(4)}(x) = \sin x \cdots$$

$$f^{(n)}(x) = \sin\left(x + \frac{n\pi}{2}\right) \quad , \quad \cdots$$

故

$$f(0) = 0, f'(0) = 1, f''(0) = 0, f'''(0) = -1, f^{(4)}(0) = 0, \cdots$$

於是

$$\sin x = x - \frac{x^3}{3!} + \frac{x^5}{5!} - \cdots + (-1)^n \frac{x^{2n+1}}{(2n+1)!} + \cdots$$

它的收斂半徑

$$R = \lim_{n\to\infty} \frac{a_n}{a_{n+1}} = \lim_{n\to\infty} [2n(2n+1)] = \infty$$

(2) 間接展開法

用直接方法把已給函數展開為泰勒級數比較麻煩，且每一個級數都得討論它的收斂性與收斂半徑。實際上，我們可以利用冪級數的各種運算來求所給函數的冪級數，現用例子說明方法運用。

Example 3

將函數 $f(x) = \cos x$ 展開為 x 的冪級數

 由於

$$\sin x = x - \frac{x^3}{3!} + \cdots + (-1)^n \frac{x^{2n+1}}{(2n+1)!} + \cdots \quad (-\infty < x < +\infty)$$

上式逐項求導數得

$$\cos x = 1 - \frac{x^2}{2!} + \cdots + (-1)^n \frac{x^{2n}}{(2n)!} + \cdots \quad (-\infty < x < +\infty)$$

Example 4

已知等比級數

$$\frac{1}{1+x} = 1 - x + x^2 - x^3 + \cdots + (-1)^n x^n + \cdots \quad |x| < 1$$

$$\frac{1}{1-x} = 1 + x + x^2 + x^3 + \cdots \quad |x| < 1$$

$$\frac{1}{1+x^2} = 1 - x^2 + x^4 - x^6 + \cdots + (-1)^n x^{2n} + \cdots \quad |x| < 1$$

由於 $\int_0^x \dfrac{dx}{1+x^2} = \tan^{-1} x$ 故

$$\tan^{-1} x = \int_0^x \left(1 - x^2 + x^4 - x^6 + \cdots + (-1)^n x^{2n} + \cdots\right) dx$$

$$= x - \frac{1}{3}x^3 + \frac{1}{5}x^5 - \frac{1}{7}x^7 + \cdots + (-1)^n \frac{x^{2n+1}}{2n+1} + \cdots$$

$$(-1 \leq x \leq 1)$$

註 收斂間端點 $x = -1, x = 1$ 是否收斂必須驗證判斷

由於 $\int_0^x \dfrac{dx}{1+x} = \ln(1+x)$ 故

$$\ln(1+x) = \int_0^x \left(1 - x + x^2 - x^3 + \cdots + (-1)^n x^n + \cdots\right) dx$$

$$= x - \frac{x^2}{2} + \frac{x^3}{3} - \cdots + (-1)^n \frac{x^{n+1}}{n+1} + \cdots$$

$$(-1 < x \leq 1)$$

註 可以判斷級數在 $x = -1$ 發散，在 $x = 1$ 收斂

若在 $\tan^{-1} x$ 的冪級數展開式中令 $x = 1$ 得到 π 的計算公式：

$$\frac{\pi}{4} = \tan^{-1} 1 = 1 - \frac{1}{3} + \frac{1}{5} - \frac{1}{7} + \cdots + (-1)^n \frac{1}{2n+1} + \cdots$$

若在 $\ln(1+x)$ 中令 $x = 1$ 得到 $\ln 2$ 的計算公式

$$\ln 2 = 1 - \frac{1}{2} + \frac{1}{3} - \cdots + (-1)\frac{1}{n+1} + \cdots$$

Example 5

將 $\sin^2 x$ 展開成 x 的冪級數

 因為

$$\sin^2 x = \frac{1 - \cos 2x}{2}$$

且

$$\cos 2x = 1 - \frac{(2x)^2}{2!} + \frac{(2x)^4}{4!} - \cdots + (-1)^n \frac{(2x)^n}{(2n)!} + \cdots$$

故

$$\sin^2 x = \frac{1}{2} - \frac{1}{2} \cos 2x$$

$$= \frac{1}{2} - \frac{1}{2} + \frac{2 \cdot x^2}{2!} - \frac{2^3 \cdot x^4}{4!} + \cdots + (-1)^{n+1} \frac{2^{n-1} x^n}{(2n)!} + \cdots$$

$$= \frac{2 \cdot x^2}{2!} - \frac{2^3 \cdot x^4}{4!} + \cdots + (-1)^{n+1} \frac{2^{n-1} x^n}{(2n)!} + \cdots$$

$$(-\infty < x < +\infty)$$

習題 7-6
PRACTICE

1. 用直接法將 $f(x) = a^x$ 展開成 x 的冪級數

2. 用間接法，將下列函數展開成 x 的冪級數

(1) $\cos^2 x$

(2) $\dfrac{1}{2-x}$

(3) $\dfrac{x}{1-x^2}$

(4) $\ln(5+x)$

(5) $\sin\left(\dfrac{\pi}{4}+x\right)$

偏導數與重積分

前面我們已研究了一元函數的微積分學。多元函數的微積分學是一元函數微積分學的發展，它們之間有共同之處也各有其特點。

一元函數是自變量僅一個的函數，所謂多元函數是指一個以上自變量的函數，我們僅介紹二元函數的微積分學。

8-1 二元函數的概念

1 二元函數的定義域

Definition >> 定 義 8.1

設有三個變量 x、y 和 z，如果變量 x 和 y 各取一值時，第三個變量 z 按照一定的規則總有一個值或多個值與 x, y 的值對應，則稱變量 z 是變量 x, y 的函數，變量 x, y 稱為自變量，z 稱為 x 及 y 的函數。這種兩個自變量的函數稱為**二元函數**。

同一元函數一樣，給出一個二元函數必須給出變量間的對應關係，這種函數關係常用記號（顯函數關係）

$$z = f(x, y)$$

或（隱函數關係）

$$F(x, y, z) = 0$$

稱使函數 $z = f(x, y)$ 有定義的點 (x, y) 的全體稱為函數的**定義域**，自變量 x, y 的一對值可以看作座標平面 xoy 上一點的座標。因此，一般說來，二元函數的定義域是 xoy 平面上的一個區域。

n 元函數的定義與二元函數定義相類似，n 元函數的定義域是 n 維空間 R^n 中的一個區域。

Example 1

函數 $z = xy$ 的定義域是全平面：$-\infty < x < \infty$，$-\infty < y < \infty$。它是一個無界區域。

Example 2

函數 $z = \sqrt{x^2 + y^2 - 1}$ 的定義域為

$$D = \left\{(x,y) \mid x^2 + y^2 \geq 1\right\}$$

即 D 是平面上以圓 $x^2 + y^2 = 1$ 為邊界且在圓外的點的全體，它是一個無界區域。

Example 3

函數 $z = \sin^{-1}(x^2 + y^2)$ 的定義域為

$$D = \left\{(x,y) \mid x^2 + y^2 \leq 1\right\}$$

即 D 是平面上以圓 $x^2 + y^2 = 1$ 為邊界且在圓內的點的全體，它是一個有界的閉區域。

Example 4

函數 $z = \ln(x + y)$ 的定義域為

$$D = \{(x,y) \mid x + y > 0\}$$

即 D 是平面上直線 $x + y = 0$ 之上方的點，所以它是一個開（不包含 $x + y = 0$ 上之點）的半平面。

2 二元函數的圖形

一元函數 $y = f(x)$ 的圖形一般是 xoy 平面上的一條曲線。二元函數 $z = f(x, y)$，在其定義域內任一點 (x, y) 都對應著空間一點 (x, y, z)，這些點的全體一

般情況下構成一個曲面，這個曲面稱為**函數 $z = f(x, y)$的圖形** （圖 8-1-1）。二元函數 $z = f(x, y)$ 的圖形也是採用描點法。如果掌握空間解析幾何更容易描繪二元函數圖形。

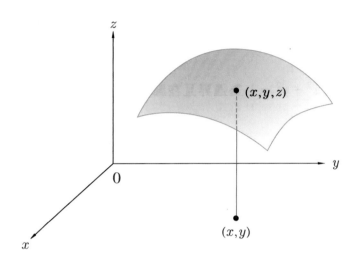

圖 8-1-1

Example 5

描繪下列各函數的圖形

(1)　$z = f(x, y) = 2$

(2)　$z = f(x, y) = 3y$

(3)　$x^2 + y^2 + z^2 = 1$

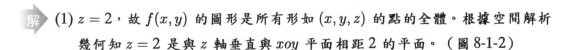 (1) $z = 2$，故 $f(x, y)$ 的圖形是所有形如 (x, y, z) 的點的全體。根據空間解析幾何知 $z = 2$ 是與 z 軸垂直與 xoy 平面相距 2 的平面。（圖 8-1-2）

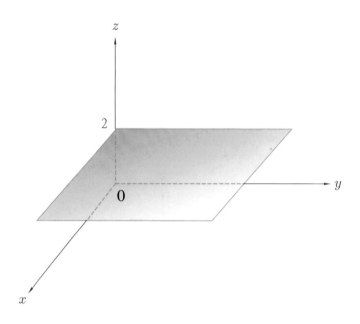

圖 8-1-2

(2) 根據空間解析幾何知 $z = 3y$ 的圖形是通過 x 軸的平面，它與平面 yoz 的
交線是 $z = 3y$。（圖 8-1-3）

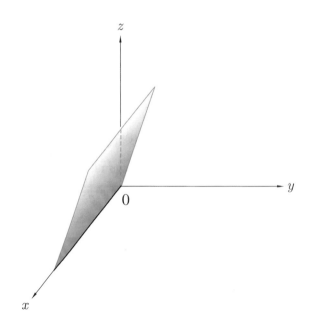

圖 8-1-3

(3) 由 $x^2 + y^2 + z^2 = 1$ 得 $z = \pm\sqrt{1 - x^2 - y^2}$。這是一個在定義域上二個值的二元函數。根據空間解析幾何知 $x^2 + y^2 + z^2 = 1$ 是一個以座標原點 O 為圓心，半徑為 1 的球面。所以，$x^2 + y^2 + z^2 = 1$ 的圖形是球面，$z = \sqrt{1 - x^2 - y^2}$ 表示上半球面，$z = -\sqrt{1 - x^2 - y^2}$ 表示下半球面（圖 8-1-4）

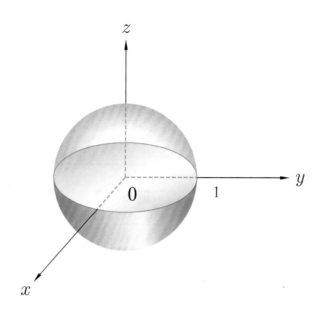

圖 8-1-4

3 二元函數的極限與連續

一元函數的極限 $\lim\limits_{x \to a} f(x) = L$ 是指自變量點 x 沿著 x 軸趨向點 a 時（可以以各種方式趨向於點 a 但都在 x 軸上），函數 $f(x)$ 的值趨向於 L。二元函數 $f(x, y)$ 的極限就複雜得多。因為在平面上點 (x, y) 趨向於點 (a, b) 的路徑不止是一條直線，而是有**無數條曲線**。因此極限

$$\lim_{\substack{x \to a \\ y \to b}} f(x, y) = L$$

是指點 (x, y) 沿著到達點 (a, b) 的**任意曲線**，且向 (a, b) 逼近時，函數 $f(x, y)$ 的值都趨向於 L。如果有兩條路徑趨近 (a, b) 時，函數 $f(x, y)$ 的值向兩個不同的值趨近，則說二元函數在點 (a, b) 的**極限不存在**。

Example 6

試說明函數

$$f(x,y) = \begin{cases} \dfrac{xy}{x^2 + y^2} & (\ x, y\ \text{不同時為零}) \\ 0 & (x = y = 0) \end{cases}$$

的極限 $\lim\limits_{\substack{x \to 0 \\ y \to 0}} f(x,y) = L$ 不存在。

 若點 (x,y) 沿著直線 $y = kx$ 而趨近於點 $(0,0)$ 時，

$$\lim_{\substack{x \to 0 \\ y = kx \to 0}} \frac{xy}{x^2 + y^2} = \lim_{x \to 0} \frac{kx^2}{x^2 + k^2 x^2} = \frac{k}{1 + k^2}$$

它是隨著直線的斜率 k 的不同而改變其數值的。因此極限

$$\lim_{\substack{x \to 0 \\ y \to 0}} f(x,y)$$

不存在。

有了二元函數的極限，就可以討論函數的連續性。

Definition >>   8.2

函數 $z = f(x,y)$ 在點 (x_0, y_0) 的某個領域內有定義，若有

$$\lim_{\substack{x \to x_0 \\ y \to y_0}} f(x,y) = f(x_0, y_0)$$

則稱函數 $z = f(x,y)$ 在點 (x_0, y_0) 點**連續**。

如果函數 $f(x,y)$ 在區域 D 的每一點都連續，則稱函數 $f(x,y)$**在區域 D 內連續**。

函數不連續的點稱為**間斷點**。例 6 中函數 (x,y) 在 $(0,0)$ 點沒有極限，故 $(0,0)$ 點是間斷點。二元函數

$$f(x,y) = \frac{1}{x^2 + y^2 - 1}$$

有間斷線 $x^2 + y^2 = 1$，它是半徑為 1 的圓周。

　　有界閉域上連續的二元函數和在閉區間上連續的一元函數一樣，具有四則運算性質及最大（小）值、介值等性質，在這兒不一一列舉。

1. 求各函數的定義域：

(1) $z = \dfrac{1}{\sqrt{x}} + \dfrac{1}{\sqrt{y}}$

(2) $z = \ln xy$

(3) $z = \dfrac{1}{\sqrt{x+y}} + \dfrac{1}{\sqrt{x-y}}$

(4) $z = \sqrt{x - \sqrt{y}}$

(5) $z = \ln(y^2 - 4x + 8)$

2. 驗證當 $(x, y) \to (0,0)$ 時，函數

$$z = \frac{2x + y}{3x - y}$$

的極限不存在。試問：(x, y) 以怎樣的方式趨於 $(0,0)$ 時，能使

(1) $\lim z = 2$。　　(2) $\lim z = 3$。

3. 指出函數的間斷點。

(1) $z = \dfrac{x - y}{x + y}$

(2) $z = \dfrac{3x^2 - y}{x^2 + y}$

(3) $z = \dfrac{1}{x^2 + y^2 - 1}$

(4) $z = \dfrac{1}{x - y} + \dfrac{1}{x^2 - y^2}$

8-2 偏 導 數

▼ 1 一階偏導數

在一元函數中，函數 $y = f(x)$ 的變化只依賴於一個自變量 x 的變化，對於二元函數 $z = f(x, y)$，函數 z 的變化要依賴於平面上點 (x, y) 的變化，一般說來函數 $z = f(x, y)$ 的變化快慢由於點 (x, y) 沿不同方向移動是不一樣的，於是二元函數的變化率問題比一元函數複雜多了。因此，我們先考慮最簡單的情況，引出偏導數概念。

Definition >>   **8.3**

設點 (x_0, y_0) 是函數 $z = f(x, y)$ 定義域內一點，若極限

$$\lim_{\Delta x \to 0} \frac{f(x_0 + \Delta x, y_0) - f(x_0, y_0)}{\Delta x}$$

存在，則稱該極限值是函數 $z = f(x, y)$ 在點 (x_0, y_0) 對 x 的**偏導數**。用如下記號

$$\left.\frac{\partial z}{\partial x}\right|_{(x_0, y_0)} \quad , \quad \frac{\partial f(x_0, y_0)}{\partial x} \quad ,$$

$$f'_x(x_0, y_0) \quad , \quad z'_x\big|_{(x_0, y_0)}$$

表示這個偏導數。即

$$\left.\frac{\partial z}{\partial x}\right|_{(x_0, y_0)} = f'_x(x_0, y_0)$$

$$= \lim_{\Delta x \to 0} \frac{f(x_0 + \Delta x, y_0) - f(x_0, y_0)}{\Delta x}$$

（記號 $\frac{\partial z}{\partial x}$ 中的 ∂ 是 d 的變體字，讀作 "圓 d"）。

類似地可定義 $z = f(x, y)$ 在點 (x_0, y_0) 對 y 的偏導數，即

$$\left.\frac{\partial z}{\partial y}\right|_{(x_0, y_0)} = f'_y(x_0, y_0)$$

$$= \lim_{\Delta y \to 0} \frac{f(x_0, y_0 + \Delta y) - f(x_0, y_0)}{\Delta y}$$

若函數 $z = f(x, y)$ 在某一個平面區域內每一點都有偏導數 $f'_x(x, y)$ 和 $f'_y(x, y)$，則這兩個偏導數也是二元函數，叫做函數 $z = f(x, y)$ 的**偏導函數**，簡稱為偏導數，用記號

$$\frac{\partial z}{\partial x} = \frac{\partial f(x, y)}{\partial x} = f'_x(x, y) = z'_x$$

$$= \lim_{\Delta x \to 0} \frac{f(x + \Delta x, y) - f(x, y)}{\Delta x}$$

$$\frac{\partial z}{\partial y} = \frac{\partial f(x, y)}{\partial y} = f'_y(x, y) = z'_y$$

$$= \lim_{\Delta y \to 0} \frac{f(x, y + \Delta y) - f(x, y)}{\Delta y}$$

表示。函數 $z = f(x, y)$ 在點 (x_0, y_0) 的偏導數 $f'_x(x_0, y_0)$ 是偏導函數 $f'_x(x, y)$ 在點 (x_0, y_0) 處的值。

根據偏導（函）數的定義，求 $f'_x(x, y)$ 只要把 y **看作常數**而只對 x 求導數；求 $f'_y(x, y)$ 只要把 x **看作常數** 而只對 y 求導數。所以求偏導數只需要會求一元函數導數的方法即可。

Example 1

求 $z = x^2 + 5xy + 2y^2$ 在點 $(2, 3)$ 的偏導數。

 把 y 看作常數，得

$$\frac{\partial z}{\partial x} = 2x + 5y$$

把 x 看作常數，得

$$\frac{\partial z}{\partial y} = 5x + 4y$$

再將 $(2, 3)$ 代入上面結果，就得在點 $(2, 3)$ 的偏導數

$$\frac{\partial z}{\partial x}\bigg|_{(2,3)} = 2 \times 2 + 5 \times 3 = 19$$

$$\left.\frac{\partial z}{\partial y}\right|_{(2,3)} = 5 \times 2 + 4 \times 3 = 22$$

Example 2

求 $z = y^3 \cos 5x$ 的偏導數。

解 $\quad \dfrac{\partial z}{\partial x} = -5y^3 \sin 5x$

$\dfrac{\partial z}{\partial y} = 3y^2 \cos 5x$

三元函數 $u = f(x, y, z)$ 或 n 元函數 $y = f(x_1, x_2, \cdots, x_n)$ 的偏導數可用同樣方法定義與計算偏導數。

Example 3

求 $r = \sqrt{x^2 + y^2 + z^2}$ 的偏導數。

解 把 y, z 看作常數，僅對 x 求導數，得

$$\frac{\partial r}{\partial x} = \frac{x}{\sqrt{x^2 + y^2 + z^2}} = \frac{x}{r}$$

把 z, x 看作常數，僅對 y 求導數，得

$$\frac{\partial r}{\partial y} = \frac{y}{\sqrt{x^2 + y^2 + z^2}} = \frac{y}{r}$$

把 x, y 看作常數，僅對 z 求導數，得

$$\frac{\partial r}{\partial z} = \frac{z}{\sqrt{x^2 + y^2 + z^2}} = \frac{z}{r}$$

註 在一元函數裡，$y = f(x)$ 的導數符號 $\dfrac{dy}{dx}$ 可看作兩個微分 dy 與 dx 的商，但是偏導數記號 $\dfrac{\partial z}{\partial x}$，$\dfrac{\partial z}{\partial y}$ 必須看成一個整體，不能看成 ∂z 與 ∂x；∂z 與 ∂y 的商。

Example 4

求 $z = e^{xy} + x\sin(x + y)$ 的偏導函數。

解 $\quad \dfrac{\partial z}{\partial x} = e^{xy} \cdot y + \sin(x + y) + x\cos(x + y)$

$\quad \dfrac{\partial z}{\partial y} = e^{xy} \cdot x + x\cos(x + y)$

2

一階偏導數的幾何意義

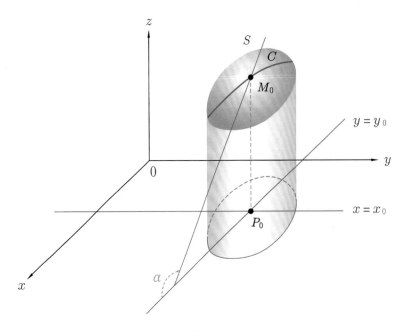

圖 8-2-1

　　設曲面 S 是函數 $z = f(x, y)$ 的圖形（見圖 8-2-1），$P_0(x_0, y_0)$ 是座標平面 xoy 上一點，它在曲面 S 上對應點為 $M_0(x_0, y_0, z_0)$。過 M_0 作平面 $y = y_0$，與曲面 S 相

截成一曲線 C，C 的方程式為

$$\begin{cases} z = f(x, y_0) \\ y = y_0 \end{cases}$$

這是在平面 $y = y_0$ 上的平面曲線。根據一元函數導數的幾何意義知，$f_x'(x_0, y_0)$ 是曲線 C 上過 $M_0(x_0, y_0, z_0)$ 點的切線對 x 軸的斜率，也就是切線與 x 軸正向的夾角的正切。設 x 軸正向與切線的夾角為 α，則

$$f_x'(x_0, y_0) = \tan \alpha \qquad \left(\alpha \neq \frac{\pi}{2} \right)$$

同理，$f_y'(x_0, y_0)$ 是平面 $x = x_0$ 上的曲線

$$\begin{cases} z = f(x_0, y) \\ x = x_0 \end{cases}$$

在點 $M_0(x_0, y_0, z_0)$ 的切線與 y 軸正向的夾角 β 的正切，即

$$f_y'(x_0, y_0) = \tan \beta \qquad \left(\beta \neq \frac{\pi}{2} \right)$$

Example 5

求曲面 $z = \sqrt{1 + x^2 + y^2}$ 與平面 $x = 1$，$y = 2$ 的相交曲線 C_1 與 C_2，並求曲線 C_1、C_2 在點 $(1, 2, \sqrt{6})$ 的切線之斜率。

 曲線 C_1 之方程式為

$$\begin{cases} z = \sqrt{1 + x^2 + y^2} \\ x = 1 \end{cases}$$

或為

$$\begin{cases} z = \sqrt{2 + y^2} \\ x = 1 \end{cases}$$

曲線 C_2 之方程式為

$$\begin{cases} z = \sqrt{1 + x^2 + y^2} \\ y = 2 \end{cases}$$

或為

$$\begin{cases} z = \sqrt{5 + x^2} \\ y = 2 \end{cases}$$

C_1 在點 $(1, 2, \sqrt{6})$ 之切線斜率：

$$\left.\frac{\partial z}{\partial y}\right|_{(1,2)} = \left.\frac{y}{\sqrt{1 + x^2 + y^2}}\right|_{(1,2)} = \frac{2}{\sqrt{6}}$$

C_2 在點 $(1, 2, \sqrt{6})$ 之切線斜率：

$$\left.\frac{\partial z}{\partial x}\right|_{(1,2)} = \left.\frac{x}{\sqrt{1 + x^2 + y^2}}\right|_{(1,2)} = \frac{1}{\sqrt{6}}$$

3 高階偏導數

函數 $z = f(x, y)$ 有兩個偏導數

$$\frac{\partial z}{\partial x} = f_x'(x, y) \text{與} \frac{\partial z}{\partial y} = f_y'(x, y)$$

它們仍然是 x, y 的二元函數。若這兩個函數也有偏導數，這些偏導數叫做原來函數 $z = f(x, y)$ 的**二階偏導數**。不難看出 $z = f(x, y)$ 有如下四個二階偏導數。

$$\frac{\partial}{\partial x}\left(\frac{\partial z}{\partial x}\right) = \frac{\partial^2 z}{\partial x^2} = f_{xx}''(x, y) = z_{xx}''$$

$$\frac{\partial}{\partial y}\left(\frac{\partial z}{\partial x}\right) = \frac{\partial^2 z}{\partial x \partial y} = f_{xy}''(x, y) = z_{xy}''$$

$$\frac{\partial}{\partial x}\left(\frac{\partial z}{\partial y}\right) = \frac{\partial^z}{\partial y \partial x} = f_{yx}''(x, y) = z_{yx}''$$

$$\frac{\partial}{\partial y}\left(\frac{\partial z}{\partial y}\right) = \frac{\partial^2 z}{\partial y^2} = f_{yy}''(x, y) = z_{yy}''$$

其中 $\dfrac{\partial^2 z}{\partial x \partial y}$ 與 $\dfrac{\partial^2 z}{\partial y \partial x}$ 稱作**混合偏導數**。

Example 6

求 $z = x^3 + 4x^2 y - 2y \sin x$ 的二階偏導數。

解 $\dfrac{\partial z}{\partial x} = 3x^2 + 8xy - 2y\cos x$

$\dfrac{\partial z}{\partial y} = 4x^2 - 2\sin x$

$\dfrac{\partial^2 z}{\partial x \partial y} = 8x - 2\cos x$

$\dfrac{\partial^2 z}{\partial y \partial x} = 8x - 2\cos x$

$\dfrac{\partial^2 z}{\partial x^2} = 6x + 8y + 2y\sin x$

$\dfrac{\partial^2 z}{\partial y^2} = 0$

不難看出，$\dfrac{\partial^2 z}{\partial x \partial y} = \dfrac{\partial^2 z}{\partial y \partial x}$，這個結果不是偶然的，我們有以下定理。

定理 8.1

若函數 $z = f(x, y)$ 在某一區域上有連續的二階混合偏導數 $f''_{xy}(x, y)$ 與 $f''_{yx}(x, y)$，則在該區域內有

$$f''_{xy}(x, y) = f''_{yx}(x, y)$$

Example 7

求 $z = e^{xy} + x\sin y$ 的二階偏導數。

解 $\dfrac{\partial z}{\partial x} = e^{xy} \cdot y + \sin y$

$\dfrac{\partial z}{\partial y} = e^{xy} \cdot x + x\cos y$

$\dfrac{\partial^2 z}{\partial x^2} = e^{xy} \cdot y^2$

$$\frac{\partial^2 z}{\partial x \partial y} = \frac{\partial^2 z}{\partial y \partial x} = e^{xy} \cdot xy + e^{xy} + \cos y$$

$$= e^{xy}(xy + 1) + \cos y$$

$$\frac{\partial^2 z}{\partial y^2} = e^{xy} \cdot x^2 - x \sin y$$

　　類似地可定義三階及更高階的偏導數，二階及二階以上的偏導數統稱為**高階偏導數**。對於三階及更高階混合偏導數，以上的定理也成立。

1. 求下列函數的一階偏導數

(1) $z = \dfrac{x + y}{x - y}$

(2) $z = \dfrac{xe^y}{y^3}$

(3) $z = \sin(x + ye^x)$

(4) $z = \sin\dfrac{x}{y} \cdot \cos\dfrac{y}{x}$

(5) $z = \ln\sin(x - 2y)$

(6) $z = \tan^{-1}\dfrac{x}{y} + \sin^{-1}y$

(7) $z = \dfrac{1}{\tan^{-1}\dfrac{y}{x}}$

(8) $z = \tan^{-1}\sqrt{x^y}$

(9) $z = \sqrt{x}\sin\dfrac{y}{x}$

(10) $z = e^x(\cos y + x\sin y)$

2. 設 $f(x, y) = x + y - \sqrt{x^2 + y^2}$，求 $f_x'(3, 4)$。

3. 設 $z = \ln\left(x + \dfrac{y}{2x}\right)$，求 $\left[\dfrac{\partial z}{\partial y}\right]_{(1,0)}$

4. 設 $z = \dfrac{x\cos y - y\cos x}{1 + \sin x + \sin y}$，求 $\dfrac{\partial z}{\partial x}\Big|_{(0,0)}$ 及 $\dfrac{\partial z}{\partial y}\Big|_{(0,0)}$

5. 求曲線

$$\begin{cases} z = \dfrac{x^2 + y^2}{4} \\ y = 4 \end{cases}$$

在點 $(2, 4, 5)$ 處的切線的斜率。

6. 試求下列函數的所有二階偏導數

(1)　$z = \ln\left(x + \sqrt{x^2 + y^2}\right)$

(2)　$z = \cos^2(ax + by)$

(3)　$z = \tan^{-1}\dfrac{x + y}{1 - xy}$

(4)　$z = y^{\ln x}$

(5)　$z = x^3 e^{5x + 2y}$

7. 設 $u = e^{x(x^2 + y^2 + z^2)}$，試求 $\dfrac{\partial u}{\partial x}$，$\dfrac{\partial u}{\partial y}$，$\dfrac{\partial u}{\partial z}$ 與 $\dfrac{\partial^2 u}{\partial x^2}$，$\dfrac{\partial^2 u}{\partial x \partial y}$，$\dfrac{\partial^2 u}{\partial y^2}$，$\dfrac{\partial^2 u}{\partial x \partial z}$，$\dfrac{\partial^2 u}{\partial y \partial z}$ $\dfrac{\partial^2 u}{\partial z^2}$。

8-3 全微分及近似計算

設二元函數 $z = f(x,y)$ 在點 $P(x,y)$ 的**全增量**是

$$\Delta z = f(x + \Delta x,\ y + \Delta y) - f(x,y)$$

在理論及應用上常需要計算 Δz，但是一般說來，要求出 Δz 的精確值十分困難，甚至是不可能的，因此和一元函數相類似，有必要研究 Δz 的近似值，這就需要引出全微分的概念。

1 全微分

Definition >> 定 義 8.4

設二元函數 $z = f(x,y)$ 的一階偏導數 $f'_x(x,y)$ 與 $f'_y(x,y)$ 在點 $p(x,y)$ 連續，則稱

$$dz = \frac{\partial z}{\partial x}dx + \frac{\partial z}{\partial y}dy = f'_x(x,y)dx + f'_y(x,y)dy$$

是函數 $z = f(x,y)$ 在點 $P(x,y)$ 的**全微分**（用 dz 記之）。其中自變量 x 與 y 的微分定義為 $dx = \Delta x$，$dy = \Delta y$。

Example 1

求函數 $z = x^4y^2 + x^2e^y$ 的全微分

 　　$\dfrac{\partial z}{\partial x} = 4x^3y^2 + 2xe^y$

　　$\dfrac{\partial z}{\partial y} = 2x^4y + x^2e^y$

由於一階偏導數在任意點 $P(x,y)$ 連續，故函數的全微分為

　　$dz = (4x^3y^2 + 2xe^y)dx + (2x^4y + x^2e^y)dy$

2 全微分在近似計算中的應用

定理 **8.2**

設函數 $z = f(x, y)$ 的一階偏導數 $f'_x(x, y)$ 與 $f'_y(x, y)$ 存在且連續，則

$$\lim_{\substack{\Delta x \to 0 \\ \Delta y \to 0}} \Delta z = dz$$

此即，當 $|\Delta x|, |\Delta y|$ 很小時，$\Delta z \approx dz$。

這個定理是近似計算的根據。定理的證明用到一元函數微分中值定理，證明從略。

$$\Delta z = f(x_0 + \Delta x, \ y_0 + \Delta y) - f(x_0, y_0)$$
$$\approx dz = f'_x(x_0, y_0)\Delta x + f'_y(x_0, y_0)\Delta y$$

或

$$f(x_0 + \Delta x, \ y_0 + \Delta y) \approx f(x_0, y_0) + f'_x(x_0, y_0)\Delta x + f'_y(x_0, y_0)\Delta y$$

Example 2

求 $\sqrt{(3.02)^2 + (3.97)^2}$ 的近似值。

 求 $f(x, y) = \sqrt{x^2 + y^2}$，所求近似值可以看作函數在 $x = 3.02, y = 3.97$ 的近似值。

取 $x_0 = 3$，$\Delta x = 0.02$,

$y_0 = 4$，$\Delta y = -0.03$

則 $f(x_0, y_0) = f(3, 4) = 5$，

$$\sqrt{(3.02)^2 + (3.97)^2} = 5 + f_x'(3,4) \cdot 0.02 + f_y'(3,4) \cdot (-0.03)$$

$$= 5 + \left[\frac{x}{\sqrt{x^2 + y^2}} \cdot 0.02 + \frac{y}{\sqrt{x^2 + y^2}} \cdot (-0.03) \right] \Bigg|_{(3,4)}$$

$$= 5 + \frac{3}{5} \cdot 0.02 + \frac{4}{5} \cdot (-0.03)$$

$$= 5 + 0.012 - 0.024 = 4.988$$

習題 8-3 PRACTICE

1. 求下列函數的全微分

(1) $z = \sin \dfrac{x}{y} \cos \dfrac{y}{x}$

(2) $z = \ln \tan \dfrac{y}{x}$

(3) $z = \sin^{-1} \dfrac{x}{y}$

(4) $z = e^{x(x^2 + 3xy + y^2)}$

(5) $z = \dfrac{e^{xy}}{e^x + e^y}$

2. 已知 $f(x, y) = \dfrac{x}{y^2}$，求 $df(1, 1)$

3. 求函數 $z = x^2 y^3$ 當 $x = 2,\ y = -1,\ \Delta x = 0.02,\ \Delta y = -0.01$ 時的全微分及全增量。

4. 計算 $\sqrt[3]{-(1.01)^3 + (2.97)^2}$ 的近似值。

5. 計算 $\ln\left(\sqrt[3]{1.02} + \sqrt[4]{0.97} + 1\right)$ 的近似值。

8-4 二元函數的微分法

1 連鎖法則

一元函數的導數有著名的連鎖法則，現在把連鎖法則推廣到多元函數的合成函數（複合函數）之導數。

定理 8.3

若函數 $z = f(x, y)$ 有對 x, y 的一階連續偏導數 $\dfrac{\partial z}{\partial x}, \dfrac{\partial z}{\partial y}$，且 x, y 有對 t 的導數 $\dfrac{dx}{dt}, \dfrac{dy}{dt}$，則合成函數

$$z = f(x, y) = f(x(t), y(t))$$

對 t 的導數存在，且

$$\frac{dz}{dt} = \frac{\partial z}{\partial x}\frac{dx}{dt} + \frac{\partial z}{\partial y}\frac{dy}{dt}$$

Example 1

設 $z = x^2 - y^2$，$x = \sin t$，$y = \cos t$，求 $\dfrac{dz}{dt}$。

 解 由於 $\dfrac{\partial z}{\partial x} = 2x$ ， $\dfrac{\partial z}{\partial y} = -2y$

$$\frac{dx}{dt} = \cos t \quad , \quad \frac{dy}{dt} = -\sin t$$

因此 $\dfrac{dz}{dt} = \dfrac{\partial z}{\partial x}\dfrac{dx}{dt} + \dfrac{\partial z}{\partial y}\dfrac{dy}{dt}$

$$= 2x\cos t + (-2y)(-\sin t)$$

$$= 2\sin t \cos t + 2\cos t \cdot \sin t$$

$$= 4\sin t \cos t = 2\sin 2t$$

Example 2

已知 $y = (\tan x)^{\sin x}$，求 $\dfrac{dy}{dx}$

 這是一元函數的求導函數可以用對數微分法（在前面已講過），現在我們用多元函數連鎖法則計算。

設 $y = u^v$, $u = \tan x$, $v = \sin x$

於是

$$\frac{dy}{dx} = \frac{\partial y}{\partial u}\frac{du}{dx} + \frac{\partial y}{\partial v}\frac{dv}{dx}$$

$$= vu^{v-1}\frac{1}{\cos^2 x} + u^v \ln u \cdot \cos x$$

$$= u^v \left[\frac{v}{u} \cdot \frac{1}{\cos^2 x} + \ln u \cdot \cos x \right]$$

$$= (\tan x)^{\sin x} \left[\frac{1}{\cos x} + \cos x \ln \tan x \right]$$

Example 3

設 $z = \tan^{-1}(3x^2 + 2y^2 - x)$，而 $y = \dfrac{1}{x^2}$，求 $\dfrac{dz}{dx}$。

$$\frac{dz}{dx} = \frac{\partial z}{\partial x} \cdot 1 + \frac{\partial z}{\partial y} \cdot \frac{dy}{dx}$$

$$= \frac{6x - 1}{1 + (3x^2 + 2y^2 - x)^2} + \frac{4y}{1 + (3x^2 + 2y^2 - x)^2} \cdot \left(-\frac{2}{x^3} \right)$$

$$= \frac{1}{1 + (3x^2 + 2 \cdot \dfrac{1}{x^4} - x)^2} \left[6x - 1 - \frac{8}{x^3} \cdot \frac{1}{x^2} \right]$$

$$= \frac{x^3(6x^6 - x^5 - 8)}{x^8 + (3x^6 - x^5 + 2)^2}$$

定理 8.4

設函數 $u = \varphi(x, y)$，$v = \psi(x, y)$ 在點 (x, y) 有連續偏導數，函數 $z = f(u, v)$ 在對應點 (u, v) 有連續偏導數，則合成函數 $z = f[\varphi(x, y),\ \psi(x, y)]$ 在點 (x, y) 有對 x 及 y 的連續偏導數，並且有下列公式：

$$\frac{\partial z}{\partial x} = \frac{\partial z}{\partial u}\frac{\partial u}{\partial x} + \frac{\partial z}{\partial v}\frac{\partial v}{\partial x}$$

$$\frac{\partial z}{\partial y} = \frac{\partial z}{\partial u}\frac{\partial u}{\partial y} + \frac{\partial z}{\partial v}\frac{\partial v}{\partial y}$$

Example 4

設 $z = u^2 \ln v$，其中 $u = \dfrac{x}{y}$，$v = 3x - 2y$，求 $\dfrac{\partial z}{\partial x}$，$\dfrac{\partial z}{\partial y}$

解

$$\frac{\partial z}{\partial u} = 2u \ln v\ ,\frac{\partial z}{\partial v} = \frac{u^2}{v}\ ,$$

$$\frac{\partial u}{\partial x} = \frac{1}{y}\ ,\qquad \frac{\partial u}{\partial y} = -\frac{x}{y^2}$$

$$\frac{\partial v}{\partial x} = 3\ ,\qquad \frac{\partial v}{\partial y} = -2$$

於是

$$\frac{\partial z}{\partial x} = \frac{\partial z}{\partial u}\frac{\partial u}{\partial x} + \frac{\partial z}{\partial v}\frac{\partial v}{\partial x}$$

$$= 2u \ln v \cdot \frac{1}{y} + \frac{u^2}{v} \cdot 3$$

$$= 2 \cdot \frac{x}{y} \cdot \ln(3x - 2y) \cdot \frac{1}{y} + \frac{x^2}{y^2} \cdot \frac{3}{3x - 2y}$$

$$= \frac{2x}{y^2} \ln(3x - 2y) + \frac{3x^2}{y^2(3x - 2y)}$$

類似可得

$$\frac{\partial z}{\partial y} = -\frac{2x^2}{y^3} \ln(3x - 2y) - \frac{2x^2}{y^2(3x - 2y)}$$

2 隱函數微分法

如果 y 是 x 的關係由方程式 $F(x, y) = 0$ 給出，由這樣形式給出的函數是隱函數。如果能從 $F(x, y) = 0$ 解出 $y = f(x)$ 便是顯函數的形式。例如方程式

$$xy + 2y - 5x = 0$$

確定一個函數為

$$y = \frac{5x}{x + 2}$$

但是有不少方程式 $F(x, y) = 0$ 是無法解出 $y = f(x)$ 的。例如由方程式

$$1 + \sin y + xe^{xy} = 0$$

雖然確定了 y 與 x 的一個關係，但是不能把 y 表示為 x 的初等函數。

現在的問題是如何由這樣的方程式求出一階導數 $\dfrac{dy}{dx} = ?$

因為由 $F(x, y) = 0$ 確定 $y = f(x)$，所以 $F(x, f(x)) \equiv 0$，它的左端可以看成 x 的合成函數，對此恆等式兩邊對 x 求導數得

$$F'_x(x, y) + F'_y(x, y)\frac{dy}{dx} = 0$$

若 $F'_y(x, y) \neq 0$，則

$$\frac{dy}{dx} = -\frac{F'_x(x, y)}{F'_y(x, y)}$$

即

$$\frac{dy}{dx} = -\frac{\dfrac{\partial F}{\partial x}}{\dfrac{\partial F}{\partial y}}$$

註 此公式不必死記，只需對 $F(x, y) = 0$ 的兩端對 x 求導數即可。

Example 5

已知 $\sin y + e^x - xy^2 = 0$，求 $\dfrac{dy}{dx}$。

 對已知方程式兩端對 x 求導數得。

$$\cos y \frac{dy}{dx} + e^x - y^2 - 2xy\frac{dy}{dx} = 0$$

移項得

$$\frac{dy}{dx} = \frac{y^2 - e^x}{\cos y - 2xy}$$

如果 $z = f(x,y)$ 由方程式 $F(x,y,z) = 0$ 所確定，則同上述論證相類似，可由該方程式分別對 x 與 y 求偏導數，可求得 $\dfrac{\partial z}{\partial x}$ 與 $\dfrac{\partial z}{\partial y}$。這只要對方程式

$$F(x,y,z) = 0$$

對 x 求偏導數，注意到了 z 是 x、y 的函數，得

$$F'_x(x,y,z) + F'_y(x,y,z) \cdot \frac{\partial z}{\partial x} = 0$$

若 $F'_y(x,y,z) \neq 0$，則

$$\frac{\partial z}{\partial x} = -\frac{F'_x(x,y,z)}{F'_z(x,y,z)} = -\frac{\dfrac{\partial F}{\partial x}}{\dfrac{\partial F}{\partial z}}$$

類似可得到，當 $F'_z(x,y,z) \neq 0$ 時，

$$\frac{\partial z}{\partial y} = -\frac{F'_y(x,y,z)}{F'_z(x,y,z)} = -\frac{\dfrac{\partial F}{\partial y}}{\dfrac{\partial F}{\partial z}}$$

Example 6

已知 $\dfrac{x^2}{a^2} + \dfrac{y^2}{b^2} + \dfrac{z^2}{c^2} = 1$ ， 求 $\dfrac{\partial z}{\partial x}$ ， $\dfrac{\partial z}{\partial y}$

 方程式兩端對 x 求導數得

$$\frac{2x}{a^2} + \frac{2z}{c^2}\frac{\partial z}{\partial x} = 0$$

於是

$$\frac{\partial z}{\partial x} = -\frac{xc^2}{za^2}$$

方程式兩端對 y 求導數得

$$\frac{2y}{b^2} + \frac{2z}{c^2}\frac{\partial z}{\partial y} = 0$$

於是

$$\frac{\partial z}{\partial y} = -\frac{yc^2}{zb^2}$$

習題 8-4 PRACTICE

1. 設 $z = \dfrac{y}{x}$，而 $x = e^t$，$y = 1 - e^{2t}$，求 $\dfrac{dz}{dt}$。

2. 設 $z = \sin^{-1}(x - y)$，而 $x = 3t$，$y = 4t^3$，求 $\dfrac{dz}{dt}$。

3. 設 $z = \tan^{-1}(xy)$，而 $y = e^x$，求 $\dfrac{dz}{dx}$。

4. 設 $z = e^{x-2y}$，而 $x = \sin t$，$y = t^3$，求 $\dfrac{dz}{dt}$。

5. 設 $z = \dfrac{u^2}{v}$，而 $u = x - 2y$，$v = y + 2x$，求 $\dfrac{\partial z}{\partial x}$，$\dfrac{\partial z}{\partial y}$。

6. 設 $z = u e^{\frac{u}{v}}$，而 $u = x^2 + y^2$，$v = xy$，求 $\dfrac{\partial z}{\partial x}$，$\dfrac{\partial z}{\partial y}$。

7. 設 $z = u^2 v - u v^2$，而 $u = x \cos y$，$v = x \sin y$，求 $\dfrac{\partial z}{\partial x}$。

8. 求由方程式 $x^2 + y^2 + z^2 = 2z$ 所確定的函數 $z = f(x, y)$ 的 $\dfrac{\partial z}{\partial x}$，$\dfrac{\partial z}{\partial y}$。

9. 已知 $xy - \ln y = 0$，求 $\dfrac{dy}{dx}$。

10. 已知 $\ln \sqrt{x^2 + y^2} = \tan^{-1} \dfrac{y}{x}$，求 $\dfrac{dy}{dx}$。

11. 已知 $x^3 + y^3 + z^3 - 3axyz = 0$，求 $\dfrac{\partial z}{\partial x}$，$\dfrac{\partial z}{\partial y}$。

12. 已知 $\dfrac{x}{z} = \ln \dfrac{z}{y}$，求 $\dfrac{\partial z}{\partial x}$，$\dfrac{\partial z}{\partial y}$。

8-5 二元函數的極值

在一元函數微分學中，我們用函數的一階、二階導數來求函數的極大值、極小值。類似地我們可用二元函數的一階、二階偏導數來求函數的極大、極小值。

1 相對極值

Definition >> 定 義 8.5

設函數 $z = f(x, y)$ 在點 (x_0, y_0) 的某個鄰域內有定義，則

(1) 對在該鄰域內其它的點 (x, y)，都滿足不等式

$$f(x, y) < f(x_0, y_0) \qquad \big(\forall (x, y)\big)$$

則稱函數在點 (x_0, y_0) 有**極大值**。

(2) 對在該鄰域內其它的點 (x, y)，都滿足不等式

$$f(x, y) > f(x_0, y_0) \qquad \big(\forall (x, y)\big)$$

則稱函數在點 (x_0, y_0) 有**極小值**。

極大值、極小值統稱為**極值**。使函數取得極值的點稱為**極值點**。

Example 1

$z = 2x^2 + 3y^2$ 在點 $(0, 0)$ 有極小值，因在點 $(0, 0)$ 的周圍函數值均為正，而在點 $(0, 0)$ 的函數值為 0。如果從函數 $z = 2x^2 + 3y^2$ 的圖形上說來，這是顯然的事實（極小值點 $(0, 0, 0)$ 是圖形的頂點）

Example 2

$z = -\sqrt{x^2 + y^2}$ 在點 $(0, 0)$ 處有極大值，它是錐面 $z = -\sqrt{x^2 + y^2}$ 的頂點。

Example 3

$z = xy$ 在點 $(0,0)$ 處不是極大也不是極小。

下面兩個定理是相對極值的理論基礎。

定理 8.5

二元函數 $z = f(x, y)$ 在點 (x_0, y_0) 有相對極值,則函數在該點 (x_0, y_0) 的一階偏導數值為

$$f'_x(x_0, y_0) = 0 \quad , \quad f'_y(x_0, y_0) = 0$$

或偏導數 $f'_x(x_0, y_0)$, $f'_y(x_0, y_0)$ 不存在。

與一元函數相類似,稱一階偏導數為零或一階偏導數不存在的點是函數的**臨界點**。並且函數的極值點必在它的臨界點上,但是臨界點不一定是極值點。

一個點 (x_0, y_0) 是函數的臨界點,如何判別它是否極值點?是極值點時是極大還是極小?這需要如下定理。

定理 8.6

設函數 $z = f(x, y)$ 在點 (x_0, y_0) 的某個鄰域內有二階連續偏導數,且 $f'_x(x_0, y_0) = 0$, $f'_y(x_0, y_0) = 0$,記 $A = f''_{xx}(x_0, y_0)$, $B = f''_{xy}(x_0, y_0)$, $C = f''_{yy}(x_0, y_0)$, $\Delta = B^2 - AC$,則

(1) 當 $\Delta = B^2 - AC < 0$ 時,函數 $z = f(x, y)$ 在 (x_0, y_0) 點有極值;且當 $A < 0$ 時 $f(x_0, y_0)$ 是極大值,當 $A > 0$ 時 $f(x_0, y_0)$ 是極小值。

(2) 當 $\Delta = B^2 - AC > 0$ 時,函數 $z = f(x, y)$ 在 (x_0, y_0) 點無極值。稱點 $\big(x_0, y_0, f(x_0, y_0)\big)$ 為函數的鞍點。

(3) 當 $\Delta = B^2 - AC = 0$ 時,函數 $z = f(x, y)$ 在 (x_0, y_0) 點可能有極值也可能沒有極值。

根據這以上個定理可得求二元函數極值的步驟：

第一步： 求 $f'_x(x,y)$，$f'_y(x,y)$，並解方程組 $f'_x(x,y) = 0$，$f'_y(x,y) = 0$，求出一切臨界點。

第二步： 求出二階偏導數，根據 $\Delta = B^2 - AC$ 的符號判定在臨界點處是否為極值點。

第三步： 求極值點的函數值，此即函數的極值。

Example 4

求函數 $f(x,y) = x^2 + y^2 - 4x + 4y$ 的極值。

解

$$\frac{\partial f}{\partial x} = 2x - 4 \quad, \quad \frac{\partial f}{\partial y} = 2y + 4$$

$$\frac{\partial^2 f}{\partial x^2} = 2 \ , \ \frac{\partial^2 f}{\partial x \partial y} = 0 \ , \ \frac{\partial^2 f}{\partial y^2} = 2$$

由 $\frac{\partial f}{\partial x} = 0$, $\frac{\partial f}{\partial y} = 0$

解得 $x = 2$, $y = -2$

$$\Delta = \left(\frac{\partial^2 f}{\partial x \partial y}\right)^2 - \frac{\partial^2 f}{\partial x^2}\frac{\partial^2 f}{\partial y^2} = -4 < 0$$

函數在 $x = 2, y = -2$ 有極值，因為

$$\frac{\partial^2 f}{\partial x^2} > 0$$

故函數在 $(2, -2)$ 點有極小值，且極小值為 $f(2, -2) = 2^2 + (-2)^2 - 4 \times 2 + 4 \times (-2) = -8$。

Example 5

求函數 $f(x,y) = -x^2 - xy - y^2 - x + y - 1$ 的極值

解

$$\frac{\partial f}{\partial x} = -2x - y - 1 \ , \ \frac{\partial f}{\partial y} = -x - 2y + 1$$

由 $\frac{\partial f}{\partial x} = 0$, $\frac{\partial f}{\partial y} = 0$

解得 $x = -1$，$y = 1$

故 $(-1, 1)$ 是函數的臨界點。

$$\frac{\partial^2 f}{\partial x^2} = -2 \ , \ \frac{\partial^2 f}{\partial x \partial y} = -1 \ , \ \frac{\partial^2 f}{\partial y^2} = -2$$

$$\Delta = (-1)^2 - (-2)(-2) = -3 < 0$$

且 $\dfrac{\partial^2 f}{\partial x^2} < 0$

故函數在 $(-1, 1)$ 點有極大值，且極大值為 $f(-1, 1) = 0$。

2 條件極值

在許多實際問題中，除了求 $z = f(x, y)$ 的相對極值以外，往往自變量 x、y 還受到某些條件的限制，此即條件極值問題。

求條件極值問題常用 "Lagrange 乘數法"。現簡述如下：

若函數 $z = f(x, y)$ 在限制條件 $g(x, y) = 0$ 下，求其極值問題步驟如下（求 n 元函數極值問題步驟類似）：

第一步： 令 Lagrange 函數

$$L(x, y, \lambda) = f(x, y) + \lambda g(x, y)$$

第二步： 求 Lagrange 函數所引出的方程組之解：

$$\begin{cases} \dfrac{\partial L}{\partial x} = 0 \\[2mm] \dfrac{\partial L}{\partial y} = 0 \\[2mm] \dfrac{\partial L}{\partial \lambda} = 0 \end{cases} \quad 即 \quad \begin{cases} \dfrac{\partial f}{\partial x} + \lambda \dfrac{\partial g}{\partial x} = 0 \\[2mm] \dfrac{\partial f}{\partial y} + \lambda \dfrac{\partial g}{\partial y} = 0 \\[2mm] g(x, y) = 0 \end{cases}$$

第三步： 若上述方程組的解為 (x_0, y_0, λ_0)，則 (x_0, y_0) 為極值點，極值為 $f(x_0, y_0)$。

Example 6

求由原點到橢圓 $5x^2 + 6xy + 5y^2 - 8 = 0$ 的最短與最長的距離。

由原點到曲面上的點 (x, y) 的距離 d 的平方為

$$d^2 = x^2 + y^2$$

由於 (x, y) 在曲面 $5x^2 + 6xy + 5y^2 - 8 = 0$ 上，該方程式就是函數 d^2 的限制條件。於是令

$$L(x, y, \lambda) = x^2 + y^2 + \lambda(5x^2 + 6xy + 5y^2 - 8)$$

解方程組（由 $\dfrac{\partial L}{\partial x} = 0$，$\dfrac{\partial L}{\partial y} = 0$，$\dfrac{\partial L}{\partial \lambda} = 0$ 得）

$$2x + \lambda(10x + 6y) = 0 \quad \cdots\cdots\cdots\cdots ①$$
$$2y + \lambda(6x + 10y) = 0 \quad \cdots\cdots\cdots\cdots ②$$
$$5x^2 + 6xy + 5y^2 - 8 = 0 \quad \cdots\cdots\cdots\cdots ③$$

由①，②式可得

$$y^2 = x^2$$

解之，得

$$y = \pm x \quad \cdots\cdots\cdots\cdots\cdots\cdots\cdots ④$$

把④代入③，得

$$5x^2 \pm 6x^2 + 5x^2 - 8 = 0$$

於是

$$16x^2 = 8 \quad \Rightarrow \quad x^2 = \frac{1}{2}$$

或

$$4x^2 = 8 \quad \Rightarrow \quad x^2 = 2$$

所以

$$d^2 = x^2 + y^2 = \frac{1}{2} + \frac{1}{2} = 1$$

或

$$d^2 = x^2 + y^2 = 2 + 2 = 4$$

因此，原點到橢圓上最短的距離 $d = 1$，最長距離 $d = 2$。

Example 7

求函數 $z = x + 2y$，當 $x^2 + y^2 = 5$ 時的條件極值。

 令 $L(x, y, \lambda) = x + 2y - \lambda(x^2 + y^2 - 5)$

由 $\dfrac{\partial L}{\partial x} = 0$, $\dfrac{\partial L}{\partial y} = 0$, $\dfrac{\partial L}{\partial \lambda} = 0$ 得

$1 - 2\lambda x = 0$ ·················· ①
$2 - 2\lambda y = 0$ ·················· ②
$x^2 + y^2 - 5 = 0$ ············· ③

由①，②得

$y = 2x$ ····························· ④

④代入③，得

$x^2 = 1$

$x = \pm 1$

代入④得

$$\begin{cases} x = 1 \\ y = 2 \end{cases} \qquad \begin{cases} x = -1 \\ y = -2 \end{cases}$$

當 $x = 1$, $y = 2$ 時有極大值 $z = 5$。

當 $x = -1$, $y = -2$ 時有極小值 $z = -5$。

1. 求 $z = 2xy - 3x^2 - 2y^2$ 的極值。

2. 求 $z = xy(a - x - y)$ 的極值。

3. 求 $z = e^{2x}(x + y^2 + 2y)$ 的極值。

4. 求函數 $z = x^2 + y^2$ 在條件 $\dfrac{x}{a} + \dfrac{y}{b} = 1$ 下的條件極值。

5. 求函數 $u = x - 2y + 2z$ 在條件 $x^2 + y^2 + z^2 = 1$ 下的條件極值。

6. 把正數 a 分成三個正數之和，使它們的乘積為最大。

7. 求直線 $2x - y - 7 = 0$ 上與點 $(1, 2)$ 最短距離的點。

8. 求原點到曲面 $z^2 = xy + x - y + 4$ 的最短距離。

8-6 二重積分

重積分概念是定積分概念的推廣，其共同之處在於它們都是一種和式的極限，不同之處在於定積分的被積函數是一元函數，積分範圍是區間，而重積分的被積函數是多元函數，積分範圍是平面或空間的區域。本書只介紹二重積分，其被積函數是二元函數，積分範圍是平面區域。

 二重積分的概念與性質

我們以曲邊梯形的面積作為引子，提出了定積分的概念，而由曲頂柱體的體積則可以引出二重積分的概念。

Example 1

曲頂柱體的體積

所謂**曲頂柱體**是以曲面 $z = f(x,y)$ 為頂，以 xoy 平面上的曲線所圍成的區域 D 為底，以 D 的邊界曲線為準線，母線平行於 z 軸的柱面為側面所圍成的柱體。圖 8-6-1 是 $z = f(x,y) > 0$ 的曲頂柱體的圖形。

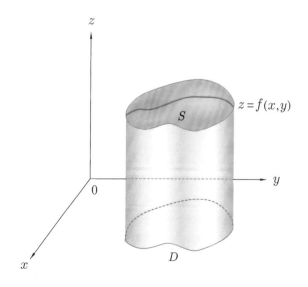

圖 8-6-1

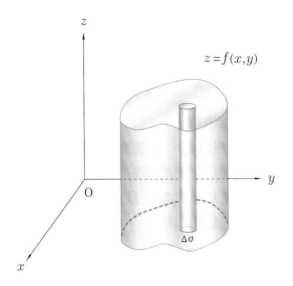

$$z = f(x,y)$$

圖 8-6-2

如何定義曲頂柱體的體積？如何計算這個體積？類似於曲邊梯形面積問題，我們採用分割，求分量近似值。總量近似值、求極限值。

解 簡述如下：

第一步： 分柱體為 n 個小柱體

把區域 D 任意分割為 n 個小區域，用

$$\Delta\sigma_1, \Delta\sigma_2, \cdots, \Delta\sigma_n$$

表示這些小區域，同時也以 $\Delta\sigma_i$ 表示其面積。在每個小區域的邊界上各作母線平行於 z 軸的柱面（見圖 8-6-2），於是原來的曲頂柱體就被分割為 n 個小的曲頂柱體，曲頂柱體的體積為

$$V = \Delta V_1 + \Delta V_2 + \cdots + \Delta V_n = \sum_{i=1}^{n} \Delta V_i$$

第二步： 取各部分量的近似值

對於每個小曲頂柱體，當 $\Delta\sigma_i$ 很小時，由於 $f(x,y)$ 是連續的，曲頂柱體可以近似地看成平頂柱體，所以可用小平頂柱體的體積近似地代替小曲頂柱體的體積。即

$$\Delta V_i \approx f(\xi_i, \eta_i)\Delta\sigma_i \quad (i = 1, 2, \cdots, n)$$

其中 (ξ_i, η_i) 為 $\Delta\sigma_i$ 的內部或邊界上之任意一點。（見圖 8-6-2）

第三步： 求總量的近似值

$$V = \sum_{i=1}^{n} \Delta V_i \approx \sum_{i=1}^{n} f(\xi_i, \eta_i)\Delta\sigma_i$$

第四步： 由近似值求得精確值

把區域 D 分割得越細，n 取得越大，且 $\Delta\sigma_i$ 的面積越小，$\Delta\sigma_i$ 的直徑（$\Delta\sigma_i$ 中相隔最遠的兩點距離）越小，體積的近似值趨向於精確值。用數學語言描述為，當 $n \to \infty$ 且 $\|\Delta\sigma\| \to 0$ 時，積分和式的極限是曲頂柱體的體積。

$$V = \lim_{\|\Delta\sigma\| \to 0} \sum_{i=1}^{n} f(\xi_i, \eta_i)\Delta\sigma_i$$

其中 $\|\Delta\sigma\|$ 表示所有 $\Delta\sigma_i$ 的直徑中最大者。

從上例可以看出此概念與定積分概念相類似，現在我們給出二重積分概念。

Definition >> 定 義 8.6

設函數 $f(x,y)$ 是在有界閉區域 D 上的有界函數，把區域 D 任意分割為 n 個小區域，用 $\Delta\sigma_1, \Delta\sigma_2, \cdots, \Delta\sigma_n$ 表示這些小區域，也表示它們的面積，點 (ξ_i, η_i) 為 $\Delta\sigma_i$ 上任意一點，若當 $\|\Delta\sigma\| - 0$ 時，且無論點 (ξ_i, η_i) 如何選取，和式 $\sigma_n = \Sigma f(\xi_i, \eta_i)\Delta\sigma_i$ 的極限

$$\lim_{\|\Delta\sigma\| \to 0} \sum_{i=1}^{n} f(\xi_i, \eta_i)\Delta\sigma_i$$

總是存在，則稱此極限值為函數 $f(x,y)$ 在區域 D 上的**二重積分**，記為 $\iint\limits_{D} f(x,y)d\sigma$，即

$$\iint\limits_{D} f(x,y)d\sigma = \lim_{\|\Delta\sigma\| \to 0} \sum_{i=1}^{n} f(\xi_i, \eta_i)\Delta\sigma_i$$

其中 $f(x,y)$ 稱為**被積函數**；$f(x,y)d\sigma$ 稱為**被積分式**；x, y 稱為**積分變量**；D 稱為**積分區域**；$d\sigma$ 稱為**面積元素**，在直角座標系中，$d\sigma = dxdy$，在極座標系中，$d\sigma = rdrd\theta$，$\iint$ 稱為**積分號**，和式 σ_n 也稱為**黎曼和**。

（註）在定積分中 dx 可正可負，但在二重積分中 $d\sigma \geq 0$。

若函數 $f(x,y)$ 在區域 D 上二重積分 $\displaystyle\iint\limits_{D} f(x,y)d\sigma$ 存在，我們就說函數 $f(x,y)$ 在 D 上可積。

類似於定積分存在定理，對於二重積分也有如下存在定理。

定理 8.7

若函數 $f(x,y)$ 在有界閉區域 D 上連續，則二重積分

$$\iint\limits_{D} f(x,y)d\sigma$$

存在。

（註）函數 $f(x,y)$ 在區域 D 上的二重積分只與被積函數 $f(x,y)$ 和積分區域 D 有關，而與積分變量 x、y 的記號無關。即

$$\iint\limits_{D} f(x,y)d\sigma = \iint\limits_{D} f(u,v)d\sigma$$

關於二重積分的性質與定積分的性質類似，我們簡述如下：

(1) $\displaystyle\iint\limits_{D}[f(x,y) \pm g(x,y)]d\sigma = \iint\limits_{D} f(x,y)d\sigma \pm \iint\limits_{D} g(x,y)d\sigma$

(2) 若 k 為常數，則

$$\iint\limits_{D} kf(x,y)d\sigma = k\iint\limits_{D} f(x,y)d\sigma$$

(3) 若區域 D 由兩部分 D_1, D_2 構成，則

$$\iint\limits_{D} f(x,y)d\sigma = \iint\limits_{D_1} f(x,y)d\sigma + \iint\limits_{D_2} f(x,y)d\sigma$$

(4) 若在區域 D 上，$f(x,y) \leq g(x,y)$，則

$$\iint\limits_{D} f(x,y)d\sigma \leq \iint\limits_{D} g(x,y)d\sigma$$

(5) 若在區域 D 上，$f(x,y) \geq 0$，則

$$\iint\limits_{D} f(x,y)d\sigma \geq 0$$

(6) **估值定理：** 若在區域 D 上，函數 $f(x, y)$ 滿足

$$m \leq f(x, y) \leq M$$

區域 D 的面積為 S，則

$$mS \leq \iint\limits_{D} f(x, y)d\sigma \leq MS$$

(7) **二重積分中值定理：** 若函數 $f(x, y)$ 在閉區域 D 上連續，則在 D 上至少有一點 (ξ, η)，使得

$$\iint\limits_{D} f(x, y)d\sigma = f(\xi, \eta) \cdot S$$

其中 S 為區域 D 之面積。

 ## 二重積分在直角座標系中的計算

因為二重積分總可解釋為曲頂柱體的體積，所以可以根據這個觀點來導出二重積分的計算，二重積分的計算根本不用定義來計算，而是採用逐次積分，即用二次定積分的方法計算。現分兩種情形介紹（面積元素 $d\sigma$ 在直角座標系中為 $dxdy$）

(1) 矩形區域： 設積分區域 D 是矩形區域：$a \leq x \leq b, c \leq y \leq d$，則

$$\iint\limits_{D} f(x, y)dxdy = \int_{a}^{b} dx \int_{c}^{d} f(x, y)dy$$

上式右端的意義是：先把 $f(x, y)$ 中的 x 看成常數，y 看成變量，在 y 的變化區間 $[c, d]$ 上對 y 求定積分

$$\int_{c}^{d} f(x, y)dy$$

它的結果是 x 的函數，然後將這結果在區間 $[a, b]$ 上對 x 求定積分。

當區域 D 是矩形區域時，上述二重積分也可如下計算

$$\iint\limits_{D} f(x, y)dxdy = \int_{c}^{d} dy \int_{a}^{b} f(x, y)dx$$

這個公式是先對 x 求定積分，再對 y 求定積分。

Example 2

計算二重積分

$$I = \iint\limits_{D} (x + xy - x^2)dxdy$$

其中 D 是矩形：$0 \le x \le 2,\ 1 \le y \le 3$

$$I = \int_1^3 dy \int_0^2 (x + xy - x^2)dx$$

$$= \int_1^3 \left[\frac{1}{2}x^2 + \frac{1}{2}x^2 y - \frac{1}{3}x^3 \right]\Big|_{x=0}^{x=2} dy$$

$$= \int_1^3 \left[2 + 2y - \frac{8}{3} \right] dy$$

$$= \int_1^3 \left(-\frac{2}{3} + 2y \right) dy$$

$$= \left(-\frac{2}{3}y + y^2 \right)\Big|_1^3 = \frac{20}{3}$$

或

$$I = \int_0^2 dx \int_1^3 (x + xy - x^2)dy$$

$$= \int_0^2 \left[xy + \frac{1}{2}xy^2 - x^2 y \right]\Big|_{y=1}^{y=3} dx$$

$$= \int_0^2 (6x - 2x^2)dx$$

$$= \left(3x^2 - \frac{2}{3}x^3 \right)\Big|_0^2 = \frac{20}{3}$$

(2) 若積分區域 D：$a \le x \le b,\ \psi_1(x) \le y \le \psi_2(x)$，（見圖 8-6-3），則

$$\iint\limits_{D} f(x, y)dxdy = \int_a^b dx \int_{\psi_1(x)}^{\psi_2(x)} f(x, y)dy$$

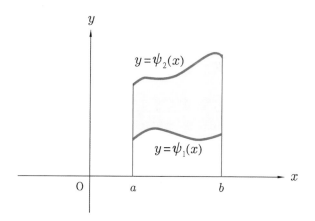

圖 8-6-3

Example 3

計算二重積分

$$I = \iint\limits_{D} (x^2 + xy + y^2)dxdy$$

其中區域 D 為拋物線 $y = x^2$ 與直線 $y = x$ 所圍成的區域。

 積分區域 D 見圖 8-6-4。

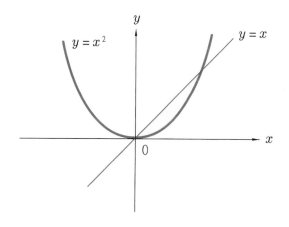

圖 8-6-4

拋物線與直線的交點為：$(0,0)$ 與 $(1,1)$。區域 D 可表示為：

$$0 \leq x \leq 1, \quad x^2 \leq y \leq x$$

故

$$I = \int_0^1 dx \int_{x^2}^x (x^2 + xy + y^2) dy$$

$$= \int_0^1 (x^2 y + \frac{1}{2} xy^2 + \frac{1}{3} y^3) \Big|_{y=x^2}^{y=x} dx$$

$$= \int_0^1 \left[\left(x^3 + \frac{1}{2} x^3 + \frac{1}{3} x^3 \right) - \left(x^4 + \frac{1}{2} x^5 + \frac{1}{3} x^6 \right) \right] dx$$

$$= \int_0^1 \left(\frac{11}{6} x^3 - x^4 - \frac{1}{2} x^5 - \frac{1}{3} x^6 \right) dx$$

$$= \left(\frac{11}{24} x^4 - \frac{1}{5} x^5 - \frac{1}{12} x^6 - \frac{1}{21} x^7 \right) \Big|_0^1$$

$$= \frac{107}{840}$$

(3) 若積分區域 D：

$$\psi_1(y) \leq x \leq \psi_2(y) , \; c \leq y \leq d$$

（見圖 8-6-5），則

$$I = \iint\limits_D f(x,y) dx dy = \int_c^d dy \int_{\psi_1(y)}^{\psi_2(y)} f(x,y) dx$$

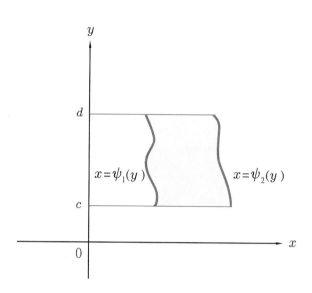

圖 8-6-5

計算 $\displaystyle\iint\limits_{D} 2x\,dx\,dy$

其中 D 為拋物線 $y^2 = x$ 與直線 $2x - y - 1 = 0$ 所圍成的區域。

 積分區域見圖 8-6-6。

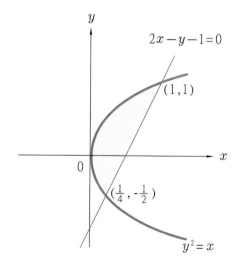

圖 8-6-6

拋物線與直線的交點為：$(1, 1)$ 與 $(\frac{1}{4}, -\frac{1}{2})$。

區域 D 可表示為：

$$y^2 \leq x \leq \frac{1}{2}(y+1), \quad -\frac{1}{2} \leq y \leq 1$$

故

$$I = \iint\limits_{D} 2x dx dy = \iint\limits_{D} 2x dx dy$$

$$= \int_{-\frac{1}{2}}^{1} dy \int_{y^2}^{\frac{1}{2}(y+1)} 2x dx$$

$$= \int_{-\frac{1}{2}}^{1} x^2 \Big|_{y^2}^{\frac{1}{2}(y+1)} dy$$

$$= \int_{-\frac{1}{2}}^{1} \left[\frac{1}{4}(y+1)^2 - y^4 \right] dy$$

$$= \left[\frac{1}{12}(y+1)^3 - \frac{1}{5}y^5 \right]\Big|_{-\frac{1}{2}}^{1} = \frac{9}{20}$$

上面介紹了在直角座標系中用逐次計算定積分的方法。一個積分區域除了是矩形區域時積分次序無關緊要，一般情況下將二重積分化為二次定積分時，應該根據積分區域的形狀選擇較方便的積分次序（有時還需結合被積函數的特性，參閱例 5）。有時一種次序計算不出來，而另一種次序卻能計算出來。在計算二重積分時，要畫出區域 D 的圖形，這有利於選擇積分次序與確定上、下限。

Example 5

計算

$$\iint\limits_{D} e^{y^2} dx dy$$

其中 D 為直線 $y = x$，$x = 0$, $y = 1$ 所圍的區域。

 解　積分區域見圖 8-6-7。積分區域 D：$0 \leq x \leq y$, $0 \leq y \leq 1$

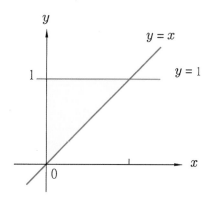

圖 8-6-7

$$\iint\limits_{D} e^{y^2} dxdy = \int_0^1 dy \int_0^y e^{y^2} dx$$

$$= \int_0^1 \left[e^{y^2} \cdot x \right] \Big|_{x=0}^{x=y} dy$$

$$= \int_0^1 e^{y^2} y\, dy$$

$$= \frac{1}{2} e^{y^2} \Big|_0^1 = \frac{1}{2}(e-1)$$

不難看到，積分區域 D 也可表為：

$$0 \le x \le 1, \quad 0 \le y \le x$$

於是

$$\iint\limits_{D} e^{y^2} dxdy = \int_0^1 dx \int_x^1 e^{y^2} dy$$

上式右端的積分無法用初等函數表示，所以這種積分次序是不可取的。

Example 6

對例 4 用另一種積分次序計算

積分區域 D 由 D_1 與 D_2 構成，其中

$$D_1 : \begin{cases} 0 \le x \le \dfrac{1}{4} \\ -\sqrt{x} \le y \le \sqrt{x} \end{cases} \qquad D_2 : \begin{cases} \dfrac{1}{4} \le x \le 1 \\ 2x - 1 \le y \le \sqrt{x} \end{cases}$$

$$\iint\limits_{D} 2x\,dx\,dy = \int_0^{\frac{1}{4}} dx \int_{-\sqrt{x}}^{\sqrt{x}} 2x\,dy + \int_{\frac{1}{4}}^1 dx \int_{2x-1}^{\sqrt{x}} 2x\,dy$$

$$= \int_0^{\frac{1}{4}} (2xy)\Big|_{y=-\sqrt{x}}^{y=\sqrt{x}} dx + \int_{\frac{1}{4}}^1 (2xy)\Big|_{y=2x-1}^{y=\sqrt{x}} dx$$

$$= \int_0^{\frac{1}{4}} 4x^{\frac{3}{2}}\,dx + \int_{\frac{1}{4}}^1 \left(2x^{\frac{3}{2}} - 4x^2 + 2x \right) dx$$

$$= \frac{1}{20} + \frac{8}{20} = \frac{9}{20}$$

不難看出，用例 6 的方法比較麻煩，用例 4 的方法就較簡便。

Example 7

交換下列二重積分的積分次序。

$$I = \int_0^1 dx \int_0^x f(x,y)\,dy + \int_1^2 dx \int_0^{2-x} f(x,y)\,dy$$

 上述積分的第一個積分區域 D_1：

$$0 \le x \le 1, \quad 0 \le y \le x$$

第二個積分區域 D_2：

$$1 \le x \le 2, \quad 0 \le y \le 2 - x$$

作出其積分區域 $D = D_1 + D_2$，見圖 8-6-8

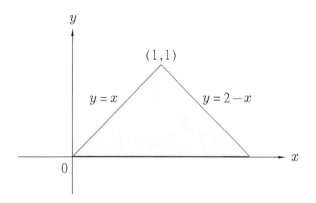

圖 8-6-8

所以積分區域 D 是由直線

$$y = 0, \quad y = x, \quad y = 2 - x$$

所圍成的區域，也可寫成：

$$y \le x \le 2 - y, \quad 0 \le y \le 1$$

於是

$$I = \int_0^1 dy \int_y^{2-y} f(x,y)dx$$

Example 8

將二重積分 $\displaystyle\iint\limits_{D} f(x,y)dxdy$ 化為逐次積分（兩種次序都要），積分區域 D 給定如下：

(1) $D : y \ge x^2, \quad y \le 4 - x^2$

(2) $D : y = x, \quad y = 3x, \quad x = 1, \quad x = 3$ 所圍成的區域。

 (1) 畫出區域 D 的圖形，見圖 8-6-9。

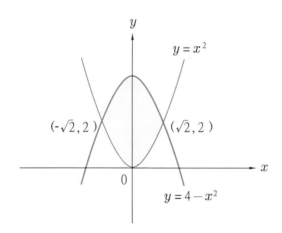

圖 8-6-9

曲線 $y = x^2$ 與 $y = 4 - x^2$ 的交點為：

$$(-\sqrt{2}, 2), \quad (\sqrt{2}, 2)$$

所以區域 D 可以表示為

$$-\sqrt{2} \le x \le \sqrt{2}, \quad x^2 \le y \le 4 - x^2$$

二重積分化為逐次積分為

$$\iint\limits_{D} f(x, y) dx dy = \int_{-\sqrt{2}}^{\sqrt{2}} dx \int_{x^2}^{4-x^2} f(x, y) dy$$

區域 D 也可以表示為 D_1 與 D_2 之和，且

$$D_1: \quad -\sqrt{y} \le x \le \sqrt{y}, \quad 0 \le y \le 2$$

$$D_2: \quad -\sqrt{4-y} \le x \le \sqrt{4-y}, \quad 2 \le y \le 4$$

二重積分化為逐次積分為

$$\iint\limits_{D} f(x, y) dx dy = \iint\limits_{D_1} f(x, y) dx dy + \iint\limits_{D_2} f(x, y) dx dy$$

$$= \int_0^2 dy \int_{-\sqrt{y}}^{\sqrt{y}} f(x, y) dx + \int_2^4 dy \int_{-\sqrt{4-y}}^{\sqrt{4-y}} f(x, y) dx$$

(2) 畫出區域 D 的圖形，見圖 $8-6-10$。

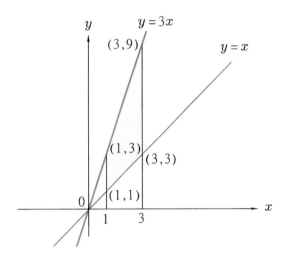

圖 8-6-10

直線 $y = 3x$ 與 $x = 1$，$x = 3$ 的交點為：

$(1,3)$ ， $(3,9)$

直線 $y = x$ 與 $x = 1$，$x = 3$ 的交點為：

$(1,1)$ ， $(3,3)$

區域 D 可以表示為

$1 \leq x \leq 3$ ， $x \leq y \leq 3x$

二重積分化為逐次積分為

$$\iint\limits_{D} f(x,y)dxdy = \int_{1}^{3} dx \int_{x}^{3x} f(x,y)dy$$

區域 D 也可以表示為 D_1 與 D_2 之和，且

D_1： $1 \leq x \leq y$ ， $1 \leq y \leq 3$

D_2： $\dfrac{y}{3} \leq x \leq 3$ ， $3 \leq y \leq 9$

二重積分化為逐次積分為

$$\iint\limits_{D} f(x,y)dxdy = \iint\limits_{D_1} f(x,y)dxdy + \iint\limits_{D_2} f(x,y)dxdy$$

$$= \int_{1}^{3} dy \int_{1}^{y} f(x,y)dx + \int_{3}^{9} dy \int_{\frac{y}{3}}^{3} f(x,y)dx$$

Example 9

求由柱面 $z = 1 - y^2$ 與平面 $x = 4$ 在第 I 卦限所圍成立體的體積。

解 所求立體如圖 8-6-11，立體介於柱面 $z = 1 - y^2$ 之下，矩形區域 D 之上

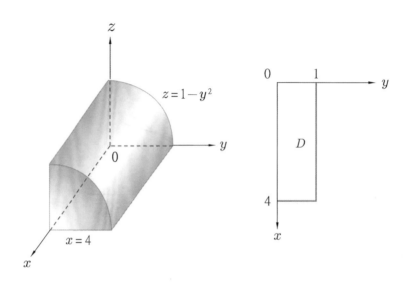

圖 8-6-11

根據二重積分的幾何意義是曲頂柱體體積的涵義，可得

$$V = \iint\limits_{D}(1 - y^2)dxdy = \int_0^4 dx \int_0^1 (1 - y^2)dy$$

$$= \int_0^4 \left(y - \frac{1}{3}y^3\right)\bigg|_0^1 dx = 4\left(1 - \frac{1}{3}\right) = \frac{8}{3}$$

Example 10

利用二重積分求由曲線所圍成的（平面）圖形的面積：

$$y^2 = \frac{b^2}{a}x \quad , \quad y = \frac{b}{a}x \qquad (a > 0,\ b > 0)$$

 由已知曲線所圍成的區域 D 見圖 $8-6-12$。

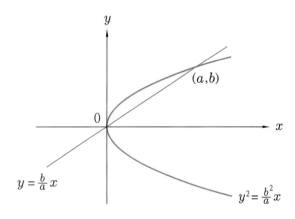

圖 8-6-12

區域 D 的面積等於被積函數在區域 D 上恆為 1 的區域 D 上的二重積分，即

$$\text{面積}\,S = \iint\limits_{D} dxdy = \int_0^a dx \int_{\frac{b}{a}x}^{\sqrt{\frac{b^2}{a}x}} dy$$

$$= \int_0^a \left(\sqrt{\frac{b^2}{a}x} - \frac{b}{a}x \right) dx$$

$$= \left(\frac{2}{3}\sqrt{\frac{b^2}{a}}x^{\frac{3}{2}} - \frac{b}{2a}x^2 \right)\Bigg|_0^a$$

$$= \frac{1}{6}ab$$

3 二重積分在極座標系中的計算

由於二重積分的積分區域有時是用極座標給出的，或者雖然積分區域是用直角座標給出的，但是化為極座標時可以簡化計算，因此有必要介紹在極座標系中的計算。

假設通過原點的半直線與 D 的邊界相交不多於兩個交點。用兩組曲線 $r =$ 常數及 $\theta =$ 常數把區域 D 分成 n 個小區域（見圖 8-6-13），每一個小區域的面積

$$\Delta\sigma_i = \frac{1}{2}(r_i + \Delta r_i)^2 \cdot \Delta\theta_i - \frac{1}{2}r_i^2 \Delta\theta_i$$

$$= \left(r_i + \frac{\Delta r_i}{2}\right)\Delta r_i \cdot \Delta\theta_i$$

令

$$r_i' = \frac{r_i + (r_i + \Delta r_i)}{2}$$

表示相鄰兩圓弧半徑的平均值，則

$$\Delta\sigma_i = r_i' \Delta r_i \Delta\theta_i$$

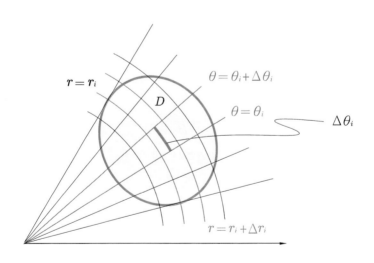

圖 8-6-13

設被積函數 $z = f(x, y)$，極座標公式

$$x = r\cos\theta \quad , \quad y = r\sin\theta$$

則

$$\iint\limits_{D} f(x,y)d\sigma = \iint\limits_{D} f(r\cos\theta, r\sin\theta)d\sigma$$

$$= \lim_{\|\Delta\sigma\|\to 0} \sum_{i=1}^{n} f(r'\cos\theta_i', r'\sin\theta_i')r_i'\Delta r_i\Delta\theta_i$$

$$= \iint\limits_{D} f(r\cos\theta, r\sin\theta)rdrd\theta$$

其中 $d\sigma = rdrd\theta$ 是極座標下的面積元素。

　　如何計算極座標系下的二重積分？與直角座標系下計算相仿，把二重積分化成二次定積分的方法。分兩種情形說明：

(1) 極點 O 不在區域 D 的內部（圖 8-6-14）。

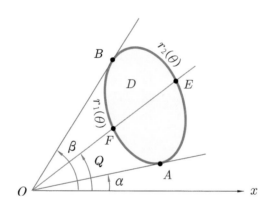

圖 8-6-14

　　設區域 D 的邊界與半直線 $\overline{OA}$，$\overline{OB}$ 相切，切點依次為 A、B。D 的邊界分成 AEB 與 AFB 兩部分，若 AEB 的方程式為 $r = r_2(\theta)$，$(\alpha \leq \theta \leq \beta)$，$AFB$ 的方程式為 $r = r_1(\theta)$，$(\alpha \leq \theta \leq \beta)$。其中半直線 $\overline{OA}$ 的方程式為 $\theta = \alpha$，半直線 $\overline{OB}$ 的方程式為 $\theta = \beta$。顯然 $r_1(\theta) \leq r_2(\theta)$，則區域 D 可表示為：$r_1(\theta) \leq r \leq r_2(\theta)$, $\alpha \leq \theta \leq \beta$。

故

$$\iint\limits_{D} f(r\cos\theta, r\sin\theta)rdrd\theta = \int_{\alpha}^{\beta} d\theta \int_{r_1(\theta)}^{r_2(\theta)} f(r\cos\theta, r\sin\theta)rdr$$

上式右端積分 $\int_{r_1(\theta)}^{r_2(\theta)} f(r\cos\theta, r\sin\theta)rdr$ 是對 r 求定積分，積分時把 θ 看作常

數，它的結果是 θ 的函數，然後再作第二次對 θ 的定積分。

(2) 極點 O 在區域 D 的內部（圖 8-6-15）。

若區域 D 的邊界方程式為：

$$r = r(\theta) \quad (0 \leq \theta \leq 2\pi)$$

則區域 D 可表示為：

$$0 \leq r \leq r(\theta) \quad , \quad 0 \leq \theta \leq 2\pi$$

故

$$\iint\limits_{D} f(r\cos\theta, r\sin\theta)rdrd\theta = \int_0^{2\pi} d\theta \int_0^{r(\theta)} f(r\cos\theta, r\sin\theta)rdr$$

若區域 D 為以極點為中心，R 為半徑的圓，則區域 D 可表示為：

$$0 \leq r \leq R \quad , \quad 0 \leq \theta \leq 2\pi$$

故

$$\iint\limits_{D} f(r\cos\theta, r\sin\theta)rdrd\theta = \int_0^{2\pi} d\theta \int_0^{R} f(r\cos\theta, r\sin\theta)rdr$$

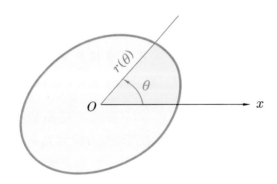

圖 8-6-15

若極點在邊界上（見圖 8-6-16），邊界方程式 $r = r(\theta)$，積分區域 D 介於 $\theta = \alpha$ 與 $\theta = \beta$ 之間。則積分區域 D 可表示為：

$$0 \leq r \leq r(\theta) \quad , \quad \alpha \leq \theta \leq \beta$$

故 $\displaystyle\iint\limits_{D} f(r\cos\theta, r\sin\theta)rdrd\theta = \int_{\alpha}^{\beta} d\theta \int_{0}^{r(\theta)} f(r\cos\theta, r\sin\theta)rdr$

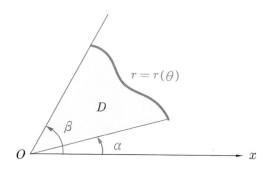

圖 8-6-16

顯然，平面圖形的面積為

$$S = \iint\limits_{D} rdrd\theta$$

Example 11

計算 $\displaystyle\iint\limits_{D}(x+y+1)dxdy$。其中 $D: x^2+y^2 \le 4,\ y \ge 0$

 積分區域 D 是圓的上半部分，用極座標計算比較簡單。

令 $x = r\cos\theta$，$y = r\sin\theta$，則 $x+y+1 = r\cos\theta + r\sin\theta + 1$

區域 D 可表示為

$$0 \le r \le 2,\ 0 \le \theta \le \pi$$

故

$$\iint\limits_{D}(x+y+1)dxdy = \int_{0}^{\pi} d\theta \int_{0}^{2}(r\cos\theta + r\sin\theta + 1)rdr$$

$$= \int_{0}^{\pi}\left(\cos\theta \cdot \frac{r^3}{3} + \sin\theta \cdot \frac{r^3}{3} + \frac{r^2}{2}\right)\Bigg|_{r=0}^{r=2} d\theta$$

$$= \int_{0}^{\pi}\left(\frac{8}{3}\cos\theta + \frac{8}{3}\sin\theta + 2\right) d\theta$$

$$= \left(\frac{8}{3} \sin\theta - \frac{8}{3} \cos\theta + 2\theta \right) \Big|_0^\pi$$

$$= \frac{16}{3} + 2\pi$$

Example 12

計算曲線 $(x^2 + y^2)^2 = 2a^2(x^2 - y^2)$, $(a > 0)$ 所圍成的圖形之面積。

 $x = r\cos\theta$，$y = r\sin\theta$，代入曲線方程式得 $r^2 = 2a^2\cos 2\theta$，這是雙紐線方程式，圖形見圖 8-6-17。

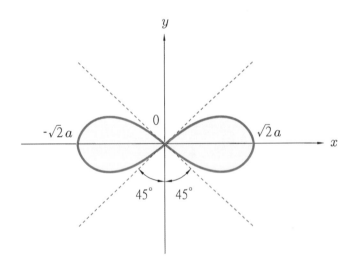

圖 8-6-17

根據雙紐線圖形的對稱性，只求第 I 象限部份後四倍之。積分區域 D 可表示為

$$0 \le r \le a\sqrt{2\cos 2\theta}, \quad 0 \le \theta \le \frac{\pi}{4}$$

故

$$S = 4 \iint\limits_D r\,dr\,d\theta = 4 \int_0^{\frac{\pi}{4}} d\theta \int_0^{a\sqrt{2\cos 2\theta}} r\,dr$$

$$= 4 \int_0^{\frac{\pi}{4}} a^2 \cos 2\theta\, d\theta = 4a^2 \cdot \frac{1}{2} \sin 2\theta \Big|_0^{\frac{\pi}{4}} = 2a^2$$

Example 13

求球面 $x^2 + y^2 + z^2 = 4$ 與圓柱面 $x^2 + y^2 = 2x$ 所包圍的體積（指含在柱體內的部分）。

 圖形見圖 8-6-18。

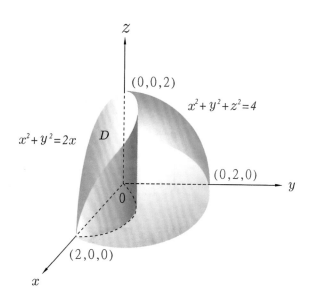

圖 8-6-18

由於所求立體的對稱性，只求在第 I 卦限內的體積四倍之。這時曲頂柱體之頂曲面的方程式為

$$z = \sqrt{4 - x^2 - y^2}$$

故

$$V = 4 \iint\limits_{D} \sqrt{4 - x^2 - y^2} dx dy$$

區域 D 是半圓 $y = \sqrt{2x - x^2}$ 及 x 軸所圍成區域，用極座標可表示為

$$0 \leq r \leq 2\cos\theta \, , \, 0 \leq \theta \leq \frac{\pi}{2}$$

故

$$V = 4 \int_0^{\frac{\pi}{2}} d\theta \int_0^{2\cos\theta} \sqrt{4 - r^2} \, r dr$$

$$= 4 \int_0^{\frac{\pi}{2}} d\theta \int_0^{2\cos\theta} -\frac{1}{2}\sqrt{4 - r^2} d(4 - r^2) \ d\theta$$

$$= 4 \int_0^{\frac{\pi}{2}} -\frac{1}{3}(4 - r^2)^{\frac{3}{2}} \Big|_0^{2\cos\theta} \ d\theta$$

$$= 4 \int_0^{\frac{\pi}{2}} -\frac{1}{3} \left[(4 - 4\cos^2\theta)^{\frac{3}{2}} - 4^{\frac{3}{2}} \right] d\theta$$

$$= 4 \times \frac{8}{3} \int_0^{\frac{\pi}{2}} (1 - \sin^3\theta) d\theta$$

$$= \frac{32}{3} \left(\frac{\pi}{2} + \int_0^{\frac{\pi}{2}} \sin^2\theta (d\cos\theta) \right)$$

$$= \frac{32}{3} \left(\frac{\pi}{2} - \frac{2}{3} \right) = \frac{16}{3} \left(\pi - \frac{4}{3} \right)$$

習題 8-6
PRACTICE

1. 計算下列二次積分：

(1) $\int_1^3 dy \int_0^{\ln y} e^x dx$

(2) $\int_0^1 dx \int_0^2 (x + xy - x^2 - y^2) dy$

2. 計算下列二重積分：

(1) 求 $\iint\limits_D y e^{xy} dxdy$，其中 D 為 $0 \le x \le 1$，$-1 \le y \le 0$。

(2) 求 $\iint\limits_D e^{x+y} dxdy$，其中 D 為 $0 \le x \le 1$，$0 \le y \le 1$。

(3) 求 $\iint\limits_D x^2 y \cos(xy^2) dxdy$，其中 D 為 $0 \le x \le \dfrac{\pi}{2}$，$0 \le y \le 2$。

(4) 求 $\iint\limits_D \dfrac{dxdy}{(x+y)^2}$，其中 D 為 $1 \le x \le 2$，$1 \le y \le 2$。

3. 將二重積分 $\iint\limits_D f(x,y)dxdy$ 化為逐次積分（兩種次序都要），積分區域 D 給出如下：

(1) D：$0 \le x \le 1$，$x^2 \le y \le x$

*(2) D：$4 \le x^2 + y^2 \le 9$

4. 畫出下列二次積分所對應的二重積分的積分區域 D，並改變積分次序：

(1) $\int_0^8 dy \int_{\frac{y}{2}}^{\sqrt{2y}} f(x,y) dx$

(2) $\int_0^1 dx \int_0^{x^2} f(x,y) dy + \int_1^3 dx \int_0^{\frac{1}{2}(3-x)} f(x,y) dy$

5. 求 $\iint\limits_D \sin(x+y)dxdy$，$D$ 為由 $x = 0$，$y = \dfrac{\pi}{2}$，$y = \dfrac{1}{2}x$ 所圍成的區域。

6. 求 $\iint\limits_D (x+y)dxdy$，D 為由 $y = \dfrac{1}{2}x$，$y = 2x$，$x = 3$ 所圍成的區域。

7. 求 $\iint\limits_{D} \dfrac{x^2}{y^2}dxdy$，$D$ 為由 $x = 2, \ y = x, \ xy = 1$ 所圍成的區域。

8. 求 $\iint\limits_{D} \dfrac{\sin x}{x}dxdy$，$D$ 為由 $y = x, \ y = x^2$ 所圍成的區域。

9. 利用二重積分求由下列曲線所圍成的圖形之面積。

(1) $x = 4$，$y = 2x$，$xy = 1$

(2) $x = y^2$，$x + y = 6$

10. 求由平面 $4x + 3y + 12z = 12$ 與三個座標平面所圍成的四面體的體積。

11. 利用極座標計算下列各積分

(1) $\iint\limits_{D} \sqrt{1 - x^2 - y^2}dxdy$，$D: \ x^2 + y^2 \leq 1, \ y \geq 0, \ x \geq 0$。

(2) $\iint\limits_{D} e^{-(x^2+y^2)}dxdy$，$D: \ 圓\ x^2 + y^2 \leq 1$。

(3) $\iint\limits_{D} \sin \sqrt{x^2 + y^2}dxdy$，$D: \ x^2 + y^2 \leq 4\pi^2$，$x^2 + y^2 \geq \pi^2$。

(4) $\iint\limits_{D} \ln(1 + x^2 + y^2)dxdy$，$D: \ 圓\ x^2 + y^2 \leq 1$。

12. 利用極座標求下列曲線所圍圖形的面積。

(1) $x^2 + y^2 + ax = a\sqrt{x^2 + y^2}$

(2) $(x^2 + y^2)^2 = 2ax^3$，$(a > 0)$

13. 求由柱面 $x^2 + y^2 = 4$，平面 $z = 0$ 及平面 $3x + 5y + z = 15$ 所圍成的立體體積。

CHAPTER

附　錄

附 錄 摘 要

附錄 A　微積分的相關圖表

下圖中橢圓形區域表示微積分的主要內容，矩形表示微積分的重要定理。

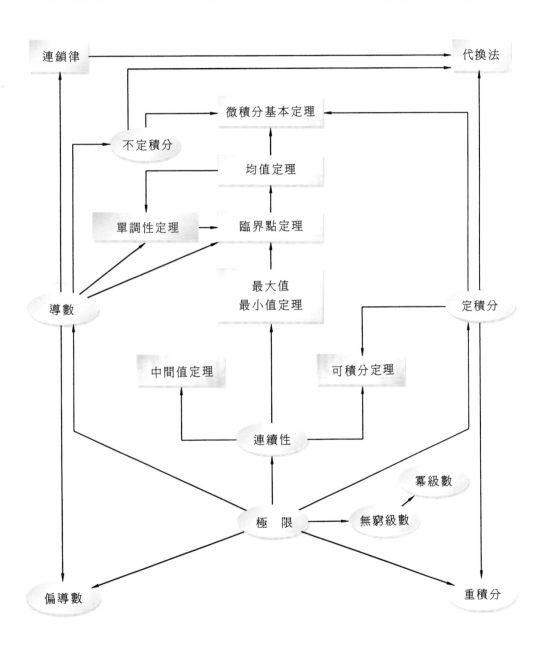

附錄 B 三角函數的性質與公式

考慮直角三角形 ΔABC

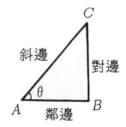

$$\sin\theta = \frac{\overline{BC}}{\overline{AC}} = \frac{\text{對邊長}}{\text{斜邊長}} = \frac{1}{\csc\theta}$$

$$\cos\theta = \frac{\overline{AB}}{\overline{AC}} = \frac{\text{鄰邊長}}{\text{斜邊長}} = \frac{1}{\sec\theta}$$

$$\tan\theta = \frac{\overline{BC}}{\overline{AB}} = \frac{\text{對邊長}}{\text{鄰邊長}} = \frac{1}{\cot\theta}$$

$$\cot\theta = \frac{\overline{AB}}{\overline{BC}} = \frac{\text{鄰邊長}}{\text{對邊長}} = \frac{1}{\tan\theta}$$

$$\sec\theta = \frac{\overline{AC}}{\overline{AB}} = \frac{\text{斜邊長}}{\text{鄰邊長}} = \frac{1}{\cos\theta}$$

$$\csc\theta = \frac{\overline{AC}}{\overline{AB}} = \frac{\text{斜邊長}}{\text{對邊長}} = \frac{1}{\sin\theta}$$

平方關係

$$\sin^2\theta + \cos^2\theta = 1$$

$$\tan^2\theta + 1 = \sec^2\theta$$

$$\cot^2\theta + 1 = \sec^2\theta$$

倍角公式

$$\sin 2\theta = 2\sin\theta\cos\theta$$

$$\cos 2\theta = 2\cos^2\theta - 1 = 1 - 2\sin^2\theta$$
$$= \cos^2\theta - \sin^2\theta$$

半角公式

$$\sin^2\theta = \frac{1 - \cos 2\theta}{2}$$

$$\cos^2\theta = \frac{1 + \cos 2\theta}{2}$$

$$\tan\frac{\theta}{2} = \frac{1 - \cos\theta}{\sin\theta} = \frac{\sin\theta}{1 + \cos\theta}$$

負角公式

$$\sin(-\theta) = -\sin\theta \qquad \cos(-\theta) = \cos\theta$$
$$\tan(-\theta) = -\tan\theta \qquad \cot(-\theta) = -\cot\theta$$
$$\sec(-\theta) = \sec\theta \qquad \csc(-\theta) = \csc(\theta)$$

和角公式

$$\sin(\alpha \pm \beta) = \sin\alpha\cos\beta \pm \cos\alpha\sin\beta$$

$$\cos(\alpha \pm \beta) = \cos\alpha\cos\beta \mp \sin\alpha\cos\beta$$

$$\tan(\alpha \pm \beta) = \frac{\tan\alpha \pm \beta}{1 \mp \tan\alpha\tan\beta}$$

積化和差

$$\sin\alpha\sin\beta = \frac{1}{2}[\cos(\alpha - \beta) - \cos(\alpha + \beta)]$$

$$\cos\alpha\cos\beta = \frac{1}{2}[\cos(\alpha - \beta) + \cos(\alpha + \beta)]$$

$$\sin\alpha\cos\beta = \frac{1}{2}[\sin(\alpha + \beta) + \sin(\alpha - \beta)]$$

$$\cos\alpha\sin\beta = \frac{1}{2}[\sin(\alpha + \beta) - \sin(\alpha - \beta)]$$

附錄 C 三角函數表

$x°$	$\sin x\approx$	$\cos x\approx$	$\tan x\approx$	$\cot x\approx$	$\sec x\approx$	$\csc x\approx$	$x°$
0	0.0000	1.0000	0.0000	∞	1.0000	∞	0
0.5	0.0087	1.0000	0.0087	114.5887	1.0000	114.5930	0.5
1	0.0175	0.9998	0.0175	57.2900	1.0002	57.2987	1
1.5	0.0262	0.9997	0.0262	38.1885	1.0003	38.2016	1.5
2	0.0349	0.9994	0.0349	28.6363	1.0006	28.6537	2
2.5	0.0436	0.9990	0.0437	22.9038	1.0010	22.9256	2.5
3	0.0523	0.9986	0.0524	19.0811	1.0014	19.1073	3
3.5	0.0610	0.9981	0.0612	16.3499	1.0019	16.3804	3.5
4	0.0698	0.9976	0.0699	14.3007	1.0024	14.3356	4
4.5	0.0785	0.9969	0.0787	12.7062	1.0031	12.7455	4.5
5	0.0872	0.9962	0.0875	11.4301	1.0038	11.4737	5
5.5	0.0958	0.9954	0.0963	10.3854	1.0046	10.4334	5.5
6	0.1045	0.9945	0.1051	9.5144	1.0055	9.5668	6
6.5	0.1132	0.9936	0.1139	8.7769	1.0065	8.8337	6.5
7	0.1219	0.9925	0.1228	8.1443	1.0075	8.2055	7
7.5	0.1305	0.9914	0.1317	7.5958	1.0086	7.6613	7.5
8	0.1392	0.9903	0.1405	7.1154	1.0098	7.1853	8
8.5	0.1478	0.9890	0.1495	6.6912	1.0111	6.7655	8.5
9	0.1564	0.9877	0.1584	6.3138	1.0125	6.3925	9
9.5	0.1650	0.9863	0.1673	5.9758	1.0139	6.0589	9.5
10	0.1736	0.9848	0.1763	5.6713	1.0154	5.7588	10
10.5	0.1822	0.9833	0.1853	5.3955	1.0170	5.4874	10.5
11	0.1908	0.9816	0.1944	5.1446	1.0187	5.2408	11
11.5	0.1994	0.9799	0.2035	4.9152	1.0205	5.0159	11.5

$x°$	$\sin x \approx$	$\cos x \approx$	$\tan x \approx$	$\cot x \approx$	$\sec x \approx$	$\csc x \approx$	$x°$
12	0.2079	0.9781	0.2126	4.7046	1.0223	4.8097	12
12.5	0.2164	0.9763	0.2217	4.5107	1.0243	4.6202	12.5
13	0.2250	0.9744	0.2309	4.3315	1.0263	4.4454	13
13.5	0.2334	0.9724	0.2401	4.1653	1.0284	4.2837	13.5
14	0.2419	0.9703	0.2493	4.0108	1.0306	4.1336	14
14.5	0.2504	0.9681	0.2586	3.8667	1.0329	3.9939	14.5
15	0.2588	0.9659	0.2679	3.7321	1.0353	3.8637	15
15.5	0.2672	0.9636	0.2773	3.6059	1.0377	3.7420	15.5
16	0.2756	0.9613	0.2867	3.4874	1.0403	3.6280	16
16.5	0.2840	0.9588	0.2962	3.3759	1.0429	3.5209	16.5
17	0.2924	0.9563	0.3057	3.2709	1.0457	3.4203	17
17.5	0.3007	0.9537	0.3153	3.1716	1.0485	3.3255	17.5
18	0.3090	0.9511	0.3249	3.0777	1.0515	3.2361	18
18.5	0.3173	0.9483	0.3346	2.9887	1.0545	3.1515	18.5
19	0.3256	0.9455	0.3443	2.9042	1.0576	3.0716	19
19.5	0.3338	0.9426	0.3541	2.8239	1.0608	2.9957	19.5
20	0.3420	0.9397	0.3640	2.7475	1.0642	2.9238	20
20.5	0.3502	0.9367	0.3739	2.6746	1.0676	2.8555	20.5
21	0.3584	0.9336	0.3839	2.6051	1.0711	2.7904	21
21.5	0.3665	0.9304	0.3939	2.5386	1.0748	2.7285	21.5
22	0.3746	0.9272	0.4040	2.4751	1.0785	2.6695	22
22.5	0.3827	0.9239	0.4142	2.4142	1.0824	2.6131	22.5
23	0.3907	0.9205	0.4245	2.3559	1.0864	2.5593	23
23.5	0.3987	0.9171	0.4348	2.2998	1.0904	2.5078	23.5
24	0.4067	0.9135	0.4452	2.2460	1.0946	2.4586	24
24.5	0.4147	0.9100	0.4557	2.1943	1.0989	2.4114	24.5

$x°$	$\sin x \approx$	$\cos x \approx$	$\tan x \approx$	$\cot x \approx$	$\sec x \approx$	$\csc x \approx$	$x°$
25	0.4226	0.9063	0.4663	2.1445	1.1034	2.3662	25
25.5	0.4305	0.9026	0.4770	2.0965	1.1079	2.3228	25.5
26	0.4384	0.8988	0.4877	2.0503	1.1126	2.2812	26
26.5	0.4462	0.8949	0.4986	2.0057	1.1174	2.2412	26.5
27	0.4540	0.8910	0.5095	1.9626	1.1223	2.2027	27
27.5	0.4617	0.8870	0.5206	1.9210	1.1274	2.1657	27.5
28	0.4695	0.8829	0.5317	1.8807	1.1326	2.1301	28
28.5	0.4772	0.8788	0.5430	1.8418	1.1379	2.0957	28.5
29	0.4848	0.8746	0.5543	1.8040	1.1434	2.0627	29
29.5	0.4924	0.8704	0.5658	1.7675	1.1490	2.0308	29.5
30	0.5000	0.8660	0.5774	1.7321	1.1547	2.0000	30
30.5	0.5075	0.8616	0.5890	1.6977	1.1606	1.9703	30.5
31	0.5150	0.8572	0.6009	1.6643	1.1666	1.9416	31
31.5	0.5225	0.8526	0.6128	1.6319	1.1728	1.9139	31.5
32	0.5299	0.8480	0.6249	1.6003	1.1792	1.8871	32
32.5	0.5373	0.8434	0.6371	1.5697	1.1857	1.8612	32.5
33	0.5446	0.8387	0.6494	1.5399	1.1924	1.8361	33
33.5	0.5519	0.8339	0.6619	1.5108	1.1992	1.8118	33.5
34	0.5592	0.8290	0.6745	1.4826	1.2062	1.7883	34
34.5	0.5664	0.8241	0.6873	1.4550	1.2134	1.7655	34.5
35	0.5736	0.8192	0.7002	1.4281	1.2208	1.7434	35
35.5	0.5807	0.8141	0.7133	1.4019	1.2283	1.7221	35.5
36	0.5878	0.8090	0.7265	1.3764	1.2361	1.7013	36
36.5	0.5948	0.8039	0.7400	1.3514	1.2440	1.6812	36.5
37	0.6018	0.7986	0.7536	1.3270	1.2521	1.6616	37
37.5	0.6088	0.7934	0.7673	1.3032	1.2605	1.6427	37.5

$x°$	$\sin x\approx$	$\cos x\approx$	$\tan x\approx$	$\cot x\approx$	$\sec x\approx$	$\csc x\approx$	$x°$
38	0.6157	0.7880	0.7813	1.2799	1.2690	1.6243	38
38.5	0.6225	0.7826	0.7954	1.2572	1.2778	1.6064	38.5
39	0.6293	0.7771	0.8098	1.2349	1.2868	1.5890	39
39.5	0.6361	0.7716	0.8243	1.2131	1.2960	1.5721	39.5
40	0.6428	0.7660	0.8391	1.1918	1.3054	1.5557	40
40.5	0.6494	0.7604	0.8541	1.1708	1.3151	1.5398	40.5
41	0.6561	0.7547	0.8693	1.1504	1.3250	1.5243	41
41.5	0.6626	0.7490	0.8847	1.1303	1.3352	1.5092	41.5
42	0.6691	0.7431	0.9004	1.1106	1.3456	1.4945	42
42.5	0.6756	0.7373	0.9163	1.0913	1.3563	1.4802	42.5
43	0.6820	0.7314	0.9325	1.0724	1.3673	1.4663	43
43.5	0.6884	0.7254	0.9490	1.0538	1.3786	1.4527	43.5
44	0.6947	0.7193	0.9657	1.0355	1.3902	1.4396	44
44.5	0.7009	0.7133	0.9827	1.0176	1.4020	1.4267	44.5
45	0.7071	0.7071	1.0000	1.0000	1.4142	1.4142	45
45.5	0.7133	0.7009	1.0176	0.9827	1.4267	1.4020	45.5
46	0.7193	0.6947	1.0355	0.9657	1.4396	1.3902	46
46.5	0.7254	0.6884	1.0538	0.9490	1.4527	1.3786	46.5
47	0.7314	0.6820	1.0724	0.9325	1.4663	1.3673	47
47.5	0.7373	0.6756	1.0913	0.9163	1.4802	1.3563	47.5
48	0.7431	0.6691	1.1106	0.9004	1.4945	1.3456	48
48.5	0.7490	0.6626	1.1303	0.8847	1.5092	1.3352	48.5
49	0.7547	0.6561	1.1504	0.8693	1.5243	1.3250	49
49.5	0.7604	0.6494	1.1708	0.8541	1.5398	1.3151	49.5
50	0.7660	0.6428	1.1918	0.8391	1.5557	1.3054	50
50.5	0.7716	0.6361	1.2131	0.8243	1.5721	1.2960	50.5

$x°$	$\sin x \approx$	$\cos x \approx$	$\tan x \approx$	$\cot x \approx$	$\sec x \approx$	$\csc x \approx$	$x°$
51	0.7771	0.6293	1.2349	0.8098	1.5890	1.2868	51
51.5	0.7826	0.6225	1.2572	0.7954	1.6064	1.2778	51.5
52	0.7880	0.6157	1.2799	0.7813	1.6243	1.2690	52
52.5	0.7934	0.6088	1.3032	0.7673	1.6427	1.2605	52.5
53	0.7986	0.6018	1.3270	0.7536	1.6616	1.2521	53
53.5	0.8039	0.5948	1.3514	0.7400	1.6812	1.2440	53.5
54	0.8090	0.5878	1.3764	0.7265	1.7013	1.2361	54
54.5	0.8141	0.5807	1.4019	0.7133	1.7221	1.2283	54.5
55	0.8192	0.5736	1.4281	0.7002	1.7434	1.2208	55
55.5	0.8241	0.5664	1.4550	0.6873	1.7655	1.2134	55.5
56	0.8290	0.5592	1.4826	0.6745	1.7883	1.2062	56
56.5	0.8339	0.5519	1.5108	0.6619	1.8118	1.1992	56.5
57	0.8387	0.5446	1.5399	0.6494	1.8361	1.1924	57
57.5	0.8434	0.5373	1.5697	0.6371	1.8612	1.1857	57.5
58	0.8480	0.5299	1.6003	0.6249	1.8871	1.1792	58
58.5	0.8526	0.5225	1.6319	0.6128	1.9139	1.1728	58.5
59	0.8572	0.5150	1.6643	0.6009	1.9416	1.1666	59
59.5	0.8616	0.5075	1.6977	0.5890	1.9703	1.1606	59.5
60	0.8660	0.5000	1.7321	0.5774	2.0000	1.1547	60
60.5	0.8704	0.4924	1.7675	0.5658	2.0308	1.1490	60.5
61	0.8746	0.4848	1.8040	0.5543	2.0627	1.1434	61
61.5	0.8788	0.4772	1.8418	0.5430	2.0957	1.1379	61.5
62	0.8829	0.4695	1.8807	0.5317	2.1301	1.1326	62
62.5	0.8870	0.4617	1.9210	0.5206	2.1657	1.1274	62.5
63	0.8910	0.4540	1.9626	0.5095	2.2027	1.1223	63
63.5	0.8949	0.4462	2.0057	0.4986	2.2412	1.1174	63.5

$x°$	$\sin x\approx$	$\cos x\approx$	$\tan x\approx$	$\cot x\approx$	$\sec x\approx$	$\csc x\approx$	$x°$
64	0.8988	0.4384	2.0503	0.4877	2.2812	1.1126	64
64.5	0.9026	0.4305	2.0965	0.4770	2.3228	1.1079	64.5
65	0.9063	0.4226	2.1445	0.4663	2.3662	1.1034	65
65.5	0.9100	0.4147	2.1943	0.4557	2.4114	1.0989	65.5
66	0.9135	0.4067	2.2460	0.4452	2.4586	1.0946	66
66.5	0.9171	0.3987	2.2998	0.4348	2.5078	1.0904	66.5
67	0.9205	0.3907	2.3559	0.4245	2.5593	1.0864	67
67.5	0.9239	0.3827	2.4142	0.4142	2.6131	1.0824	67.5
68	0.9272	0.3746	2.4751	0.4040	2.6695	1.0785	68
68.5	0.9304	0.3665	2.5386	0.3939	2.7285	1.0748	68.5
69	0.9336	0.3584	2.6051	0.3839	2.7904	1.0711	69
69.5	0.9367	0.3502	2.6746	0.3739	2.8555	1.0676	69.5
70	0.9397	0.3420	2.7475	0.3640	2.9238	1.0642	70
70.5	0.9426	0.3338	2.8239	0.3541	2.9957	1.0608	70.5
71	0.9455	0.3256	2.9042	0.3443	3.0716	1.0576	71
71.5	0.9483	0.3173	2.9887	0.3346	3.1515	1.0545	71.5
72	0.9511	0.3090	3.0777	0.3249	3.2361	1.0515	72
72.5	0.9537	0.3007	3.1716	0.3153	3.3255	1.0485	72.5
73	0.9563	0.2924	3.2709	0.3057	3.4203	1.0457	73
73.5	0.9588	0.2840	3.3759	0.2962	3.5209	1.0429	73.5
74	0.9613	0.2756	3.4874	0.2867	3.6280	1.0403	74
74.5	0.9636	0.2672	3.6059	0.2773	3.7420	1.0377	74.5
75	0.9659	0.2588	3.7321	0.2679	3.8637	1.0353	75
75.5	0.9681	0.2504	3.8667	0.2586	3.9939	1.0329	75.5
76	0.9703	0.2419	4.0108	0.2493	4.1336	1.0306	76
76.5	0.9724	0.2334	4.1653	0.2401	4.2837	1.0284	76.5

$x°$	$\sin x\approx$	$\cos x\approx$	$\tan x\approx$	$\cot x\approx$	$\sec x\approx$	$\csc x\approx$	$x°$
77	0.9744	0.2250	4.3315	0.2309	4.4454	1.0263	77
77.5	0.9763	0.2164	4.5107	0.2217	4.6202	1.0243	77.5
78	0.9781	0.2079	4.7046	0.2126	4.8097	1.0223	78
78.5	0.9799	0.1994	4.9152	0.2035	5.0159	1.0205	78.5
79	0.9816	0.1908	5.1446	0.1944	5.2408	1.0187	79
79.5	0.9833	0.1822	5.3955	0.1853	5.4874	1.0170	79.5
80	0.9848	0.1736	5.6713	0.1763	5.7588	1.0154	80
80.5	0.9863	0.1650	5.9758	0.1673	6.0589	1.0139	80.5
81	0.9877	0.1564	6.3138	0.1584	6.3925	1.0125	81
81.5	0.9890	0.1478	6.6912	0.1495	6.7655	1.0111	81.5
82	0.9903	0.1392	7.1154	0.1405	7.1853	1.0098	82
82.5	0.9914	0.1305	7.5958	0.1317	7.6613	1.0086	82.5
83	0.9925	0.1219	8.1443	0.1228	8.2055	1.0075	83
83.5	0.9936	0.1132	8.7769	0.1139	8.8337	1.0065	83.5
84	0.9945	0.1045	9.5144	0.1051	9.5668	1.0055	84
84.5	0.9954	0.0958	10.385	0.0963	10.433	1.0046	84.5
85	0.9962	0.0872	11.430	0.0875	11.473	1.0038	85
85.5	0.9969	0.0785	12.706	0.0787	12.745	1.0031	85.5
86	0.9976	0.0698	14.300	0.0699	14.335	1.0024	86
86.5	0.9981	0.0610	16.349	0.0612	16.380	1.0019	86.5
87	0.9986	0.0523	19.081	0.0524	19.107	1.0014	87
87.5	0.9990	0.0436	22.903	0.0437	22.925	1.0010	87.5
88	0.9994	0.0349	28.636	0.0349	28.653	1.0006	88
88.5	0.9997	0.0262	38.188	0.0262	38.201	1.0003	88.5
89	0.9998	0.0175	57.289	0.0175	57.298	1.0002	89
89.5	1.0000	0.0087	114.58	0.0087	114.59	1.0000	89.5
90	1.0000	0.0000	∞	0.0000	∞	1.0000	90

附錄 D 對 數 表

$f(x) = \log_{10} x \approx ?$，ps: $(0000 \rightarrow 0.0000)$，ex: $\log_{10} 1.731 \approx 0.2382$ 〔再加值〕

X	0.00	0.01	0.02	0.03	0.04	0.05	0.06	0.07	0.08	0.09	.001	.002	.003	.004	.005	.006	.007	.008	.009
1.0	0000	0043	0086	0128	0170	0212	0253	0294	0334	0374	0004	0008	0012	0017	0021	0025	0029	0033	0037
1.1	0414	0453	0492	0531	0569	0607	0645	0682	0719	0755	0004	0008	0011	0015	0019	0023	0026	0030	0034
1.2	0792	0828	0864	0899	0934	0969	1004	1038	1072	1106	0003	0007	0010	0014	0017	0021	0024	0028	0031
1.3	1139	1173	1206	1239	1271	1303	1335	1367	1399	1430	0003	0006	0010	0013	0016	0019	0023	0026	0029
1.4	1461	1492	1523	1553	1584	1614	1644	1673	1703	1732	0003	0006	0009	0012	0015	0018	0021	0024	0027
1.5	1761	1790	1818	1847	1875	1903	1931	1959	1987	2014	0003	0006	0008	0011	0014	0017	0020	0022	0025
1.6	2041	2068	2095	2122	2148	2175	2201	2227	2253	2279	0003	0005	0008	0011	0013	0016	0018	0021	0024
1.7	2304	2330	2355	2380	2405	2430	2455	2480	2504	2529	0002	0005	0007	0010	0012	0015	0017	0020	0022
1.8	2553	2577	2601	2625	2648	2672	2695	2718	2742	2765	0002	0005	0007	0009	0012	0014	0016	0019	0021
1.9	2788	2810	2833	2856	2878	2900	2923	2945	2967	2989	0002	0004	0007	0009	0011	0013	0016	0018	0020
2.0	3010	3032	3054	3075	3096	3118	3139	3160	3181	3201	0002	0004	0006	0008	0011	0013	0015	0017	0019
2.1	3222	3243	3263	3284	3304	3324	3345	3365	3385	3404	0002	0004	0006	0008	0010	0012	0014	0016	0018
2.2	3424	3444	3464	3483	3502	3522	3541	3560	3579	3598	0002	0004	0006	0008	0010	0012	0014	0015	0017
2.3	3617	3636	3655	3674	3692	3711	3729	3747	3766	3784	0002	0004	0006	0007	0009	0011	0013	0015	0017
2.4	3802	3820	3838	3856	3874	3892	3909	3927	3945	3962	0002	0004	0005	0007	0009	0011	0012	0014	0016
2.5	3979	3997	4014	4031	4048	4065	4082	4099	4116	4133	0002	0003	0005	0007	0009	0010	0012	0014	0015
2.6	4150	4166	4183	4200	4216	4232	4249	4265	4281	4298	0002	0003	0005	0007	0008	0010	0011	0013	0015
2.7	4314	4330	4346	4362	4378	4393	4409	4425	4440	4456	0002	0003	0005	0006	0008	0009	0011	0013	0014
2.8	4472	4487	4502	4518	4533	4548	4564	4579	4594	4609	0002	0003	0005	0006	0008	0009	0011	0012	0014
2.9	4624	4639	4654	4669	4683	4698	4713	4728	4742	4757	0001	0003	0004	0006	0007	0009	0010	0012	0013
3.0	4771	4786	4800	4814	4829	4843	4857	4871	4886	4900	0001	0003	0004	0006	0007	0009	0010	0011	0013
3.1	4914	4928	4942	4955	4969	4983	4997	5011	5024	5038	0001	0003	0004	0006	0007	0008	0010	0011	0012
3.2	5051	5065	5079	5092	5105	5119	5132	5145	5159	5172	0001	0003	0004	0005	0007	0008	0009	0011	0012
3.3	5185	5198	5211	5224	5237	5250	5263	5276	5289	5302	0001	0003	0004	0006	0008	0009	0010	0012
3.4	5315	5328	5340	5353	5366	5378	5391	5403	5416	5428	0001	0003	0004	0005	0006	0008	0009	0010	0011
3.5	5441	5453	5465	5478	5490	5502	5514	5527	5539	5551	0001	0002	0004	0005	0006	0007	0009	0010	0011
3.6	5563	5575	5587	5599	5611	5623	5635	5647	5658	5670	0001	0002	0004	0005	0006	0007	0008	0010	0011

	0	1	2	3	4	5	6	7	8	9		1	2	3	4	5	6	7	8	9
3.7	5682	5694	5705	5717	5729	5740	5752	5763	5775	5786		0001	0002	0003	0005	0006	0007	0008	0009	0010
3.8	5798	5809	5821	5832	5843	5855	5866	5877	5888	5899		0001	0002	0003	0005	0006	0007	0008	0009	0010
3.9	5911	5922	5933	5944	5955	5966	5977	5988	5999	6010		0001	0002	0003	0004	0005	0007	0008	0009	0010
4.0	6021	6031	6042	6053	6064	6075	6085	6096	6107	6117		0001	0002	0003	0004	0005	0006	0008	0009	0010
4.1	6128	6138	6149	6160	6170	6180	6191	6201	6212	6222		0001	0002	0003	0004	0005	0006	0007	0008	0009
4.2	6232	6243	6253	6263	6274	6284	6294	6304	6314	6325		0001	0002	0003	0004	0005	0006	0007	0008	0009
4.3	6335	6345	6355	6365	6375	6385	6395	6405	6415	6425		0001	0002	0003	0004	0005	0006	0007	0008	0009
4.4	6435	6444	6454	6464	6474	6484	6493	6503	6513	6522		0001	0002	0003	0004	0005	0006	0007	0008	0009
4.5	6532	6542	6551	6561	6571	6580	6590	6599	6609	6618		0001	0002	0003	0004	0005	0006	0007	0008	0009
4.6	6628	6637	6646	6656	6665	6675	6684	6693	6702	6712		0001	0002	0003	0004	0005	0006	0007	0007	0008
4.7	6721	6730	6739	6749	6758	6767	6776	6785	6794	6803		0001	0002	0003	0004	0005	0005	0006	0007	0008
4.8	6812	6821	6830	6839	6848	6857	6866	6875	6884	6893		0001	0002	0003	0004	0005	0005	0006	0007	0008
4.9	6902	6911	6920	6928	6937	6946	6955	6964	6972	6981		0001	0002	0003	0004	0004	0005	0006	0007	0008
5.0	6990	6998	7007	7016	7024	7033	7042	7050	7059	7067		0001	0002	0003	0003	0004	0005	0006	0007	0008
5.1	7076	7084	7093	7101	7110	7118	7126	7135	7143	7152		0001	0002	0003	0003	0004	0005	0006	0007	0008
5.2	7160	7168	7177	7185	7193	7202	7210	7218	7226	7235		0001	0002	0002	0003	0004	0005	0006	0007	0007
5.3	7243	7251	7259	7267	7275	7284	7292	7300	7308	7316		0001	0002	0002	0003	0004	0005	0006	0006	0007
5.4	7324	7332	7340	7348	7356	7364	7372	7380	7388	7396		0001	0002	0002	0003	0004	0005	0006	0006	0007
5.5	7404	7412	7419	7427	7435	7443	7451	7459	7466	7474		0001	0002	0002	0003	0004	0005	0005	0006	0007
5.6	7482	7490	7497	7505	7513	7520	7528	7536	7543	7551		0001	0002	0002	0003	0004	0005	0005	0006	0007
5.7	7559	7566	7574	7582	7589	7597	7604	7612	7619	7627		0001	0002	0002	0003	0004	0005	0005	0006	0007
5.8	7634	7642	7649	7657	7664	7672	7679	7686	7694	7701		0001	0001	0002	0003	0004	0004	0005	0006	0007
5.9	7709	7716	7723	7731	7738	7745	7752	7760	7767	7774		0001	0001	0002	0003	0004	0004	0005	0006	0007
6.0	7782	7789	7796	7803	7810	7818	7825	7832	7839	7846		0001	0001	0002	0003	0004	0004	0005	0006	0006
6.1	7853	7860	7868	7875	7882	7889	7896	7903	7910	7917		0001	0001	0002	0003	0004	0004	0005	0006	0006
6.2	7924	7931	7938	7945	7952	7959	7966	7973	7980	7987		0001	0001	0002	0003	0003	0004	0005	0006	0006
6.3	7993	8000	8007	8014	8021	8028	8035	8041	8048	8055		0001	0001	0002	0003	0003	0004	0005	0005	0006
6.4	8062	8069	8075	8082	8089	8096	8102	8109	8116	8122		0001	0001	0002	0003	0003	0004	0005	0005	0006
6.5	8129	8136	8142	8149	8156	8162	8169	8176	8182	8189		0001	0001	0002	0003	0003	0004	0005	0005	0006
6.6	8195	8202	8209	8215	8222	8228	8235	8241	8248	8254		0001	0001	0002	0003	0003	0004	0005	0005	0006
6.7	8261	8267	8274	8280	8287	8293	8299	8306	8312	8319		0001	0001	0002	0003	0003	0004	0005	0005	0006
6.8	8325	8331	8338	8344	8351	8357	8363	8370	8376	8382		0001	0001	0002	0003	0003	0004	0004	0005	0006
6.9	8388	8395	8401	8407	8414	8420	8426	8432	8439	8445		0001	0001	0002	0002	0003	0004	0004	0005	0006
7.0	8451	8457	8463	8470	8476	8482	8488	8494	8500	8506		0001	0001	0002	0002	0003	0004	0004	0005	0006

X	0.00	0.01	0.02	0.03	0.04	0.05	0.06	0.07	0.08	0.09	.001	.002	.003	.004	.005	.006	.007	.008	.009
7.1	8513	8519	8525	8531	8537	8543	8549	8555	8561	8567	0001	0001	0002	0002	0003	0004	0004	0005	0005
7.2	8573	8579	8585	8591	8597	8603	8609	8615	8621	8627	0001	0001	0002	0002	0003	0004	0004	0005	0005
7.3	8633	8639	8645	8651	8657	8663	8669	8675	8681	8686	0001	0001	0002	0002	0003	0004	0004	0005	0005
7.4	8692	8698	8704	8710	8716	8722	8727	8733	8739	8745	0001	0001	0002	0002	0003	0004	0004	0005	0005
7.5	8751	8756	8762	8768	8774	8779	8785	8791	8797	8802	0001	0001	0002	0002	0003	0003	0004	0005	0005
7.6	8808	8814	8820	8825	8831	8837	8842	8848	8854	8859	0001	0001	0002	0002	0003	0003	0004	0005	0005
7.7	8865	8871	8876	8882	8887	8893	8899	8904	8910	8915	0001	0001	0002	0002	0003	0003	0004	0004	0005
7.8	8921	8927	8932	8938	8943	8949	8954	8960	8965	8971	0001	0001	0002	0002	0003	0003	0004	0004	0005
7.9	8976	8982	8987	8993	8998	9004	9009	9015	9020	9025	0001	0001	0002	0002	0003	0003	0004	0004	0005
8.0	9031	9036	9042	9047	9053	9058	9063	9069	9074	9079	0001	0001	0002	0002	0003	0003	0004	0004	0005
8.1	9085	9090	9096	9101	9106	9112	9117	9122	9128	9133	0001	0001	0002	0002	0003	0003	0004	0004	0005
8.2	9138	9143	9149	9154	9159	9165	9170	9175	9180	9186	0001	0001	0002	0002	0003	0003	0004	0004	0005
8.3	9191	9196	9201	9206	9212	9217	9222	9227	9232	9238	0001	0001	0002	0002	0003	0003	0004	0004	0005
8.4	9243	9248	9253	9258	9263	9269	9274	9279	9284	9289	0001	0001	0002	0002	0003	0003	0004	0004	0005
8.5	9294	9299	9304	9309	9315	9320	9325	9330	9335	9340	0001	0001	0002	0002	0003	0003	0004	0004	0005
8.6	9345	9350	9355	9360	9365	9370	9375	9380	9385	9390	0001	0001	0002	0002	0003	0003	0004	0004	0005
8.7	9395	9400	9405	9410	9415	9420	9425	9430	9435	9440	0000	0001	0001	0002	0002	0003	0003	0004	0004
8.8	9445	9450	9455	9460	9465	9469	9474	9479	9484	9489	0000	0001	0001	0002	0002	0003	0003	0004	0004
8.9	9494	9499	9504	9509	9513	9518	9523	9528	9533	9538	0000	0001	0001	0002	0002	0003	0003	0004	0004
9.0	9542	9547	9552	9557	9562	9566	9571	9576	9581	9586	0000	0001	0001	0002	0002	0003	0003	0004	0004
9.1	9590	9595	9600	9605	9609	9614	9619	9624	9628	9633	0000	0001	0001	0002	0002	0003	0003	0004	0004
9.2	9638	9643	9647	9652	9657	9661	9666	9671	9675	9680	0000	0001	0001	0002	0002	0003	0003	0004	0004
9.3	9685	9689	9694	9699	9703	9708	9713	9717	9722	9727	0000	0001	0001	0002	0002	0003	0003	0004	0004
9.4	9731	9736	9741	9745	9750	9754	9759	9763	9768	9773	0000	0001	0001	0002	0002	0003	0003	0004	0004
9.5	9777	9782	9786	9791	9795	9800	9805	9809	9814	9818	0000	0001	0001	0002	0002	0003	0003	0004	0004
9.6	9823	9827	9832	9836	9841	9845	9850	9854	9859	9863	0000	0001	0001	0002	0002	0003	0003	0004	0004
9.7	9868	9872	9877	9881	9886	9890	9894	9899	9903	9908	0000	0001	0001	0002	0002	0003	0003	0004	0004
9.8	9912	9917	9921	9926	9930	9934	9939	9943	9948	9952	0000	0001	0001	0002	0002	0003	0003	0004	0004
9.9	9956	9961	9965	9969	9974	9978	9983	9987	9991	9996	0000	0001	0001	0002	0002	0003	0003	0003	0004

附錄 E　積分表

1. $\displaystyle\int x^n dx = \frac{1}{n+1}x^{n+1} + c, n \in R,\ n \neq -1$

2. $\displaystyle\int \frac{1}{x}dx = \ln|x| + c$

3. $\displaystyle\int \cos x\, dx = \sin x + c$

4. $\displaystyle\int \sin x\, dx = -\cos x + c$

5. $\displaystyle\int sec^2 x\, dx = \tan x + c$

6. $\displaystyle\int csc^2 x\, dx = -\cot x + c$

7. $\displaystyle\int \sec x \cdot \tan x\, dx = \sec x + c$

8. $\displaystyle\int \csc x \cdot \cot x\, dx = -\csc x + c$

9. $\displaystyle\int e^x dx = e^x + c$

10. $\displaystyle\int \ln x\, dx = x\ln x - x + c$

11. $\displaystyle\int a^x dx = \frac{1}{\ln a}a^x + c$

12. $\displaystyle\int \tan x\, dx = \ln|\sec x| + c$

13. $\displaystyle\int \cot x\, dx = \ln|\sin x| + c$

14. $\displaystyle\int \sec x\, dx = \ln|\sin x + \tan x| + c$

15. $\displaystyle\int \csc x\, dx = \ln|\csc x - \cot x| + c$

16. $\displaystyle\int \frac{1}{\sqrt{a^2-x^2}}dx = \sin^{-1}\frac{x}{a} + c$

17. $\displaystyle\int \frac{1}{a^2+x^2}dx = \frac{1}{a}\tan^{-1}\frac{x}{a} + c$

18. $\displaystyle\int \frac{1}{x\sqrt{x^2-a^2}}dx = \frac{1}{a}\sec^{-1}\left|\frac{x}{a}\right| + c$

19. $\displaystyle\int \frac{1}{x\sqrt{ax+b}}dx = \frac{1}{\sqrt{b}}\ln\left|\frac{\sqrt{ax+b}-\sqrt{b}}{\sqrt{ax+b}+\sqrt{b}}\right| + c, \ if\ b>0$

20. $\displaystyle\int \frac{1}{x\sqrt{ax+b}}dx = \frac{2}{\sqrt{-b}}\tan^{-1}\frac{\sqrt{ax+b}}{\sqrt{-b}} + c, \ if\ b<0$

21. $\displaystyle\int \frac{1}{x''\sqrt{ax+b}}dx = \frac{-1}{b(n-1)}\frac{\sqrt{ax+b}}{x^{n-1}} - \frac{(2n-3)a}{(2n-2)b}\cdot\int \frac{1}{x^{n-1}\sqrt{ax+b}}dx, \quad (n\neq 1)$

22. $\displaystyle\int \frac{\sqrt{ax+b}}{x}dx = 2\sqrt{ax+b} + b\cdot\int \frac{1}{x\sqrt{ax+b}}dx$

23. $\displaystyle\int \frac{1}{x^2-a^2}dx = \frac{1}{2a}\ln\left|\frac{x-a}{x+a}\right| + c$

24. $\displaystyle\int \frac{1}{(ax+b)(cx+d)}dx = \frac{1}{bc-ad}\ln\left|\frac{cx+d}{ax+b}\right| + c, \ (ad\neq bc)$

25. $\displaystyle\int \frac{x}{(ax+b)(cx+d)}dx = \frac{1}{bc-ad}\left[\frac{b}{a}\ln|ax+b| - \frac{d}{c}\ln|cx+d|\right] + c, \quad (ad\neq bc)$

26. $\displaystyle\int \frac{1}{(ax+b)^2(cx+d)}dx = \frac{1}{bc-ad}\left[\frac{1}{ax+b} + \frac{c}{bc-ad}\ln\left|\frac{cx+d}{ax+b}\right|\right] + c,$
    $(ad\neq bc)$

27. $\displaystyle\int \frac{x}{(ax+b)^2(cx+d)}dx = \frac{-1}{bc-ad}\left[\frac{b}{a(ax+b)} + \frac{d}{bc-ad}\ln\left|\frac{cx+d}{ax+b}\right|\right] + c,$
    $(ad\neq bc)$

28. $\displaystyle\int \sqrt{x^2\pm a^2}dx = \frac{x}{2}\sqrt{x^2\pm a^2} \pm \frac{a^2}{2}\ln\left|x+\sqrt{x^2\pm a^2}\right| + c$

29. $\displaystyle\int x^2\sqrt{x^2\pm a^2}dx = \frac{x}{8}(2x^2\pm a^2)\sqrt{x^2\pm a^2} - \frac{a^4}{8}\ln\left|x+\sqrt{x^2\pm a^2}\right| + c$

30. $\int \dfrac{1}{\sqrt{x^2 \pm a^2}}dx = \ln \left| x + \sqrt{x^2 \pm a^2} \right| + c$

31. $\int \dfrac{x^2}{\sqrt{x^2 \pm a^2}}dx = \dfrac{x}{2}\sqrt{x^2 \pm a^2} \mp \dfrac{a^2}{2}\ln \left| x + \sqrt{x^2 + a^2} \right| + c$

32. $\int \left(x^2 \pm a^2\right)^{3/2}dx = x\left(x^2 \pm a^2\right)^{3/2} - 3\int x^2\sqrt{x^2 \pm a^2}dx$

33. $\int \left(x^2 \pm a^2\right)^{-3/2}dx = \dfrac{\pm x}{a^2\sqrt{x^2 \pm a^2}} + c$

34. $\int x^2(x^2 \pm a^2)^{-3/2}dx = \dfrac{-x}{\sqrt{x^2 \pm a^2}} + \ln \left| x + \sqrt{x^2 \pm a^2} \right| + c$

35. $\int \dfrac{1}{x^2\sqrt{x^2 \pm a^2}}dx = \dfrac{\mp\sqrt{x^2 \pm a^2}}{a^2x} + c$

36. $\int \dfrac{\sqrt{x^2 \pm a^2}}{x^2}dx = \dfrac{-\sqrt{x^2 \pm a^2}}{x} + \ln \left| x + \sqrt{x^2 \pm a^2} \right| + c$

37. $\int \dfrac{\sqrt{x^2 \pm a^2}}{x}dx = \sqrt{x^2 \pm a^2} \pm a^2\int \dfrac{1}{x\sqrt{x^2 \pm a^2}}dx$

38. $\int \dfrac{1}{x\sqrt{x^2 + a^2}}dx + \dfrac{-1}{a}\ln \left| \dfrac{a + \sqrt{x^2 + a^2}}{x} \right| + c$

39. $\int \dfrac{1}{x\sqrt{x^2 - a^2}}dx = \dfrac{1}{a}\sec^{-1} \left| \dfrac{x}{a} \right| + c$

40. $\int \sqrt{a^2 - x^2}dx = \dfrac{x}{2}\sqrt{a^2 - x^2} + \dfrac{a^2}{2}\sin^{-1}\dfrac{x}{a} + c$

41. $\int x^2\sqrt{a^2 - x^2}dx = \dfrac{-x}{4}(a^2 - x^2)^{3/2} + \dfrac{a^2}{4}\int \sqrt{a^2 - x^2} + c$

42. $\int \dfrac{x^2}{\sqrt{a^2 - x^2}}dx = \dfrac{-x}{2}\sqrt{a^2 - x^2} + \dfrac{a^2}{2}\sin^{-1}\dfrac{x}{a} + c$

43. $\int \dfrac{1}{(a^2 - x^2)^{3/2}}dx = \dfrac{x}{a^2\sqrt{a^2 - x^2}} + c$

44. $\int (a^2 - x^2)^{3/2}dx = \dfrac{x}{4}(a^2 - x^2)^{3/2} + \dfrac{3a^2}{4}\int \sqrt{a^2 - x^2}dx$

45. $\displaystyle\int \frac{x^2}{(a^2-x^2)^{3/2}}dx = \frac{x}{\sqrt{a^2-x^2}} - \sin^{-1}\frac{x}{a} + c$

46. $\displaystyle\int \frac{1}{x\sqrt{a^2-x^2}}dx = \frac{-1}{a}\ln\left|\frac{a+\sqrt{a^2-x^2}}{x}\right| + c$

47. $\displaystyle\int \frac{1}{x^2\sqrt{a^2-x^2}}dx = \frac{-\sqrt{a^2-x^2}}{a^2x} + c$

48. $\displaystyle\int \frac{\sqrt{a^2-x^2}}{x}dx = \sqrt{a^2-x^2} - a\ln\left|\frac{a+\sqrt{a^2-x^2}}{x}\right| + c$

49. $\displaystyle\int \frac{\sqrt{a^2-x^2}}{x^2}dx = \frac{-\sqrt{a^2-x^2}}{x} - \sin^{-1}\frac{x}{a} + c$

50. $\displaystyle\int \frac{1}{(x^2+a^2)^n}dx = \frac{1}{2(n-1)a^2}\left[\frac{x}{(x^2+a^2)^{n-1}} + (2n-3)\int \frac{1}{(x^2+a^2)^{n-1}}dx\right],$

$(n \neq 1)$

51. $\displaystyle\int x\sin x\,dx = \sin x - x\cos x + c$

52. $\displaystyle\int x\cos x\,dx = \cos x + x\sin x + c$

53. $\displaystyle\int x^n\sin x\,dx = -x^n\cos x + nx^{n-1}\sin x - n(n-1)\int x^{n-2}\sin x\,dx$

54. $\displaystyle\int x^n\cos x\,dx = x^n\sin x + nx^{n-1}\cos x - n(n-1)\int x^{n-2}\cos x\,dx$

55. $\displaystyle\int \sin^n x\,dx = \frac{-1}{n}\sin^{n-1}x\cdot\cos x + \frac{n-1}{n}\int \sin^{n-2}x\,dx,\ (n \geq 2)$

56. $\displaystyle\int \cos^n x\,dx = \frac{1}{n}\cos^{n-1}x\cdot\sin x + \frac{n-1}{n}\int \cos^{n-2}x\,dx,\ (n \geq 2)$

57. $\displaystyle\int \tan^n x\,dx = \frac{1}{n-1}\tan^{n-1}x - \int \tan^{n-2}x\,dx,\ (n \geq 2)$

58. $\displaystyle\int \cot^n x\,dx = \frac{-1}{n-1}\cot^{n-1}x - \int \cot^{n-2}x\,dx,\ (n \geq 2)$

59. $\displaystyle\int \sec^n x\,dx = \frac{1}{n-1}\sec^{n-2}x\cdot\tan x + \frac{n-2}{n-1}\int \sec^{n-2}x\,dx,\ (n \geq 2)$

60. $\displaystyle\int \csc^n x\,dx = \frac{-1}{n-1}\csc^{n-2}x\cdot\cot x + \frac{n-2}{n-1}\int \csc^{n-2}x\,dx,\ (n \geq 2)$

61. $\displaystyle\int xe^{ax}\,dx = \frac{1}{a^2}(ax-1)e^{ax}+c$

62. $\displaystyle\int x^n e^{ax}\,dx = \frac{x^n}{a}e^{ax} - \frac{n}{a}\int x^{n-1}e^{ax}\,dx$

63. $\displaystyle\int e^{ax}\sin bx\,dx = \frac{1}{a^2+b^2}(a\sin bx - b\cos bx)e^{ax}+c$

64. $\displaystyle\int e^{ax}\cos bx\,dx = \frac{1}{a^2+b^2}(a\cos bx + b\sin bx)e^{ax}+c$

65. $\displaystyle\int x^m \ln^n x\,dx = \frac{1}{m+1}\left(x^{m+1}\ln^n x - n\int x^m \ln^{n-1}x\,dx\right),\ (m \neq -1)$

66. $\displaystyle\int \frac{\ln^n x}{x}\,dx = \frac{1}{n+1}\ln^{n+1}x + c,\ (n \neq -1)$

67. $\displaystyle\int \frac{1}{x\ln x}\,dx = \ln|\ln x|+c$

68. $\displaystyle\int \sin^{-1}x\,dx = x\sin^{-1}x + \sqrt{1-x^2}+c$

69. $\displaystyle\int x^n \sin^{-1}x\,dx = \frac{1}{n+1}\left(x^{n+1}\sin^{-1}x - \int \frac{x^{n+1}}{\sqrt{1-x^2}}\,dx\right),\ (n \neq -1)$

70. $\displaystyle\int \tan^{-1}x\,dx = x\tan^{-1}x - \frac{1}{2}\ln(x^2+1)+c$

71. $\displaystyle\int x^n \tan^{-1}x\,dx = \frac{1}{n+1}\left(x^{n+1}\tan^{-1}x - \int \frac{x^{n+1}}{1+x^2}\,dx\right),\ (n \neq -1)$

72. $\displaystyle\int \sec^{-1}x\,dx = x\sec^{-1}x - \ln\left|x+\sqrt{x^2-1}\right|+c$

附錄 F　習題解答

第一章　函數的極限與連續

習題 1-2

1. 31

2. $\dfrac{5}{3}$

3. 49

4. $\dfrac{1}{2}$

5. 0

6. $-\dfrac{1}{7}$

7. 極限不存在

8. $-\dfrac{5}{2}$

9. 0

10. 2

11. $\dfrac{1}{4}$

12. $\dfrac{1}{8}$

13. $\dfrac{5\sqrt{5}}{4}$

14. $-\dfrac{1}{2\sqrt{2}}$

15. -2

16. 1

17. $\dfrac{2}{3}$

18. $\dfrac{1}{2\sqrt{x}}$

19. $\dfrac{1}{2}$

20. $\dfrac{q}{p}$

21. $3x^2$

22. $\dfrac{2\sqrt{2}}{3}$

習題 1-3

1. (1) 極限不存在；(2)2；(3)4。

2. (1)14；(2)$\dfrac{13}{2}$；(3)32。

3. (1)1；(2)1；(3) 不存在。

4. $f(x)$ 的極限不存在 $(x \to 0)$；$\varphi(x)$ 的左右極限不相等，極限 $(x \to 0)$ 不存在。

習題 1-4

1. $f(x)$ 在 $x = 1$ 時無意義；$g(x)$ 在 $x = 1$ 時連續。

2. $\lim\limits_{x \to 4^-} f(x) = \lim\limits_{x \to 4^+} f(x) = 17 \neq f(4)$，$f(x)$ 在 $x = 4$ 處不連續。

3. (1)1；(2) 連續；(3) 連續區間 $(0, 2)$。

4. (1)3；(2) 不連續；(3) 連續區間 $[0, 1), (1, 2)$。

5. $a = 1$

6. $a = \dfrac{9}{2}$，$b = \dfrac{1}{2}$

習題 1-5

1. k

2. $\dfrac{\alpha}{\beta}$

3. $\dfrac{4}{3}$

4. $\sqrt{2}$

5. $\dfrac{1}{10}$

6. $\cos x_0$

7. $-\sin x_0$

8. $\dfrac{1}{\cos^2 x_0}$

9. $2 \cos a$

10. 9

11. 1

12. 2

13. $\dfrac{2}{\pi}$

14. $\dfrac{1}{2}$

15. $\cos a$

習題 1-6

1. 2

2. 1

3. -1

4. $\dfrac{1}{2}$

5. $\dfrac{1}{4}$

6. 1

7. 0

8. 1

9. $\dfrac{3}{2}$

10. $\dfrac{3}{4}$

12. e^{-4}

11. e^2

13. e

14. $x = \dfrac{1}{2}$，$x = \dfrac{2}{3}$ 是垂直漸近線，$y = 0$ 是水平漸近線。

15. $x = \dfrac{2}{3}$ 是垂直漸近線，$y = \dfrac{4}{3}x + \dfrac{29}{9}$ 是斜漸近線。

16. $x = 2$，$x = -3$ 是垂直漸近線，$y = 1$ 是水平漸近線。

17. $x = 0$ 是垂直漸近線，$y = x$ 是斜漸近線。

18. $y = x - 2$ 是斜漸近線。

第二章　導函數　　CALCULUS

習題 2-1

1. 8

2. $\dfrac{3}{2\sqrt{3}}$

3. $-\dfrac{1}{4}$

4. $-\dfrac{1}{16}$

5. 1

6. (1) $f(x)$ 在 $x = 1$ 點不可微
   (2) $f(x)$ 在 $x = 0$ 處不可微

7. (1) $x - 2y + 4 = 0$
   (2) $7x - y - 9 = 0$

習題 2-2

1. $20x^3 - 6x^2 + 5$

2. $15x^4 + \dfrac{4}{x^5}$

3. $60x^4 + 26x^3 + 36x^2 + 23x + 7$

4. $\dfrac{-x^4 - 2x^3 - 3x^2 + 2x + 1}{(x^3 + 1)^2}$

5. $(x + 1)(3x - 1)$

6. $36x - y - 48 = 0$

7. $8x - y - 4 = 0$

習題 2-3

1. $200(3x + 2)(3x^2 + 4x + 7)^{99}$

2. $\dfrac{-6(2x^2 + 1)}{(2x^3 + 3x + 1)^3}$

3. $\dfrac{-18x^2 - 11x + 4}{(2x^2 + x + 2)^3}$

4. $4\left(3x + \dfrac{1}{2x}\right)^3\left(3 - \dfrac{1}{2x^2}\right)$

5. $(x^2 + 7x + 1)(3x^2 + 5x)^2(30x^3 + 203x^2 + 193x + 15)$

6. $\dfrac{-4(x + 4)^3(2x^2 + 16x + 27)}{(2x^2 + 5x - 7)^5}$

7. $-9\left[\dfrac{1}{x^3} + \dfrac{1}{(5x + 2)^3}\right]^2\left[\dfrac{1}{x^4} + \dfrac{5}{(5x + 2)^4}\right]$

8. $-4\left[4x^2 + \left(2x - \dfrac{7}{x}\right)^3\right]^{-5}\left[8x + 3\left(2x - \dfrac{7}{x}\right)^2\left(2 + \dfrac{7}{x^2}\right)\right]$

9. $120\left[3x^2 + (3x^2 + 2x - 1)^3\right]^{19}\left[x + (3x^2 + 2x - 1)^2(3x + 1)\right]$

10. $12x(2x - 3)(x^2 - x + 1) + 4(3x^2 + 1)(x^2 - x + 1) + 2(3x^2 + 1)(2x - 3)(2x - 1)$

11. -2

12. 47

習題 2-4

1. $\dfrac{\sqrt{y}(\sqrt{y} - \sqrt{x})}{\sqrt{x}(2\sqrt{y} - \sqrt{x})}$

2. $\dfrac{-b^2x}{a^2y}$

3. $\dfrac{-2a}{3(y^2+1)}$

4. $-\sqrt[3]{\dfrac{y}{x}}$

5. $\dfrac{4x^3(2x^4+y^3)}{3y^2(2y^3-x^4)}$

6. $\dfrac{14\sqrt{3xy}+4\sqrt{3xy}\,xy^2-3y}{6y^2\sqrt{3xy}-4x^2y\sqrt{3xy}+3x}$

7. $\dfrac{5x^4-8xy^2}{8x^2y+4y^3}$

8. $\dfrac{y(y+1)}{2y\sqrt{xy}+x-xy}$

9. $\dfrac{y}{y-x}$

10. $\dfrac{ay-x^2}{y^2-ax}$

習題 2-5

1. $dy=-\dfrac{20}{x^5}dx$

2. $dy=\dfrac{5}{12\sqrt[3]{x^2}}dx$

3. $dy=\left(5x^4+20x^3-\dfrac{7}{2}x^2\sqrt{x}-\dfrac{25}{2}x\sqrt{x}+2x-\dfrac{1}{2\sqrt{x}}\right)dx$

4. $dy=3(1+x-x^2)^2(1-2x)dx$

5. $dy=\dfrac{6x^2}{(x^3+1)^2}dx$

6. $\dfrac{3001}{300}$

7. $\dfrac{241}{22}$

8. $\dfrac{23}{15625}$

習題 2-6

1. $18x \cos(3x^2 + 5)$

2. $\sec^2 \dfrac{x}{5}$

3. $x \cos x$

4. $2 \cos x + 2x \tan x + x^2 \sec^2 x$

5. $\dfrac{1}{1 + \cos x}$

6. $\dfrac{-\sin x + \cos x \cot^2 x}{(1 + \cot x)^2}$

7. $\dfrac{-2 \cos x}{(1 + \sin x)^2}$

8. $\dfrac{2(1 + \tan x) - 2x \sec^2 x}{(1 + \tan x)^2}$

9. $\dfrac{2 \sin x (\cos x \cdot \sin x^2 - x \sin x \cos x^2)}{(\sin x^2)^2}$

10. $(4x - 1) \sin 2(2x^2 - x)$

11. $-\dfrac{2}{(\sin x - \cos x)^2}$

12. $\dfrac{1}{(1 + x \tan x)^2}$

13. $-\dfrac{3}{x^2} \left(\sin \dfrac{1}{x} \right)^2 \cos \dfrac{1}{x}$

14. $\dfrac{3}{2} x^2 (\cos x^3)^{-\frac{3}{2}} \sin x^3$

15. $(x \cos x - \sin x) \left(\dfrac{1}{x^2} - \dfrac{1}{\sin^2 x} \right)$

16. $4 \sin 2x (1 + \sin^2 x)^3$

17. $\dfrac{x}{\sqrt{1 + x^2}} \cos \sqrt{1 + x^2}$

18. $\dfrac{\sec^2 \dfrac{x}{2}}{4 \sqrt{\tan \dfrac{x}{2}}}$

19. $\dfrac{1}{3} \sin \dfrac{2}{3} x \cot \dfrac{x}{2} - \dfrac{1}{2} \sin^2 \dfrac{x}{3} \csc^2 \dfrac{x}{2}$

20. $\sec^2 x (1 - \tan^2 x + \tan^4 x)$

21. $\dfrac{2 \sin x \cos x \cos x^2 + 2x \sin x^2 (1 + \sin^2 x)}{(\cos x^2)^2}$

22. $\dfrac{-x \sin(2x^2)}{\sqrt{1 + \cos^2(x^2)}}$

23. $\dfrac{\sin(x - \cos x)(1 + \sin x)}{(\cos(x - \cos x))^2}$

24. $3x^2 \sin(2x^3)$

25. $2 \sin x (\cos x \sin x^2 + x \sin x \cos x^2)$

26. $\dfrac{3a^2 \cos 3x + y^2 \sin x}{2y \cos x}$

27. $\dfrac{y \cos x + \sin(x - y)}{\sin(x - y) - \sin x}$

28. $\dfrac{1 - 2x \cos(x^2 + y^2)}{2y \cos(x^2 + y^2)}$

29. $\dfrac{\cos x \cdot \cos(xy) - \sin x - y \sin x \cdot \sin(xy) - y^2 \cos x}{2y \sin x + x \sin x \sin(xy)}$

30. $\dfrac{\sin(x - y) + y \cos x}{\sin(x - y) - \sin x}$

31. $\dfrac{3y^2 \sin^2(xy^2) \cdot \cos(xy^2)}{2 \left[\sqrt{1 + \sin^3(xy^2)} - 3xy \sin^2(xy^2) \cdot \cos(xy^2) \right]}$

32. $\dfrac{-y \sin(xy) - 1}{x \sin(xy)}$

33. $-\dfrac{y}{x}$

習題 2-7

1. $-\dfrac{2x}{1 + x^4}$

2. $-\dfrac{2}{x\sqrt{x^2-4}}$

3. $-\dfrac{2x}{2-2x^2+x^4}$

4. $-\dfrac{3}{2\sqrt{3x}\sqrt{1-3x}}$

5. $\dfrac{3x^2-2}{2(1+x^3-2x)\sqrt{x^3-2x}}$

6. $-\dfrac{2\cos^{-1}x}{\sqrt{1-x^2}}$

7. $\sin^{-1}x$

8. $-\dfrac{1}{x^2}\left(\dfrac{x}{\sqrt{1-x^2}}+\cos^{-1}x\right)$

9. $\dfrac{1}{(\cos^{-1}x)^2}\cdot\dfrac{1}{\sqrt{1-x^2}}$

10. $\dfrac{1}{2\sqrt{x}}\cot^{-1}x-\dfrac{\sqrt{x}}{1+x^2}$

11. $\dfrac{2x(1+x^2)\cot^{-1}x+x^2}{(1+x^2)(\cot^{-1}x)^2}$

12. $\dfrac{1}{1-x^2}\left(-1+\dfrac{x\cos^{-1}x}{\sqrt{1-x^2}}\right)$

13. $\cos x\tan^{-1}-x\sin x\tan^{-1}x+\dfrac{x\cos x}{1+x^2}$

14. $\dfrac{1}{x^2+1}$

15. $\dfrac{\sqrt{1-x^2}+x\sin^{-1}x}{(1-x^2)\sqrt{1-x^2}}$

16. $\dfrac{4-x}{\sqrt{4x-x^2}}$

17. $\dfrac{1}{\sqrt{2x}\sqrt{1-x}(1+x)}$

18. $-\dfrac{2\cos^{-1}\dfrac{x}{2}}{\sqrt{4-x^2}}$

19. $-\dfrac{(\sin^{-1}x+\cos^{-1}x)}{\sqrt{1-x^2}(\sin^{-1}x)^2}$

20. $-\dfrac{1}{x^2+1}$

21. $\dfrac{1}{2(x-1)\sqrt{x-2}}$

22. $\dfrac{1}{\cos x\sqrt{\cos^2 x-\sin^2 x}}$

23. $-\dfrac{x}{\sqrt{1-x^2}}$

24. $-\dfrac{x}{\sqrt{1-x^2}}$

25. $-\dfrac{\sec^2(\cot^{-1}x)}{1+x^2}$

26. $-\dfrac{\sec^2 x}{\tan x\sqrt{\tan^2 x-1}}$

習題 2-8

1. $2\sin x+4x\cos x-x^2\sin x$

2. $-\dfrac{2x}{(1+x^2)^2}$

3. $\dfrac{12x^4-6x}{(x^3+1)^3}$

4. $\dfrac{a+3\sqrt{x}}{4x\sqrt{x}(a+\sqrt{x})^3}$

5. $\dfrac{a^2}{(a^2+x^2)\sqrt{a^2+x^2}}$

6. $2\sec^2 x\tan x$

7. $4\cos 2x$

8. $-14\cos x\sin 2x\cos 3x-4\sin x\cos 2x\cos 3x+6\sin x\sin 2x\sin 3x$
   $\qquad -12\cos x\cos 2x\sin 3x$

9. $-\dfrac{2}{1-x^2} + \dfrac{x(\cos^{-1} x - \sin^{-1} x)}{(1-x^2)\sqrt{1-x^2}}$

10. $\dfrac{2}{(1+x^2)\sqrt{1-x^2}} + \dfrac{x\tan^{-1} x}{(1-x^2)^{\frac{3}{2}}} - \dfrac{2x\sin^{-1} x}{(1+x^2)^2}$

11. $-120(1+x)^{-5} - 120(1-x)(1+x)^{-6}$

13. $-\dfrac{1}{x}\cot(xy)\csc^2(xy) + \dfrac{2}{x^2}\csc(xy) + \dfrac{2y}{x^2}$

習題 2-9

1. $-\dfrac{\sin 2x}{\cos^2 x + \sqrt{1+\cos^2 x}}\left[1 + \dfrac{1}{2\sqrt{1+\cos^2 x}}\right]$

2. $-\dfrac{1}{\sqrt{1-x^2}\,\cos^{-1} x}$

3. $\dfrac{1}{\sin^{-1} x\sqrt{1-x^2}}$

4. $-\sin 2x \cdot e^{\cos^2 x}$

5. $-\dfrac{e^{-\sin^{-1} x}}{\sqrt{1-x^2}}$

6. $\dfrac{(\ln x - 1)\ln 2}{(\ln x)^2}2^{\frac{x}{\ln x}}$

7. $\dfrac{1}{x\ln 2x\ \ln 2}$

8. $\dfrac{x}{(2+x^2)\sqrt{1+x^2}\tan^{-1}\sqrt{1+x^2}}$

9. $2\cos(\ln x)$

10. $10^{x\tan 2x}\ln 10 \cdot \left[\tan 2x + \dfrac{2x}{\cos^2 2x}\right]$

11. $\dfrac{6}{x\ln x \cdot \ln(\ln^3 x)}$

12. $\dfrac{-1}{(x^2 + 2x + 2)\tan^{-1}\dfrac{1}{1+x}}$

13. $\dfrac{2}{\sin 2x}$

14. $\dfrac{1}{\sin^3 x}$

15. $-\dfrac{2x^3}{1 + x^4}$

16. $\dfrac{1}{2(1 + \ln y)}$

17. $\dfrac{3^x(1 - 3^y)}{3^y(x^x - 1)}$

18. $\dfrac{x + y}{x - y}$

19. $\dfrac{e^y}{1 - xe^y}$

20. $\dfrac{y(x \ln y - y)}{x(y \ln x - x)}$

21. $e^x \left[\ln x + \dfrac{2}{x} - \dfrac{1}{x^2} \right]$

22. $-\dfrac{1}{(1 + x)^2}$

23. $\dfrac{4ab^3 x}{(a^2 - b^2 x^2)^2}$

24. $\dfrac{-x}{(1 + x^2)\sqrt{1 + x^2}}$

25. $\dfrac{xe^x - 1 - 2e^x}{(x + e^x)^2 \ln a}$

26. $e^{x^2}(6x + 4x^3)$

27. $\dfrac{e^{\sqrt{x}}(\sqrt{x} - 1)}{4x\sqrt{x}}$

28. $-2 \ln x \cos 2x - \dfrac{2 \sin 2x}{x} - \dfrac{\cos^2 x}{x^2}$

29. $e^{x+y} \left(1 - e^{x+y}\right)^{-3}$

30. $-\dfrac{1}{\sin^2 x}$

第三章　導函數的應用

習題 3-2

3. $(-\infty, -1)$，$f(x)$ 是嚴格增函數。

$(-1, 3)$，$f(x)$ 是嚴格減函數。

$(3, \infty)$，$f(x)$ 是嚴格增函數。

4. $\left(-\infty, -\dfrac{1}{2}\right)$，$f(x)$是嚴格增區間。

$\left(-\dfrac{1}{2}, \dfrac{1}{2}\right)$，$f(x)$是嚴格減區間。

$\left(\dfrac{1}{2}, 2\right)$，$f(x)$是嚴格增區間。

$(2, \infty)$，$f(x)$是嚴格增區間。

5. $\left(-\infty, \dfrac{1}{2}\right)$，$f(x)$是嚴格增區間。

$(\dfrac{1}{2}, 1)$，$f(x)$是嚴格增區間。

$(1, 2)$，$f(x)$是嚴格減區間。

$(2, \infty)$，$f(x)$是嚴格增區間。

6. $\left(0, \dfrac{\pi}{3}\right)$，$f(x)$是嚴格減區間。

$\left(\dfrac{\pi}{3}, \dfrac{5\pi}{3}\right)$，$f(x)$是嚴格增區間。

$\left(\dfrac{5\pi}{3}, 2\pi\right)$，$f(x)$是嚴格減區間。

7. 整個定義域是增區間。

8. $\left(-1, -\sqrt{\dfrac{1}{2}}\right)$，$f(x)$是嚴格減區間。

$\left(-\sqrt{\dfrac{1}{2}}, \sqrt{\dfrac{1}{2}}\right)$，$f(x)$是嚴格增區間。

$\left(\sqrt{\dfrac{1}{2}}, 1\right)$，$f(x)$是嚴格減區間。

習題 3-3

1. 極小點 $(1,6)$ 極小值為 6

2. 極大點 $(-1,15)$ 極大值為 15

   極小點 $(3,-17)$ 極小值為 -17

3. 無極值

4. 極小點 $(0,0),(\pm 2n\pi,\pm 2n\pi)$ $n=1,2,3,\cdots\cdots$

5. 極大點 $(-1,8)$，$(1,8)$；極小點 $(0,5)$

6. 極大點 $(0,1)$，極大值 1；極小點 $(-1,0)$，$(1,0)$ 極小值 0

7. 二個最大點 $(-2,31),(2,31)$；二個最小點 $(-1,4),(1,4)$

8. 最小點 $(0,0)$，最大點 $(4,8)$

9. 最小點 $(-1,-4)$，最大點 $(1,8)$

10. 最小點 $(-7,\sqrt{15})$ 與 $(7,\sqrt{15})$，最大點 $(0,8)$

11. 最小點 $\left(\dfrac{\pi}{2},-\dfrac{\pi}{2}\right)$，最大點 $\left(-\dfrac{\pi}{2},\dfrac{\pi}{2}\right)$

12. 最小點 $\left(\dfrac{1}{2},\dfrac{3}{5}\right)$；最大點 $(0,1)$ 與 $(1,1)$

13. 最小點 $(0,-1)$，最大點 $\left(4,\dfrac{3}{5}\right)$

14. 最大點 $\left(0,\dfrac{\pi}{4}\right)$，最小點 $(1,0)$

習題 3-4

1.

x	$(-\infty,3)$	3	$(3,\infty)$
y''	$-$	0	$+$
y	向下凹	反曲點	向上凹

2.

x	$(-\infty,-\sqrt{3})$	$-\sqrt{3}$	$(-\sqrt{3},\sqrt{3})$	$\sqrt{3}$	$(\sqrt{3},\infty)$
y''	$+$	0	$-$	0	$+$
y	向上凹	反曲點	向下凹	反曲點	向上凹

3.

x	$(-\infty,3)$	$(3,\infty)$
y''	$-$	$+$
y	向下凹	向上凹

4.

x	$(-\infty, 2)$	2	$(2, \infty)$
y''	$-$	∞	$+$
y	向下凹	反曲點	向上凹

5.

x	$(-\infty, -1)$	-1	$(-1, 0)$	0	$(0, 1)$	1	$(1, \infty)$
y'	$+$	0	$-$	$-$	$-$	0	$+$
y''	$-$	$-$	$-$	0	$+$	$+$	$+$
y	↗ 向下凹	極大點	↘ 向下凹	反曲點	↘ 向下凹	極小點	↗ 向上凹

6.

x	$(-\infty, 2)$	2	$(2, \infty)$
y'	$-$	0	$+$
y''	$+$	∞	$+$
y	↗ 向上凹	極小點	↗ 向上凹

習題 3-5

1. 3

2. $\dfrac{1}{n}$

3. $\dfrac{m}{n}b^{m-n}$

4. $\dfrac{7}{5}$

5. 2

6. $-\dfrac{1}{2}$

7. $-\sin a$

8. $\sec^2 a$

9. 3

10. 1

11. 0

12. $\dfrac{1}{12}$

13. -1

14. $-\dfrac{1}{2}$

15. e^a

16. 1

17. 1

18. 2

19. 1

20. 1

第四章　不定積分

CALCULUS

習題 4-1

1. $\dfrac{3}{5}x^5 + \dfrac{1}{2}x^4 + \dfrac{5}{3}x^3 + 7x + C$

2. $\dfrac{3}{14}x^{\frac{14}{3}} + C$

3. $\dfrac{1}{7}x^7 + \dfrac{1}{2}x^4 + x + C$

4. $\dfrac{6}{5}x^{\frac{5}{6}} - 3x^{\frac{2}{3}} + 3x^{\frac{1}{3}} + C$

5. $15\ln x - \dfrac{2}{3x^3} + C$

6. $2\sin^{-1}x + 3\tan^{-1}x + C$

7. $3\tan x - \cot x + C$

8. $5e^x + \ln|x| + \dfrac{a^x}{\ln a} + C$

9. $\tan^{-1}x - \dfrac{2}{3}x\sqrt{x} + \dfrac{5}{3}x^3 + x + C$

10. $\dfrac{3}{4}x^{\frac{4}{3}} + \dfrac{2}{3}x^{\frac{3}{2}} + x + C$

習題 4-2

1. $-\dfrac{1}{5}e^{-5x} + C$

2. $\dfrac{1}{101}(x+2)^{101} + C$

3. $\dfrac{1}{b}\cos(a - bx) + C$

4. $\dfrac{2}{3a}(ax+b)^{\frac{3}{2}} + C$

5. $\dfrac{1}{7}\ln|7x+3| + C$

6. $\dfrac{1}{4}\sin^{-1}\dfrac{4x}{3} + C$

7. $\dfrac{1}{2\sqrt{3}}\tan^{-1}\left(\dfrac{\sqrt{3}}{2}x\right) + C$

8. $-\dfrac{1}{2}\ln|2-x^2|+C$

9. $\ln|x^2-5x+8|+C$

10. $-\dfrac{7}{2}e^{-x^2}+C$

11. $\dfrac{2}{9}\sqrt{(4+x^3)^3}+C$

12. $\dfrac{2}{3}(2x^3-7x^2+4)^{\frac{1}{2}}+C$

13. $\sin e^x+C$

14. $-2\cos\sqrt{x}+C$

15. $\dfrac{5}{2}\ln(x^2+4)-\tan^{-1}\dfrac{x}{2}+C$

16. $\dfrac{1}{4}\ln^4 x+C$

17. $-\dfrac{1}{\ln x}+C$

18. $-3\sqrt{1-x^2}+C$

19. $\dfrac{1}{4}\ln\left|\dfrac{x-2}{x+2}\right|+C$

20. $\dfrac{1}{6}\ln|1+3\ln x|+C$

21. $\dfrac{1}{2}x+\dfrac{1}{4}\sin 2x+C$

22. $-\cos x+\dfrac{1}{3}\cos^3 x+C$

23. $\dfrac{3x}{8}+\dfrac{1}{4}\sin 2x+\dfrac{1}{32}\sin 4x+C$

24. $-\dfrac{1}{5}\cos^5 x+\dfrac{1}{7}\cos^7 x+C$

25. $-\dfrac{1}{16}\cos 8x+\dfrac{1}{4}\cos 2x+C$

26. $\ln|\sin x|+C$

27. $\ln|\csc x-\cot x|+C$

28. $\dfrac{1}{6}\ln\left|\dfrac{x-5}{x+1}\right|+C$

29. $\dfrac{\sqrt{2}}{4}\tan^{-1}\left(\dfrac{2x+1}{\sqrt{2}}\right)+C$

30. $\dfrac{1}{5}\ln\left|\dfrac{x-2}{x+3}\right|+C$

31. $\dfrac{1}{5}\ln\left|\dfrac{x-2}{2x+1}\right|+C$

32. $\dfrac{7}{5}\ln|x-3|+\dfrac{3}{5}\ln|x+2|+C$

習題 4-3

1. $-\dfrac{x}{3}\cos 3x+\dfrac{1}{9}\sin 3x+C$

2. $\dfrac{1}{3}x^3\sin 3x+\dfrac{1}{3}x^2\cos 3x-\dfrac{2}{9}x\sin 3x-\dfrac{2}{27}\cos 3x+C$

3. $\dfrac{1}{3}x^3\ln x-\dfrac{1}{9}x^3+C$

4. $x\ln\dfrac{x}{4}-x+C$

5. $\dfrac{1}{4}x^2-\dfrac{1}{4}x\sin 2x-\dfrac{1}{8}\cos 2x+C$

6. $\dfrac{2}{3}x^{\frac{3}{2}}\ln x-\dfrac{4}{9}x^{\frac{3}{2}}+C$

7. $\left(\dfrac{3}{25}\cos 4x+\dfrac{4}{25}\sin 4x\right)e^{3x}+C$

8. $-\dfrac{1}{4}x\cos 2x+\dfrac{1}{8}\sin 2x+C$

9. $x\cos^{-1}x-\sqrt{1-x^2}+C$

10. $-\dfrac{1}{2}x^3e^{-2x}-\dfrac{3}{4}x^2e^{-2x}-\dfrac{3}{4}xe^{-2x}-\dfrac{3}{8}e^{-2x}+C$

11. $-\dfrac{1}{3}x^2\cos(3x+1)+\dfrac{2}{9}x\sin(3x+1)+\dfrac{2}{27}\cos(3x+1)+C$

12. $\dfrac{1}{2}x^2\cot^{-1}x+\dfrac{1}{2}x-\dfrac{1}{2}\tan^{-1}x+C$

13. $x^2e^{3x}+xe^{3x}+C$

14. $-(3x^2+2x+1)\cos x+(6x+2)\sin x+6\cos x+C$

15. $\dfrac{1}{2}x^3\sin 2x+\dfrac{3}{4}x^2\cos 2x-\dfrac{3}{4}x\sin 2x-\dfrac{3}{8}\cos 2x+C$

習題 4-4

1. $-3\ln|x-3| + 4\ln|x-4| + C$

2. $\dfrac{1}{2}\ln|x+1| + \dfrac{1}{2}\ln|x-1| + \dfrac{1}{x+1} + C$

3. $\ln|x+1| - \dfrac{1}{2}\ln|x^2+x+1| + \dfrac{1}{\sqrt{3}}\tan^{-1}\dfrac{2x+1}{\sqrt{3}} + c$

4. $\ln|x| - \dfrac{1}{2}\ln|x^2+1| + \dfrac{1}{2(x^2+1)} + C$

5. $-\dfrac{1}{2}\ln|x^2+1| + \dfrac{1}{2}\ln|x^2+x+1| + \dfrac{1}{\sqrt{3}}\tan^{-1}\dfrac{2x+1}{\sqrt{3}} + C$

6. $\dfrac{1}{4}x + \ln|x| - \dfrac{9}{16}\ln|2x+1| - \dfrac{7}{16}\ln|2x-1| + C$

7. $-\dfrac{1}{2}\tan^{-1}x + \dfrac{1}{4}\ln\left|\dfrac{x-1}{x+1}\right| + C$

8. $\dfrac{1}{2}x^2 + x - 8\ln|x| + \dfrac{8}{3}\ln|x+1| + \dfrac{8}{3}\ln|x^2-x+1| - \dfrac{2}{\sqrt{3}}\tan^{-1}\dfrac{2x-1}{\sqrt{3}} + C$

第五章　　定積分　　**CALCULUS**

習題 5-1

1. $34\dfrac{2}{3}$

2. $\dfrac{15}{4}$

習題 5-2

1. $-\sqrt{1+x^2}$

2. $2x\sin x$

3. $-\dfrac{4\ln x}{x} + x$

4. $-\dfrac{\sin x}{x} + \dfrac{2\sin 3x^2}{x}$

5. $-e^{x^2} + e^{x^4}\cdot 2x$

6. $\ln\dfrac{b}{a}$

7. $\dfrac{19}{15}$

8. $\tan^{-1} 3 - \tan^{-1} 2$

9. $\dfrac{2}{3}$

10. 1

11. $\dfrac{\pi a^2}{4}$

12. $\dfrac{1}{3}(2 + \ln 3)^3 - \dfrac{8}{3}$

13. $\pi - 2$

14. $-\dfrac{e^\pi + 1}{2}$

15. $\dfrac{8}{3}\ln 2 - \dfrac{7}{9}$

16. $\dfrac{\pi}{4}$

17. $-\dfrac{1}{4}\ln 3$

18. $\dfrac{2}{3}$

19. 1

20. $\dfrac{\pi^2}{8} - 1$

21. $1 + \ln 2 - \ln(1 + e)$

22. $\dfrac{2}{7}$

23. $\dfrac{\pi}{4} - \dfrac{1}{2}$

24. 1

25. $\dfrac{e^\pi - 2}{5}$

26. $\dfrac{\pi^2}{72} + \dfrac{\sqrt{3}}{6}\pi - 1$

27. $\dfrac{5}{27}e^3 - \dfrac{2}{27}$

28. $1 + \dfrac{\pi}{4}$

習題 5-3

1. 矩形公式：0.6174；0.5508
   梯形公式：0.5508
   拋物線公式：0.5493

2. 矩形公式：3.23992；3.0992
   梯形公式：3.13992
   拋物線公式：3.14156

習題 5-4

1. 發散。

2. 收斂，值為 $\dfrac{1}{2}$。

3. 收斂，值為 $\dfrac{1}{\ln 2}$。

4. 收斂，值為 $\dfrac{1}{2}$。

5. 收斂，值為 π。

6. 發散。

7. 收斂，值為 1。

8. 發散。

9. 收斂，值為 $-\dfrac{4}{3}$。

10. 收斂，值為 $\dfrac{\pi}{2}$。

第六章　定積分的應用 　　　　　CALCULUS

習題 6-1

1. $\dfrac{125}{6}$

2. $\dfrac{32}{3}$

3. $\dfrac{256}{3}$

4. 8

5. $\dfrac{9}{4}$

6. $\sqrt{3}$

7. $\dfrac{9}{2}$

8. $\dfrac{16}{3}$

9. $\dfrac{1}{4}a^2\left(e^{2\pi}-e^{-2\pi}\right)$

10. $\dfrac{5\pi a^2}{4}$

習題 6-2

1. $-\dfrac{1}{2} + \ln\dfrac{3}{4}$

2. $2\sqrt{3} - \dfrac{4}{3}$

3. $\dfrac{1}{4}(e^2 + 1)$

4. $\dfrac{1}{2}\ln\dfrac{2+\sqrt{2}}{2-\sqrt{2}}$

5. $\sqrt{2}\left(e^{\frac{\pi}{2}} - 1\right)$

6. $\dfrac{\sqrt{5}}{2}(e^2 - 1)$

習題 6-3

1. $\dfrac{4\pi ab^2}{3}$

2. $\dfrac{2}{3}\pi ab^2$, $\dfrac{2}{3}\pi a^2 b$

3. $\dfrac{512\pi}{15}$

4. $\dfrac{8\pi}{3}$

第七章 數列、級數與冪級數

CALCULUS

習題 7-1

1. 前五項：$\dfrac{4}{3}, \dfrac{5}{4}, \dfrac{6}{5}, \dfrac{7}{6}, \dfrac{8}{7}$

   $x_n \to 1$

2. 前五項：$\dfrac{1}{3}, \dfrac{1}{9}, \dfrac{1}{27}, \dfrac{1}{81}, \dfrac{1}{243}$

   $x_n \to 0$

3. 前五項：$1, 0, -1, 0, 1$

   無極限

4. 前五項：$0, 0, 0, 0, 0$

   $x_n \to 0$

5. 前五項：$-1, \dfrac{1}{2}, -\dfrac{1}{3}, \dfrac{1}{4}, -\dfrac{1}{5}$

   $x_n \to 0$

6. 前五項：$2, 1, 4, 3, 6$

   無極限

7. 前五項：$0, 2, 0, 2, 0$

   無極限

8. 前五項：$\dfrac{4}{1}, \dfrac{7}{3}, \dfrac{10}{5}, \dfrac{13}{7}, \dfrac{16}{9}$

   $x_n \to \dfrac{3}{2}$

9. $x_n = \dfrac{n}{n+1}$ ，$x_n \to 1$

10. $\dfrac{1}{n(n+1)}$ ，$x_n \to 0$

11. $x_n = (-1)^{n+1}\dfrac{1}{n}$ ，$x_n \to 0$

12. $x_n = \dfrac{1}{(2n-1)(2n+1)}$ ，$x_n \to 0$

習題 7-2

1. (1) $u_n = \dfrac{1}{(2n-1)(2n+3)}$

   (2) $u_n = (-1)^{n+1}\dfrac{n}{3^n}$

   (3) $u_n = \dfrac{1}{(n+1)\ln(n+1)}$

   (4) $u_n = \dfrac{n}{n^2+1}$

2. (1) $S = 9$；(2) $S = \dfrac{1}{2}$；(3) $S = 1$；(4) $S = 5$

3. (1) 發散；(2) 發散；(3) 發散；(4) 發散
   (5) 收斂；(6) 發散；(7) 收斂；(8) 發散

習題 7-3

1. (1) 發散；(2) 收斂；(3) 收斂；(4) 發散；(5) 收斂

2. (1) 收斂；(2) 發散；(3) 收斂；(4) 發散；(5) 收斂

3. (1) 收斂；(2) 發散；(3) 收斂

4. (1) 收斂；(2) 發散

習題 7-4

1. 條件收斂

2. 絕對收斂

3. 條件收斂

4. 絕對收斂

5. 絕對收斂

6. 發散

習題 7-5

1. (1) $R = 1,\quad (-1, 1)$

(2) $R = 1,\quad [-1, 1]$

(3) $R = \infty,\quad (-\infty, \infty)$

(4) $R = 1,\quad [4, 6)$

(5) $R = 2,\quad (-2, 2)$

(6) $R = \infty,\quad (-\infty, \infty)$

(7) $R = \dfrac{1}{2},\quad \left[-\dfrac{1}{2}, \dfrac{1}{2}\right]$

(8) $R = 1,\quad (2, 4)$

2. (1) $R = 1,\quad -x + \dfrac{1}{2}\tan^{-1} x + \dfrac{1}{4}\ln\dfrac{1+x}{1-x}$; 收斂區間 $(-1, 1)$

(2) $R = 1,\quad \dfrac{1}{2(1-x)^2}$; 收斂區間 $(-1, 1)$

習題 7-6

1. $a^x = 1 + \ln a \cdot x + \dfrac{(\ln a)^2}{2!}x^2 + \cdots + \dfrac{(\ln a)^n}{n!}x^n + \cdots \qquad (-\infty < x < +\infty)$

2. (1) $\cos^2 x = 1 - \dfrac{2 \cdot x^2}{2!} + \dfrac{2^3 \cdot x^4}{4!} - \cdots + (-1)^n \dfrac{2^{2n-1}x^{2n}}{(2n)!} + \cdots \quad (-\infty < x < \infty)$

(2) $\dfrac{1}{2-x} = \dfrac{1}{2}\left[1 + \dfrac{x}{2} + \left(\dfrac{x}{2}\right)^2 + \cdots + \left(\dfrac{x}{2}\right)^2 + \cdots\right] \qquad (-2 < x < 2)$

(3) $\dfrac{x}{1-x^2} = x + x^3 + x^5 + \cdots + x^{2n+1} + \cdots \qquad (-1 < x < 1)$

(4) $\ln(5+x) = \ln 5 + \dfrac{x}{5} - \dfrac{1}{2} \cdot \left(\dfrac{x}{5}\right)^2 + \dfrac{1}{3} \cdot \left(\dfrac{x}{5}\right)^3 - \cdots + (-1)^{n-1}\dfrac{1}{n}\left(\dfrac{x}{5}\right)^n + \cdots$

$$(-5 < x \le 5)$$

(5) $\sin\left(\dfrac{\pi}{4} + x\right) = \dfrac{\sqrt{2}}{2}\left[1 - \dfrac{x^2}{2!} + \cdots + (-1)^n\dfrac{x^{2n}}{(2n)!} + \right.$

$$\left. +x - \dfrac{x^3}{3!} + \cdots + (-1)^n\dfrac{x^{2n+1}}{(2n+1)!} + \cdots\right] \qquad (-\infty < x < \infty)$$

第八章　偏導數與重積分　CALCULUS

習題 8-1

1. (1) 定義域 $D = \{(x,y)|x > 0, y > 0\}$

(2) 定義域 $D = \{(x,y)|xy > 0\}$

(3) 定義域 $D = \{(x,y)|x + y > 0, x - y > 0\}$

(4) 定義域 $D = \{(x,y)|x^2 \ge y, y \ge 0\}$

(5) 定義域 $D = \{(x,y)|y^2 > 4(x - 2)\}$

2. (1) (x,y) 沿著 $y = \dfrac{4}{3}x$ 趨近於 $(0,0)$

(2) (x,y) 沿著 $y = \dfrac{7}{4}x$ 趨近於 $(0,0)$

3. (1) 間斷（直）線：$x + y = 0$

(2) 間斷（拋物）線：$x^2 + y = 0$

(3) 間斷（圓）線：$x^2 + y^2 - 1 = 0$

(4) 間斷（二條直）線：$x + y = 0$ 與 $x - y = 0$ ；

習題 8-2

1. (1) $-\dfrac{2y}{(x-y)^2}$ ；$\dfrac{2x}{(x-y)^2}$ ；

(2) $\dfrac{e^y}{y^3}$ ，$\dfrac{xe^y(y-3)}{y^4}$ ；

(3) $\cos(x + ye^x) \cdot (1 + ye^x)$ ；$\cos(x + ye^x) \cdot e^x$ ；

(4) $\cos\dfrac{x}{y} \cdot \cos\dfrac{y}{x} \cdot \dfrac{1}{y} + \sin\dfrac{x}{y} \cdot \sin\dfrac{y}{x} \cdot \dfrac{y}{x^2}$ ；

$$-\cos\frac{x}{y}\cdot\cos\frac{y}{x}\cdot\frac{x}{y^2}-\sin\frac{x}{y}\cdot\sin\frac{y}{x}\cdot\frac{1}{x}\;;$$

(5) $\cot(x-2y)$; $-2\cot(x-2y)$;

(6) $\dfrac{y}{y^2+x^2}$; $-\dfrac{x}{y^2+x^2}+\dfrac{1}{\sqrt{1-y^2}}$;

(7) $\dfrac{1}{\left(\tan^{-1}\dfrac{y}{x}\right)^2}\cdot\dfrac{y}{x^2+y^2}$; $\dfrac{1}{\left(\tan^{-1}\dfrac{y}{x}\right)^2}\cdot\dfrac{x}{x^2+y^2}$;

(8) $\dfrac{\sqrt{x^y}\,y}{2x(1+x^y)}$; $\dfrac{\sqrt{x^y}\ln x}{2(1+x^y)}$;

(9) $\dfrac{1}{2\sqrt{x}}\sin\dfrac{y}{x}+\dfrac{y}{x\sqrt{x}}\cos\dfrac{y}{x}$; $\dfrac{1}{\sqrt{x}}\cos\dfrac{y}{x}$;

(10) $e^x(\sin y+\cos y+x\sin y)$; $e^x(-\sin y+x\cos y)$;

2. $\dfrac{2}{5}$

3. $\dfrac{1}{2}$

4. 1 ; -1

5. 1

6. (1) $-\dfrac{x}{(x^2+y^2)^{\frac{3}{2}}}$; $-\dfrac{y}{(x^2+y^2)^{\frac{3}{2}}}$; $\dfrac{x^3+(x^2-y^2)\sqrt{x^2+y^2}}{\left(x+\sqrt{x^2+y^2}\right)^2(x^2+y^2)^{\frac{3}{2}}}$

(2) $-2a^2\cos[2(ax+by)]$; $-2ab\cos[2(ax+by)]$; $-2b^2\cos[2(ax+by)]$

(3) $-\dfrac{2x}{(1+x^2)^2}$; 0 ; $-\dfrac{2y}{(1+y^2)^2}$

(4) $\dfrac{1}{x^2}\ln y\cdot y^{\ln x}(\ln y-1)$; $\dfrac{1+\ln x\cdot\ln y}{xy}y^{\ln x}$; $\ln x\cdot(\ln x-1)y^{\ln x-2}$

(5) $xe^{5x+2y}(25x^2+30x+6)$; $2(3+5x)x^2e^{5x+2y}$; $4x^3e^{5x+2y}$

7. $\dfrac{\partial u}{\partial x}=e^{x(x^2+y^2+z^2)}(3x^2+y^2+z^2)$

$\dfrac{\partial u}{\partial y}=e^{x(x^2+y^2+z^2)}2xy$

$\dfrac{\partial u}{\partial z}=e^{x(x^2+y^2+z^2)}2xz$

$$\frac{\partial^2 u}{\partial x^2} = e^{x(x^2+y^2+z^2)} \left[(3x^2 + y^2 + z^2)^2 + 6x \right]$$

$$\frac{\partial^2 u}{\partial x \partial y} = e^{x(x^2+y^2+z^2)} 2y \cdot (3x^3 + xy^2 + xz^2 + 1)$$

$$\frac{\partial^2 u}{\partial x \partial z} = e^{x(x^2+y^2+z^2)} 2z(3x^3 + xy^2 + xz^2 + 1)$$

$$\frac{\partial^2 u}{\partial y^2} = 2xe^{x(x^2+y^2+z^2)}(2xy^2 + 1)$$

$$\frac{\partial^2 u}{\partial y \partial z} = 4x^2 yz e^{x(x^2+y^2+z^2)}$$

$$\frac{\partial^2 u}{\partial z^2} = e^{x(x^2+y^2+z^2)} 2x(2xz^2 + 1)$$

習題 8-3

1. (1) $\dfrac{1}{xy} \left(x^2 \cos \dfrac{x}{y} \cdot \cos \dfrac{y}{x} + y^2 \sin \dfrac{x}{y} \sin \dfrac{y}{x} \right) \left(\dfrac{dx}{x} - \dfrac{dy}{y} \right)$

(2) $\dfrac{2}{x^2 \sin \dfrac{2y}{x}} (-y dx + x dy)$

(3) $\dfrac{1}{y\sqrt{y^2 - x^2}} (y dx - x dy)$

(4) $e^{x(x^2+3xy+y^2)} \left[(3x^2 + 6xy + y^2) dx + (3x^2 + 2xy) dy \right]$

(5) $\dfrac{e^{xy}}{(e^x + e^y)^2} \left\{ \left[e^2(y-1) + e^y \cdot y \right] dx + \left[e^x \cdot x + e^y(x-1) \right] dy \right\}$

2. $dx - 2dy$

3. -0.20 ; -0.2040402

4. 1.9825

5. 1.0983

習題 8-4

1. $-e^{-t} - e^t$

2. $\dfrac{1}{\sqrt{1 - (x-y)^2}} (3 - 12t^2)$

434

3. $\dfrac{(1+x)e^x}{1+x^2e^{2x}}$

4. $e^{\sin t - 2t^3}(\cos t - 6t^2)$

5. $\dfrac{2(x-2y)(x+3y)}{(y+2x)^2}$, $\dfrac{(9x+2y)(2y-x)}{(y+2x)^2}$

6. $\dfrac{2x^3y+x^4-y^4}{x^2y}e^{\frac{x^2+y^2}{xy}}$, $\dfrac{2xy^3+y^4-x^4}{xy^2}e^{\frac{x^2+y^2}{xy}}$

7. $3x^2\sin y\cos y(\cos y - \sin y)$

8. $\dfrac{x}{1-z}$; $\dfrac{y}{1-z}$

9. $\dfrac{y^2}{1-xy}$

10. $\dfrac{x+y}{x-y}$

11. $\dfrac{x^2-ayz}{axy-z^2}$; $\dfrac{y^2-axz}{axy-z^2}$

12. $\dfrac{z}{x+z}$; $\dfrac{z^2}{y(x+z)}$

習題 8-5

1. 極大點 $(0,0)$，極大值 0。

2. 當 $a>0$ 時，$\left(\dfrac{a}{3},\dfrac{a}{3}\right)$ 是極大點，極大值是 $\dfrac{a^3}{27}$；當 $a<0$ 時，$\left(\dfrac{a}{3},\dfrac{a}{3}\right)$ 是極小點，極小值是 $\dfrac{a^3}{27}$。

3. 極小點 $\left(\dfrac{1}{2},-1\right)$，極小值為 $-\dfrac{1}{2}e$。

4. 極大點 $\left(\dfrac{ab^2}{a^2+b^2},\dfrac{a^2b}{a^2+b^2}\right)$，極大值為 $\dfrac{a^2b^2}{a^2+b^2}$。

5. 極大點 $\left(\dfrac{1}{3},-\dfrac{2}{3},\dfrac{2}{3}\right)$，極大值為 3。極小點 $\left(-\dfrac{1}{3},\dfrac{2}{3},-\dfrac{2}{3}\right)$，極小值 -3。

6. 最大點 $\left(\dfrac{a}{3},\dfrac{a}{3},\dfrac{a}{3}\right)$，最大值為 $\dfrac{a^3}{27}$。

7. 點 $\left(\dfrac{19}{5},\dfrac{3}{5}\right)$ 與點 $(1,2)$ 最短距離點，最短距離為 $\dfrac{7}{5}\sqrt{5}$。

8. 原點到 $(-1,1,\pm1)$ 的距離最短，最短距離為 $\sqrt{3}$。

習題 8-6

1. (1)2；(2)$-\dfrac{4}{3}$

2. (1)$-e^{-1}$；(2)$(e-1)^2$；(3)$-\dfrac{\pi}{16}$；(4)$2\ln 3 - 3\ln 2$

3. (1) $\displaystyle\int_0^1 dx \int_{x^2}^x f(x,y)dy = \int_0^1 dy \int_y^{\sqrt{y}} f(x,y)dx$

(2) $\displaystyle\int_{-3}^{-2} dx \int_{-\sqrt{9-x^2}}^{\sqrt{9-x^2}} f(x,y)dy + \int_{-2}^2 dx \int_{-\sqrt{9-x^2}}^{-\sqrt{4-x^2}} f(x,y)dy$

$\displaystyle + \int_{-2}^2 dx \int_{\sqrt{4-x^2}}^{\sqrt{9-x^2}} f(x,y)dy + \int_2^3 dx \int_{-\sqrt{9-x^2}}^{\sqrt{9-x^2}} f(x,y)dy$

$\displaystyle = \int_{-3}^{-2} dy \int_{-\sqrt{9-y^2}}^{\sqrt{9-y^2}} f(x,y)dx + \int_{-2}^2 dy \int_{-\sqrt{9-y^2}}^{-\sqrt{4-y^2}} f(x,y)dx$

$\displaystyle + \int_{-2}^2 dy \int_{\sqrt{4-y^2}}^{\sqrt{9-y^2}} f(x,y)dx + \int_2^3 dy \int_{-\sqrt{9-y^2}}^{\sqrt{9-y^2}} f(x,y)dx$

4. (1) $\displaystyle\int_0^4 dx \int_{\frac{1}{2}x^2}^{2x} f(x,y)dy$

(2) $\displaystyle\int_0^1 dy \int_{\sqrt{y}}^{3-2y} f(x,y)dx$

5. $\dfrac{4}{3}$

6. $\dfrac{243}{8}$

7. $\dfrac{9}{4}$

8. $1-\sin 1$

9. (1)$\dfrac{31}{2} - \dfrac{5}{2}\ln 2$

(2)$\dfrac{125}{6}$

10. 2

11. (1)$\dfrac{\pi}{6}$；(2)$(1-e^{-1})\pi$；(3)$-6\pi^2$；(4)$\pi(2\ln 2 - 1)$

12. (1)$\dfrac{3\pi a^2}{2}$; (2)$\dfrac{5}{8}\pi a^2$

13. 60π

國家圖書館出版品預行編目資料

微積分 / 林騰蛟著. -- 第三版. -- 臺北市：文京圖書，
民 89
　面；　公分

ISBN　978-957-512-280-5（平裝）

1. 微積分

314.1　　　　　　　　　　　　　　　89002568

微積分（第三版新修訂版）　　　　　　　（書號：E056e3）

著　　　　者	林騰蛟	
出　版　者	新文京開發出版股份有限公司	
地　　　址	新北市中和區中山路二段 362 號 9 樓	
電　　　話	(02) 2244-8188（代表號）	
F　　A　　X	(02) 2244-8189	
郵　　　撥	1958730-2	
第三版新修訂三刷	西元 2025 年 01 月 01 日	

新文京開發出版股份有限公司

NEW
WCDP

新世紀・新視野・新文京—精選教科書・考試用書・專業參考書

國家圖書館出版品預行編目資料

新編計算機概論/林騰蛟, 曹祥雲編著.--初版.--新北市：
新文京開發出版股份有限公司, 2023.09
　　面；　公分

ISBN　978-986-430-972-6（平裝）

1. CST：電腦

312　　　　　　　　　　　　　　　　　　112014771

新編
計算機概論　　　　　　　　　　　　　　（書號：D064）

編 著 者	林騰蛟　曹祥雲
出 版 者	新文京開發出版股份有限公司
地　　址	新北市中和區中山路二段 362 號 9 樓
電　　話	(02) 2244-8188（代表號）
Ｆ Ａ Ｘ	(02) 2244-8189
郵　　撥	1958730-2
初　　版	西元 2023 年 09 月 20 日